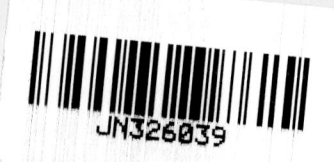

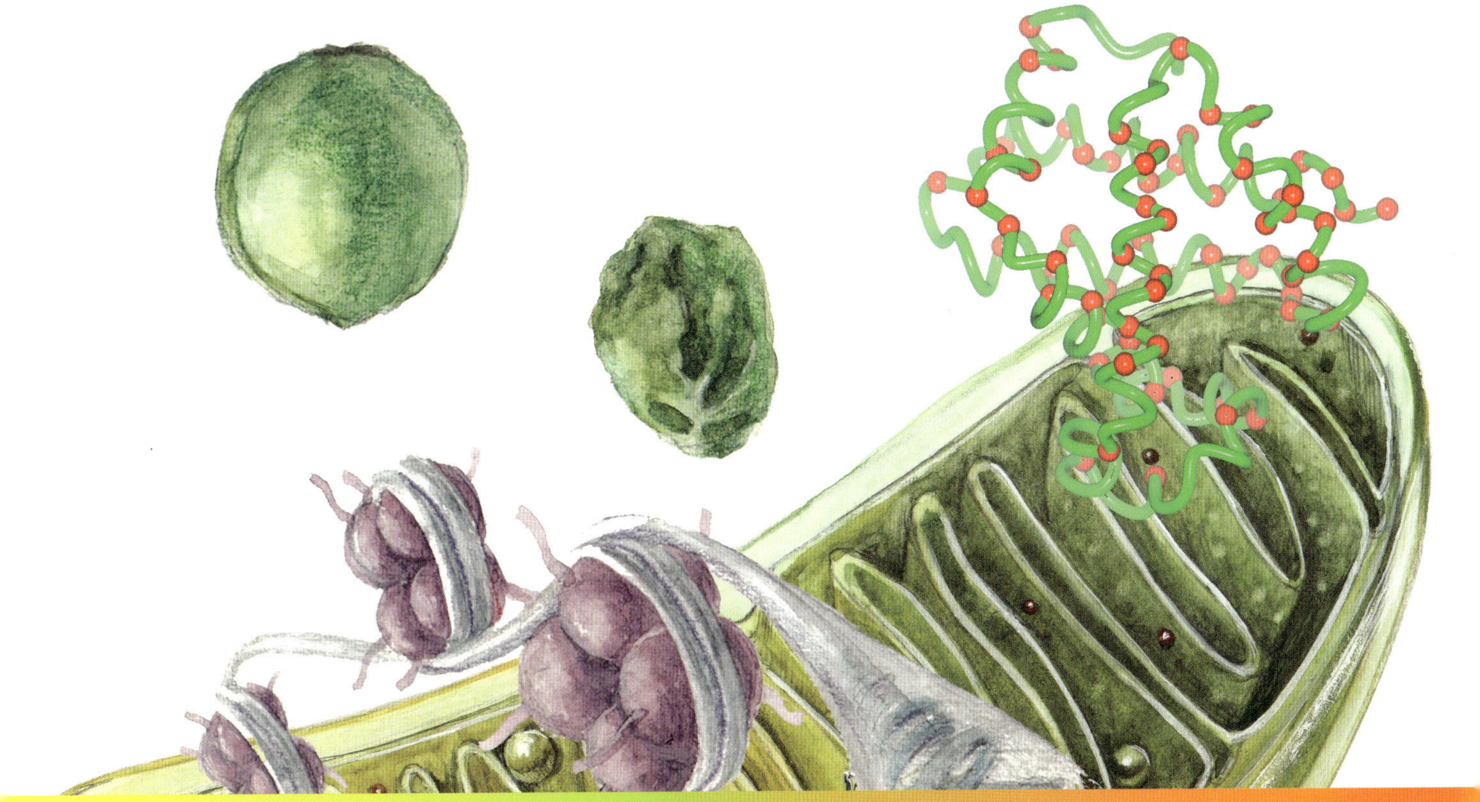

Visual Reference Book of GENE

遺伝子図鑑

国立遺伝学研究所「遺伝子図鑑」編集委員会［編］

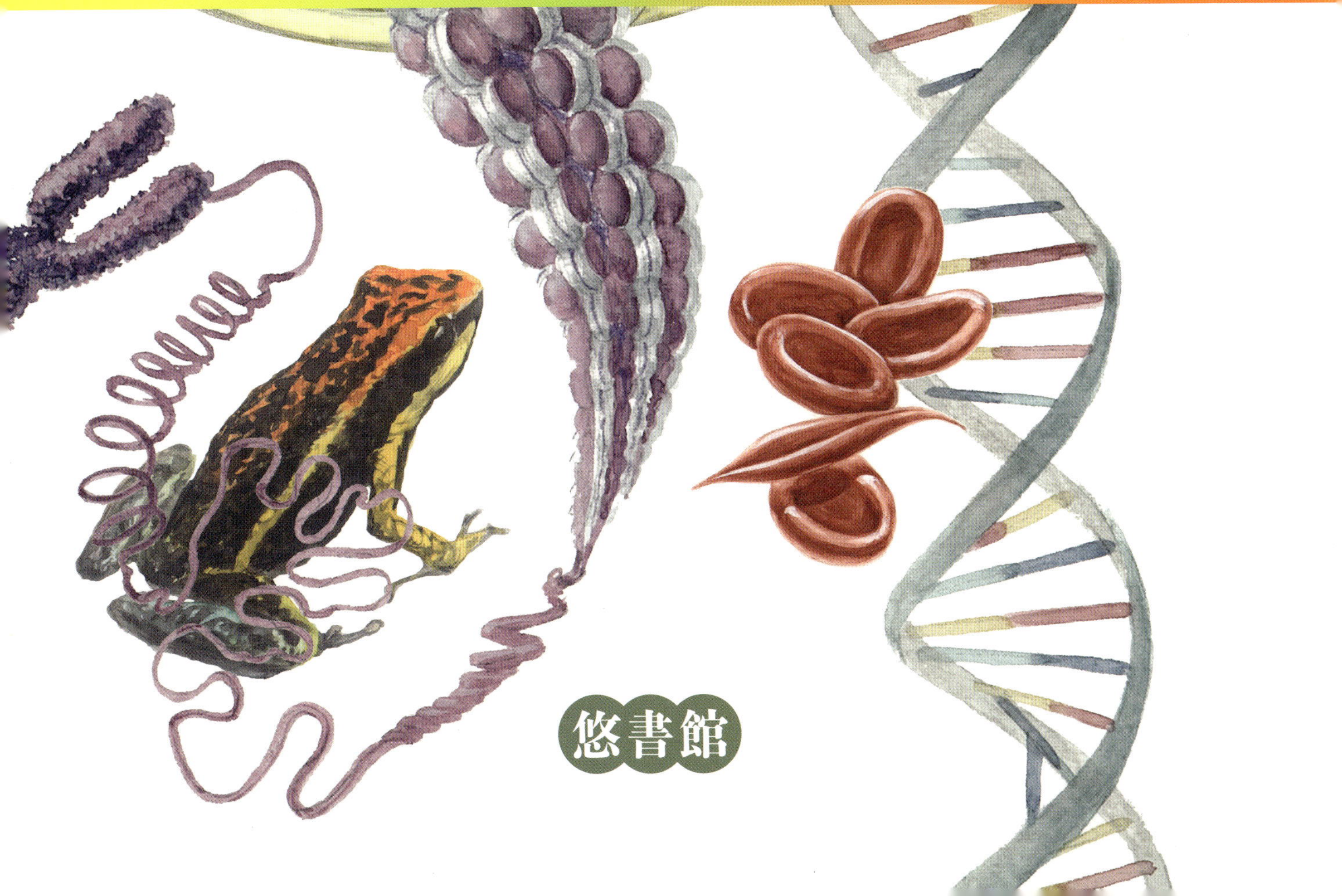

悠書館

序文

国立遺伝学研究所が60周年を迎えた今、遺伝学はとても面白い時期にきています。DNAの発見以来、遺伝学は大きく発展しましたが、大量データの時代に入り、ますます面白くなってきたのです。

本書は国立遺伝学研究所中心の、わが国における最先端の研究者による、わかりやすい解説書です。多くの図は見ていて楽しく、若い人が読みやすいようにできています。それぞれの分野における日本の研究者の貢献も、わかりやすく書かれています。

見渡せば、生命現象はとても複雑であるにもかかわらず、遺伝子－細胞－個体－集団のレベルにおいて、実にうまく統制され進化してきたことに、あらためて感心します。未解決の問題もたくさんあります。とくに分野間の境界領域にはまだ深い溝があり、今後の発展が期待されます。さいわい国立遺伝学研究所にはいろいろな分野の人がいて、お互いに交流しやすい恵まれた環境があります。木原均先生の時代から、学閥にとらわれないという面でも日本ではユニークな存在でした。わたくし自身、半世紀近く前、分子遺伝学やその他の人たちのセミナーに出席し勉強できたことはとてもプラスになりました。本書は生物学に興味をもつ、多くの若い人に役立つでしょう。

太田 朋子
（国立遺伝学研究所名誉教授・文化功労者）

『遺伝子図鑑』へようこそ

みなさん、『遺伝子図鑑』へようこそ！

この図鑑は、生命活動の鍵をにぎっている遺伝子の世界をご紹介するものとしては、日本だけでなく、世界でもはじめての試みであるといえるでしょう。なぜなら、遺伝子は目に見えないほど小さな分子、DNA にのっている情報なので、図にするのがとてもむずかしいのです。そこで本図鑑は、三部構成としました。

第Ⅰ部「生物とは」では、生物体そのものから細胞まで、三段階にわけて説明します。まず生物の多様性を第１章で紹介しました。これら生物の多様性は、遺伝子の多様性によって生じているからです。つぎに、人間をはじめとする生物のからだのしくみを第２章で説明しました。多くの細胞から構成される多細胞生物は、いろいろな器官や組織からなりたっています。生物の種類だけでなく、これら器官や組織の多様性もまた、遺伝子のはたらきによるものなのです。第３章では、生物の構成単位である細胞についてくわしく説明します。細胞までくると、個々の遺伝子のはたらきがすこしずつ見えてきます。

次の第Ⅱ部「遺伝子とは」で、いよいよ遺伝子そのものの説明に入ります。第４章では遺伝子の物質的本体である DNA とゲノムを、第５章では遺伝子とタンパク質を、第６章では遺伝子と表現型を、そして第７章では遺伝子の進化をそれぞれ説明しています。

第Ⅲ部「人間と遺伝子のかかわり」では、遺伝子の研究がどのようにわたしたちの生活に役立っているのかを、いろいろな方面から説明しています。第８章ではわたしたち人間自身のヒトゲノムについて紹介し、第９章はヒト以外のモデル生物（生物を研究するために、多様な生物界から、深く多方面において研究するのに適したものとして選ばれた少数の生物種）についての紹介です。第 10 章は品種改良や遺伝子治療など、遺伝子の研究の応用面についての紹介です。最後の第 11 章は、遺伝子を実際に研究する方法について、少し専門的になりますが、遺伝子を直接見ることができる特殊な顕微鏡や DNA の扱い方、塩基配列の決定法やデータベースの使い方などを紹

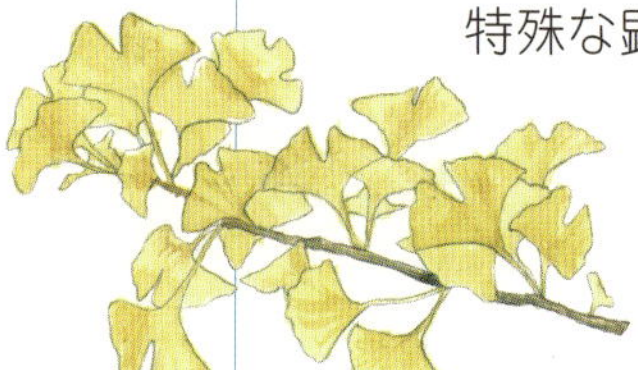

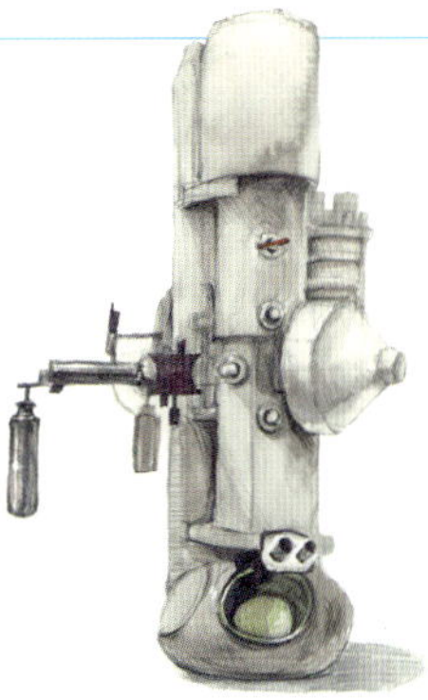

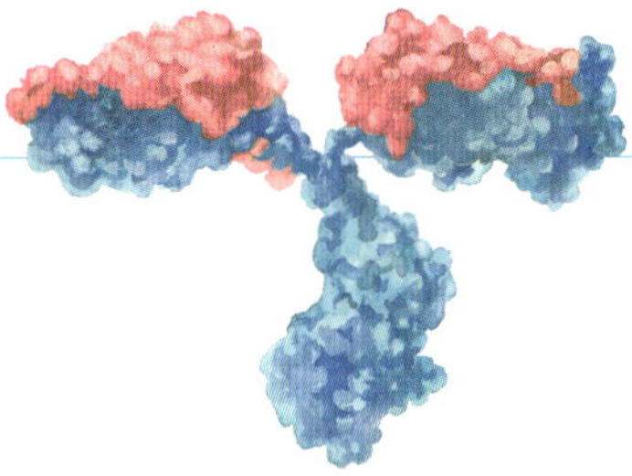

介し、最後に遺伝学の基本である遺伝子と表現型をつなぐふたつの方法（順遺伝学と逆遺伝学）を説明します。

この『遺伝子図鑑』は全部で 108 項目からなっています。それぞれの項目が見開き２頁から構成されており、どの項目からも見ていただけるようになっています。文中で他の項目に関連することばが出てきた場合には（**→ 9-1**）のように、関連項目を示しました。いくつかの項目の末尾には、遺伝子の研究を推進した国内外の著名な研究者 32 名の人物紹介があります。これらおもな部分のほかに、本図鑑に登場する生物や遺伝子の大きさ、いろいろな生物のゲノムの大きさの比較、日本人研究者が名付けた遺伝子名の紹介、遺伝子に関連したデータベース、遺伝学に関連した年表、用語解説を巻末につけました。最後に、大部分の著者が所属する国立遺伝学研究所についても簡単にご紹介しました。

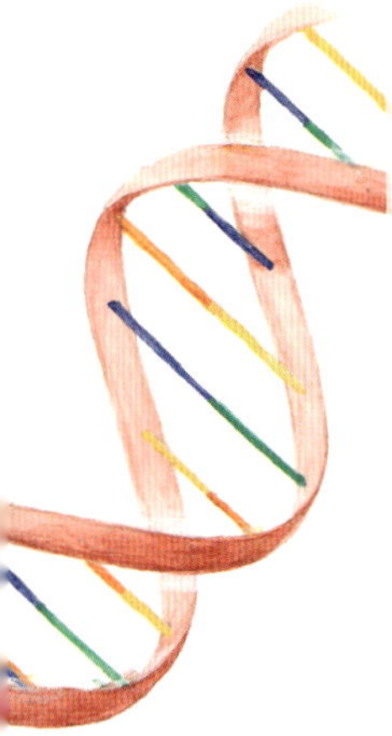

本図鑑は、2009 年に国立遺伝学研究所（略称、遺伝研）が 60 周年を迎えたのを記念して企画されたものです。ちょうどそのころ斎藤成也のところに、悠書館編集部の岩井峰人さんが新しい本の執筆を打診してきたので、斎藤を編集長として、当時遺伝研にいた７名の教員（荒木弘之、角谷徹仁、小林武彦、斎藤成也、佐々木裕之、高野敏行、藤山秋佐夫）が編集委員となり、100 項目あまりからなる『遺伝子図鑑』の執筆計画を立案しました。そこで、遺伝研に在籍していたほぼ全員の教員と数人の名誉教授に執筆を依頼しました。図鑑で重要なイラストは、東京芸術大学の大学院生を中心としたグループが、またレイアウトと一部のイラストは悠書館の岩井さんが担当しました。企画してから４年以上かかってしまいましたので、その間に編集委員を含めて、多くの教員が別の大学や研究機関などに異動しました。その結果、この『遺伝子図鑑』は、遺伝研だけでなく、日本中のいろいろな場所にいる遺伝学研究者が協力して執筆したものになりました。

『遺伝子図鑑』が多数の方々に有益であることをいのりつつ。

2013 年 9 月 11 日

国立遺伝学研究所『遺伝子図鑑』編集委員会

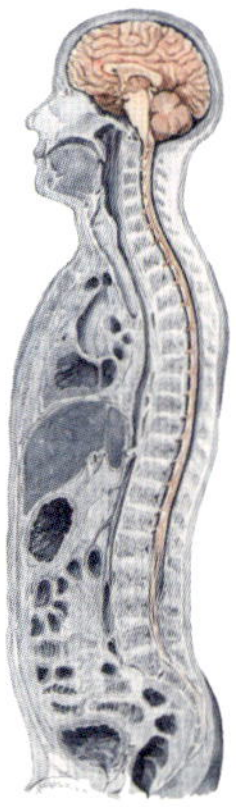

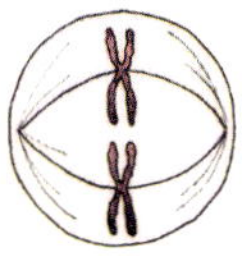

編集委員・執筆者一覧

編集委員

執筆者

〔執筆者氏名　所属　職名／執筆担当項目〕

明石　裕　進化遺伝研究部門　教授／7-1, 7-2, 7-11

浅岡　美穂　発生遺伝研究部門　助教／2-9

浅川　和秀　初期発生研究部門　助教／9-2

安達　佳樹　生物遺伝資源情報研究室　助教／5-6

荒木　弘之　副所長、微生物遺伝研究部門　教授／4-8

飯田　哲史　細胞遺伝研究部門　助教／4-6

池尾　一穂　遺伝情報分析研究室　准教授／7-14

池村　淑道　長浜バイオ大学客員教授；遺伝研名誉教授；もと進化遺伝研究部門教授／4-3, 4-4

一柳　健司　九州大学生体防御医学研究所助教；もと人類遺伝研究部門助教／6-7

伊藤　啓　超分子構造研究室　助教／7-4

井ノ上逸朗　人類遺伝研究部門　教授／8-6, 8-10, 10-4

岩里　琢治　形質遺伝研究部門　教授／8-8

上田　龍　無脊椎動物遺伝研究室　教授／1-5

榎本　和生　東京大学大学院理学系研究科教授；もと新分野創造研究センター准教授／3-7, 3-10

小笠原　理　遺伝子発現解析研究室　助教／5-3

長田　直樹　進化遺伝研究部門　助教／7-1, 7-2, 7-11

小野　浩雅　情報・システム研究機構ライフサイエンス統合データベースセンター特任助教／5-4

角谷　徹仁　育種遺伝研究部門　教授／9-5

桂　勲　所長、遺伝研名誉教授；もと構造制御研究室教授／9-4

神沼　英里　大量遺伝情報研究室　助教／3-9, 11-4

川上　浩一　初期発生研究部門　教授／4-11

川崎　能彦　脳機能研究部門　助教／6-6

河邊　昭　京都産業大学総合生命科学部准教授；もと集団遺伝研究部門博士研究員／7-5

木村　暁　細胞建築研究室　准教授／3-1

久保　貴彦　植物遺伝研究室　助教／6-4

倉田　のり　植物遺伝研究室　教授／10-5

来栖　光彦　もと遺伝子回路研究室　助教／2-4

小出　剛　マウス開発研究室　准教授／6-5

小久保博樹　広島大学大学院医歯薬保健学研究科講師；もと発生工学研究室助教／2-2, 6-3

五條堀　孝　副所長、遺伝情報分析研究室　教授／7-15

小林　武彦　細胞遺伝研究部門　教授／4-10

小林　由紀　もと遺伝情報分析研究室博士研究員／1-11, 7-9

小見山智義　東海大学医学部准教授／10-4

近藤　周　無脊椎動物遺伝研究室　助教／9-3

斎藤　成也　集団遺伝研究部門　教授／1-1, 1-2, 7-7, 7-8, 7-10, 7-14, 8-7, 8-9, 8-12

相賀裕美子　発生工学研究室　教授／2-3, 11-6

酒井　則良　小型魚類開発研究室　准教授／2-6, 3-3

佐瀬　英俊　沖縄科学技術大学院大学准教授；もと育種遺伝研究部門助教／2-5, 6-8

佐渡　敬　九州大学生体防御医学研究所准教授；もと人類遺伝研究部門助教／4-7, 8-5

柴原　慶一　もと育種遺伝研究部門准教授／3-4

嶋本　伸雄　京都産業大学総合生命科学部教授；もと超分子機能研究室教授／3-6, 5-8

清水　裕　発生遺伝研究部門　助教／1-6

白木原康雄　超分子構造研究室　准教授／5-9

城石　俊彦　哺乳動物遺伝研究室　教授／9-1, 11-5

新屋みのり　小型魚類開発研究室　助教／6-2

菅原　秀明　遺伝研名誉教授； もと分子分類研究室　教授／10-6

鈴木えみ子　遺伝子回路研究室　准教授／2-8, 3-8

鈴木　善幸　名古屋市立大学教授；もと遺伝情報分析研究室助教／1-11, 7-9

隅山　健太　集団遺伝研究部門　助教／7-12

清野　浩明　分子機構研究室　助教／4-1

高木　利久　東京大学大学院新領域創成科学研究科教授；データベース運用開発研究室教授を兼任／5-4

高田　英昭　哺乳動物遺伝研究室　助教／3-4

高野　敏行　京都工芸繊維大学ショウジョウバエ遺伝資源センター教授；もと集団遺伝研究部門准教授／6-1, 7-5, 7-6

高橋　文　首都大学東京大学院理工学研究科准教授；もと集団遺伝研究部門助教／7-3

舘野　義男　遺伝研名誉教授； 韓国 Daegu Gyeongbuk Institute of Science and Technology 客員教授；もと遺伝子機能研究室教授／4-12, 8-2

田中　誠司　微生物遺伝研究部門　助教／3-2

田村　勝　理化学研究所バイオリソースセンター研究員；もと哺乳動物遺伝研究室助教／10-2

筒井　康博　東京工業大学大学院生命理工学研究科助教；もと変異遺伝研究部門助教／4-9

豊田　敦　比較ゲノム解析研究室　特任准教授／11-3

中込　弥男　もと人類遺伝研究部門教授／8-9

中村　保一　大量遺伝情報研究室　教授／11-4

中山　秀喜　京都産業大学総合生命科学部助教；もと超分子機能研究室助教／5-7

仁木　宏典　原核生物遺伝研究室　教授／1-10, 3-11, 9-7

西島　仁　徳島大学医学部助教；もと育種遺伝研究部門助教／4-2

野澤　昌文　遺伝情報分析研究室　助教／7-15

野々村賢一　実験圃場　准教授／2-7, 10-1

長谷川政美　中国復旦大学教授；もと統計数理研究所教授／1-3, 1-4

馬場　知哉　情報・システム研究機構新領域融合研究センター　准教授／10-3

日詰　光治　微生物遺伝研究部門　助教／11-2

平田たつみ　脳機能研究部門　准教授／2-1

広瀬　進　遺伝研名誉教授；もと形質遺伝研究部門　教授／4-5, 5-5

深川　竜郎　分子遺伝研究部門　教授／3-5, 8-11

福地佐斗志　前橋工科大学准教授；もと大量遺伝情報研究室助教／7-13

藤山秋佐夫　国立情報学研究所教授；比較ゲノム解析研究室教授を兼任／4-13, 8-1, 8-3, 8-4

古谷　寛治　京都大学放射線生物研究センター講師；もと原核生物遺伝研究室助教／9-6

細道　一善　人類遺伝研究部門　助教／8-6, 8-10

前島　一博　生体高分子研究室　教授／11-1

宮崎さおり　実験圃場　助教／1-7, 2-7

柳原　克彦　情報・システム研究機構新領域融合研究センター　准教授／4-14

山尾　文明　遺伝研名誉教授；もと変異遺伝研究部門教授／5-1, 5-2

山崎由紀子　系統情報研究室　准教授／1-8, 1-9

※五十音順に掲載。

※所属・職名は 2013 年 9 月現在のもの。

もくじ

第Ⅰ部 生物とは

【第1章】
生物——その多様性

【第2章】
生物のからだのしくみ

【第 3 章】
細胞——生物の構成単位

第 II 部 遺伝子とは

【第 4 章】
DNA とゲノム

【第 5 章】
遺伝子とタンパク質

【第6章】
遺伝子と表現型

【第7章】
遺伝子の進化

第III部 人間と遺伝子とのかかわり

【第8章】 ヒトゲノム

【第9章】 モデル生物研究の貢献

【第10章】 生活と遺伝子

【第11章】 遺伝子の研究方法

付録

人物紹介

第Ⅰ部 生物とは

【第1章】生物——その多様性

生物の大きな特徴は、その多様性にあります。その基礎となっているのは遺伝子の多様性ですが、この章ではまず、生物の多様性を考えます。わたしたち人間からはじまって、霊長類、哺乳類、脊椎動物まで、生命の環を広げていきます。さらに昆虫、無脊椎動物、植物、菌類の多様性を紹介します。そのあと、これらすべての生物が含まれる真核生物全体と、それとはまったく異なる原核生物の多様性を概観します。最後に、ウイルスの多様性を紹介します。

カメには頭骨の側頭窓がないので、原始的な爬虫類だと考えられてきましたが、分子系統学から、いわゆる爬虫類のなかで最初に分岐したのは有鱗類とムカシトカゲのグループであり、カメはもっと進化した鳥類とワニに近縁であることが明らかになってきました。つまり、カメに側頭窓がないのは、進化の過程で失われてしまったからではないかと考えられます。

1-1

人間の多様性

筆者：斎藤成也

現在、地球上に広く分布する人間（学名 *Homo sapiens*、ホモ・サピエンス）の祖先は、今から20万年ほど前に、アフリカ大陸で誕生したと考えられています。当時はまだ、ユーラシア大陸にネアンデルタール人（旧人）が存在し、また東南アジアのフロレス島には原人（学名 *Homo erectus*、ホモ・エレクトス）の末えいが、ほそぼそと生きながらえていました。

私たちの先祖はアフリカから出て、西アジア、ヨーロッパ、南アジア、東南アジア、オーストラリア、東アジア、北アメリカ、南アメリカへと、つぎつぎに拡散していきました（図1）。これらの拡散経路とその年代は、主に遺伝子DNAの研究から推定されたものです。DNAは自己複製（**→4-8**）を繰り返すうちに、まれに突然変異（**→7-3, 4, 5**）を生じます。突然変異が子孫に伝わることによって、突然変異をおこしていない系統との差が生じ、遺伝子の系統樹（**→7-7**）がつくられます。これまでに、ミトコンドリアDNAやY染色体DNAがくわしく研究されています。

ミトコンドリアDNAからみた母系の系図

人間が地球上に拡散していくのにつれて、人間のもつ遺伝子DNAも多様化していきました。細胞内のミトコンドリア（**→3-8**）に存在するミトコンドリアDNAは、母親だけから伝わる母系遺伝をするので、図2に示したミトコンドリアDNAの系統樹は、53人の母系の系図を示します。最初、アフリカ人のなかだけで系統が枝分かれしていき、★印以降になって、はじめてアフリカ以外の人間のDNAが分岐していっています。このような人類の進化系統を調べるために、現在では、短いものを含めると、数万人のミトコンドリアDNA塩基配列のデータが、塩基配列データベース（**→11-4**）に入っており、世界中の研究者に利用されています。

図1．過去20万年における現代人の拡散

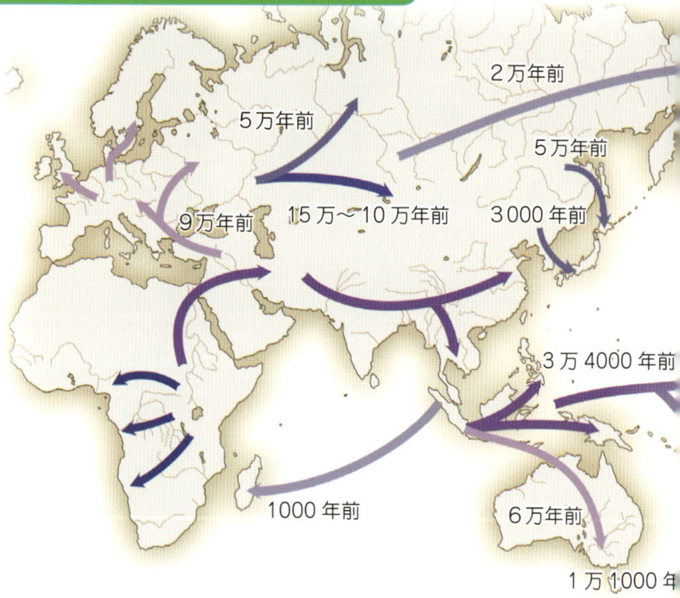

図2．ミトコンドリアDNAからみた現代人類集団の近縁関係

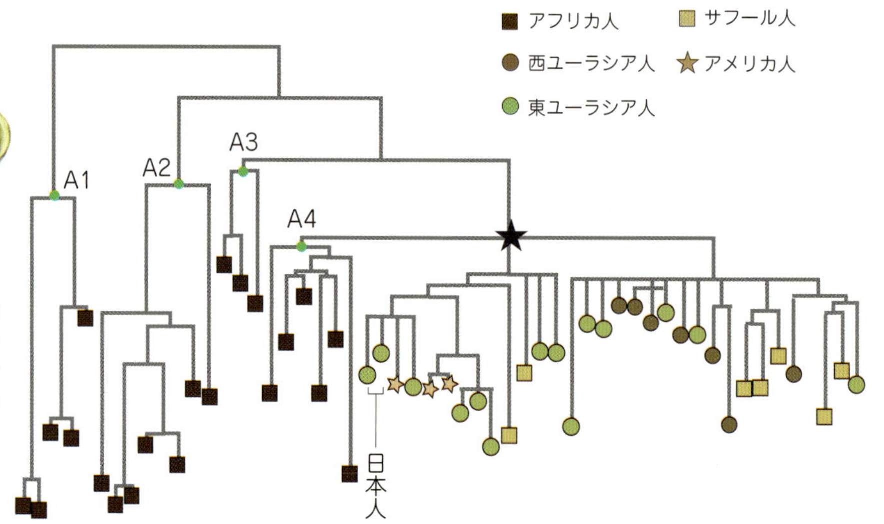

最初はアフリカ人のなかだけで系統が枝分かれしていき、徐々にさまざまな人類集団に分かれていきました。

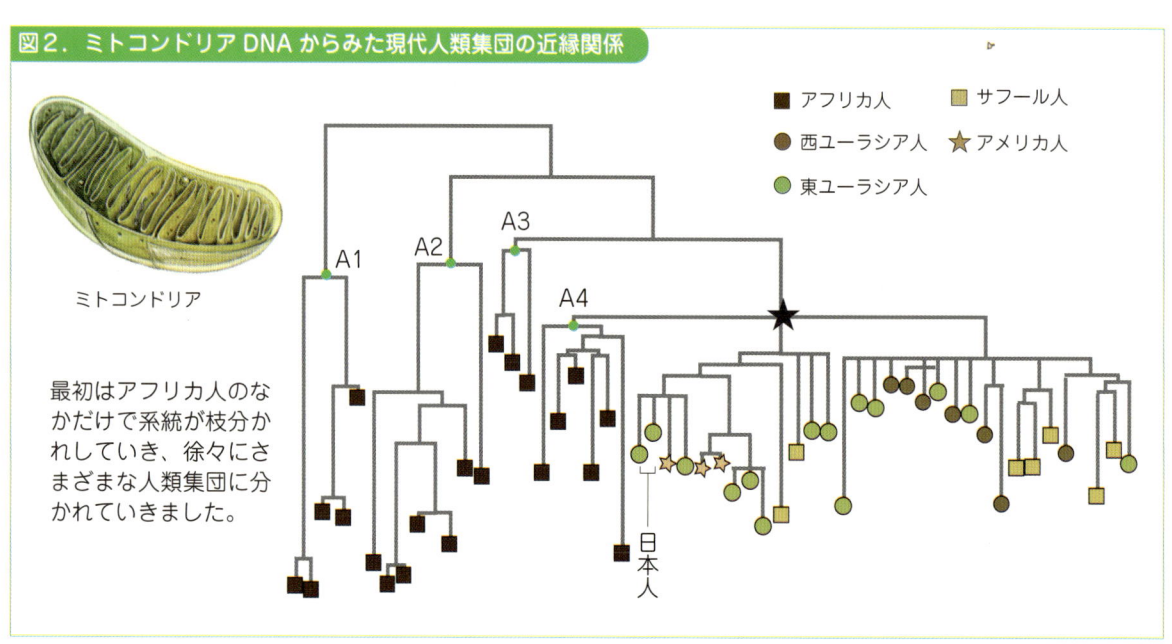

Y染色体からみた男系の系図

哺乳類のオスは性染色体（→**8-5**）としてX染色体とY染色体を1本ずつ、それぞれ母親と父親から伝えられてもっています。人間も同じです。Y染色体は父から息子にだけ伝わるので、父系をたどることができます（図3）。これは、母系をたどるミトコンドリアDNAと対照的です。

図3．Y染色体から見た現代人類集団の近縁関係

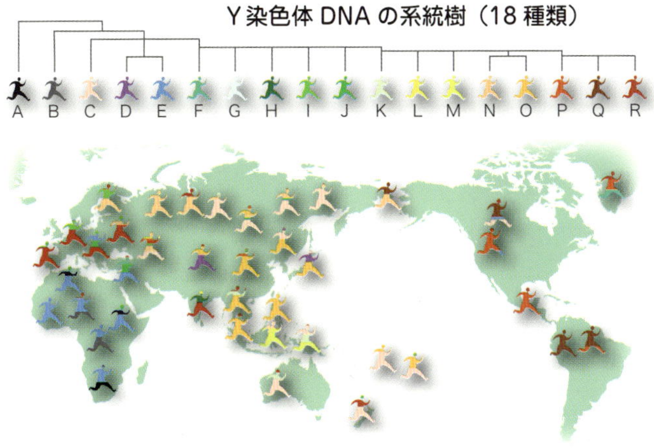

いろいろな地域の人類集団が分布する頻度を示しています。地域によって各タイプの頻度が大きく異なることが分かります。また最初に枝分かれしたAタイプやBタイプが、アフリカの集団だけに分布していることが分かります。

ヒトゲノムからみた人類集団間の系統樹

遺伝子ごとの系統樹と異なり、ヒトゲノムを用いることによって、人類集団間の系統樹を推定することもできます。ヒトゲノムには32億塩基もの膨大なDNAが存在するので、それら多数の遺伝情報を重ね合わせて、人類集団がどのように進化してきたのかが推定できます（図4・5）。

東アフリカのどこか（南アフリカの可能性も最近いわれています）で誕生した現代人の祖先は、アフリカのなかで広がっていったあと、ユーラシア大陸に進出しました。この図で示したように内陸を歩いていった可能性と、海岸沿いに移動した可能性があります。

図4．世界26集団の系統樹

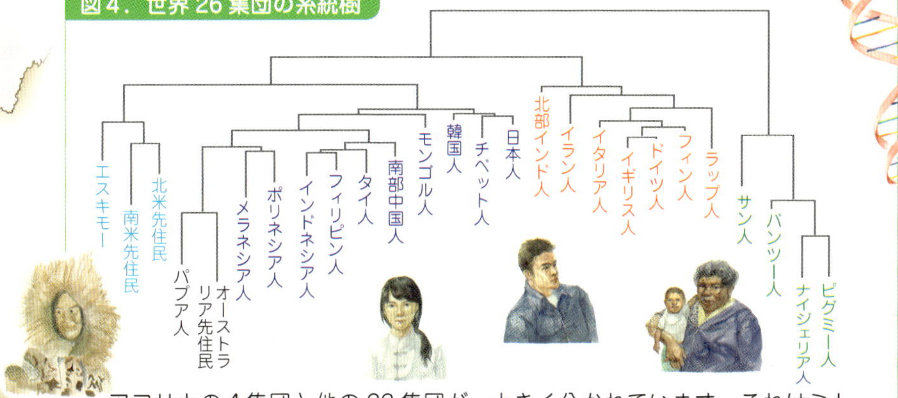

アフリカの4集団と他の22集団が、大きく分かれています。これはミトコンドリアDNAやY染色体DNAのような遺伝子の系統樹の結果と同様に、人間がアフリカ起源であることを示唆しています。この系統樹では、日本人はチベット人、韓国人と近く、またモンゴル人とも近いことが分かります。

図5．核DNAからみたアジア人類集団の近縁関係

この図は個人鑑定でよく用いられる、遺伝的個体差の大きいマイクロサテライトDNA多型（→**8-2**）103種類を用いて推定した、アジアを中心とする人類集団の系統関係です。

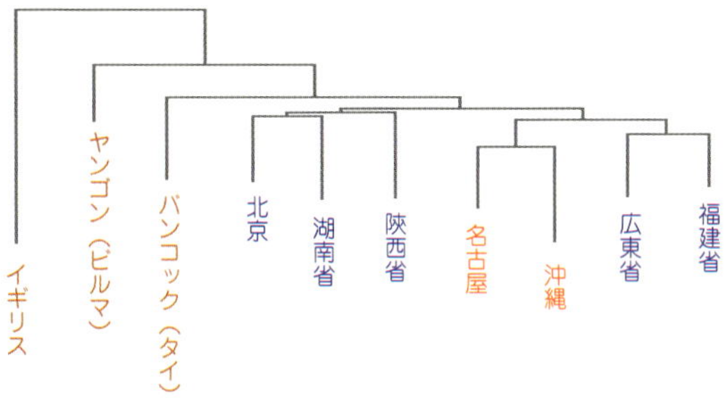

集団間の根井の遺伝距離を提唱——根井正利（ねい・まさとし、1931年〜）

生物集団間の遺伝的近縁関係を示す「根井の遺伝距離」の提唱者として知られ、また世界26集団の系統樹の結果をはじめとして、人類集団の遺伝的系統関係を解明した研究者でもあります。世界の3大人類集団（アフリカ人、東ユーラシア人、西ユーラシア人）の間の系統関係を多数の遺伝子の情報を用いて調べ、東西ユーラシア人が遺伝的に近いことをはじめて示しました。これは後にミトコンドリアDNAの研究によって提唱された現代人アフリカ起源説のきっかけにもなりました。人類進化の研究の他に、タンパク質やDNAの進化を研究する分子進化学の分野で大きな成果をあげ、国際生物学賞などを受賞しました。

1–2

霊長類の多様性

筆者：斎藤成也

霊長類は哺乳類の仲間です。およそ１億年ほど前に他の哺乳類から分かれて、独自の進化をはじめました。ただ、現在地球上に生きている約 200 種の霊長類の大部分は、絶滅危惧種とされています。森林で生活したためか、左右の眼が前にならんで立体視ができ、平らな爪と指紋をもつ５本の指で木の枝をしっかりつかみ、また他の哺乳類にくらべると脳が大きくなっています。

霊長類の系統関係

霊長類は、大きく原猿類と真猿類に分かれます（図１）。原猿類は「原始的な猿」という意味であり、その内の一種ロリスは東南アジアに、またブッシュベビーはアフリカ大陸に、キツネザル類はマダガスカル島に分布しています。東南アジアに分布する眼の大きなメガネザルは、かつては原猿類に分類されていましたが、現在では真猿類に系統的に近いことが分かっています。真猿類は「真の猿」という意味であり、鼻の穴の形を基準として、広鼻猿類《こうびえんるい》と狭鼻猿類《きょうびえんるい》に大きく分かれます。広鼻猿類は中南米に分布するので、「新世界猿」ともよばれます（アメリカ大陸はヨーロッパ人から「新世界」とよばれていました）。尾の裏が特殊な構造をしていて、腕のように木の枝に巻き付けることができるので、「オマキザル」ともよばれます。広鼻猿類には、リスザル、クモザル、ホエザル、マーモセット、タマリンなどがいます。

図１．霊長類の系統関係

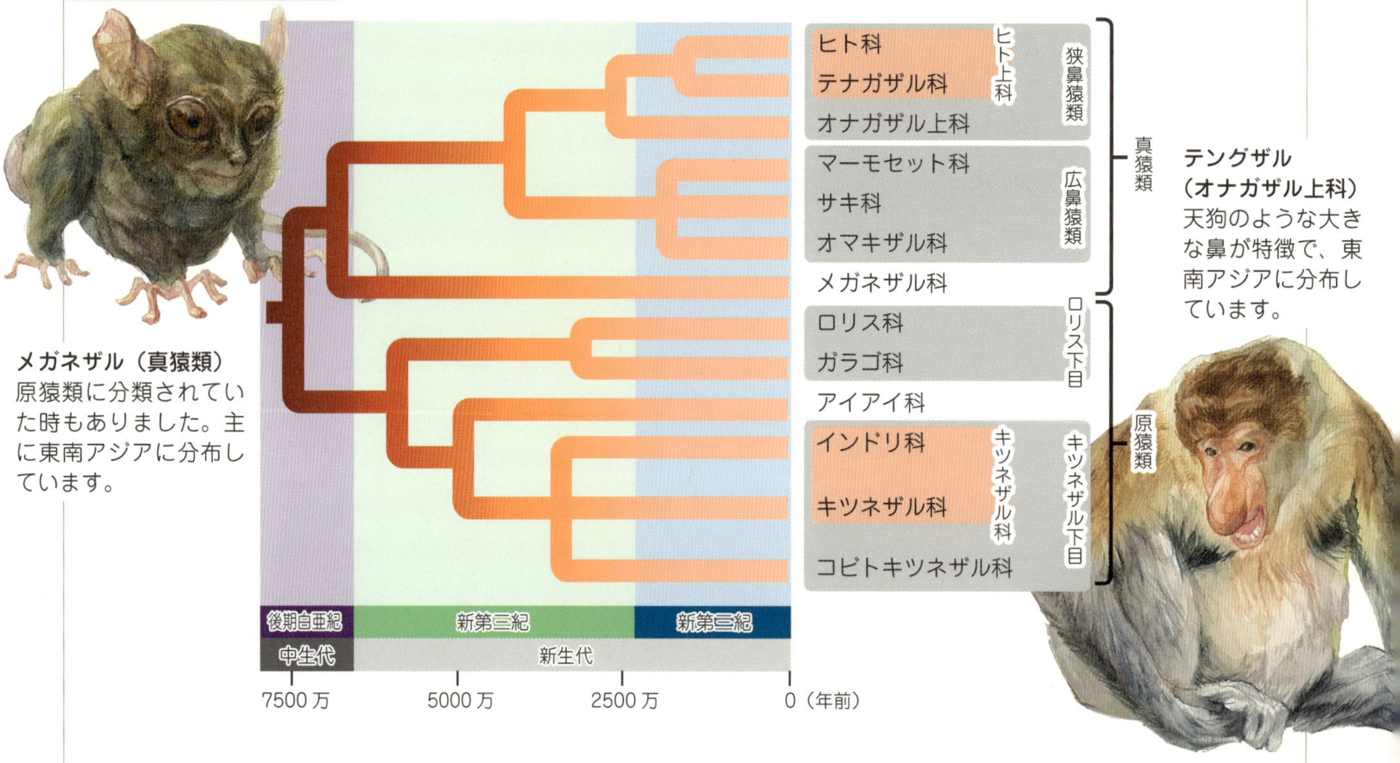

霊長類の間での遺伝子の違い

系統的にヒトから遠いので、新世界猿は遺伝子からみてもヒトといろいろな違いがあります。ヒトを含む狭鼻猿類は、ビタミンＣを合成するのに必要なグルノラクトン酸化酵素の遺伝子が壊れているので、ビタミンＣを食物から摂取する必要がありますが、新世界猿と原猿類はビタミンＣを体内で合成できます。一方、狭鼻猿類はＸ染色体上に緑オプシンと赤オプシンという２種類の色覚タンパク質の遺伝子をもっていて、別の染色体にある遺伝子からつくられる青オプシンとともに光の３原色（赤・青・緑）を認識できますが、新世界猿はＸ染色体上に１種類のオプシンしかないので、色の認識が異なっています。

ゴリラ（ヒト科）
体が大きく草食。アフリカ中央部のジャングルに分布。

狭鼻猿類の系統関係

狭鼻猿類はオナガザル上科とヒト上科に分かれます。前者はアフリカ大陸とユーラシア大陸およびその周辺の島々に分布するので、「旧世界猿」ともよばれます。旧世界猿には、ニホンザルやアカゲザル、カニクイザル、ブタオザルなど、主としてユーラシアに分布する猿が含まれるマカク類や、主としてアフリカに分布するヒヒ類があります。これらの２種類以外にも、インドの猿神のモデルであるハヌマン・ラングールや、天狗のように大きな鼻をもつテングザルなど、多数の種類がいます。

ヒト上科の系統関係

ヒト上科はヒト科とテナガザル科に分かれます（図2）。ヒト以外のヒト科の種（チンパンジー、ボノボ、ゴリラ、オランウータン）は「大型類人猿」、テナガザルは「小型類人猿」とよぶことがあります。テナガザルとオランウータンは東南アジアに分布しますが、チンパンジー、ボノボ、ゴリラはアフリカに分布します。ヒトは系統的にチンパンジーおよびボノボと最も近縁なので、ヒトの祖先はアフリカで出現したと考えられます。

図2．ヒト上科の系統

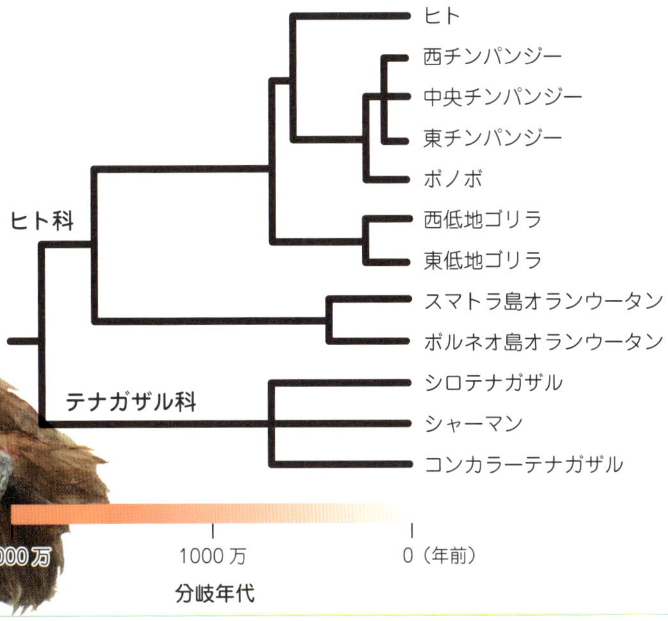
ヒト
西チンパンジー
中央チンパンジー
東チンパンジー
ボノボ
西低地ゴリラ
東低地ゴリラ
スマトラ島オランウータン
ボルネオ島オランウータン
シロテナガザル
シャーマン
コンカラーテナガザル
ヒト科
テナガザル科
2000万
1000万
0（年前）
分岐年代

オランウータン（ヒト科）

遺伝子からみたヒト上科の多様化

ヒトゲノム中には、Rh式血液型遺伝子が遺伝子重複（→**7-12**）により２個あります（→**8-7**）。この遺伝子重複が生じたのは、ヒト上科の共通祖先種がオナガザル上科と分かれた後です。ヒト上科のRh式血液型遺伝子では、アミノ酸がひんぱんに変化する正の自然淘汰（→**7-11**）が働いていることが知られています。Rh式血液型遺伝子が遺伝子重複を生じたのと同じ頃に、免疫グロブリン（→**8-8**）のC α 遺伝子も重複をしました。その後、オランウータンの系統では片方の遺伝子が消えてしまいましたが、他の系統では２個ともが現在でも存在しています。

図3．ヒトと他の霊長類とのゲノムの違い

2003年にヒトゲノムの塩基配列がほぼ決定されましたが、それに続いて2004～05年にチンパンジーのゲノムが、2006年にはアカゲザルのゲノムが解読されました。ゴリラとオランウータンのゲノムもすでに塩基配列が決定されました。

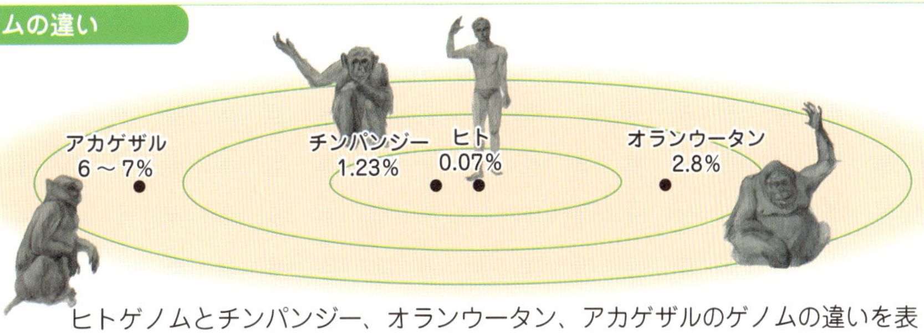
アカゲザル
6～7%
チンパンジー
1.23%
ヒト
0.07%
オランウータン
2.8%

ヒトゲノムとチンパンジー、オランウータン、アカゲザルのゲノムの違いを表したものです。ヒトの場合は種内の多様性の量を示しています。

全生物を分類した『自然の体系』を刊行

カール・フォン・リンネ（Carl von Linné、1707～1778年）

スウェーデンの博物学者。もともと植物分類の専門家でしたが、当時知られていた全生物を分類した『自然の体系』を刊行して、属名と種小名をセットにして生物を表わす「二名法」を普及させました。人間の学名（*Homo sapiens*）や霊長類（*Primates*）を提唱したのも彼です。この方式は現在にいたるまで生物分類で用いられています。

哺乳類の多様性

筆者：長谷川政美

脊椎《せきつい》動物のなかで、哺乳類は名前のとおり子どもを乳で育てるという特徴をもち、ハリモグラ、カモノハシなどの単孔類《たんこうるい》、カンガルー、オポッサムなどの有袋類《ゆうたいるい》、ヒト、イヌ、ウシ、ゾウなどの真獣類《しんじゅうるい》という3つのグループがあります。単孔類はオーストラリア、ニューギニアに生息し、哺乳類であるにもかかわらず卵を産みます。有袋類はオーストラリア、ニューギニア、南米、北米に生息し、名前のように雌が袋をもち、そのなかで子どもを育てます。真獣類がそのほかの哺乳類すべてを含む、最大のグループです。これらのグループの進化における関係を示すと、図1のようになります。

真獣類の系統樹

下の図で示された真獣類の系統樹は、形態をもとに考えられてきたこれまでの系統樹とは、いくつかの点で食い違っています。コウモリ（翼手目）は霊長目に近いと考えられてきたのですが、実はウマなどの奇蹄目《きていもく》や、イヌ、ネコなどの食肉目に近いことが明らかになり、これらを含むグループは、空を飛ぶウマであるギリシャ神話のペガサスにちなんで「ペガソフェラエ」とよばれています。またクジラ目がウシ、カバ、ラクダなどの偶蹄目《ぐうていもく》に近いという考えは以前からあったのですが、系統的には近いだけではなく偶蹄目の内部に入ってくる、つまり偶蹄目のなかでも特にカバに近いことが分かってきました。そのため、従来の偶蹄目というグループ名は系統を反映したものではないということで、クジラ目と偶蹄目を合わせてクジラ偶蹄目とよばれるようになってきました。

図1．哺乳類の系統樹

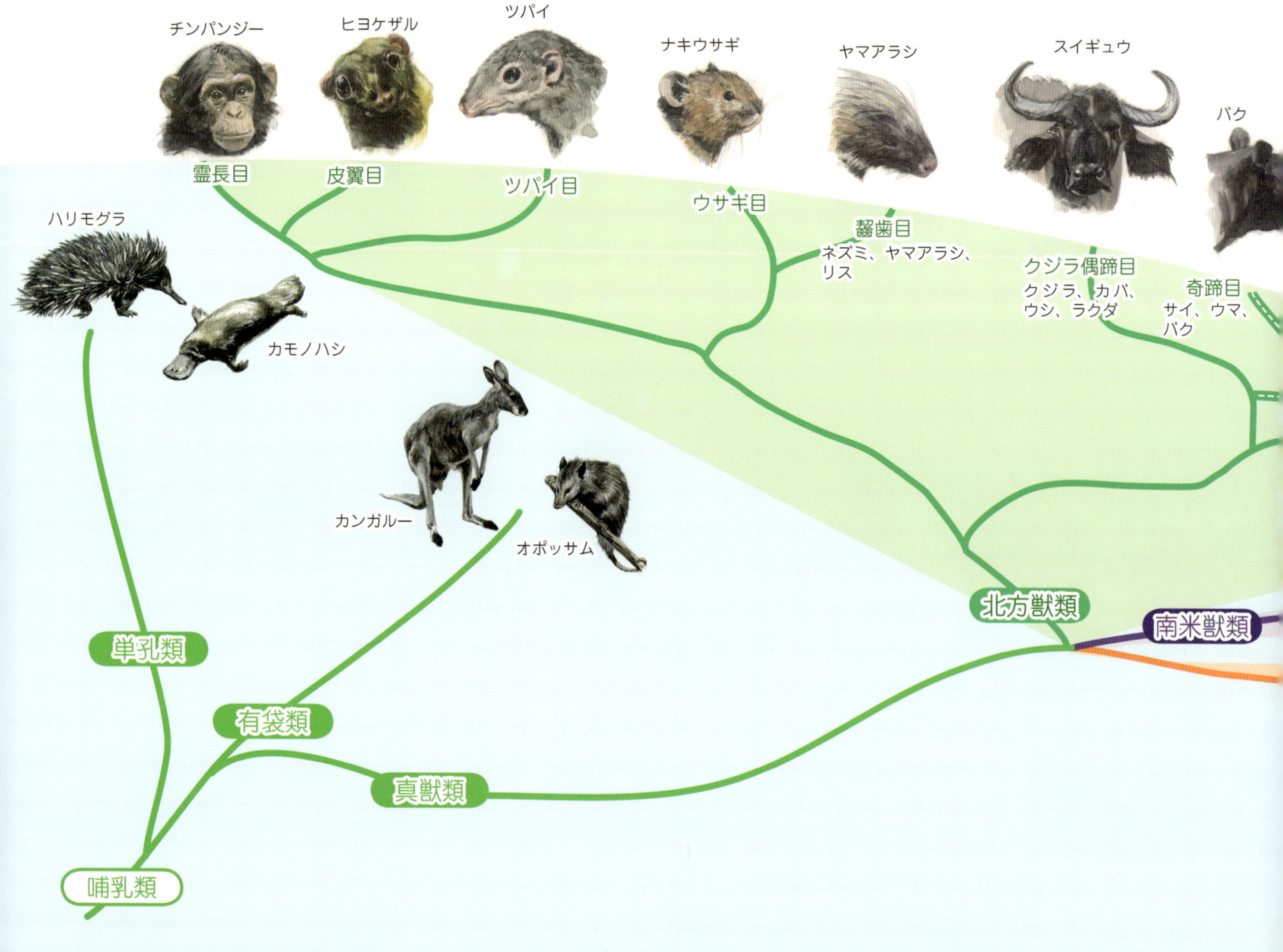

真獣類の収斂進化《しゅうれんしんか》

図1の系統樹に示すように、真獣類内部の進化の歴史も近年の遺伝子解析によって、かなりくわしく分かってきました。ここでの思いがけない発見のひとつは、外見がそっくりなために同じ食虫目に分類されていたハリネズミとマダガスカルのテンレック、モグラとアフリカのキンモグラが、実は別々のグループから進化してきたものということが明らかになったことです（図2）。そのため、ハリネズミやモグラは真無盲腸目《しんむもうちょうもく》、テンレックやキンモグラはアフリカトガリネズミ目という別々の目に分類されるようになりました。このように、似た特徴が異なる系統で独立に進化することを、「収斂進化」といいます。アフリカトガリネズミ目は、実はゾウ、ジュゴン、ハイラックス、ツチブタなど、もともとアフリカで進化した真獣類のグループに属するのです。

図2．収斂進化

真無盲腸目
モグラ
キンモグラ
似た形態に収斂
アフリカトガリネズミ目
ハリネズミ
ハリテンレック
別々の系統の種が、たまたま同じような生息環境で進化した結果、似た形態になることがあります。
近年の遺伝子解析によって、いくつかの収斂進化が明らかにされました。

大陸移動と真獣類の進化

真獣類進化の初期、アフリカと南米はつながっていて、ゴンドワナ超大陸の一部となっていました（図3）。大陸はしだいに分裂し、アフリカは2000万年前にユーラシアと、南米は250万年前に北米と陸続きになるまでそれぞれ孤立した大陸でした。アフリカ獣類と南米獣類はその時期に、それぞれの大陸で独自に進化したグループで、大陸移動の歴史が真獣類の進化に大きくかかわってきたことが分かってきました。真獣類最大のグループの北方獣類は、もともと北半球のローラシア大陸で進化したとされています。

図3．大陸移動による真獣類の分裂

ローラシア大陸
北方獣類
アフリカ
南米獣類
アフリカ獣類
インド
ゴンドワナ超大陸
オーストラリア
南米
南極
1億3000万年前

北方獣類
アフリカ獣類
南米獣類
1億500万年前
◀およそ1億年前に、アフリカと南米が分裂しました。これによって、南米獣類とアフリカ獣類も分裂します。
北方獣類
アフリカ獣類
南米獣類
7500万年前
◀大陸移動とともに、南米獣類とアフリカ獣類も独自に進化していきました。
ヒョウ
コウモリ
食肉目・有鱗目
オットセイ、ヒョウ、センザンコウ
翼手目
ペガソフェラエ
モグラ
アルマジロ
真無盲腸目
モグラ、ハリネズミ
異節目
アリクイ、アルマジロ、ナマケモノ
ハネジネズミ
テンレック
ツチブタ
アフリカトガリネズミ目
テンレック、キンモグラ
長脚目
アフリカ獣類
管歯目
ゾウ
長鼻目（ゾウ）・海牛目（ジュゴン）・イワダヌキ目（ハイラックス）
ジュゴン

1−4

脊椎動物の多様性

筆者：長谷川政美

脊椎《せきつい》動物とは、椎骨がつながった脊椎、つまり背骨をもつ動物のことを指します。現生の脊椎動物には、ヤツメウナギやヌタウナギなどの無顎類《むがくるい》（円口類《えんこうるい》ともいう）と、軟骨魚類、硬骨魚類、四足動物など顎《あご》を進化させた有顎類がいます。有顎類のなかには、動物界で史上最大のシロナガスクジラや、すでに絶滅した恐竜を含みます。特に陸上動物の大型化は、脊椎動物の進化によってはじめて可能になったといえるでしょう。

有顎類の進化

有顎類のなかで最初に他から分かれたのが、サメ、エイなどの軟骨魚類です（図1）。軟骨魚類以外の魚類を一般には硬骨魚類とよびますが、そのなかから陸上に上がった四足動物が進化しました。四足動物は、硬骨魚類のなかの肺魚など肉鰭類《にくきるい》に近い仲間から進化したと考えられます。肉鰭類には、ハイギョ以外に現生のものとしてはシーラカンスがいますが、シーラカンスもハイギョとともに四足動物の姉妹群であるかどうかは、まだ不明です。硬骨魚類のうちで肉鰭類以外のわれわれが日常目にする魚は、条鰭類《じょうきるい》とよばれています。最初に陸に上がった四足動物が両生類です。現生の両生類は、カエルなどの無尾目《むびもく》、イモリ、サンショウウオなどの有尾目《ゆうびもく》、アシナシイモリの無足目《むそくもく》の３大グループから構成されています。両生類は陸上に進出したものの、一生のすべてを陸上で過ごすことはできません。カエルなどをみても分かるように、卵は水中で産み落とされ、オタマジャクシの段階までは水中で過ごさなければなりません。

羊膜と陸上への進出

陸上に進出するにあたっての最大の困難は、乾燥でした。卵のなかの胚を覆う膜である羊膜《ようまく》を進化させ、そのなかを羊水で満たす方法を進化させた羊膜類は、その一生を陸上で過ごせるようになりました（図2）。現生の羊膜類は、哺乳類の系統と爬虫類の系統のふたつに大別されます。爬虫類の系統に鳥類が含まれます。

図2．鳥類の卵の構造

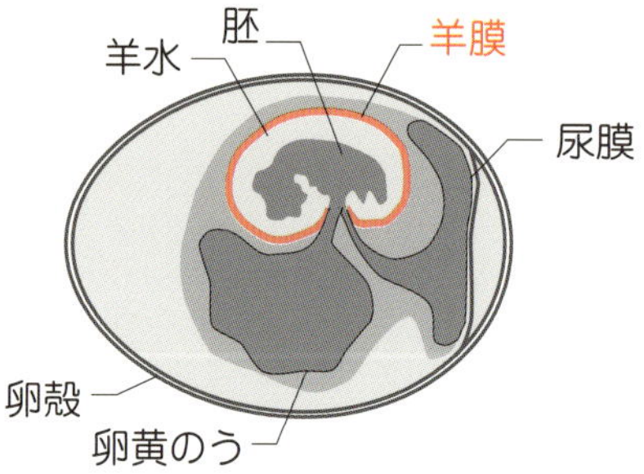

羊膜類は、羊膜の獲得によって陸上で過せるようになりました。

図1．有顎類の系統樹

鳥類は恐竜の生き残り

鳥類に一番近縁な現存する生物は爬虫類のワニですが、実は恐竜の仲間から鳥類が進化してきたものと考えられます（図3）。つまり、恐竜は6500 万年前に絶滅したとされていますが、鳥類は恐竜の生き残りであるとみなすこともできるのです。

図3．鳥類の系統

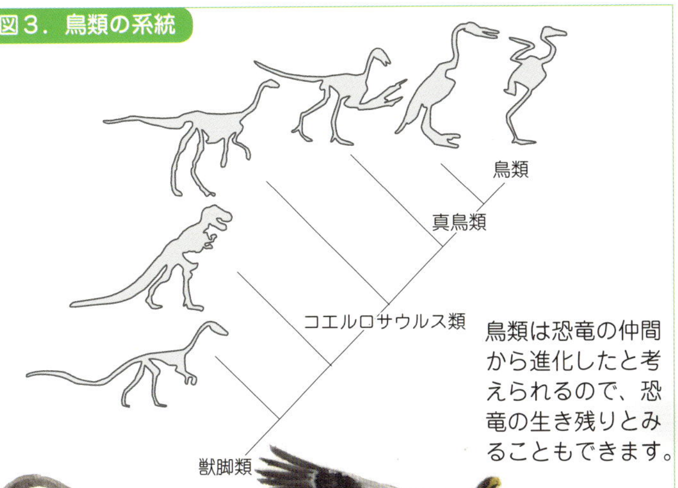
鳥類
真鳥類
コエルロサウルス類
獣脚類
鳥類は恐竜の仲間から進化したと考えられるので、恐竜の生き残りとみることもできます。

ムカシトカゲ類
ヘビ類
トカゲ類
有鱗類
鳥類
ワニ類
カメ類

図4．分子系統学によるカメ類の系統

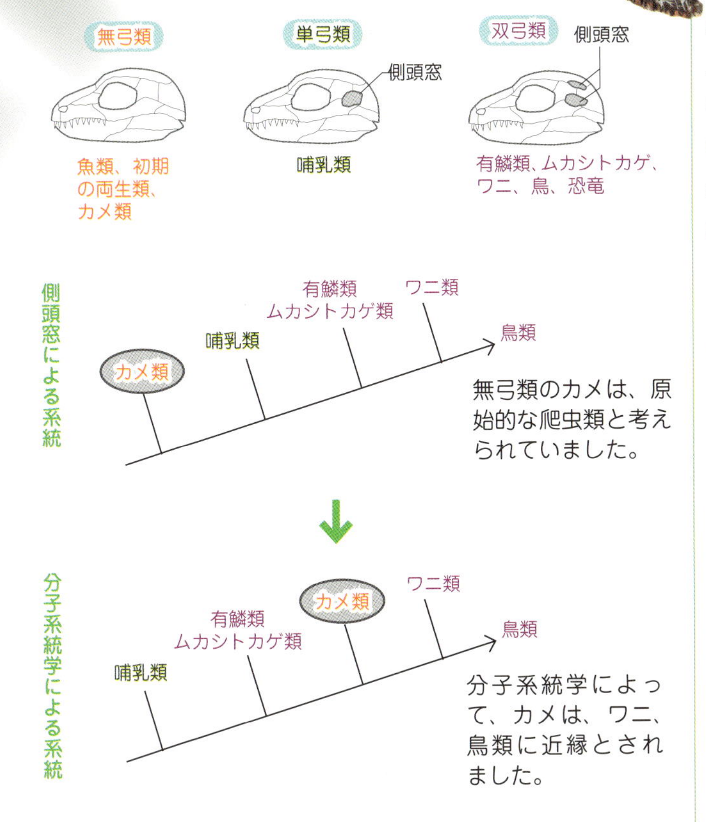
無弓類
単弓類
双弓類
側頭窓
側頭窓
魚類、初期の両生類、カメ類
哺乳類
有鱗類、ムカシトカゲ、ワニ、鳥、恐竜
側頭窓による系統
カメ類
哺乳類
有鱗類
ムカシトカゲ類
ワニ類
鳥類
無弓類のカメは、原始的な爬虫類と考えられていました。
分子系統学による系統
哺乳類
有鱗類
ムカシトカゲ類
カメ類
ワニ類
鳥類
分子系統学によって、カメは、ワニ、鳥類に近縁とされました。

側頭窓と分子系統学による分類

爬虫類の系統で最初に他から分かれたのは、カメ類であると長い間考えられてきました。その理由は、羊膜類の頭蓋《ずがい》にある「側頭窓《そくとうそう》」とよばれる孔《あな》の数から来ています（図4）。哺乳類の系統はひとつの側頭窓をもち、単弓類《たんきゅうるい》とよばれます。魚類や初期の両生類にはこの孔がなく、カメにもないので、カメは無弓類《むきゅうるい》とよばれていました。一方、カメ以外の爬虫類、トカゲ、ヘビなどの有鱗類《ゆうりんるい》、ニュージーランドでしか現在生き残っていないムカシトカゲ、ワニ、鳥、それに恐竜にはふたつの側頭窓があるので、双弓類とよばれていました。カメには側頭窓がないので、原始的な爬虫類だと考えられてきたわけです。ところが、分子系統学（**→7-14**）から、いわゆる爬虫類のなかで最初に分岐したのは、有鱗類とムカシトカゲのグループであり、カメは鳥類とワニに近縁であることが明らかになってきました。つまり、カメに側頭窓がないのは、進化の過程で失われてしまったからではないかと考えられます。

昆虫の多様性

筆者：上田龍

昆虫は動物界のなかで、もっとも多様化のみられるグループです。すでに100万種以上が知られていますが、他にもこの数倍が現存していると考えられています。昆虫はどのような過程を経て、このように多様化したのでしょうか。生物の多様性を考える上で基本となるのは、「種」です。種は「互いに交配できる集団で、他の集団から生殖的に隔離されているもの」と定義されています。たくさんの種を並べてみると、互いに体の構造が似たものがいることに気がつきます。これらをグループ化したものを「属」とよび、さらにいくつかの属をまとめたものを「科」とするなど、たくさんの生物を階層的な体系に分類していくことが、アリストテレスの時代からの分類学の試みでした。進化の概念が導入されると、進化の過程からグループ分けを行なう系統分類学が発達しました。一方、体がどのような形につくられるのかは、その設計図がゲノムDNAに書き込まれています。したがって、さまざまな種類の昆虫のゲノムを調べ、その類縁度から進化の過程を推測する試みもさかんに行なわれています。

図1．翅の獲得

飛翔力を拡大する翅《はね》の獲得は、その種を節足動物の本来の姿から、かけ離れたものにしました。

最古の有翅昆虫の生き残りはトンボ目、カゲロウ目とされています。これらの翅は上下に動きますが、体に沿ってたたむことはできません。

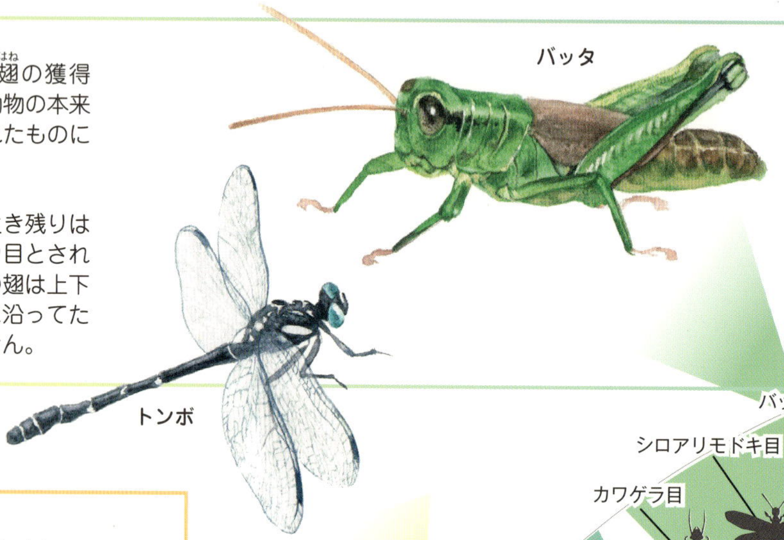

翅の付け根の構造が変化し、後ろにたたむことができるようになった昆虫が新翅類《しんしるい》です。前後の翅の形も変化し、後翅が発達したバッタは高い飛翔力をもっています。

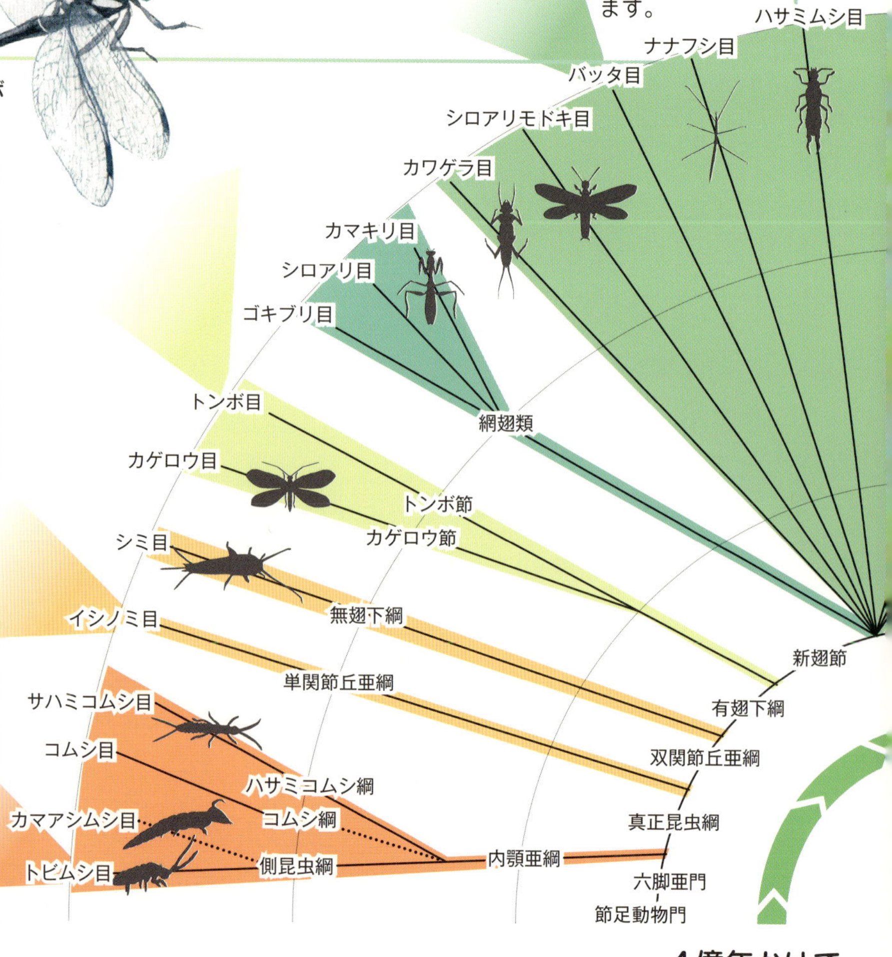

図2．口器の分化

口器の分化によって食性が多様化され、同時に種の多様化が進みました。

原始的な昆虫の口器は、イシノミのように、外に露出した咀嚼《そしゃく》型のものとされています。

口器が頭蓋におおわれていますが、土壌の有機物を食べるなど、原始的な姿を示しています。

昆虫の生態・形態の多様化

昆虫がその生息域を広げ、生態も多様化するには、翅《はね》・口器《こうき》の分化が関係してきました。翅を動かす筋肉の発達によって、胸の３体節のうち中胸または後胸が発達し、３体節が均等だった節足動物本来の姿から異なる形態になりました（図１）。さらに大顎《おおあご》・小顎《こあご》・下唇《かしん》からなる口器が変化し、いろいろな食物を摂取できるようになり、多様な種を生み出したと考えられます（図２）。昆虫の直接の祖先はよく分かっていませんが、原始的な昆虫は翅が無く、外に露出した咀嚼《そしゃく》型の口器をもっていたでしょう。現存するトビムシ、カマアシムシなどは、口器が頭蓋《ずがい》におおわれていますが、土壌の有機物を食べるなど、原始的な姿を示しています。一方、狭義の昆虫であるイシノミやシミは、祖先型の口器が露出した形態です。シミの祖先から有翅《ゆうし》昆虫が現われました。

翅の獲得と口器の変化による昆虫の繁栄

最古の有翅昆虫の生き残りはトンボ目、カゲロウ目とされています。その翅は上下に動きますが、たためません。翅の付け根の構造が変化し、後ろにたためるようになったのが新翅《しんし》類です。翅の形も変化し、後翅が発達したバッタは高い飛翔力を獲得しました。一方、口器の分化も起こり、新翅類の半翅上目《はんしじょうもく》において、咀嚼型から吸収型へとなりました。たとえば、咀顎目《そがくもく》のシラミでは吸血ができ、これに適応して翅を失いました。他の吸収型の口器の発達は、カメムシ目でも観察されます。カメムシ目では、食物に唾液《だえき》を注入する管と液を吸収する管の２本が、効率的な口吻《こうふん》をつくっています。また前翅の基部が堅くなり、先端部の膜状翅で腹部のほとんどをおおいます。この体のおかげで、淡水や海水中にまで生息域を拡大できました（図３）。また、コウチュウ（甲虫目）は昆虫に限らず全動物中で最も繁栄したグループで、35 万種が知られています。口器は基本的に咀嚼型で、生態は寄生性のものや社会生活を営むものなどさまざまです。長翅系の中でハチ目は、非常に多様化した昆虫です。後翅は前縁《ぜんえん》にある鉤《かぎ》で前翅とくっつき効率的に飛ぶのですが、アリ科のように翅を失っているものもみられます。

図３．生息域の拡大

前翅の基部が堅くなり、先端部の膜状翅で腹部のほとんどをおおうことによって、生息域を拡大しました。

カメムシの体は非常に適応性が高く、海水中にまで生息域を拡大しました。不完全変態をする昆虫においてもっとも成功したグループでしょう。

昆虫のゲノム解析

昆虫の分類は、現在も多くの点で修正が試みられています。リボソーム RNA（→ **3-6**）やミトコンドリア DNA（→ **3-8**）などの塩基配列をもとにして系統を比較する分子系統学（→ **7-14**）の発展によって、昆虫の多様な進化にも、新たな視点が生まれています。また近年、ゲノム DNA 全体の塩基配列を明らかにするプロジェクトが、数多く試みられています。昆虫では 62 種のゲノムプロジェクトが進行中ですが、なかでもショウジョウバエ属 12 種のゲノムはすでにそのおおよそが決定されています。これらを比較することによって、それぞれの種に特有の構造・行動様式・生態などの分子基盤が明らかになるだけでなく、種がどのように分化していったのかという進化の遺伝的な解析が可能になると期待されています。

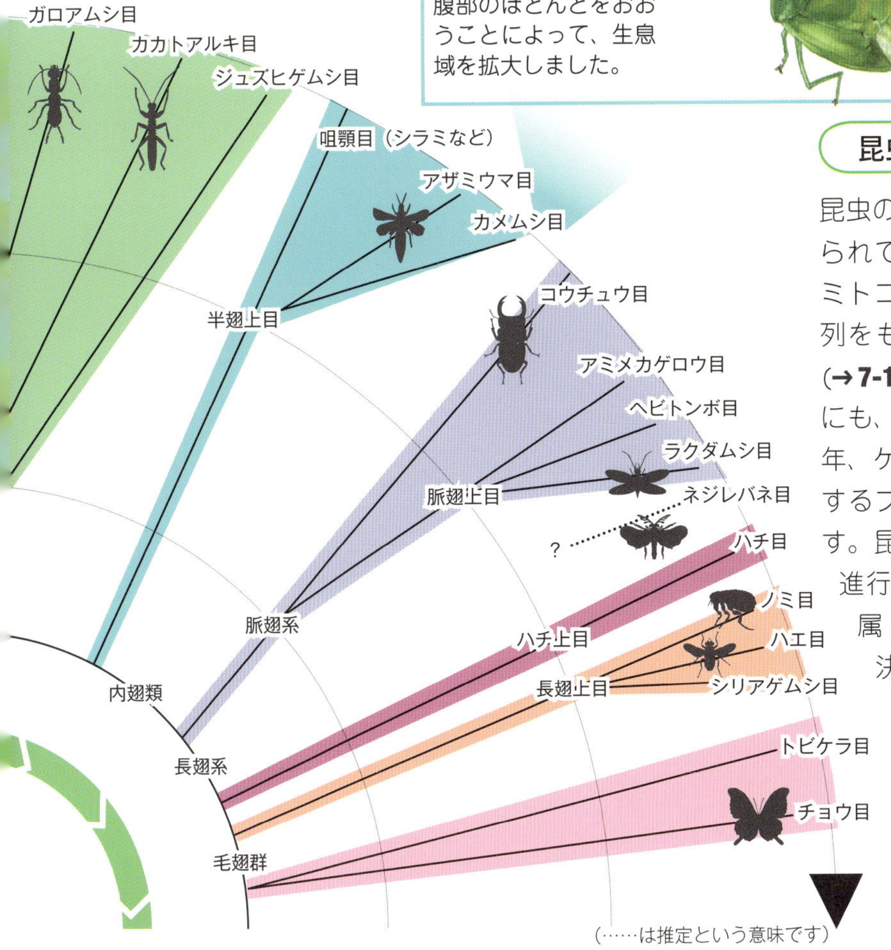

多様化が進みました

無脊椎動物の多様性

筆者：清水裕

動物の多様な形態は、多くの遺伝情報によって支えられています。では、より多くの遺伝子をもつゲノムからは、より多様性に富んだ動物が生じるのでしょうか。たとえば、大腸菌の遺伝子数はおよそ4300ほどであるのに対し、ヒトゲノムは2万2000、ショウジョウバエは1万4000ほどとされています。この結果から、以前は、ハエは遺伝子数が進化とともに増大する途中段階にあると考えられていました。しかし2007年に発表された刺胞《しほう》動物を用いたゲノム解析は、予想外の結果をもたらしました。刺胞動物は、多細胞動物のなかで最も原始的なもののひとつで、そのゲノムには、共通祖先のゲノムの特徴が残されていると考えられます。刺胞動物イソギンチャクの仲間であるネマトステラのゲノムに含まれる遺伝子数は、解析の結果、約1万9000と見積もられ、予想外に多いものでした。また、イントロン（→**5-6**）の数や、遺伝子の染色体上での相関を意味する「シンテニー」とよばれる性質を解析した結果、ネマトステラのゲノムは、主要なモデル動物のなかで哺乳類ゲノムと最も近かったのです（図1）。このことは、無脊椎動物がゲノムの進化の過程で、遺伝子数の増大と塩基配列の変化を積み重ねた結果、ヒトへと進化したのでなく、共通祖先のゲノムの基本的な構成をもっともよく保存した状態で進化した結果である可能性を示すものです。つまり、進化には偶然の積み重ねという側面と必然性という側面の両方の面があることになります。

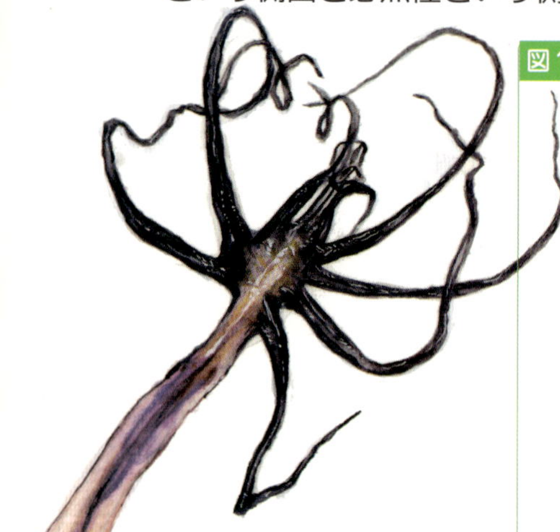

ネマトステラ
原始的な生物とされていましたが遺伝子数は予想外に多く、また遺伝子の性質もモデル動物のなかで哺乳類にもっとも近いことが分かりました。

図1．イントロンの進化

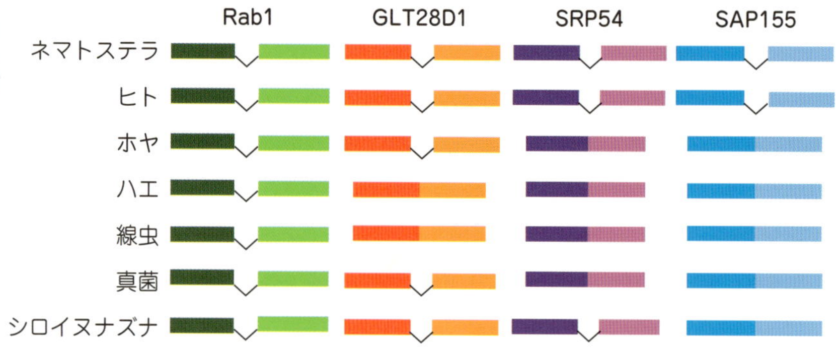

4つの遺伝子にみられるイントロン（V字で表す）の分布
ヒトとネマトステラでは同様なイントロンの分布が認められますが、他の動物、特にハエや線虫ではみあたりません。これは進化の過程で失われたと考えられています。哺乳類ゲノムはこのように原始的な多細胞動物ゲノムの特徴を受けついでいると考えられます。

ゲノムの減少による多様化

比較ゲノム解析から、ハエのゲノムは進化の過程でイントロンや遺伝子を数多く失ったことが分かってきました（図2）。遺伝子数が増えた結果約1万4000になったのでなく、減少した結果だというのです。つまり、ハエを含む昆虫にみられる多様性が、従来の常識とは異なり、遺伝子数が減少している状況で生じていると考えられるのです。では、遺伝子数が減少する一方で、多様性が増大するようにみえるのはなぜなのでしょう。ひとつの可能性として、遺伝子が読まれたあとで、同じmRNA（→**4-5**）から異なるタンパク質ができる現象（選択的スプライシング）（→**5-6**）が関与すると考えられていますが、未解決の部分が多く、魅力的な研究分野です。

図2．遺伝子の減少と多様性の関係

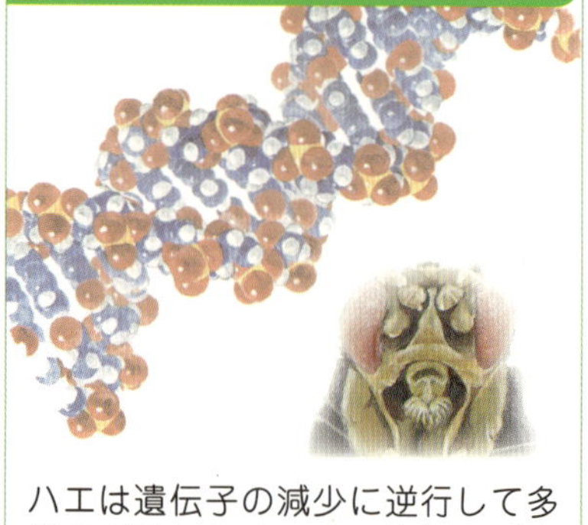

ハエは遺伝子の減少に逆行して多様性が増加しました。遺伝子が多いほど多様性に富むとは限りません。

生理機能にみられる多様性――クモ、タコ、線虫の心臓機能

脊椎動物においては、心臓は血液を循環させることによって栄養や酸素、老廃物の運搬を行なっていますが、無脊椎動物では、その機能はより多彩です。そのなかには、心臓はありませんが、心臓の特徴であるポンピング運動が認められ、それが循環とは異なる用途に使われる場合があります。動物多様性というと外部形態の多様性が注目されがちですが、生理機能の多様性も見逃せない特徴です。

線虫にみられるポンピング運動

心臓の中胚葉組織で例外なく発現する *Nkx-2.5* とよばれる遺伝子があります。線虫には心臓とよばれる器官はありませんが、*Nkx-2.5* 相同遺伝子（同一の構造と祖先をもつ遺伝子）*ceh-22* はあり、咽頭部分で発現します（図3）。その位置は体の前側端で、私たち哺乳類の心臓が発生過程でつくられる場所と似通っています。咽頭ではポンピング運動が認められ、口から採り入れた食物を消化管に送り込みます。これは心臓と同様な遺伝子を発現しポンピング運動をする組織が、消化機能にとって重要な働きをする例と考えられます。

図3．線虫の心臓による消化の働き

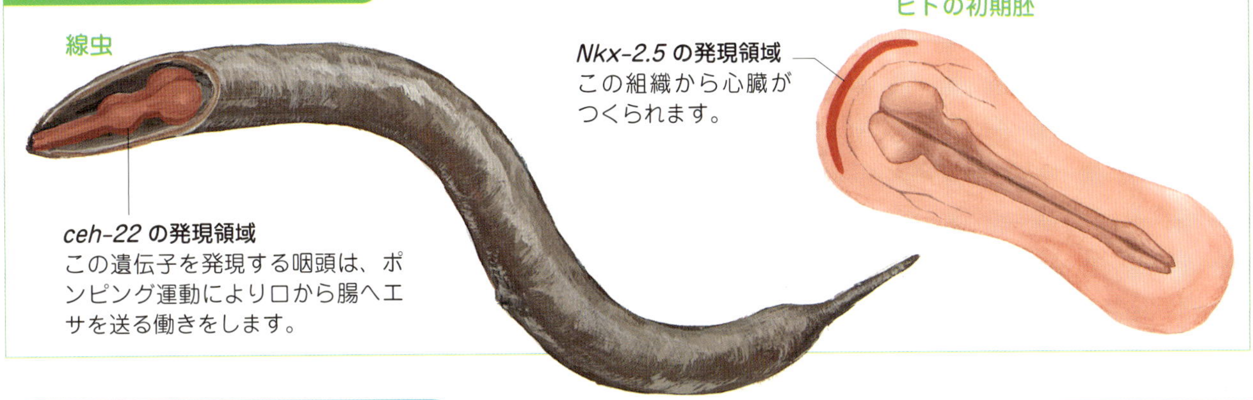
線虫
ヒトの初期胚
Nkx-2.5 の発現領域
この組織から心臓がつくられます。
ceh-22 の発現領域
この遺伝子を発現する咽頭は、ポンピング運動により口から腸へエサを送る働きをします。

クモ、タコにみられる心臓機能

開放血管系（毛細血管を経ないで心臓から直接細胞へ血液を運ぶ血管系）をもつ節足動物のクモや軟体動物には、心臓機能の多様性をみることができます。心臓の拍動により血流が体腔内に送られると、それによって生じる流体圧によって柔らかな筋組織が堅くなったり、四肢（クモ）や舌（軟体動物）が伸長したりする現象がみられます（図4）。これは、「流体骨格」とよばれます。この現象は、骨格をもたない無脊椎動物で多くみられ、心臓が剛性を生む圧力の供給装置として用いられたものです。

図4．軟体動物の歯舌

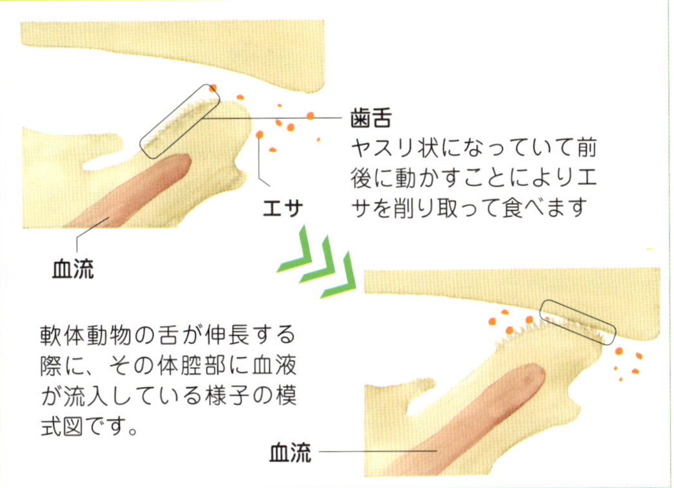
歯舌
ヤスリ状になっていて前後に動かすことによりエサを削り取って食べます
エサ
血流
軟体動物の舌が伸長する際に、その体腔部に血液が流入している様子の模式図です。
血流

図5．胃体腔

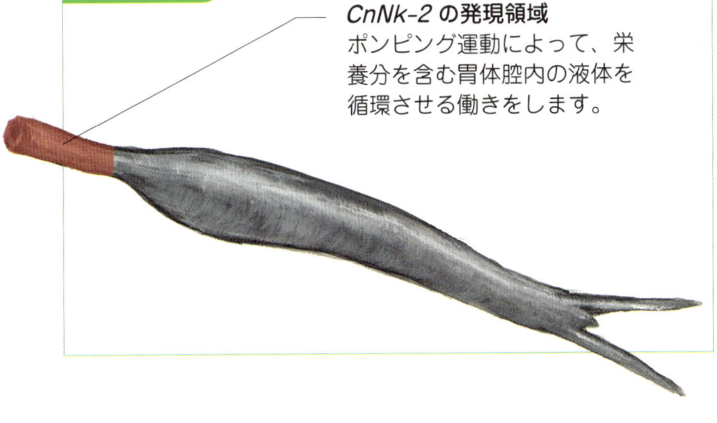
CnNk-2 の発現領域
ポンピング運動によって、栄養分を含む胃体腔内の液体を循環させる働きをします。

ヒドラにみられる心臓のような機能

刺胞《しほう》動物ヒドラには「胃体腔」とよばれる消化管があります。ヒドラの *Nkx-2.5* 相同遺伝子である *CnNk-2* を発現する柄部は、やはりポンピング運動を行ないますが、この運動により胃体腔を通して栄養が体中に運ばれます（図5）。ヒドラには心臓とよぶ器官や血液、血管系はありませんが、同様な働きは備わっているのです。

1−7

植物の多様性

筆者：宮崎さおり

植物は現在、地球上に数十万種あるといわれます。太陽光をエネルギーとして、二酸化炭素から炭水化物と酸素をつくる光合成を行ないます（→**3-9**）。それらの光合成産物は他の生物へエネルギー源として提供され、地球上すべての生命を支えることとなります。したがって植物の多様性は地球全体の生命の多様性と関係しているといえるでしょう。

植物の定義をどうとらえるかで多様性の幅はさらに大きくなりますが、陸上植物だけに焦点をあててみても、茎葉《けいよう》や花の構造の違いといった外観や寿命などからも、いかに多種多様な植物が存在するかは容易に分かります。その多様性が環境の多様性と関係していることは、南北に長く、陸地の高低差に富む日本に、多くの種類の植物がみられるということからも分かります。しかし、多様性を維持する要因が何であるかは植物によって異なっており、個々にくわしく検討される必要があります。以下では、植物のいくつかの面をみることを通して、その多様性に触れてみたいと思います。

植物の定義

定義には、ふたつの点があげられます。ひとつは真核生物のなかで、光合成のための二重膜の葉緑体をもつ（クロロフィル a/b をもつ）ということ。もうひとつは、過去に一度だけ、シアノバクテリアを取りこんだことがあるということ（→**1-9**）。植物は、このような生物から単一に派生したと考えられる一群で、緑色植物、紅色植物、灰色《かいしょく》植物の3群を含みます。緑色植物とは一般に、陸上植物、緑藻《りょくそう》、車軸藻《しゃじくそう》などを含み、狭義の植物として定義されます（図1）。紅色植物は、そのほとんどが海産性で、日本人になじみの深い海苔などの紅藻《こうそう》からなります。灰色植物は、主に単細胞真核の藻類です。なお、植物はこのような単一起源ではないという考え方があり、その場合は、さらに植物の定義が広がる可能性があります。

図1．植物の定義と進化

植物細胞が約20億年前にシアノバクテリアを細胞内に共生させ、葉緑体としたことに植物は起源をもちます。

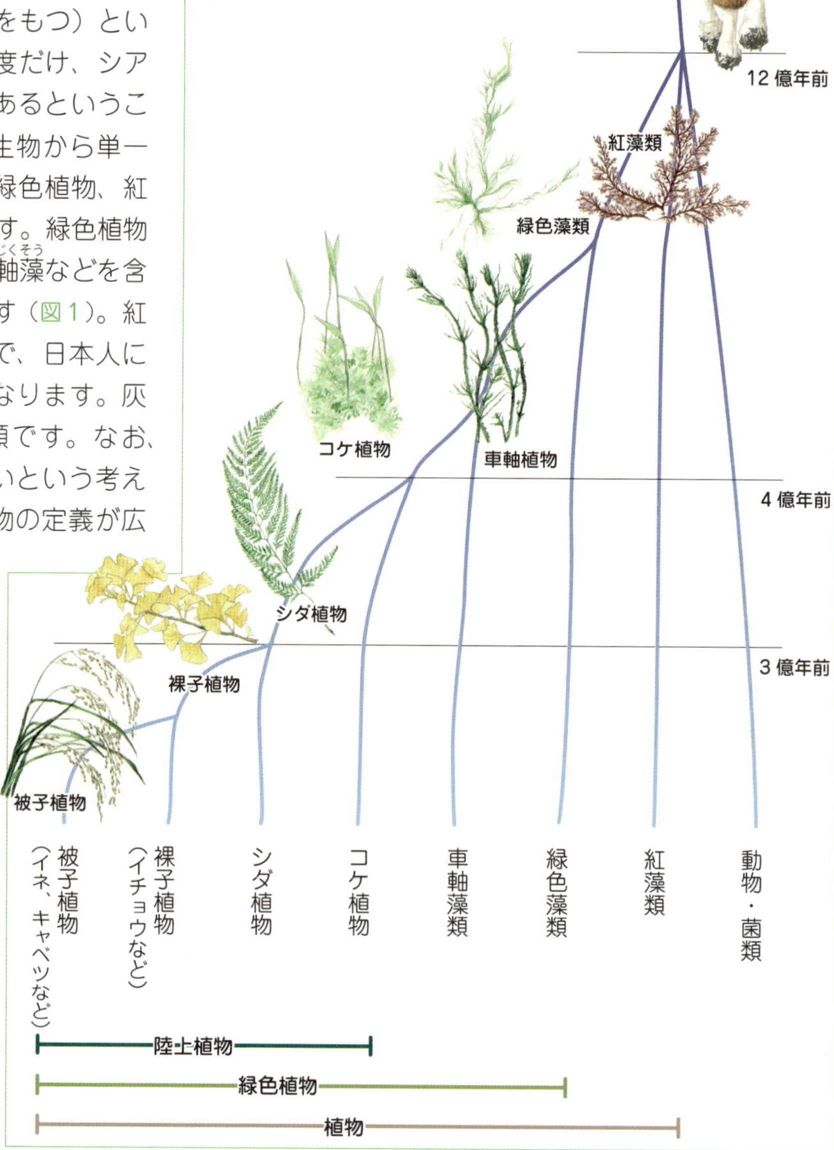

陸上植物の多様性と進化

陸上植物を大きく分けると、コケ植物、シダ植物、裸子《らし》植物、被子《ひし》植物の4つになります。まず、4億年前頃にコケ植物、続いてシダ植物が出現しました。少し遅れて3億年前頃に原始的な種子植物が現れてからも、1億年前頃まではシダと裸子植物の森が繁栄していました。ようやく500万年前くらいからは、現存する植物分類群が広く分布するようになりました。

形態からみた陸上植物の多様性

葉と花の形から植物種を分類することは、ひんぱんに行なわれています。また、この分類の仕方は、近年明らかになってきた遺伝子配列からみた分類と、大きな食い違いもなく植物を分類することができます。葉の形の多様性は、生育環境に関係しています。たとえばオオバコは、鹿などの捕食者が多い土地では葉のサイズが小さい集団が定着していることが知られています。小さいことで捕食者からみつかりにくくなり、生存に有利に働くためだと考えられています。

生殖様式からみた陸上植物の多様性

コケ植物とシダ植物は湿った場所に生育します。その生殖は、精子が水のなかを泳いで卵に到達し、受精します。一方で種子植物は、風の力や虫の活動を利用することにより（風媒《ふうばい》、虫媒《ちゅうばい》）、花粉を使って受粉し、花粉管を伸長させて受精します。この場合、コケ植物、シダ植物にみられるような、水を使った受精の制約を受けないので、陸上の幅広い地域に生息することができるようになります。他家受粉を虫媒で行なう種子植物の花は、昆虫を引寄せるために花弁が大きく、香りをもつものが多いといわれます。つまり、生殖様式の違いが、花の咲かせ方や形の多様性に関係しているといえます。

アマモのプロトプラスト

植物の多様性は、植物体を構成する細胞ひとつをとってみても観察されます。比較的浅い海（深さ1m未満）に生育する単子葉《たんしよう》植物アマモは、ジュゴンなどのえさなどになり、海の豊かさを示す植物として注目されています。細胞は、一般的には酵素処理後、細胞壁を失って丸い形のプロトプラストになるのに対して、アマモのプロトプラストは角張った形になります（図2）。これは、細胞が塩を効率的に排出するために、波状に入り組んでいる細胞膜を裏打ちする構造をとっていて、細胞壁を失ってもその形をたもつためだと考えられています。したがってこの細胞構造の多様性は、アマモが海水に生育していることに関係しています。

図2．プロトプラストの多様性

アマモは塩を効率的に排出するために波状に入り組んだ細胞膜をもっています。そのため細胞壁を失っても角張った形になります。

図3．コカイタネツケバナの閉鎖花

コカイタネツケバナの開放花と閉鎖花。閉鎖花は、水位の上下がはげしい環境でも確実に受粉できるように、花を閉じたまま自家受粉します。

咲かない花＝「閉鎖花」

茨城県小貝川にみられる固有種コカイタネツケバナは、アブラナ科の植物でキャベツやナズナの仲間ですが、咲かない花である「閉鎖花《へいさか》」をつけます（図3）。閉鎖花をつける理由としては、季節によって水位の上下が激しい環境でも確実に受粉できるように、花が閉じられたまま受粉を完了させるためと考えられています。閉鎖花では花弁と一部の雄しべの伸長が抑制され、ガクを閉じたまま自家受粉（**→7-5**）します。小貝川で2月に発芽した大きな植物体は両方の花をつけ、後に発芽した小さい個体は閉鎖花のみをつけます。このように、特殊な環境でも生殖を継続できる適応が、植物の多様性を考える上で重要となるでしょう。

1−8

菌類の多様性

筆者：山崎由紀子

菌類とは、身近な生物でいうとキノコやカビのことです。同じ「菌」でも大腸菌や枯草菌《こそうきん》などは「細菌類」といって、生物分類学上の「菌類」とは全く別物です。菌類は真核生物ですが、細菌類は原核生物です。菌類が動物、植物、原生生物とともに真核生物の４大グループのひとつであることは、意外に知られていないかもしれません。実際、菌類は「動かない」、「細胞壁をもつ」という性質のため、長い間、植物の仲間として扱われてきました。このことに異論を唱えたのはホイッタカー（1969 年に発表）で、彼は菌類の栄養摂取方法が植物や動物とは異なることに着目し、菌類を独立した生物と考えました。菌類は細胞壁をもつことから、動物には分類されません。しかし、光合成をしないので植物の定義にも当てはまりません。菌類を正確に定義することは難しいのですが、分かりやすくいうと、「細胞壁をもつが光合成をせず、胞子を形成して増殖する生物」ということになるでしょうか（例外的に胞子をつくらない菌類も存在します）。この定義に当てはまらない生物が原生生物に分類されている、というのが現状です。

菌類の分類――エインスワースによる分類

これまで菌類の分類については、エインスワースの分類（1973 年に発表）が広く受け入れられていました。彼は菌類を変形菌門と真菌門《しんきんもん》に二分し、真菌門を図１のように５亜門に分けました。これは主に生殖細胞の運動性の有無、生殖の様式（有性・無性）にもとづいて分類されました。たとえば、カエルの皮膚に感染するツボカビは鞭毛菌、ケカビは接合菌です。子嚢菌は菌類のなかでもっとも大きなグループで、キノコのチャワンタケ、分裂酵母や出芽酵母などの酵母類、アオカビやコウジカビ、水虫菌やカンジダのような病原性真菌の多くも子嚢菌に分類されています。多くの身近な食用キノコ類は担子菌です。

図１．エインスワースによる分類

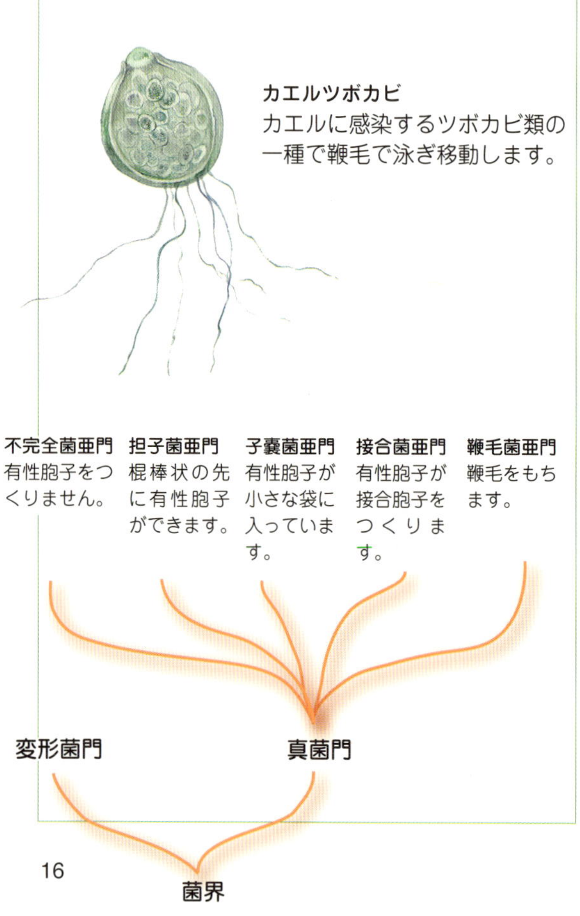
カエルツボカビ
カエルに感染するツボカビ類の一種で鞭毛で泳ぎ移動します。
不完全菌亜門
有性胞子をつくりません。
担子菌亜門
棍棒状の先に有性胞子ができます。
子嚢菌亜門
有性胞子が小さな袋に入っています。
接合菌亜門
有性胞子が接合胞子をつくります。
鞭毛菌亜門
鞭毛をもちます。
変形菌門
真菌門
菌界

図２．AFTOL 1 の分類（2002 ～ 2006 年の分類）

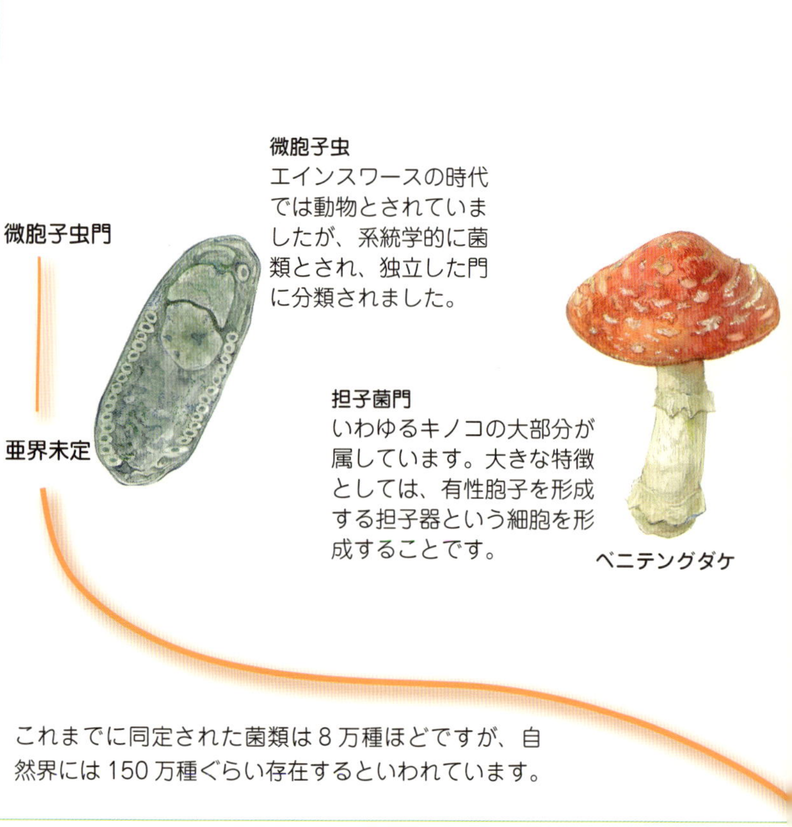
微胞子虫門
微胞子虫
エインスワースの時代では動物とされていましたが、系統学的に菌類とされ、独立した門に分類されました。
亜界未定
担子菌門
いわゆるキノコの大部分が属しています。大きな特徴としては、有性胞子を形成する担子器という細胞を形成することです。
ベニテングダケ
これまでに同定された菌類は８万種ほどですが、自然界には 150 万種ぐらい存在するといわれています。

菌類の分類——AFTOL による分類

エインスワース以来、多くの研究によって菌類の分類は少しずつ修正されてきました。たとえば、不完全菌類の多くが子嚢菌や担子菌のアノモルフ（子嚢菌の無性生殖の形態のことで、有性の場合はテレオモルフ）に分けられていたことが分かり、独立したグループとして扱われなくなったのも大きな変化でした。その後のもっとも大きな変更は、分子系統学プロジェクト AFTOL（Assembling the Fungal Tree of Life）が 2007 年に発表した研究成果によりなされました（図2）。これは、特に塩基配列を用いた分子系統学（**→7-14**）を重視したところが特徴です。たとえば AFTOL1（2002 ～ 06 年のプロジェクト）で使われた遺伝子は、核ゲノムのリボソーム RNA 遺伝子（**→4-10**）、ミトコンドリアゲノムのリボソーム RNA 遺伝子および数種類のタンパク質遺伝子です。そこでは、鞭毛菌亜門と接合菌亜門がそれぞれ4門と４亜門に分けられ、子嚢菌と担子菌の両亜門はそのまま門に昇格、さらに動物界から微胞子虫門《びほうしちゅうもん》が加えられました。エインスワースの変形菌門（粘菌などを含む）は原生生物に移りました。プロジェクトはいまだ進行中で、より多くの遺伝子を使った分子系統解析によって、菌類の再編はしばらく続きそうです。

他の生物との共生関係

菌類は、生育に必要な栄養を他の有機物から摂取する従属栄養生物であるため、他の生物の存在を必要とします。根に共生して土壌の栄養分を植物に与える菌根菌《きんこんきん》は、マメ科植物の窒素固定（空気中の窒素ガスを還元して植物の成長に必要であるアンモニアをつくること）を担うことで有名ですが、実は陸上植物の大部分に共生している普遍的な存在のようです。菌根菌はグロムス門、子嚢菌門、担子菌門に広く存在し、１万種以上ともいわれています。また地衣類《ちいるい》は菌類と藻類との共生体のことですが、地衣体といわれるものは共生状態でないと形成されないので、特殊な菌類として分類されているようです。大部分は子嚢菌が占めているといわれています。冬虫夏草《とうちゅうかそう》は昆虫に寄生した菌類ですが、こちらも知られているのは子嚢菌で、これまでに 580 種も採集されています。冬草夏虫の DNA 情報を使った分類の改訂も進行中です。

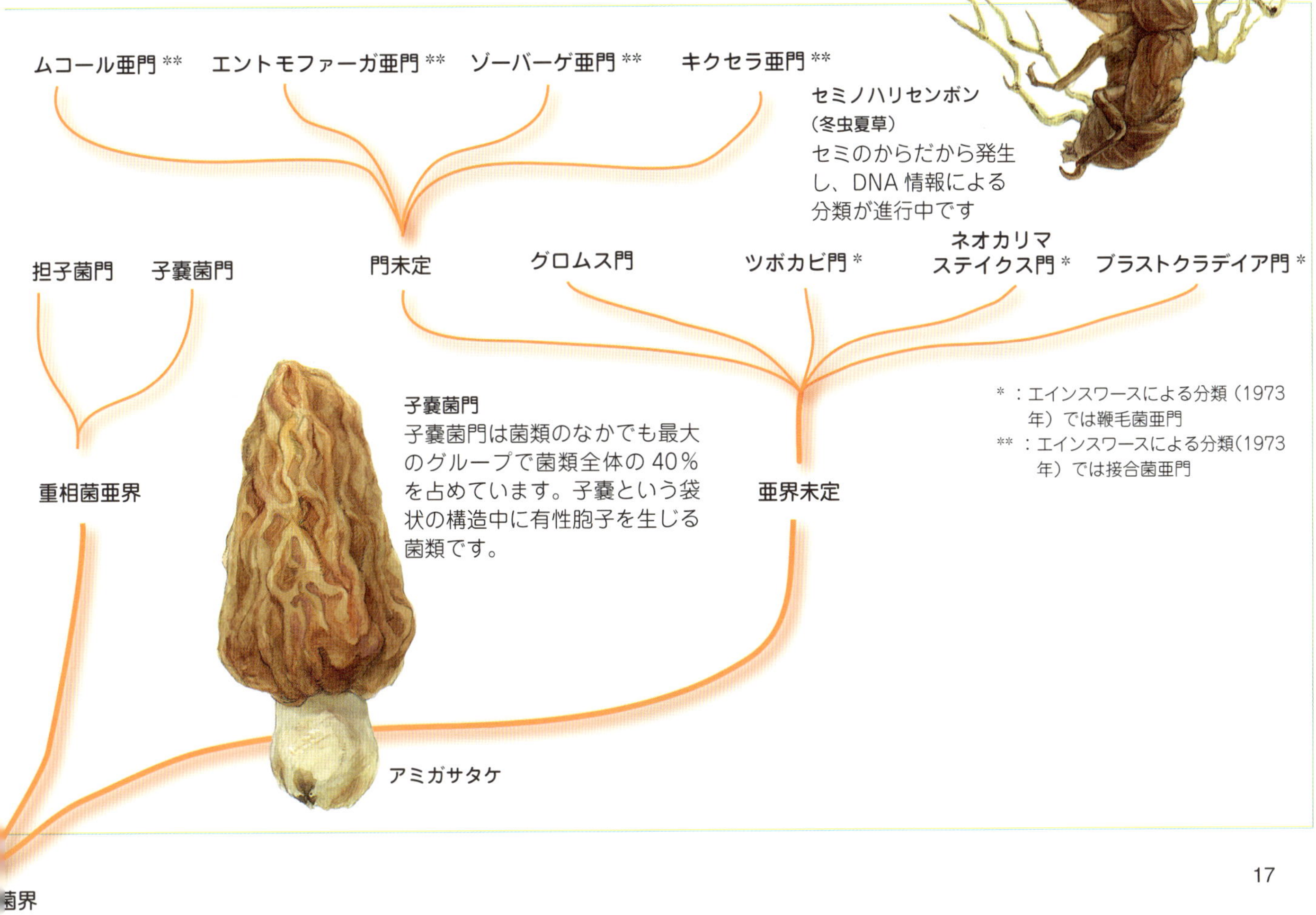

＊ ：エインスワースによる分類（1973 年）では鞭毛菌亜門
＊＊ ：エインスワースによる分類（1973 年）では接合菌亜門

1−9

真核生物の多様性

筆者：山崎由紀子

真核生物とは細胞内に核膜をもつ生物であり、もたない生物は原核生物に分類されます。真核生物には、光合成を行ない細胞壁をもつ多細胞生物で主に陸上の生物である植物、細胞壁をもたず光合成も行なわない多細胞生物である動物、細胞壁をもつが光合成を行わない生物である菌類、残りの単細胞生物である原生生物、の４グループに分けられます。これら真核生物は、酸素呼吸と光合成によって繁栄し、共生と多細胞化と有性生殖によって多様化が進みました。

染色体数とゲノムサイズからみた多様性

ほとんどの原核生物が単細胞であるのに対し、真核生物には単細胞も多細胞も多核細胞も存在します。ヒトの目でみることのできる生物の多くは真核生物ですが、この一定以上の物理サイズは、多細胞化によって実現できているのです。真核生物の染色体数（半数体の数）は、１本（アリの一種ジャック・ジャンパー）から最大は 720 本ぐらい（植物のトクサ 108 本、シダ 720 本）までとされ、大きな幅をもっています。染色体数が多くなるとゲノムサイズ（総塩基数）も大きくなりそうですが、必ずしもそうではないようです（図1）。もっとも大きなゲノムサイズをもつ生物種は 2010 年まではハイギョ（1300 億）でしたが、現在は日本の固有種であるキヌガサソウが 1490 億塩基対でトップです。ちなみにヒトのゲノムサイズは 32 億塩基対で、遺伝子数は諸説ありますが今のところおよそ２万〜２万 5000 といわれています。ゲノムサイズや染色体ほど多様性をもたらすことはありませんが、タンパク質をコードしている遺伝子がエキソン・イントロン（**→5-6**）構造をもち、スプライシングにより多様性を実現しているのは真核生物だけです。

図１．多様な染色体数とゲノムサイズ

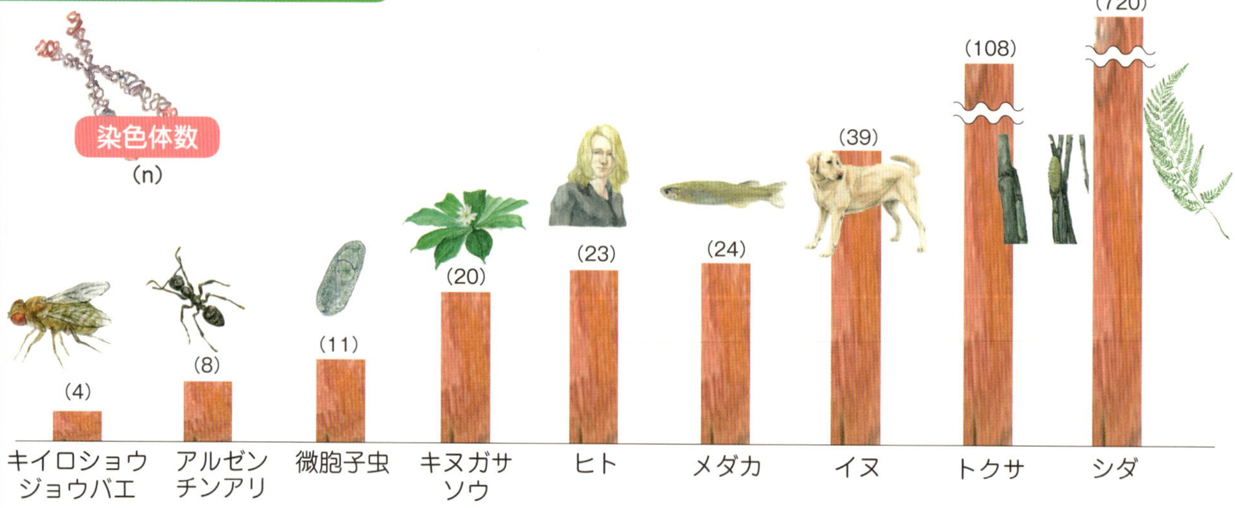

DNA からみた真核生物の多様性

図２は DNA データバンクに登録されている生物種の分類階層を図式化したものです。この図が自然界の生物の実態を表わしているわけではありませんが、圧倒的に枝が広がっているのが真核生物であることから、DNA 解析が行なわれている生物種の多くが真核生物、なかでも動物・植物グループであること、またこれらに分類される生物種はそれぞれの特徴が区別しやすい、すなわち多様であることが分かると思います。

図２．生物種の分類階層

原核生物以外の部分である真核生物の枝が大きく広がっていて、特に動物・植物の広がりはその多様性を示しています。

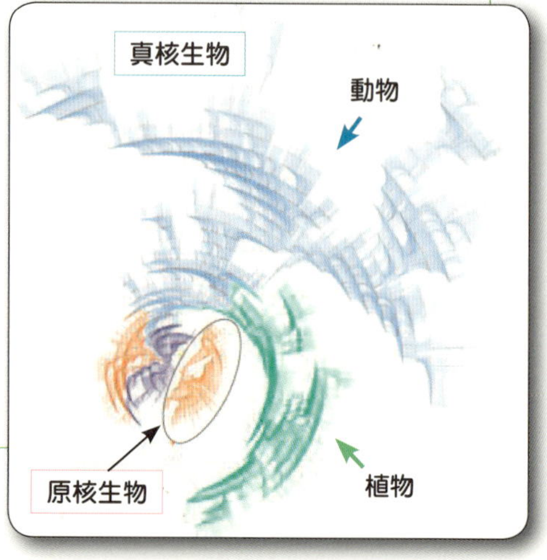

共生による真核生物の多様性

15 億年前とされる真核生物の起源は、原核生物との共生による共生起源説が広く認められています。これによると、原核生物が好気性細菌《アルファプロテオバクテリア》を細胞内に取り込むことで酸素呼吸機能を獲得し、これがミトコンドリアになったとされます（図3）。この獲得が真核生物誕生の初期だったため、ほとんどの真核生物がミトコンドリアをもっています。その後、真核生物の一部に光合成細菌シアノバクテリア（藍藻《らんそう》：真正細菌の一種）が共生し、これが葉緑体（**→ 3-9**）になりました。葉緑体を獲得しなかった生物は菌類や動物、原生生物の一部（原生動物）の祖先となり、葉緑体を共生させた生物が植物と原生生物の一部の起源ということになります。また、シアノバクテリアの共生は「1 次共生」とよばれますが、さらに真核生物どうしで「2 次共生」が起こりました。このことは、まず、植物細胞内の葉緑体の膜構造が二重、三重、四重の生物種が存在すること、また、クリプト植物においては、核とは系統的に異なるリボソーム RNA をもつヌクレオモルフ (退化した共生体の核) という細胞小器官が存在することなどから分かります。このように、共生は真核光合成生物に多様性をもたらした大きな要因であったといえるでしょう。

図3．真核生物の多様化

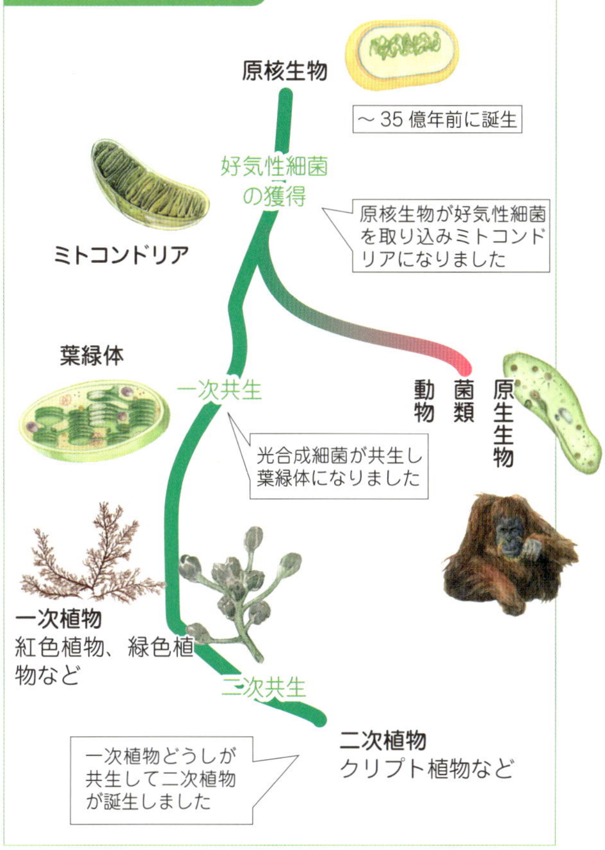
原核生物
～35 億年前に誕生
好気性細菌の獲得
原核生物が好気性細菌を取り込みミトコンドリアになりました
ミトコンドリア
葉緑体
一次共生
動物
菌類
原生生物
光合成細菌が共生し葉緑体になりました
一次植物
紅色植物、緑色植物など
二次共生
二次植物
クリプト植物など
一次植物どうしが共生して二次植物が誕生しました

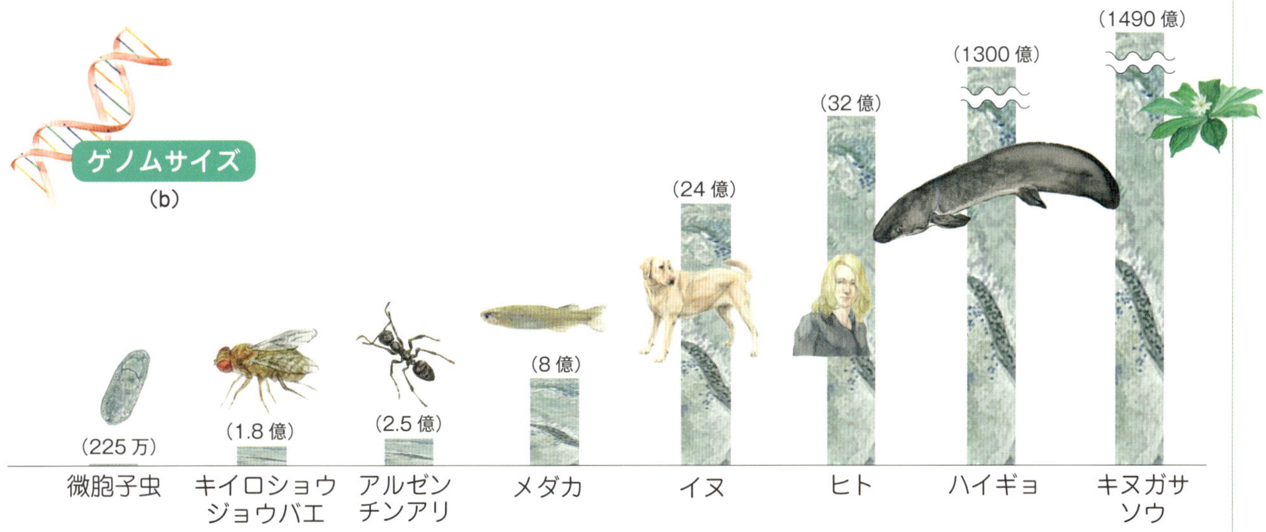
ゲノムサイズ
(b)
(225 万)
微胞子虫
(1.8 億)
キイロショウジョウバエ
(2.5 億)
アルゼンチンアリ
(8 億)
メダカ
(24 億)
イヌ
(32 億)
ヒト
(1300 億)
ハイギョ
(1490 億)
キヌガサソウ

真核生物の多細胞化

植物の祖先は、藻類のうちの緑藻類が水中から陸上に出ることによって誕生したといわれています。藻類が原生生物から植物への進化過程をかいまみせてくれるのに対し、原生生物と動物の間をつなぐものは二胚虫《にはいちゅう》（2 種類の胚をもつ）ではないかと研究者のあいだで期待されました。二胚虫は頭足類（タコやイカ）の腎臓からみつかった寄生虫で、細胞数が 20 ～ 50 個の生物です。動物にみられるような胚葉は形成しませんが、相当する細胞群を認めることができます。二胚虫には有性生殖と無性生殖がみられ、発生様式は動物の個体発生と基本的に同じと考えられたため、動物の多細胞化の過程を示すと思われました。しかし、後の詳細な研究により、今では動物がむしろ後退した姿が二胚虫であるとする説の方が受け入れられるようになりました。結局、真核生物の多細胞化には、単細胞生物が集合してできたとする細胞群体由来説と、多核細胞の核が細胞膜を獲得して多細胞化したという 2 説があり、いまだ答えが出ていないのです。

1−10

原核生物の多様性

筆者：仁木宏典

原核生物とは、真核生物が核をもつのに対して、細胞核をもたない生物のことです。したがって、原核生物の染色体 DNA は裸のまま細胞質に存在しています。原核生物は真正細菌（図 1）と古細菌に分類できますが（図 2）、細菌といった場合、通常は真正細菌のことを指します。大きさは、一般的に数 μm（マイクロメートル；1000 分の 1 mm）と非常に小さな生物ですが、無駄の少ないシンプルなシステムをもっていて、他の生物種にくらべて早く増殖できます。また、多様な環境に適応でき、土壌や湖沼だけでなく、ほとんどの生物が住むことができない火山や塩湖、油田、極地など地球上のいたるところに生息しています。

真正細菌の構造と働き

真正細菌は細胞壁の構造の違いにより、グラム陽性細菌とグラム陰性細菌に分類できます（図 1・3）。これらはグラム染色という方法で細胞が染まるかどうかで分類したものです。グラム陽性細菌は細胞膜の外側に、「ペプチドグリカン」とよばれる糖鎖がペプチドによってつながれてできた網目状の袋により、何重にも厚くおおわれていますが、グラム陰性細菌では、ペプチドグリカンの層は薄く、またその外側が「外膜」とよばれる脂質二重膜によっておおわれています（→ **3-11**）。分子生物学の分野では、モデル生物として、グラム陰性細菌では大腸菌が、グラム陽性細菌では枯草菌《こそうきん》がよく利用されています。また、真正細菌の多様な代謝様式を利用して、発酵食品の製造も行なわれています。枯草菌の一種である納豆菌は、大豆を発酵させて納豆をつくるのに利用されています。他にも真正細菌を利用した発酵食品としては、乳酸菌を用いたヨーグルトや、酢酸菌を用いた食酢などがあげられます。酢酸菌は、ココナッツ果汁を発酵させてナタデココをつくるのにも利用されています。真正細菌には、人間に感染して病気を引き起こすものや、食中毒の原因となるものが含まれています。また、真核生物にみられるミトコンドリアは、グラム陰性細菌の仲間に、植物の葉緑体はシアノバクテリア（→ **1-9**）の仲間に由来しています。

図 1．位相差顕微鏡で観察した真正細菌

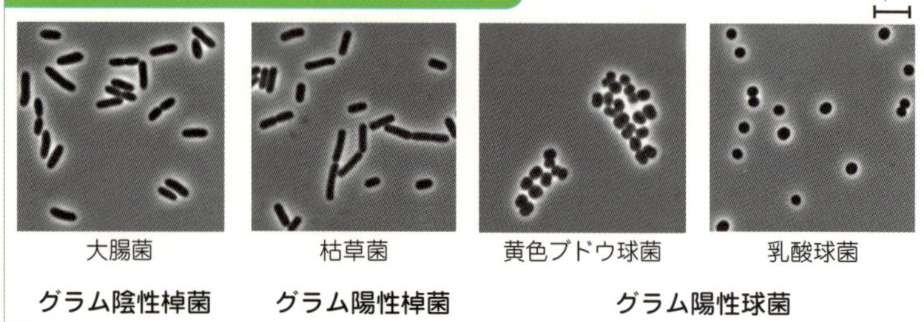
5 μm
大腸菌
枯草菌
黄色ブドウ球菌
乳酸球菌
グラム陰性桿菌
グラム陽性桿菌
グラム陽性球菌

図 2．生命体を構成する 3 つの超界（ドメイン）

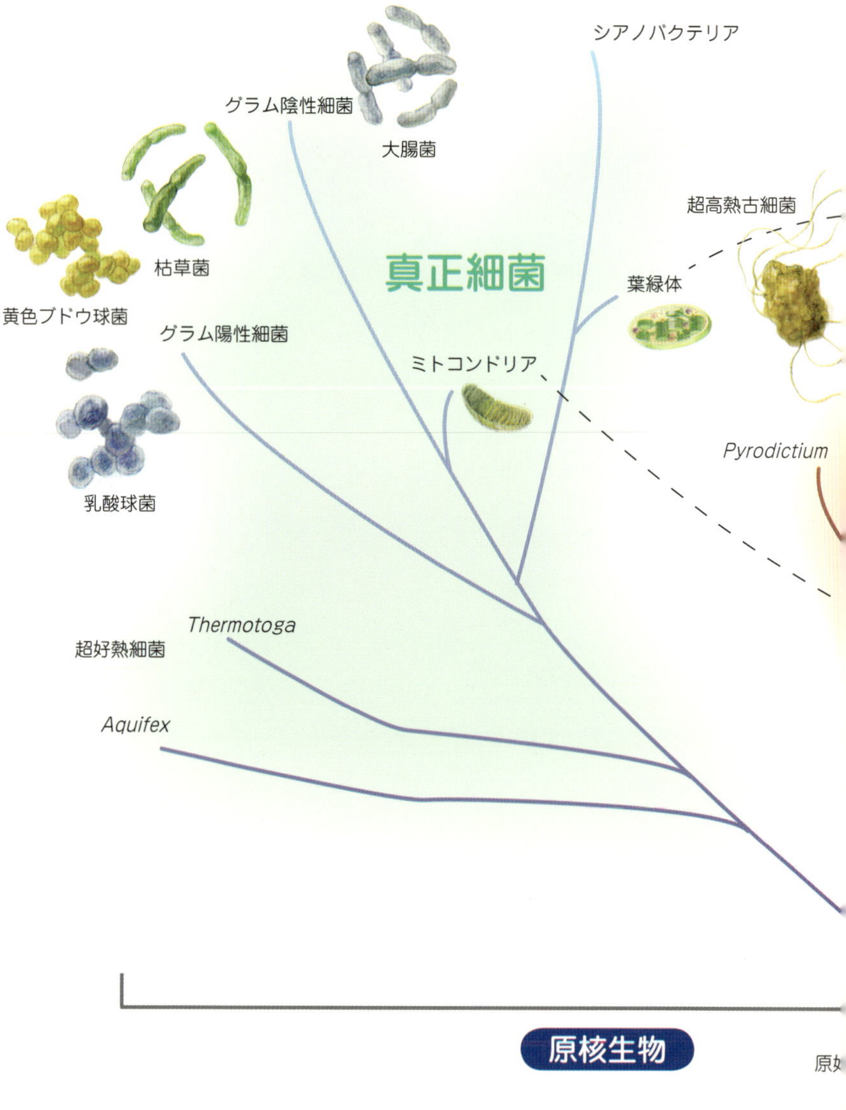
シアノバクテリア
グラム陰性細菌
大腸菌
超高熱古細菌
真正細菌
葉緑体
枯草菌
黄色ブドウ球菌
グラム陽性細菌
ミトコンドリア
Pyrodictium
乳酸球菌
Thermotoga
超好熱細菌
Aquifex
原核生物

古細菌の生息環境

古細菌は系統樹上において、原始生命から真正細菌が分岐した後に、真核生物の祖先から分岐した生物です。他の生物が生存できないような特殊な環境に生息しているものが多くみつかっています。塩湖や塩田などの飽和に近い高濃度の塩を含む環境には高度好塩菌が、深海の熱水噴出孔など100℃を超える環境には超好熱古細菌が生息しています。近年では、122℃という高温でも増殖することができる古細菌が発見されています。また、酸素の少ない嫌気環境《けんきかんきょう》の湿地や海底、動物の消化器官などからはメタンを合成するメタン菌がみつかっています。

深海の熱水噴出孔
超好熱古細菌は、このような100℃を超える環境に生息します。

動物の消化器官
このような酸素の少ない嫌気環境から、メタンを合成するメタン菌がみつかっています。

塩湖
飽和に近い高濃度の塩を含む環境には高度好塩菌が生息します。

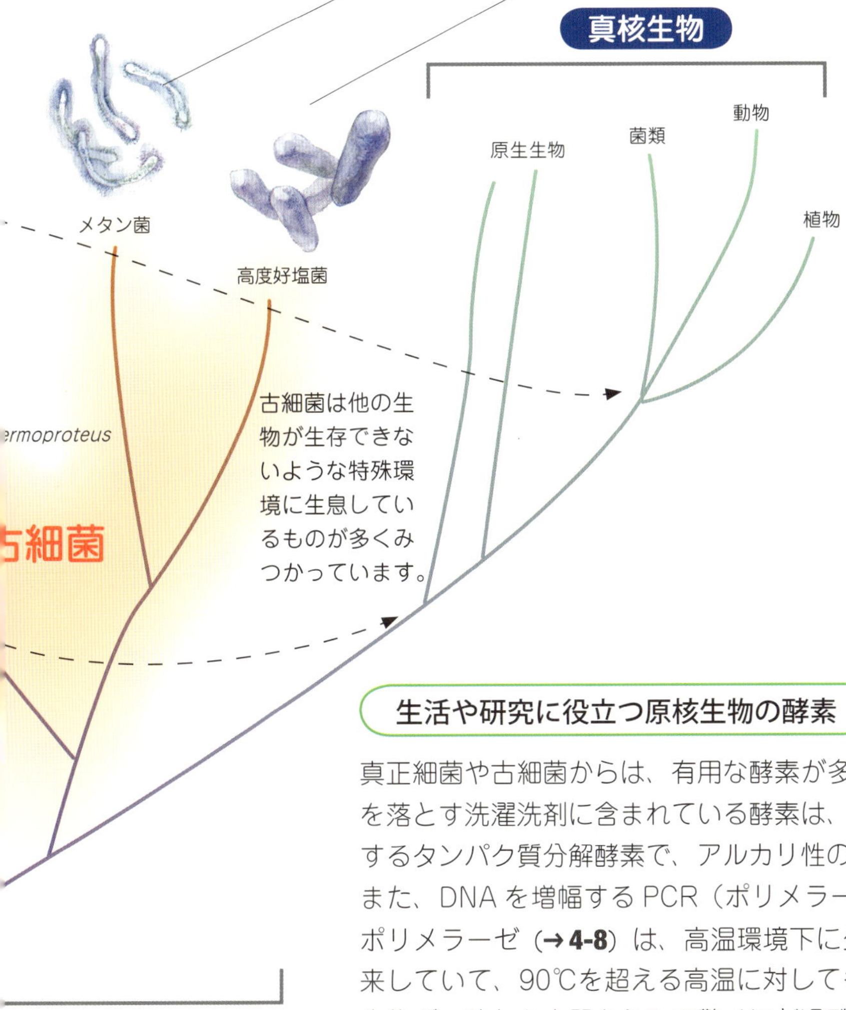

図3. 真正細菌と古細菌の細胞膜の仕組み

原核生物は細胞膜の仕組みの違いから、真正細菌と古細菌に分けられます。真正細菌の細胞膜は、真核生物と同様、エステル型脂質からできていますが、古細菌はエーテル型脂質からできています。

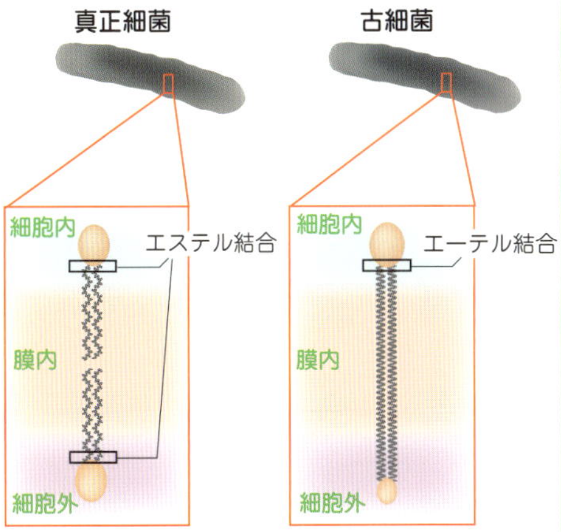

生活や研究に役立つ原核生物の酵素

真正細菌や古細菌からは、有用な酵素が多くみつかっています。たとえば、垢よごれを落とす洗濯洗剤に含まれている酵素は、枯草菌の仲間の好アルカリ性の細菌に由来するタンパク質分解酵素で、アルカリ性の洗剤溶液中でも酵素活性が保たれています。また、DNAを増幅するPCR（ポリメラーゼ連鎖反応）に用いられる耐熱性のDNAポリメラーゼ（**→4-8**）は、高温環境下に生息している好熱細菌や超好熱古細菌に由来していて、90℃を超える高温に対しても安定です。これらの酵素が由来する原核生物が、私たち人間からみて驚くほど過酷な環境でも生息できる組成をもっているおかげで、このような非常に特殊な条件で酵素を使用することができます。

1-11

ウイルスの多様性

筆者：小林由紀・鈴木善幸

ある生物がその生物であるために必要な遺伝情報のことを「ゲノム」といいます。ゲノムの本体は核酸です。ウイルスは、核酸がタンパク質や、ウイルスの寄生先の細胞に由来する脂質膜によって囲まれた構造をもつ、細胞に寄生する生物です。ウイルスは原核生物や真核生物を宿主として増殖を行ないます。大きさは、数十 nm ～数百 nm（ナノメートル；100 万分の 1mm）ほどです。国際ウイルス分類委員会によって、2009 年までに、6 目 87 科、約 2200 種のウイルスが報告されていますが、自然界にはそれ以外にも未知のウイルスが数多く存在すると考えられています。

ウイルスの多様な形態

ウイルスには、RNA をゲノムとしてもつ RNA ウイルス、DNA をゲノムとしてもつ DNA ウイルス、さらにゲノムの複製過程で RNA から DNA を逆転写（**→4-11**）する逆転写ウイルスが存在しています（図 1）。粒子の形態やゲノムの性状は種によって異なっています。

図 1．ウイルスの基本構造と多様なウイルス

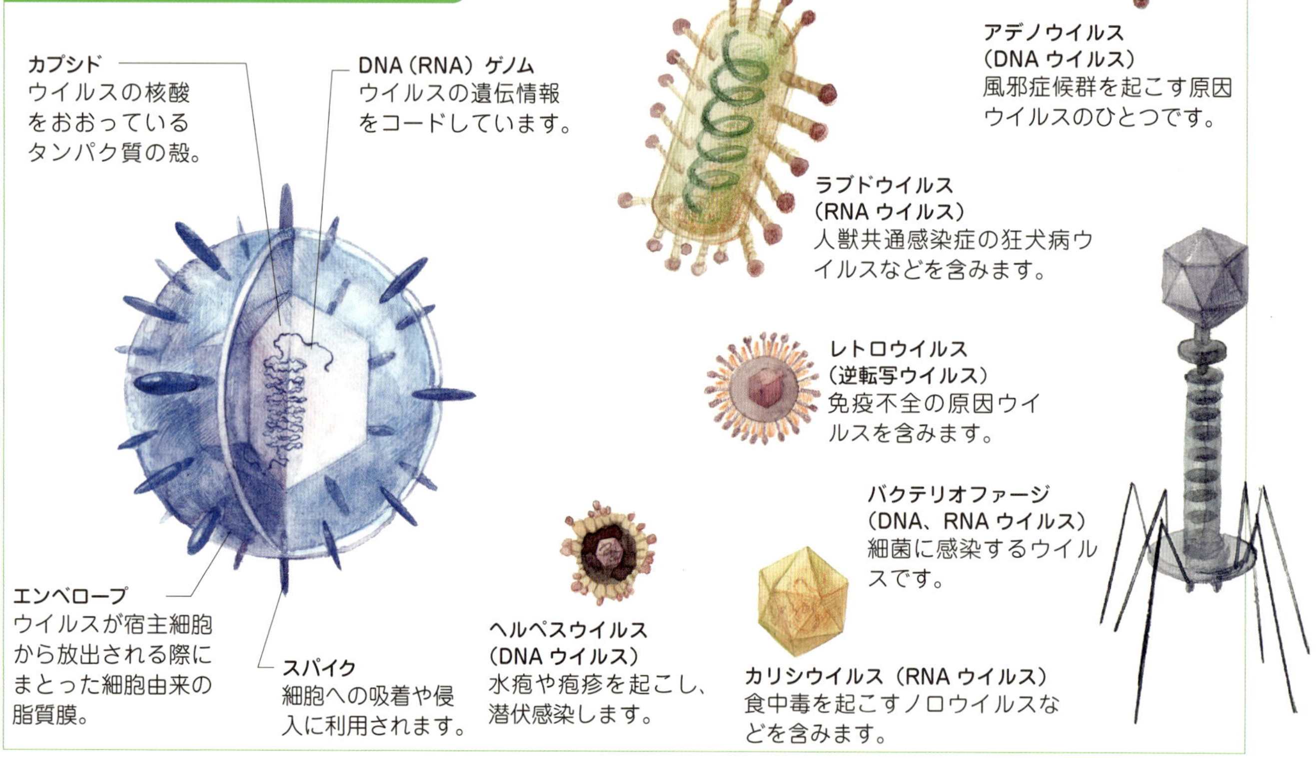

ウイルスの起源

ウイルスの起源は、DNA をゲノムとしてもつ真正細菌・古細菌・真核生物が誕生する以前に存在したとされる、およそ 30 億年前の RNA ワールドの時代にまでさかのぼるとされています（図 2）。RNA ウイルスは、DNA ウイルスよりも起源が古いと考えられており、ウイルスの起源には複数の仮説が提唱されています。

図 2．ウイルスの起源の仮説

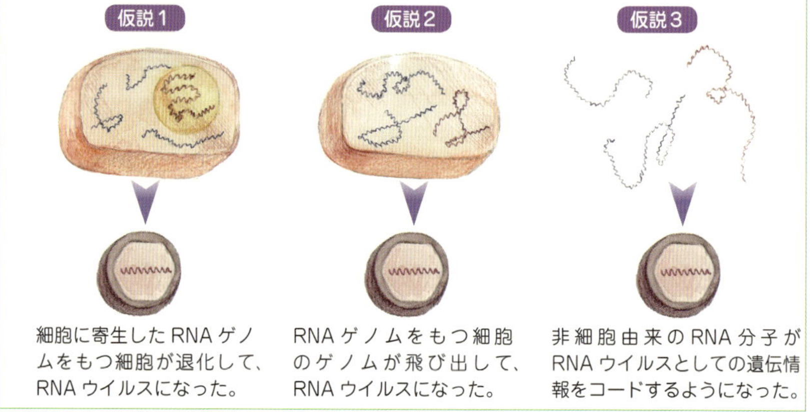

ウイルスの進化と病気

あるウイルスが突然変異（**→7-3, 4, 5**）を起こすと、そのウイルス（変異体ウイルス）が感染拡大したり、宿主が病気を起こしたりします（図3）。たとえば、突然変異によって宿主の免疫反応を起こさせる性状（抗原性状）（**→8-8**）が変化すると、宿主の免疫機構がウイルスを抗原として認識できなくなるために、ウイルスは宿主の免疫機構を回避して増殖を続けられます。そのため、ウイルスの進化は感染症の流行拡大と密接に関連しています。

図3．変異体ウイルスの免疫回避機構

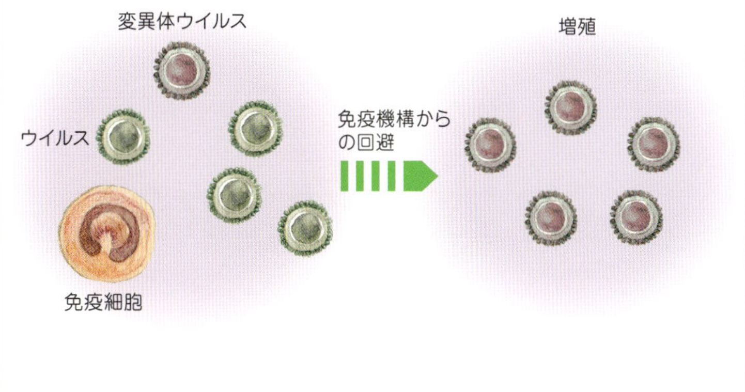

ウイルスの進化と遺伝的多様性

ウイルスは宿主にとって非自己であるため、宿主はウイルスを排除しようとしますが、ウイルスは増殖するために宿主に感染しなければなりません。そのため、ウイルスと宿主は攻防を繰り返しながら、進化を続けています。進化の原動力は突然変異であり、自然界で流行しているウイルスのゲノム配列を調べることによって、遺伝的な多様性を観察することができます（図4・5・6）。

図4．変異体ウイルスの産生機構

塩基置換突然変異 ゲノム中のヌクレオチドが、他のヌクレオチドに置き換わります。

	メチオニン	バリン	プロリン	グルタミン	アラニン	ロイシン	ロイシン
親ウイルス	A T G	G T T	C C T	C A G	G C T	C T T	T T G
		↓置換		↓置換		↓置換	
子ウイルス	A T G	A T T	C C T	C A A	G C T	C C T	T T G
	メチオニン	イソロイシン	プロリン	グルタミン	アラニン	プロリン	ロイシン

挿入・欠失 塩基座位が挿入されたり、欠失したりします。

	メチオニン	バリン	プロリン	グルタミン	アラニン	ロイシン	ロイシン
親ウイルス	A T G	G T T	C C T	C A G	G C T	C T - G	C T G
			↓欠失		↓欠失	↓挿入	
子ウイルス	A T G	G T T	− − −	C A G	G − T C	T A G	C T G
	メチオニン	バリン		グルタミン	バリン	終止コドン	ロイシン

遺伝子組換え 異なるウイルス間でゲノムの一部が組換わります。

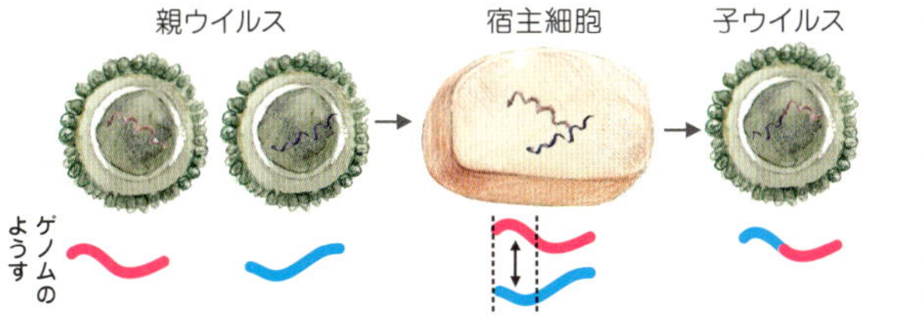

遺伝子再集合 異なる親ウイルス間でゲノム分節単位の組換えが起こります。

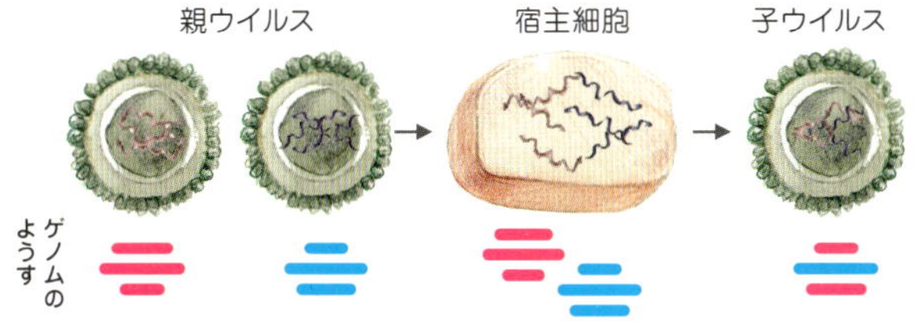

図5．宿主によるウイルスの多様性

HIV-1とSIVの*pol*遺伝子にもとづく分子系統樹

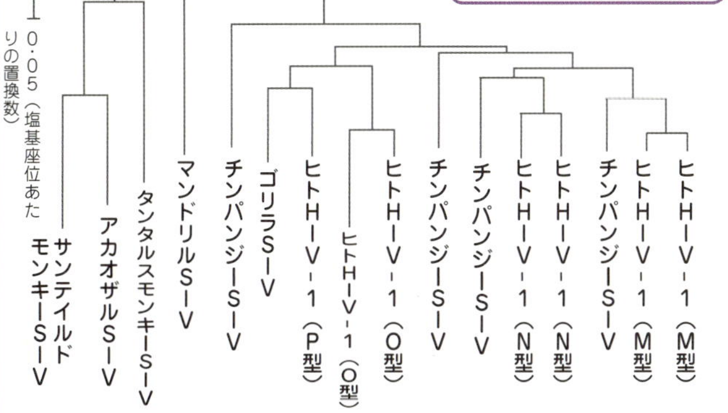

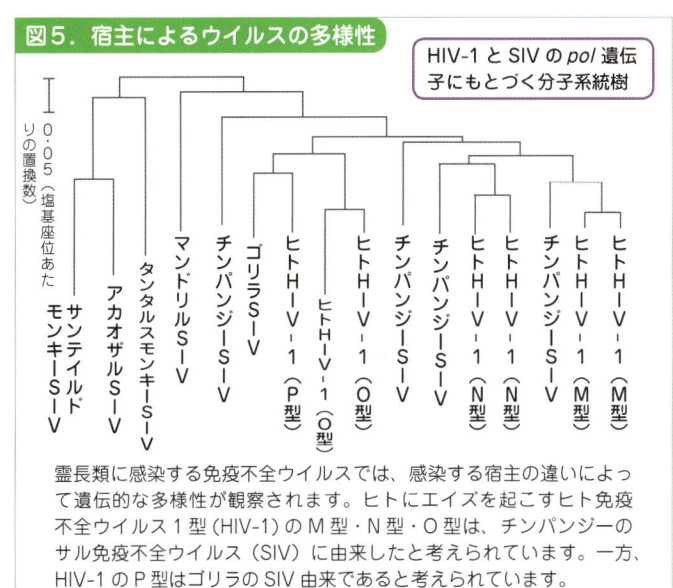

霊長類に感染する免疫不全ウイルスでは、感染する宿主の違いによって遺伝的な多様性が観察されます。ヒトにエイズを起こすヒト免疫不全ウイルス1型（HIV-1）のM型・N型・O型は、チンパンジーのサル免疫不全ウイルス（SIV）に由来したと考えられています。一方、HIV-1のP型はゴリラのSIV由来であると考えられています。

図6．発生地域によるウイルスの多様性

HIV-1 M型のA～K亜型の世界分布

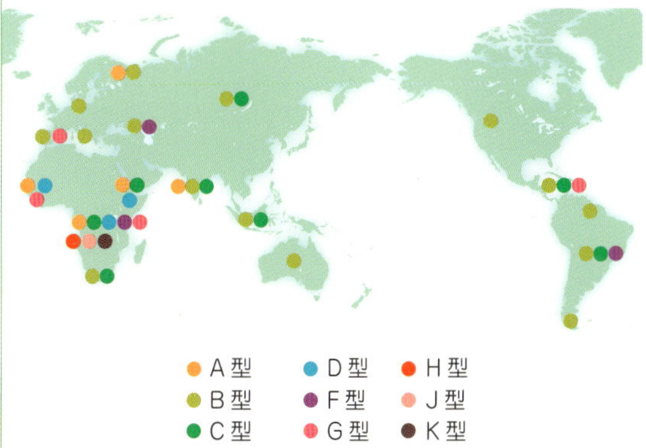

HIV-1のM型はAからKの亜型に分類することができます。地域によって流行している亜型は異なっています。

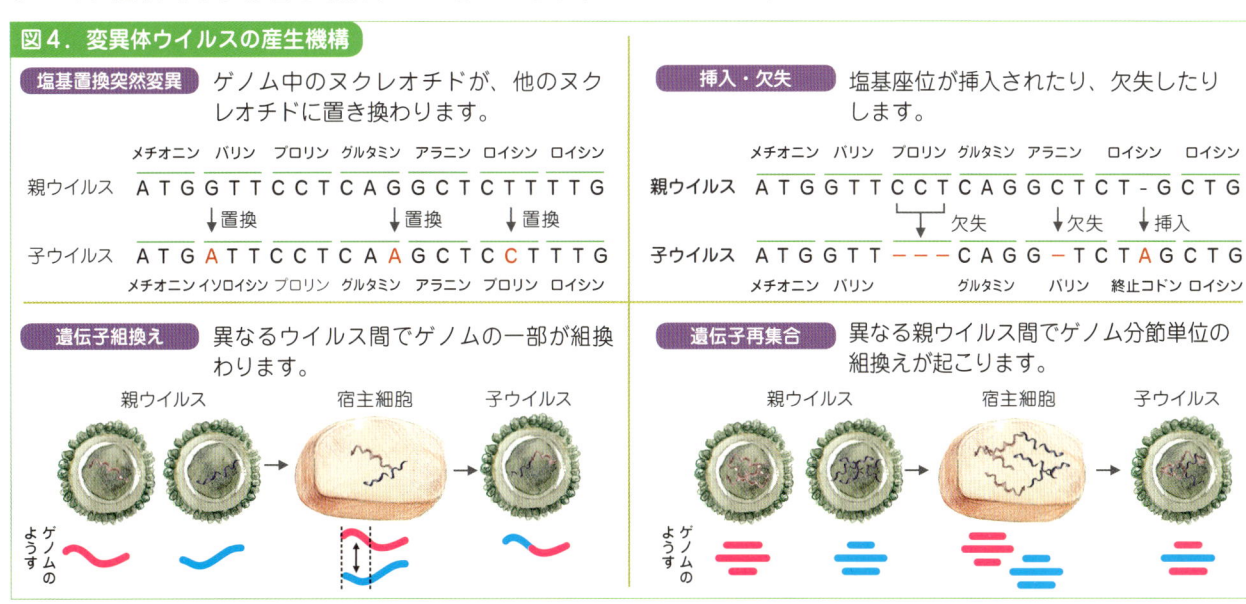

第Ⅰ部 生物とは

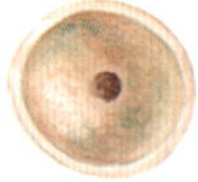

【第2章】生物のからだのしくみ

本章では、多様な生物のからだのしくみを、それぞれ特有の遺伝子が発現している器官と組織というレベルで概観します。 生物は単細胞生物と多細胞生物に分けることができますが、多細胞生物である動物の代表としての人間にまず焦点をあてて、情報、代謝、運動をそれぞれつかさどる器官を紹介します。そのあと、動物と植物を構成する細胞組織、動物と植物の生殖にかかわる細胞、さらに単細胞の真核生物および幹細胞の説明が続きます。

幹細胞は増殖・分化能力を保持していて、新しい細胞を生みだし、補給し、組織を維持しています。まさに私たちの体の恒常性をたもつ仕組みの中心にいるのが幹細胞と言えます。初期胚の細胞からつくったES細胞や、成体組織の分化細胞に一定の指令を与えてつくったiPS細胞は、体を構成するすべての細胞種へ分化する能力をもち、再生医療への応用が期待されています。

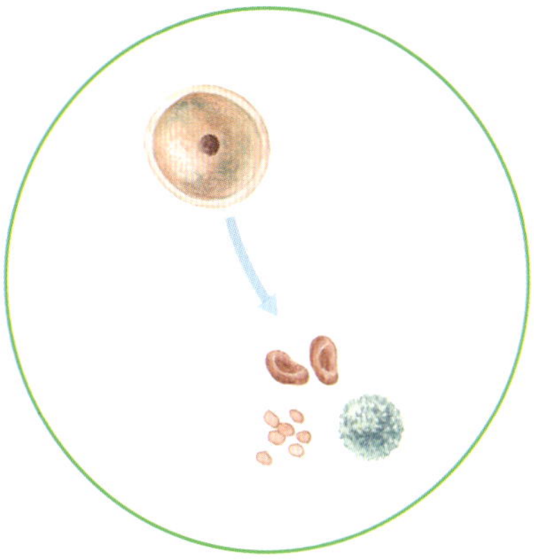

2−1

人間を構成する器官（1）
――情報（脳神経系）

筆者：平田たつみ

私たちの神経系は、1000億個以上の神経細胞で構成されています。この膨大な数の神経細胞が、お互いに連絡しあいながら、全身にくまなく回路網を張りめぐらせます（図1）。神経回路網を流れる情報は、私たちの感覚・行動・記憶をつくりだし、生物にとって根源的な生命を維持する仕組みを駆動し続けます。たかだか数万種類の遺伝子の働きで、これほどまでに精密な神経回路網がつくりあげ、正確に機能できることは驚くべきことです。

図1．神経系全体像とブロードマンの脳地図

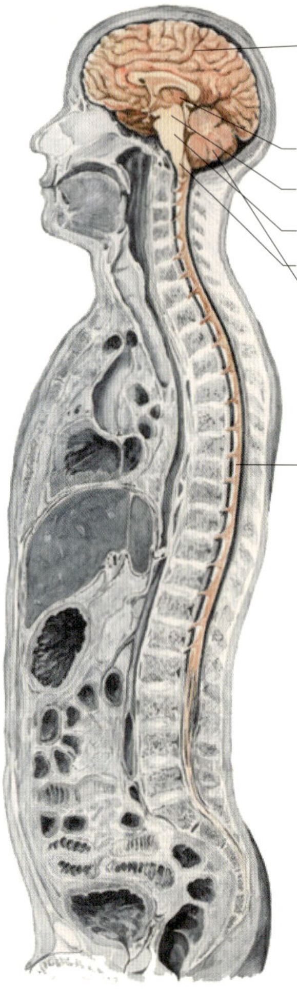

中枢神経系

大脳
人間で特に大きく発達した部分です。特徴は、その分業体制で、見る・聞く・触る・動かす・話す、といった役割を、別々の部分が受けもっています。

脳幹
呼吸・血圧・体温・睡眠など、生物が生きるために必要な体の仕組みを管理しています。脳幹までも完全に死んでしまうと、脳死とよばれる状態になります。

小脳
主に運動や平衡感覚を調節しています。

脊髄
筋肉を動かしたり、痛みなど感覚の中継地点になっています。脳と密な連絡があり、多くの情報が受け渡されますが、脳を必要としない脊髄反射とよばれる運動もあります。

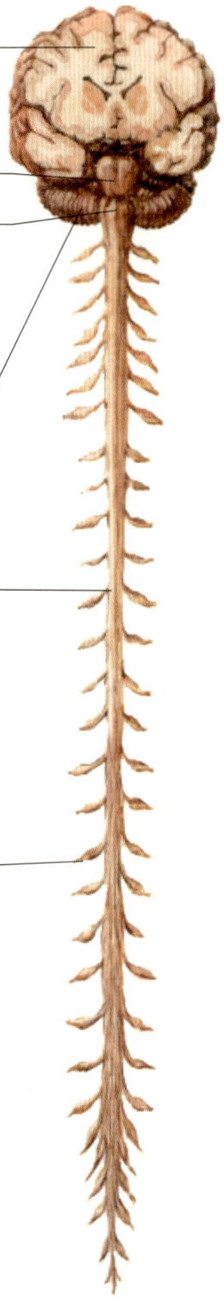

末梢神経系

神経系のうち、脳と脊髄を除いた部分にあたります。緊張すると汗をかいたりドキドキするのは、末梢神経系のうちの自律神経の働きによります。また、皮膚の痛みや筋肉の伸びを感知して脊髄に伝える感覚神経節細胞も、末梢神経系の一部です。特に腸には、脊髄に匹敵するほどの膨大な数の末梢神経細胞があり、脳とはほぼ独立して消化運動の調節をしています。

ブロードマンの脳地図： 神経学者ブロードマンによってつくられた大脳の解剖地図です。神経細胞の形や配置の特徴から、大脳組織が区画分けされています。組織の見た目の情報だけからつくられた地図ですが、不思議なことに脳の「働き」にも対応しており、各区画はそれぞれ特徴ある異なる機能を担当することが分かっています。

言語野（前頭葉ブローカ野）：文章の作成と発語にかかわっています。ここを損傷すると、聞いた文章の意味は理解できるのに話せないという特徴的な失語症を起こします。

聴覚野：耳からの音の情報処理を担う側頭葉の部分です。特定の音の高さ（周波数）に反応する神経細胞が、整然と周波数の順番に敷き詰められています。

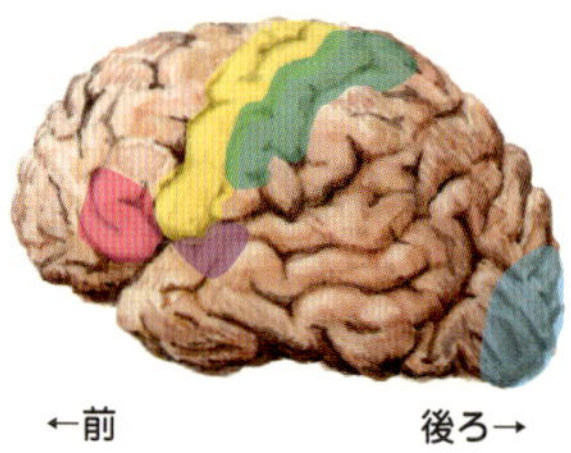

運動野：身体の動きを指令する脳の部分です。右半球が左半身、左半球が右半身の動きをつかさどります。

体性感覚野：触覚や痛覚、温度感覚など、皮膚や筋肉が感知する感覚情報を処理する脳の部分です。右半球が左半身、左半球が右半身の情報を処理します。

視覚野：視覚情報を処理する部分です。両目からの情報が統合されて、視野の2次元像を投影する空間的な地図がつくられます。ここには、特定の傾きをもつ線に反応したり、色を感知したり、動きに反応する神経細胞などがいます。

神経細胞とグリア細胞

神経系において、神経細胞が情報伝達の主な担い手です。その多くは軸索《じくさく》という長い突起をもっており、これが情報の出力端子となっています。軸索の終末は変形して、他の神経細胞の細胞体もしくは樹状突起《じゅじょうとっき》にシナプス結合をつくります。このシナプスを介して、次の細胞への信号の受け渡しが行なわれます（図2）。

神経細胞を助ける働きをするものに、グリア細胞というものがあります。数的には神経細胞よりも多く、生後も数を増加させていきます。それに対して、神経細胞のほとんどは胎児の時期につくられ、脳の一部を除いて、減少の一途をたどります。

神経細胞が伝える情報とは？

神経細胞は、電気的な興奮状態を情報として伝えます（図3）。ふつう細胞のなかは電気的に〈負〉の状態になっていますが、神経細胞が刺激を受けて興奮するとイオンの流れができて、〈正〉の状態になります。この電気変化が、神経細胞の軸索を電流のように伝わります。シナプスでは、電気変化はいったん化学物質の放出という形に置き換えられますが、受け手の細胞のなかで再び電気的な変化へと変換されます。

図2．神経細胞とグリア細胞

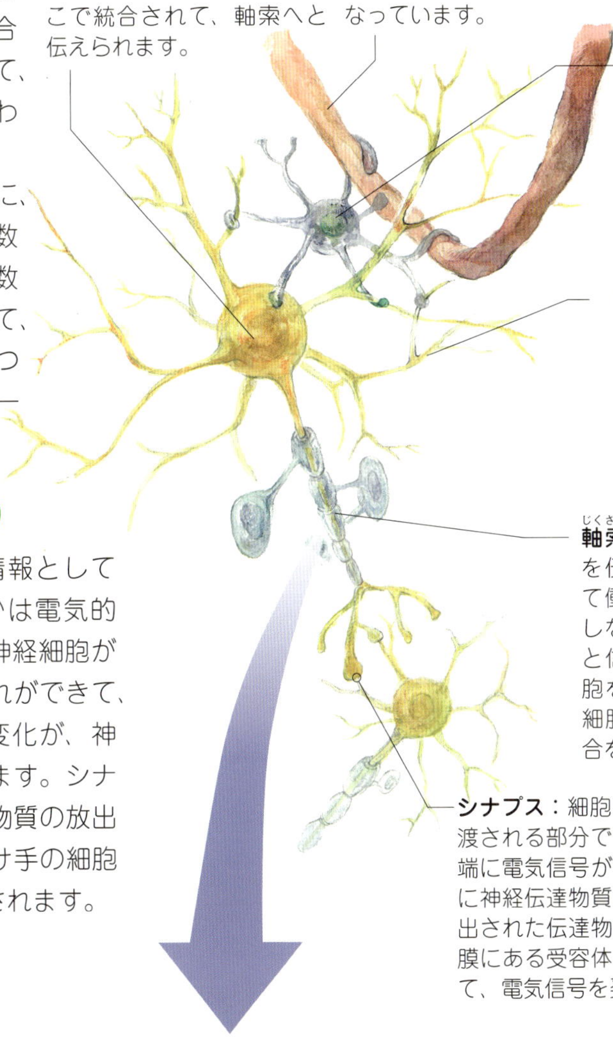

細胞体：核があり、遺伝子発現の源となります。多くのタンパク質はここで合成されてから、軸索や樹状突起へと運ばれます。シナプス入力の信号はいったんここで統合されて、軸索へと伝えられます。

血管：神経細胞の活動は、多くの酸素とエネルギー源を必要とします。これらは神経組織のなかに張りめぐらされた血管から供給されます。血管と脳との間には「血液脳関門」とよばれる関所のような構造があり、血管の内容物のなかでも選ばれたものだけが脳に通過できるようになっています。

グリア細胞：血液から栄養を神経細胞に届けたり、軸索を取り囲んで情報の漏れを防ぐなど、いろいろな種類があります。

樹状突起：細胞体から伸びた太めの枝分かれした突起です。他の神経細胞からのシナプス入力を受ける入力端子として働きます。

軸索《じくさく》：他の細胞に信号を伝える出力端子として働く突起です。混線しないように、きちんと信号を伝えるべき細胞を見分けて、適切な細胞とのみシナプス結合をつくります。

シナプス：細胞どうしの信号が受け渡される部分です。出力側の軸索末端に電気信号が到達すると、細胞外に神経伝達物質が放出されます。放出された伝達物質は、入力側の細胞膜にある受容体タンパク質に作用して、電気信号を発生させます。

図3．軸索の中を情報が伝わる仕組み

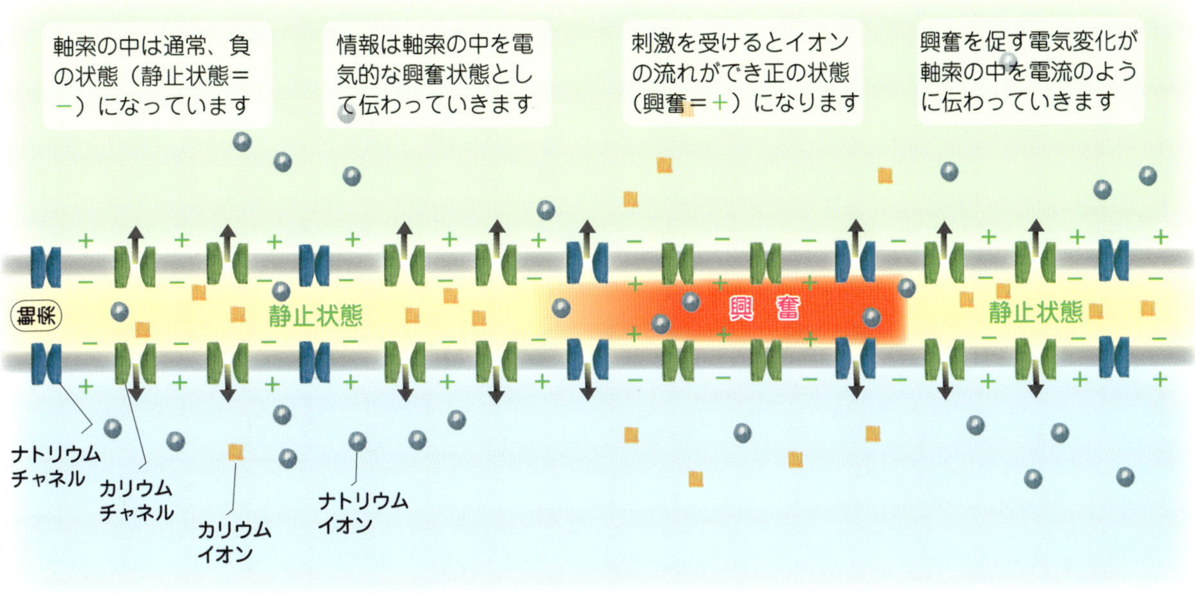
軸索の中は通常、負の状態（静止状態＝−）になっています
情報は軸索の中を電気的な興奮状態として伝わっていきます
刺激を受けるとイオンの流れができ正の状態（興奮＝＋）になります
興奮を促す電気変化が軸索の中を電流のように伝わっていきます
軸索
静止状態
興奮
静止状態
ナトリウムチャネル
カリウムチャネル
カリウムイオン
ナトリウムイオン

2—2

人間を構成する器官 (2)

——代謝（消化器系、循環器系）

筆者：小久保博樹

人間が生きていくためには、体を構成するすべての細胞が活動するための酸素や栄養（エネルギー）を補給し、二酸化炭素や老廃物を除去しなければなりません。そのために人間は呼吸し、食事をとります。口にした食物は体内に入ると消化され、消化された食物に含まれる栄養分は吸収され、消化されなかった成分は排泄されます。それらの働きをするさまざまな器官をまとめて、「消化器系」とよびます。消化器官で吸収した養分や肺でとりこまれた酸素は、血液によって運ばれ、全身にいきわたります。また血液は、細胞の活動によって生じた二酸化炭素や老廃物を除去する役割ももっています。この血液を全身に循環させるための器官をまとめて、「循環器系」とよびます。消化器官と循環器官がどのように成り立っているのか、みていきましょう。

消化器系

消化器系は、食物を消化しながら運搬し栄養素を吸収する「消化管」と、消化を助けるいろいろな酵素を合成して分泌する「消化腺」に、大きく分けられます。消化管は、食物の入口となる口から始まって、咽頭《いんとう》—食道《しょくどう》—胃—小腸《しょうちょう》（十二指腸《じゅうにしちょう》、空腸《くうちょう》、回腸《かいちょう》）—大腸《だいちょう》（盲腸《もうちょう》—虫垂《ちゅうすい》—結腸《けっちょう》—直腸《ちょくちょう》）へと続き、必要な栄養素が管の壁を通して吸収された後、残ったものが便・糞などとして肛門口から排泄されます。消化腺は、主に唾液腺《だえきせん》、膵臓《すいぞう》、胆《たん》のうに分けられます。唾液腺は、食物に含まれるデンプンをマルトース（麦芽糖《ばくがとう》）へと分解する唾液を口のなかに分泌します。膵臓は、3大栄養素のすべてを消化できる膵液《すいえき》を小腸（十二指腸）に分泌します。胆のうは、脂肪を乳化して消化酵素の働きを助ける胆汁《たんじゅう》を、肝臓《かんぞう》と小腸（十二指腸）に分泌します。

遺伝子からみた消化器系

消化器系の各器官は、主に腸管を形成する内胚葉に由来します。発生段階における腸管は、周りの組織からいろいろなシグナルを受けて、特定の腸管領域に特定の遺伝子が発現して陥入することから、各器官の形成が始まります。たとえば、膵臓の形成では、*Pdx1* という遺伝子がまず発現します（図1）。この遺伝子が欠失しているマウスでは膵臓がつくられず、生後まもなく死んでしまいます。また、*Pdx1* 遺伝子は転写因子をコードしていて、インスリンやグルカゴンといった膵臓に特異的なホルモンの発現調節を行なっています。このように、消化器官の各器官において、形成から器官特異的な遺伝子発現調節まで行なうマスター遺伝子がみつかってきています。

図1. *Pdx1* 遺伝子発現による膵臓の形成

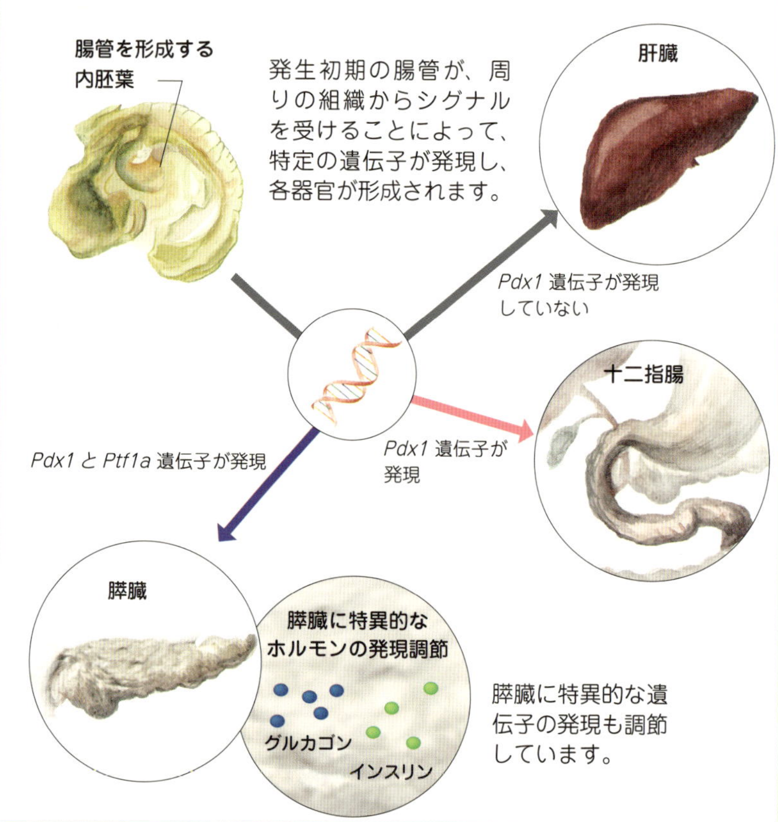

腸管を形成する内胚葉
発生初期の腸管が、周りの組織からシグナルを受けることによって、特定の遺伝子が発現し、各器官が形成されます。
肝臓
Pdx1 遺伝子が発現していない
十二指腸
Pdx1 遺伝子が発現
Pdx1 と Ptf1a 遺伝子が発現
膵臓
膵臓に特異的なホルモンの発現調節
グルカゴン
インスリン
膵臓に特異的な遺伝子の発現も調節しています。

循環器系

循環器系は血液を体内で循環させるのに働く心臓や血管と、血液の成分である血球を産生・成熟・分解する器官の大きくふたつに分けられます。

心臓は、一定のリズムで起こる心筋の収縮と心臓弁の開閉によって、常に同じ方向の血液の流れを生み出すポンプの役目を果たしています。心臓の動きが止まると、細胞での代謝や呼吸ができなくなって、通常、ヒトは死んでしまいます。

血管は、血液を流すための管状の構造をしています。心臓から体の各部まで血液を運んだ後、再び心臓まで戻るような循環する経路になっています。このように、血液は血管内に閉じこめられていますが、血液の液体成分は毛細血管に達すると、血管の壁を通って内外を出入りすることができます。これによって、細胞の酸素や栄養分を交換します。

血液は血球（細胞性）成分と血漿《けっしょう》（液性）成分からなります。血球成分は赤血球、白血球、血小板で構成されています。血漿成分はほとんどが水分で、このほか血漿タンパク質、脂質糖《ししつとう》、無機塩類《むきえんるい》で構成されています。寿命は血球ごとに異なり、老廃した赤血球は肝臓、脾臓《ひぞう》で壊され、体外に排出されます。

図2．*Mesp1* 遺伝子発現による心臓の形成

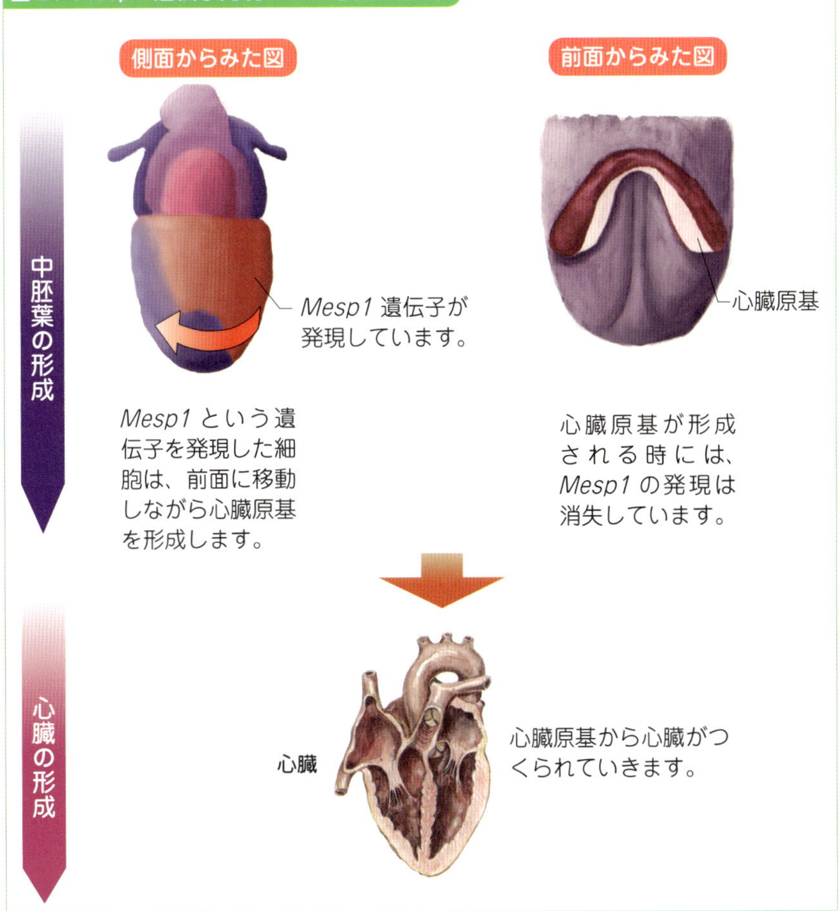
側面からみた図
前面からみた図
中胚葉の形成
心臓の形成
Mesp1 遺伝子が発現しています。
Mesp1 という遺伝子を発現した細胞は、前面に移動しながら心臓原基を形成します。
心臓原基
心臓原基が形成される時には、Mesp1 の発現は消失しています。
心臓
心臓原基から心臓がつくられていきます。

遺伝子からみた循環器系

循環器は、主に原腸陥入によって生じる中胚葉に由来します。心臓・血管になる細胞は最初に *Mesp1* という遺伝子を発現します（図2）。この *Mesp1* と同じファミリー遺伝子の *Mesp2* の両方の遺伝子を欠失すると、心臓がつくられず、胎生期に死んでしまいます。また、心臓を拍動させるために必要な「心筋」細胞になるためには、*GATA4*、*Nkx2.5*、*MEF2C* と *TBX5* といった遺伝子の発現が必要です（図3）。心筋細胞以外の細胞にこれらの遺伝子を導入すると、ある頻度で心筋細胞に転換することが知られています。

図3．*Myosin* 遺伝子発現による心筋細胞への分化

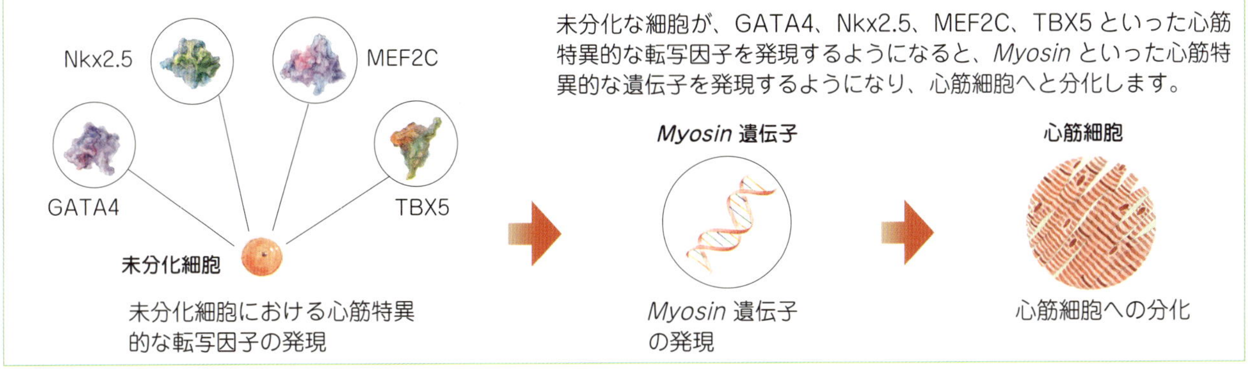
未分化な細胞が、GATA4、Nkx2.5、MEF2C、TBX5 といった心筋特異的な転写因子を発現するようになると、Myosin といった心筋特異的な遺伝子を発現するようになり、心筋細胞へと分化します。
Nkx2.5
MEF2C
GATA4
TBX5
未分化細胞
未分化細胞における心筋特異的な転写因子の発現
Myosin 遺伝子
Myosin 遺伝子の発現
心筋細胞
心筋細胞への分化

2−3

人間を構成する器官 (3)
——運動（骨格系、筋肉系）

筆者：相賀裕美子

人間を含む動物は、みずから動くことが大きな特徴です。それには筋肉が使われます。筋肉を構成するタンパク質には、アクチン、ミオシン、トロポニンなどがあり、動物はみなそれらの遺伝子をもっています。脊椎動物は内骨格をもち、骨に筋肉が付着して、脳神経系が制御するさまざまな運動を行ないます。脊椎動物が受精卵から発生していく際には、筋肉系と骨格系は共通の体節から分化します。体節の形成には、*Mesp2* や *L-Frg* 遺伝子が重要な役割をもっていることが知られています。

骨格筋の構造

筋肉は複数の筋束からなっています（図1）。筋束とは筋繊維（筋細胞）の集まりです。複数の筋原繊維が束ねられて、筋繊維を形づくります。筋原繊維はアクチンタンパク質とミオシンタンパク質が入れ子状になった構造をしています。

図1．骨格筋の構造

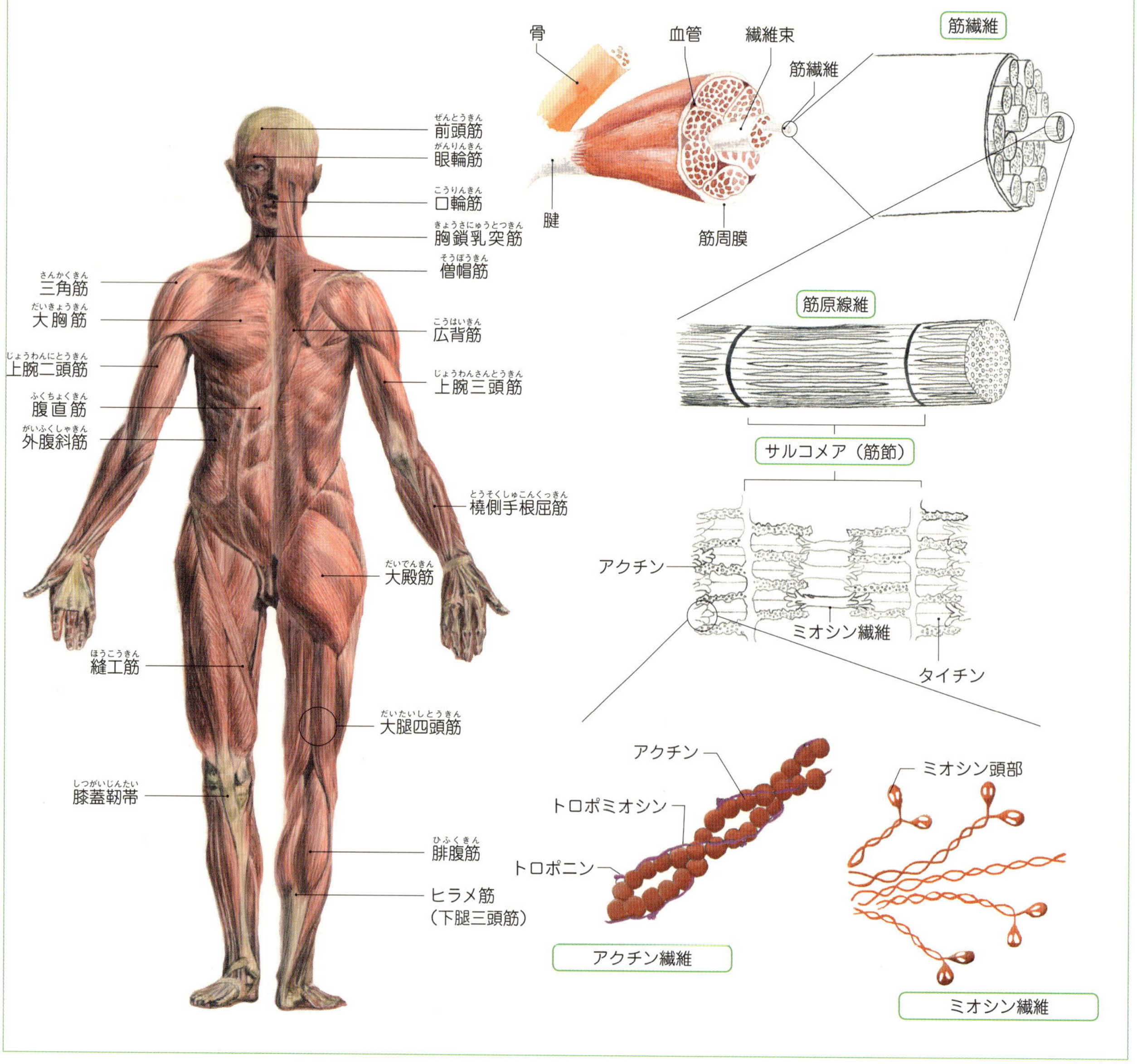

骨格とは

体の形をつくっているのが骨格系です（図2）。大きく頭骸骨《ずがいこつ》、脊椎骨《せきついこつ》、肋骨《ろっこつ》、手足の骨の４つに分けられます。その骨のでき方には２種類あります。ひとつには、頭蓋骨のでき方であり、細胞から直接つくられます。もうひとつには、頭蓋骨以外の骨の場合であり、まず軟骨ができ、それが骨組織に置き換えられてできます。骨格の構造は発生過程でつくられますが、そのなかでも脊椎骨、肋骨は節構造をもっているのが特徴です。

体節（骨格・筋肉系の発生）

マウスの体節が形成される過程を図３に示します。体節は未分節中胚が分節することにより前方から順次形成されます。形成された体節は成熟すると分化して、筋肉や脊椎骨を形成します。また、体節形成過程で働く遺伝子に変異が起こると、脊椎骨に異常が起きます（写真参照）。

図2．骨格の構造

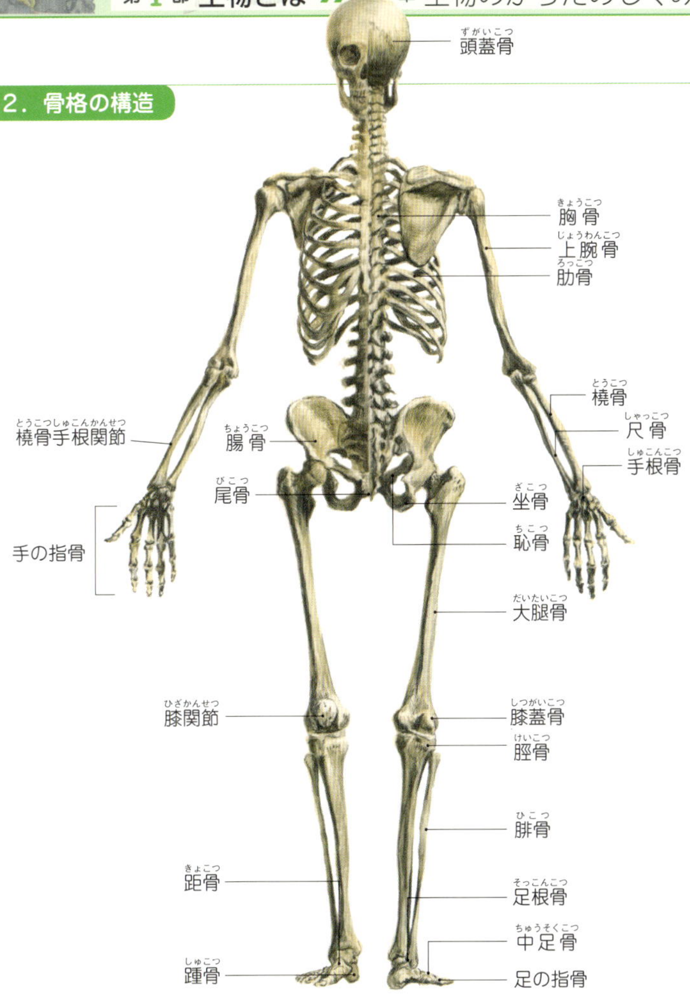

図３．体節形成の模式図

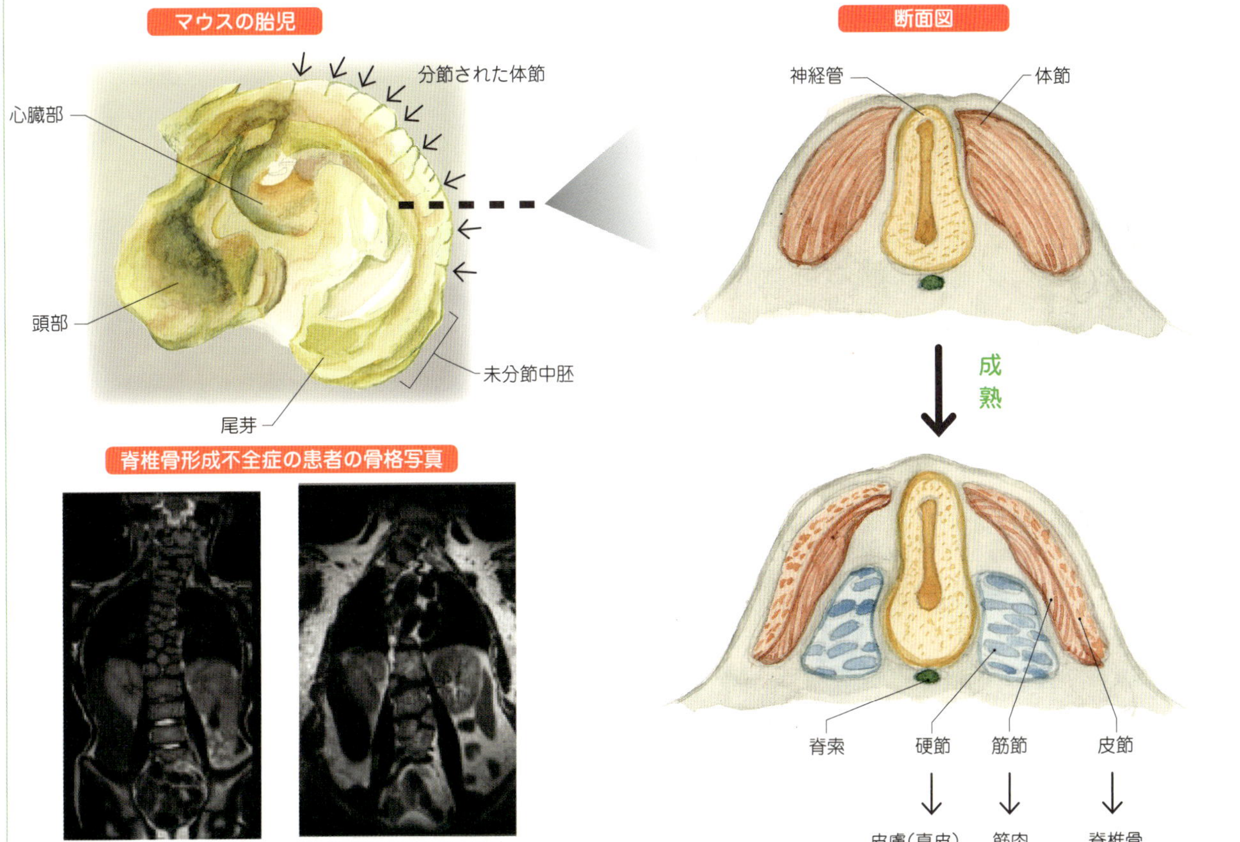

体節形成の鍵遺伝子 *Mesp2* に変異をもつ場合。

体節形成の時計遺伝子 *L-Fng* に変異をもつ場合。

2-4

動物体を構成する細胞組織

筆者：来栖光彦

多細胞生物は、さまざまな役割をもったたくさんの細胞からできています。これらの細胞は、形や性質の似た者どうしで集まり、共通の目的をもち、ともに働く細胞集団をつくります。このように特定の役割をもつ細胞集団を「組織」といいます。さらに、さまざまな性質の組織が組み合わさることによって、より大きな器官がつくられます。

上皮組織

1層または数層の細胞によって、動物の体表面や器官をおおう組織を「上皮組織」とよびます（図1）。上皮組織は、形や働きの違いによってさまざまな種類が存在します。一般的に、ひとつひとつの細胞が互いに接着することによって頑丈な組織をつくり、器官を保護する役目をもちます。私たちの皮膚の表皮は、もっともなじみ深い上皮組織のひとつでしょう。表皮は「重層扁平上皮」とよばれ、薄く平らな細胞が重なり合った構造（組織）をつくります。その他の上皮組織の働きには、物質の輸送や吸収、ホルモンや酵素などの分泌、感覚器などがあります。たとえば、小腸の粘膜上皮のように微じゅう毛をもつ上皮細胞は、栄養分を輸送する働きをもちます。毛や爪、目の水晶体のように特別な形状や性質を獲得したものもあります。

図1．上皮組織

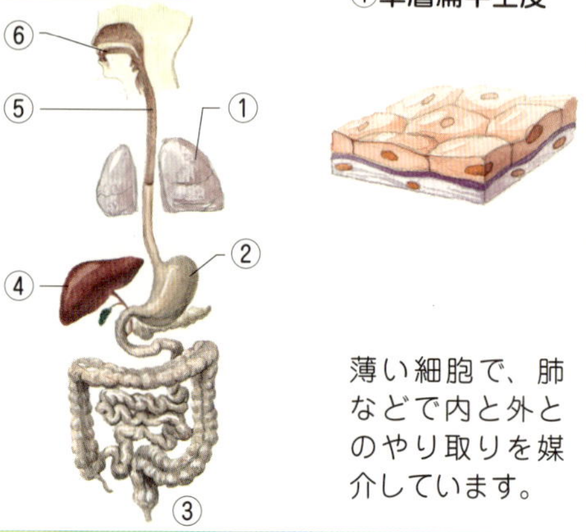
①単層扁平上皮
⑥
⑤
①
②
④
③
薄い細胞で、肺などで内と外とのやり取りを媒介しています。

結合組織

他の組織を結合して、器官の構造や身体を形づくるための重要な組織が「結合組織」です（図2）。比較的少数の細胞が、多量の分泌物のなかに埋もれたように存在しています。分泌物は結合組織の細胞から分泌され「細胞外基質」とよばれます。結合組織の種類は、構成する細胞や分泌される細胞外基質の組み合わせによってたくさんの種類が知られています。たとえば、線維芽細胞《せんいがさいぼう》と細胞外基質の主成分となるコラーゲンから構成される皮下組織、また、脂肪細胞と糖分子から構成される脂肪組織等があげられます。また、特殊に分化した例として骨、血液、リンパ、骨格を支える腱や靭帯も含まれます。

図2．結合組織

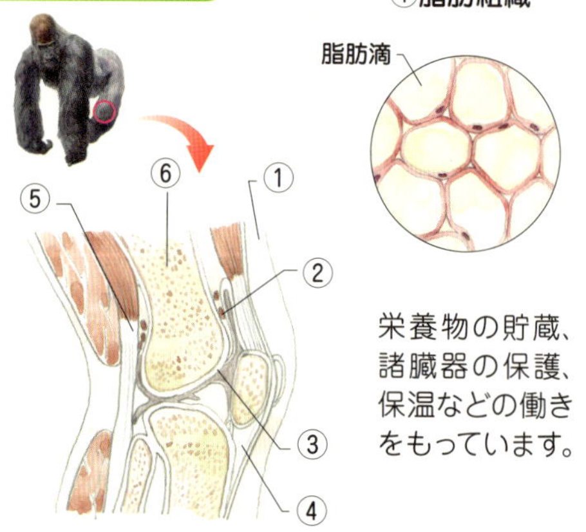
①脂肪組織
脂肪滴
⑥
①
⑤
②
③
④
栄養物の貯蔵、諸臓器の保護、保温などの働きをもっています。

筋組織

動物の移動や心臓の拍動などを可能にしているのが、筋組織の収縮運動です（図3）。筋組織は、細胞が伸び縮みすることのできる細長い筋細胞からつくられています。筋細胞の伸縮する能力は、細胞内のアクチン繊維とミオシン繊維（→**2-3**）が滑り込むことによって発揮されます。このような筋組織の収縮運動は神経によって制御されています。

筋組織は、筋細胞の形態と働きの違いによって骨格筋、心筋、平滑筋の3種類に分類されます。骨格筋は骨に結合し私たちの運動を制御するのに対して、心筋は心臓の壁を構成し、収縮運動によって血液を循環させます。骨格筋と心筋は、顕微鏡で観察すると繊維に縞模様がみられるので「横紋筋」とよばれています。平滑筋は消化器等の壁に分布し内蔵運動を可能にする重要な働きをしています。また、骨格筋は力強く瞬時に収縮することができますが、疲れやすいという特徴があります。

図3．筋組織

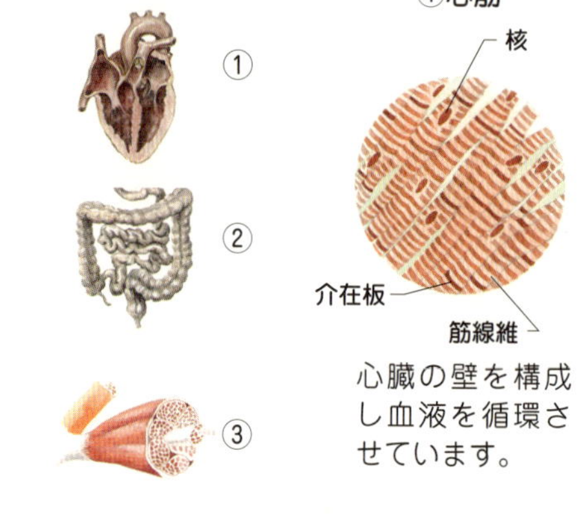
①心筋
核
①
②
③
介在板
筋線維
心臓の壁を構成し血液を循環させています。

神経組織

動物は外部環境からの刺激を受容し、その刺激に応じて適切に行動します。外界からの刺激の受容と中枢への伝達には末梢神経系が、それら刺激情報の処理には中枢神経系が大きな役割をもちます（図 4）。また、末梢神経系は、中枢からの指令を筋肉等の効果器へ伝える役目ももちます。高等動物では、中枢神経系の前端部に位置する脳が高度に発達し、複雑な行動や精神活動を制御するようになりました（→ **2-1**）。末梢と中枢神経系はともに、神経細胞とグリア細胞から構成されています。神経細胞は、神経突起によって特徴付けられますが、突起の形は細胞の種類によってさまざまであり、その長さも数 μm（マイクロメートル；1000 分の 1mm）から 1m に及ぶものまであります。神経細胞の役目は、膜電位を変化させることによって電気的な興奮を別の神経に伝えることです。学習や記憶等の脳の作用には、神経細胞どうしによる興奮伝達の効率や接続様式が変化することが関係していると考えられています。一方、グリア細胞は自ら興奮伝導を行なうことはありませんが、種類によってさまざまな働きをします。グリア細胞は、電気的な絶縁、栄養因子の供給、神経細胞の除去、神経細胞の供給等、さまざまな面で神経細胞の働きを手助けしています。

②単層円柱上皮

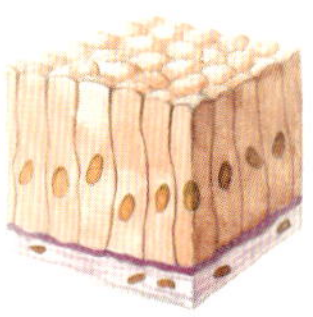

胃や腸の粘膜上にあり、表面に腺毛をもつ場合があります。

③重層円柱上皮

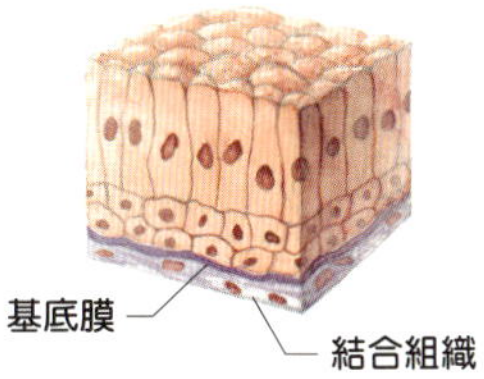

膀胱などにおいて、他の上皮との移行部にあります。

④単層立方上皮

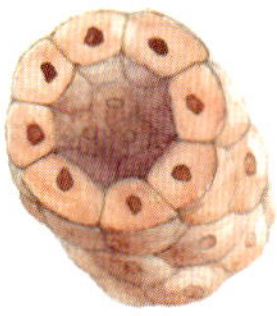

腎臓などで、内外にある物質を入れ替える働きを活発に行ないます。

⑤重層扁平上皮

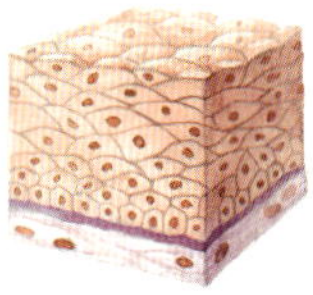

重層上皮のひとつで、気道を保護しています。

⑥多列線毛円柱上皮

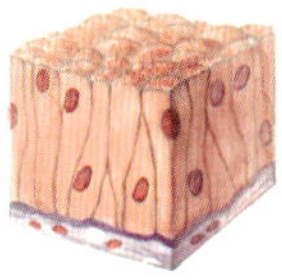

粘膜などを構成する上皮で、表面の細胞に線毛が生えています。

②血液

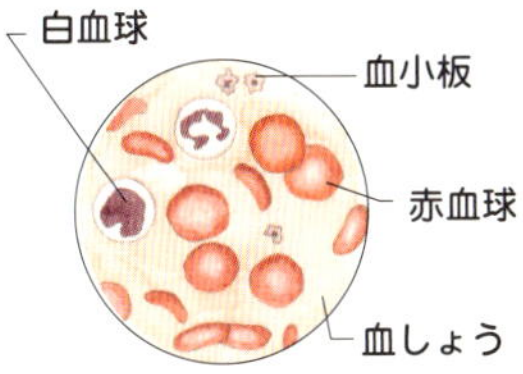

全身の細胞に栄養分や酸素を運び、二酸化炭素などを運びだします。

③軟骨

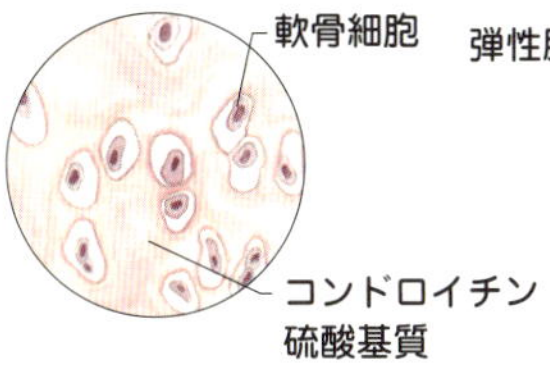

骨端の摩擦を防ぐと同時に大きな重量を支持する緩衝装置の役目を果たします。

④疎性結合組織

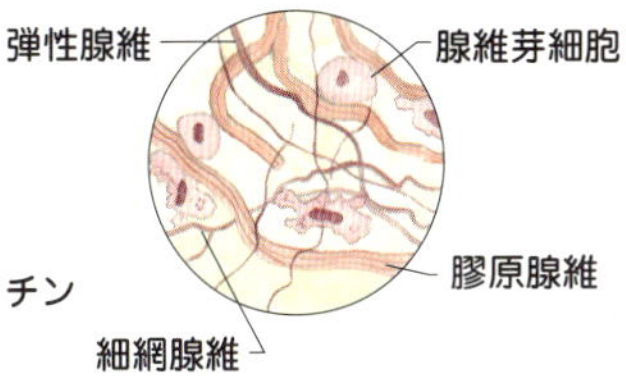

コラーゲンなどの線維からなり、靱帯や腱を形成します。

⑤線維性結合組織

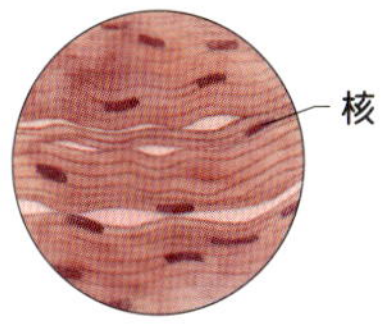

線維が少ないものを指し、骨髄、皮下組織を形成します。

⑥骨

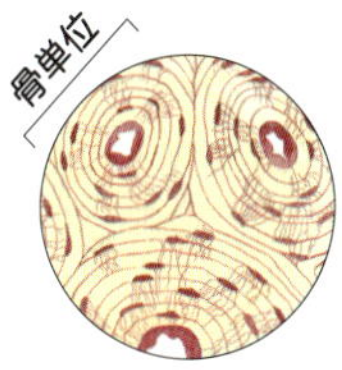

器官を包んで保護したり、筋肉と協同して運動器官となったり、体の支持器官として働いています。

②平滑筋

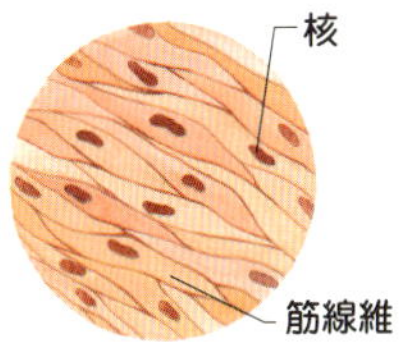

消化器などの壁に分布し内臓運動を可能にしています。

③骨格筋

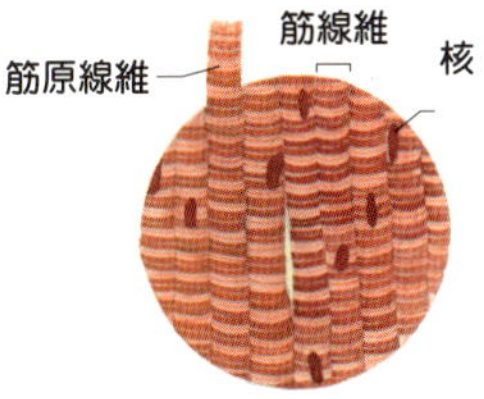

骨に結合して私たちの運動を制御する筋です。

図 4．神経組織

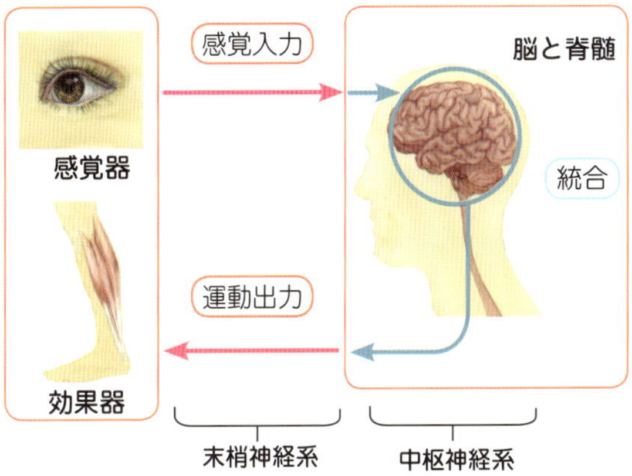

2−5

植物体を構成する細胞組織

筆者：佐瀬英俊

移動できる動物と違い植物は移動できないため（固着性）、乾燥や気温などの環境の変化に対応する仕組みを進化させてきました。動物細胞と植物細胞で大きく異なるもののひとつが、植物細胞を保護し植物体を物理的に支持する「細胞壁」とよばれる構造です。この細胞壁には原形質連絡という通路があり、細胞どうしはこの連絡通路を通して物質のやり取りを行ないます。その他、植物細胞に含まれる特徴的な器官としては、光合成を行なう葉緑体（→ **3-9**）や、細胞の大部分を占め、養分やタンパク質の貯蔵を行なう液胞などがあります（図1）。

図1．植物細胞の仕組み

ペルオキシソーム
1層の生体膜に包まれた器官で、酸化酵素群を大量に含んでいます。
細胞膜
細胞質の最外層にあって物質を選択的に透過させたりしています。
細胞質
細胞の核以外の部分であり、多くの小器官（オルガネラ）から構成されています。
原型質連絡
細胞間の輸送や情報交換をする小分子だけを通す微小の通路です。
葉緑体
光合成・光応答・物質生産などの機能を担っています。
リボソーム（→ 3-6）
アミノ酸を連結してタンパク質をつくる分子機械です。
核（→ 3-4）
遺伝子情報であるDNAが格納されています。
粗面小胞体（→ 3-7）
多数のリボソームが付着していて、タンパク質が合成されます。
液胞
浸透圧の調節、不要物の貯蔵や分解を行ないます。
ゴルジ体（→ 3-7）
タンパク質などの物質の選別・運搬に重要な役割を果たします。
ミトコンドリア（→ 3-8）
細胞のエネルギーの元となる物質（ATP）をつくる細胞内器官です。
細胞壁
多糖質を主成分とし、細胞じしんの支持と保護をしています。

植物体を構成する組織

実際の植物個体は、さまざまに機能分化した細胞からできており、これら細胞が集まり組織（組織系）をつくっています。植物体を形成している組織は表皮系、維管束系《いかんそくけい》、基本組織系に大きく分けることができます。表皮系は植物の外側をおおう細胞からなる組織です（図2）。維管束系は、根から水を吸い上げる道管や師部からなります（図3）。基本組織系は、表皮と維管束の間を埋めるように存在する組織で、植物体のほとんどの細胞はこの基本組織系に属します（図4）。これには葉で光合成をさかんに行なう葉肉柔細胞や、厚い細胞壁をもち植物を物理的に支える厚角細胞、厚壁細胞などが含まれます。

図2．表皮系の仕組み

表皮系は、二酸化炭素や酸素を取り込み、また排出を行なう働きをもつ気孔を構成する孔辺細胞や、根の表面に生える根毛などもこの表皮組織に含まれます。

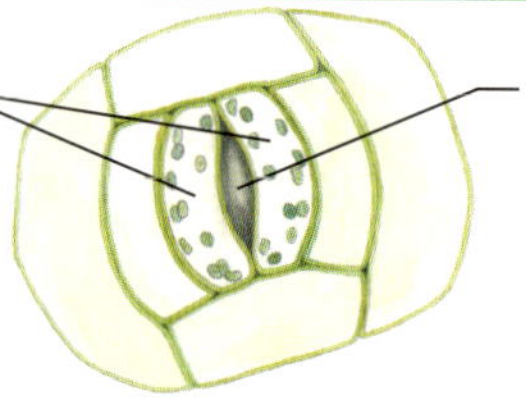

孔辺細胞
気孔
ふたつの孔辺細胞の形の変化によって大きさが調節されます。

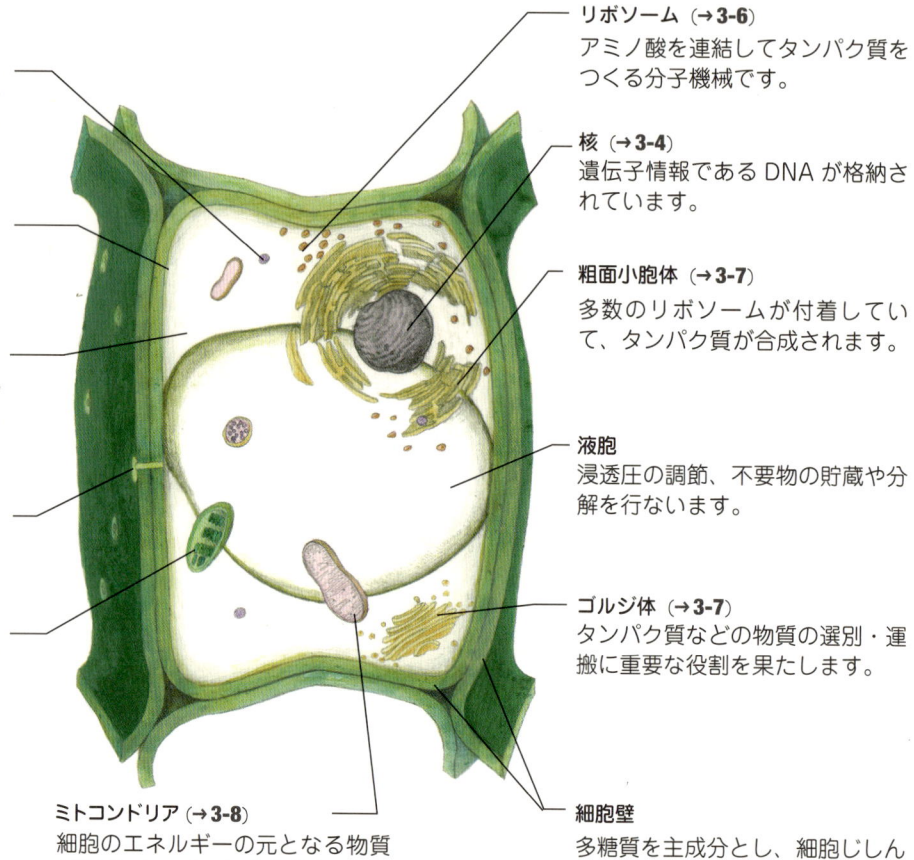

図3．維管束系の仕組み

維管束系は、根から水を吸い上げる道管を含む木部や、養分を移動させる篩管《しかん》を含む篩部からなります。根や茎では一般に木部が内側で外側に篩部が存在しています（図4参照）。道管は死細胞どうしの末端が穴があいた形でつながったものです。一方、篩管には細胞質が存在しており、細胞どうしは多数の「篩孔《しこう》」とよばれる穴でつながっています。

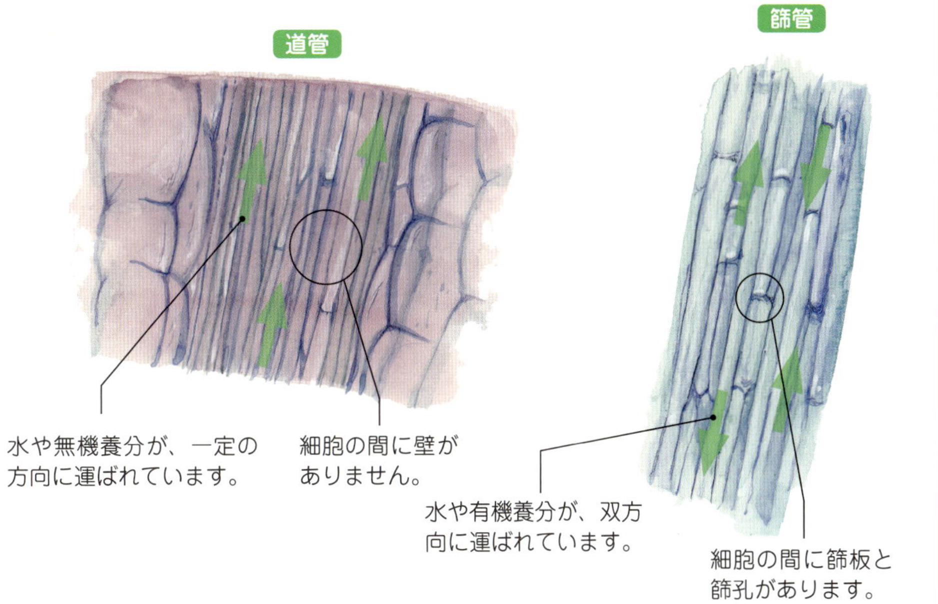
道管
篩管
水や無機養分が、一定の方向に運ばれています。
細胞の間に壁がありません。
水や有機養分が、双方向に運ばれています。
細胞の間に篩板と篩孔があります。

図4．各器官の仕組み

表皮系、維管束系を除くほとんどの場所は、基本組織系で埋められています。

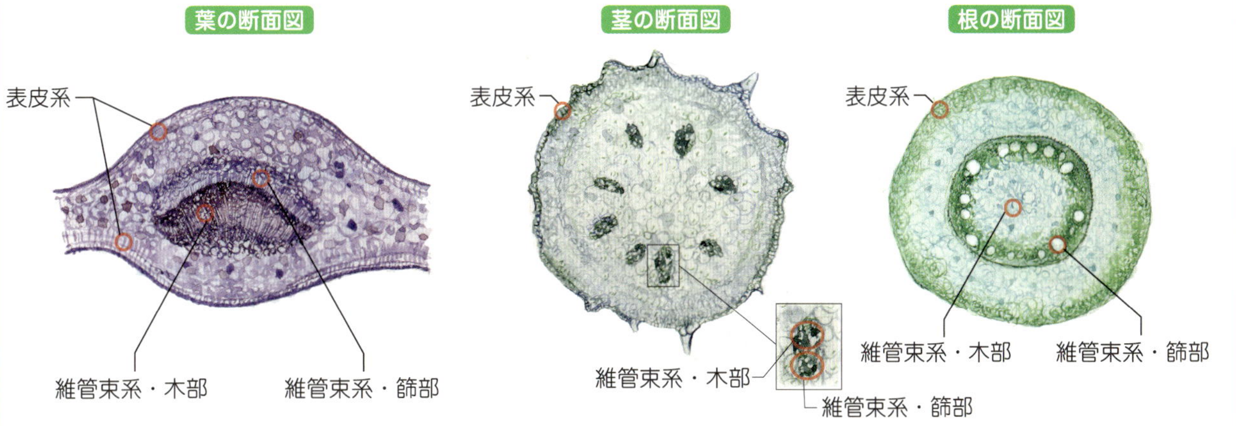
葉の断面図
茎の断面図
根の断面図
表皮系
表皮系
表皮系
維管束系・木部
維管束系・篩部
維管束系・木部
維管束系・篩部
維管束系・木部
維管束系・篩部

図5．植物体の成長

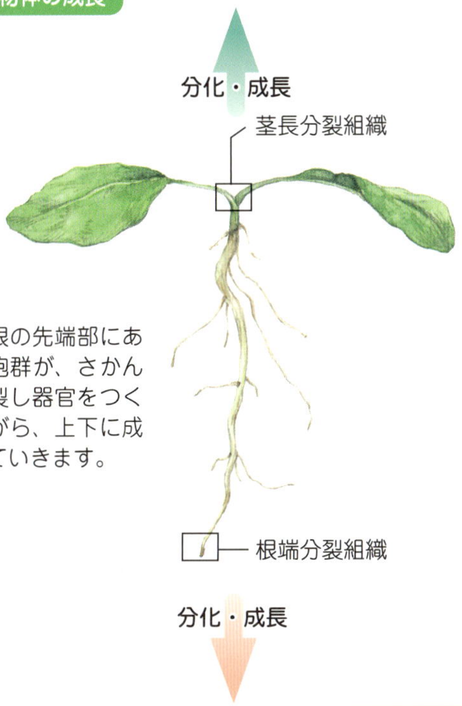
分化・成長
茎長分裂組織
根端分裂組織
分化・成長

茎と根の先端部にある細胞群が、さかんに分裂し器官をつくりながら、上下に成長していきます。

植物の器官と成長

表皮系、維管束系、基本組織系といった組織をもとに、植物の器官は形づくられています。植物の体は大きく分けて３つの器官の繰り返し構造でできています。地下器官の根、地上部の茎、そして葉です。花は基本的には葉が変形したものです。地上部の茎と葉はまとめて「シュート」ともよばれます。植物の発生初期において、地上部のシュートの先端には茎頂分裂組織、根の先端には根端分裂組織という未分化の細胞群が形成されます。これらの分裂組織が盛んに分裂し器官を形成しながら、植物体を上下へと成長させていきます（図5）。

植物細胞は一度分化した後も、脱分化（分化した細胞が未分化の状態に変化すること）・再分化を比較的容易に引き起こせることが知られています。脱分化した細胞は「カルス」とよばれる細胞塊を形成します。植物ホルモンをカルスへ添加することによって、完全な植物個体を再分化させることが可能なことから、植物細胞が高い分化全能性を保持していることが分かります。

2-6

動物の生殖細胞と体細胞

筆者：酒井則良

遺伝学では、動物の細胞は大きくふたつに分けられます。遺伝情報を子孫に伝える生殖細胞と、体を構成する体細胞です。生殖細胞は、細胞の特徴や遺伝子の発現パターンなどから体細胞と区別することができ、個体発生の早い段階で運命決定を受けることが分かっています。たとえば、線虫やショウジョウバエ、硬骨魚類、両生類では、受精卵に蓄えられた特定の細胞質を、卵割期《らんかつき》の段階で受けついだ細胞が生殖細胞へと分化します。一方、哺乳類では母性由来の細胞質によらず、発生初期に胚体上部の外胚葉から生殖細胞が生じることが知られています（図 1）。どちらの場合も生殖巣の外で生まれ、自律運動により生殖原基（後に生殖巣になるところ）まで移動します。その後、個体の性決定にしたがって生殖原基は卵巣・精巣へと分化し、生殖細胞も雌雄で異なる進み方で体細胞分裂と減数分裂（**→ 3-2**）を経て、それぞれの配偶子である卵と精子へと分化します（図 2）。

卵巣の構造

ショウジョウバエの卵巣は房状の構造をとり、それぞれの房の先端部にある特定の体細胞が生殖幹細胞（卵や精子等の配偶子を生み出すもととなる幹細胞）を維持します。そこから離れると分化を開始し、4 回の不完全分裂を経て 15 個の哺育細胞（卵母細胞の成長をうながす細胞）とひとつの卵母細胞へと分化します。卵母細胞と哺育細胞はつながっており、体細胞由来の濾胞細胞《ろほうさいぼう》に包まれた状態で卵母細胞は成長します。一方、ゼブラフィッシュやマウスの卵巣では、濾胞細胞に包まれた状態の大小さまざまな卵母細胞が結合組織のなかに認められます。これらの卵母細胞はすでに減数分裂に入っていて、細胞周期的にみると第一減数分裂の前期で停止した状態で成長しているものです。

精巣の構造

ショウジョウバエの精巣は管状で、先端部分にある体細胞が生殖幹細胞を維持します。そこから離れると生殖細胞は体細胞由来のシスト細胞に包まれて、精原細胞、精母細胞、精細胞へと分化していきます。ゼブラフィッシュの精巣は細かく区切られた小葉構造をとり、そのなかでは、体細胞由来のセルトリ細胞が生殖細胞をさらに取り囲んだ構造をとります。セルトリ細胞に囲まれた状態で精原幹細胞から精原細胞、精母細胞、精細胞、精子へと分化します。マウスの精巣は「精細管」とよばれる管が折りたたまれた構造で、その管のなかでセルトリ細胞が外側から内側へ延びた状態になります。生殖細胞はセルトリ細胞に接した状態で、外側から管内部へ順に精原幹細胞から精子へと分化します。

卵と精子の形成

卵形成は、ショウジョウバエのように幹細胞（**→ 2-9**）によって維持される場合と、哺乳類のように、発生の早い段階で減数分裂を始めた卵母細胞が維持される場合があります。卵母細胞の減数分裂は極端な不等分裂で、DNA 複製後（4n）、1 度目の分裂でもとの卵母細胞とほぼ同じ大きさの二次卵母細胞（2n）と小さな第一極体（2n）に分かれます。脊椎動物ではこの段階で排卵され、受精の刺激によりもう 1 回の分裂が進み、大きな細胞と小さな細胞に分かれます。大きい方の細胞が受精卵となり、小さい方の第二極体（1n）は発生に関与することなく捨て去られます。

精子形成はショウジョウバエ、ゼブラフィッシュ、マウスともに幹細胞によって維持されます。分化を始めた精原細胞は、体細胞分裂により増殖します。減数分裂に入ると「精母細胞」とよばれるようになり、DNA 複製後（4n）、2 回の連続的な分裂によって 4 つの精細胞（1n）ができます。これが変態して最終的に精子になります。

図1. 卵巣と精巣の構造

ショウジョウバエ

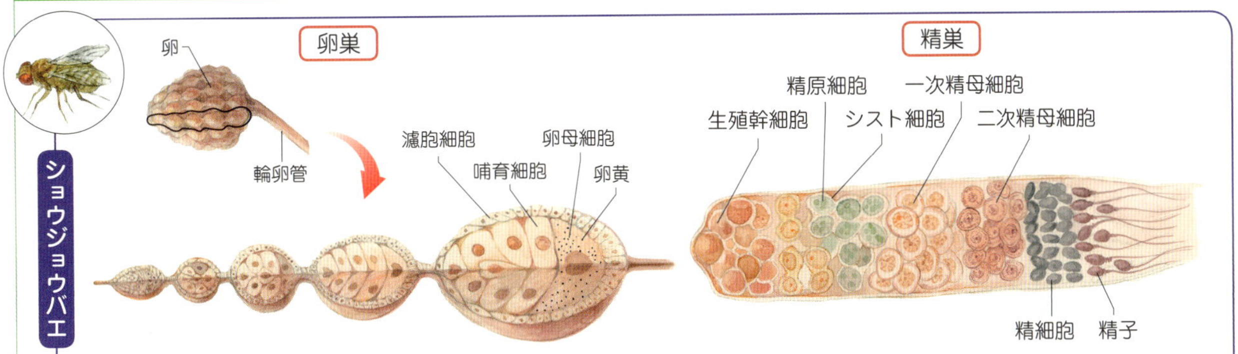

卵巣
卵
輪卵管
濾胞細胞
卵母細胞
哺育細胞
卵黄
精巣
精原細胞
一次精母細胞
生殖幹細胞
シスト細胞
二次精母細胞
精細胞
精子

房の先端部に生殖幹細胞があります。分化を開始後、15の哺育細胞とひとつの卵母細胞に成長します。

管の先端に生殖幹細胞があり、シスト細胞に包まれて精細胞へ分化していきます。

ゼブラフィッシュ

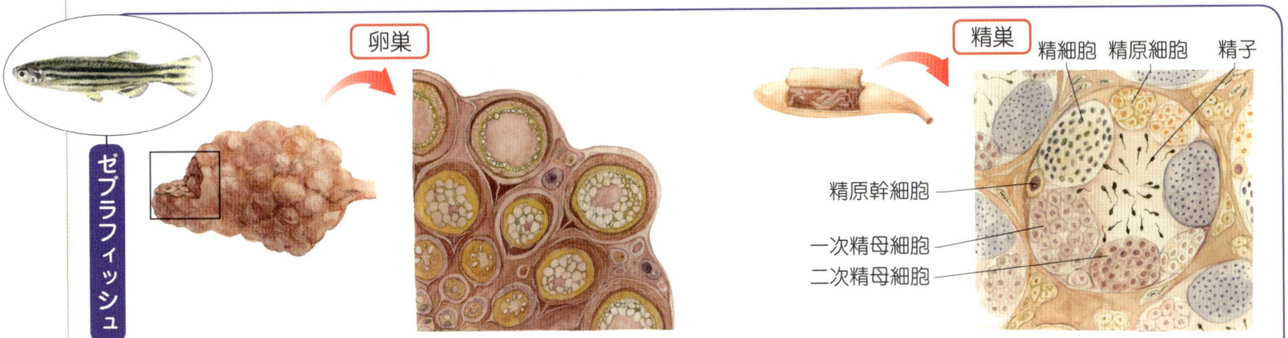

卵巣
精巣
精細胞
精原細胞
精子
精原幹細胞
一次精母細胞
二次精母細胞

濾胞細胞に包まれた卵母細胞が、結合組織にみられます。

細かく区切られた構造をもち、セルトリ細胞に囲まれて精原幹細胞から精子へと分化します。

マウス

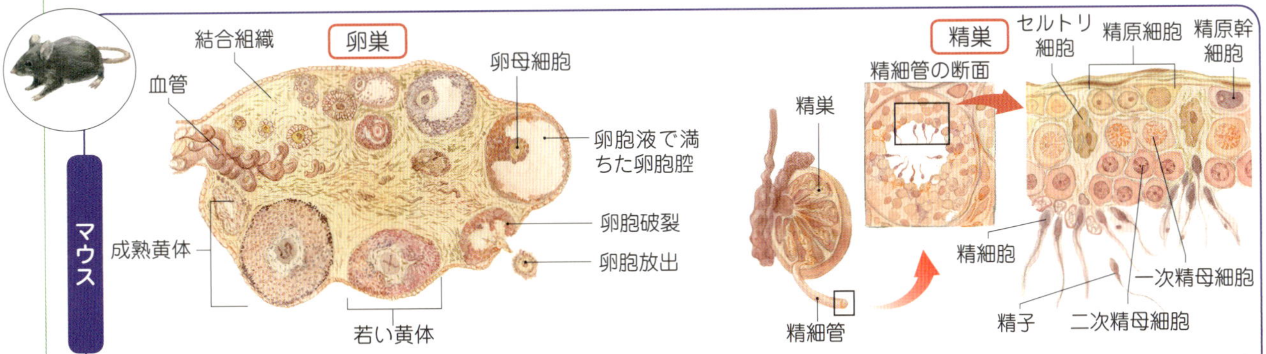

結合組織
卵巣
血管
卵母細胞
卵胞液で満ちた卵胞腔
卵胞破裂
卵胞放出
成熟黄体
若い黄体
精巣
精細管の断面
セルトリ細胞
精原細胞
精原幹細胞
精巣
精細胞
一次精母細胞
精細管
精子
二次精母細胞

結合組織にみられる卵母細胞はすでに減数分裂に入っていて、第一減数分裂前期の状態で成長しています。

精細管のなかにセルトリ細胞が外から内に延びていて、生殖細胞はセルトリ細胞に接して分化していきます。

図2. 卵と精子の形成

卵形成

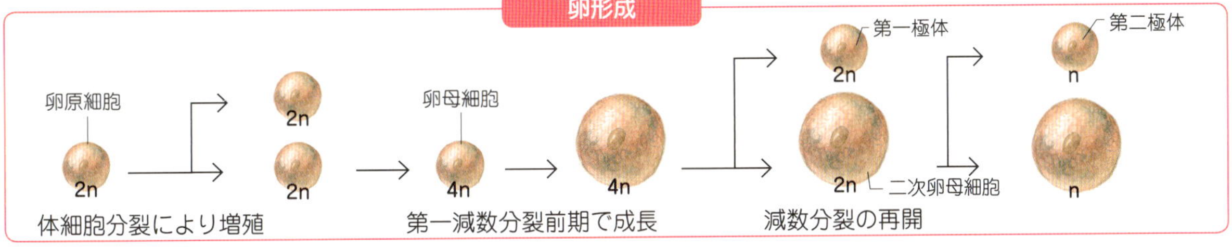

卵原細胞
2n
2n
2n
卵母細胞
4n
4n
第一極体
2n
2n
二次卵母細胞
第二極体
n
n
体細胞分裂により増殖
第一減数分裂前期で成長
減数分裂の再開

精子形成

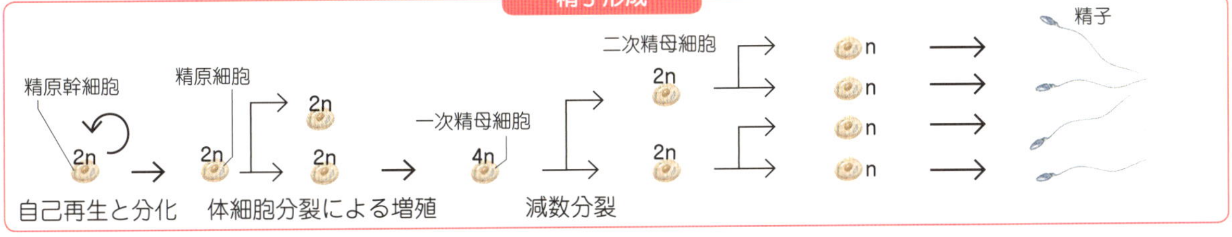

精原幹細胞
2n
精原細胞
2n
2n
2n
一次精母細胞
4n
二次精母細胞
2n
2n
n
n
n
n
精子
自己再生と分化
体細胞分裂による増殖
減数分裂

2–7

植物の生殖

筆者：宮崎さおり・野々村賢一

植物の生殖様式は、動物とは大きく異なります。その第一は、減数分裂（→ **3-2**）の後にみられます。動物では、減数分裂によって親の染色体を半分だけ受け継いだ半数性の細胞がつくられ、それが一細胞性の精子や卵細胞（配偶子）に成熟して、受精にいたります（→ **2-6**）。植物では、減数分裂でできた半数性細胞がさらに分裂を繰り返し、半数性かつ多細胞性の配偶体（被子植物では花粉や胚嚢《はいのう》にあたる）のなかに配偶子を形成して受精を行ないます（図1）。

動物の体は、減数分裂のあとで配偶子を直接形成するため「配偶体」とよばれ、植物の花粉などに相当します。それでは、葉っぱや根っこ、花など、私たちが普段目にしている植物の体は、動物ではなにに相当するのでしょう？　実は、相当するものはない、というのが答えです。それらは「胞子体」とよばれる、植物に特有の生殖世代です。光合成だけでなく、生殖様式においても植物は独自の進化を遂げたのです。ここでは、最近新しい発見が相次いでいる被子植物の生殖研究で明らかとなったいくつかの遺伝子を紹介します。

兄弟なのに主従関係？——生殖細胞の運命を左右する遺伝子

花が形づくられたあと、雄しべと雌しべのなかに最初の生殖細胞がつくられます。それらは分裂して増殖しながら、しだいに役割分担をして、将来、花粉などになる細胞（仮にA細胞とよびます）と、A細胞を包み込んで栄養などを与える細胞（仮にB細胞とよびます）に分かれます。A細胞は減数分裂を経て、花粉や胚嚢を形成します。一方B細胞は、さんざんA細胞に栄養をしぼり取られたあげく、A細胞の減数分裂が終わったあと無惨にも壊れて消えてしまいます。AとBの運命の明暗を決定する遺伝子が、シロイヌナズナの*EMS1*やイネの*MSP1*です（図2）。この遺伝子が壊れた植物では、B細胞がAになることから、もともとはB細胞もAと同じ性質をもった兄弟なのに、*EMS1*や*MSP1*の作用によって泣く泣くAの世話係をさせられていることがわかります。これらの遺伝子は、細胞外からのシグナルを受け取って細胞内に伝える酵素（レセプター型タンパク質リン酸化酵素）をコードしていました。シグナルの実体は、A細胞から分泌される小さなタンパク質分子TPD1であることも明らかとなっています。

ちなみに、最初の生殖細胞は胞子原基細胞、A細胞は胞子形成細胞、そしてB細胞は側膜細胞あるいは葯壁内層細胞とよばれます。

図1．植物の生殖の仕組み

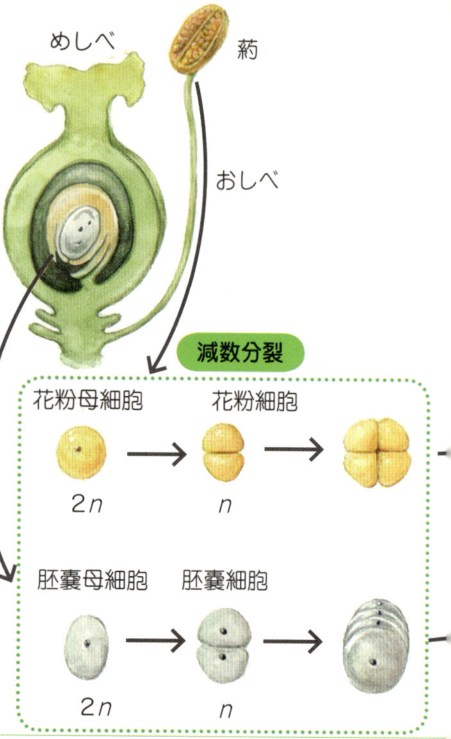
めしべ
葯
おしべ
減数分裂
花粉母細胞
花粉細胞
2n
n
胚嚢母細胞
胚嚢細胞
2n
n

図2．葯の中の生殖細胞と制御している遺伝子

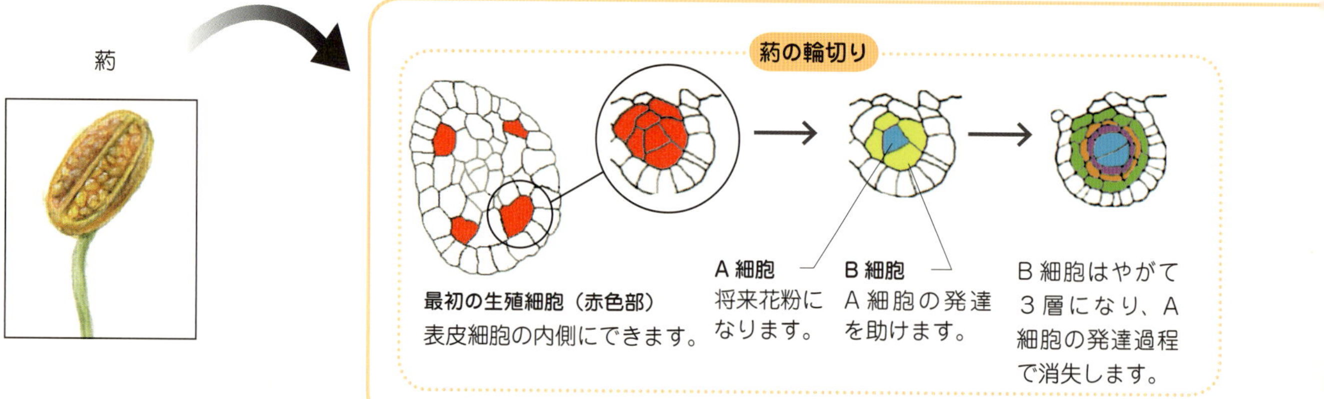
葯
葯の輪切り
最初の生殖細胞（赤色部）
表皮細胞の内側にできます。
A細胞
将来花粉になります。
B細胞
A細胞の発達を助けます。
B細胞はやがて3層になり、A細胞の発達過程で消失します。

写真：American Society of Plant Biologists (www.plantcell.org)

運命の出会い——花粉誘導のメカニズム

花の別々の組織として分化した雄しべと雌しべは、それぞれ減数分裂を経て、花粉と胚嚢をつくります。花粉と胚嚢は子孫をつくるために再び出会います。それが生殖の最終段階、受精です。被子植物の花粉には、ふたつの精細胞が含まれます。精細胞は、花粉が雌しべの先にくっつき、花粉管を伸長させるのにともなって胚嚢まで運ばれます。胚嚢は、卵や助細胞、極細胞などからなります。花粉管によって運ばれたふたつの精細胞のひとつは卵と、もうひとつは極細胞と融合します。これは重複受精とよばれる被子植物に特有の受精様式です。受精後の卵は次世代の植物の胚となり、極細胞は胚の成長を助ける胚乳となります（図1）。胚乳は、胚から芽が出て植物体が成長する間に消失するので、生殖細胞の運命はここでも明と暗に分かれるといえます。

花粉管が胚嚢まで正確に到達できるのは、雌しべ内に花粉管を誘引する物質が存在するためと考えられてきました。近年、花粉管誘導に関係する物質や遺伝子が次々と明らかになっています。雌しべの先から胚嚢付近までの長い距離の誘導には、花粉管誘因物質や、アミノ酸の一種 GABA の濃度勾配などが働いています。胚嚢の近くまで到達した花粉管は、卵をはさむふたつの助細胞が分泌する小さなタンパク質 LURE で誘導されます。花粉管と胚嚢が出会うと、互いの細胞が破裂して精細胞と卵・極細胞の融合が起こります。このタイミングを制御する花粉管側および胚嚢側の因子は、お互いに非常によく似た構造をもつレセプター型リン酸化酵素でした。生殖細胞の運命決定と同じように、受精でもリン酸化酵素を介した雌と雄の配偶体の間での情報交換が重要なようです。

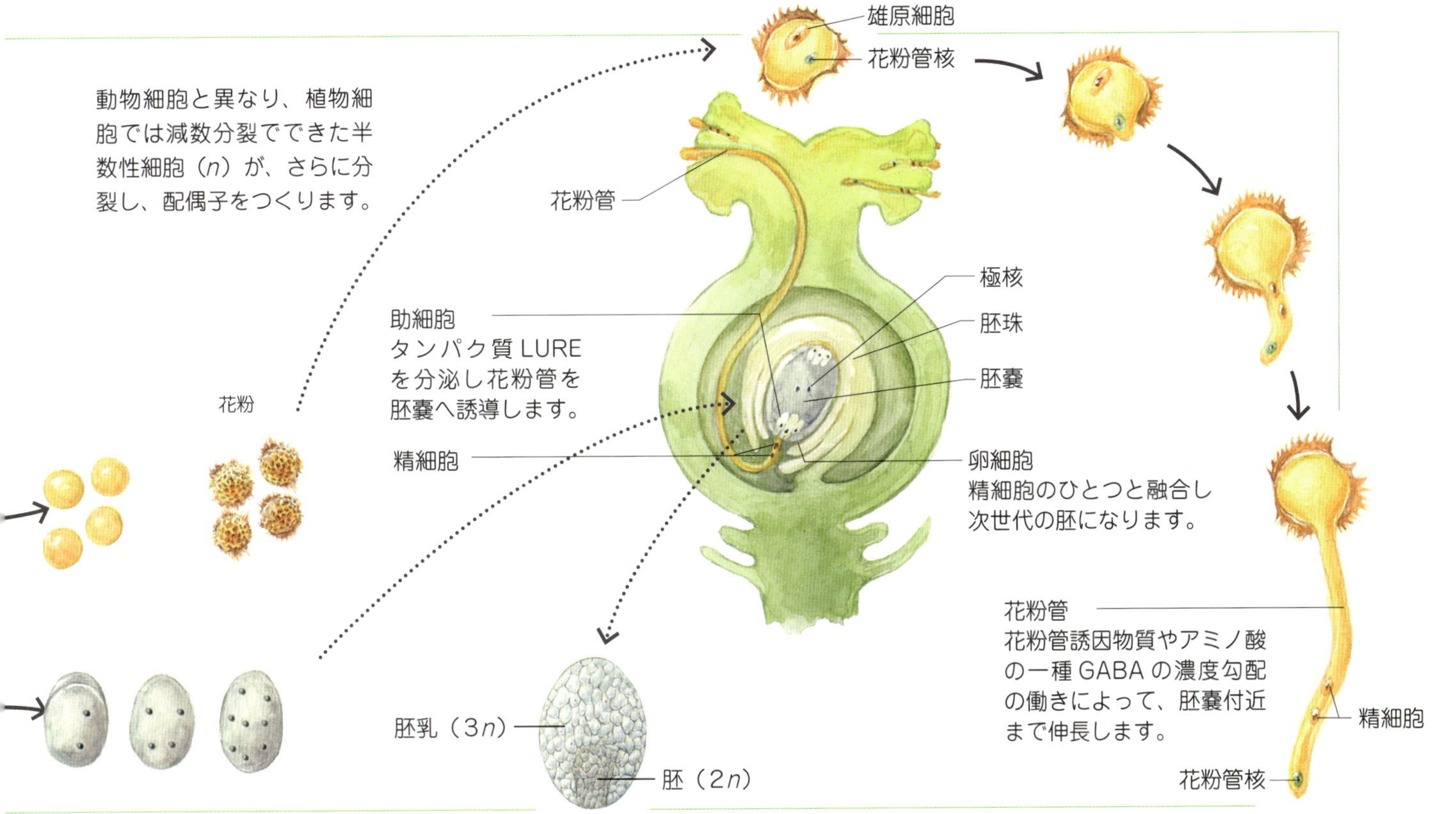

動物細胞と異なり、植物細胞では減数分裂でできた半数性細胞（n）が、さらに分裂し、配偶子をつくります。
雄原細胞
花粉管核
花粉管
花粉
助細胞
タンパク質 LURE
を分泌し花粉管を
胚嚢へ誘導します。
精細胞
極核
胚珠
胚嚢
卵細胞
精細胞のひとつと融合し
次世代の胚になります。
花粉管
花粉管誘因物質やアミノ酸
の一種 GABA の濃度勾配
の働きによって、胚嚢付近
まで伸長します。
精細胞
花粉管核
胚乳（3n）
胚（2n）

葯の表皮細胞の内側に最初の生殖細胞（赤）がつくられます。それは、将来花粉になる A 細胞（青）と、A 細胞の発達を助ける B 細胞（黄）のふたつの異なる性質をもつ細胞へと分かれます。B はさらに 3 層（緑、オレンジ、ピンク）に分かれます。A 細胞と接するピンクの細胞層は「タペート層」とよばれ、A に栄養などを供給します。B に由来する細胞層は、A の発達過程で消失します。

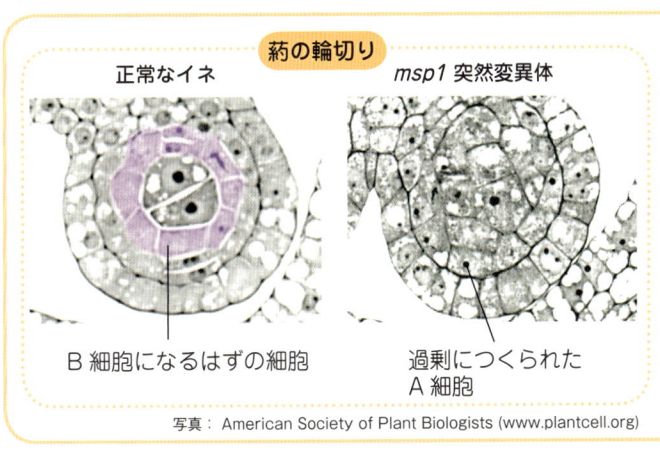

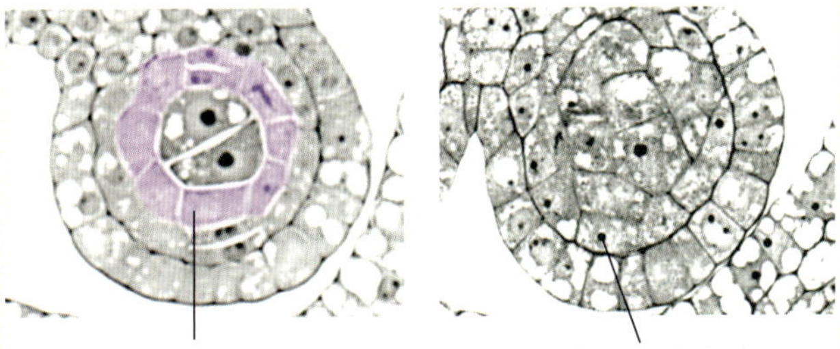

葯の輪切り
正常なイネ
msp1 突然変異体
B 細胞になるはずの細胞
過剰につくられた
A 細胞

写真： American Society of Plant Biologists (www.plantcell.org)

正常なイネの葯では B になるはずの細胞（ピンクで着色）が、*msp1* 突然変異体では A 細胞になってしまうため、葯のなかに A 細胞が過剰に詰め込まれた状態になります。

2−8

単細胞生物（真核生物）の構成

筆者：鈴木えみ子

「あいつは単細胞だ」という表現が示すように、単細胞生物というと細胞１個の単純な生物というイメージをもつ人が多いかもしれません。しかし、単細胞生物は文字通り細胞１個で外界と接して生活しなくてはならないので、多細胞生物の細胞よりはるかに複雑な構造をもつものが少なくありません。約 20 億年前、太古の地球上に核とミトコンドリア（→3-8）をもった真核単細胞生物が誕生して以来、彼らはさまざまな環境に適応して生き続け、複雑な進化をとげてきました。なかには植物のように葉緑体（→3-9）をもっていて光合成で必要な栄養を自らつくり出せるものもあれば（図 1．ケイソウ、ミドリムシ、ミカズキモ、クンショウモなど）、葉緑体をもたず外界からの栄養に頼って生きているもの（図 1．ゾウリムシ、ラッパムシ、アメーバ、酵母など）もあります。細胞から繊毛などの突起を出して動き、餌をとるもの（図 1．ゾウリムシ、ラッパムシ、アメーバ、太陽虫など）もいます。また、光合成もするけれど光がないと餌を食べる、といった植物と動物の中間的な生物（図 1．ミドリムシなど）もいます。さらに驚くべきことに、単細胞ながら光を感じる眼の働きをする器官（眼点）をもつもの（図 1．ミドリムシ、図 3．渦鞭毛藻《うずべんもうそう》の一種など）もいるのです。また一生のうち単細胞と多細胞の両方の状態をとるもの（細胞性粘菌など）や、単細胞が多数集まって「群体」という形で生活する、多細胞と単細胞との中間的な生物（図 1．クンショウモなど）も存在しています。このように、単細胞生物と一口にいってもその構造はさまざまです。

図 1．単細胞生物のさまざまな形態

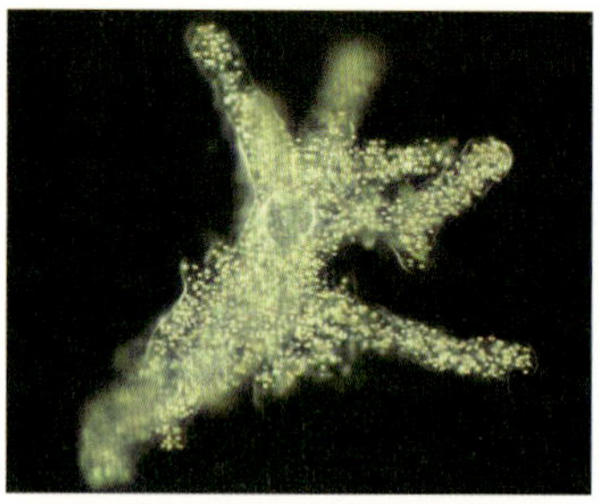

アメーバ：不定形の突起を動かして餌をとります。写真：法政大学自然科学センター 月井雄二博士提供

クンショウモの群体：敷石のように細胞が集まってひとつのかたまりを形成しています。写真：宮城教育大学環境教育実践センター 見上一幸博士提供

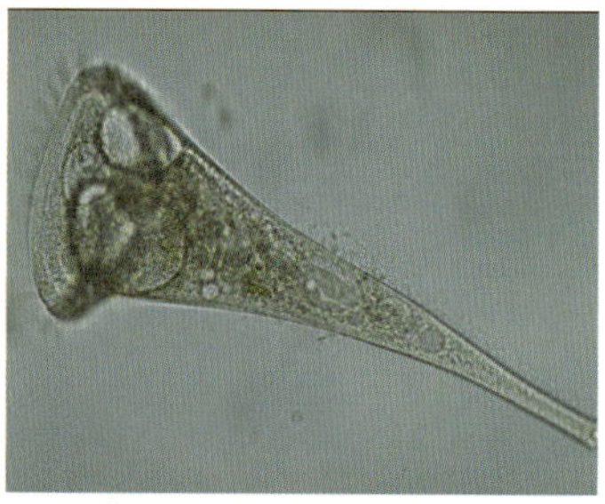

ラッパムシ：ラッパ型の口に生えている繊毛で餌をとります。写真：法政大学自然科学センター 月井雄二博士提供

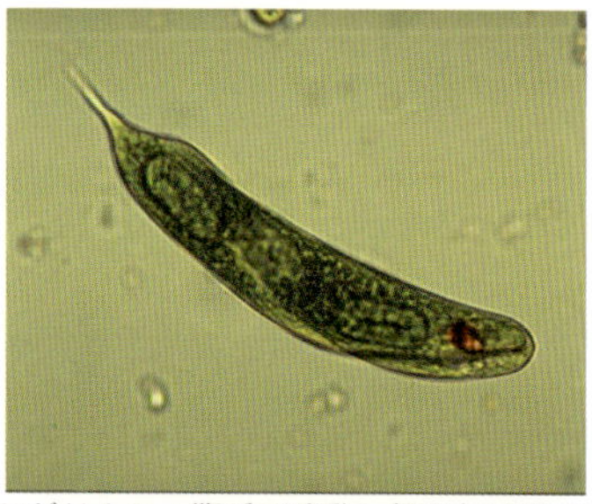

ミドリムシ：鞭毛で移動し餌をとります。赤い点は眼点。葉緑体をもち光合成も行ないます。写真：琉球大学 吉野弘美博士提供

ミカズキモ：葉緑体をもち光合成を行ないます。写真：法政大学自然科学センター 月井雄二博士提供

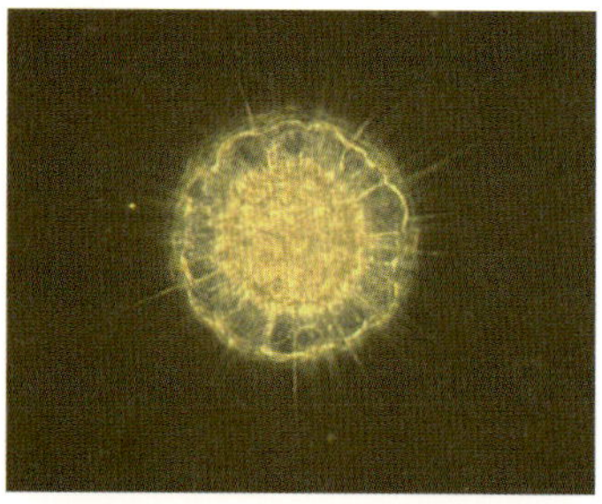

太陽虫：長いとげのような突起を動かして餌をとります。写真：宮城教育大学環境教育実践センター 見上一幸博士提供

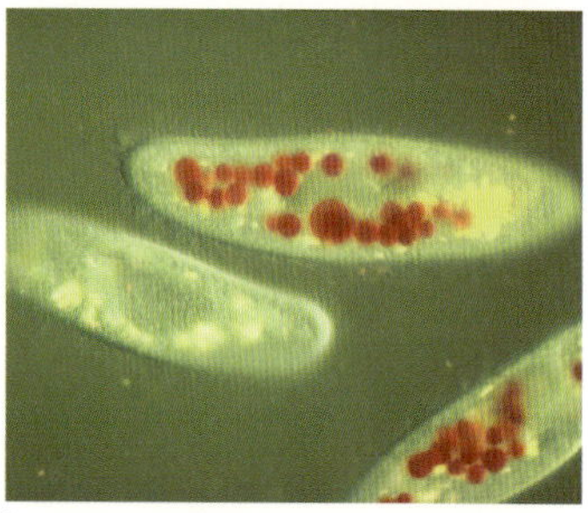

ゾウリムシ：繊毛をつかって泳ぎ、餌をとります。赤い顆粒は餌を消化する食胞です。写真：法政大学自然科学センター 月井雄二博士提供

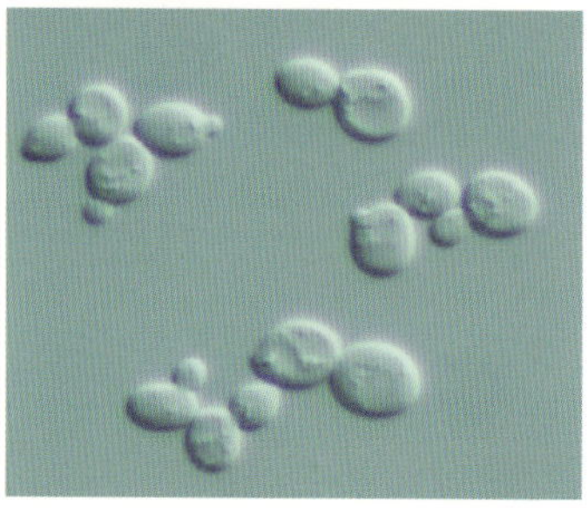

酵母：真核生物のもっとも基本的なモデルとして研究されています。写真：国立遺伝学研究所 田中誠司博士提供

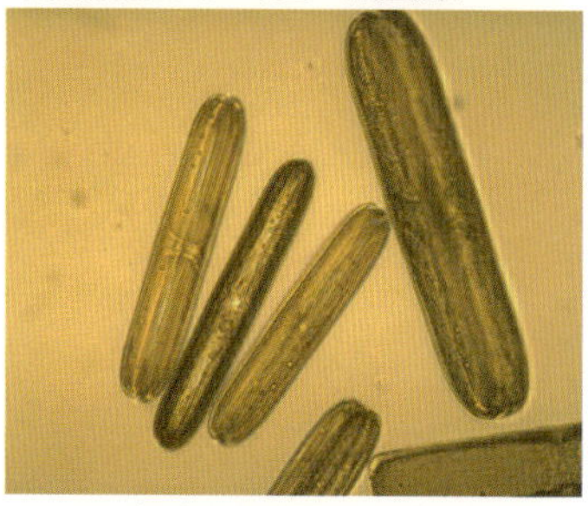

ケイソウ：細胞を珪酸質の殻がおおっています。葉緑体をもち光合成を行ないます。写真：宮城教育大学環境教育実践センター 見上一幸博士提供

ゾウリムシの構造

餌をとって生活する単細胞生物の例として、池のなかなどにすんでいる体長 0.2mm ほどのゾウリムシをみてみましょう。ゾウリムシは多細胞生物の細胞に共通してある細胞内器官に加えて、単細胞での生活に適した特有の器官を備えています(図2)。まず、ゾウリムシの細胞には口と肛門があります。私達が食物を食べるように、水中の微生物などを口から取り込むのです。取り込んだ餌は、「食胞」という袋に囲まれて消化されます。消化できなかったものは、細胞肛門から排泄されます。水中の餌はじっとしていたらなかなか取り込めません。そこで、ゾウリムシは細胞表面に無数にある繊毛で水中を泳ぎまわり餌をとらえるのです。また、ゾウリムシは淡水に棲むために必要な特殊な器官をもっています。通常、細胞は真水につけると膨れて破裂してしまいます。それは、細胞内の塩分濃度が細胞外より高いため水が細胞膜を通って細胞内に入って来るからです。では、淡水に棲むゾウリムシはなぜ破裂しないのでしょう？　ゾウリムシの細胞には収縮胞という、星のような形をした器官があり、これで細胞のなかに入ってきた水をくみ出して細胞が膨らまないようにしています。

ゾウリムシは２種類の核をもっています。ひとつは大核といって、遺伝子のうち日常生活に必要な限られたものが大量にコピーされて入っています。もう一方は小核といい、すべての遺伝子セットが入っており、他の個体と接合して遺伝子を交換する生殖の際に使われます。このように、単細胞生物では複数の核をもつことは珍しくありません。

図2．ゾウリムシの構造

ゾウリムシの電子顕微鏡像：細胞全体に繊毛が生えています。
写真：神戸大学 洲崎敏伸博士提供

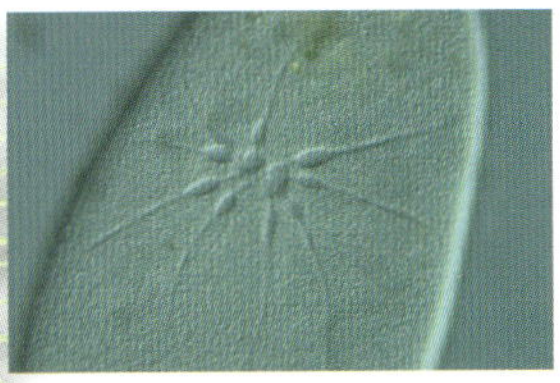

収縮胞：周囲の花びら状の構造に細胞内の水分を取りこみ、中心の袋状構造から細胞の外へ排出します。写真：法政大学自然科学センター 月井雄二博士提供

ゾウリムシの器官の働き

1 **食胞**：細胞口から取りこんだ餌を消化します
2 **細胞肛門**：消化されなかったものを排泄します
3 **細胞口**：水中の微生物を餌として取り込みます
4 **小核**：生殖の時に交換する遺伝子があります
5 **大核**：日常生活で使う遺伝子があります
6 **収縮胞**：細胞内に入る水をくみ出し細胞が膨らむのを防ぎます
7 **繊毛**：餌のために水中を泳ぐ時に使います

図3．細胞内共生

眼点をもつ渦鞭毛藻
渦鞭毛藻の眼点には他の生物由来と考えられる DNA があることが、最近発見されました。かつて細胞内共生していた生物から、この生物が眼点を獲得したのではないかと考えられます。このように、細胞内共生が生物の進化に深くかかわっていることが分かってきました。
写真：国立遺伝学研究所 早川志帆博士提供

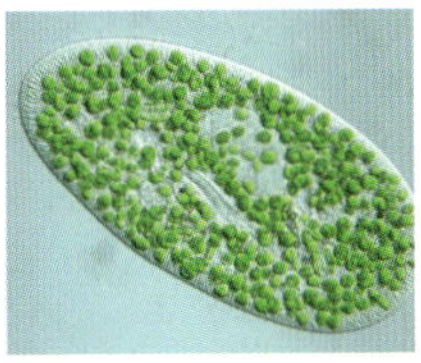

クロレラが共生しているミドリゾウリムシ
写真：法政大学自然科学センター 月井雄二博士提供

細胞内共生と進化

多くの単細胞生物は、他の単細胞生物を共生させています。たとえば、ミドリゾウリムシはクロレラを共生させ、クロレラの葉緑体でつくられた栄養をもらっています(図3)。このような細胞内共生は、真核細胞の進化の過程でひんぱんに起こり、多様な生物を生み出す重要な要因になったと考えられています（**→1-9**）。近年の遺伝子配列や膜脂質の研究によって、ミトコンドリアや葉緑体も細胞内共生体に由来することが分かってきました。また、ある種の渦鞭毛藻がもつ眼点も独自の DNA をもつことが最近発見され、この構造も細胞内共生体に由来するのではないかと考えられるようになりました。

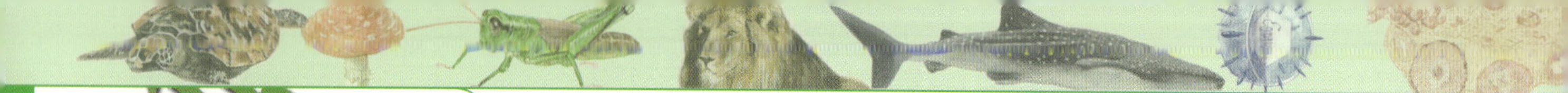

2-9

幹細胞の特徴

筆者：浅岡美穂

私たちのからだは、それぞれ独自の形や機能をもつ約 60 兆個の細胞からできています。これらの細胞は、1 個の受精卵から細胞分裂によって増えた細胞が体の各部分で指令を受け、さまざまな形や機能をもつように変化（分化）してつくられます。私たちのからだを構成する細胞の大部分は、このような分化を終了した細胞で、受精卵がもつような増殖能力や他種類の細胞を生み出す能力（分化能力）を失っています。したがって、これらの細胞がダメージを受けたり老化したりすると、細胞が死んで体からどんどん失われていきます。しかしながら一方で、私たちの体のなかには、ごくわずかですが、分化する前の状態に留まり、増殖能力や分化能力を維持している「未分化」な細胞が存在しています。これらの細胞は「幹細胞」とよばれ、失った細胞の代わりになる新しい細胞を生み出し、補給し、組織を維持します。すなわち、私たちの体の恒常性をたもつ仕組みの中心にいるのが、幹細胞というわけです（図 1）。

図 1．体の組織を維持する幹細胞

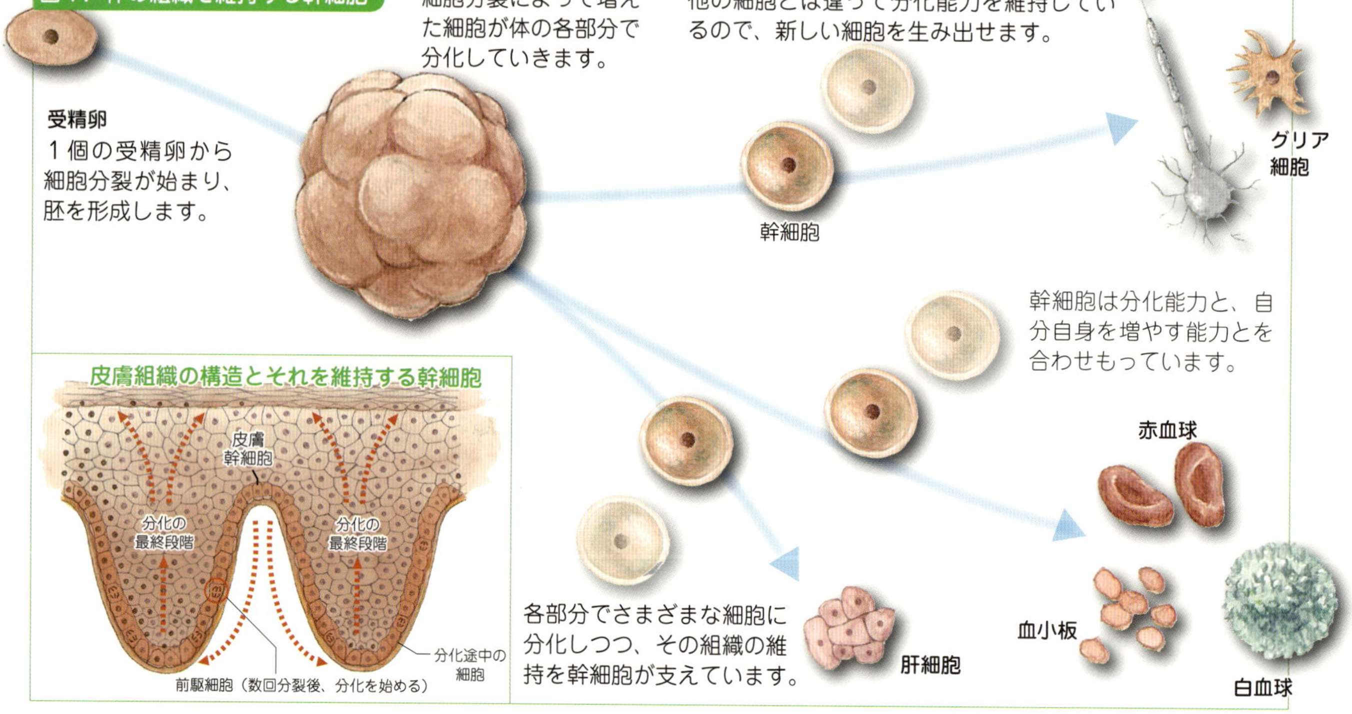
受精卵
1 個の受精卵から
細胞分裂が始まり、
胚を形成します。
細胞分裂によって増え
た細胞が体の各部分で
分化していきます。
他の細胞とは違って分化能力を維持してい
るので、新しい細胞を生み出せます。
神経細胞
グリア
細胞
幹細胞
幹細胞は分化能力と、自
分自身を増やす能力とを
合わせもっています。
赤血球
血小板
白血球
肝細胞
各部分でさまざまな細胞に
分化しつつ、その組織の維
持を幹細胞が支えています。
皮膚組織の構造とそれを維持する幹細胞
皮膚
幹細胞
分化の
最終段階
分化の
最終段階
分化途中の
細胞
前駆細胞（数回分裂後、分化を始める）

幹細胞の特徴

幹細胞は、未分化状態を維持したまま自分自身を増やす能力（自己複製能）と、変化して分化細胞を生み出す能力を合わせもっています（図 2）。たとえば、幹細胞を体から取り出し一定の条件下で培養すると、それらは幹細胞のままで増え続けます。一方、分化をうながす指令を与えると、それらは自己複製的な分裂を止め、分化細胞に変化します。生体内では、幹細胞はこれらのふたつのことを同時に行ない、組織を維持しています。幹細胞は細胞分裂を行なって異なるふたつの娘細胞を生み出し、それらのひとつが未分化な自分と同じ幹細胞の状態に留まり、もうひとつが組織を構築する分化細胞に変化します。これにより、幹細胞は自らの系統を維持しつつ、半永久的に分化細胞を生み続けることができるのです。

図 2．幹細胞の分裂様式

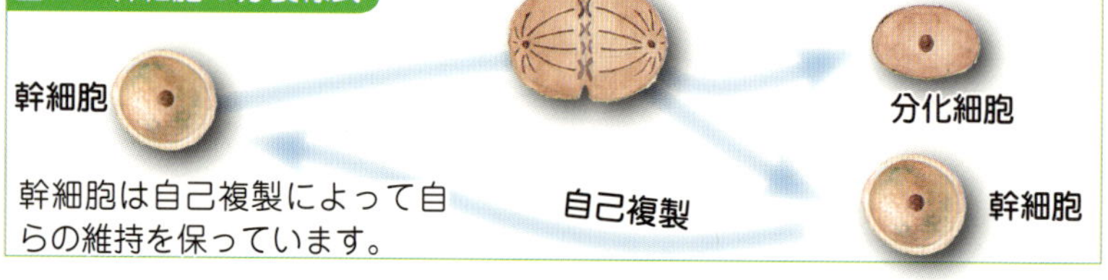
幹細胞
分化細胞
幹細胞
幹細胞は自己複製によって自
らの維持を保っています。
自己複製

非対称分裂を制御するふたつの機構

幹細胞が、働きの異なるふたつの細胞をつくり出す細胞分裂（→**3-2**）（非対称細胞分裂）は、多くの場合、娘細胞の周りにある環境の違いによって制御されています（後述）。一方、ショウジョウバエの神経幹細胞や腸幹細胞などのように、細胞自身がもつ自立的な仕組みよって制御される幹細胞もあります（図3）。これらの幹細胞では細胞分裂の際に、ある因子が細胞内の特定の部位に局在して、ふたつの娘細胞に不均等に分配されます。受け取った因子の違いによって、一方は幹細胞に、もう一方が分化細胞に変化します。

図3．幹細胞の非対称分裂を制御するふたつの機構

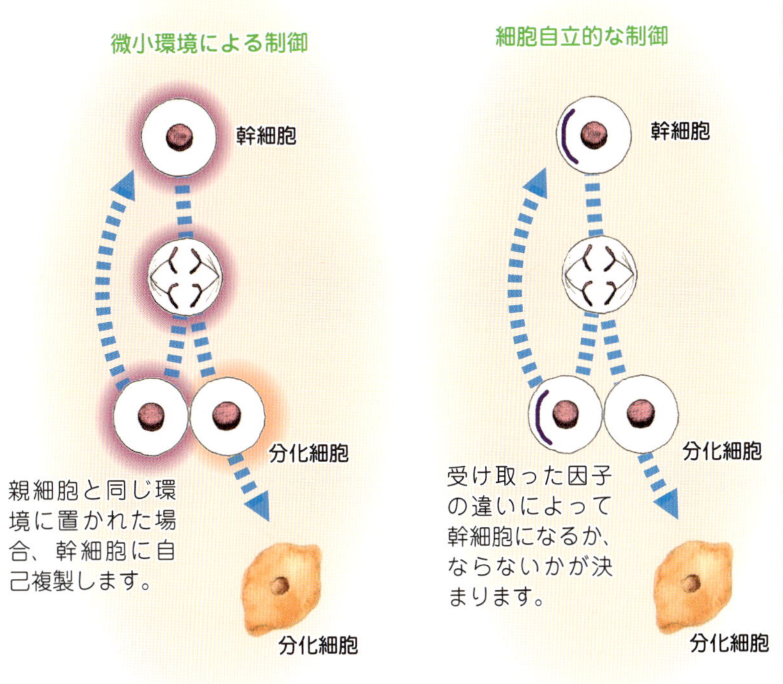
微小環境による制御
幹細胞
分化細胞
親細胞と同じ環境に置かれた場合、幹細胞に自己複製します。
分化細胞
細胞自立的な制御
幹細胞
分化細胞
受け取った因子の違いによって幹細胞になるか、ならないかが決まります。
分化細胞

図4．幹細胞のすみか（幹細胞ニッチ）

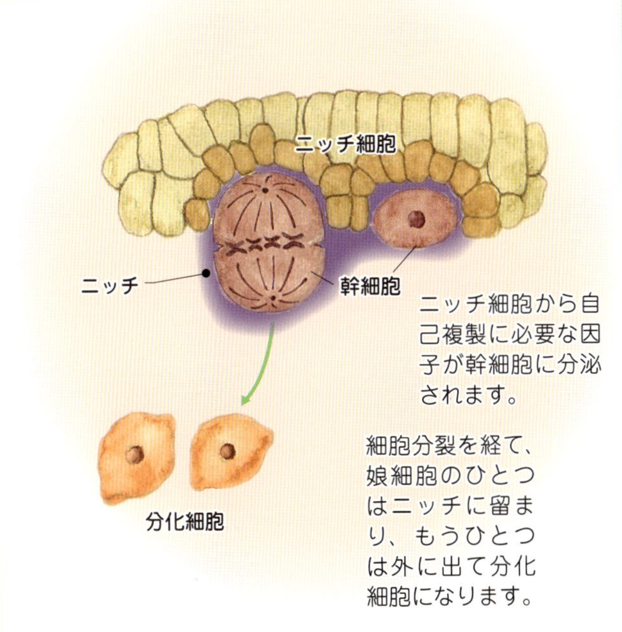
ニッチ細胞
ニッチ
幹細胞
ニッチ細胞から自己複製に必要な因子が幹細胞に分泌されます。
細胞分裂を経て、娘細胞のひとつはニッチに留まり、もうひとつは外に出て分化細胞になります。
分化細胞

幹細胞のすみか

幹細胞は、私たちの体の組織のなかで特別な場所に集まって存在しています。この幹細胞のすみかを「ニッチ」（窪みという意味）とよびます（図4）。ニッチには、幹細胞が自己複製するために必要な、さまざまな因子が存在しています。これらの因子は、幹細胞とは別の細胞（ニッチ細胞）によって分泌され、ニッチに蓄積されます。つまり、ニッチは幹細胞の維持に適した微小環境なのです。幹細胞は、ニッチのなかにいる間は、これらの因子を受け取り自己複製をしますが、ニッチの外に出ると、これらの因子を受け取れなくなり、幹細胞になれず分化し始めます。幹細胞の分裂では、娘細胞のひとつがニッチに留まり幹細胞として維持され、もうひとつの娘細胞がニッチの外に出て分化細胞になります。このようにして私たちの体のなかには常に一定数の幹細胞が維持されています。

さまざまな幹細胞

私たちの体には、組織ごとに異なる種類の幹細胞が存在しています。これらは各組織に存在する1～数種類の細胞のみを生み出すように特殊化しています。これに対し、より下等な生物のなかには、体を構成するすべての種類の細胞を生み出すことのできる幹細胞（全能性幹細胞という）をもつものもいます。たとえば、プラナリアでは、ネオブラストという1種類の全能性幹細胞が体じゅうに散在しており、体のどの部分で切断してもネオブラストから失った部分を構成する分化細胞が生み出され、それぞれの断片から完全体が再生されます。私たちの体のなかにはこのような全能性幹細胞は存在しませんが、初期胚の細胞を取り出してつくった胚性幹細胞（ES細胞）や、成体組織の分化細胞に一定の指令を与えてつくった人工多能性幹細胞（iPS細胞）は、体を構成するすべての細胞種へ分化する能力をもち、再生医療への応用が期待されています（→**10-4**）。

第I部 生物とは

【第3章】細胞——生物の構成単位

細胞は生物の体をつくる基本構成単位です。たとえば、ヒトの体は約60兆個のいろいろな種類の細胞からできています。原核生物や原生生物は、ひとつの細胞でひとつの個体として生きています。真核細胞には、遺伝情報を含む細胞核やエネルギーを生産するミトコンドリア、植物細胞では光合成を行なう葉緑体などの小器官が存在します。また精子や卵といった生殖にかかわる細胞は、受精により細胞どうしが融合し、新しい命を生みだします。この章では、細胞の構造と機能について解説します。

ミトコンドリアは、ほとんどの真核細胞にあり、細胞に必要なエネルギーのもととなる物質「アデノシン三リン酸」（ATP）をつくる細胞内小器官です。ミトコンドリアの起源は、太古の昔、原始細胞のなかに好気性《こうきせい》細菌が入りこんで共生したものとされています。

3−1

細胞（1）
――構造

筆者：木村暁

生き物の体は、細胞という小さな「ふくろ」と、この細胞がつくり出す物質によってできています。生き物についてのこの基本的なとらえ方は、「細胞説」とよばれ、約200年前にドイツのシュライデンやシュワンらが提案したものです。細胞は生き物の最小単位で、たったひとつの細胞だけでできている細菌から、私たち人間のように約60兆個の細胞が集まってできている生き物もいます。細胞は大きさが約1～100µm（マイクロメートル；1000分の1mm）ととても小さく、ほとんどの場合、顕微鏡を使わないとみることができません（**→11-1**）。細胞と一口にいっても、その見かけや働きは実にさまざまです。私たちの体は、数百の異なる種類の細胞が、お互いの特徴をいかして働くことによって、細胞の社会として生きています。その一方で、多くの細胞に共通した構造もあります。なぜなら個体を構成するすべての細胞は、たった1個の受精卵の子孫だからです。ここでは細胞の構造の共通性と多様性についてみていきましょう。

都市のような構造をもつ「ふくろ」

細胞は、「細胞膜」とよばれる油の膜で包まれたふくろのようなものです（図1）。このふくろのなかには、DNAやタンパク質といった生命活動を担う分子が、ぎっしりつまっています。DNAには、どのような生き物をつくり出すかの設計図が書き込まれています。私たち動物や植物の細胞では、このDNAが「細胞核」（**→3-4**）とよばれるふくろに収納されています。細胞のなかには細胞核以外にもミトコンドリア（**→3-8**）、ゴルジ体（**→3-7**）、葉緑体（**→3-9**）（植物のみ）など「細胞内小器官（オルガネラ）」とよばれるさまざまな構造体があります。これらの構造体は細胞内を浮遊しているわけではなく、「細胞骨格」とよばれる繊維状のタンパク質につながれることにより、適切な場所に配置されています。細胞骨格は、直径約5～25nm（ナノメートル；100万分の1mm）のとても細い繊維ですが、束になったり網目状のシートになったりとさまざまに形と強度を変化させて、細胞の形を決めたり、細胞を動かしたり、細胞のなかのものを移動させたりしています。このように細胞は単純なふくろではなく、その小さなふくろのなかに、ビルが立ち並び、道路が張りめぐらされた都市のような構造をもっているのです。

図1．動物細胞の構造

動物の細胞の模式図。細胞核をはじめ、さまざまな細胞内小器官があります。細胞のなかは、DNAやタンパク質などの複雑な分子がつまっています。植物の細胞は「細胞壁」とよばれる壁が細胞をおおい、細胞のなかには葉緑体とよばれる動物細胞にはない構造体があります。また、細胞核をもたない細胞もあります。

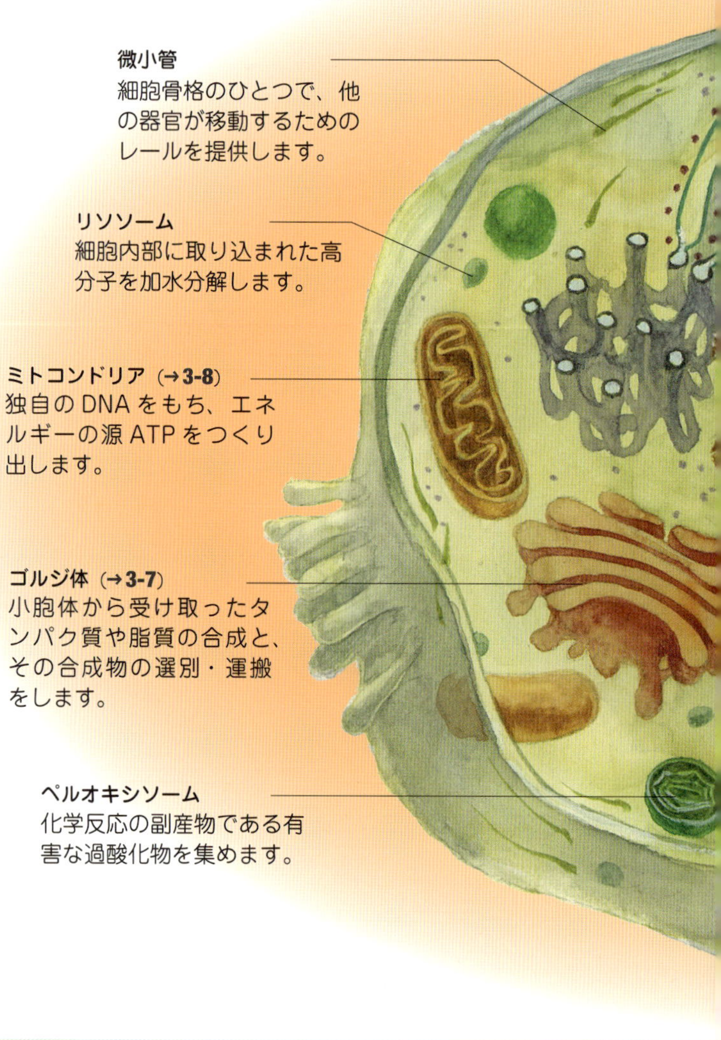

微小管
細胞骨格のひとつで、他の器官が移動するためのレールを提供します。
リソソーム
細胞内部に取り込まれた高分子を加水分解します。
ミトコンドリア（→3-8）
独自のDNAをもち、エネルギーの源ATPをつくり出します。
ゴルジ体（→3-7）
小胞体から受け取ったタンパク質や脂質の合成と、その合成物の選別・運搬をします。
ペルオキシソーム
化学反応の副産物である有害な過酸化物を集めます。

細胞のさまざまな大きさ・形

細胞の大きさや形は細胞ごとに大きく異なり、細胞の役割と大きく関係しています。私たち人間の体でも、卵細胞のような大きい細胞は直径が 130µm もあり、たくさんの栄養をもっています。一方で精子は動きやすいよう 5µm ほどしかない頭部に、波打つ尻尾がついています。体のなかで細胞どうしを結び付け、情報をやり取りする神経細胞は、木の枝のようにいろんな方向に張りめぐらされた形をしていて、多くの細胞と結合しています。この枝のなかには 1 m もの長さに伸びているものもあります（図2）。

1 個 1 個の細胞はとても小さい上に、ほとんどの場合、無色透明です。細胞の構造を研究するには顕微鏡や細胞の染色法を開発するなど、さまざまな工夫がなされてきました。今では細胞内を動き回るたった 1 個の分子をみることもできるようになっています。

図2．さまざまな大きさのヒトの細胞

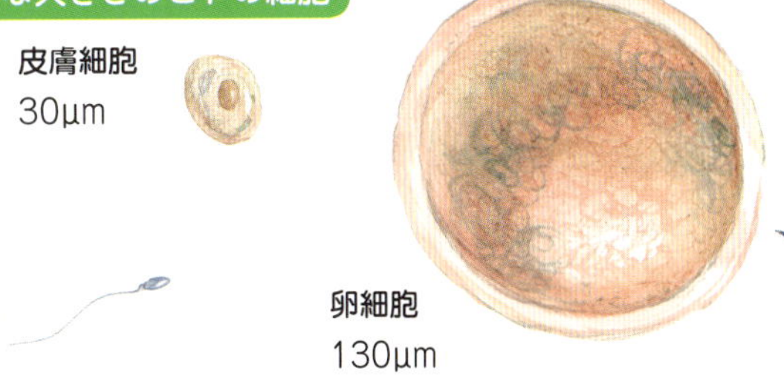
皮膚細胞
30µm
精子
頭部 5µm
尻尾 50µm
卵細胞
130µm

神経細胞
550～600µm

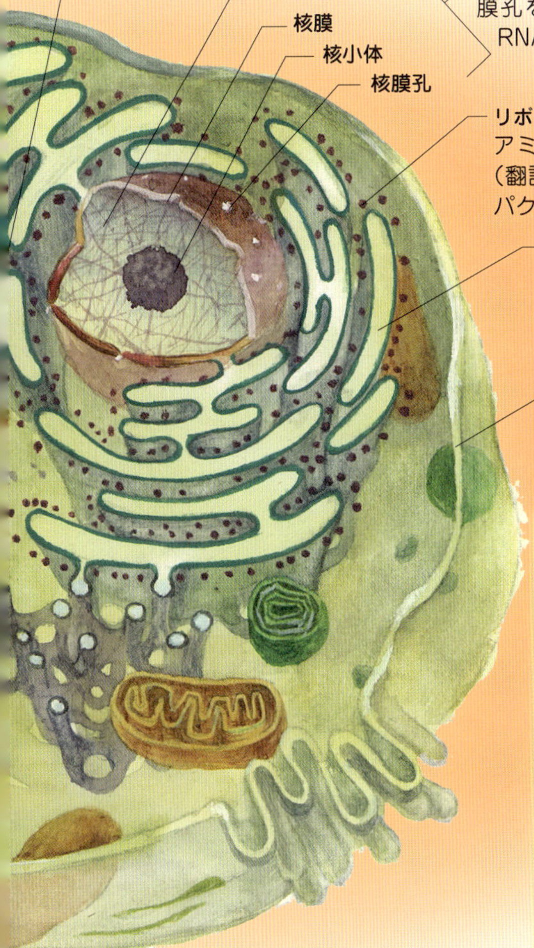
中心小体（→3-5）
核分裂の際に、染色体の移動を助ける紡錘体を、自らを中心に形成します。
クロマチン
核膜
核小体
核膜孔
細胞核（→3-4）
DNA を複製する所で、核膜孔を通ってタンパク質や RNA が行き来します。
リボソーム（→3-6）
アミノ酸からタンパク質を合成（翻訳）する装置で RNA とタンパク質からできています。
小胞体（→3-7）
タンパク質を輸送したり、リボソームによって合成したりします。
細胞膜（→3-10）
内外をへだてるフェンスであり、物質・情報をやり取りするための仕組みが用意されています。

細胞構造の分類

- 細胞
  - 細胞核
  - 細胞質
    - サイトゾル（細胞質ゾル）
      - 細胞骨格
      - リボソームなど
    - 細胞内小器官（オルガネラ）
      - 小胞体
      - ゴルジ体
      - リソソーム
      - ペルオキシソーム
      - ミトコンドリア
      - 葉緑体（植物の場合）

注：本来はすべて混然としていて区別できませんが、（リボソームが小胞体に張り付いていたり）、分かりやすく区別すると図のようになります。

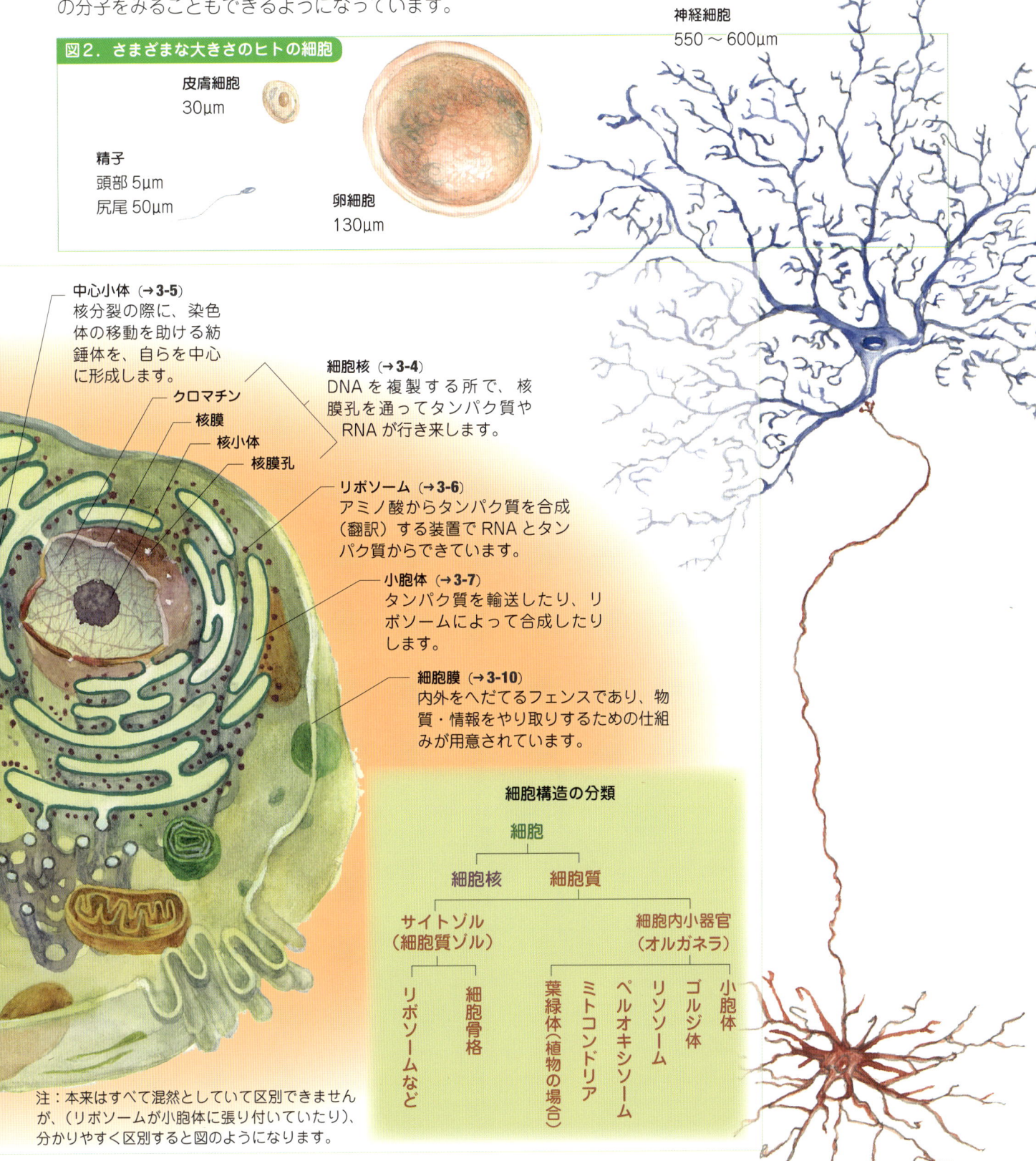

3－2

細胞（2）
——細胞周期（減数分裂を含む）

筆者：田中誠司

細胞は生物の体を構成する基本単位です。細胞が増殖するときには、秩序正しくその中身を倍化し、ふたつの娘細胞へと分裂します。この秩序正しい倍化→分裂の過程を「細胞周期」とよびます。真核細胞の細胞周期は、G1 期→ S 期→ G2 期→ M 期という４つの過程からなります（図1）。

細胞周期とは

細胞周期のうち M 期（Mitosis《マイトーシス》〈有糸分裂〉期）は、実際の細胞分裂が起きる時期です。その特徴的な形態によって、M 期の細胞を容易に識別できます。M 期は、核と染色体にまつわるダイナミックなイベントと最後に起きる細胞質分裂から、前期・中期・後期・終期に分けられます。M 期以外の期間は、M 期と M 期の間ということで、まとめて「間期」（interphase《インターフェイズ》）とよばれますが、さらに DNA 複製を行なう S 期（Synthesis《シンセシス》〈DNA 合成〉期）と、M 期と S 期の間の G1（Gap《ギャップ》）期、S 期と M 期の間の G2 期に分けられます。細胞は G1 期に、分裂・分裂休止（G 0《ゼロ》期ともよばれる）・分化のいずれに向かうかという運命の決定を行ないます。G1 期後期には「スタート」とよばれる細胞周期の開始点があり、細胞が細胞分裂に向かうことを決定し、いったんこの点を通過してしまうと、細胞周期を 1 回まわって次の G1 期に戻るまで、細胞運命の再決定は行なえません。分裂休止した G0 細胞は、分裂シグナルを受けると細胞周期を再開し、分裂することができます。

図1. 体細胞分裂の仕組み

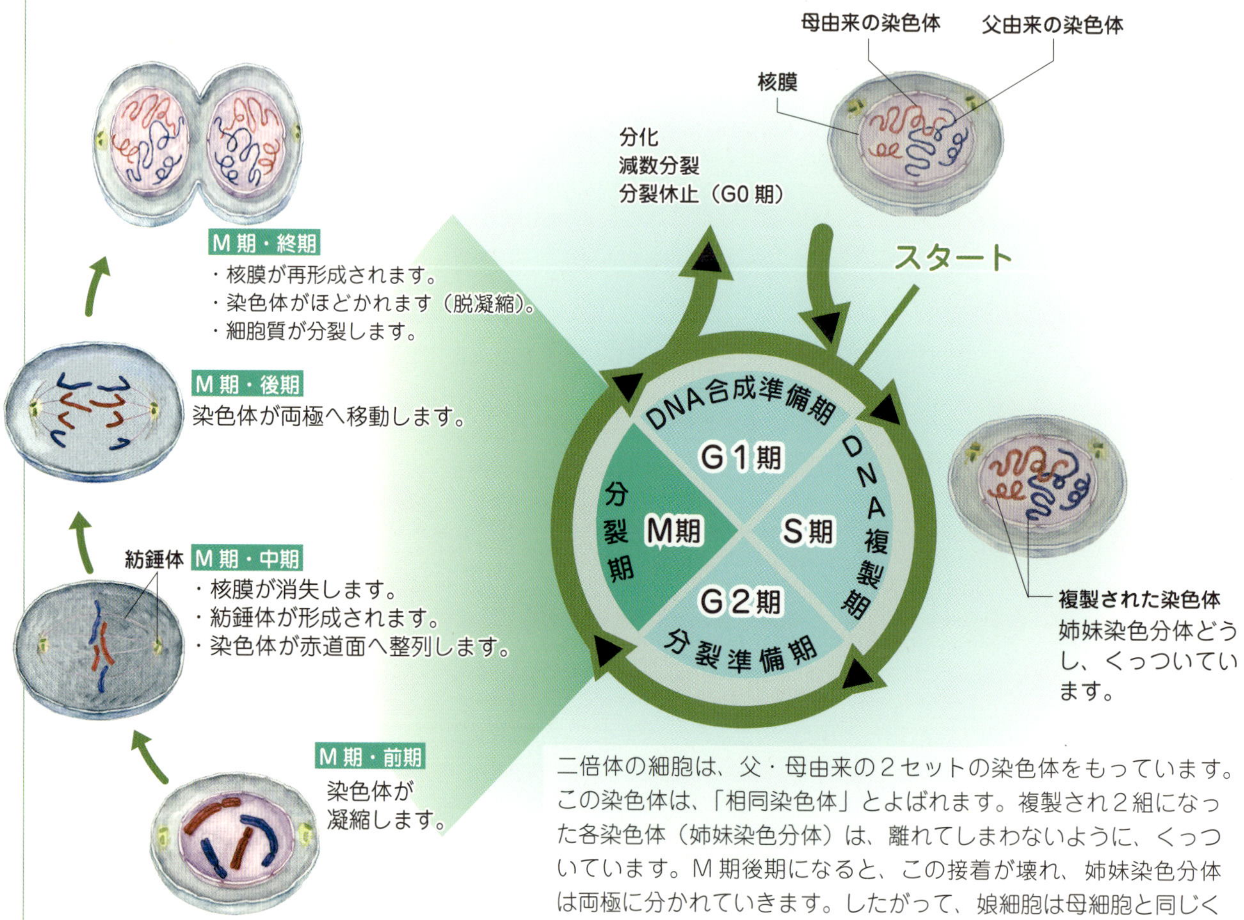

母由来の染色体
父由来の染色体
核膜
分化
減数分裂
分裂休止（G0 期）
スタート
M 期・終期
・核膜が再形成されます。
・染色体がほどかれます（脱凝縮）。
・細胞質が分裂します。
M 期・後期
染色体が両極へ移動します。
紡錘体
M 期・中期
・核膜が消失します。
・紡錘体が形成されます。
・染色体が赤道面へ整列します。
M 期・前期
染色体が凝縮します。
DNA合成準備期
G 1 期
DNA複製期
S 期
G 2 期
分裂準備期
M期
分裂期
複製された染色体
姉妹染色分体どうし、くっついています。

二倍体の細胞は、父・母由来の２セットの染色体をもっています。この染色体は、「相同染色体」とよばれます。複製され２組になった各染色体（姉妹染色分体）は、離れてしまわないように、くっついています。M 期後期になると、この接着が壊れ、姉妹染色分体は両極に分かれていきます。したがって、娘細胞は母細胞と同じく２セットの染色体を常にもつことになります。

細胞周期の進行の制御

真核細胞の細胞周期は、酵母などの単細胞生物からヒトのような多細胞の高等動物にいたるまで、基本的には同じ仕組みで制御されています。その制御機構の中心にあるのは、「サイクリン依存性キナーゼ」（Cyclin-Dependent Kinase: CDK）とよばれるタンパク質リン酸化酵素です。図2に示したように、CDKは実際のタンパク質リン酸化能をもつ触媒サブユニット（Cdk）と、酵素活性を調節するサブユニットであるサイクリンからなる2量体です。「サイクリン」は、細胞周期のある時期に特異的に現われるタンパクとして発見され、その名が付けられました。各時期に特異的なCDKがそれぞれ、G1後期のスタート、S期開始、M期開始などのイベントを制御しています。

細胞周期は逆回転することなく、正しい方向に秩序正しく進行します。そのための制御機構として、特定のCDKが次のCDKの活性化を行なうことや、サイクリンやCDK阻害因子といったCDKの活性を調節するタンパク質が、その役割を終えるとすみやかに分解されて細胞内からなくなることなどが知られています。また、ゲノムDNAが損傷（**→4-9**）した時や、DNA複製（**→4-8**）が完了していない時のように、各イベントが完了していない時には、不完全なまま細胞分裂して遺伝情報を失うことがないように、細胞周期進行をいったん停止させて時間を稼ぎ、問題が解決されてから次のイベントに進むことを保証するような仕組みももっています。このような仕組みは、「チェックポイント機構」とよばれ、細胞死（**→9-4**）やがん化（**→8-11**）を防ぐのに役立っています。

図2．CDK（サイクリン依存性キナーゼ）と細胞周期　時期特異的なCDKが細胞周期の進行を制御しています。

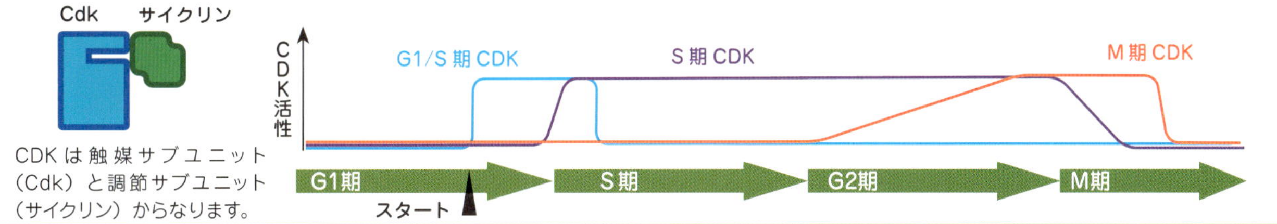

CDKは触媒サブユニット（Cdk）と調節サブユニット（サイクリン）からなります。

多様性を生み出す減数分裂

ヒトのような多細胞生物では、体のほとんどを構成する体細胞は、分裂・休止・分化の選択を行なっていますが、配偶子（精子・卵子）を生み出す生殖細胞は、通常の分裂（Mitosis）か、配偶子形成を行なう減数分裂（Meiosis《マイオーシス》）かという選択をしています。減数分裂は、二倍体細胞から一倍体の配偶子を生じる分裂です（図3）。真核細胞のモデルである酵母のような単細胞生物では、周囲の栄養状態によって、減数分裂が誘導されることが知られています（**→9-6**）。二倍体細胞では、父・母に由来する相同染色体はほぼ同じ配列ですが、全く同じではありません。このため、減数分裂過程における相同染色体間での組換えや、減数第一分裂で父・母由来の相同染色体がランダムに分配されて多様な組合せが起こることで、遺伝的多様性が生み出されるのです。

図3．減数分裂の仕組み

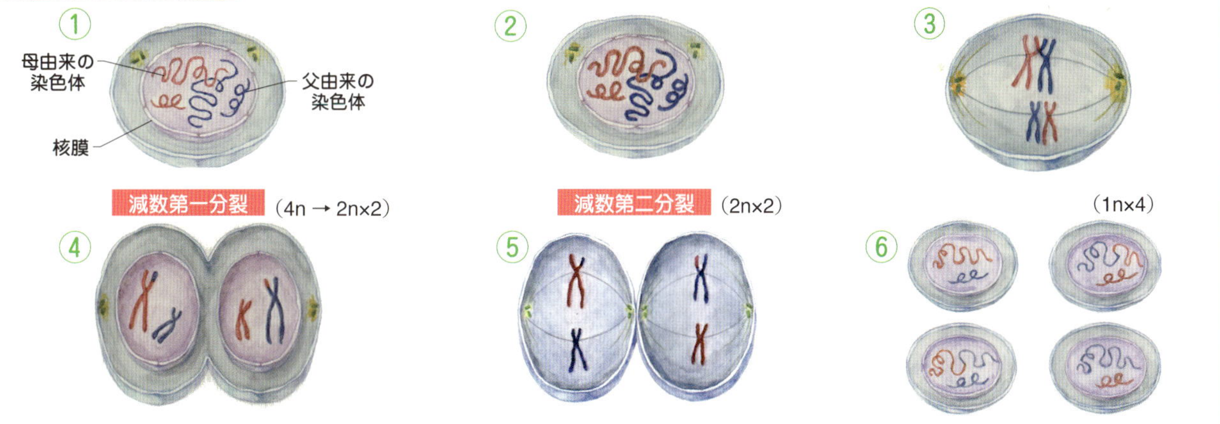

②染色体DNAの複製後に、③父・母由来の2組の相同染色体（2組の姉妹染色分体）がそれぞれの相手を探し出して並び、4本の染色体が整列した状態（対合）になります。その結果、④減数第一分裂では相同染色体が分かれます。この点が体細胞分裂と異なっています。⑤続いて起きる第二分裂では、体細胞分裂と同様、姉妹染色分体の間の接着が取れて両極に分かれていき、⑥最終的に一倍体細胞が4つ形成されます。

3−3

受精

筆者：酒井則良

母方の配偶子である卵と父方の配偶子である精子が合体して、接合子を形成する過程が受精です。減数分裂（➜ **3-2**）によって母方、父方それぞれの半数体の遺伝情報を受け継いだ配偶子から、新しい二倍体の遺伝子構成をもつ受精卵がつくられ、新たな個体の発生を開始します。

受精過程には、動物種によって細かな違いがあります。たとえば、体内受精を行なう哺乳類では、精子は雌性《しせい》生殖道（膣、子宮、卵管）内を移動して受精部位に到達するまでの間に受精能（受精する能力）を獲得します。しかし、体外受精の両生類や硬骨魚などでは、このような現象は認められません。ここでは動物に広く認められる現象として、卵と精子の接触過程、精子の侵入による卵の活性化、前核（他方の核と融合する前の核のこと）形成と雌雄前核の融合をみていきます。

卵と精子の接触過程

ウニやカエル、哺乳類などの卵は、ゼリー状の層でおおわれています（図1）。精子がこの層に接すると、精子頭部にある先体が崩壊して、さまざまな酵素を放出します。これを「先体反応」とよんでいます。この化学的消化と尾の運動により、精子はゼリー層を通過していきます。この反応は種ごとの特異性が高く、これにより異種の精子の受精を防いでいると考えられています。一方、昆虫や硬骨魚の卵は精子が通過することができない硬い卵膜でおおわれていて、硬骨魚では精子に先体も認められません。精子は卵膜に開いた「卵門」とよばれる穴を抜けて、卵に到達します。

図1．卵と精子の接触過程

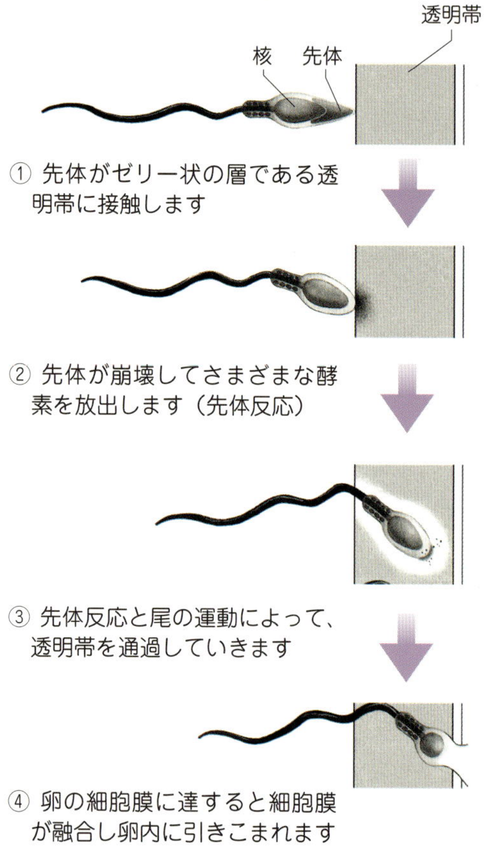
透明帯
核
先体
① 先体がゼリー状の層である透明帯に接触します
② 先体が崩壊してさまざまな酵素を放出します（先体反応）
③ 先体反応と尾の運動によって、透明帯を通過していきます
④ 卵の細胞膜に達すると細胞膜が融合し卵内に引きこまれます

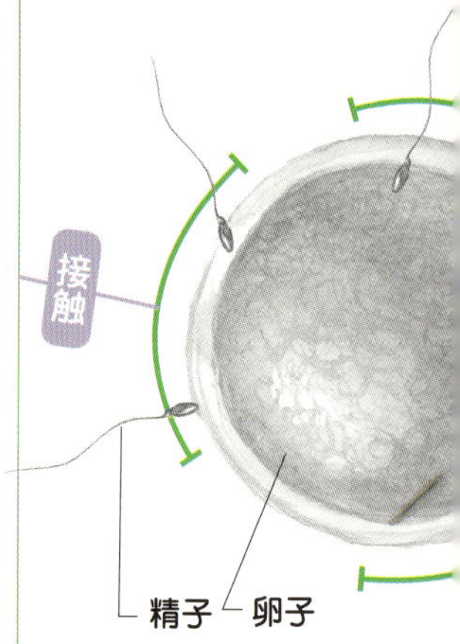
接触
精子
卵子

ギンブナの受精

日本に広く分布するギンブナは雑種起源の三倍体で、単為発生（卵子が精子と受精することなく新個体が発生すること）により雌のクローンで増えることが知られています。三倍体であるため、この魚は少し変わった卵形成と受精をします。

卵形成では、卵母細胞は第一減数分裂において第一極体を放出せずに、三倍体のまま産卵されます。受精には他魚種の精子を使い、受精すると正常に第二極体（3n）は放出され、精子頭部もいったん卵内に進入しますが、雄性前核はつくられず雌性前核と融合しません。母方由来の三倍体の卵が発生していきます。一方、精子によってもち込まれた中心小体（➜ **3-1**）は発生に必要で、ギンブナの受精の目的は卵の活性化とこの中心小体であるといえます。

図2．精子の侵入による表層反応

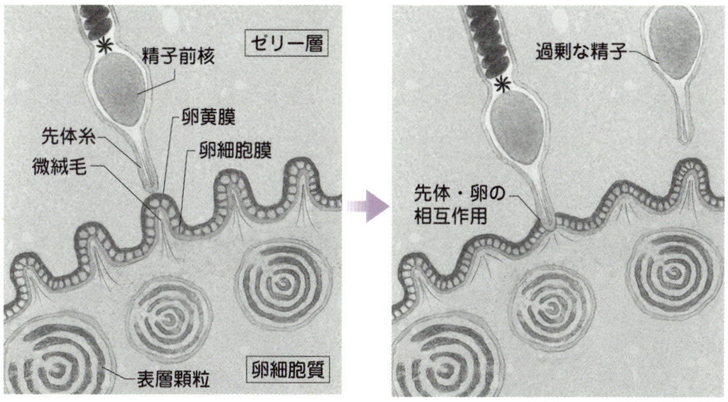

① ゼリー層に到達すると先体から先体糸が突き出て細胞膜に付着します。

② 細胞膜の融合を引き金に膜電位が一時的に変化して他の精子の侵入を妨げます（早い多精拒否）。

侵入

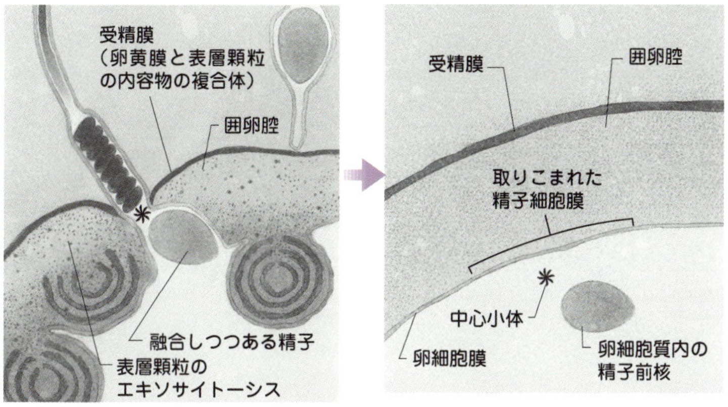

③ Ca^{2+} の遊離に反応して表層顆粒のエキソサイトーシス（融合）など表層反応が起きます。

④ 表層反応によって受精膜が形成され（遅い多精拒否）、精子頭部と中心小体のみが卵内に残ります。

精子の侵入による卵の活性化

精子が卵の細胞膜に到達すると、お互いの細胞膜が融合し、精子の頭部が卵内に引きこまれます（図2）。精子の細胞膜の融合が引き金となって、卵の細胞膜の膜電位が一時的に変化します。これは「早い多精拒否（他の精子の侵入を拒むこと）」として働くものです。続いて精子の侵入点から Ca^{2+}（カルシウムイオン）の遊離が起こり、波状に卵全体に伝わります。それに反応して表層反応が起こり受精膜が形成されます。この過程が「遅い多精拒否」機構で、よく「受精膜が上がる」といわれているものです。この Ca^{2+} の刺激により、酸素消費量の増加やタンパク質合成の促進、第一卵割の準備としてDNA合成の開始などが次々とおこります。また、多くの脊椎動物では、第二減数分裂の中期で停止していた卵が細胞周期を再開して、第二極体を放出します（→**2-6**）。

精子侵入の際に卵内にもち込まれるのは、精子の頭部と中心小体のみで、細胞質や細胞内小器官はすべて卵由来のものが使われます。

図3．精子核から雄性前核の形成

融合

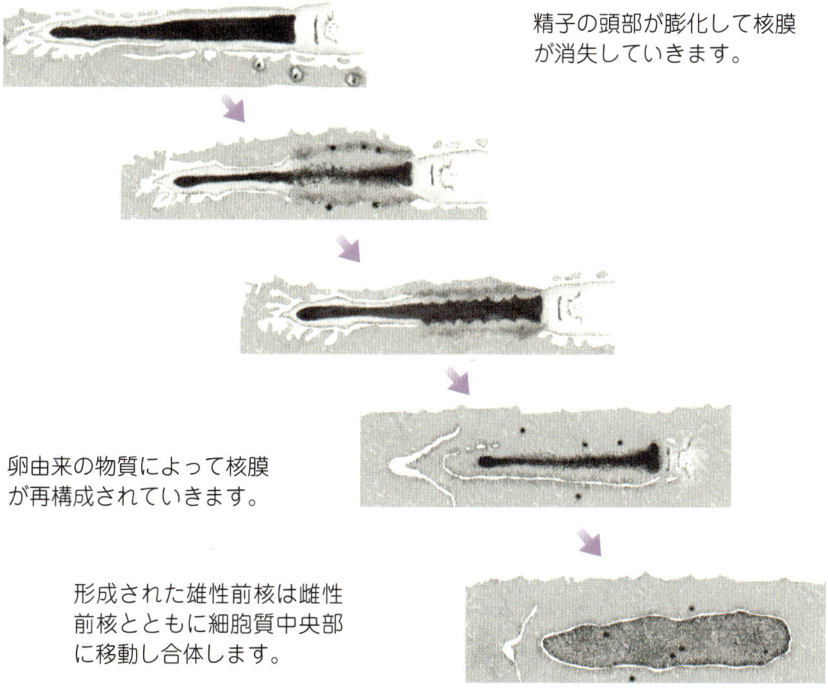

精子の頭部が膨化して核膜が消失していきます。

卵由来の物質によって核膜が再構成されていきます。

形成された雄性前核は雌性前核とともに細胞質中央部に移動し合体します。

前核形成と雌雄前核の融合

卵細胞質内に侵入した精子の頭部は膨化し、核膜が消失します（図3）。続いて精子頭部DNAの周囲に核膜が形成されます。こうして、同じ卵細胞質内に精子由来と卵由来の半数体の核が形成され、それぞれを「雄性前核」と「雌性前核」とよびます。形成された雌雄両前核では、ほぼ同時にDNA複製（→**4-8**）が始まり、両前核は次第に卵細胞質中央部に向けて移動し、それぞれの前核は合体します。雌雄両前核の合体によって、受精は終了します。

3−4

細胞核

筆者：高田英昭・柴原慶一

生物は原核生物と真核生物に大別されますが、真核生物を特徴づけているものとして、細胞核の存在があげられます。原核生物では、遺伝情報であるDNAは細胞内にむき出しになっていますが、真核生物では、DNAは膜におおわれることで、細胞質と区別された核内に収められています。私たちヒトも真核生物に属しており、ヒトの場合では長さが2 mにもなる32億塩基対のDNAが、直径わずか数十μm（マイクロメートル：1000分の1mm）ほどの核のなかに収納されています。核内にはDNA以外にも、RNAやタンパク質からなるさまざまな高次構造体が存在しており、転写（→**5-5**）や複製（→**4-8**）といった核内現象を制御しています（図）。

核膜、核膜孔複合体

細胞核は、内膜と外膜からなる脂質二重膜によって細胞質と区別されている、細胞内小器官（→**3-1**）のひとつです。内膜の内側には、ラミンなどの繊維状タンパク質が網目状に走っており、核ラミナが核膜を裏打ちし形状をたもっています。核膜には非常に多くの穴が開いており、ヒトの場合では3000個にもおよびます。この核膜の穴（核膜孔）を通して、タンパク質やRNAなどが細胞質と核内を行き来しますが、細胞内外への物質輸送は、核膜孔に存在する巨大なタンパク質複合体（核膜孔複合体）によって管理されています。また、核ラミナや核膜孔複合体が核内のDNAと相互作用していることから、核膜は単に核を形づくっているだけではなく、遺伝子発現などの核内現象へかかわることが知られています。

図．細胞核の構造

核構造のモデル
代表的な細胞核の構造体を示したモデル図です。一部の核内構造体については、間接蛍光抗体染色やin situ hybridization（FISH）によって検出した構造体の顕微鏡画像を示しています。青色に光っているものは核内のDNAで、赤色や緑色に光っているものがそれぞれの核内構造体を構成する代表因子です。

PMLボディ
小さなタンパク質との共有結合（SUMO化修飾）によって機能を調節されているタンパク質が集合しており、老化やDNA損傷（→**4-9**）の細胞の応答に関係していると考えられています。

染色体テリトリー
DNAは個々の染色体ごとに区画化されています。（赤：1番染色体、水色：13番染色体）

カハールボディ
スプライシング因子群や、核小体にかかわるタンパク質の成熟・分配をしています。

核スペックル
クロマチン（→**3-5**）密度の低い領域に、スプライシング因子群が集合して形成されます。

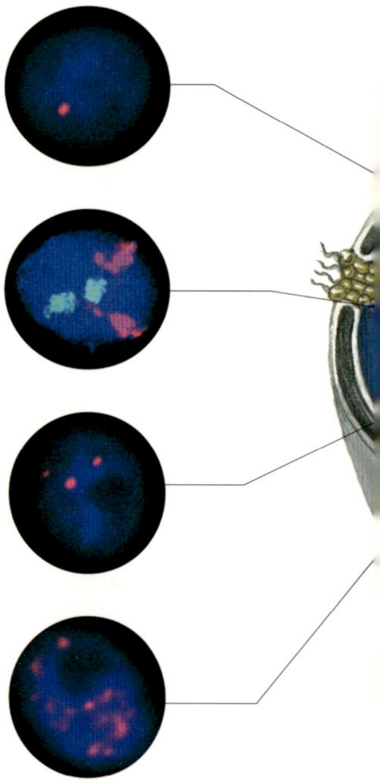

クロマチン、染色体テリトリー

核内で、DNAはヒストン（→**3-5**）に代表されるようなDNA結合タンパク質と結合して複合体を形成し、クロマチンとして存在しています。核内の大部分は、このクロマチンが占めています。クロマチンは遺伝子の転写が活発に行なわれるユークロマチンと、転写が抑制されているヘテロクロマチンに分類され、後者は遺伝子の転写を抑制するために、多くの場合、凝縮したクロマチン構造をとっています。また核内では、種々の染色体由来のDNAは、互いに入り混じった状態ではなく、個々の染色体ごとに高度に区画化された、染色体テリトリーというテリトリー構造をもっています。図の染色画像では、ヒトの1番染色体（赤）と13番染色体（水色）の染色体テリトリーを示しています。

核小体

核内高次構造体のなかで、もっとも大きく目立つ構造体が「核小体」です。核小体は、リボソーム（→ **3-6**）の生産工場としての役割が広く知られており、多数のリボソーム RNA 遺伝子（rDNA）が集まっています。核小体は、繊維状中心部、高密度繊維状部の 2 層と、周辺部にある顆粒《かりゅう》部から構成されており、これらの構造は電子顕微鏡（→ **11-1**）によって観察することができます。核小体には rDNA の他に、フィブリラリンやヌクレオリンといったリボソームの構築に必要なさまざまなタンパク質が含まれていますが、これらの核小体を構成する因子がどのように集合して核小体ができあがるのかということは、まだよく分かっていません。

核スペックル、カハールボディ

核スペックルは、クロマチン間顆粒群ともよばれており、核内のクロマチン密度の低い領域に、mRNA（→ **4-5**）のスプライシング因子群（→ **5-6**）が集合して形成されます。カハールボディは、コイルドボディともよばれる直径 0.2 ～ 2 μ m の構造体です。mRNA や rRNA のスプライシングにかかわる核内小分子リボ核タンパク質や、核小体小分子リボ核タンパク質の成熟・分配に関与しています。

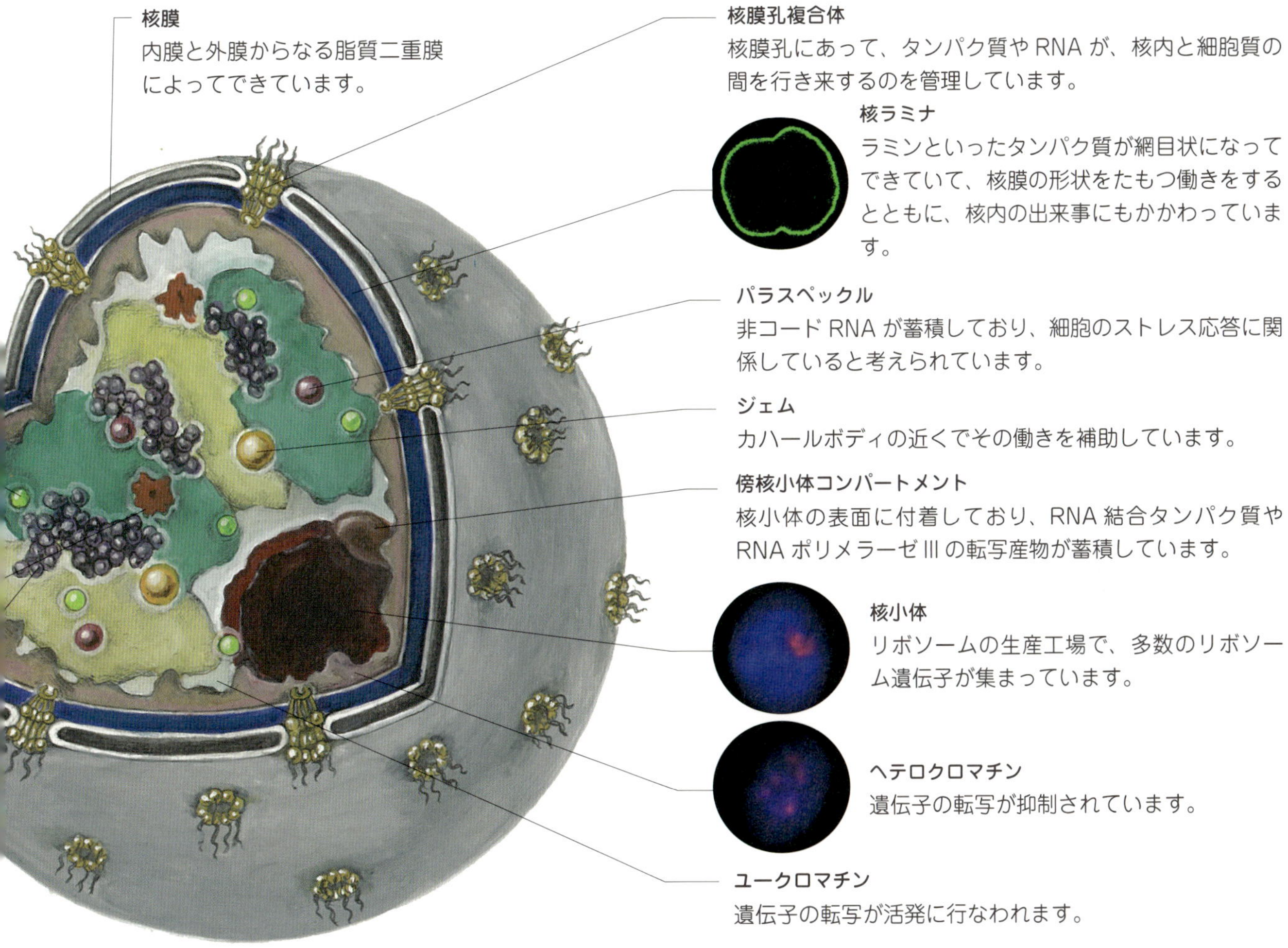
核膜
内膜と外膜からなる脂質二重膜によってできています。
核膜孔複合体
核膜孔にあって、タンパク質や RNA が、核内と細胞質の間を行き来するのを管理しています。
核ラミナ
ラミンといったタンパク質が網目状になってできていて、核膜の形状をたもつ働きをするとともに、核内の出来事にもかかわっています。
パラスペックル
非コード RNA が蓄積しており、細胞のストレス応答に関係していると考えられています。
ジェム
カハールボディの近くでその働きを補助しています。
傍核小体コンパートメント
核小体の表面に付着しており、RNA 結合タンパク質や RNA ポリメラーゼ III の転写産物が蓄積しています。
核小体
リボソームの生産工場で、多数のリボソーム遺伝子が集まっています。
ヘテロクロマチン
遺伝子の転写が抑制されています。
ユークロマチン
遺伝子の転写が活発に行なわれます。

その他の核内高次構造体

核内には上述した核内構造体以外にも、前骨髄性白血病体（PML ボディ）、パラスペックル、ジェム、クリページボディ、傍核小体コンパートメントなど、さまざまな高次構造体が存在し、その種数は 30 にもおよぶといわれており、現在もなお新たな核内構造体の発見が続けられています。これらの構造体は、核内でのイベントに密接にかかわっており、遺伝子の発現状況に応じて非常に動的にその数や核内での位置を変化させます。しかしながら、どのようにして核内構造体が形成されてくるのか、どのような役割をもっているのかといったことについては、いまだほとんど解明されていません。

3-5

染色体

筆者：深川竜郎

細胞を塩基性色素で染色して顕微鏡で観察すると、細胞が分裂する時に濃く染色される棒状の構造がみられます。この構造のことを染色体とよびます（図 1）。細胞核内に存在する DNA に書き込まれた生物の全遺伝情報（ゲノム）は、細胞分裂時には巧妙に折りたたまれて凝縮し、染色体内にパックされます。生物の設計図であるゲノム情報は DNA に書き込まれていますが、これらの情報を正確にコピーし、分配して次世代細胞へ伝えていくために、染色体はゲノム情報の収納の場として機能しています。染色体が正確にコピーされなかったり、分配に異常がおきると、細胞が死んだり、がん化（→ **8-11**）したりします。染色体の安定な伝達は、生命維持にとって大変重要なことです。

染色体の３要素

1 本の線上の染色体には、細胞分裂時に両極からのびた紡錘糸《ぼうすいし》が付着する動原体（セントロメア）、染色体の末端を安定化する末端小粒《まったんしょうりゅう》（テロメア）、DNA の複製開始点という３つの要素を含んでいる必要があります。この３要素を取り出し、試験管内で組み合わせると、人工染色体が作成できます。酵母などでは人工染色体の作成に成功しており、遺伝子解析の研究分野では広く利用されていますが、哺乳類細胞では、セントロメアや複製開始点を試験管内に取り出すことが難しく、正確な人工染色体はできていません。哺乳類細胞で人工染色体が作成できれば、遺伝子治療の有用な道具になると考えられ、多くの研究者が哺乳類細胞からセントロメアや複製開始点を取り出そうと研究しています。

図 1. 染色体の構成単位

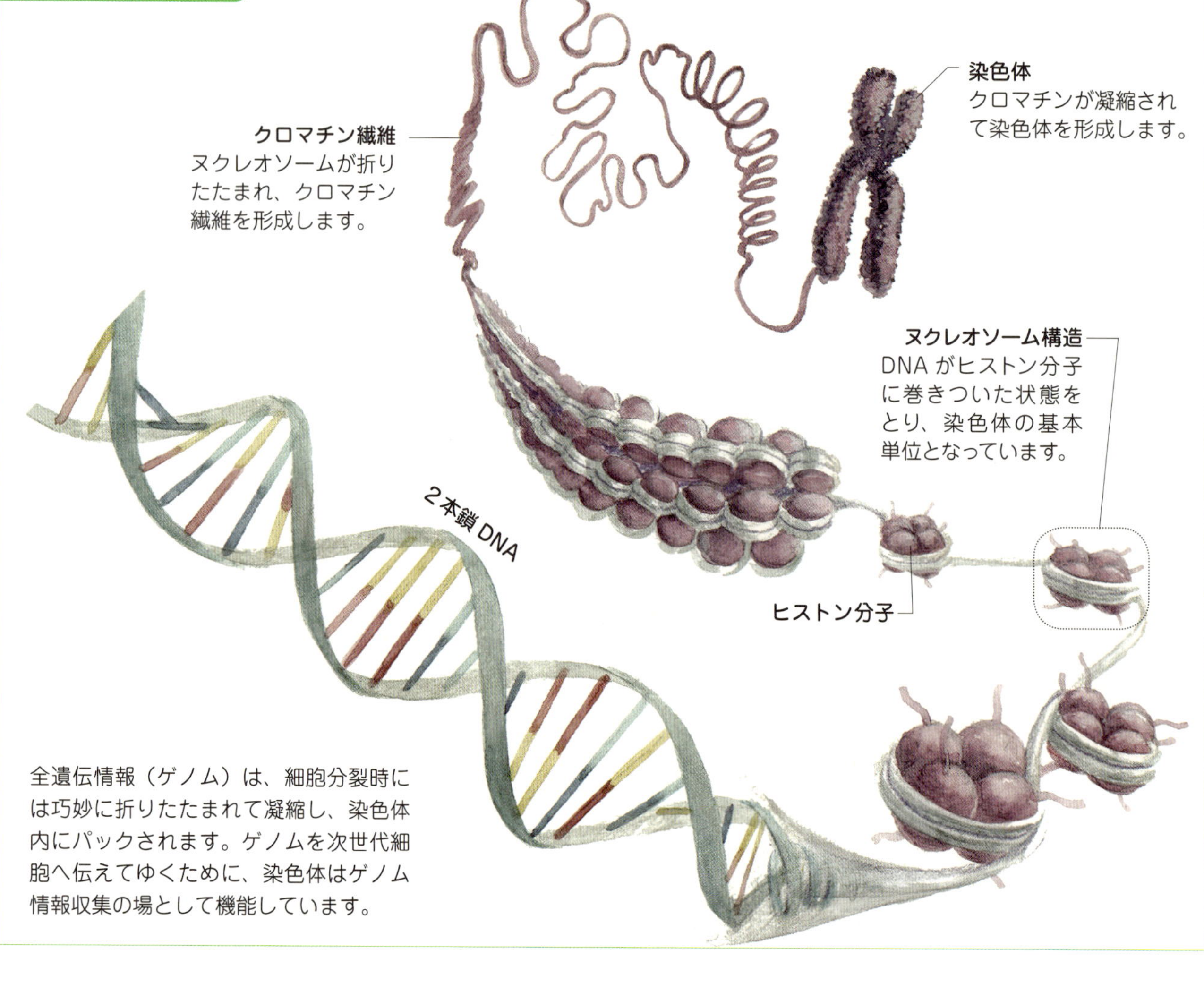
染色体
クロマチンが凝縮されて染色体を形成します。
クロマチン繊維
ヌクレオソームが折りたたまれ、クロマチン繊維を形成します。
ヌクレオソーム構造
DNA がヒストン分子に巻きついた状態をとり、染色体の基本単位となっています。
2 本鎖 DNA
ヒストン分子
全遺伝情報（ゲノム）は、細胞分裂時には巧妙に折りたたまれて凝縮し、染色体内にパックされます。ゲノムを次世代細胞へ伝えてゆくために、染色体はゲノム情報収集の場として機能しています。

染色体内のゲノム情報の制御

染色体は、ゲノム DNA と塩基性タンパク質であるヒストン分子が主成分であり、これに非ヒストンタンパク質、RNA などが加わり構成されています。その基本単位は、DNA がヒストン分子に巻きついたヌクレオソーム構造です。ゲノム DNA はこの構造によってコンパクトにされ、さらに折りたたまれて、最終的に約 1 万分の 1 まで縮小されています。この超高次構造体から遺伝子情報の読み出しや抑制がされるためには、DNA の配列情報や修飾だけでなく、ヒストン分子の修飾も重要な働きを担うとされています。つまり、ヒストン分子のあるアミノ酸残基がアセチル化やメチル化されることによって、遺伝子発現に深くかかわることが最近の研究で明らかにされています（→**6-7**）。また、顕微鏡観察で、塩基性色素によって特に濃く染色される領域はヘテロクロマチン（→**3-4**）とよばれ、周囲の領域と区別します。ヘテロクロマチンはセントロメアの周辺領域にみいだされ、その領域のヒストン分子が高度にメチル化されることも分かっています。

古くから染色体について顕微鏡で観察されてきましたが、顕微鏡だけでは予想もされなかった新しい分子機構が分子レベルの研究で発見されています（図2）。染色体研究の醍醐味は、古典的な材料を用いて、古くから残る課題を最新の技術で解析することによって、新しい概念を生み出すことにあるといえます。

図2．染色体上のセントロメア領域の分子構成図

光学顕微鏡による観察

光学顕微鏡で染色体を観察すると、微小管結合領域として動原体が観察できます。

電子顕微鏡による観察

微小管結合領域を電子顕微鏡でよりくわしく観察すると、3層のプレート構造が観察できますが、この観察からは、どのような分子がこのプレートの形成にかかわっているかは、分かりません。

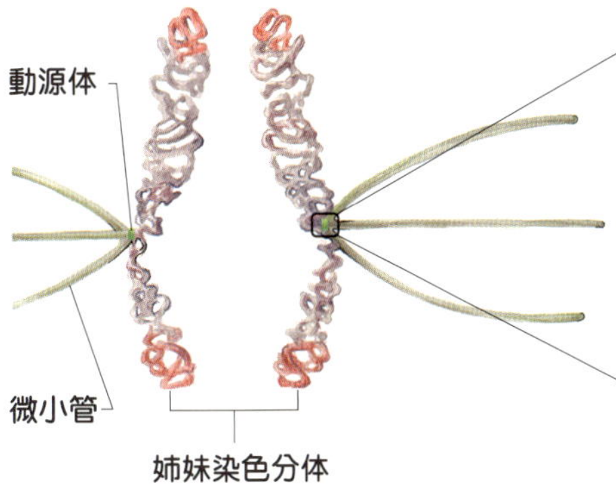
動源体
微小管
姉妹染色分体

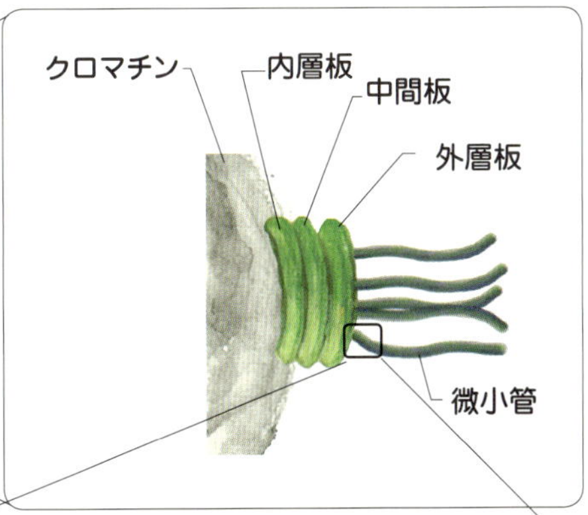
クロマチン
内層板
中間板
外層板
微小管

分子生物学の解析

近年の分子生物学的研究により、内層板は、CENP-A というヒストン分子、CENP-T-W-S-X 複合体、CENP-H 複合体、CENP-C などが存在していることが分かり、外層板は、KNL1、Mis12 複合体、Ndc80 複合体、が存在していることなどが明らかになりました。

内層板

内層板を構成するタンパク質は、細胞周期を通じてセントロメア領域に存在しているので、「構成的セントロメアタンパク質群」とよばれます。

外層板

外層板を構成するタンパク質群は、存在するタンパク質複合体の頭文字をとって「KMN ネットワーク」とよばれます。

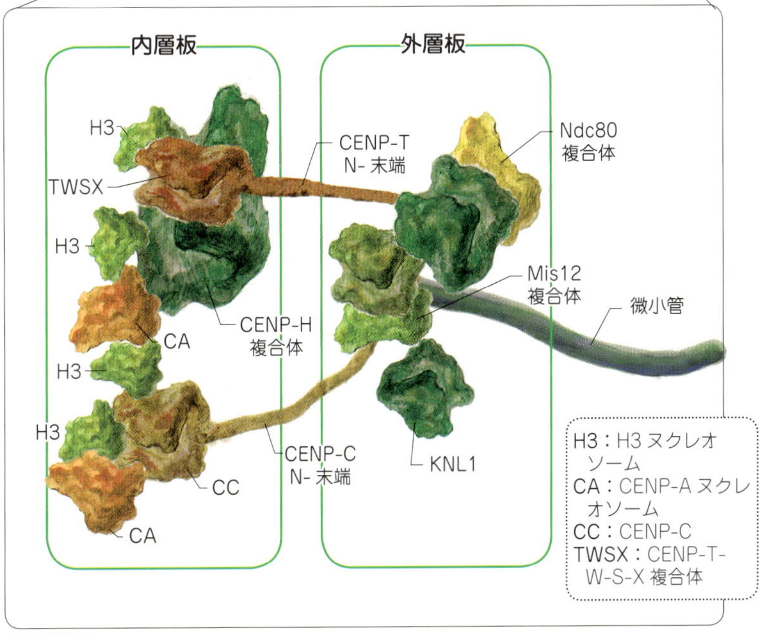
内層板
外層板
H3
TWSX
H3
CA
H3
H3
CC
CA
CENP-H
複合体
CENP-T
N- 末端
CENP-C
N- 末端
Ndc80
複合体
Mis12
複合体
微小管
KNL1
H3：H3 ヌクレオソーム
CA：CENP-A ヌクレオソーム
CC：CENP-C
TWSX：CENP-T-W-S-X 複合体

3－6

リボソーム

筆者：嶋本伸雄

リボソームは、一定の順番で 20 種のアミノ酸を連結してタンパク質をつくる「翻訳」(→**5-7**) とよばれる作業をする分子機械で、RNA とタンパク質からできています（図）。アミノ酸が連結する順番は、遺伝子 DNA に書かれていて、まず RNA に転写 (→**5-5**) され、転写された mRNA (→**4-5**) がリボソームに結合して決まります。

しかし、この連結作業は大事業で複雑です。まず、アミノ酸のアミノ基と酸（カルボン酸）は水溶液中では安定で、そのままでは連結はしません。そこで、あらかじめアミノ酸を別の RNA の端に、ATP の分解のエネルギーを利用して高いエネルギーで不安定に結合させておき、そのアミノ酸・RNA 複合体をリボソームに結合させて、そこで不安定さを利用して連結するという工程を使っています。

翻訳の開始や終結だけでなく、タンパク質を連結するときにも、数多くの因子を結合・解離し、エネルギーを消耗します。これらのエネルギーは、設計図通りに連結するために必要なコストなのです。正確さを保つには、費用がかかるのです。

ダイナミックに形を変えて働くリボソーム

リボソーム自身も千変万化です。翻訳時、リボソームはふたつの粒子に分かれたり、ひとつに再結合したりします。また、さかんに翻訳しているリボソームは、1 本の mRNA に多分子で結合した状態、ポリソームとなることがあり、逆に翻訳が不必要になった時の大腸菌などでは、リボソーム分子どうしがさらにくっついて休眠状態ができることが知られています。またリボソームは、細胞内で遊離して働くものと、膜に結合して働くものとがあります。このように、リボソームは常に形を変えながら働く働き者なのです。

図. リボソームの構成と翻訳における働き

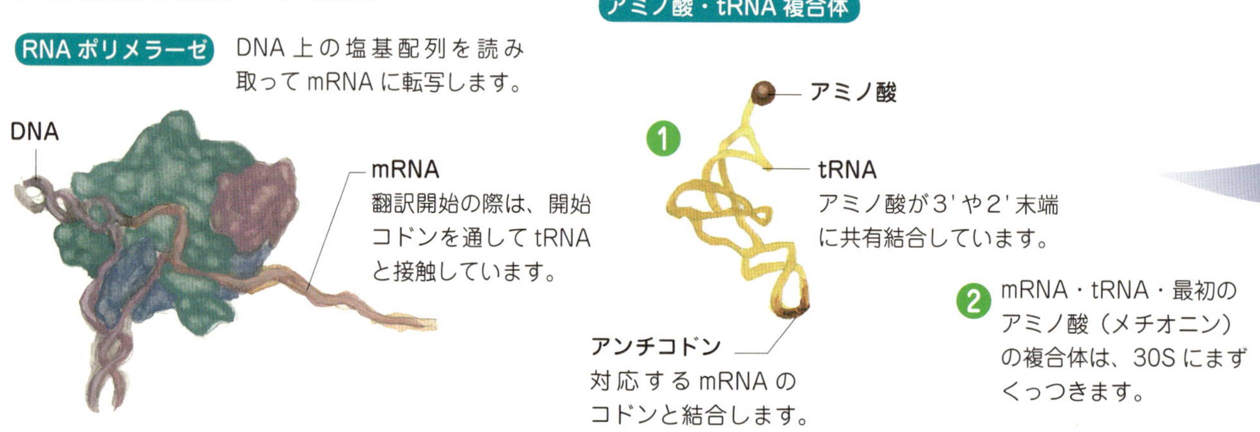

RNA ポリメラーゼ
DNA 上の塩基配列を読み取って mRNA に転写します。
DNA
mRNA
翻訳開始の際は、開始コドンを通して tRNA と接触しています。
アミノ酸・tRNA 複合体
アミノ酸
1
tRNA
アミノ酸が 3' や 2' 末端に共有結合しています。
アンチコドン
対応する mRNA のコドンと結合します。
2
mRNA・tRNA・最初のアミノ酸（メチオニン）の複合体は、30S にまずくっつきます。

❶ tRNA (→**4-3**) とアミノ酸の結合は、アミノアシル tRNA 合成酵素という tRNA とアミノ酸との組ごとに異なる酵素が、ATP を分解して行ないます。このアミノ酸・tRNA 複合体は、もし間違ったアミノ酸が tRNA に結合するとすぐ分解し、設計図通りのタンパク質ができるようにしています。

❷ mRNA と tRNA とペプチドの先頭となるアミノ酸（メチオニン）という３要素の複合体は、「翻訳開始因子」といういくつかのタンパク質とともに 30S にまずくっつきます。このとき mRNA は、開始コドンを通して tRNA と接触しています。

❸次に 50S と 30S が結合して、リボソームは 70S の形になり、tRNA と 2 番目以降のアミノ酸との複合体を受けとる準備が整います。このアミノ酸・tRNA 複合体がリボソームに結合するには、伸張因子 EF-Tu の助けが必要ですが、この因子は GTP の分解でできるエネルギーを利用します。❹ mRNA のコドン部分 (→**4-4**) は、対応する tRNA のアンチコドン部分とぴったり合うようになっていて、正しいアミノ酸だけが取り込まれやすいようになっています。❺所定の位置にきたアミノ酸のアミノ基は、となりにいるペプチドと tRNA の複合体を攻撃してペプチドを奪い、ペプチドはひとつ長くなります。この反応はリボソームの RNA 部分によって助けられており、リボソームは RNA でできている酵素、リボザイムでもあります。

リボソームの構成と形成される仕組み

リボソームのタンパク質組成や RNA の構造は、真核生物と原核生物とで差があり、超遠心での沈降係数 S で命名されています。真核生物の 80S リボソームは、タンパク質約 50 個と 3 本の RNA から構成される 60S 粒子と、約 30 個のタンパク質と 1 本の RNA から構成される 40S 粒子が結合したものです。一方、原核生物の 70S は約 30 個のタンパク質と 2 本の RNA から構成される 50S 粒子と、約 20 個のタンパク質と 1 本の RNA から構成される 30S 粒子が結合したものです。

複雑な構造をもつリボソームの形成される仕組みを解明することは大きな問題でしたが、構成成分を一度に混合するだけでできうることを野村眞康《のむらまさやす》らが示し、各構成成分には、組み込みの仕掛けが原理的には備わっていることが分かりました。このように、複雑にみえる生体の分子も、部品のなかに自動的に組み上げる仕組みがあるのです。この組み上げの仕組みを流用して、リボソームがそれほど要らないときには、リボソームタンパク質だけが過剰に無駄に合成されないようにもしています。このように、生物は、利用できるものは何でも使うという方針をもっています。

生物の共通祖先とリボソーム

真核と原核生物のリボソームは複雑な差にもかかわらず、近年明らかにされたその形はそっくりなので、働く仕組みもほぼ同じと考えられています。この共通性は、全生物が三十数億年前に共通の祖先からできたという説の有力な証拠のひとつとなっています。また、真核細胞内にあるミトコンドリア（→**3-8**）や葉緑体（→**3-9**）は、独自のリボソームをもっていて原核型なので、その祖先は、真核細胞に寄生した原核生物だと考えられています。

リボソーム

リボソームのふたつのサブユニットが会合する接触面では、RNA どうしが直接接しています。リボソームの結晶に X 線をあてることにより、高分解能像が得られるようになりました。

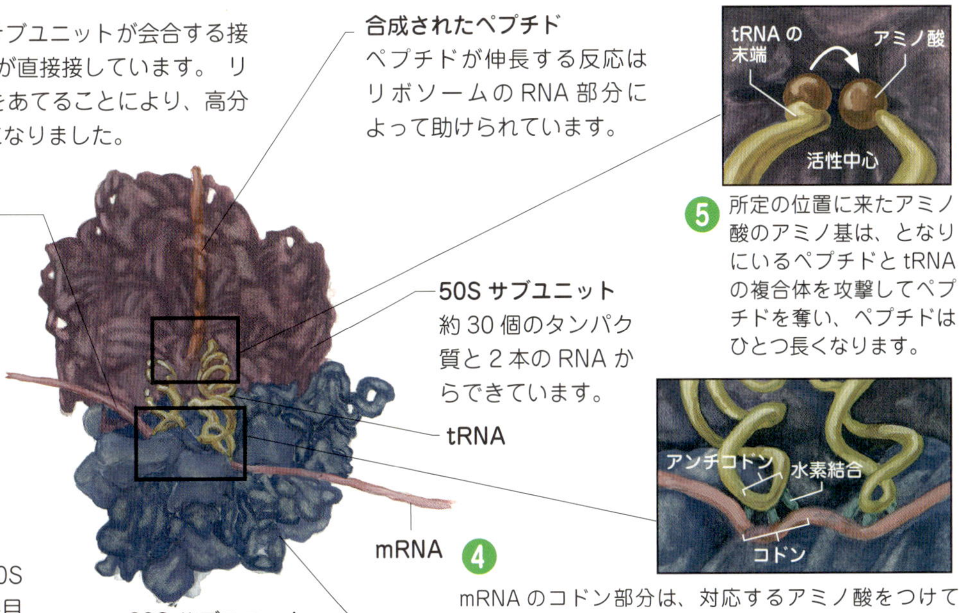

合成されたペプチド
ペプチドが伸長する反応はリボソームの RNA 部分によって助けられています。
tRNA の末端
アミノ酸
活性中心
⑤ 所定の位置に来たアミノ酸のアミノ基は、となりにいるペプチドと tRNA の複合体を攻撃してペプチドを奪い、ペプチドはひとつ長くなります。
⑥ 伸長因子 EF-G が結合してペプチドと tRNA の複合体をコマ送りし、不要になった tRNA を放出します。
50S サブユニット
約 30 個のタンパク質と 2 本の RNA からできています。
tRNA
アンチコドン
水素結合
コドン
mRNA
③ 50S と 30S が結合して 70S ができると、tRNA と 2 番目以降のアミノ酸との複合体を受け取る準備ができます。
30S サブユニット
約 20 個のタンパク質と 1 本の RNA からできています。
④ mRNA のコドン部分は、対応するアミノ酸をつけている tRNA のアンチコドン部分とぴったり合うようになっていて、正しいアミノ酸だけが取り込まれやすいようになっています。

⑥次に伸張因子 EF-G が結合して、再び GTP 分解のエネルギーを利用して、ペプチドと tRNA の複合体を所定の位置に mRNA とともにコマ送りして、不要になった tRNA を放出します。このサイクルで、終止コドンがくるまで、タンパク質は、GTP 2 分子をアミノ酸ごとに消費しながら伸びていきます。

3 種ある終止コドンには対応する tRNA が無く、tRNA の代わりにリリースファクターというタンパク質が結合して、ペプチドを tRNA から切り離します。そしてリサイクル因子と EF-G により 50S が離れ、mRNA と 30S もばらばらになり、次の翻訳が可能になります。

EF-Tu、EF-G、リリースファクターや開始因子は、タンパク質でありながら RNA である tRNA と類似の構造をもっていて、その類似構造でリボソームに tRNA と同じようにくっつきます。これは「分子擬態」とよばれ、多数の場所で構造を全体として判断するときにみられる現象で、免疫系などでもみられます。

以上のように、翻訳の経路が複雑なだけでなく多くのエネルギーを消費しなければならないのは、設計図通りにタンパク質をつくるためと考えられます。また、全生物で同じ複雑な反応が保存されているのは、全生物が単一の祖先を共有しているということの有力な証拠となっています。

小胞体とゴルジ体

筆者：榎本和生

小胞体とゴルジ体は、タンパク質や脂質の合成と、合成された物質の選別・運搬に重要な役割を果たします。この小胞体とゴルジ体を中心とする物流システムに異常が生じると、代謝疾患や神経疾患の原因となることが分かってきました。

小胞体とゴルジ体を介する物流システム

細胞内のタンパク質や脂質は、必要なときに正しい場所へと運ばれなければなりません。小胞体とゴルジ体は、細胞内物流システムの中心です（図１）。細胞内では常時、小胞体とゴルジ体を経由して、さまざまな物質がさまざまな方向へと輸送されています。多くの輸送物質は、特定の分泌小胞のなかに封入された状態で送り出され、目的の場所に到達すると、小胞から放出されます。近年では、この物流システムの異常が、代謝疾患や神経疾患など遺伝病（**→8-6**）の原因となっていることが分かってきています。

図１．細胞内におけるタンパク質と脂質の物流システム

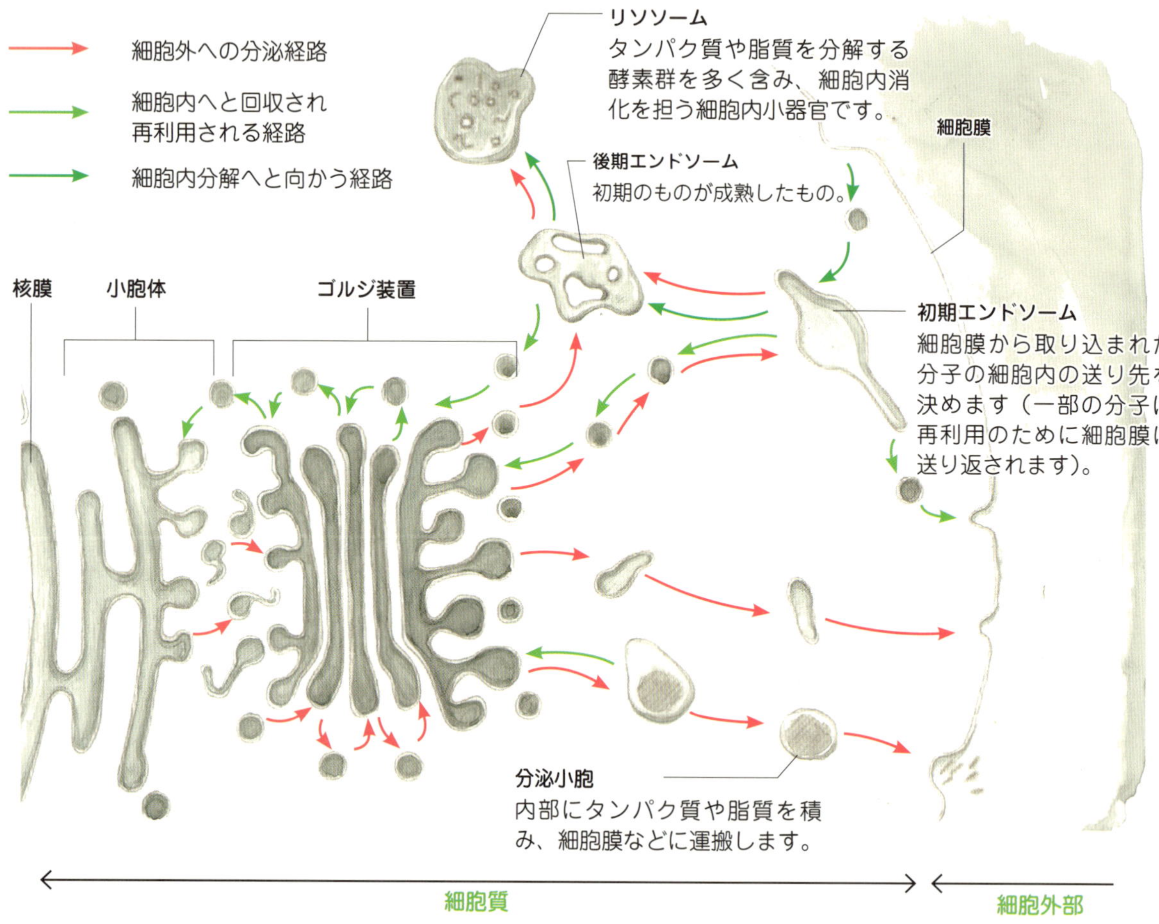
細胞外への分泌経路
細胞内へと回収され再利用される経路
細胞内分解へと向かう経路
リソソーム
タンパク質や脂質を分解する酵素群を多く含み、細胞内消化を担う細胞内小器官です。
細胞膜
後期エンドソーム
初期のものが成熟したもの。
核膜
小胞体
ゴルジ装置
初期エンドソーム
細胞膜から取り込まれた分子の細胞内の送り先を決めます（一部の分子は再利用のために細胞膜に送り返されます）。
分泌小胞
内部にタンパク質や脂質を積み、細胞膜などに運搬します。
細胞質
細胞外部

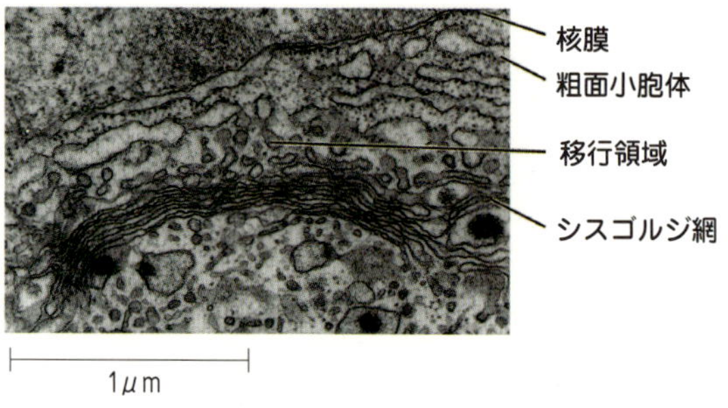
核膜
粗面小胞体
移行領域
シスゴルジ網
1μm

分泌小胞は小胞体から出芽し、ゴルジ体膜に融合します。新しく合成されたタンパク質や脂質は、こうして小胞体からゴルジ体へと送られます。

図2．小胞体の仕組み

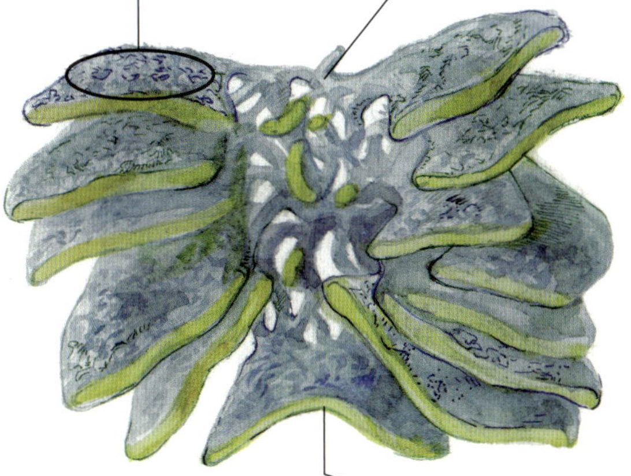
粗面小胞体
タンパク質をつくり小胞体内部に送るために、リボソームが多量に付着しています。
滑面小胞体
リボソームは付着してなく、脂質を合成します。
内腔側

小胞体——タンパク質と脂質の合成装置

小胞体は、その構造から粗面《そめん》小胞体と滑面《かつめん》小胞体に大別されます（図2）。粗面小胞体は、膜表面に付着しているリボソーム（→**3-6**）という装置のなかで、mRNA（→**4-5**）からタンパク質の合成を行ないます。さらに、合成したタンパク質に、ジスルフィド結合などの化学修飾を付加することにより、タンパク質が正しい立体構造（→**5-8**）をとるようにします。何らかのエラーのために正しい立体構造をとることができなかったタンパク質は、小胞体内にあるセンサーにより感知され、最終的に除去・分解されます。このシステムは「タンパク質の品質管理」とよばれます。この品質管理システムに異常が起きることが、一部のがんや神経疾患の原因となっていることが分かってきました。一方、滑面小胞体は、コレステロールやトリアシルグリセロールなどの脂質成分の合成を行ないます。

ゴルジ体——タンパク質と脂質の選別・運搬装置

ゴルジ体は、小胞体でつくられたタンパク質や脂質を細胞内の正しい場所へと送り出す「選別・運搬」装置の役割を果たします（図3）。小胞体で合成されたタンパク質は、いったんゴルジ体へと運ばれ、そこで糖鎖修飾や脂質修飾を受けた後に、形質膜（細胞膜）やリソソームなど特定の細胞内小器官へと輸送されます。それぞれのタンパク質には、どこに輸送されるのかを示す「目印」がついていて、その目印にもとづいてゴルジ体内で選別を受けると考えられています。一方、脂質の選別システムについてはよく分かっていません。

図3．小胞体の仕組み

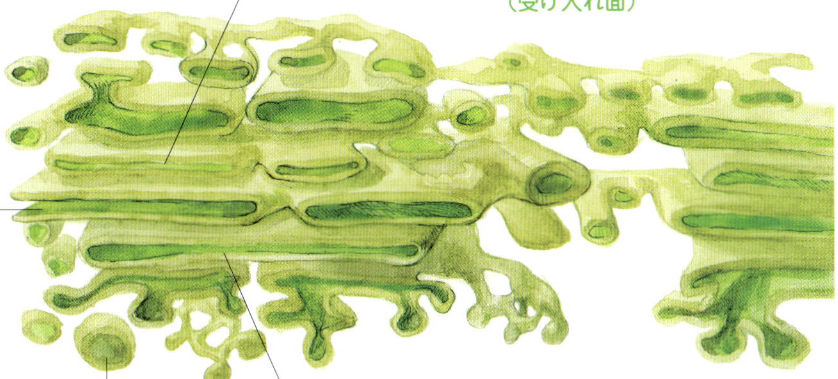
シス嚢
シス面
（受け入れ面）
シスゴルジ網
小胞体から生じた分泌小胞を取り込みます。
中間嚢
シスゴルジ網に取り込まれた分泌小胞が通過します。
トランスゴルジ網
細胞膜やリソソームに向かうタンパク質が運び出されます。
分泌小胞
複数の嚢を通過する際に、糖鎖修飾や脂質修飾を受けます。
トランス嚢
トランス面
（放出面）

ゴルジ体の発見者

カミッロ・ゴルジ（Camillo Golgi、1843～1926年）

「ゴルジ染色法」とよばれる特殊な細胞染色法を考案し、これを用いてゴルジ器官を初めて発見しました。「ゴルジ小器官」というよび名は、発見者である彼の名前に由来します。また、脳神経組織をゴルジ染色法により処理すると、一部の神経細胞のみを染色できることを発見しました。これにより初めて脳のなかの神経の経路を確認することができるようになりました。これらの業績に対して、1906年にノーベル生理学・医学賞が贈られました。

ミトコンドリア

筆者：鈴木えみ子

ミトコンドリアは、ほとんどの真核細胞にあり、細胞に必要なエネルギーのもととなる物質「アデノシン三リン酸」（ATP）をつくる細胞内器官です。ミトコンドリアという名前は、ギリシア語で糸（mitos）と粒（chondros）という意味の単語を組み合わせた造語です。その名のように、細胞内のミトコンドリアを染色して顕微鏡で観察すると、細長い形をしているのがわかります。ミトコンドリアの起源は、太古の昔、原始細胞のなかに好気性《こうきせい》細菌が入りこんで共生したものとされています。ミトコンドリアは独自のDNAをもっており、一部のミトコンドリアタンパク質は、ミトコンドリア自身のなかでつくられます。

ミトコンドリアの構造

ミトコンドリアの内部構造を電子顕微鏡でみてみると、二重の膜に囲まれていることがわかります（図1）。内側の膜はミトコンドリアの内部に突き出して、複雑なひだ状の構造（クリステ）をつくっています。この膜構造に、ATPをつくるための酵素や、タンパク質が無数に並んでいます。内膜の内側の区画は「マトリックス」とよばれ、ミトコンドリアDNAやタンパク質の合成装置、クレブス回路（後述）にかかわる酵素などが含まれています。

図1．ミトコンドリアの構造

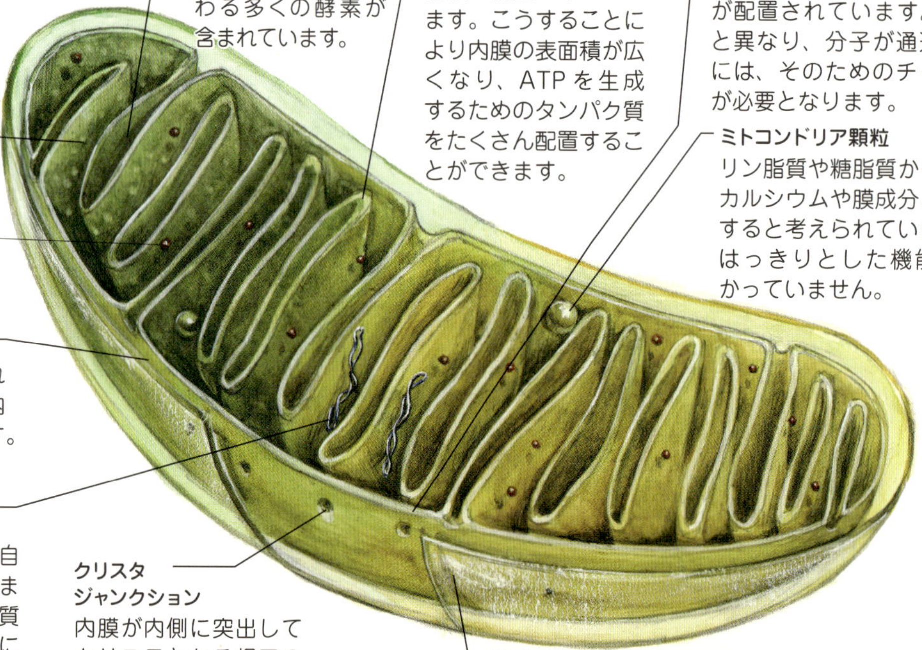
全長：
1～2μm
幅：
0.1～0.5μm
マトリックス
クレブス回路やタンパク質合成にかかわる多くの酵素が含まれています。
クリステ（クリスタ）
内膜が内側に突出して棚状の構造になっています。こうすることにより内膜の表面積が広くなり、ATPを生成するためのタンパク質をたくさん配置することができます。
内膜
ATPの合成をする機関（電子伝達系、ATP合成酵素）が配置されています。外膜と異なり、分子が通過するには、そのためのチャネルが必要となります。
ミトコンドリア顆粒
リン脂質や糖脂質からなり、カルシウムや膜成分と結合すると考えられていますが、はっきりとした機能は分かっていません。
ATPの生産に必要な酵素
リボソーム
（→3-6）
膜間腔
内膜と外膜にはさまれた部分。クリステの内腔とつながっています。
ミトコンドリアDNA
ミトコンドリアは独自のDNAをもっています。一部のタンパク質はこのDNAをもとにつくられます。
クリスタジャンクション
内膜が内側に突出してクリステとなる根元の部分。
外膜 大きな分子も通過できるチャネル（ポリン）が配置されています。

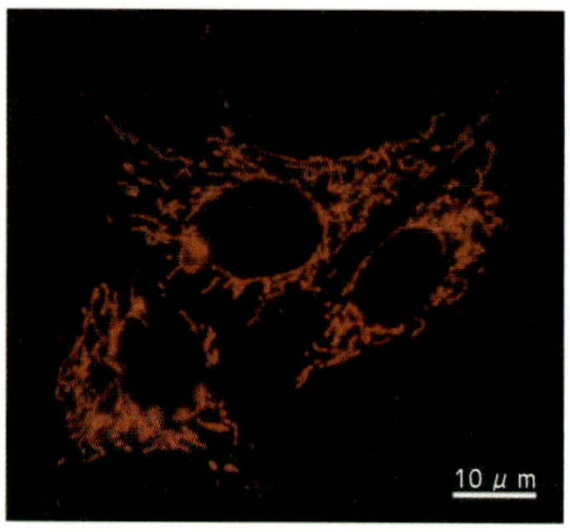
10μm

ミトコンドリアを蛍光色素で染めた培養細胞。細長いミトコンドリアが核（丸い部分）以外の細胞全体に分布しているのが分かります。
写真：九州大学 小柴琢己博士提供

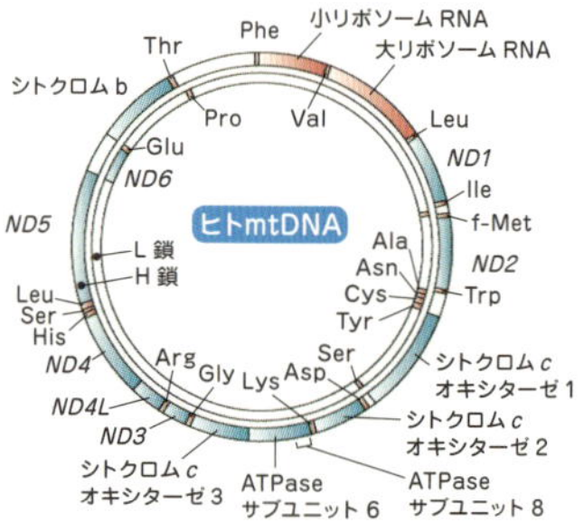
ヒトmtDNA
Phe
小リボソームRNA
大リボソームRNA
Thr
シトクロムb
Pro
Val
Leu
Glu
ND6
ND1
Ile
ND5
f-Met
L鎖
H鎖
Ala
Asn
ND2
Cys
Trp
Tyr
Leu
Ser
His
ND4
Arg
Gly
Lys
Asp
Ser
シトクロムc
オキシターゼ1
ND4L
ND3
シトクロムc
オキシターゼ2
シトクロムc
オキシターゼ3
ATPase
サブユニット6
ATPase
サブユニット8

ヒトのミトコンドリアDNA（mtDNA）は、環状構造をしています。このなかにタンパク質の遺伝子が13個、その遺伝子からタンパク質をつくるために必要な2種類のリボソームRNAと22種類のtRNA（**→4-3**）の遺伝子の合計37個の遺伝子があります。

タンパク質の遺伝子

リボソームRNAとtRNA

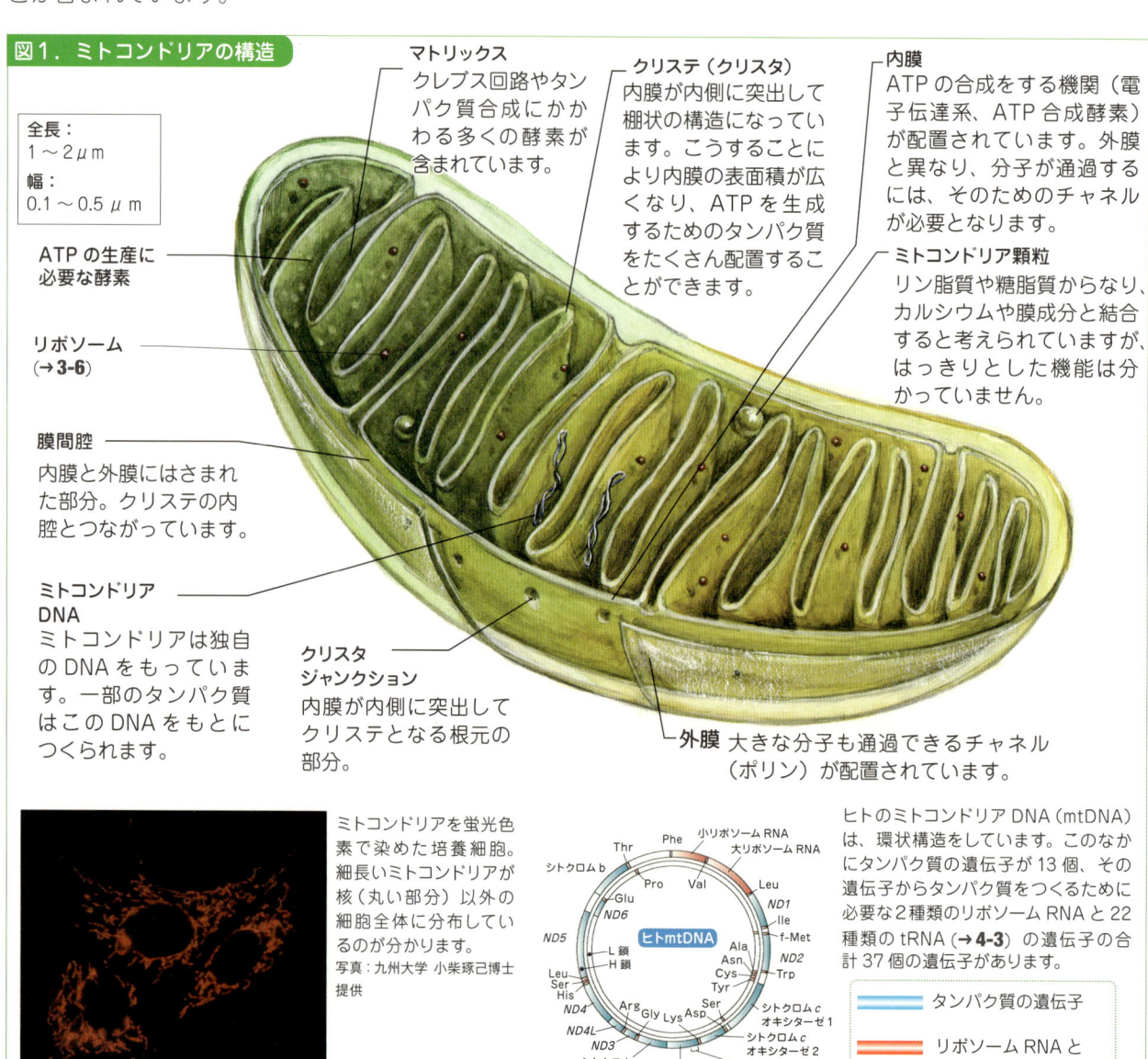

エネルギーの源＝ATPの生産

細胞内に取り込まれた糖質（主にブドウ糖）はピルビン酸に分解されます（図2）。酸素がない状態では、ピルビン酸は細胞質でアルコールや乳酸に変換され、この際ブドウ糖１分子あたりATPが2分子つくられます。この過程を「発酵」といいます。酸素がある状態では、ピルビン酸はミトコンドリア内膜のマトリックスで「クレブス回路」（またはクエン酸回路）とよばれる一連の反応で、二酸化炭素と水素原子に分解されます。水素原子は補酵素（NAD^+、FAD）によって、ミトコンドリアの内膜に運ばれ、「電子伝達系」とよばれる一連のタンパク質複合体に渡されます。ここでは、水素原子は水素イオン（H^+）と電子（e^-）に分かれます。電子は電子伝達系のタンパク質複合体を次々に渡っていき、最終的に酸素分子に渡されます。一方、水素イオンは、内膜の外側にくみ出されていきます。こうして内膜の外側にたまった水素イオンは、ATP合成酵素を介して内側に戻り、酸素と反応して水になります。この時生じるエネルギーによってATPが生成されます。ミトコンドリアではブドウ糖１分子から約38分子のATPが生成され、発酵にくらべ、はるかに効率よくエネルギーがATPに蓄えられます。脂質やアミノ酸もミトコンドリアに取り込まれ、ATPの原料となります。

図2．ミトコンドリアによるATP生産の仕組み

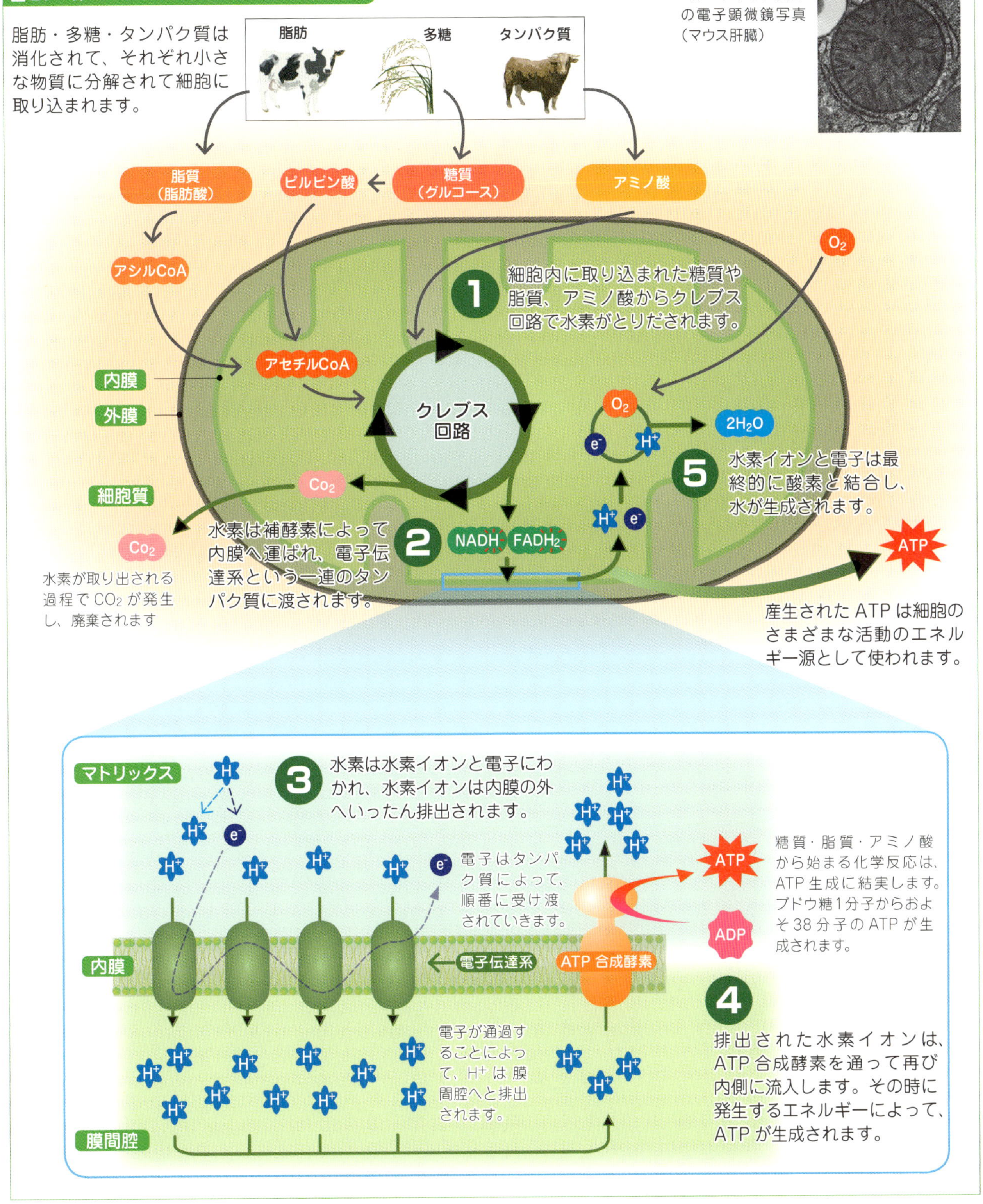
脂肪・多糖・タンパク質は消化されて、それぞれ小さな物質に分解されて細胞に取り込まれます。
脂肪
多糖
タンパク質
ミトコンドリア内部の電子顕微鏡写真（マウス肝臓）
脂質（脂肪酸）
ピルビン酸
糖質（グルコース）
アミノ酸
アシルCoA
O2
1 細胞内に取り込まれた糖質や脂質、アミノ酸からクレブス回路で水素がとりだされます。
内膜
外膜
アセチルCoA
クレブス回路
O2
e-
H+
2H2O
5 水素イオンと電子は最終的に酸素と結合し、水が生成されます。
細胞質
Co2
Co2
水素が取り出される過程でCO2が発生し、廃棄されます
2 水素は補酵素によって内膜へ運ばれ、電子伝達系という一連のタンパク質に渡されます。
NADH
FADH2
H+
e-
ATP
産生されたATPは細胞のさまざまな活動のエネルギー源として使われます。
マトリックス
3 水素は水素イオンと電子にわかれ、水素イオンは内膜の外へいったん排出されます。
電子はタンパク質によって、順番に受け渡されていきます。
ATP
ADP
糖質・脂質・アミノ酸から始まる化学反応は、ATP生成に結実します。ブドウ糖1分子からおよそ38分子のATPが生成されます。
内膜
電子伝達系
ATP合成酵素
電子が通過することによって、H+は膜間腔へと排出されます。
4 排出された水素イオンは、ATP合成酵素を通って再び内側に流入します。その時に発生するエネルギーによって、ATPが生成されます。
膜間腔

3−9

葉緑体

筆者：神沼英里

葉緑体（クロロプラスト）は植物や藻類に特有の構造体で、光合成・光応答・物質生産などの機能を担う細胞内小器官（オルガネラ）のひとつです。光合成は葉緑体の代名詞ともいうべき重要な機能であり、太陽光エネルギーを化学エネルギーに変換する生化学反応で、水と空気中の二酸化炭素をもとに、炭水化物（デンプンのような糖類）を合成し、空気中に酸素を放出します。

葉緑体の構造

種子植物の葉緑体は、外包膜と内包膜という２枚の膜で包まれています（図１）。さらにそのなかに、「チラコイド」とよばれる扁平な袋状の膜構造があります。このチラコイドと内膜の間の液状の部分を、「ストロマ」とよびます。ストロマには、酵素・DNA・RNA・リボソーム（**→3-6**）が含まれています。また、チラコイドが層状に重なり合った所は、「グラナ」とよばれ、チラコイドが発達したものと考えられています。というのも、葉緑体の無いラン藻類は、０～２重チラコイド構造をしていますが、より高等な褐藻類・緑藻類・シダ植物や種子植物といった植物は、葉緑体をもち、それぞれ３重チラコイド・多重チラコイド・多重チラコイドかつグラナ構造がみられます。つまり、高等生物になるにつれてグラナ構造にいたる変遷がみられます。

細胞内の葉緑体の個数はさまざまで、弱い光の時には葉の表面側をおおうように配置され、逆に強い光の時には、細胞膜の壁面に葉表面から垂直の方向に配置されます。また、葉緑体の形には多様性があり、回転楕円体状（図１の形状）が一般的ですが、種によっては蝶形・紐形・星形等があります。平均的なサイズは直径約5μm（マイクロメートル；1000分の1mm）です。

葉緑体の内部には、DNAが存在します（細胞小器官で核以外にDNAをもつのは主として、ミトコンドリア（**→3-8**）と葉緑体です）。DNAが存在するので、分裂によって葉緑体は自己増殖します。またDNAをもつという事実は、もとは独立した生物であった事を示唆しています（**→1-7, 9**）。

図１．葉緑体の構造

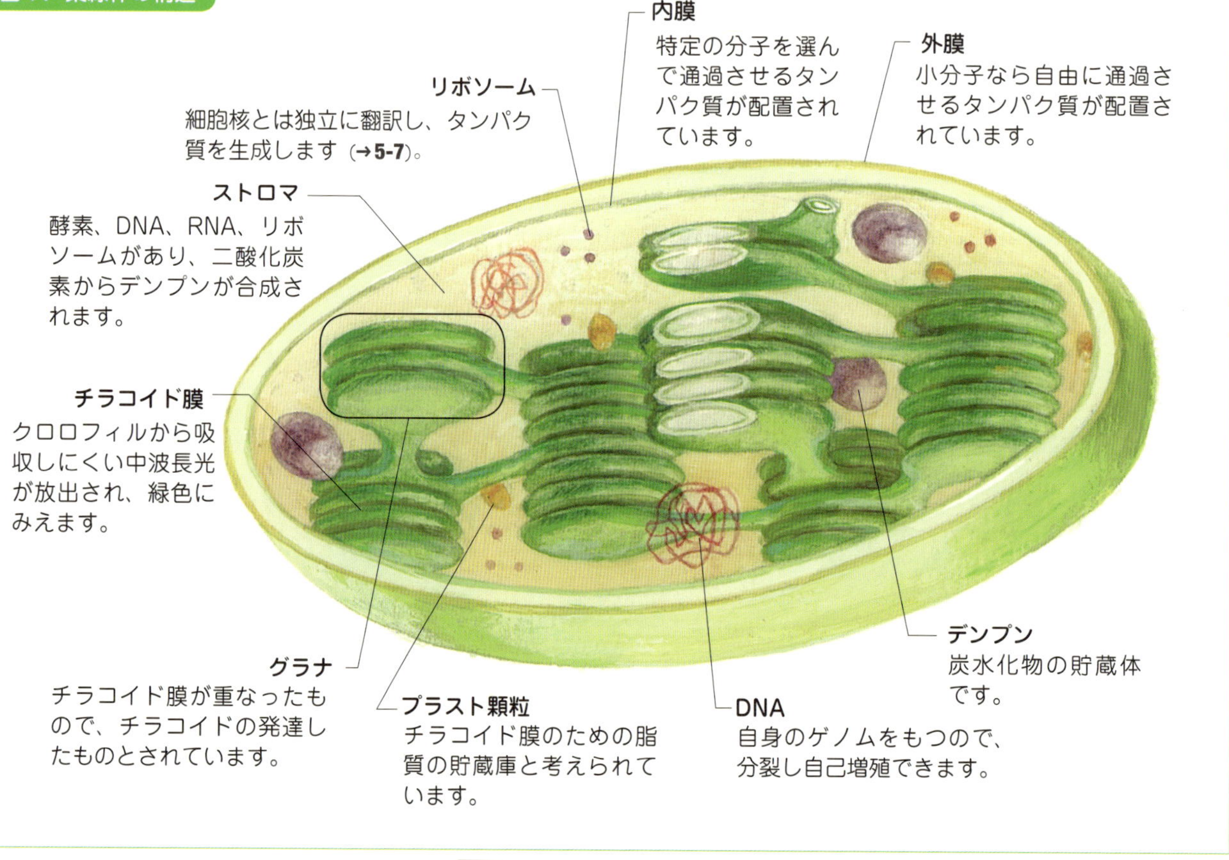
内膜
特定の分子を選んで通過させるタンパク質が配置されています。
外膜
小分子なら自由に通過させるタンパク質が配置されています。
リボソーム
細胞核とは独立に翻訳し、タンパク質を生成します（→5-7）。
ストロマ
酵素、DNA、RNA、リボソームがあり、二酸化炭素からデンプンが合成されます。
チラコイド膜
クロロフィルから吸収しにくい中波長光が放出され、緑色にみえます。
デンプン
炭水化物の貯蔵体です。
グラナ
チラコイド膜が重なったもので、チラコイドの発達したものとされています。
プラスト顆粒
チラコイド膜のための脂質の貯蔵庫と考えられています。
DNA
自身のゲノムをもつので、分裂し自己増殖できます。

葉緑体による光合成の仕組み

青緑～黄緑色のクロロフィルを含む葉緑体に加えて、黄色～赤色のカロテノイドを含む「有色体」と、色素の無い「白色体」は、植物細胞に特有な構造体である「色素体」（プラスチド）とよばれます。光合成色素は、クロロフィル・カロテノイド・フィコビリンの３つのクラスに分類できます（表1）。この３つのクラスに属する光合成色素の分子構造には、共通点として、二重結合と一重結合が交互になる「共役《きょうやく》二重結合」が知られています。共役二重結合が長いと、エネルギーが小さくて波長の長い、可視光レベルの光を吸収できます。陸上植物の多くは、クロロフィル a/b だけでフィコビリンはもたず、カロテノイドをもつ種類も多くはありません。一方、藻類は多様な光合成色素をもっています。図2は光合成色素の吸収スペクトルです。波長が660nm（ナノメートル；100万分の1mm）近辺の赤色光は光合成に、450nm付近の青色光は植物の成長に影響することが知られています。

表1. 光合成色素表

色素（存在するオルガネラ）	同化色素	色	分類対応				
			光合成細菌	ラン藻類	褐藻類	緑藻類	コケ・シダ・種子植物
クロロフィル（葉緑体）	クロロフィル a	青緑		○	○	○	○
	クロロフィル b	黄緑				○	○
	クロロフィル c				○		
	バクテリオクロロフィル		○				
カロテノイド（有色体）	カロテン	橙黄		○	○	○	○
フィコビリン（葉緑体）	フィコシアニン	青		○			
	フィコエリトリン	紅		○			

図2. 光合成色素の吸収スペクトル

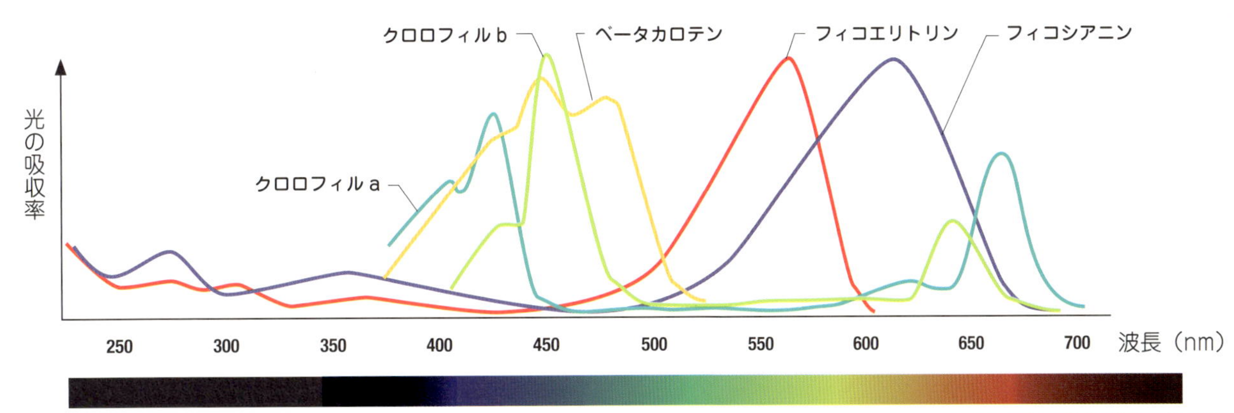

葉緑体色素量の減少がひきおこす斑入り葉

葉緑体に関係する形質で身近にみられる例は、斑入り葉です（図3）。斑入り葉は、クロロフィルの欠失や減少によって葉の一部が白色や黄色などに変色したもので、緑色との斑らの葉模様が特徴です。美しい斑入りの植物系統は、昔から珍重されてきました。クロロフィル欠失の原因は、ウイルス（トランスポゾン）（**→4-11**）由来の場合や、葉緑体ゲノムや核ゲノムの遺伝子欠失由来の場合などがあります。光合成に必須なクロロフィルの欠失や減少が起こるために、斑入り系統は低光量に弱く、育てにくいという特徴があります。

図3. 斑入り葉

3－10

生体膜

筆者：榎本和生

生体膜は、細胞と外界を隔てるフェンスです。膜の中心部が疎水性の脂質分子からできているために、水や可溶性物質が自由に往来することができません。その一方では、細胞と外界が、可溶性物質や情報のやりとりを行なうための仕組みがたくさん用意されています。最近では、生体膜の構成成分は均一に配置されているのではなく、区画化されているという考え方が提出されています。

流動モザイクモデル

100 年ほど前に、細胞膜は脂質とタンパク質という単位分子からできていることが分かりました（図 1）。脂質は、電荷に富んだ親水性部分と、電気的に中性の疎水性部分からできている「両親媒性分子《りょうしんばいせいぶんし》」という性質をもちます。タンパク質はアミノ酸が連なったヒモ状の物質です（→ 5-8）。脂質とタンパク質がどのようにして細胞膜をつくり上げるのか、長年にわたり論争が繰り広げられました。最終的に、シンガーとニコルソンが 1972 年に発表した「流動モザイクモデル」が、正しい生体膜の構造を表わすモデルとして、今日にいたるまで広く受け入れられています。このモデルでは、脂質は疎水部を内側に、親水部を外側に向けて 2 層に並んだ「脂質二重層」とよばれる構造になっています。タンパク質は脂質二重膜内に浮遊した形で存在し、その分布は流動的であり、この面内で自由に離合集散することが可能です。これが流動モザイクモデルとよばれるゆえんなのです。

図 1. 流動モザイクモデル

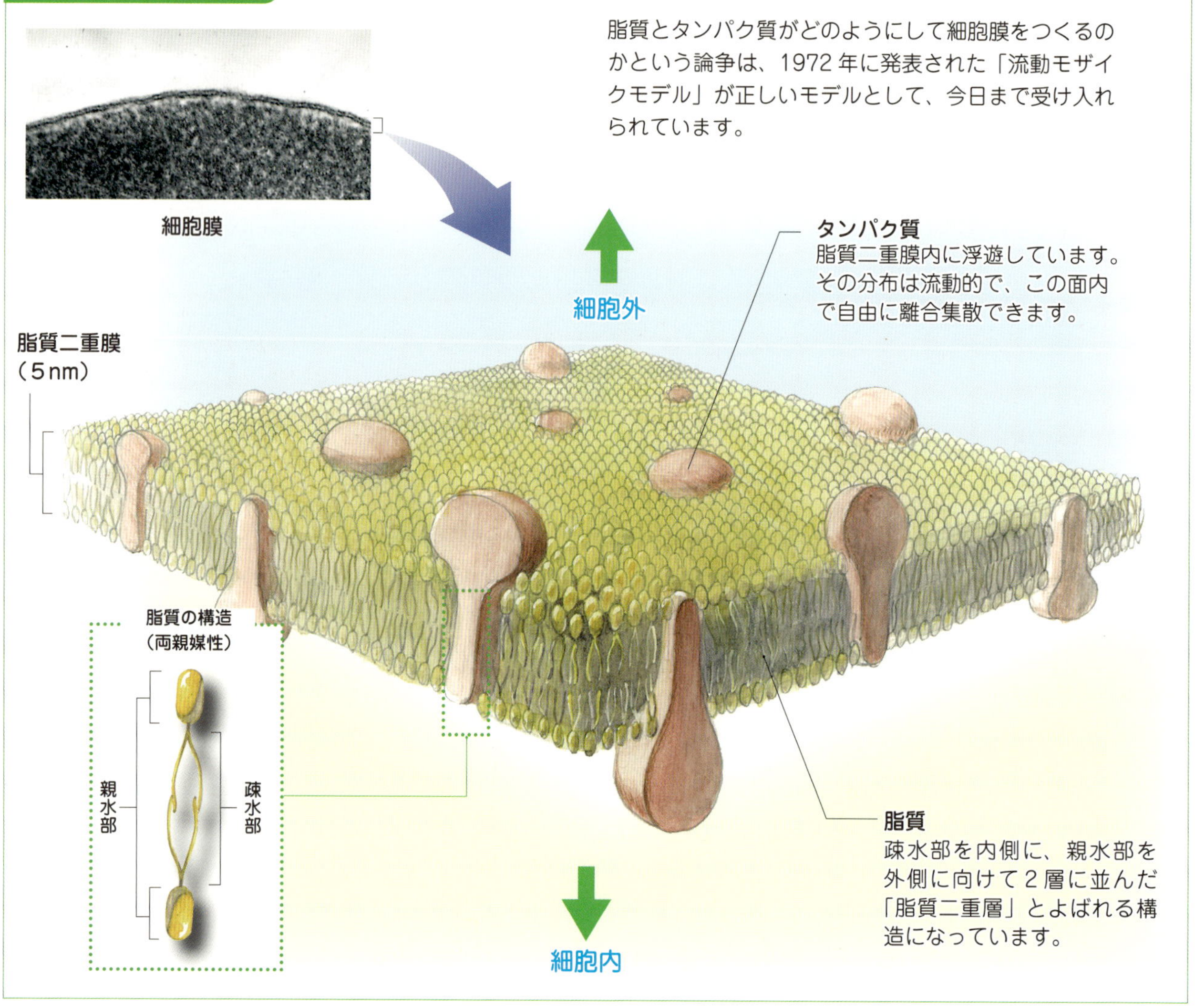
脂質とタンパク質がどのようにして細胞膜をつくるのかという論争は、1972 年に発表された「流動モザイクモデル」が正しいモデルとして、今日まで受け入れられています。
細胞膜
タンパク質
脂質二重膜内に浮遊しています。その分布は流動的で、この面内で自由に離合集散できます。
細胞外
脂質二重膜
（5 nm）
脂質の構造
（両親媒性）
親水部
疎水部
脂質
疎水部を内側に、親水部を外側に向けて 2 層に並んだ「脂質二重層」とよばれる構造になっています。
細胞内

細胞膜のドメイン構造

最近では、生体膜成分は流動モザイクモデルのように均一に分布しているのではなく、何らかの仕組みにより、いくつかの単位に区画化されている、という考え方が提唱されています。たとえば、神経細胞は複数の突起をもちますが、突起と細胞体の膜は、一見連続しているようにみえても、実際には不連続であり、それぞれを構成するタンパク質成分や脂質成分は異なることが分かっています（図2）。このような膜の不連続構造は、細胞が膜を区画化することにより、単一膜上に複数の機能ドメインをつくるために重要な働きをしていると考えられています。たとえば、神経細胞の樹状突起と軸索は、それぞれ電気信号の入力と出力を担いますが、このような一方向性の情報伝達は、樹状突起と軸索がそれぞれ異なるタンパク質群を含む膜ドメインを形成することによりはじめて可能となります。

図2．神経細胞にみられる細胞膜のドメイン構造

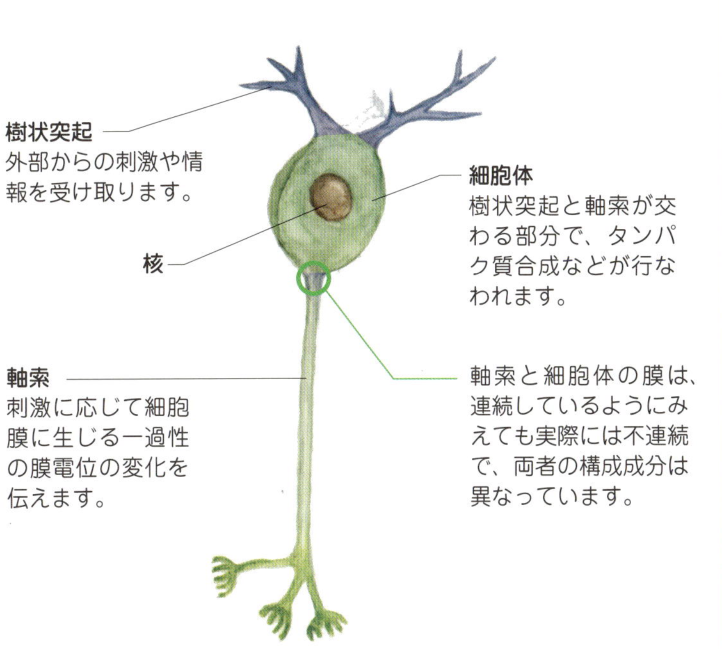
樹状突起
外部からの刺激や情報を受け取ります。
細胞体
樹状突起と軸索が交わる部分で、タンパク質合成などが行なわれます。
核
軸索
刺激に応じて細胞膜に生じる一過性の膜電位の変化を伝えます。
軸索と細胞体の膜は、連続しているようにみえても実際には不連続で、両者の構成成分は異なっています。

細胞体と軸索の間には、タンパク質や脂質の往来を規制するフェンス構造があります。このため、軸索と細胞体や樹状突起との間では脂質やタンパク質は混じり合わず、それぞれ独自の膜成分を維持できるようになっています。

細胞膜を介した細胞内外のやりとり

体をつくり上げている細胞は、常に外界やとなりの細胞との間で、物質や情報のやりとりを行なっています。そのために、特別な装置が細胞膜上に備わっています（図3）。まず物質のやりとりのために、細胞膜上には「チャネル」もしくは「ポンプ」とよばれる穴があります。この穴は、主にタンパク質からできていて、決まった物質を特定の方向にしか通さないようにコントロールしています。一方、情報のやりとりには、「受容体」とよばれるタンパク質が重要な働きをします。外からのシグナル（ホルモンや増殖因子）を細胞外のポケットで受容すると、細胞内部で化学反応が起こり、細胞内シグナルへと情報を変換します。このような受容体は細胞のがん化などに深くかかわることから、それを防ぐ薬をつくるために大きな関心を集めています。

図3．細胞膜上のやりとりの様子

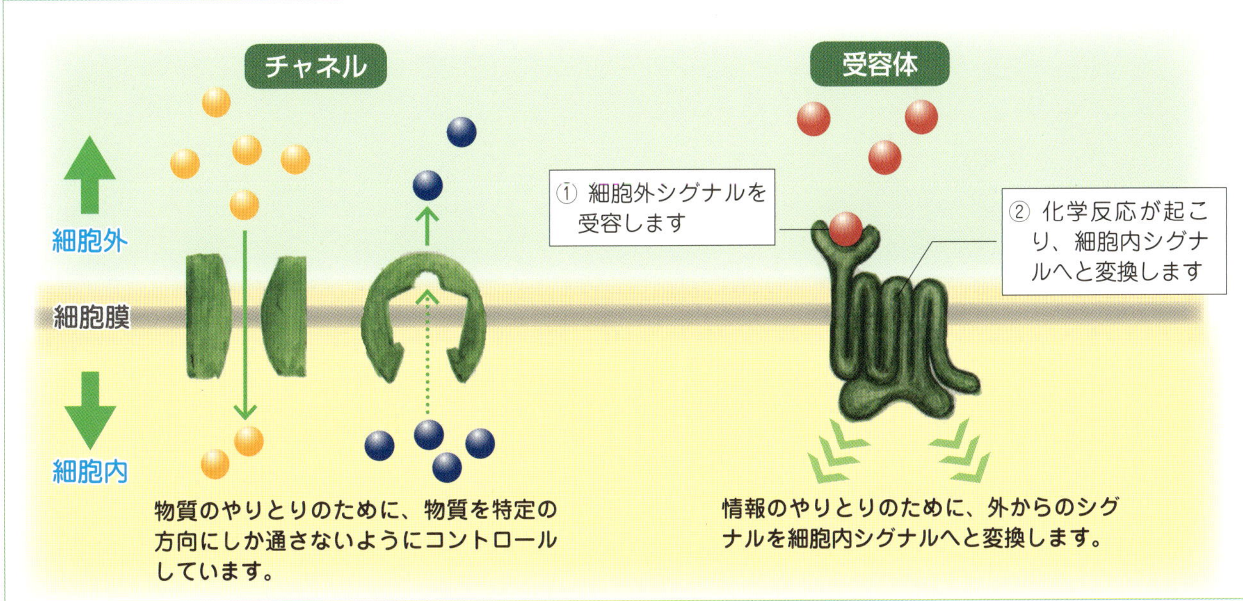
チャネル
受容体
細胞外
細胞膜
細胞内
① 細胞外シグナルを受容します
② 化学反応が起こり、細胞内シグナルへと変換します
物質のやりとりのために、物質を特定の方向にしか通さないようにコントロールしています。
情報のやりとりのために、外からのシグナルを細胞内シグナルへと変換します。

3－11

原核生物の細胞

筆者：仁木宏典

原核生物とは、細胞核をもたない生物です。腸内細菌や病原細菌など、人と密接にかかわる原核生物もたくさんいます。その細胞構造は真核生物にくらべて単純ですが、多様な環境下で生存することが可能です。原核生物の大きさは、最も小さなもので 0.3 ～ 0.5µm（マイクロメートル；1000 分の 1 mm)、最大のものは長さ 600µm・幅 80µm です。しかし、大腸菌などの一般的な原核生物は、長さ・幅ともに数 µm くらいです。また形態は、球状・桿状・らせん状など多岐にわたります。また、系統的な解析から、原核生物は真正細菌と古細菌に分けられ、古細菌の方が真核生物に近いことが知られています（→**1-10**)。ここでは、真正細菌について紹介します。

細胞表層の構造と働き

原核生物は、その形態を維持したり、細胞外の多様な環境から自身を守るために、細胞壁や細胞膜でおおわれています。しかし、それらは完全に細胞内と外をへだてるものではなく、糖やアミノ酸などの栄養物を細胞外から取り込み、老廃物を細胞外へ排出するような仕組みを備えています（図 1）。

原核生物は、グラム染色という方法で染色されるグラム陽性菌と、染色されないグラム陰性菌に分けられます。この染色の違いは、細胞壁と細胞膜の構造、構成の違いによります。グラム陰性菌の細胞表層は、外膜と内膜と、その間の 1 層からなるペプチドグリカンで構成されています。ペプチドグリカンとは、糖鎖がペプチドによって架橋されたものです。一方、グラム陽性菌の細胞表層は、細胞外膜をもたないかわりに、ペプチドグリカンが何層にも重なっているかたい細胞壁と細胞膜を備えています。

グラム陽性菌でも陰性菌でも、細胞内膜はリン脂質やタンパク質などからなる脂質二重膜（→**3-10**）です。そのタンパク質には、栄養分を取り込んだり、老廃物を排出するために機能するトランスポーターとよばれる複合体が含まれています。ただ、グラム陰性菌には比較的多くのリポ多糖（脂質および多糖から構成される物質）を含む細胞外膜があります。ある種のリポ多糖は「O 抗原」とよばれ、病原性大腸菌 O157 の抗原 O157：H7 もその内のひとつです。

またある種の原核生物は、細胞表層にべん毛という運動器官をもちます。これを回転させることにより、自分の好ましい環境（栄養、温度など）へ泳いでいくことができます。また繊毛という器官は、原核生物が真核生物などに付着するために必要な器官です。

図 1．大腸菌の内膜と外膜

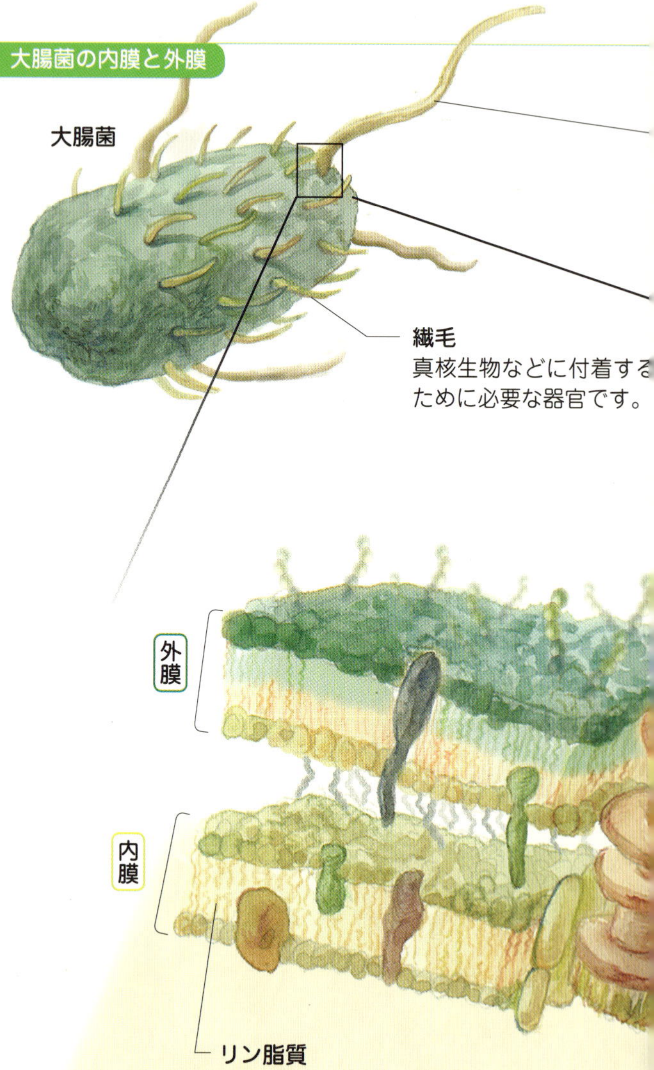
大腸菌
繊毛
真核生物などに付着す
ために必要な器官です。
外膜
内膜
リン脂質
タンパク質とともに脂質二
重膜を形成しています。

原核生物の細胞表層は、糖やアミノ酸などの栄養物を細胞外から取り込み、老廃物を細胞外へ排出するような仕組みを備えています。

細胞質内の構造と働き

原核生物には、真核生物にみられるさまざまな細胞内小器官はありません。また、DNA を包む核壁がなく、DNA はいわば裸のまま存在します。ただ、DNA は細胞内に漂っているわけではなく、細胞のほぼ中央に配置されています（図2）。大腸菌の場合、長さ5μm・幅1μm のなかに、全長 1.5mm（大腸菌自体の長さの 300 倍）にもなる DNA を正しくコンパクトに折りたたみ、適切に配置しなければなりません。そのために、DNA は多くの DNA 結合タンパク質と一緒になっています。

細胞質内のタンパク質も拡散しているものだけでなく、決まった場所に配置されているということが分かってきています。特に真核生物で細胞形態や細胞分裂を制御する細胞骨格（**→3-1**）といわれるタンパク質（アクチンやチューブリンなど）のホモログ（遺伝子配列と機能の似た遺伝子）が、原核生物でも同様の機能をもっていることが分かってきました。また、これら細胞骨格タンパク質は、細胞の長軸に沿ってらせん状に配置されたり、細胞分裂面でリング様の構造をつくったりと、非常に特徴的な細胞内配置をしています。

原核生物の細胞質内には核壁や細胞内小器官などがないために、一見均一であるかのように思われますが、DNA が細胞の中央に配置されたり、タンパク質が特徴的な細胞内配置を示すことから、細胞質内にもなんらかの構造があるだろうと推測されています。

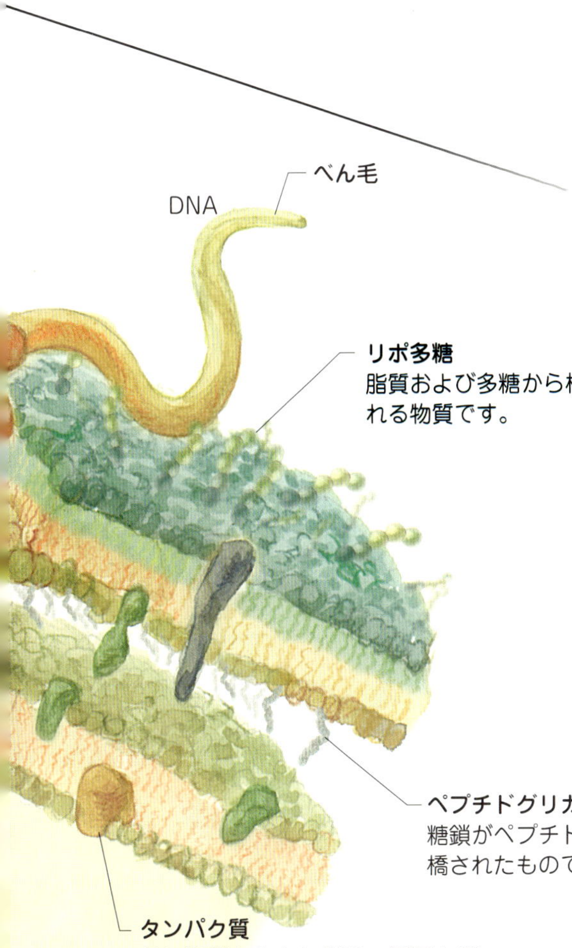
べん毛
べん毛を回転させることによって、好ましい環境（栄養、温度など）へ泳いでいくことができます。
べん毛
DNA
リポ多糖
脂質および多糖から構成される物質です。
ペプチドグリカン
糖鎖がペプチドによって架橋されたものです。
タンパク質
リン脂質とともに脂質二重層を形成し、栄養分を取り込んだり老廃物を排出するトランスポーターという複合体が含まれています。

図2．大腸菌の細胞質内

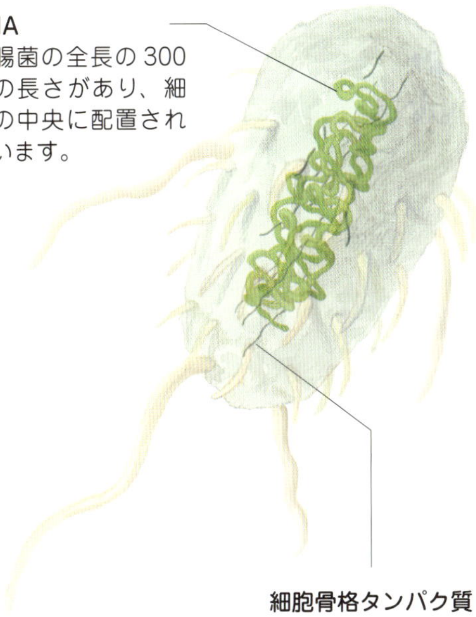
DNA は細胞内に漂っているわけではなく、DNA 結合タンパク質と一緒になって、コンパクトに折りたたまれ、配置されています。
DNA
大腸菌の全長の 300 倍の長さがあり、細胞の中央に配置されています。
細胞骨格タンパク質
長軸に沿ってらせん状に配置されたり、細胞分裂面でリング様の構造をつくったりと、特徴的な細胞内配置をしています。
タンパク質も拡散しているものだけでなく、決まった場所に配置されているということが分かってきています。

第Ⅱ部 遺伝子とは

【第4章】DNAとゲノム

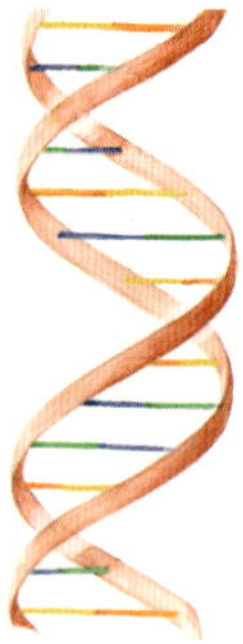

生物の遺伝子は、細胞のなかにあるDNAによって形づくられています。DNAを鋳型としてつくられたRNAは、タンパク質をつくるための暗号をたずさえたmRNAや、アミノ酸をタンパク質合成の場に運んでくるtRNAだけでなく、生物のさまざまな機能に関与しています。この章では、これらDNA、RNAの構造とそれらが織りなす種々の遺伝子の構造、遺伝子を含む巨大DNAからなるゲノムの構造、そしてそれらがつくられ増える仕組みについて解説します。

DNAの二重らせん構造は、1953年にワトソンとクリックが、分子模型を構築することによって提唱されました。この発見のもつ意味が非常に大きい理由は、遺伝情報の正体がDNAの塩基配列であること、遺伝情報の伝達がDNAの半保存的複製であることが説明できるようになったためです。

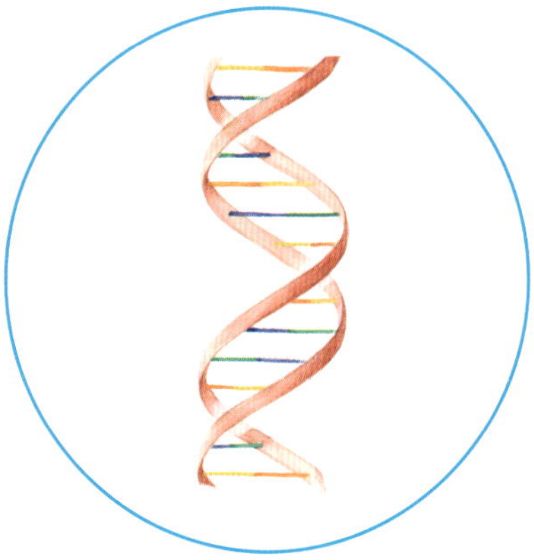

4-1

DNAとRNAを構成する分子

筆者：清野浩明

「蛙《かえる》の子は蛙」「親と子はなんとなく似ている」といった生物の性質が遺伝するその大もとを担うのが遺伝物質です。多くの生物の遺伝物質はDNA（デオキシリボ核酸）ですが、ある種のウイルスなどにはRNA（リボ核酸）を遺伝物質とするものもあります（**→1-11**）。現在の生命科学やバイオテクノロジーが発展するためには、この遺伝物質の物理的、化学的性質を理解することが必要不可欠でした。

19世紀半ばにスイスの研究者ミーシャは、傷口をおおう包帯に付着した膿《うみ》を用いて、細胞核の成分を調べる研究を行ないました。なぜなら、膿には白血球が含まれ、白血球のなかには大きな無傷の核が含まれていたので、非常によい研究材料になったからです。ミーシャは核の成分の分析の結果、タンパク質以外にリンを多く含む物質があることを突き止めました。彼はこの物質を「ヌクレイン」（核物質）と名づけて、1871年に発表しました。このヌクレインが現在、「DNA」とよばれている物質です。ではDNAとRNAがどのような物質かを紐解いていきましょう。

DNAとRNAの性質

グアニン（G）とシトシン（C）、アデニン（A）とチミン（T）はそれぞれ対になる性質をもっていますが、GとCは3本の、AとTは2本の水素結合により対になります（図1）。これは遺伝情報の伝達にとって、非常に重要な性質です（**→4-2**）。

生体内でのDNAとRNAの役割は大きく異なっています。DNAは核内で安定に遺伝情報を保持しています。それに対して、RNAはその遺伝情報を読み出し、生体（細胞）のおかれた状況に応じてタンパク質を合成する鋳型《いがた》となる役割を担っています（**→4-5**）。そのため、ひんぱんに合成・分解を繰り返しています。つまり、DNAはより安定しており、逆にRNAはより不安定な性質をもっています。こういった性質の原因は、RNAではDNAを構成する2'-デオキシリボースより水酸基がひとつ多いリボースが用いられていることにあります。このため、RNAは物理的・化学的性質がDNAと異なり、DNAにくらべて立体構造が柔軟で不安定であり、化学反応を起こしやすく、リン酸エステル結合が切断されやすい性質があると考えられています。

図1．水素結合

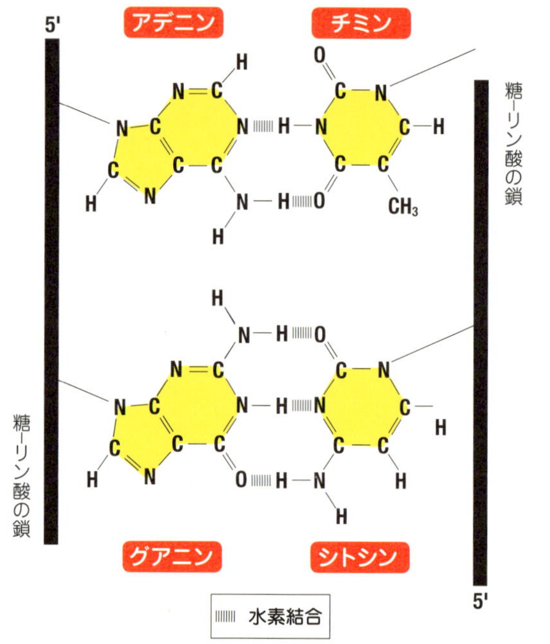

AとTは2本の、GとCは3本の水素結合により対を成す性質があります。これが二重らせんを形成し、複製や転写などで重要な役割を果たします。

DNAとRNAの構成

DNAおよびRNAは炭素（C）、酸素（O）、水素（H）、リン（P）の4種の原子から構成される高分子（分子の集合体）です。DNAは五炭糖（2'-デオキシリボース）とリン酸と塩基から構成されています。RNAでは、五炭糖はデオキシリボースのかわりに、2'の炭素原子に水酸基が結合したリボースが用いられています。五炭糖の1'の炭素原子に塩基が結合したものが最小単位で、五炭糖は3'および5'の炭素原子間のリン酸エステル結合により、鎖状に連なっています。塩基にはアデニン（A）、グアニン（G）、シトシン（C）、チミン（T）、ウラシル（U）の5種類があり、DNAではA、G、C、Tが、RNAではA、G、C、Uが構成塩基です（図2）。これらの塩基の連なり（配列）が遺伝暗号（**→4-4**）となって、遺伝情報を担っています。

図2．DNAとRNAの分子構造

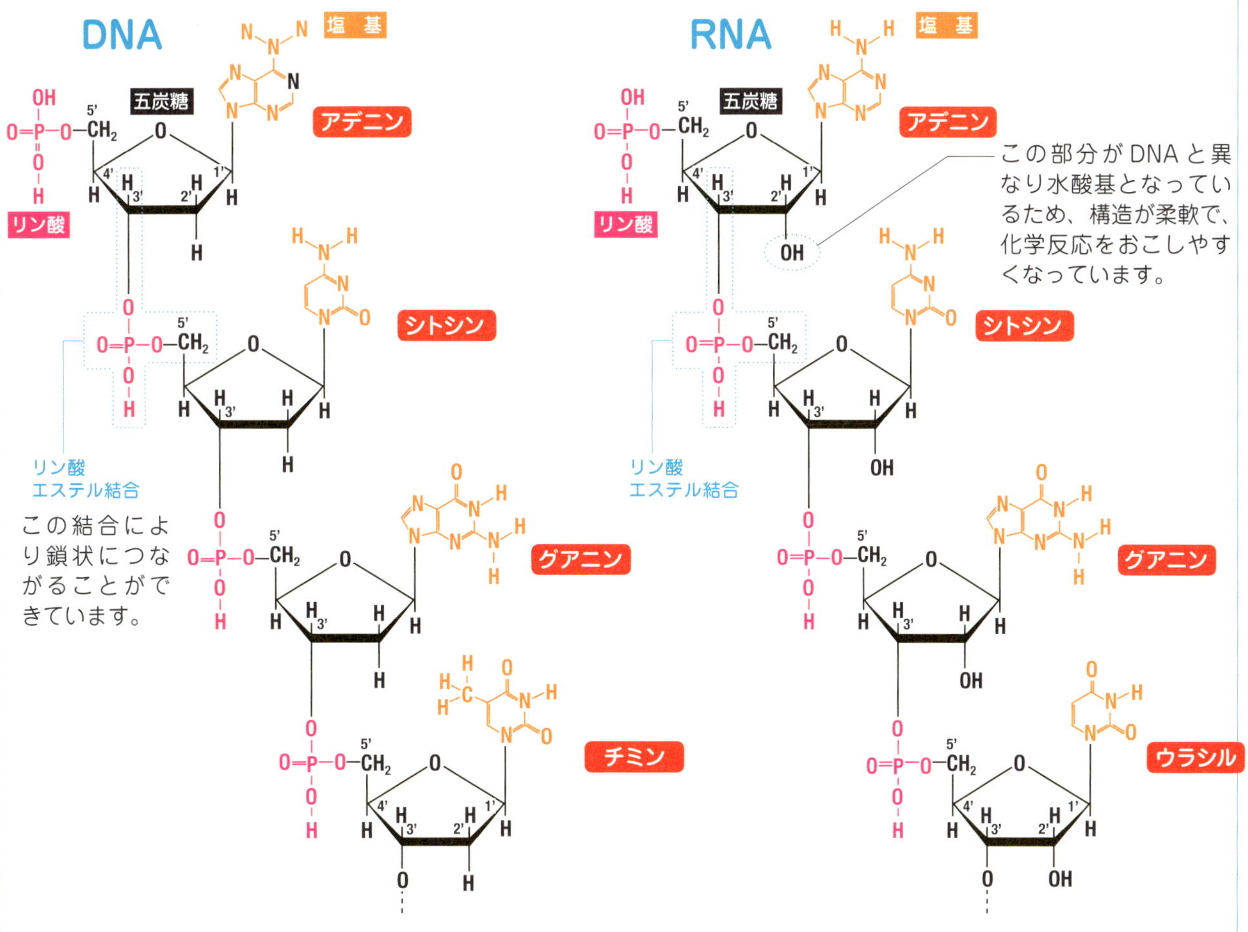
DNA
RNA
塩基
五炭糖
リン酸
アデニン
シトシン
グアニン
チミン
ウラシル
リン酸
エステル結合
この結合により鎖状につながることができています。
この部分がDNAと異なり水酸基となっているため、構造が柔軟で、化学反応をおこしやすくなっています。

五炭糖は右図のように、炭素原子に1'から5'の番号がつけられていて、その内の1'の炭素は塩基と結合しています。このように、五炭糖に塩基が結合したものが核酸の最小単位となっていて、「ヌクレオシド」とよばれます。また、5'の炭素原子はリン酸化されますが、このリン酸化された状態を「ヌクレオチド」とよびます。なお、2'の炭素原子には、RNAでは水酸基がついていますが、DNAではついていません。図に示すように、五炭糖はリン酸エステル結合により鎖状になり、DNAおよびRNAを構成します。この鎖上の塩基の並び（配列）が遺伝暗号となります。

五炭糖の分子構造

核酸の最小単位となっています。これが鎖状につながってDNA（RNA）をつくり、その並び方によって遺伝暗号が決まります。

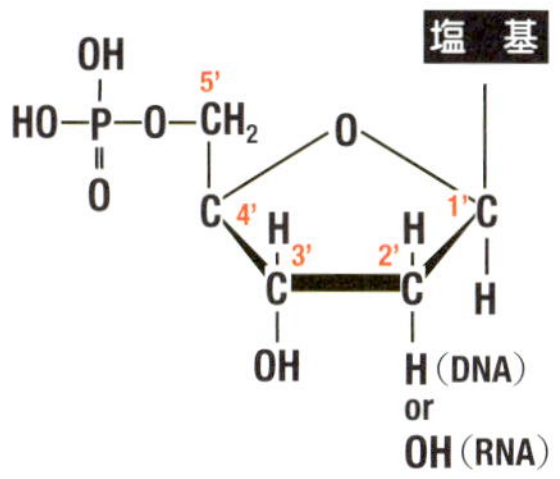
塩基
H (DNA)
or
OH (RNA)

塩基頻度にかんするシャルガフの規則を発見

エルヴィン・シャルガフ（Erwin Chargaff、1905～2002年）

オーストリア出身の生化学者。ナチスの統治を逃れて、フランスのパスツール研究所、アメリカにおいて研究を行ないました。DNAについての生化学研究を精力的に行ない、シャルガフの経験則として知られるふたつの実験結果を発表しました。ひとつは「いかなる生物種において、いかなるDNAであってもAとT、GとCの含有量は等しい」という実験結果です。この実験結果は二重らせんの発見の基礎となった重要なDNAの構成分子に関する研究です。もうひとつは「生物種によって4種の塩基の構成比は異なる」というものです。この多様性はDNAが遺伝情報の担い手に適していることを示すものです。

4−2

DNAの二重らせん構造

筆者：西嶋仁

DNAの二重らせん構造は、1953年にワトソンとクリックが、分子模型を構築することによって提唱されました。このDNA分子模型の構築には、ふたつの有名な研究が役に立ちました。ひとつはウィルキンスとフランクリンが撮影したDNAのX線結晶構造解析の画像、もうひとつはシャルガフ（→**4-1**）が発見したDNA塩基の存在比の法則です。DNAの二重らせん構造の発見のもつ意味が非常に大きい理由は、遺伝情報の正体がDNAの塩基配列であることや、遺伝情報の伝達がDNAの半保存的複製（→**4-8**）であることが説明できるようになったためです。遺伝子を明確に考えることができるようになり、分子生物学が発展しました。1962年に「核酸の分子構造および生体の情報伝達におけるその重要性の発見」により、ワトソンとクリックはウィルキンスとともにノーベル生理学・医学賞を受賞しました。

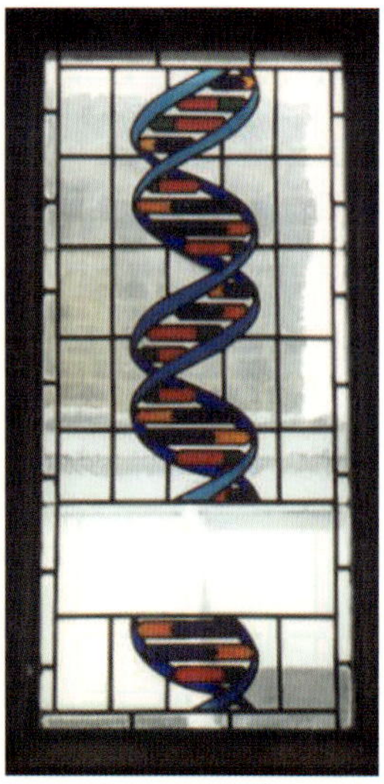

ケンブリッジ大学キース校の大食堂を彩るDNA模様のステンドグラス

二重らせん構造の特徴

ワトソンとクリックの提案したDNA（B型DNA）の二重らせん構造には、5つの重要な特徴があります（図1）。

①二重らせんは2本のポリヌクレオチド鎖から形成されています。また、その2本のポリヌクレオチド鎖は方向が逆です（逆平行といいます）。

②二重らせんの骨格は糖−リン酸からなっています。二重らせんの内側には塩基が存在しています（らせん軸に対してほぼ直角）。

③相補的な関係にある塩基（アデニンAdenineとチミンThymine、グアニンGuanineとシトシンCytosine）は水素結合によって結合しています（→**4-1**）。そのため、いかなる生物種でもDNAに含まれるアデニンの分子数とチミンの分子数は等しく、グアニンの分子数とシトシンの分子数は等しくなります（シャルガフの経験則）。たとえばヒトのDNAの実験例では、A＝30.9％、T＝29.4％、G＝19.9％、C＝19.8％です。2本鎖DNAの長さを表記する際、塩基対（bp；base pair）を単位に使います。

④二重らせんは右巻きで（時計回りにまわりながら進むイメージ）、1回転あたり10.4塩基対存在しています。この長さは34Å（オングストローム；10億分の1mm）です。

⑤二重らせんには主溝と副溝の2種類の溝があります。DNA結合タンパク質には、主溝からDNAの塩基配列を認識して結合しているものもあります。

さまざまな二重らせん構造

生体内で主に存在していると考えられているのはB型DNAですが、それ以外の形態をとるDNAの報告もあります（主に水分の量が影響）。そのなかでも、A型とZ型DNAは生体内にも存在していると考えられています。主な特徴を表1にまとめました。

表1．さまざまなDNA二重らせんの特徴

	B型DNA	A型DNA	Z型DNA
らせんの巻き	右巻き	右巻き	左巻き
らせんの直径（nm）	2.37	2.55	1.84
一回転あたりの距離（nm）	3.4	3.2	4.5
一回転あたりの塩基対	10	11	12
大きな溝	広く深い	狭く深い	平たい
小さな溝	狭く浅い	広く浅い	狭く深い

※nm＝ナノメートル：100万分の1mm

図1．DNAの二重らせん

DNA分子は相補的（AとT、GとC）な塩基配列をもつ、2本の逆平行鎖が対となって右巻きの二重らせんを形づくっています。らせん1回転で約10塩基対あります。左に空間充填《じゅうてん》模型、右に簡略図を示しています。

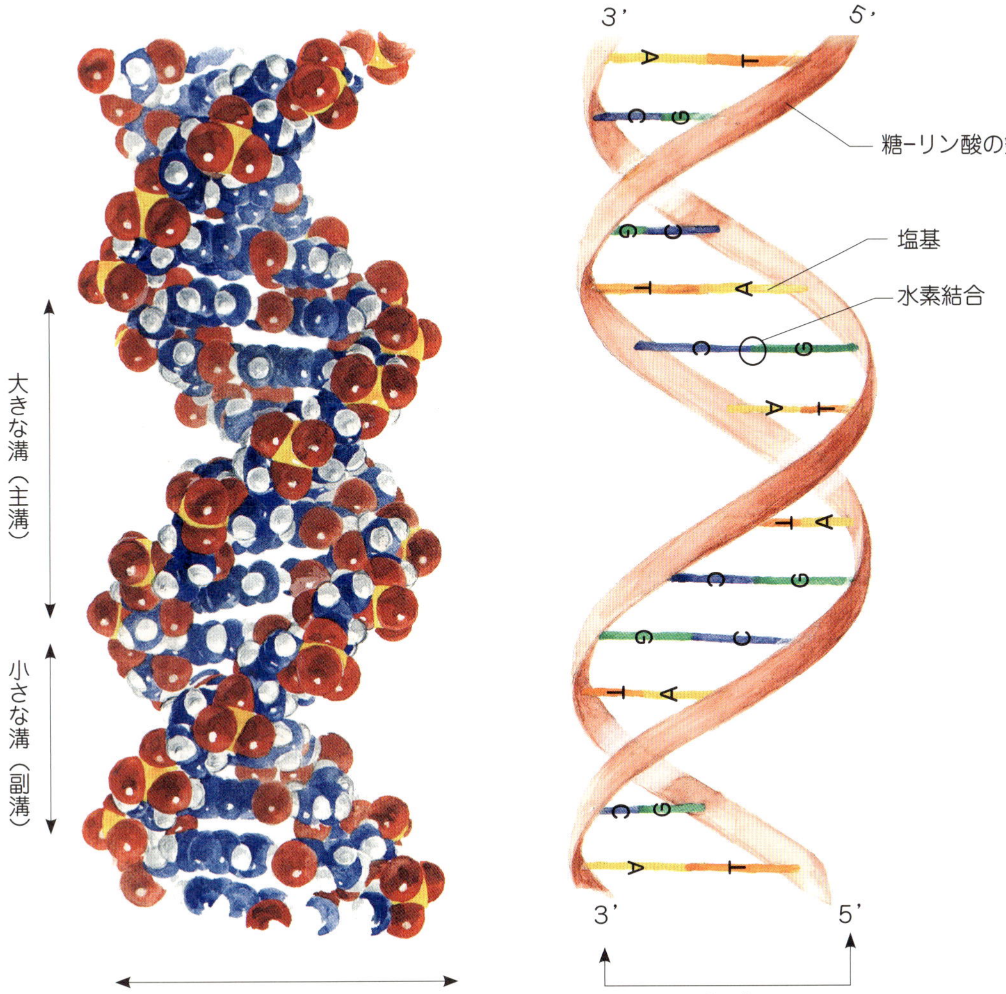
空間充填模型
簡略図
3'
5'
糖-リン酸の鎖
塩基
水素結合
大きな溝（主溝）
小さな溝（副溝）
直径＝2.37nm
3'
5'
逆平行

DNA二重らせん構造のモデルを提案

ジェームズ・ワトソン（James Dewey Watson、1928年〜）

アメリカの分子生物学者。1950年にインディアナ大学で学位を取得。DNA構造の解明が重要であると認識し、1953年にクリックらと議論の末にDNAの二重らせん構造モデルを提案しました。1962年にノーベル生理学・医学賞を受賞。分子生物学の代表的教科書である『ワトソン　遺伝子の分子生物学』（Molecular Biology of the Gene）を執筆。二重らせん発見のいきさつを描いた『二重らせん』（The Double Helix）はベストセラーとなりました。分子生物学のメッカであるコールド・スプリング・ハーバー研究所の所長をつとめ、ヒトゲノム計画（→**8-3**）でリーダーシップを執りました。

フランシス・クリック（Francis Harry Compton Crick、1916〜2004年）

イギリスの分子生物学者。12歳頃、教会への信仰心よりも科学的興味が高まり、懐疑主義に傾いたと自己分析しています。物理学を専攻していましたが、第二次世界大戦勃発により海軍本部に所属しました。大戦後、31歳で生物学を志し、ケンブリッジ大学でX線結晶構造解析によるタンパク質の構造を研究。1953年、ワトソンとともにDNAの二重らせん構造モデルを提案し、1962年にノーベル生理学・医学賞を受賞。遺伝暗号の解読で活躍した後、脳研究に携わりました。

4－3

tRNA

筆者：池村淑道

tRNA（transfer RNA）は、「転移 RNA」や「運搬 RNA」と日本語訳されています。その名のとおり、tRNA の主な働きは、コドン（遺伝暗号）に対応するアミノ酸を運ぶ役割にあります。つまり、一方の末端である3’末端に存在する CCA 配列中の A（アデノシン）にアミノ酸を共有結合した状態でリボソーム（→3-6）へと結合し、リボソーム上に存在している mRNA（→4-5）のコドンを認識して、アミノ酸を合成途中のペプチド鎖へと移しています（→5-7）（図1）。また、tRNA は大半が 75～90 個ほどのリボヌクレオチドが連なった、比較的に分子量の小さい（小分子）RNA です。その構造は「クローバー葉構造」とよばれる2次構造で通常は表示されますが、実際には「L 字型」とよばれる折りたたまれた3次元構造をとっています。

図1．tRNA の構造

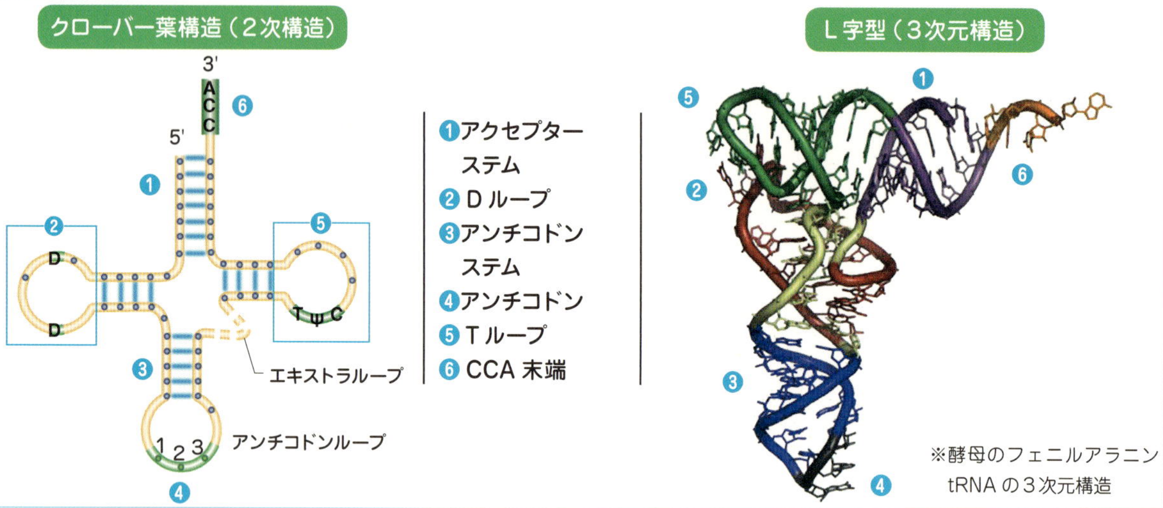

クローバー葉構造（2次構造）
3'
A
C
C
5'
D
D
TψC
1 2 3
エキストラループ
アンチコドンループ
❶アクセプターステム
❷Dループ
❸アンチコドンステム
❹アンチコドン
❺Tループ
❻CCA末端
L字型（3次元構造）
※酵母のフェニルアラニン
tRNA の3次元構造

tRNA とアミノ酸の結合

tRNA の CCA 末端へアミノ酸を共有結合させる反応は「アミノアシル化」とよばれ、この反応を触媒する酵素が「アミノアシル化酵素」また「アミノアシル tRNA シンテターゼ」とよばれます（図2）。アミノ酸ごとに1種類存在し、同じアミノ酸に対応するすべての tRNA 類（isoaccepting tRNA）をアミノアシル化するのが通例です。この酵素は、tRNA 分子内の複数箇所の塩基を認識して、正しいアミノ酸を tRNA の3’末端に共有結合させますが、この酵素による認識に関係している塩基類を、「tRNA アイデンティティー塩基」とよびます。アンチコドン配列や、T ループ近傍や CCA 末端近くの2本鎖の部分（アクセプターステム、図1参照）の配列が含まれる例が多く知られています。

tRNA 配列のデータベースとしては、修飾塩基の情報まで含んだデータベースとして tRNAdb(http://trnadb.bioinf.uni-leipzig.de/) が有名であり、tRNA 遺伝子配列のデータベースとしては、tRNADB-CE(http://trna.nagahama-i-bio.ac.jp/cgi-bin/trnadb/index.cgi) が最大規模です。

図2．tRNA のアミノアシル化

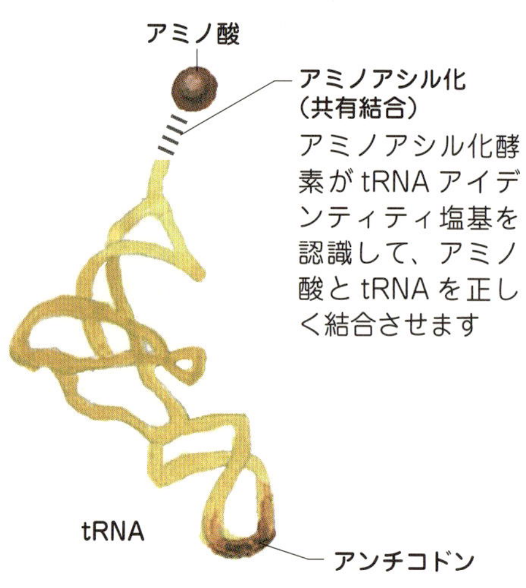

アミノ酸
アミノアシル化
（共有結合）
アミノアシル化酵素が tRNA アイデンティティ塩基を認識して、アミノ酸と tRNA を正しく結合させます
tRNA
アンチコドン

図3．同義コドンとゆらぎ対合

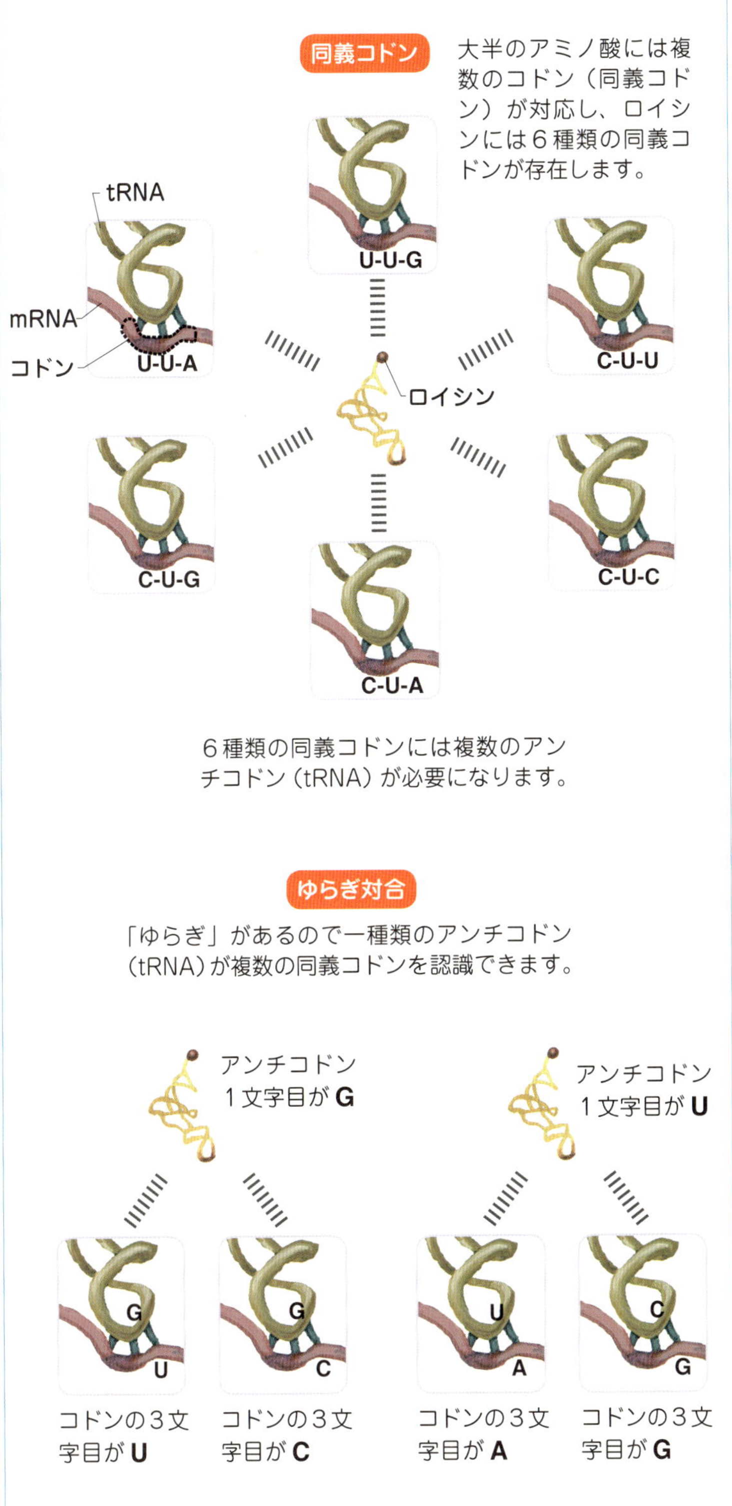
同義コドン
大半のアミノ酸には複数のコドン（同義コドン）が対応し、ロイシンには６種類の同義コドンが存在します。
tRNA
mRNA
コドン
U-U-A
U-U-G
C-U-U
ロイシン
C-U-G
C-U-C
C-U-A
６種類の同義コドンには複数のアンチコドン（tRNA）が必要になります。
ゆらぎ対合
「ゆらぎ」があるので一種類のアンチコドン（tRNA）が複数の同義コドンを認識できます。
アンチコドン
１文字目が G
アンチコドン
１文字目が U
G
U
G
C
U
A
C
G
コドンの３文字目が U
コドンの３文字目が C
コドンの３文字目が A
コドンの３文字目が G

同義コドンとアンチコドン

メチオニンとトリプトファンを除く18種類のアミノ酸には複数種類のコドンが対応し、それらは「同義コドン」とよばれています。たとえば、ロイシンには６種類の同義コドンが存在しますが（図3）、これらを１種類のアンチコドンで認識することは不可能で、複数種類のアンチコドン（いい換えれば複数種類のtRNA）が必要です。tRNAのアンチコドンとmRNAのコドンが対合する場合、それらの分子としての方向性は逆方向で、アンチコドンの１文字目がコドンの３文字目と対合します。

同義コドンの「ゆらぎ」対合

かならずしも各同義コドン別に、異なったアンチコドン（いい換えれば異なったtRNA）が必要とされている訳ではありません。コドンの３文字目とアンチコドン１文字目の対合には、「ゆらぎ」（Wobble）が存在し、通常のG-CならびにA-Uの対合以外に、G-U対合が許されています（表1）。したがって、１種類のアンチコドン（いい換えれば１種類のtRNA）が複数の同義コドンを認識できます。

tRNAは、通常の４塩基以外の修飾塩基を含んでいますが、アンチコドンの１文字目にも、I（イノシン）のような修飾塩基が存在する例が多くあります。表1に示したように、Iはゆらぎ対合が可能で、３種類のコドンを認識できます。ゆらぎ対合の結果として、30種類程度のtRNAが存在すれば、タンパク質合成に必要な最低限のアンチコドンのセットがそろうことになります。しかしながら、多くの生物種では50種類程度のtRNAをもち、加えて真核生物のミトコンドリア（**→3-8**）や葉緑体（**→3-9**）には、細胞質に存在するのとは別個なtRNA類が存在しています。なお高等動物のミトコンドリアのtRNAでは、典型的なクローバー葉構造からずれた、やや小型なtRNAも存在し、遺伝暗号表も標準遺伝暗号表（**→4-4**）から若干ずれています。４種類の同義コドンを１種類のtRNAが認識する例もあり、25種類程度のミトコンドリアtRNAしかもたない生物も多く存在します。

表1．コドンとアンチコドンの対合

アンチコドン中の１文字目の塩基	コドン中の３文字目の塩基
G	U または C
C	G
A	U
U	A または G
I	A、U または C

※I（イノシン）のAとの対合の効率は余り高くない

4−4

遺伝暗号

筆者：池村淑道

タンパク質は、20 種類のアミノ酸がさまざまな順序で連なってできあがっています。このアミノ酸を、ゲノム塩基配列上で指定している３個の連なった塩基のセットのことを「遺伝暗号」（コドン）とよびます（図１）。図２には、アミノ酸とコドンとの関係を示す遺伝暗号表を示します。この表は微生物から高等生物まで、ほとんどの生物種に当てはまっているので、「標準遺伝暗号表」（標準遺伝コード）とよばれます。ほとんどの生物種に当てはまるということは、現存する生物が、単一の起源をもつことの重要な証拠となっています。ミトコンドリア（→3-8）や一部の生物種で、この遺伝暗号表と若干異なる遺伝暗号表にのっとっている例がありますが、表に若干の変更が加わっただけであり、現在知られている生物が単一起源であることと矛盾することはありません。

図１．コドン

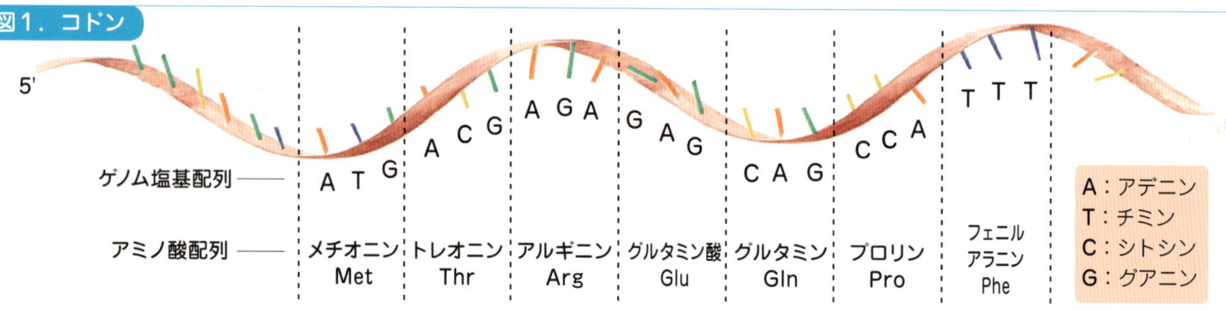
5'
ゲノム塩基配列
A T G
A C G
A G A
G A G
C A G
C C A
T T T
アミノ酸配列
メチオニン Met
トレオニン Thr
アルギニン Arg
グルタミン酸 Glu
グルタミン Gln
プロリン Pro
フェニルアラニン Phe
A：アデニン
T：チミン
C：シトシン
G：グアニン

３つの塩基がつらなったセット（コドン）が、どのアミノ酸を用いるかを決定します。

図２．標準遺伝暗号表（コドンとアミノ酸の対応表）

1文字目	2文字目 U	2文字目 C	2文字目 A	2文字目 G	3文字目
U	UUU フェニルアラニン	UCU セリン	UAU チロシン	UGU システイン	U
U	UUC フェニルアラニン	UCC セリン	UAC チロシン	UGC システイン	C
U	UUA ロイシン	UCA セリン	UAA （−）●	UGA （−）●	A
U	UUG ロイシン★	UCG セリン	UAG （−）●	UGG トリプトファン	G
C	CUU ロイシン	CCU プロリン	CAU ヒスチジン	CGU アルギニン	U
C	CUC ロイシン	CCC プロリン	CAC ヒスチジン	CGC アルギニン	C
C	CUA ロイシン	CCA プロリン	CAA グルタミン	CGA アルギニン	A
C	CUG ロイシン	CCG プロリン	CAG グルタミン	CGG アルギニン	G
A	AUU イソロイシン	ACU トレオニン	AAU アスパラギン	AGU セリン	U
A	AUC イソロイシン	ACC トレオニン	AAC アスパラギン	AGC セリン	C
A	AUA イソロイシン	ACA トレオニン	AAA リシン	AGA アルギニン	A
A	AUG メチオニン★	ACG トレオニン	AAG リシン	AGG アルギニン	G
G	GUU バリン	GCU アラニン	GAU アスパラギン酸	GGU グリシン	U
G	GUC バリン	GCC アラニン	GAC アスパラギン酸	GGC グリシン	C
G	GUA バリン	GCA アラニン	GAA グルタミン酸	GGA グリシン	A
G	GUG バリン★	GCG アラニン	GAG グルタミン酸	GGG グリシン	G

★印のあるものは開始コドンを、●印のあるものは終止コドンを示しています。

注：遺伝暗号表は DNA 塩基として表示する場合もありますが、ここでは通例にしたがって、RNA 塩基として表示します。つまり、T ではなく U を用いています。

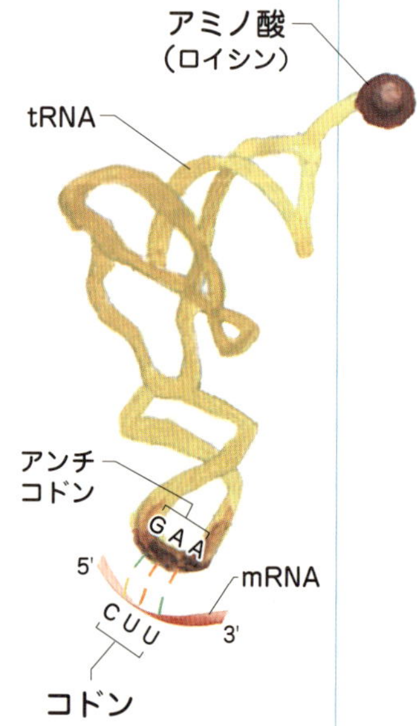
アミノ酸
（ロイシン）
tRNA
アンチ
コドン
GAA
5'
mRNA
CUU
3'
コドン

tRNA が L の形をとって、tRNA のアンチコドンと mRNA のコドンとが塩基対合します。

アミノ酸を指定する塩基配列―― コドン

コドンは64種類あり、タンパク質合成の終結を指定する3種類の「終止コドン」(UAA、UAG、UGA)を除く61種類のコドンが、20種類のアミノ酸を指定します(図2)。メチオニンとトリプトファンには、それぞれ1種類のコドンが対応していますが、それ以外のアミノ酸については、複数種類のコドンが対応しています。タンパク質合成の開始を指令するコドンは、「開始コドン」とよばれます。ほとんどの遺伝子では、メチオニンを指定するAUGが使用されますが、少数の例ではGUGやUUGが使用されます。これら少数のタンパク質遺伝子の開始コドンにおいても、AUGの場合と同様に、メチオニンtRNA(**→4-3**)が使用されますが、真正細菌では開始コドンを解読するための特別なメチオニンtRNAが存在します。また、開始コドンの働きをもたない遺伝子内部のメチオニンでもAUGが使用されているので、開始コドンAUGと遺伝子内部のAUGを区別するシステムが必要となります。生物系統によりそのシステムに差異がありますが、開始コドンの手前に合成開始を指令する別種のシグナル(たとえばリボソーム結合配列)(**→3-6**)が存在する例が多くみられます。

同義コドン間の選択の生物にとっての意味

同じアミノ酸に対応しているコドン類は、「同義コドン」とよばれます。同義コドンは、どのコドンが使用されてもアミノ酸の配列は変わらず、タンパク質の機能には影響しません。その意味から、同義コドン間の選択は、生物にとっての意味が乏しいと考えられていました。しかし、タンパク質の機能とは関係しない、別の意味が明らかになりました。たとえば、同義コドン間の選択には、コドンに対応(対合)するtRNAの量が影響を与えています。特に4コドン箱ならびに6コドン箱(図2)においては、同じアミノ酸種を結合できる複数種類のtRNA(isoaccepting tRNA)が存在しますが、これらのtRNAの量は、ほとんどの場合異なっています。同義コドン選択においては、多量に存在するtRNAが解読するコドンを多用する傾向がみられ、多量に生産するタンパク質の遺伝子ほどこの傾向が強くなっています。isoaccepting tRNA量比は、生物種ごとに異なっているので、コドン選択のtRNA量からの制約は、コドン選択の微生物種ごとの特徴を生みます(大腸菌とパン酵母の例を表1に示します)。これは組換えタンパク質を、本来の生物種とは異なる生物種で生産させる際に問題となります。導入遺伝子のコドンを、タンパク質の生産に用いる生物種側で多用されるコドンに合わせることや、この生物種側の少量tRNAを増量させる工夫がなされています。

コドン選択の各生物種についての特徴との照合を行なうことは、タンパク質遺伝子に対応しているORF(Open-Reading-Frame;開始コドンから終止コドンのひとつ手前のコドンまでのこと)と、タンパク質遺伝子に対応していない、たまたま生じたORFを識別する方法としても用いられています。

表1. 同義コドン選択の生物種による差

アミノ酸	コドン	大腸菌のtRNA				酵母のtRNA			
		tuf A-B	omp C	trp A-E	thr A, B	G3PDH	enolase	TRP5	CYC1, 7
ロイシン	UUA	0	1	24	14	0	5	15	3
	UUG	0	0	27	23	41*	73*	24*	8*
	CUU	2	1	17	10	0	0	4	1
	CUC	1	1	22	18	0	0	4	0
	CUA	0	0	10	3	1	0	11	1
	CUG	53*	24*	107*	55*	0	0	4	0
アルギニン	CGU	41*	12*	35*	24*	0	2	3	0
	CGC	5*	1*	57*	23*	0	0	1	0
	CGA	0	0	4	6	0	0	0	0
	CGG	0	0	3	12	0	0	0	0
	AGA	0	0	2	0	22*	26*	22*	5*
	AGG	0	0	1	2	0	0	2	1
		多量なタンパク質を生産する遺伝子の例		中量のタンパク質を生産する遺伝子の例		多量なタンパク質を生産する遺伝子の例		中量のタンパク質を生産する遺伝子の例	

* はその生物種における最大量isoaccepting tRNAの解読するコドンに付されています。他のアミノ酸種についても同義コドン間の選択には明瞭な差異が存在し、最大量isoaccepting tRNAの解読するコドンが多用され、その傾向は多量に生産する遺伝子ほど顕著です。大腸菌のアルギニンで2種類のコドンに * が付されていますが、これらはゆらぎ対合により、同一のtRNAが解読しています。

4-5

mRNA

筆者：広瀬進

「メッセンジャー RNA（messenger RNA）」の略称です。DNA に記されている遺伝情報を読み取って合成される RNA で、その塩基配列にしたがってアミノ酸が化学反応して結合（重合）し、タンパク質が合成されます。DNA から RNA への読み取りの過程は「転写」（**→5-5**）とよばれますが、ゲノム上の遺伝情報は特定の転写単位ごとに mRNA に転写されます。まず RNA ポリメラーゼ（**→5-8**）が DNA 上の「プロモーター」とよばれる配列を認識して結合し、「転写開始点」とよばれる位置から DNA の片方の鎖を読み取って、それと相補的な塩基配列をもつ RNA を転写し始めます。RNA ポリメラーゼは「ターミネーター」とよばれる領域に達すると、転写を終了して、DNA から離れます。

原核生物の mRNA

原核生物では、DNA から転写された RNA がそのまま mRNA として使われます（図1）。一般的にその寿命は短いので、多くの場合、mRNA が転写されるか否かによって遺伝子発現が制御されます。また、機能的に関連の深い一群の遺伝子は、多くの場合、1 本の mRNA として転写されます。このようなひとつの転写単位に属する遺伝子群は「オペロン」（**→4-14**）とよばれ、モノー（**→5-5**）らが発見した「ラクトースオペロン」などが知られています。

図1．原核生物における mRNA の働き（ラクトースオペロンの例）

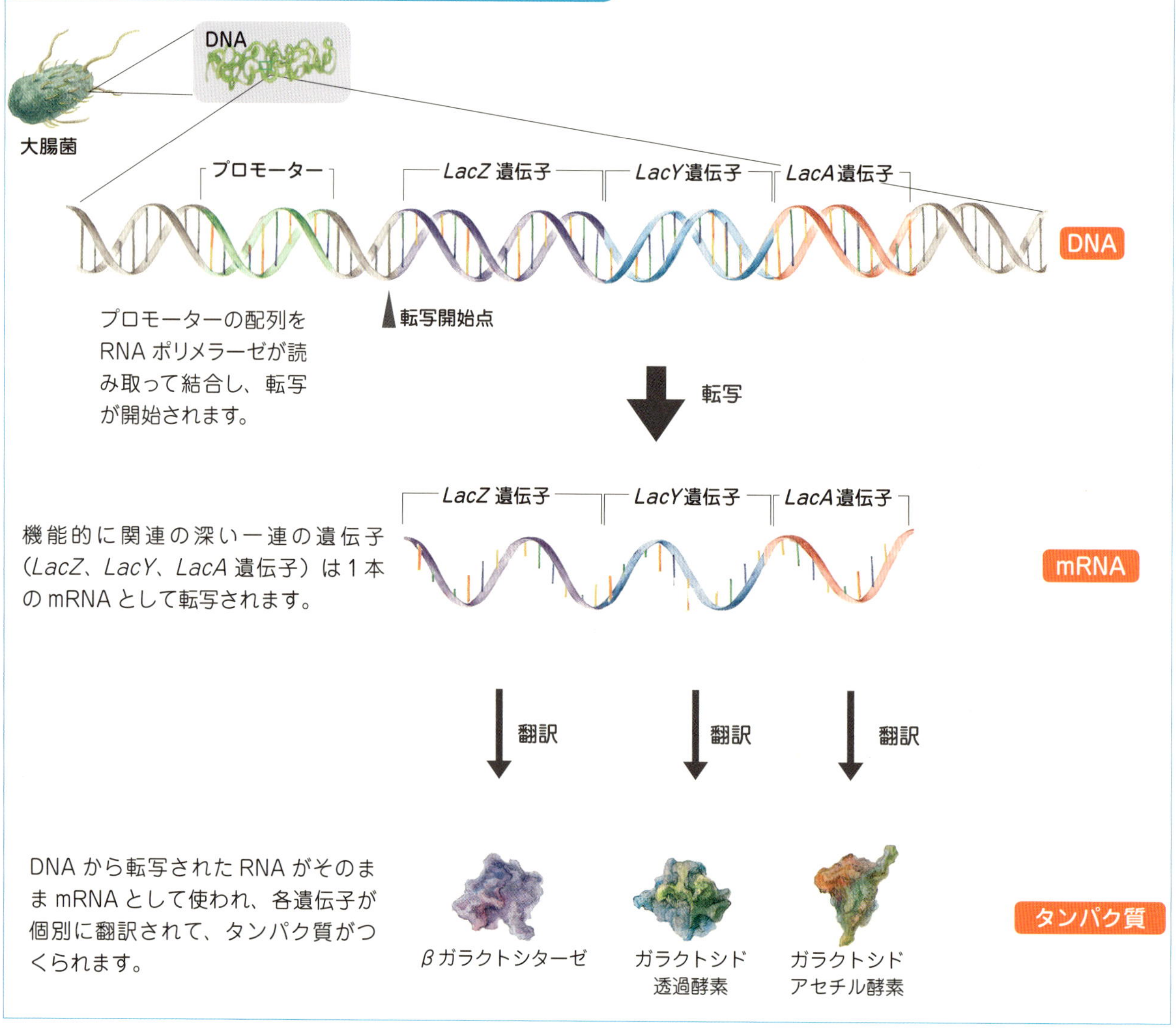

DNA
大腸菌
プロモーター
LacZ 遺伝子
LacY 遺伝子
LacA 遺伝子
DNA
プロモーターの配列をRNA ポリメラーゼが読み取って結合し、転写が開始されます。
転写開始点
転写
LacZ 遺伝子
LacY 遺伝子
LacA 遺伝子
機能的に関連の深い一連の遺伝子（*LacZ*、*LacY*、*LacA* 遺伝子）は1本の mRNA として転写されます。
mRNA
翻訳
翻訳
翻訳
DNA から転写された RNA がそのまま mRNA として使われ、各遺伝子が個別に翻訳されて、タンパク質がつくられます。
βガラクトシターゼ
ガラクトシド透過酵素
ガラクトシドアセチル酵素
タンパク質

真核生物の mRNA

真核生物では、例外を除いて各遺伝子ごとに RNA が転写され、核内でプロセッシングを受けて成熟 mRNA となった後、細胞質に移行し、タンパク質に翻訳（**→5-7**）されます（図2）。プロセッシングではまず、転写された RNA の頭にキャップ構造（三浦謹一郎らのグループが発見）が形成され、エキソンどうしの間にあるイントロンがスプライシング（**→5-6**）によって除かれて、エキソンのみの RNA がつくられます。また RNA の終末端付近で切断されるとともに、アデニン残基が多数つらなったポリ A 鎖が付加されて成熟した mRNA となります。その寿命は遺伝子によって分レベルの短命のものから、数日に及ぶ長命のものまであります。後者では、転写過程での遺伝子発現制御の他に、タンパク質に翻訳される過程で制御を受けている場合もあります。たとえば、ポリ A 鎖は長い方が翻訳効率が高いので、ポリ A 鎖の長さによる制御が可能となります。

マイクロ RNA

mRNA に「マイクロ RNA」とよばれる小分子 RNA（**→4-6**）が結合して起きる制御系も知られています。

もっとも強力な遺伝子発現系のひとつとして、カイコの絹糸を構成するフィブロインの遺伝子では、ひとつの遺伝子から4日間に1万分子の mRNA が転写され、各 mRNA から10万分子のタンパク質が翻訳されるため、10億分子のフィブロインが合成されます。フィブロイン遺伝子 mRNA の cDNA（mRNA と相補的な DNA）は、グロビン遺伝子 mRNA の cDNA に次いで、世界で2番目に鈴木義昭のグループによってクローニングされました。

図2．真核生物における mRNA の働き

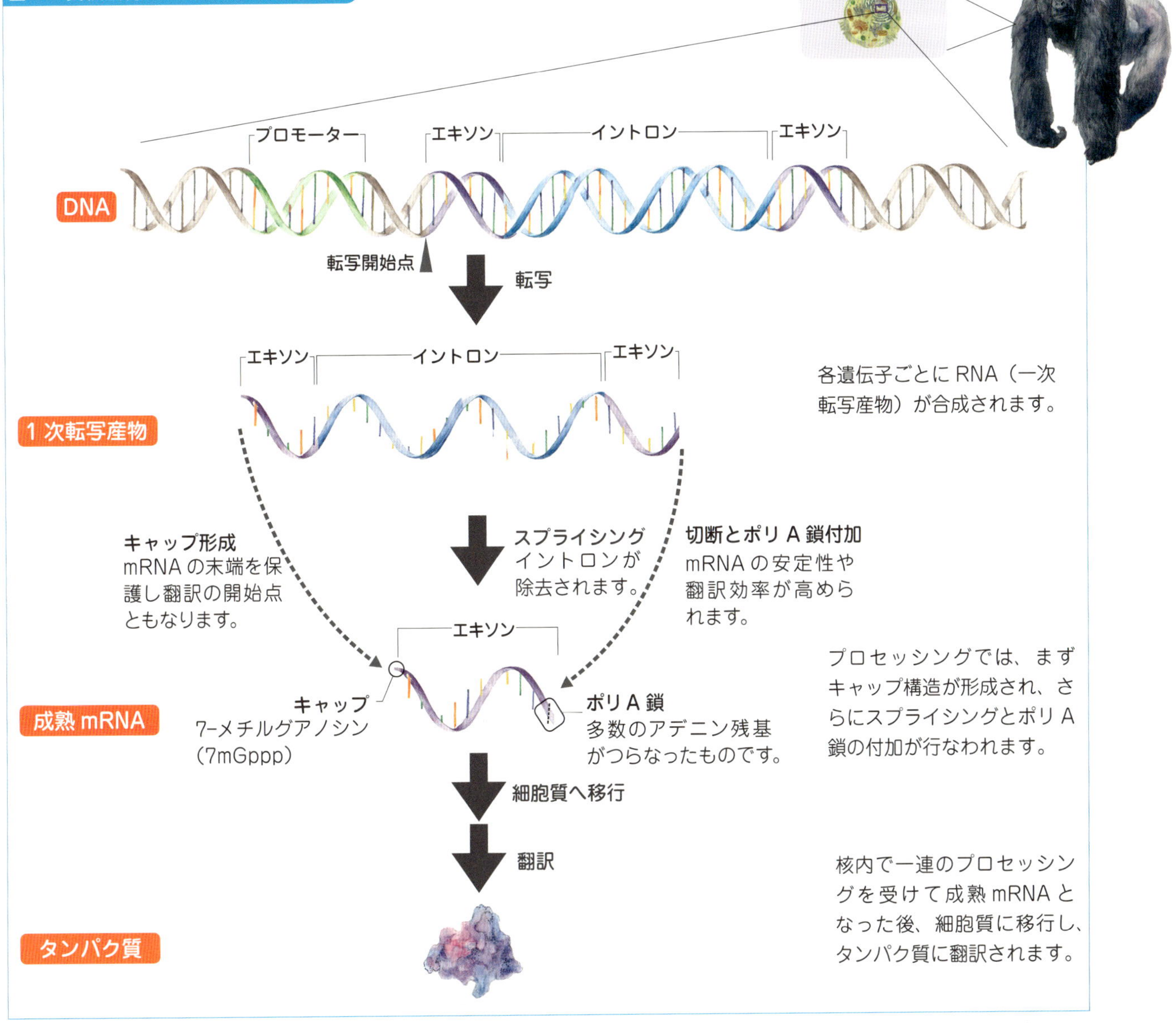
プロモーター
エキソン
イントロン
エキソン
DNA
転写開始点
転写
エキソン
イントロン
エキソン
1次転写産物
各遺伝子ごとに RNA（一次転写産物）が合成されます。
キャップ形成
mRNA の末端を保護し翻訳の開始点ともなります。
スプライシング
イントロンが除去されます。
切断とポリ A 鎖付加
mRNA の安定性や翻訳効率が高められます。
エキソン
プロセッシングでは、まずキャップ構造が形成され、さらにスプライシングとポリ A 鎖の付加が行なわれます。
成熟 mRNA
キャップ
7-メチルグアノシン（7mGppp）
ポリ A 鎖
多数のアデニン残基がつらなったものです。
細胞質へ移行
翻訳
タンパク質
核内で一連のプロセッシングを受けて成熟 mRNA となった後、細胞質に移行し、タンパク質に翻訳されます。

4−6

小分子 RNA

筆者：飯田哲史

tRNA（→**4-3**）やリボソーム RNA（→**3-6**）以外にも、タンパク質の設計図とならない RNA がたくさんあることが知られています。このような RNA のうち、「小分子 RNA」とよばれる 20 〜 30 数塩基の短い RNA が、遺伝子の発現を抑える働きをもつ重要な分子として多くの真核生物で発見されています。小分子 RNA は、小分子 RNA に結合する特別な構造をもったタンパク質に取り込まれたのち、標的となる遺伝子の RNA を探し出して結合することによって、標的遺伝子の発現を抑えると考えられています。小分子 RNA 結合タンパク質には働き方が異なるグループが複数あり、それぞれのグループのタンパク質は、異なったグループの小分子 RNA と結合し遺伝子の働きを抑えることが明らかとなってきました。また、小分子 RNA は、ねらった遺伝子の機能を人為的に抑える技術として、遺伝子研究のみならず遺伝子治療（→**10-4**）などへの応用が期待されています。

2本鎖 RNA から切り出される小分子 RNA

細胞内では、小分子 RNA の多くが、比較的長い2本鎖 RNA から切り出されてつくられることが知られています（図 1）。RNA は、グアニン（G）とシトシン（C）、アデニン（A）とウラシル（U）の塩基が対となり DNA のように2本鎖を形成することができます。相補的な2本の RNA からなる2本鎖 RNA や、折り返し構造（ヘアピン構造）をもつ RNA は、特殊な RNA 切断酵素によって 20 〜 30 数塩基の短い2本鎖小分子 RNA へと分解されます。この2本鎖の小分子 RNA は、小分子 RNA 結合タンパク質によって取り込まれます。取り込まれた2本鎖 RNA の片方を小分子 RNA 結合タンパク質が切断し捨てることにより、遺伝子を抑える働きをもった小分子 RNA とタンパク質の複合体がつくられます。

小分子 RNA の機構が細胞内の2本鎖 RNA によって働きだす性質を使って、①2本鎖の小分子 RNA を細胞内に直接入れる方法、②2本鎖 RNA やヘアピン構造 RNA を導入する方法や、③ヘアピン構造 RNA をつくる人工遺伝子を細胞内で発現させる方法などによって、人為的に小分子 RNA を働かせることができます（図 3）。

図1．小分子 RNA ができるまで

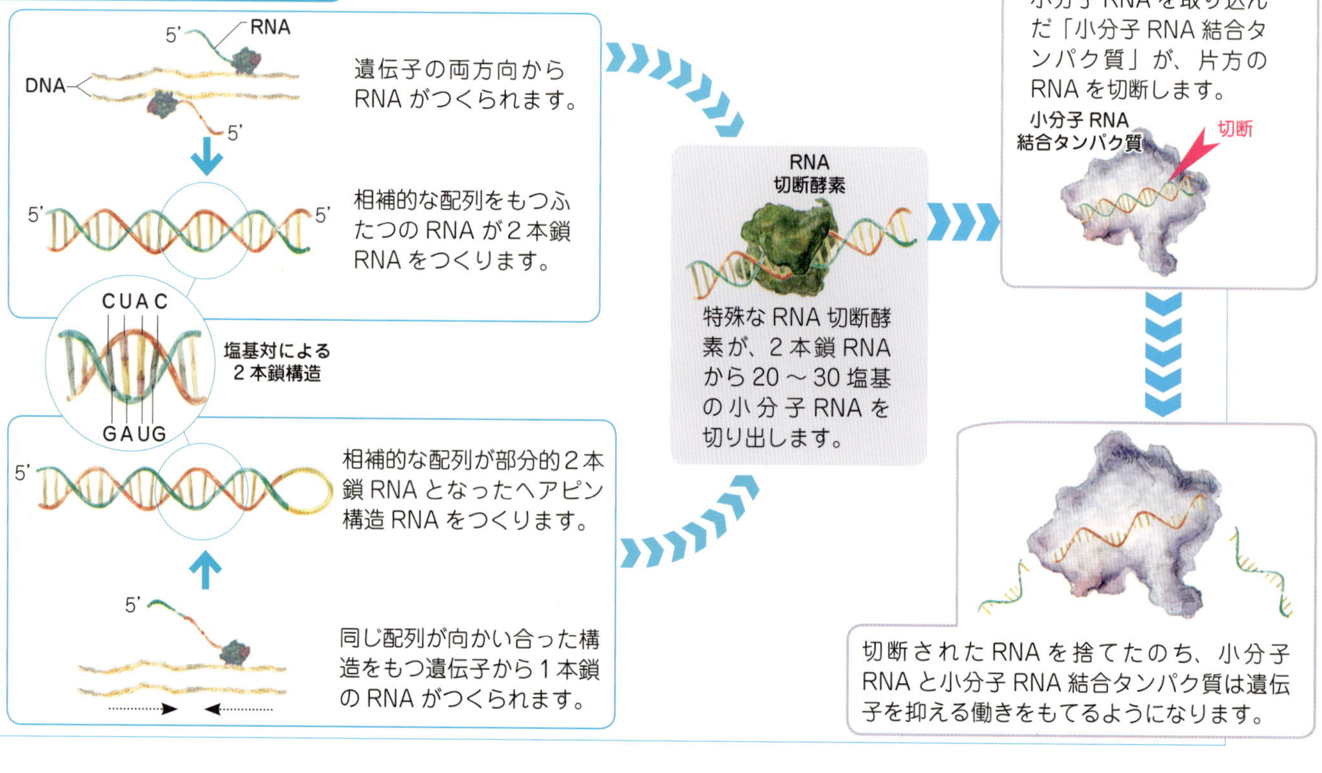
5'
RNA
DNA
5'
遺伝子の両方向から RNA がつくられます。
5'
5'
相補的な配列をもつふたつの RNA が2本鎖 RNA をつくります。
CUAC
GAUG
塩基対による2本鎖構造
5'
相補的な配列が部分的2本鎖 RNA となったヘアピン構造 RNA をつくります。
5'
同じ配列が向かい合った構造をもつ遺伝子から1本鎖の RNA がつくられます。
RNA
切断酵素
特殊な RNA 切断酵素が、2本鎖 RNA から 20 〜 30 塩基の小分子 RNA を切り出します。
小分子 RNA を取り込んだ「小分子 RNA 結合タンパク質」が、片方の RNA を切断します。
小分子 RNA
結合タンパク質
切断
切断された RNA を捨てたのち、小分子 RNA と小分子 RNA 結合タンパク質は遺伝子を抑える働きをもてるようになります。

小分子RNAによる遺伝子発現の抑制

小分子RNAを取り込んだ小分子RNA結合タンパク質は、小分子RNAを鋳型《いがた》にして相補的な配列をもつmRNAなどの長い1本鎖RNAを探し出し結合します（図2）。タンパク質の設計図となる標的mRNAを認識した小分子RNA結合タンパク質は、① mRNAに結合しているタンパク質をつくる翻訳複合体に作用しタンパク質合成を邪魔したり、② mRNAを切断し分解に導くことにより遺伝子がmRNAを介して機能するのを抑えることが知られています。また、③小分子RNAと小分子RNA結合タンパク質が、染色体DNA上で転写（**→5-5**）された直後の標的RNAを認識することにより、染色体DNAの折りたたみ構造の変化を誘導し、DNAからRNAが転写されるのを抑える仕組みも明らかになってきました。

図2．さまざまな小分子RNAによって抑えられる遺伝子

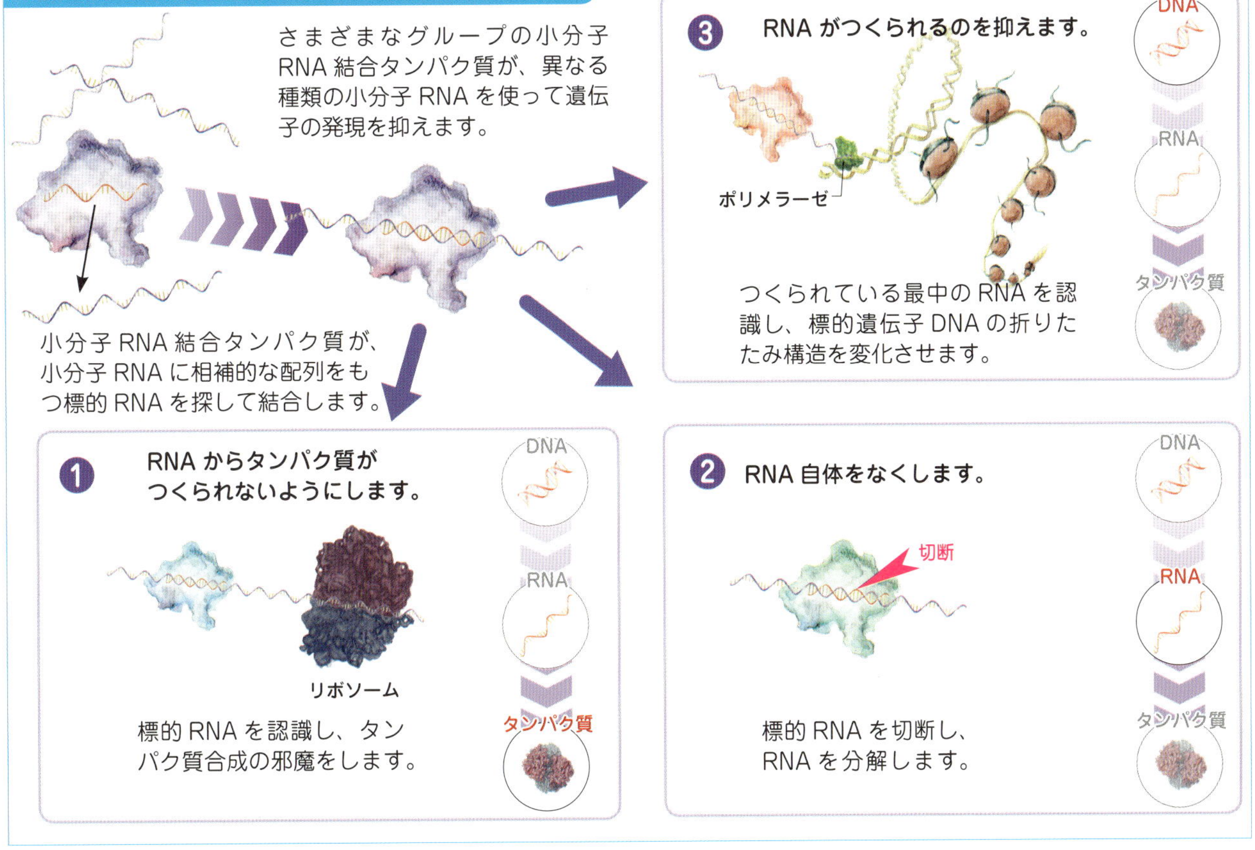

さまざまなグループの小分子RNA結合タンパク質が、異なる種類の小分子RNAを使って遺伝子の発現を抑えます。
小分子RNA結合タンパク質が、小分子RNAに相補的な配列をもつ標的RNAを探して結合します。
③ RNAがつくられるのを抑えます。
ポリメラーゼ
つくられている最中のRNAを認識し、標的遺伝子DNAの折りたたみ構造を変化させます。
DNA
RNA
タンパク質
① RNAからタンパク質がつくられないようにします。
リボソーム
標的RNAを認識し、タンパク質合成の邪魔をします。
DNA
RNA
タンパク質
② RNA自体をなくします。
切断
標的RNAを切断し、RNAを分解します。
DNA
RNA
タンパク質

小分子RNAの増幅と伝搬

ひとたび人為的に細胞へ導入された小分子RNAは、コピーが増幅されたり伝搬されたりすることにより、その効果が細胞間や次の世代に受け継がれる場合が知られています（図3）。

図3．人工的なRNAの導入法と受け継がれる効果

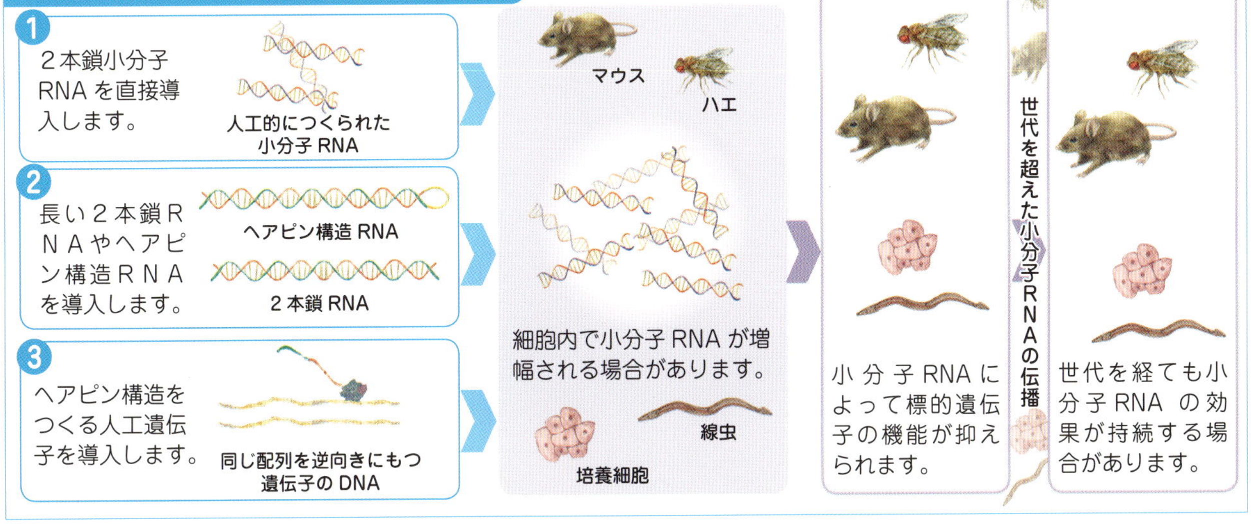

① 2本鎖小分子RNAを直接導入します。
人工的につくられた小分子RNA
② 長い2本鎖RNAやヘアピン構造RNAを導入します。
ヘアピン構造RNA
2本鎖RNA
③ ヘアピン構造をつくる人工遺伝子を導入します。
同じ配列を逆向きにもつ遺伝子のDNA
マウス
ハエ
細胞内で小分子RNAが増幅される場合があります。
線虫
培養細胞
小分子RNAによって標的遺伝子の機能が抑えられます。
世代を超えた小分子RNAの伝播
世代を経ても小分子RNAの効果が持続する場合があります。

4-7

特殊な RNA（Xistなど）

筆者：佐渡敬

細胞のなかでつくられて（転写されて）（→5-5）いる RNA の配列を詳細に調べた結果、予想以上に多くのゲノム領域から RNA が転写されていることが明らかになりました。ほとんどがタンパク質へと翻訳（→5-7）されないこれらの RNA は、「ノンコーディング RNA」（ncRNA）とよばれています。ncRNA には、長さが数十塩基の小分子 ncRNA と、数百塩基から十万塩基を超える長さをもつ、mRNA（→4-5）とよく似た構造の高分子 ncRNA があります。高分子 ncRNA のすべてが細胞にとって不可欠なものであるとは考えづらいのですが、少なくとも一部は遺伝子の発現や染色体の構造制御にかかわることが分かっています。高分子 ncRNA には、転写された後も核のなかにとどまり、特定の染色体やその一部に結合するもの、あるいは核内の特定の場所に蓄えられるものがある一方、通常の mRNA 同様に核の外へ運ばれるものもあります。ただ、高分子 ncRNA のうち、その具体的な役割が明らかになっているものは、まだごく少数にすぎません。

Xist RNA の働き

哺乳類の X 染色体上にある *Xist* という遺伝子からつくられる RNA は、もっとも古くから知られている高分子 ncRNA のひとつです。哺乳類のメスの細胞がもつ 2 本の X 染色体のうち、一方は働かなくなっていることが知られていますが（X 染色体不活性化）、XistRNA はこの働きが抑えられた X 染色体だけから転写され、その X 染色体の全体にわたって結合しています（図 1）。XistRNA は、X 染色体の働きを抑えるために必要なタンパク質を X 染色体へよび寄せる、あるいはつなぎとめておくことに重要な役割を果たしていると考えられています（図 2）。Xist RNA のように、染色体全体に効果をおよぼすわけではないものの、染色体の特定の領域に結合し、その領域の遺伝子の働きを抑えると考えられている高分子 ncRNA もこれまでに報告されています。

図 1．XistRNA が染色体に張り付いている様子

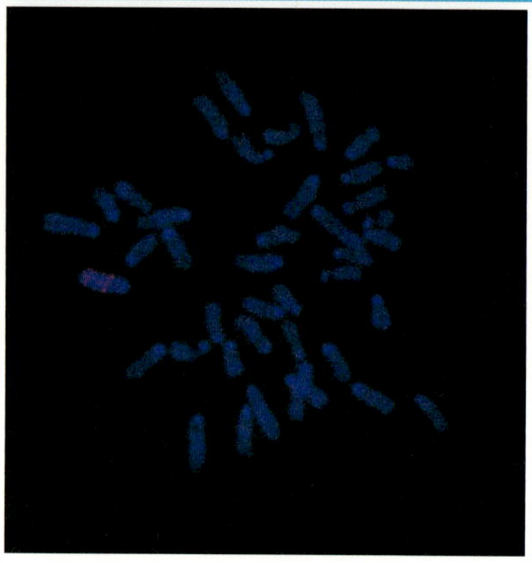

マウスの染色体は 40 本あり、そのひとつひとつが青く染色されています。赤くみえるのが、不活性化した X 染色体全体に張り付いている Xist RNA を検出したものです。

図 2．X 染色体不活性化と XistRNA

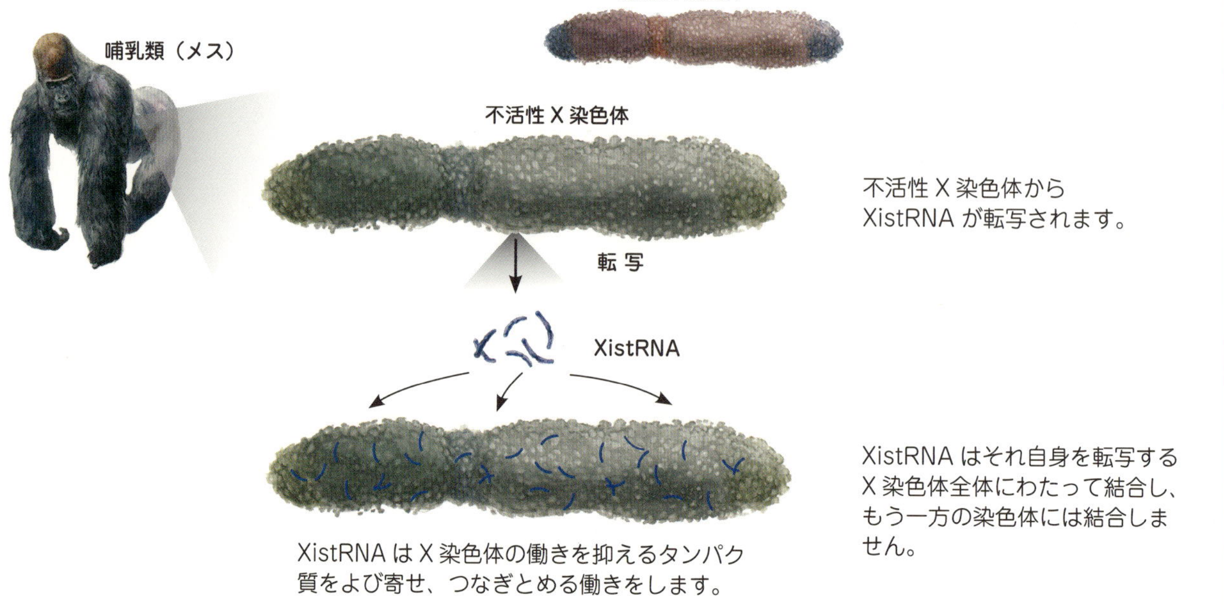
哺乳類（メス）
活性 X 染色体
不活性 X 染色体
不活性 X 染色体から
XistRNA が転写されます。
転 写
XistRNA
XistRNA はそれ自身を転写する
X 染色体全体にわたって結合し、
もう一方の染色体には結合しません。
XistRNA は X 染色体の働きを抑えるタンパク
質をよび寄せ、つなぎとめる働きをします。

「備え」としてのncRNA

転写後、核の外へ運び出されることなく、核内のある特定の場所に蓄えられる高分子ncRNAも多数あると考えられています。このような高分子ncRNAのなかには、タンパク質をコードするmRNAと同じ遺伝子領域からつくられていると考えられるものがみつかっています（図3）。しかし、これらのRNAは転写が始まる場所や終わる場所、さらに内部配列のつなぎ換え方（スプライシング）（➜5-6）がタンパク質をコードするmRNAと違っているために、ncRNAになっています。ところが、本来のmRNAからつくられるタンパク質が不足し、それをすみやかに補充しなければならない状況になった細胞では、核のなかに蓄えられていたそれらのncRNAから余分な配列を取り除き、本来のmRNA同様の配列をもったRNAをすみやかにつくり出し、これを核の外へ運び、タンパク質へと翻訳させているという例がみつかりました。したがって、核内にとどまる高分子ncRNAの少なくとも一部は、このような「備え」として維持されている可能性があります。

図3．核内ncRNA

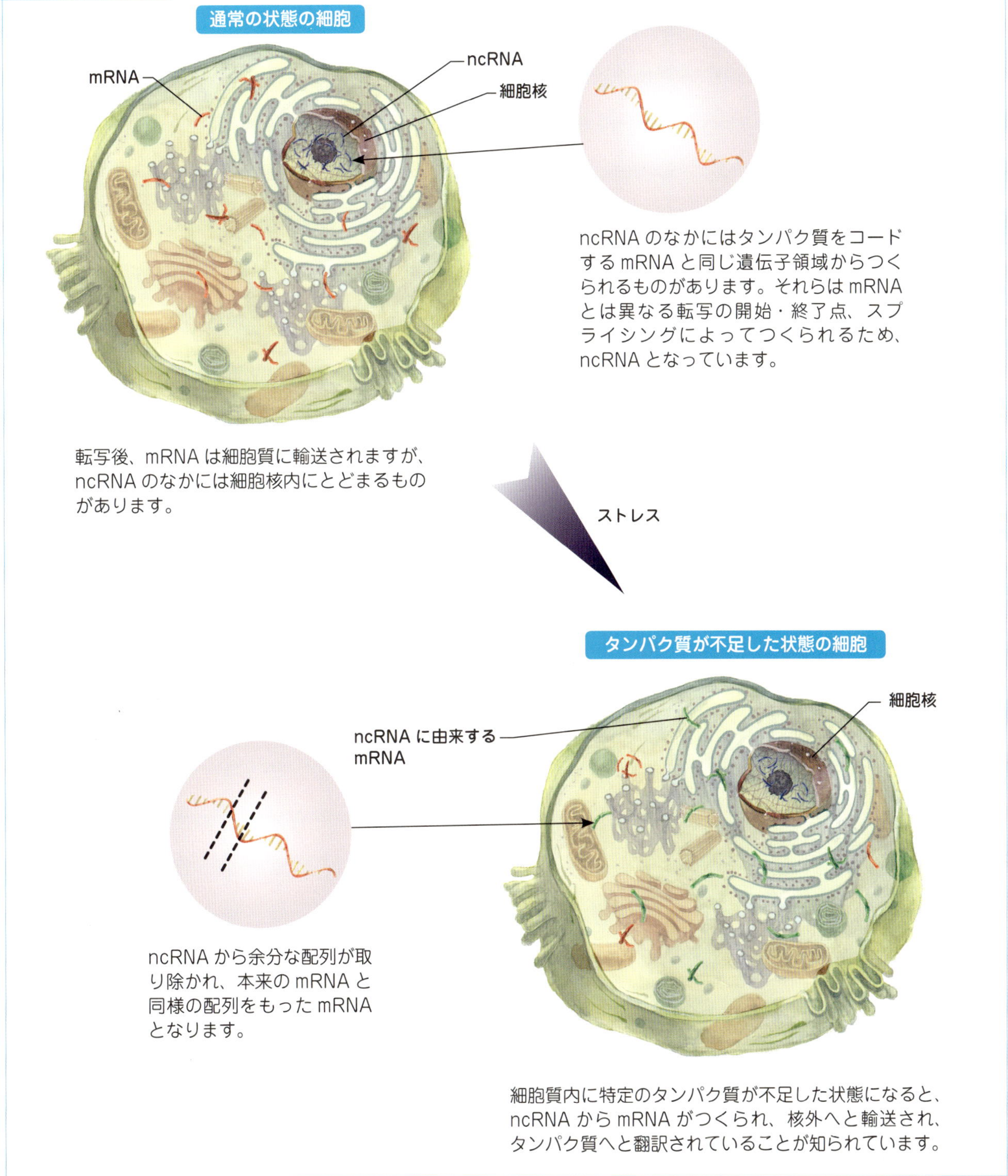
通常の状態の細胞
mRNA
ncRNA
細胞核
ncRNAのなかにはタンパク質をコードするmRNAと同じ遺伝子領域からつくられるものがあります。それらはmRNAとは異なる転写の開始・終了点、スプライシングによってつくられるため、ncRNAとなっています。
転写後、mRNAは細胞質に輸送されますが、ncRNAのなかには細胞核内にとどまるものがあります。
ストレス
タンパク質が不足した状態の細胞
細胞核
ncRNAに由来するmRNA
ncRNAから余分な配列が取り除かれ、本来のmRNAと同様の配列をもったmRNAとなります。
細胞質内に特定のタンパク質が不足した状態になると、ncRNAからmRNAがつくられ、核外へと輸送され、タンパク質へと翻訳されていることが知られています。

4−8

DNAの複製

筆者：荒木弘之

遺伝子ののるDNAは細胞の増殖（分裂）にともなって、正確にコピーされ娘細胞へと受け渡されていきます。このコピーの過程を「DNA複製」とよんでいます。DNAの複製機構は、既存のDNAを鋳型とした「半保存的複製」とよばれるもので、この機構自体が遺伝の仕組みをつくり出しています。また、複製の開始が制御され、細胞が分裂するごとに、細胞内の全DNAが過不足なく倍加します。そのため、細胞のなかにある遺伝子の数も一定です。このように細胞分裂と調和したDNA複製が遺伝の仕組みを支えているのです。

半保存的複製

遺伝情報の源であるDNAは親から子へ、また分裂する細胞のなかでは親細胞から娘細胞へと確実に伝わっていきます。その倍化（複製）の基本ルールは、そもそもDNAの構造のなかにあります。4つの塩基からなるDNAの二重鎖では、A-TおよびC-GがペアをつくるというルールにしたがってDNAが合成されます（**→4-2**）。すなわち、既存のDNA鎖を鋳型にして、ペアになる塩基が挿入されます（図1）。そのため、片方鎖は保存されているため、「半保存的複製」とよびます。この反応をつかさどるのがDNAポリメラーゼです（複製フォークを参照）。

図1. 半保存的複製

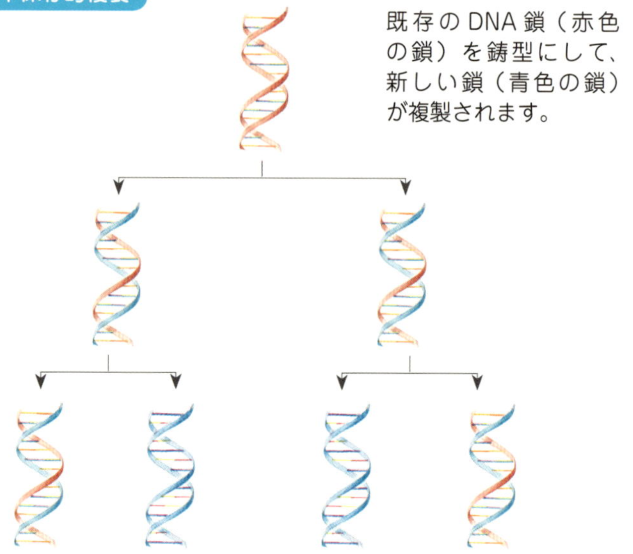
既存のDNA鎖（赤色の鎖）を鋳型にして、新しい鎖（青色の鎖）が複製されます。

複製開始点、レプリコン

複製は決まった場所から起こります。大腸菌などの原核生物では、染色体上の1点から複製が開始されますが、真核生物では複数の開始点をもちます。たとえば、パン酵母では約400、人では数千から数万の複製開始点があると考えられています。複製の開始には、まず「イニシエータータンパク質」が結合します（図2）。大腸菌では「DnaA」とよばれるタンパク質で、これが結合することによって2本鎖を1本鎖に解くことができます。一方、真核生物では、「Orc」とよばれるタンパク質複合体が結合し、他のタンパク質の助けによって、2本鎖を1本鎖にほどきます。そして、DNAポリメラーゼが複製を開始します。このように、結合タンパク質によって複製開始点が決まり、複製開始が制御されている仕組みを、「レプリコンモデル」とよんでいます。

図2. レプリコンモデル

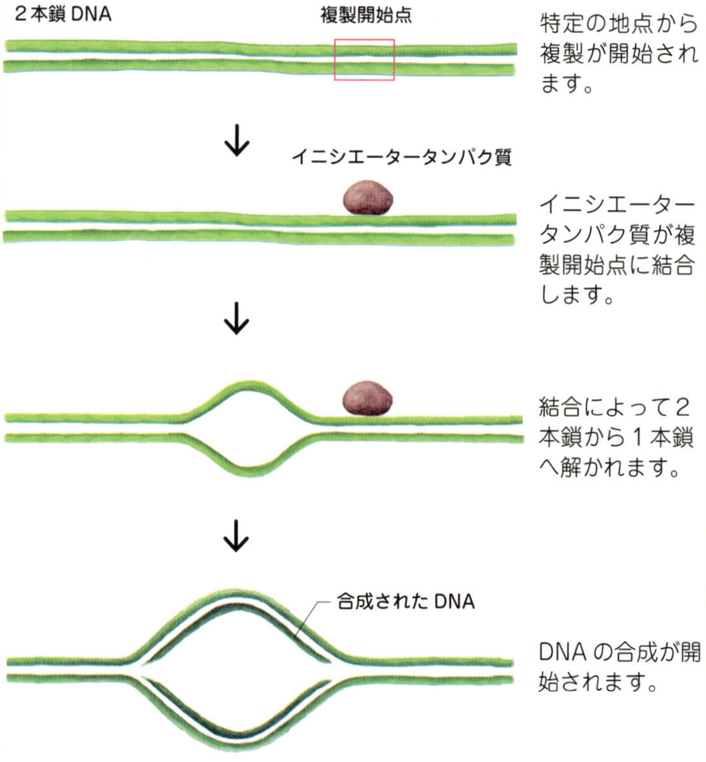
2本鎖DNA
複製開始点
特定の地点から複製が開始されます。
イニシエータータンパク質
イニシエータータンパク質が複製開始点に結合します。
結合によって2本鎖から1本鎖へ解かれます。
合成されたDNA
DNAの合成が開始されます。

複製フォーク――リーディング鎖・ラギング鎖

DNAポリメラーゼは鋳型の上に相補的なDNAを合成しますが、鋳型だけではDNAの合成を開始することはできません（図3）。必ず「プライマー」とよばれる短いRNAが必要です。染色体DNAの合成に必要なこのRNAは、「プライマーゼ」とよばれる酵素により合成されます。そして、複製が行なわれている場所を、そのDNAの構造から「複製フォーク」とよびます。

DNAには方向性がありますが（➜**4-2**）、DNAポリメラーゼは5’→3’の方向にしか合成ができません。したがって、まずRNAがプライマーゼにより合成され、これに続いてDNAポリメラーゼがDNAを合成します。このDNAポリメラーゼが一方向しか合成しない性質は、複製フォークでは2本のDNA鎖の合成が逆向きに起こることになります。この際、フォークの進行方向と同じ向きの合成鎖を「リーディング鎖」、逆向きを「ラギング鎖」とよびます。ラギング鎖は短い断片がDNAリガーゼにつながれ、長い断片になってゆきます。この短い断片を、発見者であるした岡崎令治の名前から「オカザキフラグメント」とよんでいます。

図3．複製フォーク

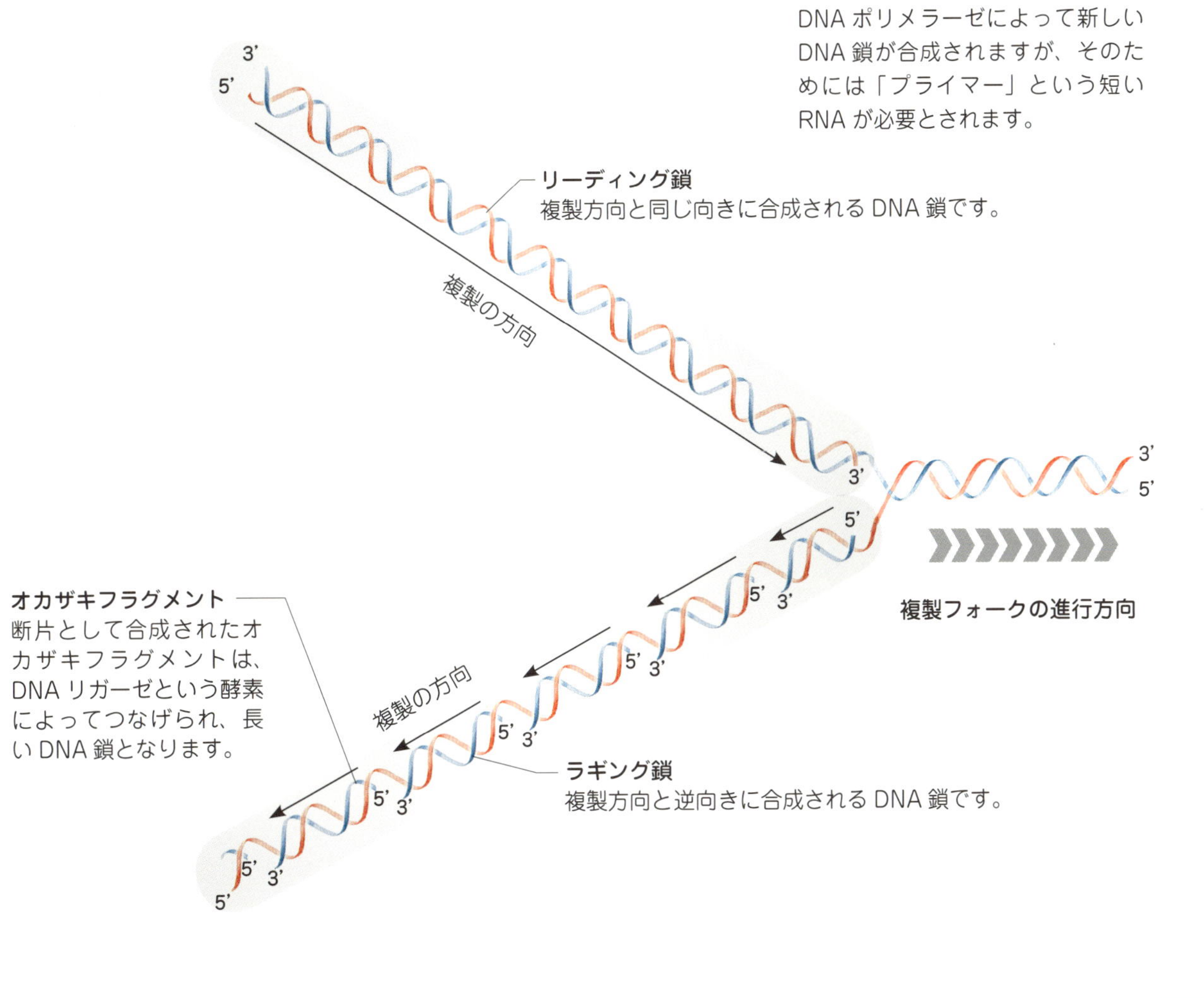
DNAポリメラーゼによって新しいDNA鎖が合成されますが、そのためには「プライマー」という短いRNAが必要とされます。
3’
5’
リーディング鎖
複製方向と同じ向きに合成されるDNA鎖です。
複製の方向
3’
5’
3’
5’
複製フォークの進行方向
オカザキフラグメント
断片として合成されたオカザキフラグメントは、DNAリガーゼという酵素によってつなげられ、長いDNA鎖となります。
複製の方向
ラギング鎖
複製方向と逆向きに合成されるDNA鎖です。
5’ 3’
5’ 3’
5’ 3’
5’ 3’
5’ 3’
5’ 3’
5’

DNA複製時の短鎖「オカザキフラグメント」を発見

岡崎令治（おかざき・れいじ、1930～1975年）

広島市生まれ。旧制中学の時に被曝。白血病のため、44歳にて逝去。名古屋大学卒業後、当初は発生学の研究に従事しましたが、アメリカ留学を機にDNA複製の研究をアーサー・コンバーグ（1959年、ノーベル生理学・医学賞受賞）のもとで始めます。帰国後、名古屋大学で研究を続け、その研究のなかで、DNA複製反応では短鎖DNAがまず合成され、その後これら短鎖が結合していくことを発見し、1967年に報告します。発見者の名にちなんで、この短鎖は「オカザキフラグメント」とよばれています。1972年には、短鎖DNA合成の開始がRNAによって始まることを発見しました。

4－9

DNA の修復と組換え

筆者：筒井康博

紫外線や放射線（X 線、宇宙線など）、毒物などの環境要因、あるいは細胞内の活性酸素や、細胞が倍化するために必要な DNA 複製（→ **4-8**）の際の塩基の取り込みミスなどの内的な要因によって、細胞の DNA に傷（DNA 損傷）ができます。DNA 損傷は正しく修復されないと突然変異（→ **7-3, 4, 5**）の原因となり、細胞にとって重大な変化を引き起こす危険性があります。細胞は損傷した DNA を感知し、それを直す（修復する）仕組みを備えています。

DNA の修復

DNA 損傷は、いくつかの原因によって起こります。紫外線を原因とする場合は、となり合った塩基どうしの結合（チミンダイマー）が引き起こされ、活性酸素が塩基上の化学構造を変化させます。また、放射線による場合は、DNA の 1 本鎖や 2 本鎖を切断します。このような DNA 損傷が修復されないと、突然変異が起こってしまいます。紫外線や活性酸素による損傷は多くの場合、点突然変異（ひとつのヌクレオチドが別のものに変化すること）になりやすく、また X 線による DNA の切断は、ヌクレオチドの挿入や欠失、あるいは染色体の位置の変化（転座）の原因となります。こうした突然変異が起こらないように、細胞は損傷の種類に応じて適切に修復するさまざまな仕組みを進化の過程で得てきました（図 1）。一例としてヌクレオチド除去修復の概略を図 2 に示します。この修復は紫外線によってできたチミンダイマーを含む部分を切り取って、傷のないヌクレオチドに置き換えます。塩基除去修復やミスマッチ修復も、DNA 損傷部分を切り取って修復します。X 線によって DNA が切断された場合は、後述するように、組換えの仕組みを利用して修復します。

図 1．代表的な DNA の損傷とその修復装置

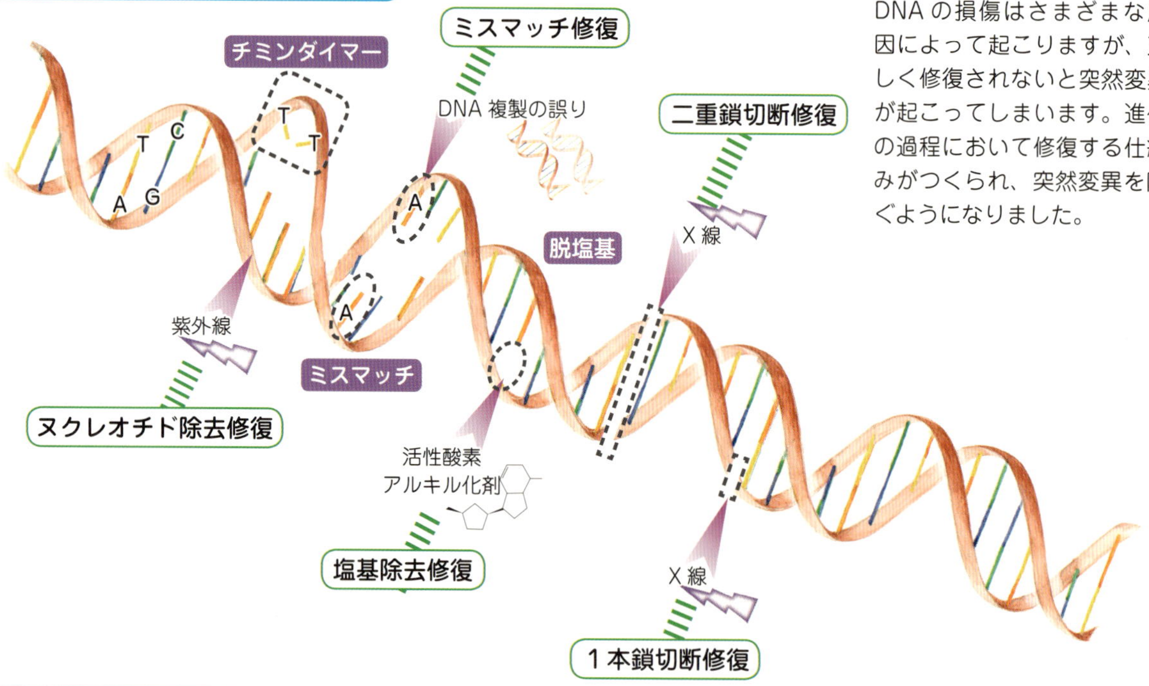
チミンダイマー
ミスマッチ修復
DNA 複製の誤り
二重鎖切断修復
T
C
T
T
A
G
A
X 線
脱塩基
A
紫外線
ミスマッチ
ヌクレオチド除去修復
活性酸素
アルキル化剤
塩基除去修復
X 線
1 本鎖切断修復

DNA の損傷はさまざまな原因によって起こりますが、正しく修復されないと突然変異が起こってしまいます。進化の過程において修復する仕組みがつくられ、突然変異を防ぐようになりました。

図 2．ヌクレオチド除去修復

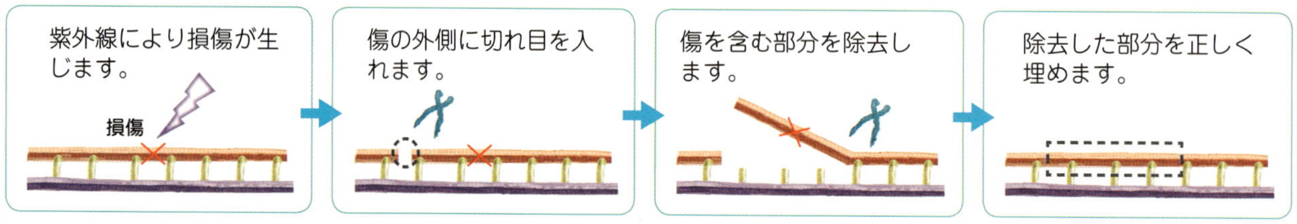
紫外線により損傷が生じます。
損傷
傷の外側に切れ目を入れます。
傷を含む部分を除去します。
除去した部分を正しく埋めます。

DNAの組換え

細胞のなかで起こるDNAの再編（DNA分子のある一部が別のDNA分子と混ぜ合わさること）を「（遺伝的）組換え」とよびます。組換えの仕組みは、減数分裂による配偶子形成時に起こる相同染色体間の部分的な交換（→**3-2**）や2本鎖DNAの切断の修復、抗体遺伝子（→**8-8**）の再編成、動く遺伝子（→**4-11**）の染色体への組み込みなどに働きます。組換えには、非相同組換え、相同組換え、部位特異的組換え、転位組換えなどが知られており、いずれも必要な時期にのみ反応が起こるように制御されています。

非相同組換え

相同組換えと違い、切断した2本鎖DNAの末端どうしが直接結合します。DNAの切断の修復に使われ、切断したDNAの端の部分が加工されて再結合して修復されます（非相同末端結合修復、図3左）。切断箇所のいくつかのヌクレオチドの欠失が起こりやすくなっています。「V（D）J組換え」とよばれる、抗体遺伝子の再構成にも働きます。

体細胞分裂期の相同組換え

同じ塩基配列情報をもつ領域（相同領域）どうしのDNA分子の交換を行ないます。体細胞分裂期には、主として2本鎖DNA切断の修復に使われ、切断されたDNAと同じ塩基配列をもつ領域を利用して正確に修復します（相同組換え修復、図3右）。

図3. 二重鎖切断修復

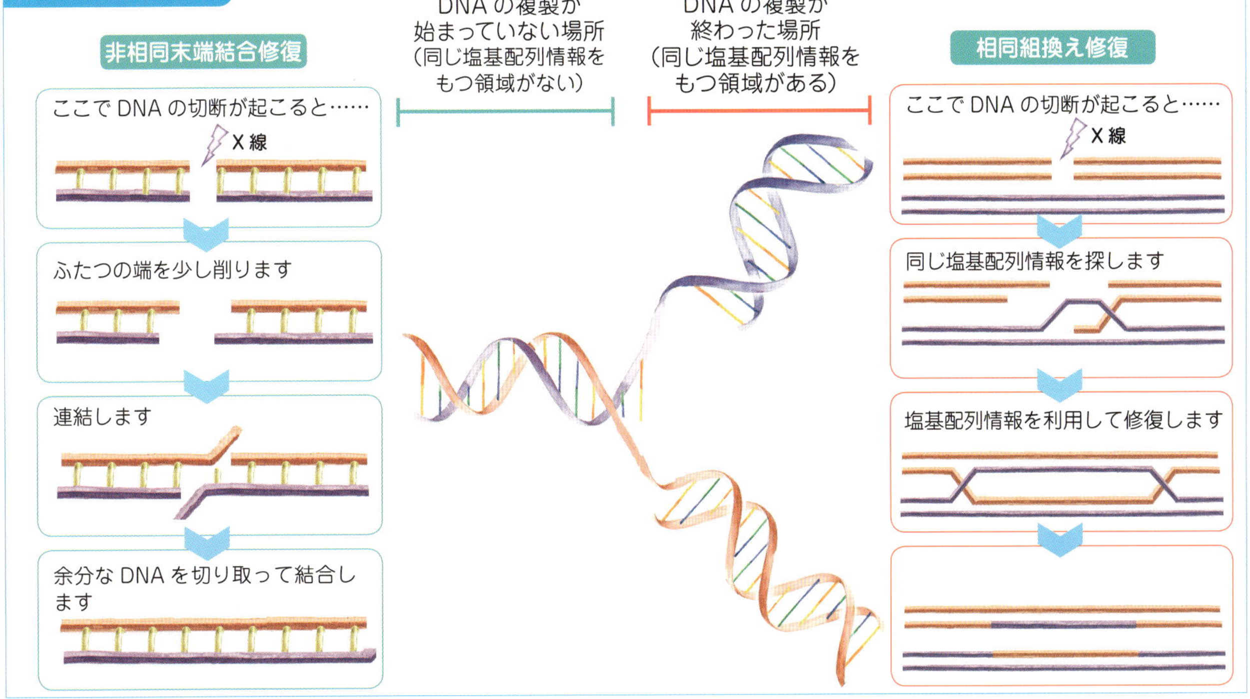

非相同末端結合修復
ここでDNAの切断が起こると……
X線
ふたつの端を少し削ります
連結します
余分なDNAを切り取って結合します
DNAの複製が始まっていない場所（同じ塩基配列情報をもつ領域がない）
DNAの複製が終わった場所（同じ塩基配列情報をもつ領域がある）
相同組換え修復
ここでDNAの切断が起こると……
X線
同じ塩基配列情報を探します
塩基配列情報を利用して修復します

図4. 減数分裂期の相同組換え

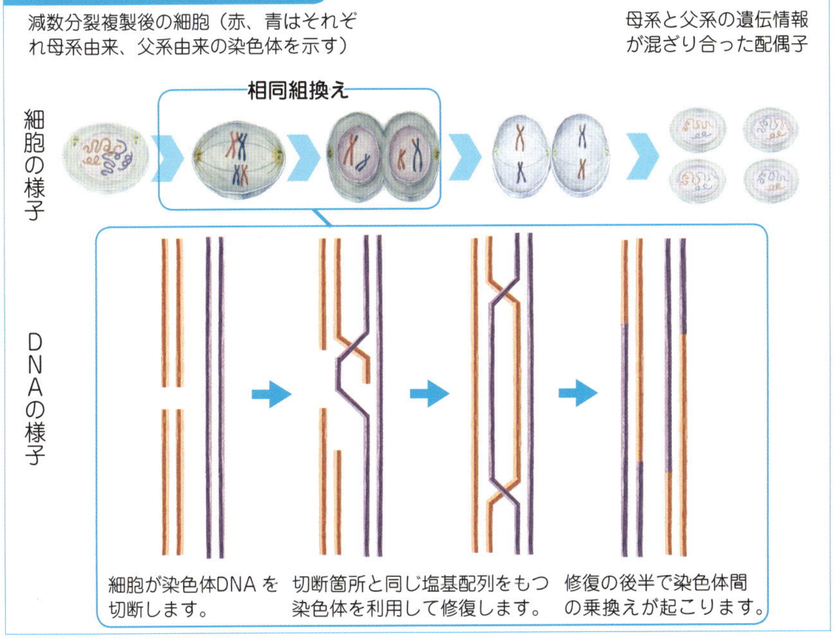

減数分裂複製後の細胞（赤、青はそれぞれ母系由来、父系由来の染色体を示す）
母系と父系の遺伝情報が混ざり合った配偶子
相同組換え
細胞の様子
DNAの様子
細胞が染色体DNAを切断します。
切断箇所と同じ塩基配列をもつ染色体を利用して修復します。
修復の後半で染色体間の乗換えが起こります。

減数分裂期の相同組換え

減数分裂期の相同組換えは、配偶子をつくる過程で行なわれる父系由来と母系由来の染色体の遺伝情報の交換に働きます（図4）。減数分裂のある決まった時期に始まり、染色体どうしの乗換えが起きます。この乗換えによって、父系由来と母系由来の染色体の遺伝情報の混ざり合った配偶子がつくられます。したがって減数分裂期の相同組換えは、遺伝的多様性をもつことに貢献しています。

部位特異的組換え

酵母の性転換の際に起こる組換えやバクテリオファージDNAの宿主の染色体への組み込みなど、決まった場所でおこる組換えのことを「部位特異的組換え」とよびます。

転位組換え

動く遺伝子が染色体の別の場所に移動する際に使われる、非相同組換えを指します。

4−10

繰り返し配列

筆者：小林武彦

ヒトをはじめとする高等真核生物のゲノムには、非常に多くの反復配列が存在します。反復配列のなかにはテロメアやセントロメアのように機能がすでに分かっているものもありますが、そのほとんどは、何のために存在するのか、いまだによく分かっていません。そのため「ジャンク（がらくた）DNA」とよばれたりもします。また、遺伝子にも繰り返し存在する反復遺伝子があります。ここではそれらの代表的なものを紹介します。

サテライト DNA

サテライト DNA とは、2から数十 bp（base pair：塩基対）の短い配列が、数十から数百回繰り返している配列をもつ DNA のことです。たとえばシトシン（C）とアデニン（A）の繰り返しである CA リピート、また3つの配列が繰り返しているトリプレットリピートなどがあります（図1）。これらのリピートは長さが変化することが知られており、犯罪捜査などで個人を特定する手段に使われることもあります（**→10-6**）。

トリプレットリピートは、遺伝子内に存在すると遺伝病（**→8-6**）の原因になることが知られています。たとえばハンチントン病という神経の病気では、原因遺伝子内に存在する CAG リピートの数が多くなり、これに由来するタンパク質の機能が低下し、病気を引き起こします。

サテライト DNA の長さの変化は、主には DNA が複製される時のトラブルにより起こります。同じ配列が何度も繰り返していると DNA が異常な構造をとりやすくなり、そこで複製がストップしたり、DNA が切れたりします。そのため染色体の脆弱部位《ぜいじゃくぶい》となることもあります。

図1．脆弱X症候群のX染色体

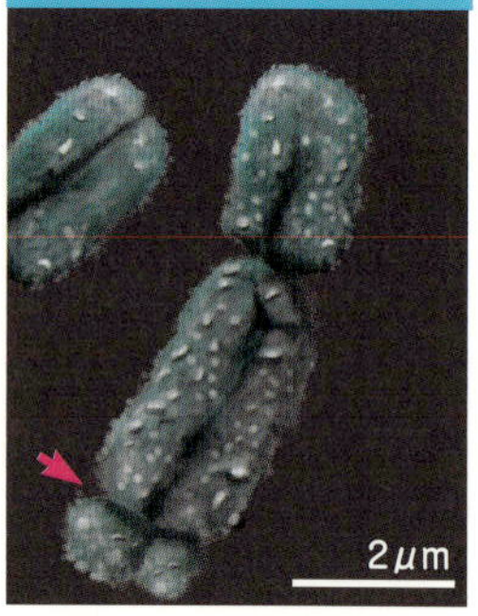

矢印のくびれた部分にある *FMR1* 遺伝子中にトリプレットリピートが存在します。リピートが 100 コピー以上になると、その領域がヘテロクロマチン（**→3-4**）化されて、*FMR1* の発現が低下し病気になります。

図2．アクロセントリック染色体

セントロメアが中心より末端に極端に偏っていて、その短い方にはリボソーム RNA 遺伝子のリピートが存在します。ヒトでは 13、14、15、21、22 染色体がこれにあたります。

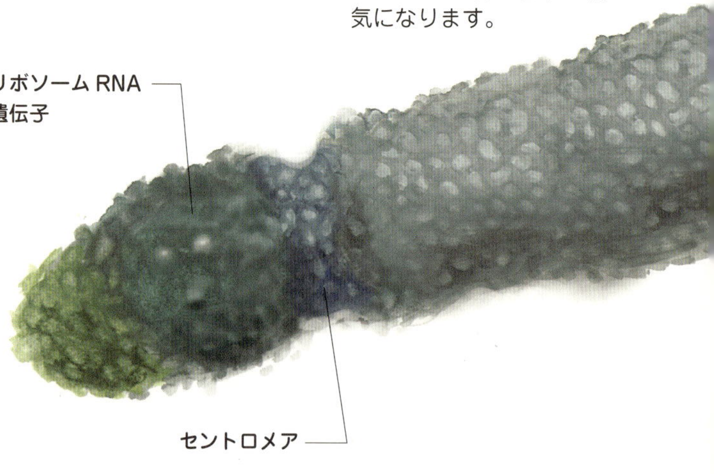

SINE、LINE とレトロトランスポゾン

サテライト DNA よりも反復単位が長いものに SINE（short interspersed nuclear element）と LINE（long interspersed nuclear element）があります。SINE は 500bp 以下で tRNA（**→4-3**）などを起源とします。LINE は 5kb（kb = 1000bp）以上でレトロトランスポゾン（**→4-11**）などを含んでいます。レトロトランスポゾンは染色体上に存在する可動性因子で、自身が RNA に転写され、次に逆転写酵素によって DNA に変換後、新たな染色体部位に飛び込みます。そのためコピーは常に増え続け、なかには遺伝子中に飛び込んで破壊したり、遺伝子のプロモーター（**→4-5**）付近に入り込み、その転写に影響を与えたりするものもあります。ヒトではゲノムの半分近くが SINE と LINE に占められ、これらが「ジャンク DNA」の中心的存在となっています。

セントロメア

セントロメアはタンパク質とともに動原体を形成し、細胞分裂時に微小管（マイクロチューブ）に引っ張られて、染色体を両極に移動させる働きをもちます（→**3-5**）。ここにはいろいろな長さのサテライトDNAが、数メガ（百万）bpにわたって存在します。

テロメア

テロメアとは、染色体の末端の構造のことです。大小ふたつのリピートからなっていて、内側は比較的長い配列が繰り返すサブテロメアリピート、末端は7bpが繰り返すテロメアリピート（TTAGGGG）からなります。テロメアは染色体末端が分解されたり、他の染色体と結合するのを防ぐ働きがあります（図3）。また体細胞分裂（→**3-2**）の際には、染色体末端のDNAが複製できず、分裂の度にテロメアが短くなっていきます。テロメアの長さが半分以下になると細胞の老化が誘導され、増殖が停止します。生殖細胞や幹細胞では、テロメアを複製する「テロメアーゼ」という酵素が働き、その長さを維持しています。

図3．テロメアの構造と機能

保護型のテロメアの仕組み

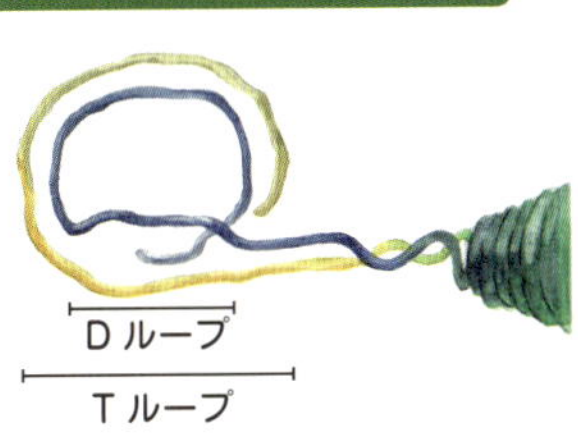
Dループ
Tループ

ループ構造を形成して、染色体末端が削られたり、他の染色体と結合したりするのを防ぐ構造となっています。

複製型のテロメアの仕組み

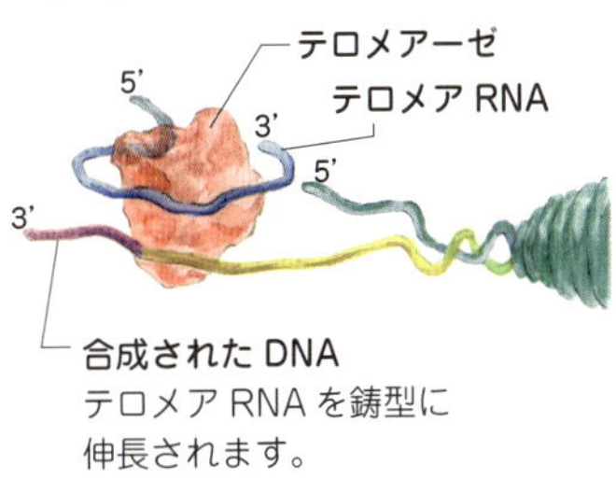
テロメアーゼ
テロメアRNA
5'
3'
5'
3'
合成されたDNA
テロメアRNAを鋳型に伸長されます。

生殖細胞や幹細胞のみでみられ、短くなった末端をテロメアーゼによって延長します。テロメアーゼはテロメアリピートと相補的なRNAをもっており、それを鋳型にDNAを合成します。図ではテロメアーゼが左にずれながら3'末端を次々に延長していきます。

テロメア

リボソームRNA遺伝子

リボソームRNA（→**3-6**）は細胞中の全RNAの約60％を占める、もっともたくさん存在するRNA分子です。そのためリボソームRNA遺伝子も1コピーでは足らずに、真核細胞では100コピー以上が存在し、染色体上に巨大反復遺伝子群を形成しています。酵母ではリボソームRNA遺伝子が全ゲノムの10％以上を占めています。また特殊な遺伝子増幅機構をもっており、コピーが減ってもまたすぐにもと通りに回復します（図4）。

図4．リボソームRNA遺伝子の遺伝子増幅機構

① DNAの複製開始

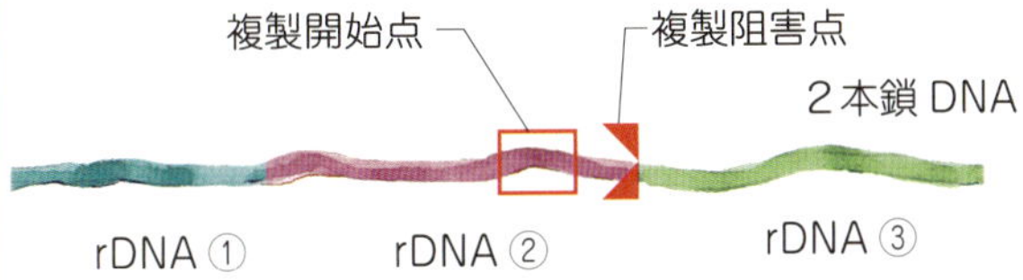
複製開始点
複製阻害点
2本鎖DNA
rDNA ①
rDNA ②
rDNA ③

② Fob1による複製の阻害と切断

複製阻害点にFob1が結合し複製が阻害され、2本鎖DNAの片方が切断されます。

切断
Fob1

③ となりのコピーとの組換えによる切断末端の修復

切断されたほうのDNA鎖が後戻りして、一度複製したコピーを再複製します。

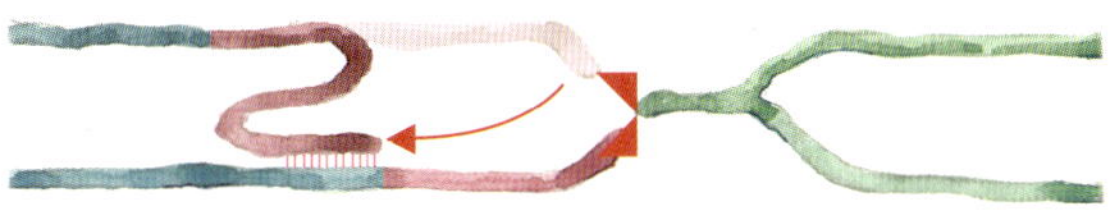

④ DNA再複製によるコピーの増加

その結果、切れた方の染色分体でコピーがひとつ増加します。

増加したコピー

4－11

動く遺伝子

筆者：川上浩一

生物のゲノムには「動く遺伝子」が存在します。もともとのゲノム上の場所から別の場所へ移動をします。この動く遺伝子の単位を「トランスポゾン」といいます。トランスポゾンには大きく分けて、ふたつのタイプがあります。ひとつは自分自身のコピーをつくって、それを別の場所へ組み込ませる「RNA 型トランスポゾン」（レトロトランスポゾン、レトロポゾン）です。もうひとつは、自分自身をもとの場所から切り出して、別の場所へ移動させる「DNA 型トランスポゾン」です。単にトランスポゾンといった場合には、後者を指すことが多いです。

RNA 型トランスポゾン（I 型トランスポゾン、レトロポゾン）：図 1 におおまかな構造を示します。RNA 型トランスポゾンはレトロウイルス（**→1-11**）と似た構造をしています。ウイルスのように LTR（Long Terminal Repeat）をもつものと LTR をもたないものに分けることができます。両方とも宿主の RNA ポリメラーゼ（**→5-8**）により転写（**→5-5**）されたのち、レトロポゾン自身がコードする逆転写酵素によって相補的 DNA（cDNA）に逆転写されたのち、やはりレトロポゾン自身がコードする組み込み酵素の働きによって宿主ゲノムに組み込まれます。この転移様式はもとのコピーがゲノムに残るので、「コピーアンドペースト」とよばれます。LTR をもたないものは、その活性と長さによって LINE（長くて活性があるもの）と SINE（短くて活性がないもの）に分けられます。

DNA 型トランスポゾン（II 型トランスポゾン）：図 1 におおまかな構造を示します。両端に短い逆向き反復配列を含む DNA 配列（図の Left end と Right end）をもっています。それらの間には、転移酵素遺伝子がコードされています。転移酵素は両端の DNA 塩基配列を認識し、トランスポゾン部分を切り出します。切り出されたトランスポゾンはやはり転移酵素の働きによってゲノムに組み込まれます。この転移様式はもとのコピーが残らないので、「カットアンドペースト」とよばれます。

図 1．トランスポゾンの構造と転移の仕組み

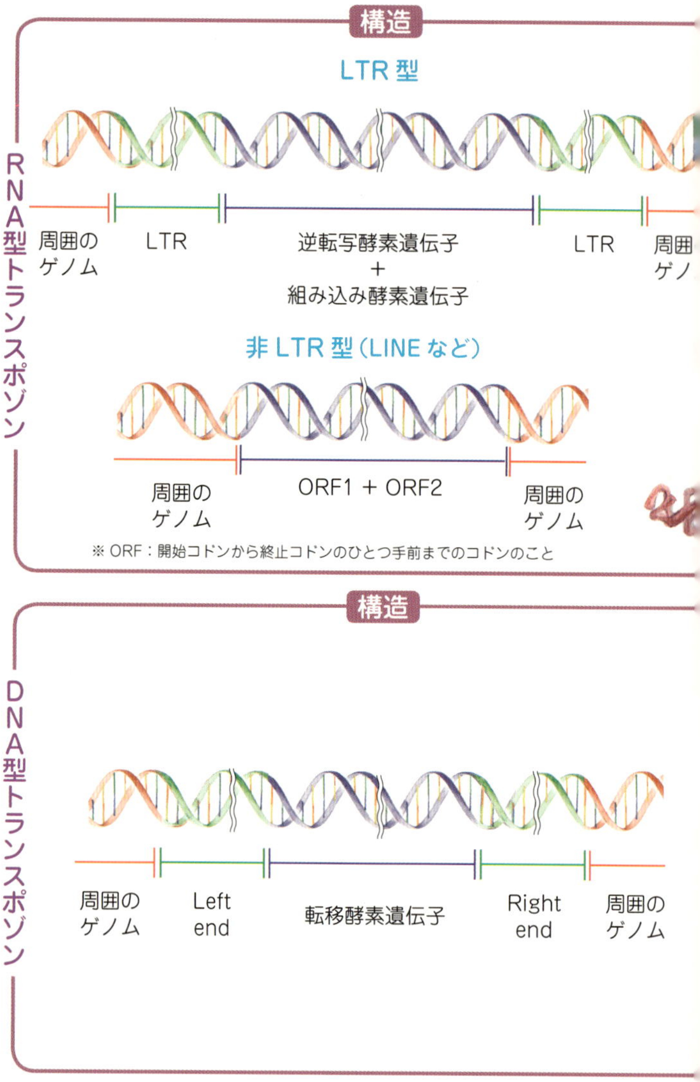

構造
RNA型トランスポゾン
LTR 型
周囲のゲノム
LTR
逆転写酵素遺伝子
+
組み込み酵素遺伝子
LTR
周囲のゲノム
非 LTR 型（LINE など）
周囲のゲノム
ORF1 + ORF2
周囲のゲノム
※ ORF：開始コドンから終止コドンのひとつ手前までのコドンのこと
構造
DNA型トランスポゾン
周囲のゲノム
Left end
転移酵素遺伝子
Right end
周囲のゲノム

ゲノムの中のトランスポゾン

私たちヒトのゲノムは約 40% が RNA 型トランスポゾンの塩基配列、3% が DNA 型トランスポゾンの塩基配列からなっています。しかしながらこれらのほとんどは不活性化されています。ヒトゲノムからは活性がある DNA 型トランスポゾンはみつかっていません。RNA 型トランスポゾンは現在も活性があり、低い頻度ですが転移により遺伝的疾患を引き起こすことがあります。活性があるトランスポゾンを「自律的因子」、活性がないトランスポゾンを「非自律的因子」といいます。

図2．トランスポゾンの構造と転移の仕組み

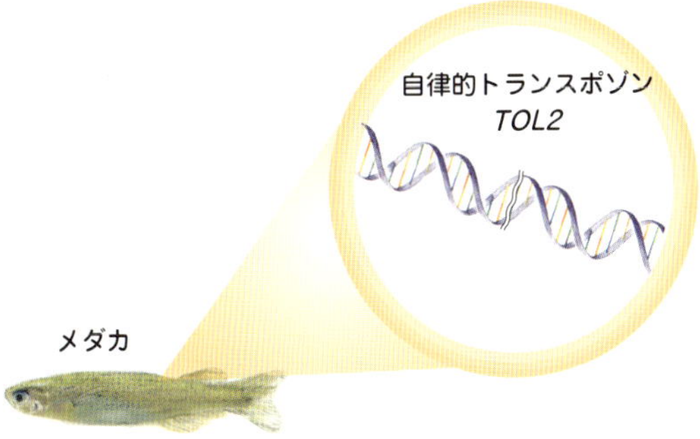

Tol2 という自律的トランスポゾンが、脊椎動物としては世界で初めてメダカゲノムから日本の研究者によって発見されました。

道具としてのトランスポゾン

トランスポゾンは遺伝学・分子生物学のツールとして用いられてきました。ゲノム中にほぼランダムに挿入することから、ゲノム遺伝子を破壊する、もしくは外から遺伝子を導入するなどの目的で用いられてきました。最近、脊椎動物細胞においても転移するトランスポゾンが見いだされ、それらを用いた遺伝学的研究がさかんに行なわれるようになりました。*Sleeping Beauty* とよばれる人工トランスポゾン、日本の研究者によってメダカゲノムから発見された世界で初めての脊椎動物の *Tol2* とよばれる自律的トランスポゾン、蛾由来の *PiggyBac* トランスポゾンなどが利用されています（図2）。

転移の仕組み

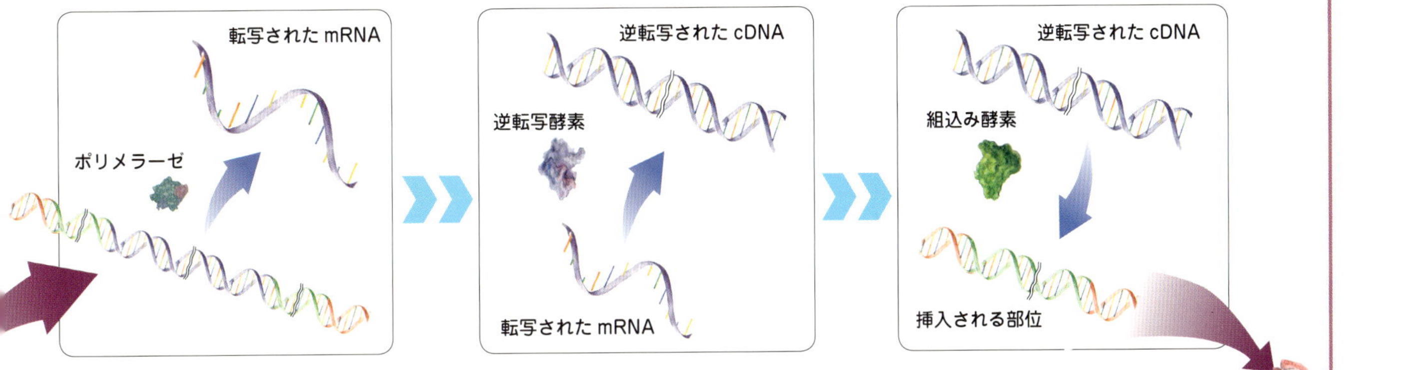

LTR 型、非 LTR 型とも宿主のポリメラーゼによって転写されます。

自身がコードする逆転写酵素によって cDNA が逆転写されます。

自身がコードする組み込み酵素によって宿主ゲノムに挿入されます。

転移の仕組み

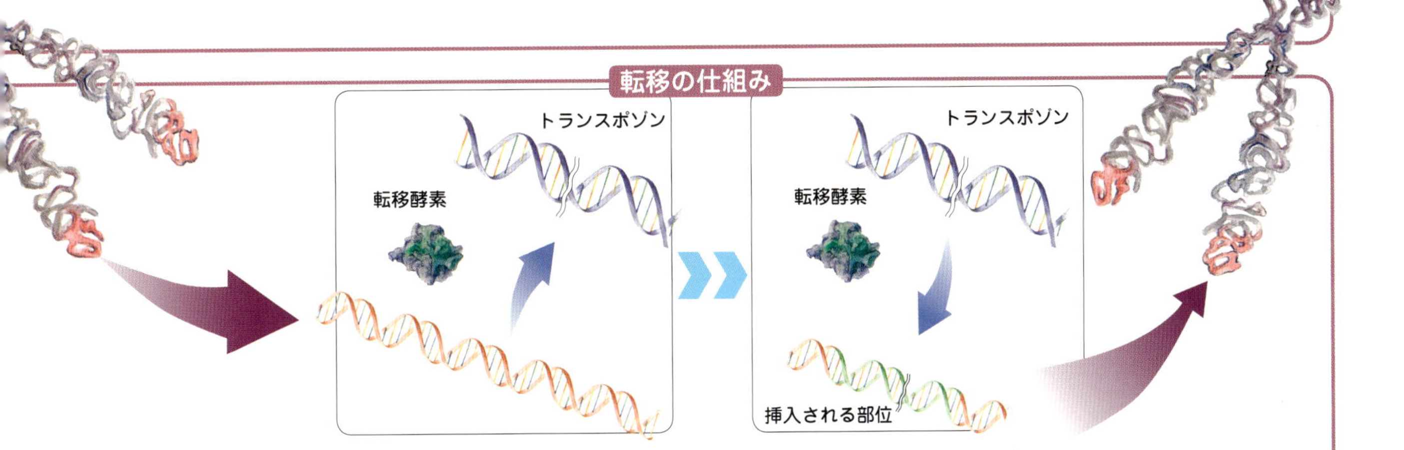

転移酵素が両端の塩基配列を認識しトランスポゾン部分を切り出します。

転移酵素によってゲノムに組み込まれます。

動く遺伝子トランスポゾンを発見

バーバラ・マクリントック（Barbara McClintock、1902～1992年）

1940年代、トウモロコシのゲノムを不安定化し、種子の色の違いを引き起こす遺伝的要因を発見し、*Ds* と *Ac* と名付け、発表しました。これらの実体が後にDNA型トランスポゾンであることが分かりました。*Ds* はそれ自身では活性がない非自律的トランスポゾン、*Ac* は活性がある転移酵素をコードする自律的なトランスポゾンでした。この発見によって1983年にノーベル生理学・医学賞を受賞しています。

4－12

偽遺伝子

筆者：舘野義男

偽遺伝子とは、正常に機能していた遺伝子が、進化過程で突然変異（→ **7-3, 4, 5**）などによって本来の機能を失ってしまった（もはや遺伝子ではない）塩基配列と定義されます。それは、1977年にイギリスの研究者らによって発見されました。彼らは、アフリカツメガエル（図1）の5Sr（リボソーム）RNA（→ **3-6**）遺伝子の研究をしている最中に、この遺伝子とよく似ているが、長さやいくつかの塩基が異なる配列が近くに存在することをみつけ、「偽りの（pseudo）遺伝子（gene）」と名付けました。5SrRNA遺伝子の産物はタンパク質ではなくRNAですが、この偽遺伝子からはRNA産物が得られません。

1977年は、英米の研究者がそれぞれDNA塩基配列決定法を発表した記念すべき年ですが、その技術は偽遺伝子を発見した彼らの研究には間に合いませんでした。彼らは5SrRNA遺伝子とその近くの配列を含む断片cRNA（相補RNA）配列を決定し、彼ら自身が開発したRNA塩基配列決定技術を使って、そのcRNAの塩基を決めたのです。発見には技術の開発・改良と辛抱強さが必要です。

図1．5SrRNA遺伝子の重複と偽遺伝子化

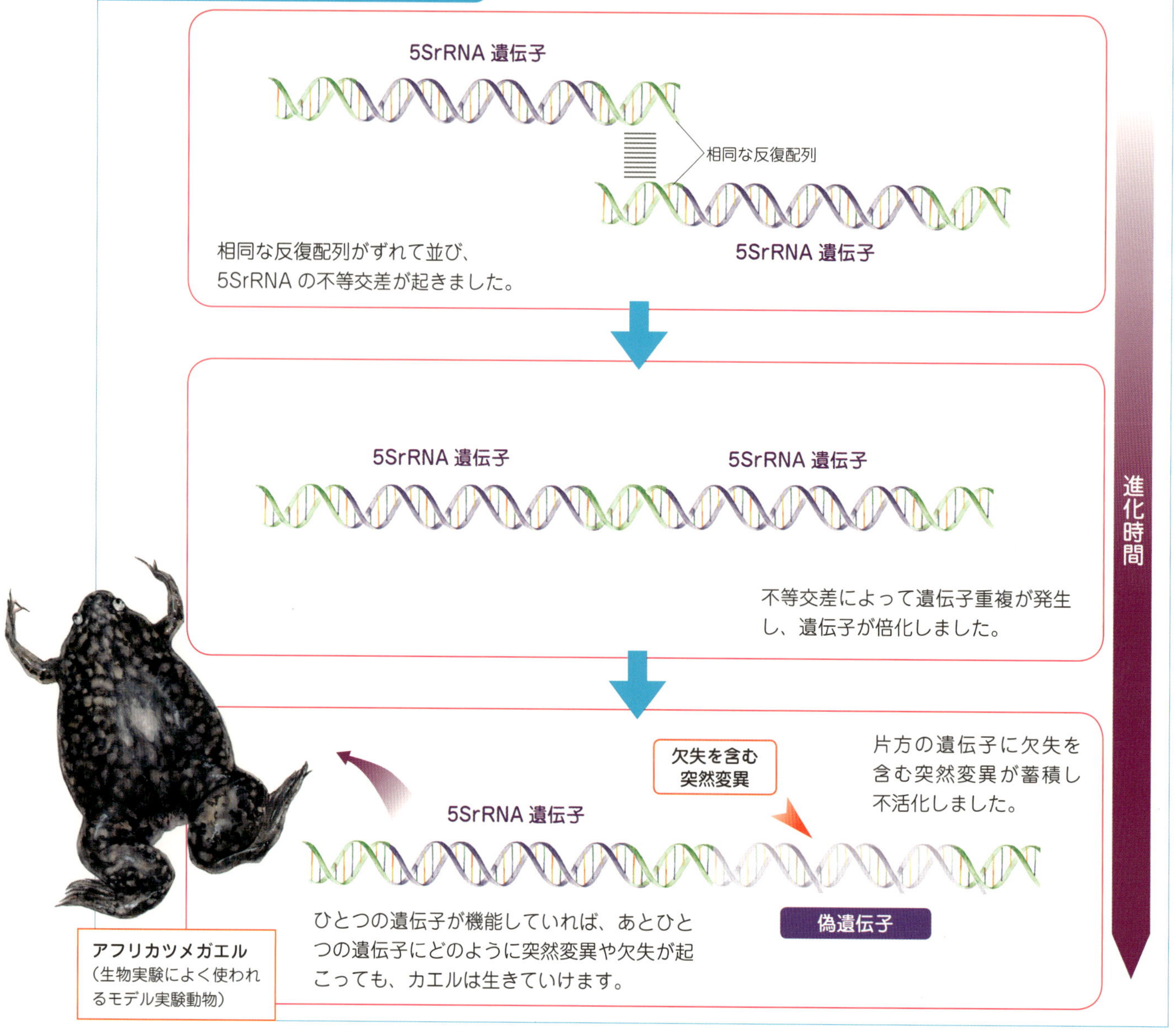
5SrRNA遺伝子
相同な反復配列
5SrRNA遺伝子
相同な反復配列がずれて並び、
5SrRNAの不等交差が起きました。
5SrRNA遺伝子
5SrRNA遺伝子
不等交差によって遺伝子重複が発生し、遺伝子が倍化しました。
欠失を含む
突然変異
片方の遺伝子に欠失を
含む突然変異が蓄積し
不活化しました。
5SrRNA遺伝子
偽遺伝子
ひとつの遺伝子が機能していれば、あとひとつの遺伝子にどのように突然変異や欠失が起こっても、カエルは生きていけます。
進化時間
アフリカツメガエル
（生物実験によく使われるモデル実験動物）

遺伝子の偽遺伝子化

偽遺伝子を発見したイギリスの研究者たちは、図1のように、5SrRNA遺伝子が進化の過程で遺伝子重複（**→7-12**）により倍加し、その後、片方の遺伝子に欠失を含む突然変異が蓄積した結果、偽遺伝子になったと述べています。この発見の後、多くの偽遺伝子が報告され、ヒトゲノム全体ではおよそ2万ほどが存在すると推定されています。その有名な例として、ヒトなどの霊長類やモルモットで、ビタミンCの産生に関与する遺伝子のひとつが偽遺伝子になったため、このビタミンが体内で生成できなくなったことがあげられます（**→1-2**）。

偽遺伝子の新機能の獲得

偽遺伝子は本来の機能を失った塩基配列と述べましたが、偽遺伝子が別の機能を獲得した例がみつかりました。その例のひとつをあげてみましょう。2006年に発表された論文によりますと、ヒトを含む真獣類の祖先で、*Lnx3*というタンパク質を産生する遺伝子に突然変異が起こり、偽遺伝子になりました。ただし、*Lnx3*には遺伝子重複によって生成された別の正常遺伝子がありますので、生存には影響ありません。偽遺伝子化した*Lnx3*は、やがてタンパク質ではなくRNAを産生する*Xist*遺伝子（**→4-7**）として生まれ変わりました。このRNAがヒトなどの生存に重要なX染色体の不活化を制御するようになったのです（図2）。この例のように、偽遺伝子でも、本来のものでない機能をもつものも存在します。一方、機能をもたない偽遺伝子の存在は、木村資生が唱えた「分子進化の中立説」を支持する強力な証拠となっています（**→7-10**）。

図2．遺伝子の偽遺伝子化と新機能獲得

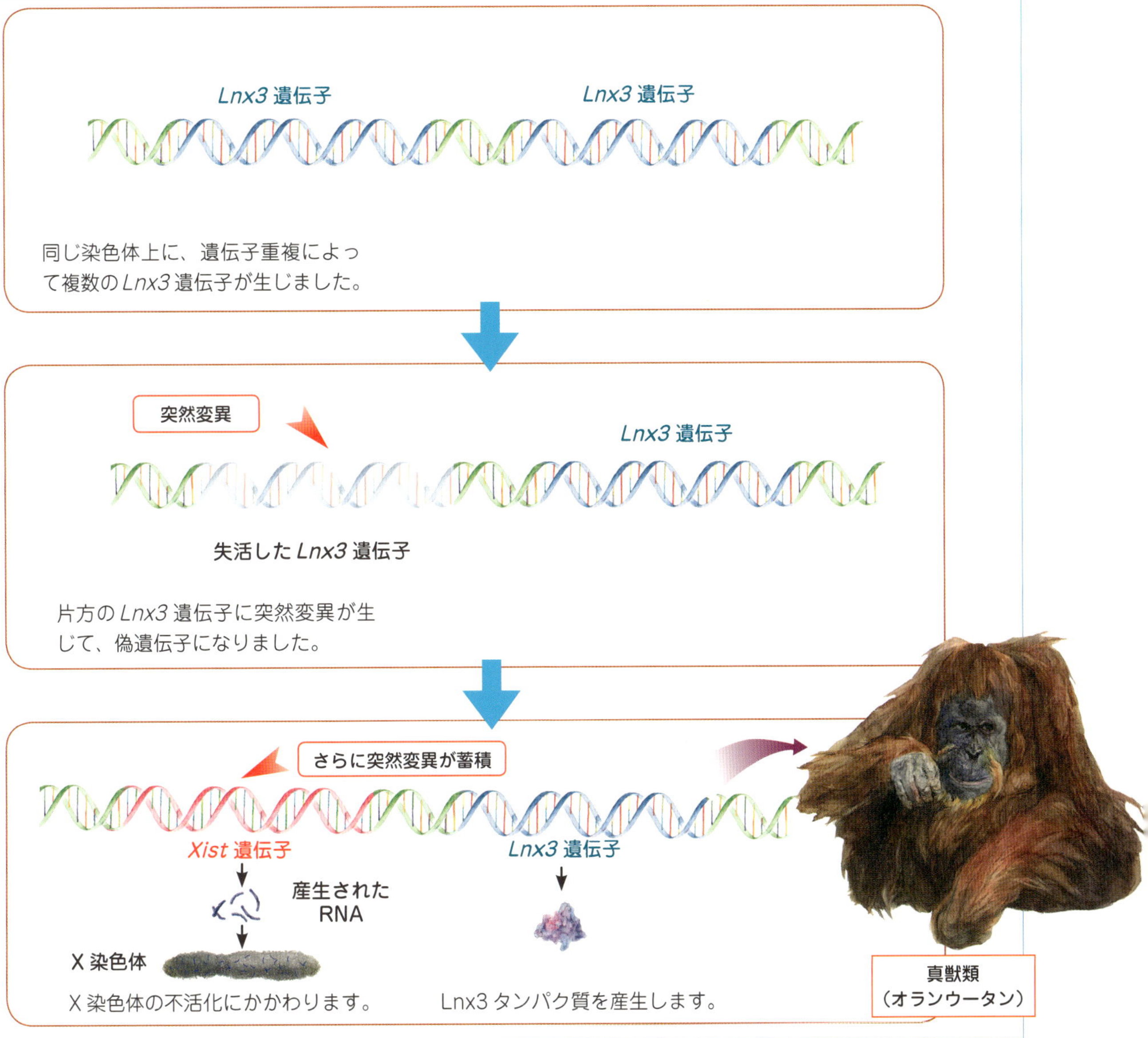
Lnx3 遺伝子
Lnx3 遺伝子
同じ染色体上に、遺伝子重複によって複数の*Lnx3*遺伝子が生じました。
突然変異
Lnx3 遺伝子
失活した *Lnx3* 遺伝子
片方の*Lnx3*遺伝子に突然変異が生じて、偽遺伝子になりました。
さらに突然変異が蓄積
Xist 遺伝子
Lnx3 遺伝子
産生された RNA
X染色体
X染色体の不活化にかかわります。
Lnx3タンパク質を産生します。
真獣類（オランウータン）

4－13

真核生物のゲノム

筆者：藤山秋佐夫

生物は、体をつくるもととなる細胞が核をもたない原核生物と、核をもつ真核生物とに分けられています。真核生物のゲノムは核のなかに含まれており、DNA という細長い鎖のような形をした化学物質からできています（図 1）。核のなかの DNA は、ヒストンという特別なタンパク質のかたまりに巻きついてヌクレオソームをつくり、これがさらに集まったクロマチンという構造をとっています。細胞が分裂して増える時には、まずゲノム DNA を倍増させ、さらに染色体という特別な構造をとったあとで、２個の娘細胞に等しく分配します（→ **3-2**）。生物が子孫をつくって増える時には、親から子へと、ゲノム DNA が引き継がれます。

図 1．DNA の折りたたみ構造

ゲノム
真核生物のゲノムは核のなかに含まれており、DNA という細長い鎖のような形をした化学物質からできています。
細胞
細胞核
染色体
細胞が分裂して増える時にとる特別な形です。
クロマチン
ヌクレオソームがさらに集まった構造をとっています。
ヌクレオソーム
DNA がヒストン八量体の周囲を 1.75 回転して巻きつきます。
ヒストン
DNA
ヒストンというタンパク質のかたまりに巻きついています。

真核生物のゲノムは、原核生物のゲノムよりも大きい

真核生物のゲノムは、核をもたない原核生物のゲノムとくらべると、いくつか違う点があります。まず、真核生物ゲノムの方が一般的に大きいという特徴があります。たとえば代表的な原核生物で、研究室でよく使われる大腸菌のゲノムの大きさをJR山手線一周の長さにたとえると、真核生物でよく使われる酵母菌のゲノムは、およそ東京都から国立遺伝学研究所のある静岡県三島市くらいまでの長さになります（図2）。原核生物のゲノムの大きさは、種類が違ってもだいたい大腸菌と同じ程度ですが、真核生物のゲノムは、酵母菌程度の大きさのものから、その約300倍の哺乳類ゲノムまでさまざまで、パンコムギのように、ヒトの倍以上もあるゲノムをもつ生物までいます。しかし、大きなゲノムをもつ生物が、より複雑で高等かというと、そんなことはありません。ゲノムに含まれる遺伝子の数についても同じで、大腸菌が約4000個の遺伝子をもつのに対して、酵母菌は約7000個、ヒトの遺伝子数は約2万個程度と推定されています。

図2．真核生物と原核生物のゲノムの長さ

大腸菌のゲノムを山手線とすると、酵母菌は東京から三島市くらいの長さになります。

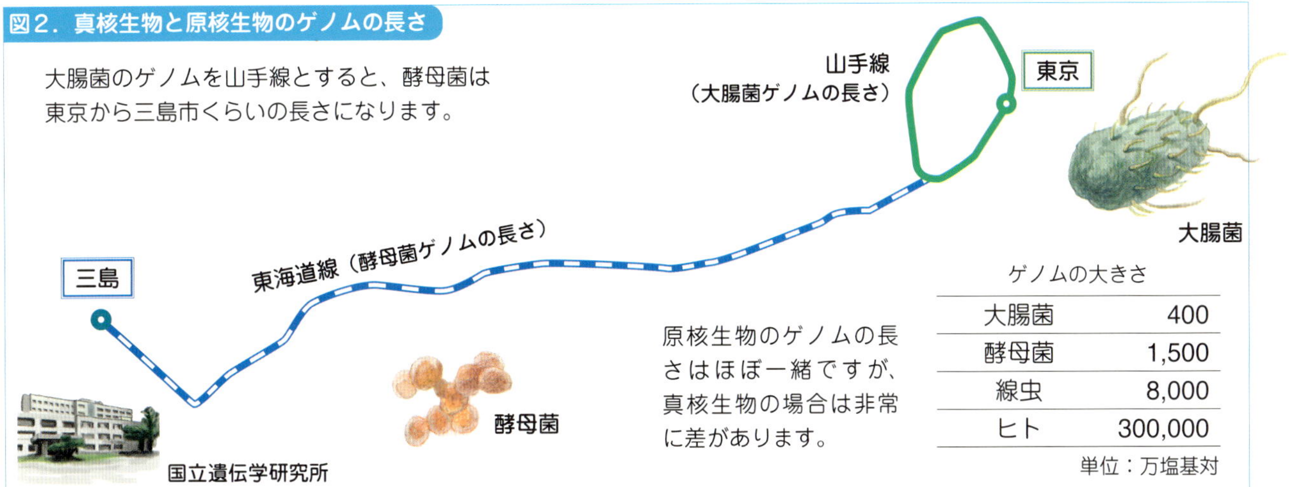

原核生物のゲノムの長さはほぼ一緒ですが、真核生物の場合は非常に差があります。

ゲノムの大きさ

大腸菌	400
酵母菌	1,500
線虫	8,000
ヒト	300,000

単位：万塩基対

真核生物のゲノムは、原核生物のゲノムとどこが違う？

真核生物のゲノムが原核生物のゲノムより大きい理由は、遺伝子の数が多いという以外にもいくつかあります。まず真核生物は細胞そのものが大きいのですが、核をもつので比較的大きなゲノムでも一定の場所にしまうことができます。また、真核生物の遺伝子は、エキソン部分とイントロン部分に分かれており（**→5-6**）、ゲノム上での遺伝子と遺伝子の間隔も原核生物よりも大きくなっています。ヒトゲノムの場合、遺伝子間の領域には同じ構造のDNAが何度も繰り返していたり（**→4-10**）、機能を無くした遺伝子（**→4-12**）の残骸などが多数含まれていて、タンパク質に翻訳される部分は、ゲノム全体の5%程度しかありません（図3）。

図3．セントラルドグマ

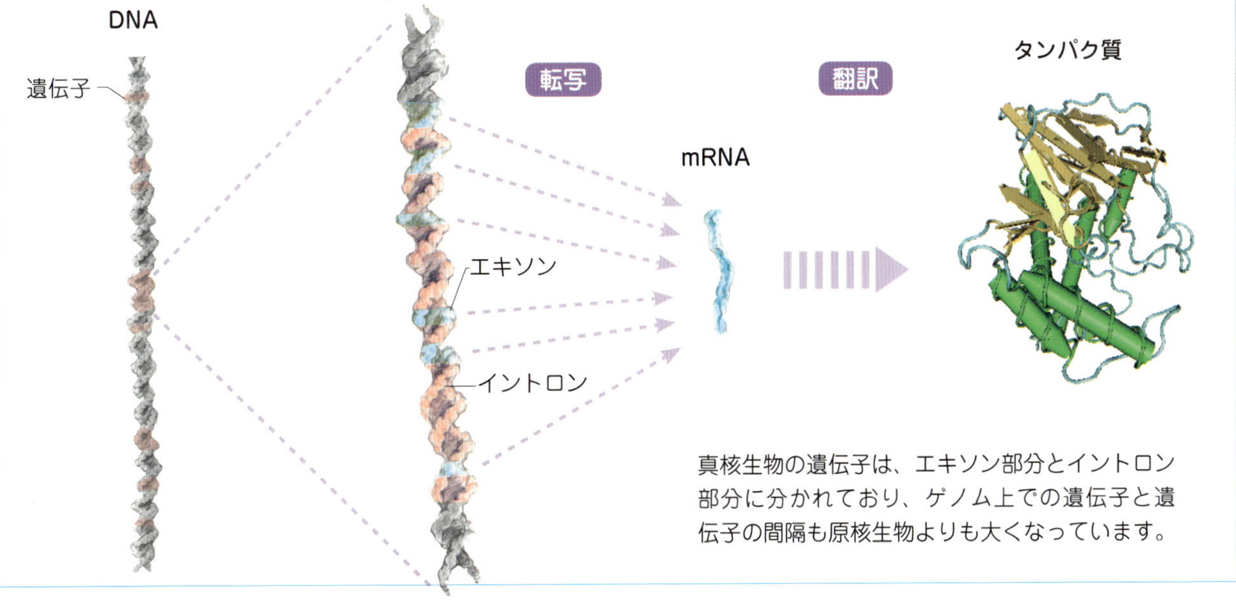

真核生物の遺伝子は、エキソン部分とイントロン部分に分かれており、ゲノム上での遺伝子と遺伝子の間隔も原核生物よりも大きくなっています。

原核生物のゲノム

筆者：柳原克彦

原核生物は、真正細菌（大腸菌や納豆菌、藍藻など）と古細菌（熱水や塩湖など普通の生物が住めない厳しい場所でよく観察される）からなります（**→ 1-10**）。原核生物では細胞内に膜で区切られた核がないため、ゲノムは「核様体」とよばれる塊状で細胞内に存在します。 ゲノムの長さは細胞の長さの1000 倍くらいあるため、核様体はゲノム DNA が非常に細かく折りたたまれたものです。

原核生物のゲノムは一般的に真核生物よりもかなり小さく、たとえば大腸菌のゲノムはヒトのゲノムの約 700 分の 1 の長さしかありません。しかし、遺伝子の数でいうと大腸菌はヒトの約８分の１ですから、原核生物のゲノムでは遺伝子の密度が大変高いということがいえます。これは、原核生物のゲノムには真核生物でよくみられるような遺伝子をコードしない繰り返し配列（**→ 4-10**）がほとんどなく、また遺伝子を分断するイントロン（**→ 5-6**）とよばれる配列もほとんどみられないためです。

プラスミド

真核生物のゲノムは複数の直鎖《ちょくさ》状 DNA 分子からなるのに対し、原核生物のゲノムはひとつの環状《かんじょう》DNA 分子である場合が多いです。また、原核生物ではこのゲノムに加えて、「プラスミド」とよばれる小型の環状DNA 分子をもつことがよくあります（図 1）。プラスミドは原核生物が生きていくために必須ではないものの、生きていくために有利な遺伝子をもつ場合がしばしばみられます。 プラスミドは人為的に改変することができ、ヒトなど異なった種の遺伝子を組み込むこともできるため、生物学の研究のみならず人間にとって有用な物質を原核生物で生産することも行なわれています（**→ 9-7, 10-5**）。

図 1. 原核生物のゲノム

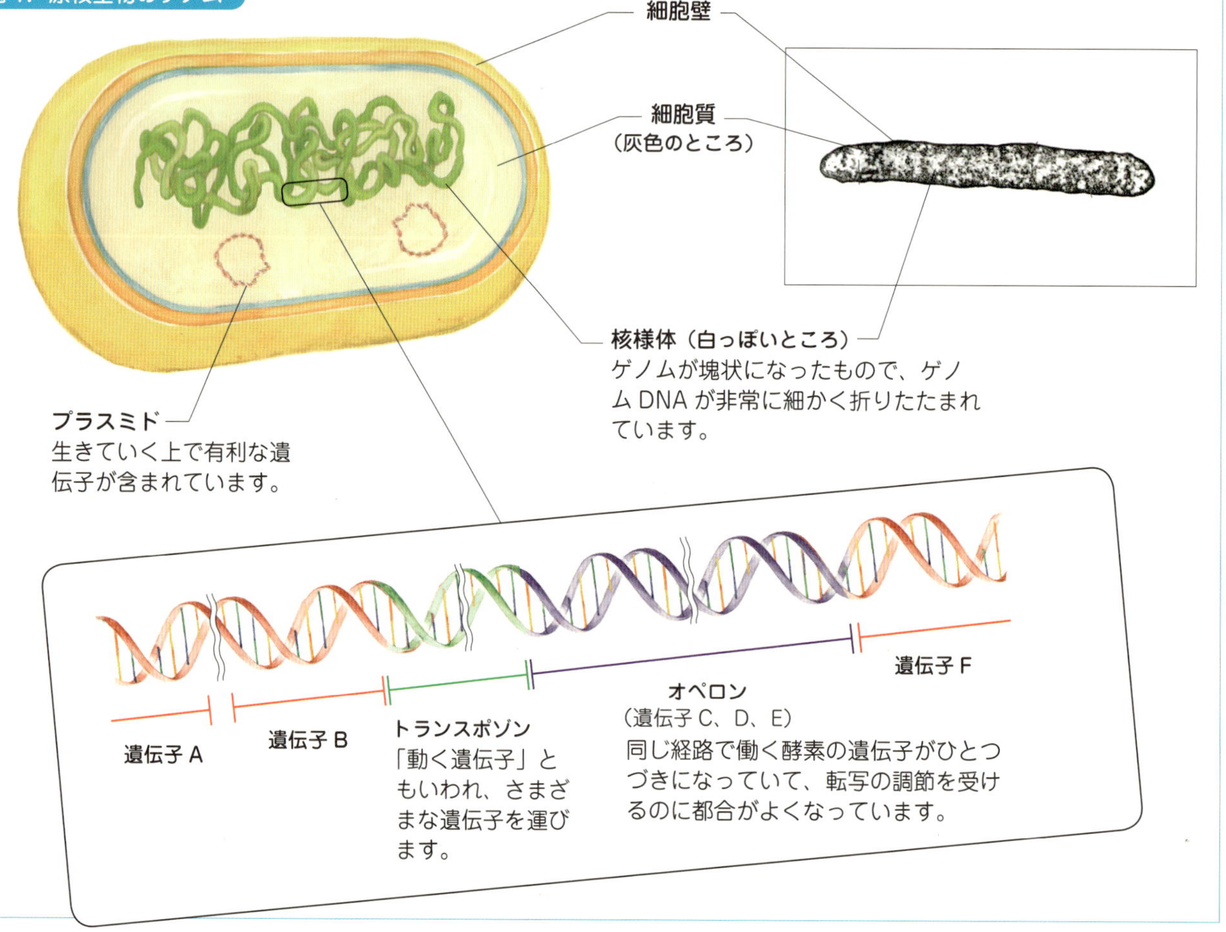
細胞壁
細胞質
（灰色のところ）
核様体（白っぽいところ）
ゲノムが塊状になったもので、ゲノム DNA が非常に細かく折りたたまれています。
プラスミド
生きていく上で有利な遺伝子が含まれています。
遺伝子 F
オペロン
（遺伝子 C、D、E）
同じ経路で働く酵素の遺伝子がひとつづきになっていて、転写の調節を受けるのに都合がよくなっています。
遺伝子 A
遺伝子 B
トランスポゾン
「動く遺伝子」ともいわれ、さまざまな遺伝子を運びます。

複製の方法

大腸菌の場合、ゲノムの複製（**→4-8**）は1ヵ所（オリジン）から両方向に始まり、20分程度で終わります。複製と細胞の分裂は同時に進むため、生育条件が良いと1時間に複数回にわたり分裂増殖することができます。核で仕切られていないため、転写（**→5-5**）と翻訳（**→5-7**）は同時に行なわれます。同じ経路に働く酵素の遺伝子などは一続きにまとまって存在していることがよくあります。これを「オペロン」とよび、協調して転写の調節を受けるのに都合のよいシステムであると考えられます（図1）。

多様な種類とその原因

原核生物に感染するウイルスは「ファージ」とよばれています。ファージやプラスミドはしばしば種間を超えて移動することができ、それにともないさまざまな遺伝子を伝搬します（図2）。抗生物質耐性や病原性の原因になる遺伝子を運ぶ場合もあり、医学的にも大きな問題になっています。また、ゲノムやプラスミドには動く遺伝子（トランスポゾン）（**→4-11**）がよくみられ、これもさまざまな遺伝子を運ぶことが知られています。これらが要因となり、原核生物のゲノムはとても多様なものになっています。

図2. 原核生物ゲノムの種間を超えた移動

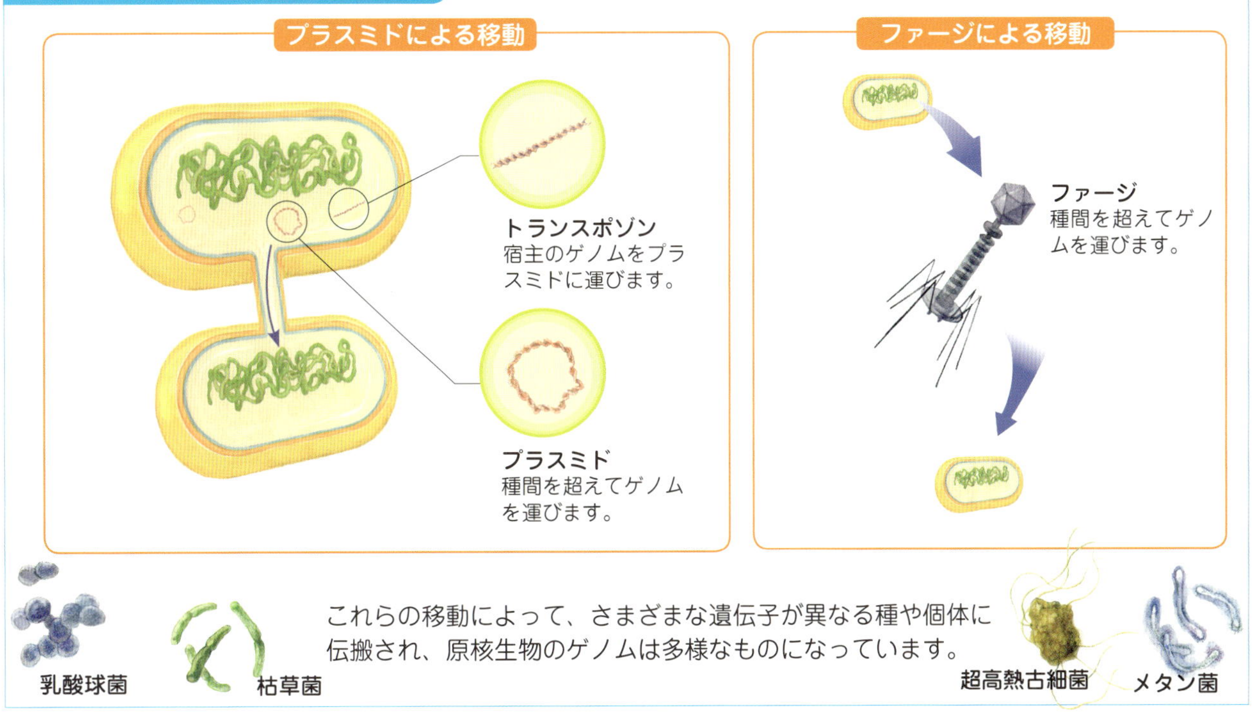
プラスミドによる移動
トランスポゾン
宿主のゲノムをプラスミドに運びます。
プラスミド
種間を超えてゲノムを運びます。
ファージによる移動
ファージ
種間を超えてゲノムを運びます。
これらの移動によって、さまざまな遺伝子が異なる種や個体に伝搬され、原核生物のゲノムは多様なものになっています。
乳酸球菌
枯草菌
超高熱古細菌
メタン菌

真核生物への進化

古細菌のゲノムの構造や、複製・転写といった現象の仕組みなどは、真正細菌よりも真核生物のものとよく似ています。また、真核生物の細胞内小器官であるミトコンドリア（**→3-8**）や葉緑体（**→3-9**）には環状のDNAが含まれていて、それらは真正細菌の特徴を備えていることから、真核生物は古細菌と真正細菌が細胞内で共生して誕生したという仮説が広く受け入れられています（図3）。

図3. 真核生物の成り立ち

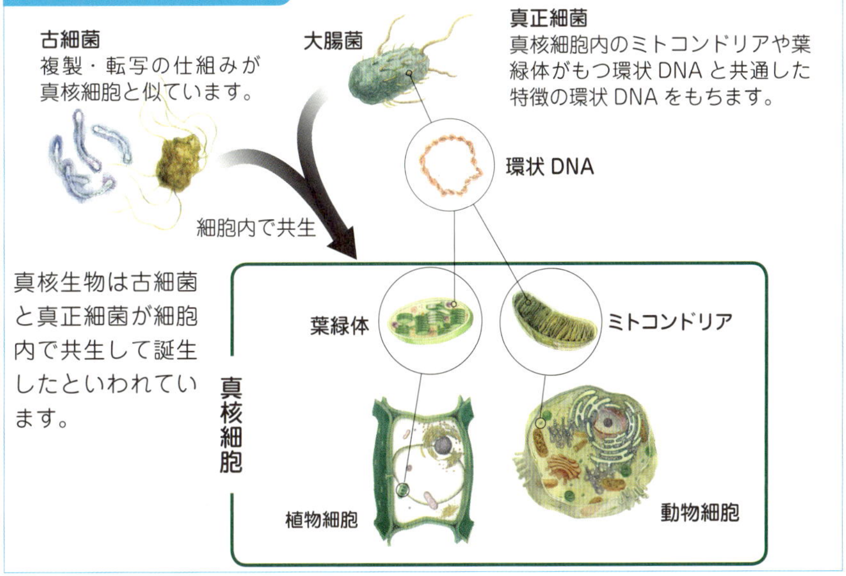
古細菌
複製・転写の仕組みが真核細胞と似ています。
大腸菌
真正細菌
真核細胞内のミトコンドリアや葉緑体がもつ環状DNAと共通した特徴の環状DNAをもちます。
環状DNA
細胞内で共生
真核生物は古細菌と真正細菌が細胞内で共生して誕生したといわれています。
真核細胞
葉緑体
ミトコンドリア
植物細胞
動物細胞

第II部 遺伝子とは

【第5章】遺伝子とタンパク質

子が親に似るのは遺伝子のおかげです。遺伝子は親から子へ、DNAという物質の形で受け継がれます。DNAの遺伝情報はmRNAに転写されたあと、リボソームによって生物の体を構成するタンパク質や、代謝をつかさどる酵素に翻訳されます。またリボソームRNAやtRNAなど、タンパク質に翻訳されずRNAが働きをもつものもあります。遺伝子は長い年月をかけ、組換えや突然変異により多様化してきました。この章では、遺伝子に書き込まれた情報がどのように発現し、生物の形質として現れるのか解説します。

細胞のなかでは、リボソームがmRNAにしたがい、アミノ酸を順序よく結合させることで、さまざまなタンパク質をつくっていきます。その行程は、まるでドラえもんの世界のように、未来の調理ロボット（リボソーム）に、プログラムカード（mRNA）をいれることで、目的の料理（タンパク質）ができるのと似ています。

5−1

遺伝子とは（1）
——歴史的な変遷

筆者：山尾文明

遺伝学の発展は、「遺伝子」という概念の展開、その分子的実体の解明の歴史といえます（図）。親から子へ似た性質（形質）が伝わる遺伝という現象が学問的に認知されるのは、エンドウの交雑実験からいくつかの表現型が分離することをみいだした、メンデルの発見（1865年）に始まります。学校の教科書で習うメンデルの法則は、「1. 優性劣性の法則」、「2. 分離の法則」、「3. 独立の法則」と教えられます。メンデルの遺伝学のもっとも大事な神髄は、これらの法則にしたがって伝えられるのは形質ではなく、その背後にある遺伝形質に対応した特定の因子であるという考えにあります（→6-1）。ひとつの形質が独立したひとつの因子に1：1で対応し、両親から受け継いだ一対の因子に対して対立遺伝子の概念を導入したこのときに、はじめて学問的に「遺伝子」という概念がつくられました。このように「点」あるいは「粒子」として概念化されたこのメンデル因子を、1900年のメンデルの再発見のあと、「遺伝子（gene《ジーン》）」とよぶことが提起されました。その時点では、遺伝子とその実態・形質とのつながりは何ひとつわからないブラックボックスでしたが、その後の遺伝学の歴史は、遺伝子の概念のさらなる発展と、このブラックボックスを解明する努力の足跡ということができます。

図.「遺伝子」概念の展開

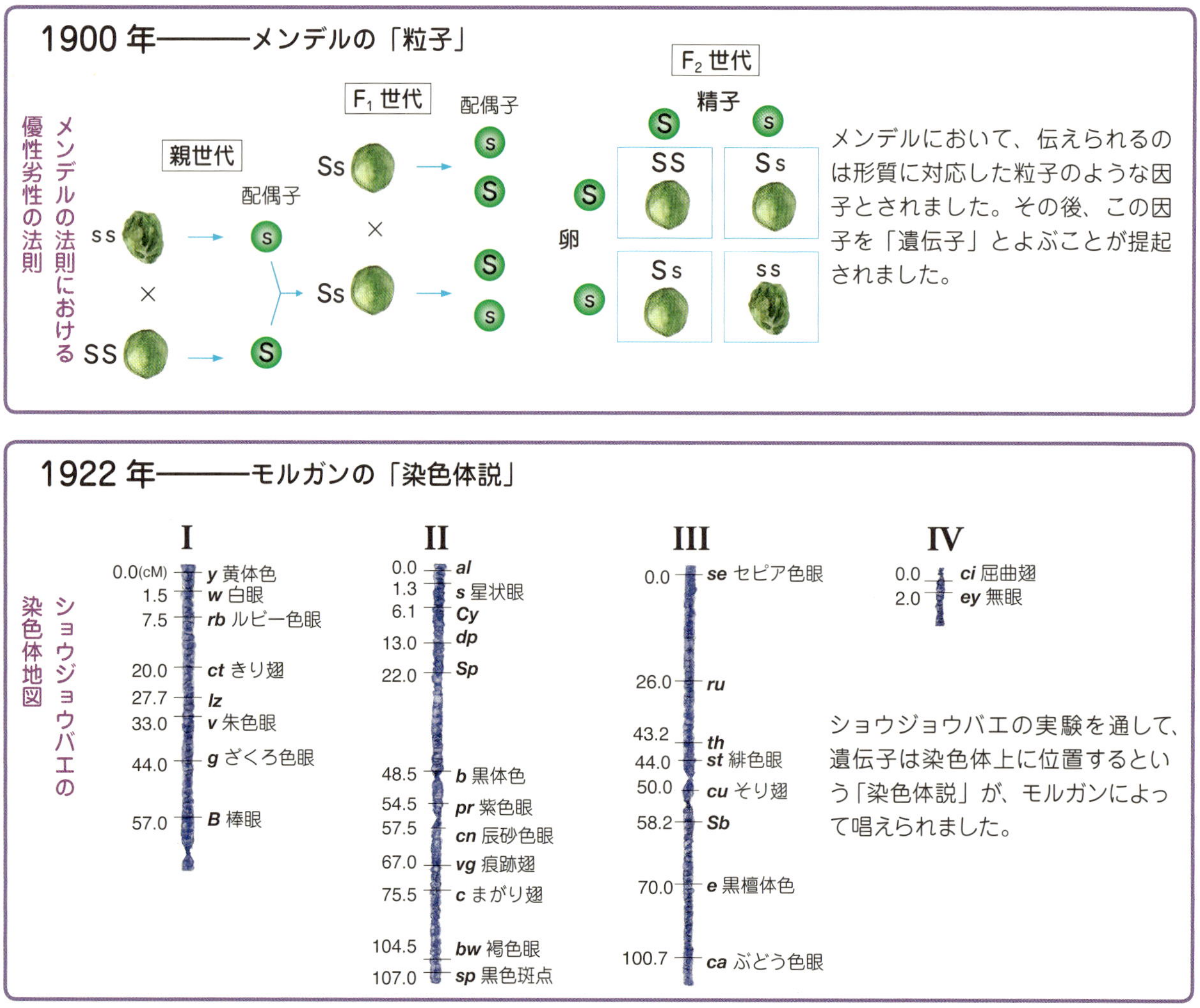

1900年———メンデルの「粒子」
メンデルの法則における
優性劣性の法則
親世代
ss
×
SS
配偶子
s
S
F1 世代
Ss
×
Ss
配偶子
S
s
S
s
F2 世代
精子
S
s
卵
S
s
SS
Ss
Ss
ss
メンデルにおいて、伝えられるのは形質に対応した粒子のような因子とされました。その後、この因子を「遺伝子」とよぶことが提起されました。
1922年———モルガンの「染色体説」
ショウジョウバエの
染色体地図
I
0.0(cM) y 黄体色
1.5 w 白眼
7.5 rb ルビー色眼
20.0 ct きり翅
27.7 lz
33.0 v 朱色眼
44.0 g ざくろ色眼
57.0 B 棒眼
II
0.0 al
1.3 s 星状眼
6.1 Cy
13.0 dp
22.0 Sp
48.5 b 黒体色
54.5 pr 紫色眼
57.5 cn 辰砂色眼
67.0 vg 痕跡翅
75.5 c まがり翅
104.5 bw 褐色眼
107.0 sp 黒色斑点
III
0.0 se セピア色眼
26.0 ru
43.2 th
44.0 st 緋色眼
50.0 cu そり翅
58.2 Sb
70.0 e 黒檀体色
100.7 ca ぶどう色眼
IV
0.0 ci 屈曲翅
2.0 ey 無眼
ショウジョウバエの実験を通して、遺伝子は染色体上に位置するという「染色体説」が、モルガンによって唱えられました。

古典遺伝学と染色体地図

ある形質が突然変異（**→ 7-3, 4, 5**）のために変化することによって、はじめてその形質に対する遺伝子が認識されます。形質としては生理学的・生化学的なものから、形態や発生分化にいたるまで多様なものが含まれますが、それぞれに対応する遺伝子が存在し、細胞学的には、それが顕微鏡下で観察される染色体上に位置する因子として認められます（染色体説）。1922 年には、モルガンがショウジョウバエの 4 本の染色体上に数十個の遺伝子の相対的位置を決定しました（**→ 9-3**）。このような両親由来の対立遺伝子を使い、交配による遺伝子連鎖を調べて染色体地図をつくり上げる作業は、古典遺伝学には必要に迫られた基本的な遺伝学ツールの開発だったのです。

1 遺伝子 1 酵素仮説

1940 年代になると、大事な仮説が出されました。アカパンカビの栄養要求性変異株（最低限必要な栄養の種類が野生株とは異なるもの）を多数分離して、その代謝異常を解析してきたビードルとテイタムが 1945 年に唱えた「1 遺伝子 1 酵素仮説」です。ひとつの遺伝子は、それぞれただ 1 種類の酵素を規定しているというものでした。これは遺伝子と酵素つまりはタンパク質が 1：1 で対応することを初めて概念的に示したもので、その後の遺伝子の作用の仕組みを解明する基本的方向性を示すものとして、重要なステップとなりました。

機能単位としての遺伝子

ふたつの異なる変異遺伝子が、同じ遺伝子上の変異なのかどうかを判定するには、それぞれの変異をシスとトランスに配置した場合の形質の発現（表現型）をみることで識別します。これを「シス-トランス検定による相補性試験」といいます。この方法で検定されるものは、遺伝子としての機能単位であり、現在の遺伝子としての概念にもっとも近いものです。現在の理解からすると、1 本のポリペプチドに相当することになります。ふたつの変異遺伝子の間の組換えの有無、あるいは変異を起こし得る単位として検定すれば、さらに細かな単位に細分化することが可能で、これらの変異遺伝子を「偽対立遺伝子」といいます。このことは、元来、遺伝子はそれ以上不可分の最小単位として理解されてきましたが、遺伝子はその定義、検定法により可分にも不可分にも理解できることを意味しました。1950 年代にベンザーは、大腸菌のウイルスであるファージを用いた遺伝子単位の詳細な解析の結果から、それまでの古典的概念を整理し、相補性試験による機能単位をシストロン、組換え機能の単位をレコン、突然変異の単位をミュートンとすることを提起しました。この後に遺伝子の実体が明らかになると、レコンとミュートンは、ひとつのヌクレオチド単位に還元されることになり、遺伝子とするには相応しくなくなりましたが、シストロンはこれ以上分割できない機能単位としての遺伝子の概念として、現在でも生きています。

1950 年代———ベンザーの「シストロン」

シス-トランス検定による相補性試験

ベンザーはファージを用いた詳細な解析の結果から、遺伝子を以下のように提起しました。

① 機能単位をシストロン
② 組換え機能の単位をレコン
③ 突然変異の単位をミュートン

①のシストロンは、これ以上分割できない機能単位としての遺伝子の概念として、現在でも生きています。

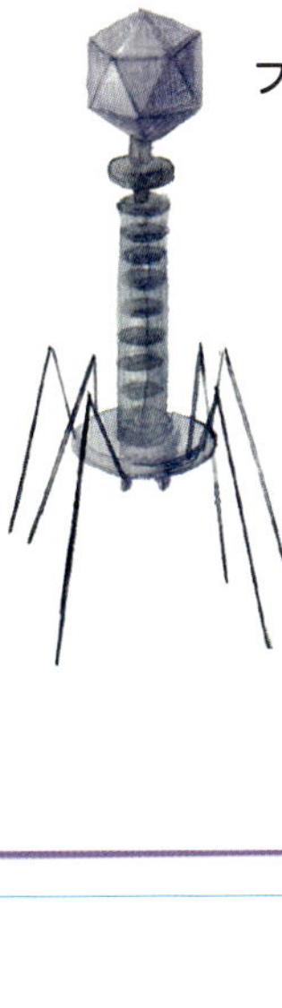

ファージ

シーモア・ベンザー
（1921 ～ 2007 年）

遺伝子とは（2）
——現代の定義

筆者：山尾文明

遺伝子の正体としてのDNAが明らかになるにしたがって、遺伝子の分子的実体が確立していきました。遺伝子の分子的実体をめぐっては、染色体を構成する成分のうちのタンパク質か、または核酸かのどちらであるかの見極めは、長いあいだ遺伝学の課題でした。当初は、分子的多様性を考慮して、遺伝子はタンパク質とする見方が長く続いていましたが、1944年にアベリーらが肺炎双球菌の形質転換を起こすのはDNAであることを示し、1952年には、ハーシーとチェイスがファージのタンパク質ではなくDNAが細胞内に入り次世代ファージが増殖することを示して、DNAが遺伝子の正体であることが明らかになりました。その直後にDNAの構造が解明され、1953年にワトソンとクリックが示したDNAの二重らせん構造は（➔**4-2**）、遺伝子の有すべき情報形態とその複製様式を見事に説明できるものでした。これにより遺伝子の理解は飛躍的に発展し、遺伝学の革命的な進展をもたらすことになったのです。メンデルの発見とならび、20世紀最大の発見と称される所以です。

現代の「遺伝子」概念

RNAがDNAからタンパク質への情報を仲介するメッセンジャー（mRNA）（➔**4-5**）であることが示されたこと、クリックによってDNA→RNA→タンパク質への情報の流れがセントラルドグマ（中心教義）として提唱されたこと、3個の塩基配列（コドン）とアミノ酸との対応関係を示した遺伝暗号表（➔**4-4**）が1960年代に解明されたこと、これらを経て現在の遺伝子概念の大枠が確立しました（図）。すなわち、遺伝子とは、「DNA分子上のある長さをもった特定の領域」を意味するようになりました。それはタンパク質の一次構造（アミノ酸配列）に対応し、遺伝暗号表にしたがってタンパク質合成開始の最初のアミノ酸を規定する3個の塩基配列（コドン）に始まって、タンパク質合成終止のコドンで終わる連続した塩基配列ということになります。タンパク質の機能の多様性を支えるアミノ酸配列は、DNA上の塩基配列によって規定されることになります。ただ、mRNAは翻訳部分（➔**5-7**）より前後に長く合成されるので、このmRNAを規定している部分を遺伝子と解する場合もあります。

図．現代の「遺伝子」概念

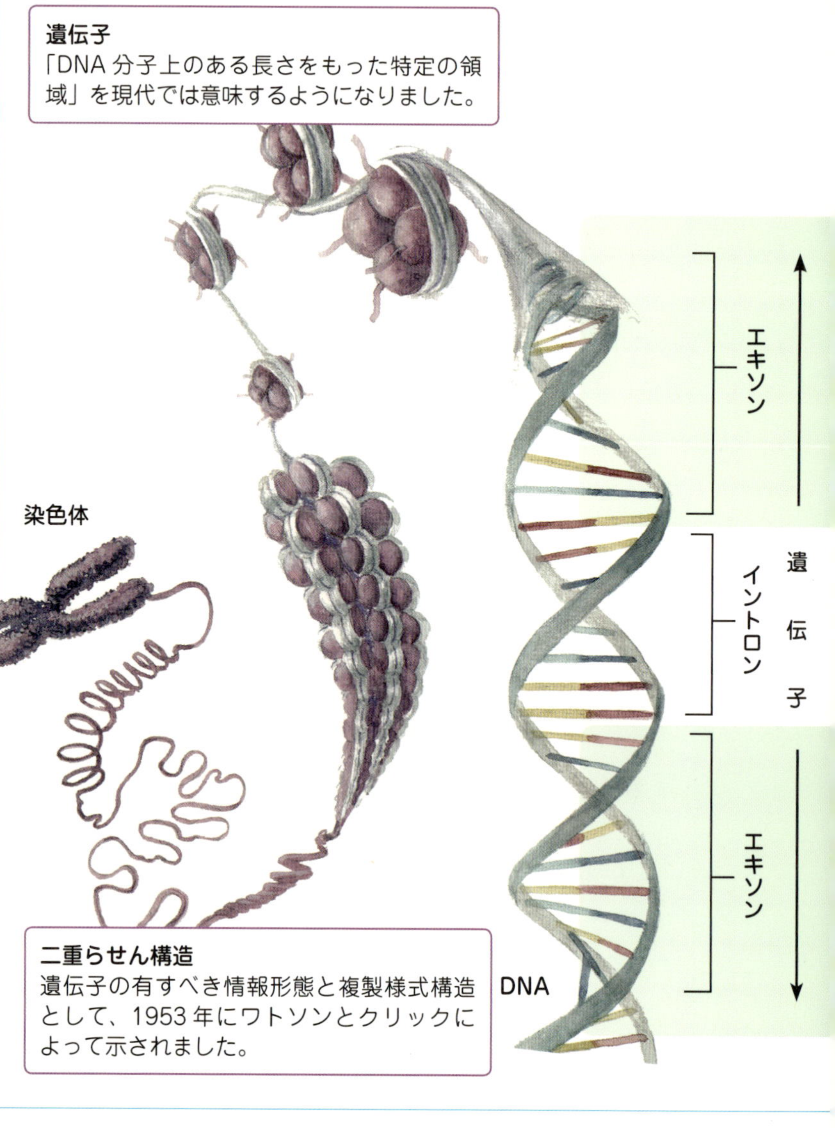
遺伝子
「DNA分子上のある長さをもった特定の領域」を現代では意味するようになりました。
染色体
エキソン
イントロン
エキソン
遺伝子
二重らせん構造
遺伝子の有すべき情報形態と複製様式構造として、1953年にワトソンとクリックによって示されました。
DNA

原核生物と真核生物における遺伝子

原核生物の場合にはコドンとアミノ酸配列が直線的に1：1に対応しますが、真核生物の多くの場合は、mRNAに転写（**→5-5**）される塩基配列（エキソン）が、転写されない塩基配列（イントロン：DNAの情報を転写したmRNAから翻訳（**→5-7**）前に除去される）に往々にして分断されているため、塩基配列とアミノ酸配列が直線的には対応せず、タンパク質の分子量から期待される長さよりも長い遺伝子構造となります。

構造遺伝子と制御遺伝子

リボソームRNA（rRNA）（**→3-6**）やtRNA（**→4-3**）もまたDNA上にコードされていて、この情報にしたがって生産されます。このように、タンパク質やRNAの一次構造を保存している遺伝子を「構造遺伝子」といい、通常、遺伝子というときはこれを指します。これに対して、構造遺伝子の発現を調節するための領域がDNA上には存在し、プロモーター、オペレーター、エンハンサーやインスレーターなど、特定の制御タンパク質との特異的相互作用を通して機能します。これらは構造遺伝子に対して制御領域、あるいは「制御遺伝子」とよばれる場合があります。

DNA
遺伝子の分子的実体が、1952年のハーシーとチェイスの実験をうけて、DNAであるとされました。

制御遺伝子
遺伝子の発現を制御するための領域で、特定の制御タンパク質と特異的相互作用を通して機能します。

セントラルドグマ
クリックによって〈DNA→RNA→タンパク質〉という情報の流れが提唱されました。

遺伝暗号表
３個の塩基配列（コドン）とアミノ酸との対応関係を示した表が1960年代に解明されました。

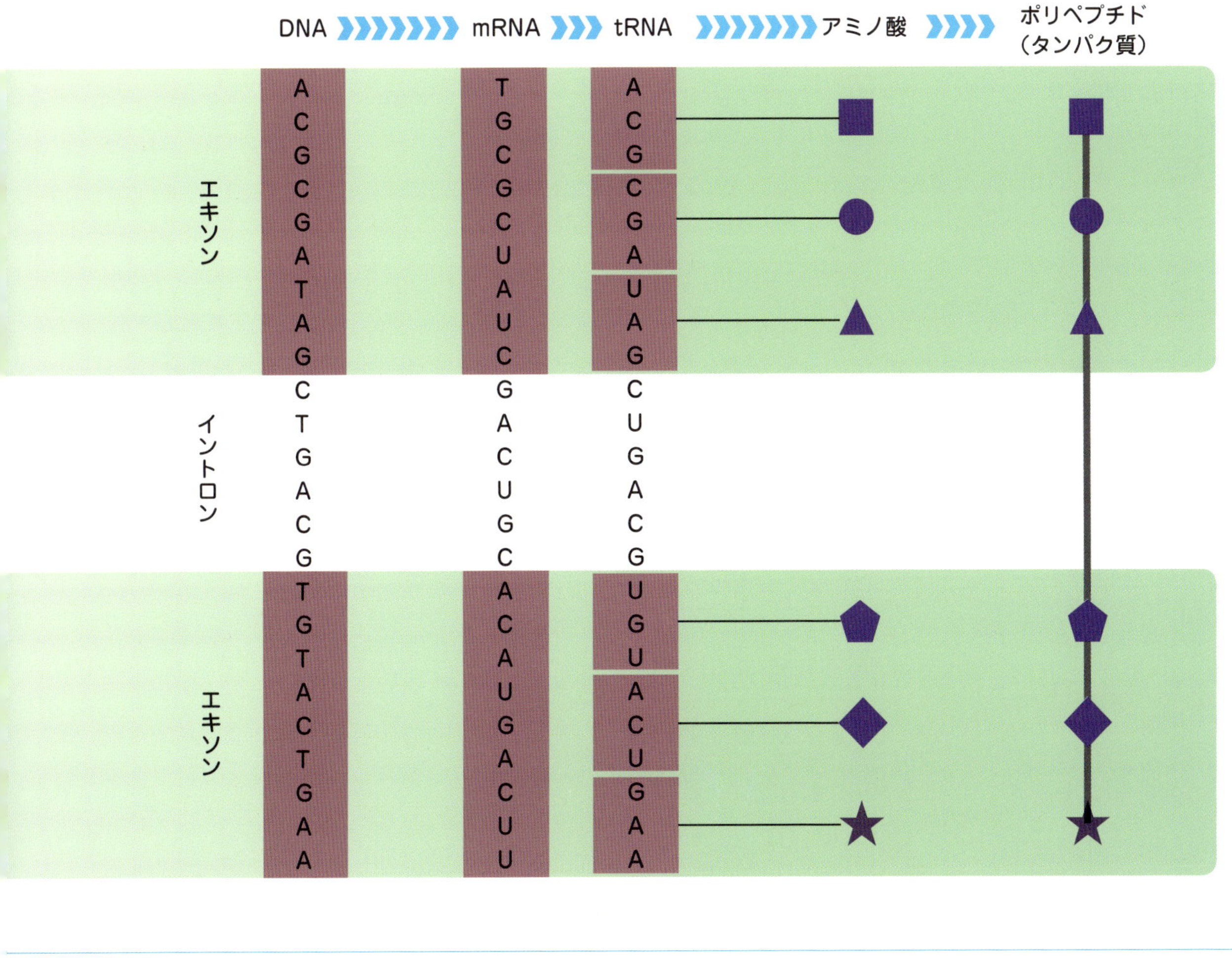

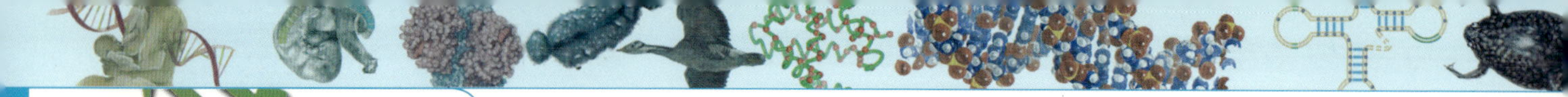

5-3

遺伝子の多様性（遺伝子族）

筆者：小笠原理

遺伝子が多様性をもつには、新しい遺伝子が生まれる必要があります。ひとつの塩基が他の塩基に変化する点突然変異（→**7-6**）だけでは新しく生まれる可能性が低いので、遺伝子がコピー数を増幅する遺伝子重複（→**7-12**）という働きが重要になります。この遺伝子重複によって、遺伝子どうしが類縁関係をもつようになりますが、このグループのことを「遺伝子族」といいます。遺伝子族が増えたり、遺伝子族どうしが合体することによって、遺伝子の多様性が生まれると考えられます。

遺伝子族の生まれる割合

遺伝子族は不等交差、レトロポジションや染色体の重複といった遺伝子の重複・欠失の結果として生成・消失します（図1）。近年の比較ゲノム研究の結果、遺伝子重複による遺伝子族のメンバー数の増減は、決してまれなことではないことが明らかになってきています。たとえば哺乳類では、遺伝子数が増減する頻度は、DNA塩基配列のサイトあたりの置換頻度とくらべても10～40%ほどにもなると推定されています（100万年あたり遺伝子あたり約0.001～0.002回の増減）。遺伝子重複によって生じた同種内の遺伝子を、「パラロガス遺伝子」とよぶことがあります。これに対し、共通祖先をもつ異種間の相同遺伝子のことを、「オーソロガス遺伝子」とよびます。

図1．遺伝子族ができる仕組み

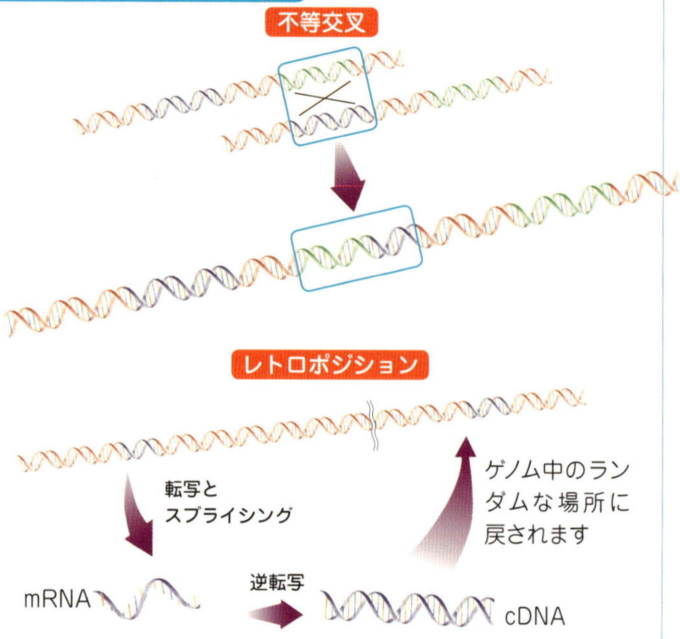
不等交叉
レトロポジション
転写と
スプライシング
ゲノム中のランダムな場所に戻されます
mRNA
逆転写
cDNA

図2．遺伝子族のドメイン構造の例（核内受容体遺伝子族）

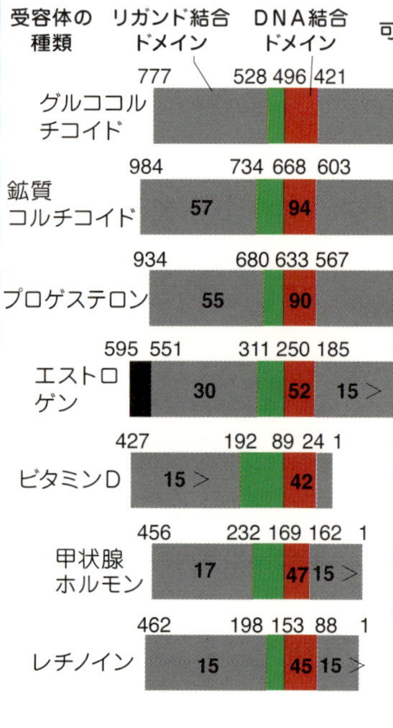
受容体の種類
リガンド結合ドメイン
DNA結合ドメイン
可変領域
グルココルチコイド
777 528 496 421 1
鉱質コルチコイド
984 734 668 603 1
57 94 15 >
プロゲステロン
934 680 633 567 1
55 90 15 >
エストロゲン
595 551 311 250 185 1
30 52 15 >
ビタミンD
427 192 89 24 1
15 > 42
甲状腺ホルモン
456 232 169 162 1
17 47 15 >
レチノイン
462 198 153 88 1
15 45 15 >

各受容体はヒト由来のものです。箱のなかの数値はグルココルチコイド受容体との間のアミノ酸の相同性を表わしています。
※「<15」とは、グルココルチコイド受容体との相同性が15%以下を意味します。

遺伝子の新機能の獲得とドメイン

多くのタンパク質は、その内部に「ドメイン」をもっています。ドメインとは、それ自身が独自の構造と機能をもっているタンパク質のなかのアミノ酸配列の一部のことです。たとえば、核内受容体遺伝子族は図2のように、リガンド（特定の受容体に結合する物質）結合ドメインと、DNA結合ドメインをもっていて、同一の種類のドメインの間では可変領域などにくらべて相同性が高くなっている様子が分かります。ドメインは別のタンパク質のなかに挿入されても機能を保つことができるため、ドメインの挿入などによって、これまでと異なる新しい機能をもった遺伝子が生ずる場合があると考えられています。一方、ドメインに点突然変異が入り、ドメインの性質が変わることによって新しい機能を生ずる場合もあります。よく知られている例は、ヒトX染色体上の赤オプシン遺伝子と緑オプシン遺伝子です。これのアミノ酸配列は互いに非常によく似ており、364個のアミノ酸のうち、主に2、3個のアミノ酸の違いが光の吸収特性の違いを生み出しています（→**1-2**）。

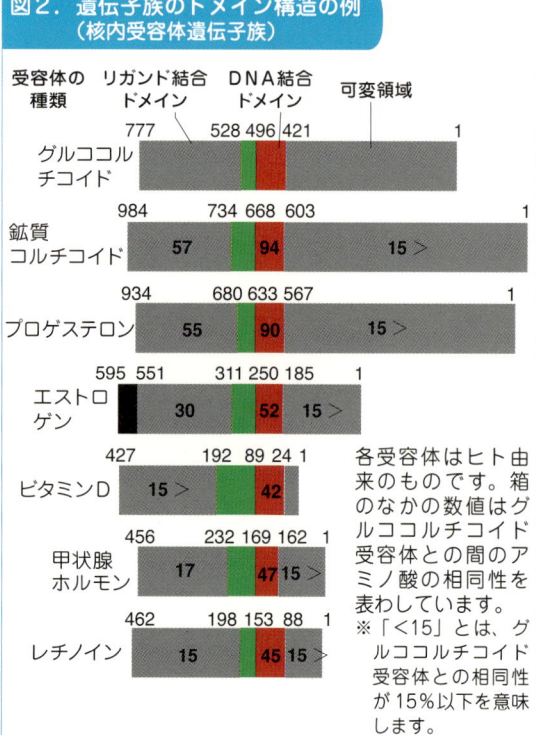

遺伝子族の変化の仕組みと進化

遺伝子重複が起こった場合、多くは一方の遺伝子があればもう一方の遺伝子はあってもなくても変わりないので、重複した遺伝子の一方に突然変異が入っても純化淘汰が働かず、いずれ一方の遺伝子が機能を失い偽遺伝子化するものと考えられます（ここで純化淘汰とは、有害な遺伝子が集団中に広がらないように働く自然淘汰のこと）。すると、遺伝子族がどのように維持されているかが問題になりますが、遺伝子族の維持機構には以下の場合があります（図3）。①重複した遺伝子がたがいに異なる組織・器官で発現するようになったり、タンパク質の機能がたがいに異なるものに変わったりする場合。これは遺伝子の「機能分化」とよばれています。②重複した遺伝子の一方が新しい機能を獲得した場合。遺伝子の「新機能創造」。③特定の遺伝子について大量の遺伝子産物を生産することが個体にとって有利な場合、同じ機能の遺伝子がゲノム上に複数ある個体のほうが有利となる場合。ヒストンなどがこの場合と考えられています。またバクテリアにおける薬物耐性や貧栄養に対する耐性の獲得のときに、このタイプの進化が起こることが知られています。④重複した遺伝子のひとつに入った変異が遺伝子変換により頻繁に他の遺伝子に伝わることで、重複した遺伝子間の構造が一定に保たれる場合。これは「協調進化」とよばれています。

図3．遺伝子族の進化的変化の様式

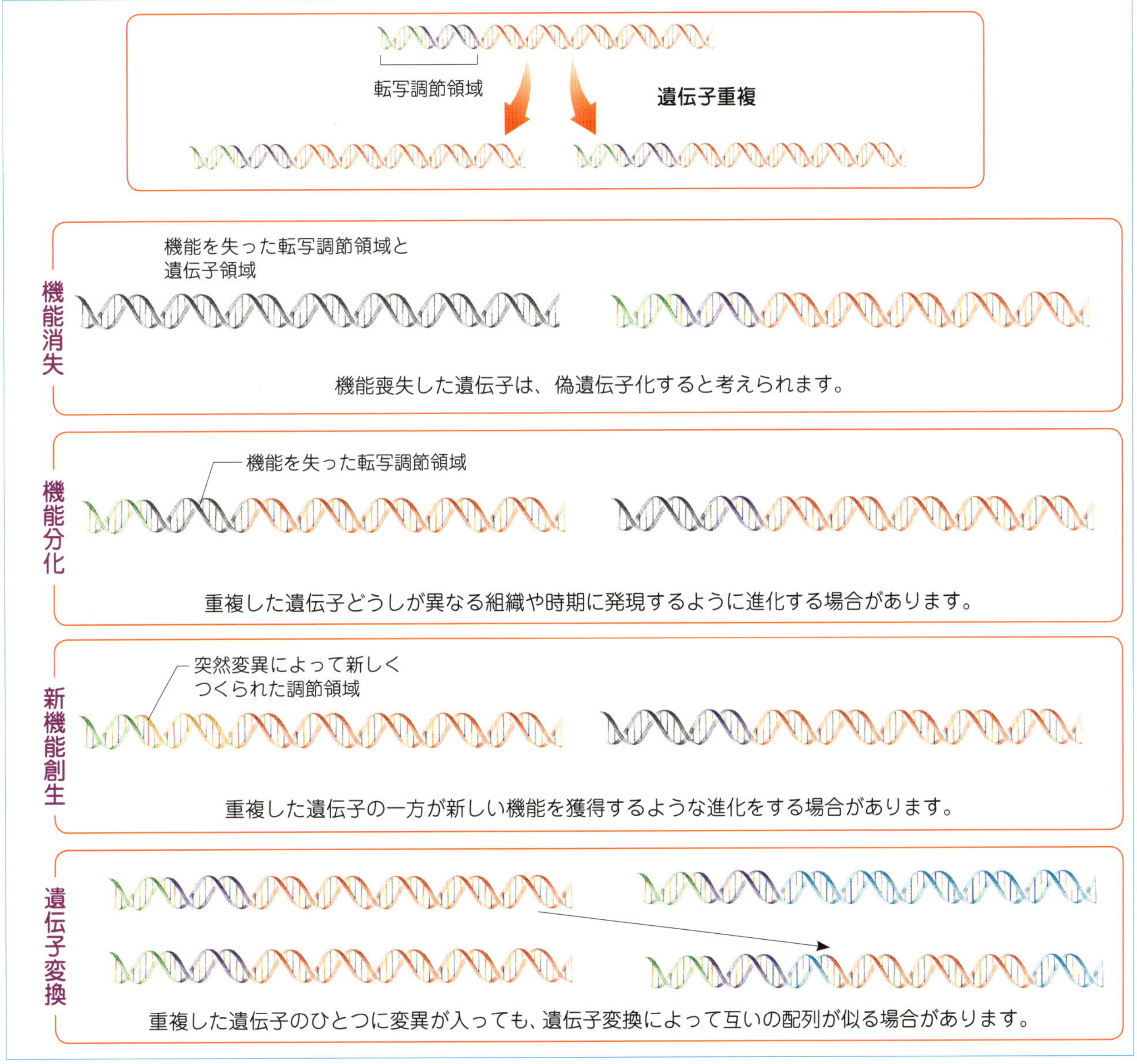
転写調節領域
遺伝子重複
機能消失
機能を失った転写調節領域と
遺伝子領域
機能喪失した遺伝子は、偽遺伝子化すると考えられます。
機能分化
機能を失った転写調節領域
重複した遺伝子どうしが異なる組織や時期に発現するように進化する場合があります。
新機能創生
突然変異によって新しく
つくられた調節領域
重複した遺伝子の一方が新しい機能を獲得するような進化をする場合があります。
遺伝子変換
重複した遺伝子のひとつに変異が入っても、遺伝子変換によって互いの配列が似る場合があります。

「新しい機能をもった遺伝子が生まれるためには、遺伝子重複が起こることが重要である」という仮説は大野乾の研究、特に1970年の著書『遺伝子重複による進化』により広く知られるようになりました（**→7-12**）。これまで述べたように、近年の分子生物学研究やゲノム研究の進歩により、この仮説が多くの遺伝子に対して一般的に成り立つか検証する研究が可能となってきています。

5−4

遺伝子の機能の分類

筆者：小野浩雅・高木利久

ある遺伝子の機能といった場合、それは実際にはその遺伝子産物の機能のことを指しています。遺伝子産物の機能は一般的に、生化学的レベル・細胞学的レベル・生物学的レベルの３つに分類することができます。遺伝子の機能を理解するうえでこれらの情報が必要になりますが、そのためにはこれらの情報を正確に記述し、整理分類することが重要です。

遺伝子オントロジーとは？

遺伝子オントロジー（GO：Gene Ontology）は、遺伝子の機能の記述に関する生物学分野における共通の用語（Term）の作成を目指したプロジェクトです（図１）。複数の異なる生物種間で共通に使えることを目的とした、機能情報を記述するための用語集とその用語間の関係を定義しています。

図１．遺伝子オントロジーの仕組み

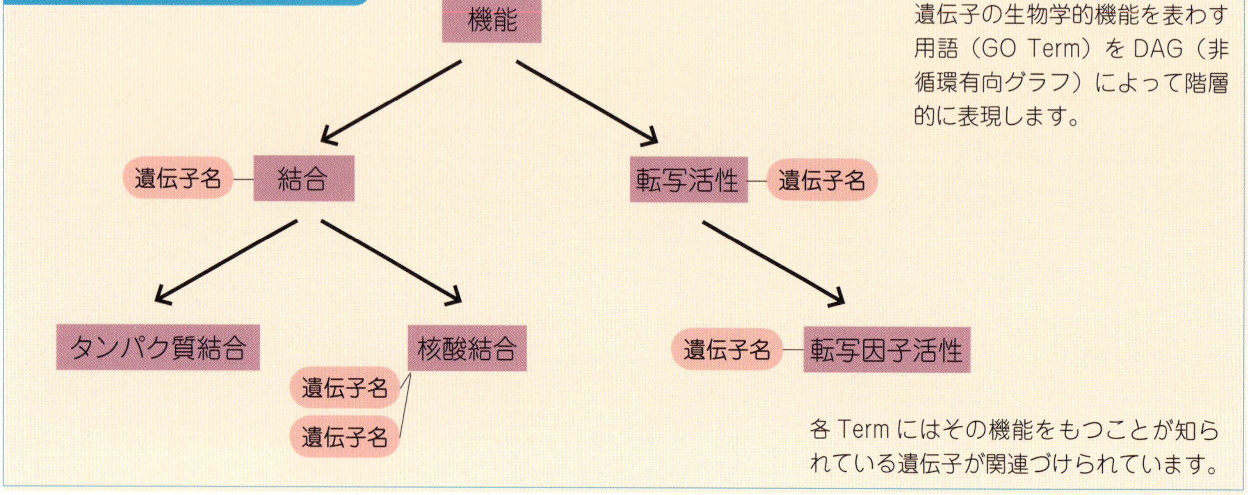
機能
結合
遺伝子名
転写活性
遺伝子名
タンパク質結合
核酸結合
遺伝子名
遺伝子名
遺伝子名
転写因子活性
遺伝子の生物学的機能を表わす用語（GO Term）を DAG（非循環有向グラフ）によって階層的に表現します。
各 Term にはその機能をもつことが知られている遺伝子が関連づけられています。

遺伝子オントロジープロジェクト

遺伝子の名前や働きといった遺伝子の機能情報は、従来、それぞれの研究分野の慣例にもとづいて記述されてきました。しかし、近年多くの生物種の全ゲノム配列が決定され、各生物種の遺伝子に対して複数の人や機関が作成した機能情報を同時にまとめて処理したり、数千から数万もの遺伝子候補の機能を推定したりするような大規模な比較解析研究が行なわれるようになってきました。このような解析に独自のルールで作成された機能情報を用いると、どの遺伝子が同一なのか、同じ機能をもつのか、異なる機能をもつのか、などの判断が非常に困難になることから、統一されたルールのもとに機能情報を記載することが必要不可欠です。このような背景から、酵母やショウジョウバエ、マウスなどのモデル生物データベースの作成機関などが連携して、遺伝子オントロジープロジェクトが発足しました（図２）。

図２．遺伝子オントロジープロジェクト

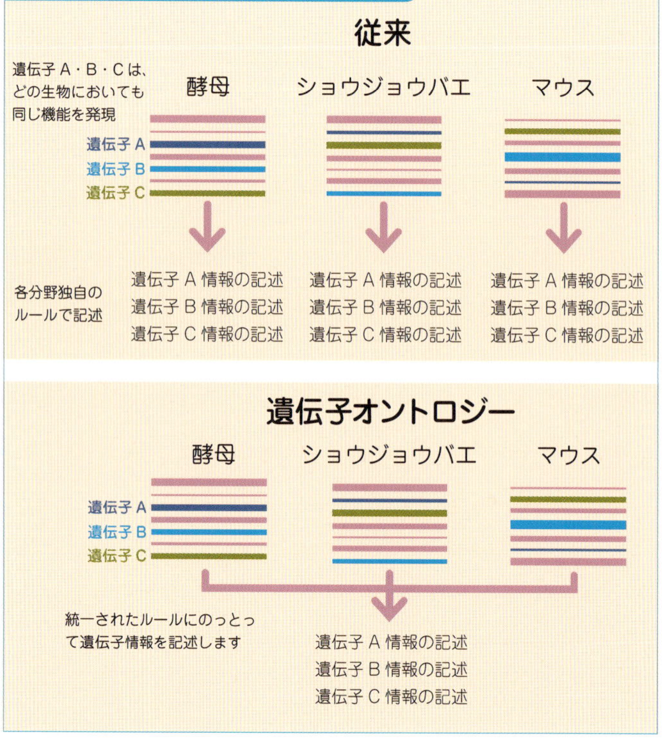
従来
遺伝子 A・B・C は、どの生物においても同じ機能を発現
酵母
ショウジョウバエ
マウス
遺伝子 A
遺伝子 B
遺伝子 C
各分野独自のルールで記述
遺伝子 A 情報の記述
遺伝子 B 情報の記述
遺伝子 C 情報の記述
遺伝子 A 情報の記述
遺伝子 B 情報の記述
遺伝子 C 情報の記述
遺伝子 A 情報の記述
遺伝子 B 情報の記述
遺伝子 C 情報の記述
遺伝子オントロジー
酵母
ショウジョウバエ
マウス
遺伝子 A
遺伝子 B
遺伝子 C
統一されたルールにのっとって遺伝子情報を記述します
遺伝子 A 情報の記述
遺伝子 B 情報の記述
遺伝子 C 情報の記述

用語が分類される3つのカテゴリー

GOの特徴として、定義された用語はbiological process（生物学的プロセス）、cellular component（細胞の構成要素）、molecular function（分子機能）の3つのカテゴリーに分類されます。biological processはその遺伝子産物が他の遺伝子産物と相互作用して、最終的にどのような生物学的な機能につながるのか（例えば、“cell cycle”など）を、cellular componentはある遺伝子産物が細胞内のどこで機能するか（例えば、“cytoplasm”）を、molecular functionは遺伝子産物自体が行なう主として生化学的な働き（例えば、“carbohydrate binding”など）を示すための用語です。

図3．遺伝子オントロジーの構造

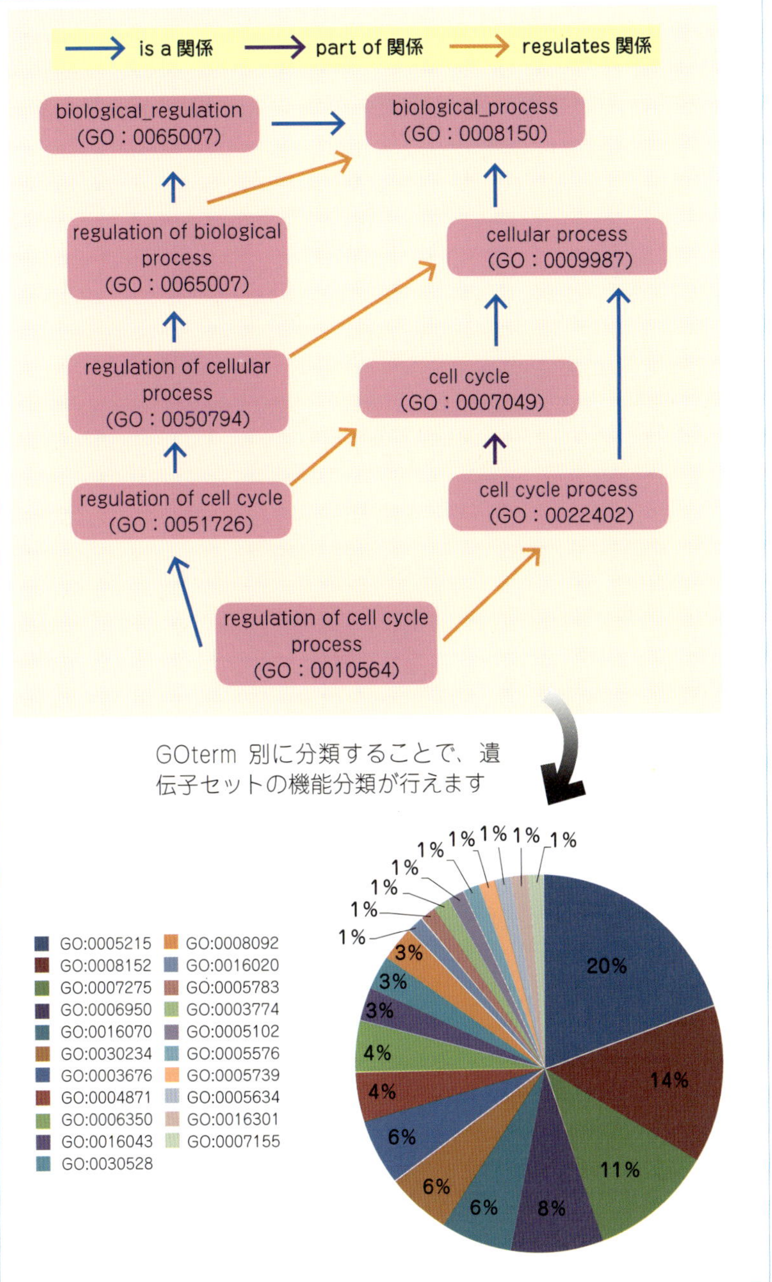
is a 関係
part of 関係
regulates 関係
biological_regulation (GO：0065007)
biological_process (GO：0008150)
regulation of biological process (GO：0065007)
cellular process (GO：0009987)
regulation of cellular process (GO：0050794)
cell cycle (GO：0007049)
regulation of cell cycle (GO：0051726)
cell cycle process (GO：0022402)
regulation of cell cycle process (GO：0010564)
GOterm 別に分類することで、遺伝子セットの機能分類が行えます
GO:0005215
GO:0008152
GO:0007275
GO:0006950
GO:0016070
GO:0030234
GO:0003676
GO:0004871
GO:0006350
GO:0016043
GO:0030528
GO:0008092
GO:0016020
GO:0005783
GO:0003774
GO:0005102
GO:0005576
GO:0005739
GO:0005634
GO:0016301
GO:0007155
20%
14%
11%
8%
6%
6%
6%
4%
4%
3%
3%
3%
1%
1%
1%
1%
1%
1%
1%
1%
1%

遺伝子オントロジーの階層構造

GOのもうひとつの大きな特徴は、GOで定義された用語（GO Term）は図3のように階層構造により表現されることです。下位に位置するGO Termは、上位のGO Termの一部であるか（part-of 関係）、上位のGO Termの一種であること（is-a 関係）を示しています。上位の階層のGO termはより広い範囲の概念を示し、下位の階層になるほど狭い概念のGO Termが定義されています。図3の例でいえば、“cellular process”では、上位概念として“biological process”があり、その下位の階層に“cell cycle process”があります。ある上位のGO Termを選択すると、そのTermと下位のTermを機能情報としてもつ遺伝子を抽出することができるので、GOを利用して興味のある遺伝子セットの機能分類などを簡単に行なうことができます（図3円グラフ）。さらに、遺伝子にGO Termが関連付けられていれば、ある生物種の遺伝子と別の生物種の遺伝子が同じ機能をもつかどうかを、同じGO Termをもつかどうかで判断することができます。

情報の信頼度を記述するエビデンスコード

これらの遺伝子とGO Termの関係ひとつひとつについては、「エビデンスコード」とよばれる機能情報の信頼度の判断基準が付与されています。エビデンスコードは、生物学実験結果にもとづくもの（EXP、IDA、IPI、IMP、IGI、IEP）、計算機実験結果にもとづくもの（ISS、ISO、ISA、ISM、IGC、RCA）、文献中の著者による主張にもとづくもの（TAS、NAS）、コンピュータ処理により自動的につけられたもの（IEA）、などに分類されていて、GOを活用する際の有効な判断材料となっています。

5−5

転写

筆者：広瀬進

DNA 上の塩基配列を、相補的な RNA に読み取る過程を「転写」とよびます。多くの遺伝子発現は、この過程で制御を受けています。通常、RNA ポリメラーゼ（→ **3-6**）は DNA 2本鎖のうち、「アンチセンス鎖」（または鋳型鎖）とよばれる片方の鎖の塩基配列を認識して、それと相補的な RNA を転写します。転写は、RNA ポリメラーゼが DNA 上の「プロモーター」とよばれる配列に結合して、転写開始点からヌクレオチドの結合を開始する「転写開始」、DNA 上を RNA ポリメラーゼが走行して次々とヌクレオチドを結合していく「転写伸長」、転写終結領域で RNA ポリメラーゼが DNA から離脱する「転写終結」、以上の3段階に大別されます。これらの各段階で働く種々の制御機構が知られています。また、真核生物では、クロマチン構造（→ **3-5**）を通した制御も受けています。

原核生物では、ひとつの RNA ポリメラーゼがすべての遺伝子を転写しますが、真核生物では、リボソーム RNA（→ **3-6**）は RNA ポリメラーゼⅠが、mRNA（→ **4-5**）は RNA ポリメラーゼⅡが、tRNA（→ **4-3**）と 5S リボソーム RNA など小分子 RNA（→ **4-6**）は RNA ポリメラーゼⅢが、それぞれ転写します。RNA ポリメラーゼⅠ、Ⅱ、Ⅲは共通のサブユニットとそれぞれに固有のサブユニットから構成されています。

原核生物の転写

原核生物では、転写開始点の上流約 10 塩基対に TATATT（Pribnow ボックス）、約 35 塩基対に TTGACA またはそれと類似の配列が存在し、これらがプロモーター配列として働いて RNA ポリメラーゼが転写を開始します（図 1）。プロモーター内には「オペレーター」とよばれる配列が存在し、ここにリプレッサーが結合すると転写開始が抑制されます。また、プロモーター付近には種々の転写制御因子が結合し、転写開始を活性化したり、不活性化させたりします。一方、転写終結領域には、GC 塩基対に富む「パリンドローム」という配列と、それに続く 4 〜 6 個の T が存在し、これが転写終結のシグナルとなります。

図 1．原核生物における転写の仕組み

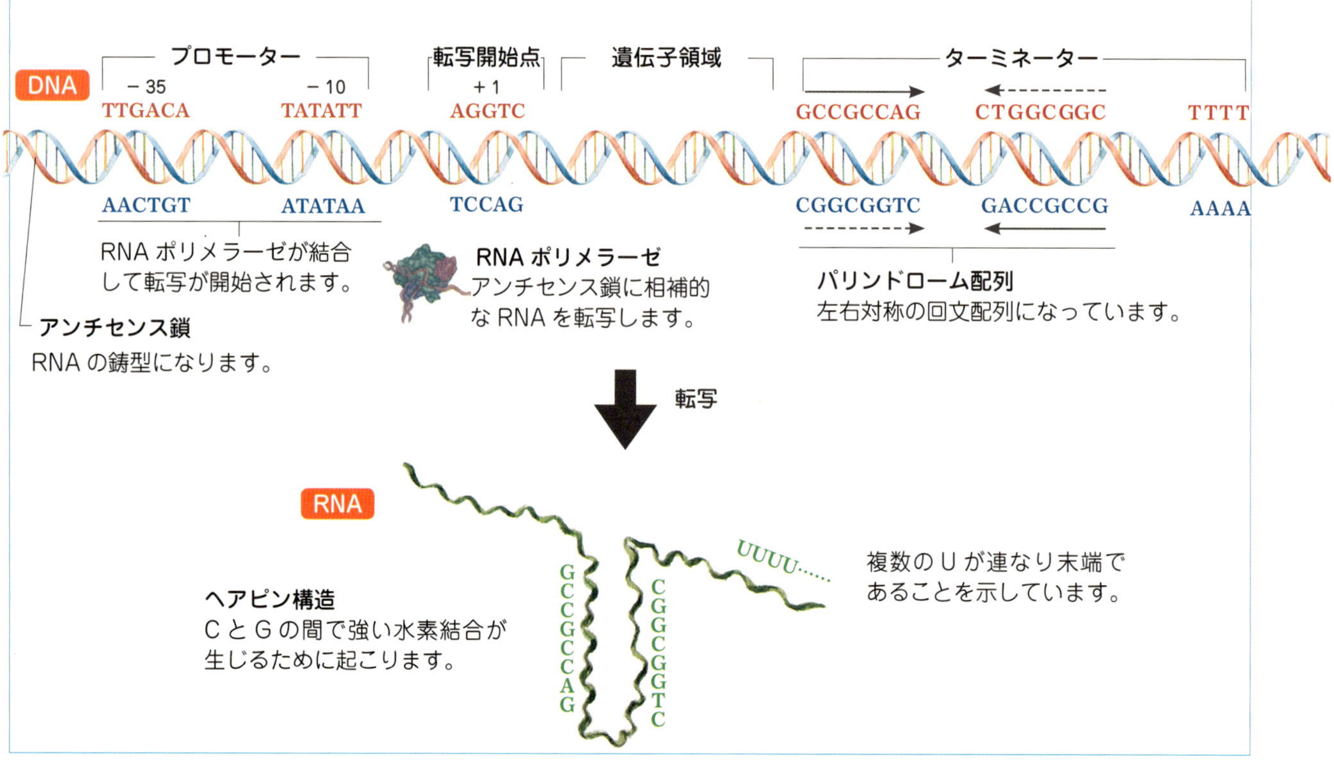
DNA
プロモーター
−35
−10
TTGACA
TATATT
転写開始点
+1
AGGTC
遺伝子領域
ターミネーター
GCCGCCAG
CTGGCGGC
TTTT
AACTGT
ATATAA
TCCAG
CGGCGGTC
GACCGCCG
AAAA
RNA ポリメラーゼが結合して転写が開始されます。
RNA ポリメラーゼ
アンチセンス鎖に相補的な RNA を転写します。
パリンドローム配列
左右対称の回文配列になっています。
アンチセンス鎖
RNA の鋳型になります。
転写
RNA
UUUU......
複数の U が連なり末端であることを示しています。
ヘアピン構造
C と G の間で強い水素結合が生じるために起こります。
GCCGCCAG
CGGCGGTC

真核生物の転写

真核生物の RNA ポリメラーゼⅡで転写される遺伝子では、転写開始点の上流約 30 ～ 50 塩基対に「TA《タ》TA《タ》ボックス」が存在し、これを認識して転写開始因子 TF Ⅱ A、TF Ⅱ B、TF Ⅱ D、TF Ⅱ E、TF Ⅱ F、TF Ⅱ H、メディエーター、RNA ポリメラーゼⅡなどからなる転写開始複合体が形成され、転写が開始されます（図 2）。TATA ボックスの無い遺伝子では、転写開始点のすぐ上流に GC 塩基対に富む「CpG アイランド」が存在し、そこに TF Ⅱ D 複合体が動員され、クロマチン構造の変動を通して、転写開始複合体の形成を促進します。遺伝子の上流、下流やイントロン内に存在する「エンハンサー」や「サイレンサー」には種々の転写制御因子が結合し、転写開始をそれぞれ正と負に調節します。エンハンサーのなかには 10 万塩基対以上離れた所から働くものも知られています。

転写終結領域には AATAAA 配列またそれに類似する配列が存在し、その少し下流で転写途中の RNA が切断され、「ポリ A 鎖」が付加されます。RNA ポリメラーゼⅡは RNA が切断された後もしばらく転写を続けますが、やがて DNA から離脱して転写が終了します。RNA ポリメラーゼⅠやⅢで転写される遺伝子でも、それぞれに固有のプロモーター配列を認識して転写を開始しますが、ポリ A 鎖は付加されません。

図 2．真核生物における転写の仕組み（RNA ポリメラーゼⅡの場合）

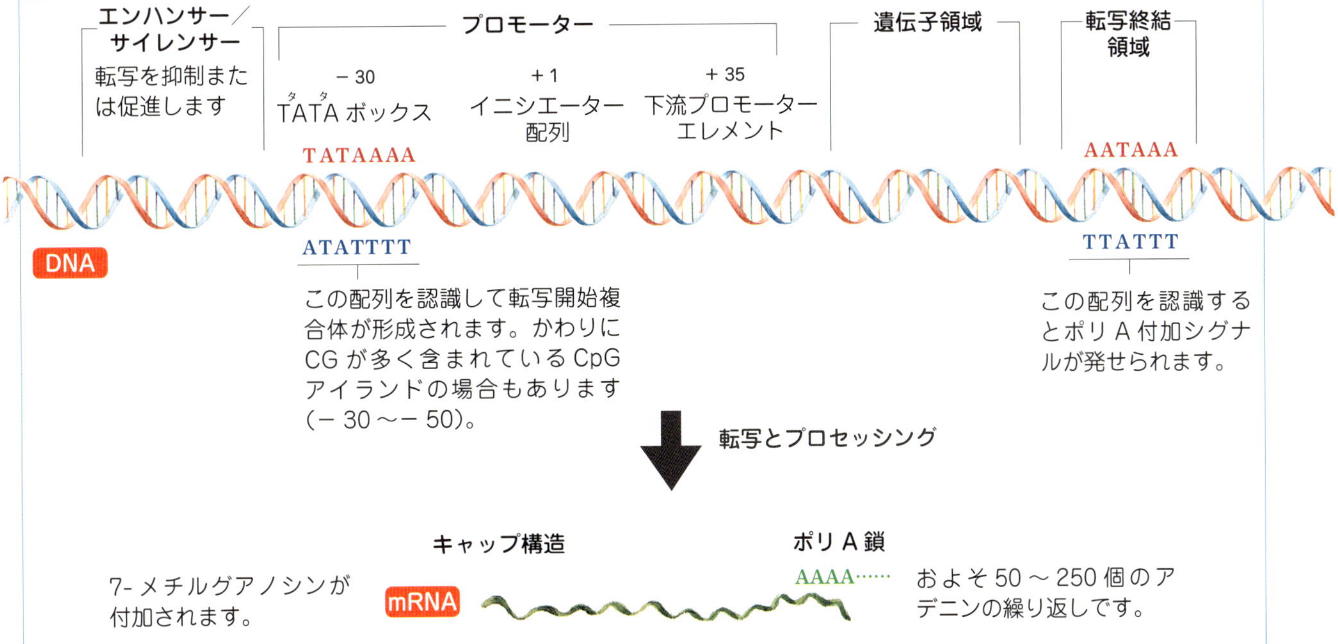
エンハンサー／サイレンサー
転写を抑制または促進します
プロモーター
− 30
TA《タ》TA《タ》ボックス
＋ 1
イニシエーター配列
＋ 35
下流プロモーターエレメント
遺伝子領域
転写終結領域
TATAAAA
AATAAA
DNA
ATATTTT
TTATTT
この配列を認識して転写開始複合体が形成されます。かわりに CG が多く含まれている CpG アイランドの場合もあります（− 30 ～ − 50）。
この配列を認識するとポリ A 付加シグナルが発せられます。
転写とプロセッシング
キャップ構造
ポリ A 鎖
7- メチルグアノシンが付加されます。
mRNA
AAAA……
およそ 50 ～ 250 個のアデニンの繰り返しです。

転写と逆転写

転写は通常、DNA 依存性 RNA ポリメラーゼによって触媒されますが、RNA ウイルス（→ **1-11**）のように、RNA 鎖を鋳型として mRNA を読み取る場合も転写といいます。一方、RNA 依存性 DNA ポリメラーゼにより、RNA を鋳型として DNA を読み取る過程は「逆転写」（→ **4-11**）とよばれています。

塩基配列を認識し制御する機構を解明

ジャック・リュシアン・モノー（Jacques Lucien Monod、1910 ～ 1976 年）

2 種類の糖を含む培地で細菌を培養すると、まず片方の糖で増殖し、それを使い切ると、増殖を停止した後、他方の糖で再び増殖する「ダイオーキシー」という現象をみいだしました。また、増殖停止の間に、他方の糖を代謝するために必要な酵素群の発現が誘導されることを発見し、「適応酵素」という概念を導きました。さらにジャコブとともにラクトース代謝に関する分子遺伝学的研究を進め、ラクトース代謝に必要な 3 つの酵素の遺伝子が「オペロン」というひとつの転写単位を構成し、DNA 上の「オペレーター」という共通の配列で制御されるというオペロン説を提唱しました。こうして DNA 上の塩基配列と、それを認識して結合するトランス作用因子による普遍的な制御機構が解明されました。1965 年にはジャコブ、ルウォフとともにノーベル生理学・医学賞を受賞しました。優れた業績の背景に、現象からその機構解明にいたる深い思索があったことが、著書『偶然と必然』からうかがえます。

5－6

スプライシング

筆者：安達佳樹

遺伝子が発現し始める時に、RNA が DNA から転写（→**5-5**）されます。原核生物の場合、RNA はそのまま mRNA（→**4-5**）となり、その配列が翻訳（→**5-7**）されタンパク質配列を指定します。しかし、真核生物の場合には、転写された RNA のなかで飛び飛びに位置する配列がつなぎ合わされる「スプライシング」という過程を経て、mRNA がつくられます。mRNA となる配列は、発現配列（expressed sequence）より「エキソン」と、除かれる配列は介在配列（intervening sequence）より「イントロン」とよばれます。スプライシングは核のなかで起こり、そこでつくられた mRNA の 5' 末端にはキャップ構造が形成され、3' 末端にはポリ A 配列が付加されます。こうして完成した mRNA のみが核より細胞質へと移動し、タンパク質配列へと翻訳されるのです（図 1）。

図 1．転写と翻訳の間に働く RNA スプライシング

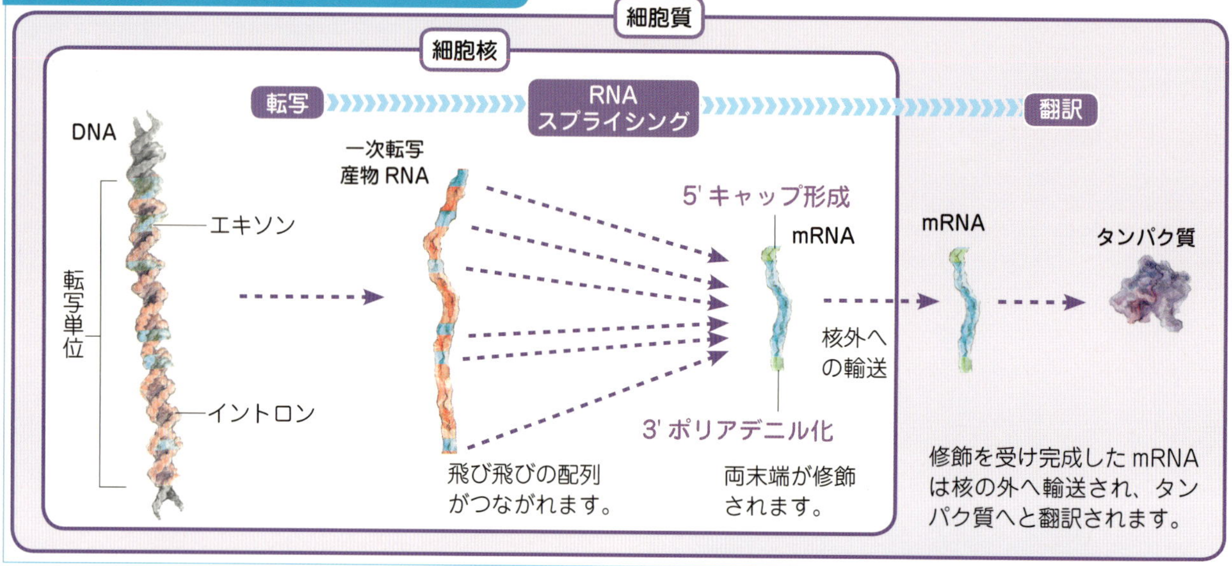

エキソンとイントロンを見分けるタンパク質 RNA 複合体

エキソンとイントロンの境界は、イントロンの 5' 末端と 3' 末端の配列および 3' 末端から少し離れた配列が指示します。この配列は、核内の小分子 RNA（snRNA）との塩基対合により識別されます（図 2）。スプライシングには 5 種類の snRNA（U1、U2、U4、U5、U6）がかかわり、それぞれ多数のタンパク質と複合体を形成して、スプライシングをになう大型のタンパク質 RNA 複合体「スプライソソーム」を構成しています。イントロン指示配列の識別には正確性を高めるため、複数の snRNA が働いていて、たとえばイントロン 5' 末端配列は U1snRNA と塩基対合した後、U6snRNA との塩基対合へと置きかえられます。イントロンの長さは 10 塩基から 10 万塩基と幅があり、さらにイントロン指示配列には多様性があるため、遺伝子の塩基配列のみからイントロン部分を推定することは簡単ではありません。

図 2．核内小分子 RNA によるイントロン配列の識別

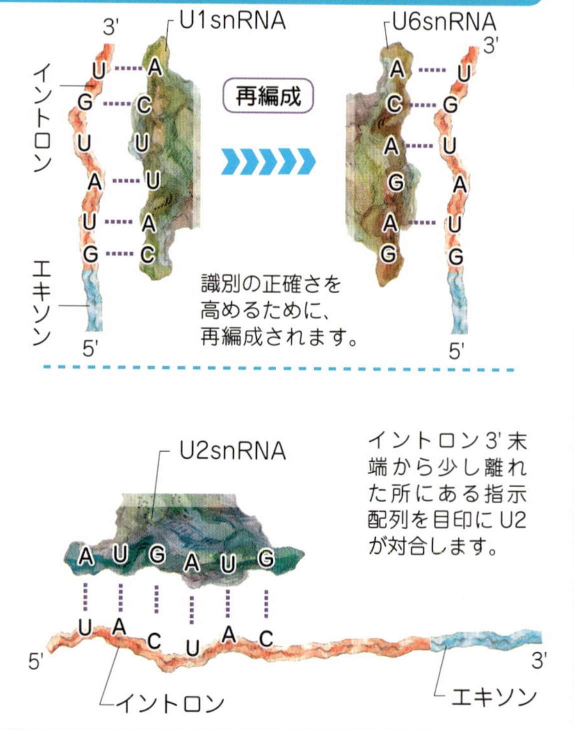

スプライシングによるイントロン除去とエキソン結合

スプライシングの最初の反応は、イントロン3' 末端から少し離れた位置にある指示配列中のアデニンヌクレオチド（A）が、イントロン5' 末端のグアニンヌクレオチド（G）と結合し、イントロン5' 末端とエキソン3' 末端の結合を切断することです（図3）。このAからGへの結合は、通常のリボース3' 部位と5' 部位をつなぐものではなく、Aのリボース2' 部位によるものであるため、Aは3個のヌクレオチドとつながることになります。続く反応は、遊離したエキソン3' 末端のヌクレオチドが、次のエキソンの5' 末端ヌクレオチドと結合し、その間にあったイントロンを切り離すものです。切り出されたイントロンは、先のAを交点とする投げ縄状の構造をとります。

図3．イントロン切り出しによるエキソンの結合

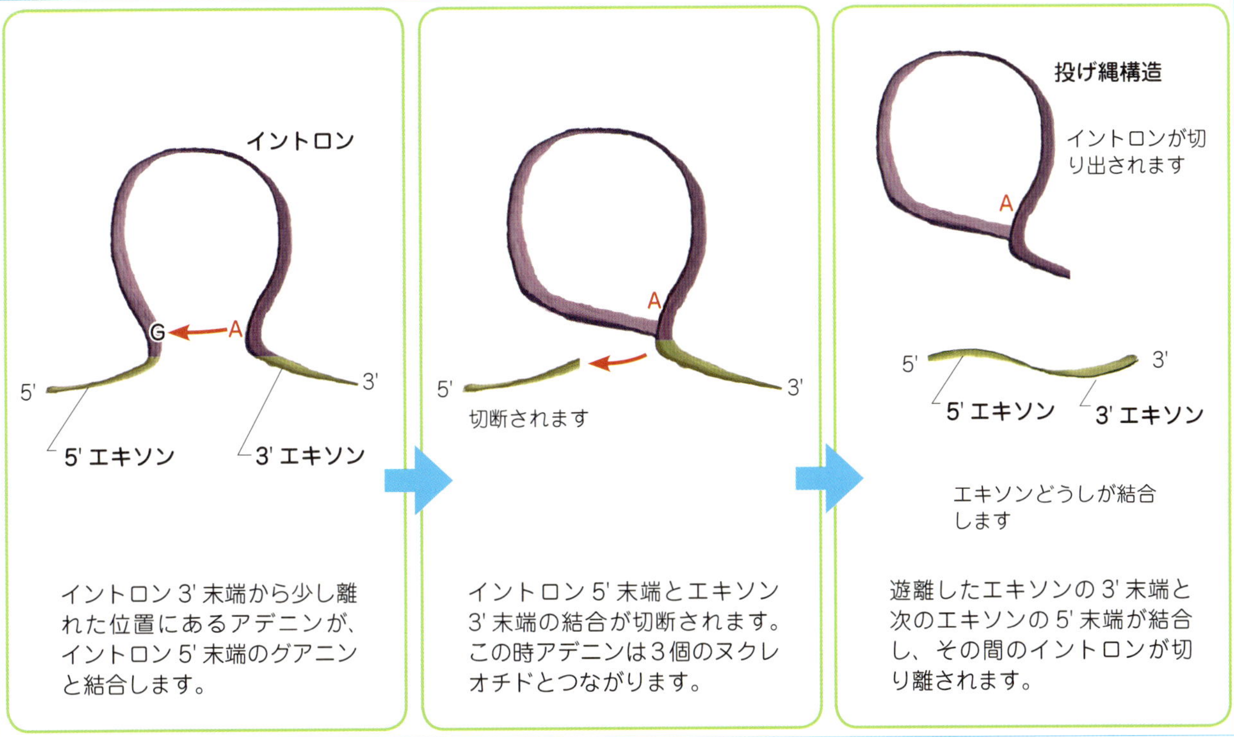
イントロン
G
A
5'
3'
5' エキソン
3' エキソン
イントロン3' 末端から少し離れた位置にあるアデニンが、イントロン5' 末端のグアニンと結合します。
A
5'
3'
切断されます
イントロン5' 末端とエキソン3' 末端の結合が切断されます。この時アデニンは3個のヌクレオチドとつながります。
投げ縄構造
イントロンが切り出されます
A
5'
3'
5' エキソン
3' エキソン
エキソンどうしが結合します
遊離したエキソンの3' 末端と次のエキソンの5' 末端が結合し、その間のイントロンが切り離されます。

ふたつのRNAをつなぐトランススプライシング

スプライシングは、ひとつながりのRNAにて起きるものだけではありません。別々に転写されたRNAのエキソンどうしがつなぎ合わされて、ひとつのmRNAとなる場合もあり、これを「トランススプライシング」とよびます（図4）。トランススプライシングは、ほとんどの生物種においてまれな現象です。しかし鞭毛虫や線虫の多くのmRNAではトランススプライシングがみられます。そこでは、5' 末端にトランススプライシングにより付加される「スプライスリーダー」（SL）とよばれる共通配列をもつことが知られています。

図4．ふたつのRNAにあるエキソンの結合

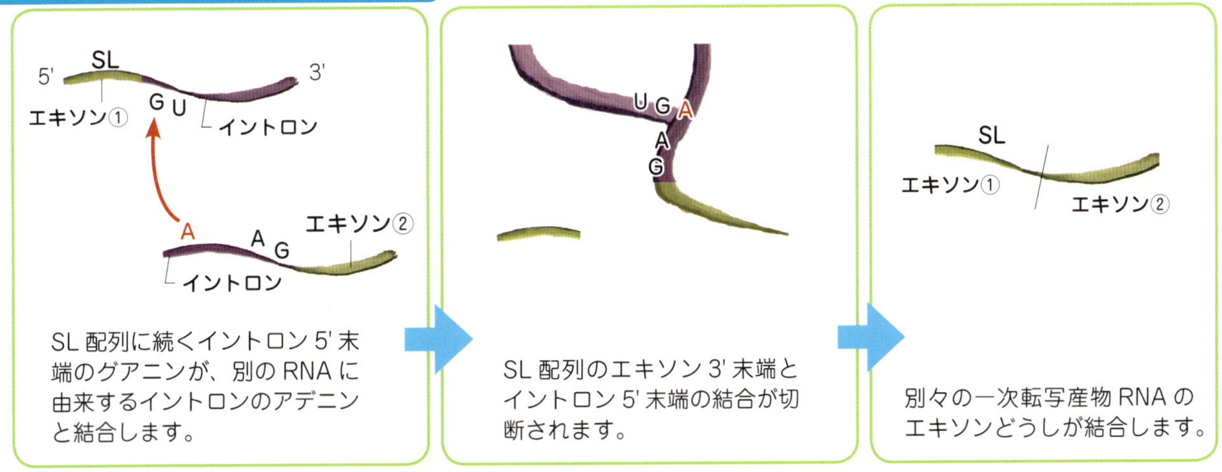
5'
SL
3'
エキソン①
G U
イントロン
A
A G
エキソン②
イントロン
SL配列に続くイントロン5' 末端のグアニンが、別のRNAに由来するイントロンのアデニンと結合します。
U G A
A
G
SL配列のエキソン3' 末端とイントロン5' 末端の結合が切断されます。
SL
エキソン①
エキソン②
別々の一次転写産物RNAのエキソンどうしが結合します。

5−7

翻訳

筆者：中山秀喜

翻訳とは、転写（**→5-5**）によりつくられた設計図である mRNA（**→4-5**）の情報をもとに、20 種類あるアミノ酸を一定の順序でつなげて、タンパク質をつくる行程をいいます。

アミノ酸は、アミノ基（-NH2）と、酸であるカルボキシル基（-COOH）とから成り立っています（図 1）。また、「側鎖」とよばれる「R」の違いで 20 種類のアミノ酸が存在し、それぞれ性質は異なります。この異なる性質のアミノ酸を特定の順序で並べることにより、さまざまな機能をもったタンパク質が細胞のなかでつくられています。アミノ酸が結合してタンパク質となるためには、カルボキシル基と、もう一方のアミノ酸のアミノ基が結合する必要があります。このアミノ酸を結合してタンパク質をつくる行程は複雑で、エネルギーを必要とします。通常、水のなかにアミノ酸を入れておいても、アミノ酸が結合するということはありません。しかし、細胞のなかでは、リボソーム（**→3-6**）が mRNA にしたがい、アミノ酸を順序よく結合させることで、さまざまなタンパク質をつくっていきます。その行程は、まるでドラえもんの世界のように、未来の調理ロボット（リボソーム）に、プログラムカード（mRNA）をいれることで、目的の料理（タンパク質）ができるのと似ています。

図 1．アミノ基とカルボキシル基の仕組み

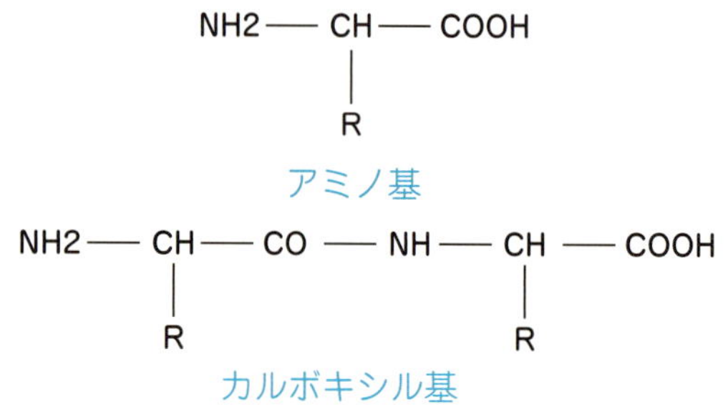
NH2 — CH — COOH
R
アミノ基
NH2 — CH — CO — NH — CH — COOH
R
R
カルボキシル基

mRNA からタンパク質がつくられるまで

原核生物・真核生物ともに、翻訳にかんする基本的な行程は似通っています。その行程は大きく 4 つに分類されます（図 2）。

❶ **開始**：mRNA にリボソーム小サブユニット（30S リボソーム）が結合します。mRNA の開始コドン（**→4-4**）に対応する fmet-tRNA（メチオニンと結合した RNA）が、リボソーム上で mRNA の開始コドンと水素結合した後に、リボソーム大サブユニットがふたをするような形で結合して、翻訳が行なえる複合体を形成します。

❷ **伸長**：mRNA のコドンに対応するアミノアシル-tRNA（アミノ酸の反応性を高めて tRNA に結合しているもの）がリボソームに運ばれてきて、次々にアミノ酸を結合し、タンパク質をつくっていきます。mRNA のコドンにしたがって、3 塩基ずつ、リボソームが 5' 側から 3' 側へ移動していきます。

❸ **終結**：タンパク質合成の最後には「終止コドン」とよばれる、対応する tRNA が存在しないコドンがあります。この終止コドンには、tRNA のような形をして、また合成されたタンパク質をリボソームから外す機能をもつ遊離因子が、tRNA のかわりにリボソームに入ります。遊離因子がリボソームに入ると、合成されたタンパク質はリボソームから離れ、リボソームによる翻訳が完了します。タンパク質によっては、翻訳後にさらなる修飾を受けて、さまざまな機能をもつ状態に変わっていきます。

❹ **再生**：合成されたタンパク質が離れたリボソームには、まだ mRNA が結合しています。リボソームを再度翻訳できる状態にするために、リボソーム再生因子らがリボソームに結合して、リボソームを大サブユニットと小サブユニット＋ mRNA に分離させます。その後、tRNA と mRNA がリボソーム小サブユニットから離れていきます。この反応はほぼ、開始反応と逆向きの方向で起きます。このようにして、フリーになったリボソーム大サブユニットと小サブユニットは、新たな翻訳を開始します。

翻訳は開始→伸長→終結→再生→開始……というように、サイクルを回っています。タンパク質合成がさかんな場合、ひとつの mRNA に対して複数のリボソームが結合し、効率的にたくさんのタンパク質の合成が行なわれます。

図2．翻訳のサイクル

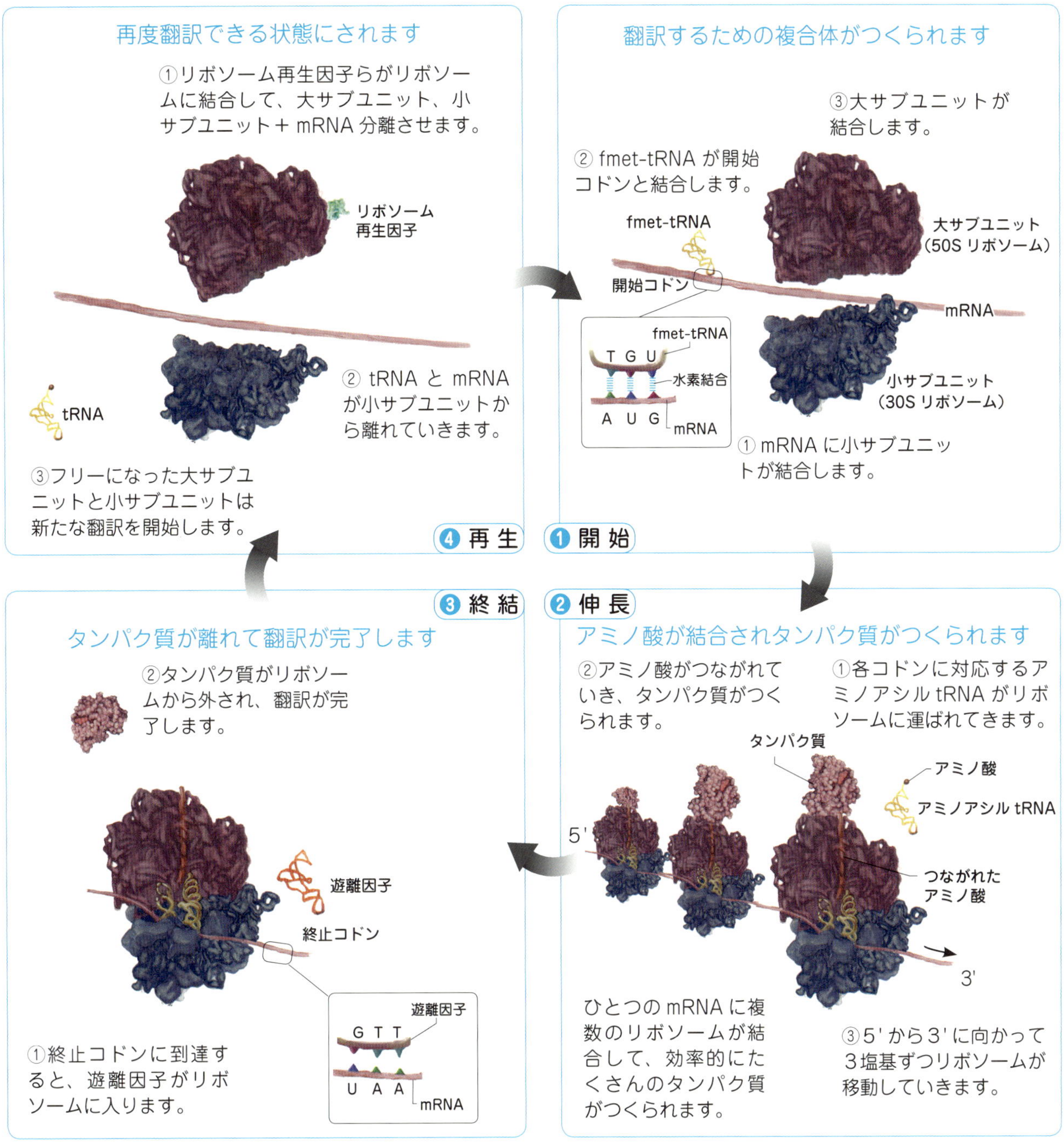
再度翻訳できる状態にされます
①リボソーム再生因子らがリボソームに結合して、大サブユニット、小サブユニット＋mRNA 分離させます。
リボソーム
再生因子
② tRNA と mRNA が小サブユニットから離れていきます。
tRNA
③フリーになった大サブユニットと小サブユニットは新たな翻訳を開始します。
④ 再 生
翻訳するための複合体がつくられます
③大サブユニットが結合します。
② fmet-tRNA が開始コドンと結合します。
fmet-tRNA
大サブユニット
（50S リボソーム）
開始コドン
mRNA
fmet-tRNA
T G U
水素結合
A U G
mRNA
小サブユニット
（30S リボソーム）
① mRNA に小サブユニットが結合します。
❶ 開 始
③ 終 結
タンパク質が離れて翻訳が完了します
②タンパク質がリボソームから外され、翻訳が完了します。
遊離因子
終止コドン
遊離因子
G T T
U A A
mRNA
①終止コドンに到達すると、遊離因子がリボソームに入ります。
❷ 伸 長
アミノ酸が結合されタンパク質がつくられます
②アミノ酸がつながれていき、タンパク質がつくられます。
①各コドンに対応するアミノアシル tRNA がリボソームに運ばれてきます。
タンパク質
アミノ酸
アミノアシル tRNA
5'
つながれた
アミノ酸
3'
ひとつの mRNA に複数のリボソームが結合して、効率的にたくさんのタンパク質がつくられます。
③5' から3' に向かって3塩基ずつリボソームが移動していきます。

翻訳が途中止まったら？

町工場などは、停電や原料が入らなくなれば、製造が止まります。リボソームもアミノ酸（原料）が無くなれば、無くなったアミノ酸のコドンのところでリボソームが停止しますし、終止コドンのない mRNA（間違ったプログラム）であれば、mRNA の 3' 末端でリボソームが停止します。この状態にしておくと、リボソームが新しい翻訳に移れません。このように翻訳の停止が起きると、「tmRNA」とよばれる tRNA と mRNA が一緒になった分子が、停止しているリボソームに入ります。tmRNA は、翻訳が停止している mRNA にかわり、自身がコードしている mRNA 部分に翻訳を引き継ぎ、正常な翻訳終了へ向かいます。一方、停止していた mRNA は、リボソームから離れたのちに分解されます。翻訳途中であったタンパク質（不良品）は、翻訳が引き継がれた tmRNA により分解するタグをつけられ、翻訳終了後にすみやかに分解され、分解されたタンパク質は再度アミノ酸となり、翻訳に利用されます。

5−8

タンパク質とは

筆者：嶋本伸雄

タンパク質は、英語では protein で、欧米の文化のふるさとギリシャの言葉での「一番＝ prot」から命名されたように、生物を構成する一番特徴的な成分です。「蛋白」の漢字が示すように、卵の白身の主成分もタンパク質です。アミノ酸のアミノ基の部分とカルボン酸の部分がくっついて長くつながったもので、このくっつき方は「ペプチド結合」とよばれるので、タンパク質は「ポリ（多）ペプチド」ともよばれます。また、タンパク質には、とても多くの種類があります。タンパク質の成分であるアミノ酸は 20 種あり、これが遺伝子 DNA に書かれている順番の通りに、リボソーム (→ **3-6**) という分子の機械でつながれます。つまり、タンパク質というのは 20 種のアミノ酸が一定の順でつながってでき上がったものの総称です。

生物の生存を支えるタンパク質

タンパク質を構成するアミノ酸の個数は、タンパク質によってさまざまです。平均である 300 ～ 400 程度を仮定して、ポリペプチドとして可能な組み合わせの数を計算すると、なんと宇宙に存在する原子の総数を超えてしまいます。生物のタンパク質の種類の数は、バクテリアで数千、ヒトでも十万程度ですから、可能な組み合わせのほんのわずかな一部だけが実際に使われていることになります。

タンパク質は、生物の体のなかで起きるほとんどの化学反応（生理的反応）や、力をうみ出したり、ものをくっつけたりする物理的な変化を支配しています。生理的反応は酵素という物質の助けで起こりますが、この酵素の大部分はタンパク質です。ただし、少数の酵素は RNA という物質でできています (→ **4-1**)。また、遺伝子 DNA から最初に遺伝情報をよび出して RNA に変換する RNA ポリメラーゼも、タンパク質のひとつです。このように、タンパク質は非常に重要で、タンパク質をもたない生物はありえません。しかし、タンパク質は mRNA (→ **4-5**) を利用して合成されるので、進化の初期には RNA が主に生理的反応を担っていてタンパク質は補助的だったという説、「RNA ワールド」が提唱されています (→ **1-11**)。

図 1．タンパク質の基本構造

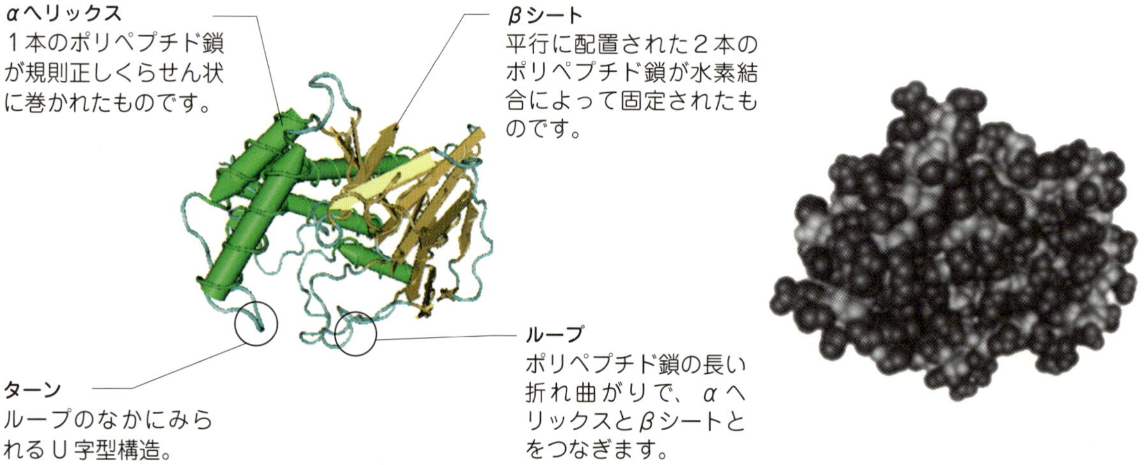
αヘリックス
1本のポリペプチド鎖が規則正しくらせん状に巻かれたものです。
βシート
平行に配置された２本のポリペプチド鎖が水素結合によって固定されたものです。
ループ
ポリペプチド鎖の長い折れ曲がりで、αヘリックスとβシートとをつなぎます。
ターン
ループのなかにみられる U 字型構造。

緑の鉛筆型は「αヘリックス（らせん）」構造、金色の矢印は「βシート」構造を示します（左図）。空色の部分は、繰り返し構造をもたず、比較的緩やかな曲線部分は「ループ」、折り返しの部分は「ターン」とよばれます。これらの構造は、ペプチド結合をつなぐ主鎖についての構造であり、色分けして区別しやすくしています。同じタンパク質を、その色分けを無くして原子団だけで表記すると（右図）、見かけ上、そのような区別は難しくなります。

「ナノ」の世界で働く分子の機械

タンパク質が働くためには、その立体としての構造が大切です。酵素の場合、原料がくっつく場所や反応を助ける場所を適切に配置する形をしていて、反応を起こりやすくしている小さな機械となっています。このような特殊な形をつくり出すために、タンパク質の一部は、らせんを巻いたり、平面状になったりします（図1）。ただ、酵素の1分子ぐらいの大きさの世界、つまりナノ（100万分の1mm）の小さな世界では、鉄ですらゴムのように簡単に変形してしまいます。タンパク質という機械は、さらに柔らかい豆腐とコンニャクのような機械なのです。グニャグニャ変形しながらも正常に動作するように、生物のナノの機械には、人工の大きな機械には無い、いろいろな仕掛けがあります（図2）。しかし、現在の科学では、タンパク質の形状や働き方を、アミノ酸の並び方から理論的に予測することはできていません。

また、タンパク質は、RNAポリメラーゼのように細胞のなかで水溶液として存在するだけでなく、膜に埋め込まれたり、骨にくっついていたり、さまざまなあり方で働いています。化学反応が一定の速さで起こらないと都合が悪い場合には、重要な一部の酵素はその量が一定になるように調節されています。この調節は、必ず酵素の合成と分解とが組になって行なわれています。

図2．RNAポリメラーゼの内部構造

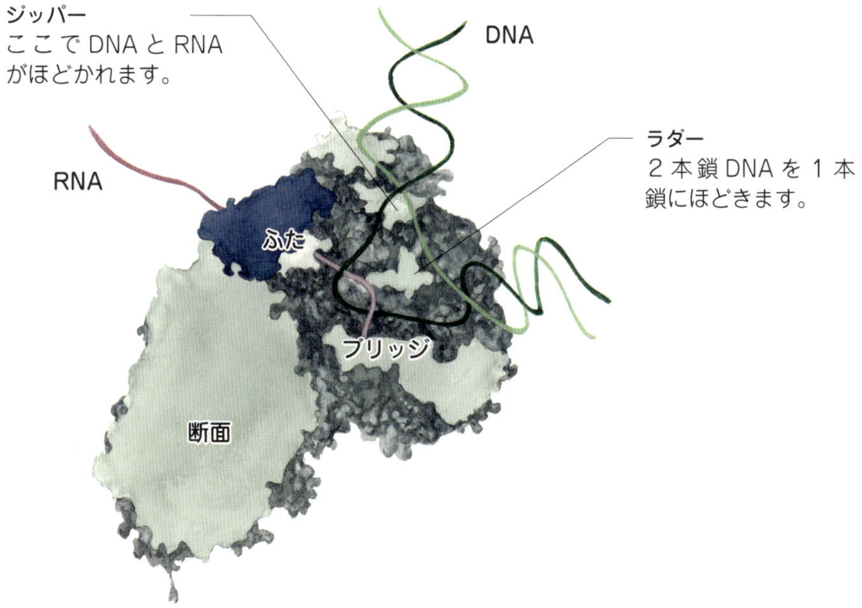
ジッパー
ここでDNAとRNAがほどかれます。
DNA
RNA
ラダー
2本鎖DNAを1本鎖にほどきます。
ふた
ブリッジ
断面

DNAの情報をRNAに写し取るRNAポリメラーゼという酵素の内部構造です。薄い灰色でタンパク質の断面を示しています。ラダーは2本鎖DNAを塩基配列を読み取るために、1本鎖にほどく部品です。この1本鎖とRNAとが2本鎖をつくり、ブリッジで上の方に少しづつ押されます。RNAとDNAはジッパーでほどかれ、DNAは2本鎖にもどり、RNAはふたの下を通ってこの酵素の外に押し出されます。ふたの一部（青色部分）は、RNAの無い時とある時とによって位置を変え、RNAが外に出るための道をつくります。このように、酵素は内部にさまざまな構造を部品としてもっている分子の機械といえます。

量子化学のパイオニア

ライナス・ポーリング（Linus Carl Pauling、1901〜1994年）

量子力学を化学の分野に応用した量子化学のパイオニアとして知られています。生物学分野では、タンパク質の基本的な2次構造のひとつであるアルファらせん構造を発見しました。また、鎌状赤血球がヘモグロビンタンパク質のアミノ酸の変化によって生じていることを示し、「分子病」という概念を確立しました。分子進化学においても、ツッカーカンデルとともに、タンパク質のアミノ酸配列の変化が時間に比例して増大するという「分子時計」（**→7-10**）の存在を発見しました。

5−9

タンパク質の多様性

筆者：白木原康雄

タンパク質は、基本的には20種類のアミノ酸がつながって構成されています。平均的なタンパク質は、300個から400個ほどのアミノ酸が数珠《じゅず》つなぎになっていますが、数十個や1000個以上のアミノ酸がつながったタンパク質もあります。400個のアミノ酸がつながったタンパク質は何種類くらいの可能性があるでしょうか？ ひとつひとつに20種類のどれかのアミノ酸を使うことができるので、20の400乗（6兆5536億の25乗）という膨大な可能性があります。ただし、生物が使うことができるタンパク質は、アミノ酸の列がきちんと折りたたまれた特有の構造になる必要があるので、実際に生物が使うことができるタンパク質の可能性はずっと少なくなると思われます。それでも、莫大な可能性があります。

種類の多様性

図1は、非常に小さなタンパク質（リゾチーム：129アミノ酸）と非常に大きなタンパク質（脂肪酸合成酵素のサブユニット：2114アミノ酸）の形を、アミノ酸のα炭素を結んで示したものです。この両極端の大きさをもつタンパク質以外に、さまざまの大きさの、さまざまな種類のタンパク質が存在します。タンパク質の種類は、生物種あたり、ほぼ遺伝子の数だけあります。たとえば大腸菌なら約6000個です。個々のタンパク質はそれぞれの機能を果たすために、20種のアミノ酸が適切な順番で並んでなければいけません。機能に必要な並びが決まると、タンパク質の立体構造（形）が決まります。必要な並びの長さは、タンパク質ごとに違います。それぞれのタンパク質は機能発現のための、少数の非常に大事なアミノ酸をもっています。この図では、それぞれのタンパク質について特に大事なアミノ酸の位置が丸で示されています。

図1．種類の多様性

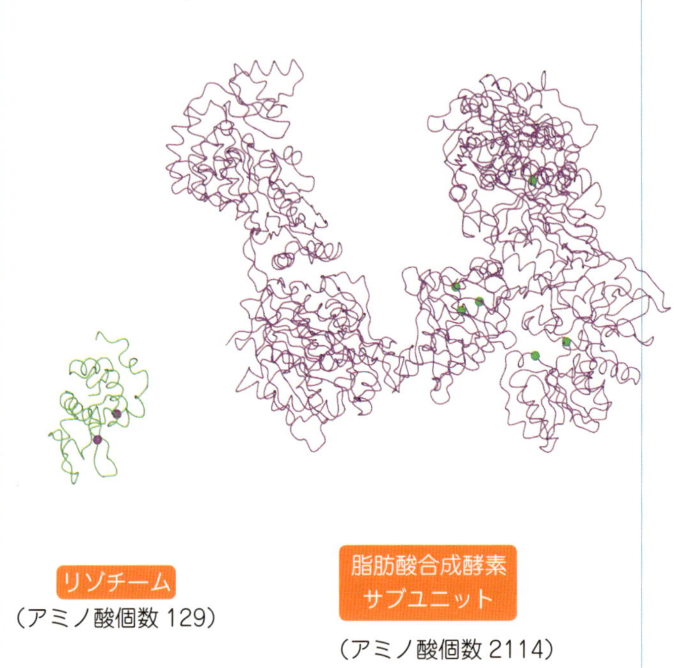
リゾチーム
（アミノ酸個数129）
脂肪酸合成酵素
サブユニット
（アミノ酸個数2114）

同一タンパク質のアミノ酸の並びの多様性

機能に深くかかわるアミノ酸が、遺伝子DNAの変異で他のアミノ酸に変わることによって、機能しないタンパク質になることがあります。このような例は、酸素を運ぶタンパク質、ヘモグロビンについてよく知られています。図2はヘモグロビンのひとつのサブユニットの構造の上に、多数の病気のヘモグロビンで調べられた、変異したアミノ酸の位置を丸で示したものです。多くのアミノ酸が機能に関係していることがよくわかります。

このような変異型ではなく、通常の野生型のタンパク質についても、生物種が異なると、アミノ酸の並びは同じではありません。図1のリゾチームを例にとると、ニワトリのものとファージのものをくらべると、丸で示されているアミノ酸と他の重要なアミノ酸は同じですが、それ以外（全体の半分程度）は違っています。

図2．並びの多様性

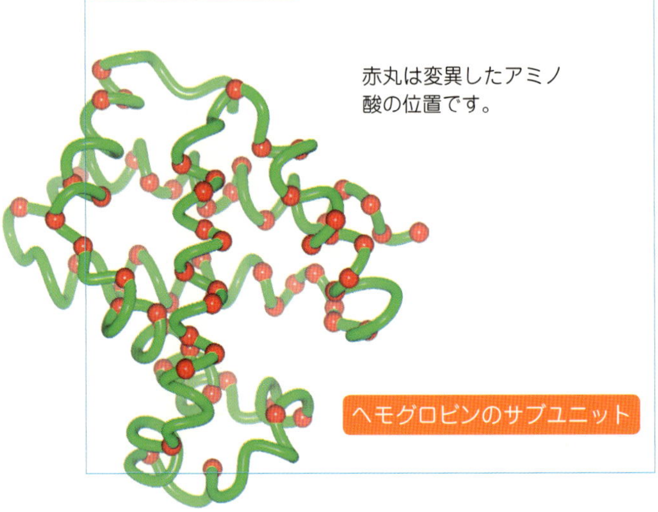
赤丸は変異したアミノ酸の位置です。
ヘモグロビンのサブユニット

さらに多様なタンパク質分子をつくる特別なしかけ──免疫系の例

免疫の仕組みのなかで、侵入してきた異物（抗原）を認識し結合するタンパク質である抗体は、抗原が無数にあるのに応じて、非常に多様な分子群をつくっています（**→8-8**）（図3）。抗体は通常2種（H鎖：heavy chain、L鎖：light chain）、4本のポリペプチド鎖からなります（図IgG参照）。免疫の働きは、外部からの抗原を排除することによって生体を保護することです。その際、抗体は異物を見分けて、抗原に応じて特に変化する部分であるCDR部位で結合します。抗原は数えきれないほどあるので、生物はCDR部位を中心に変化させ、極めて多種の抗体分子を使って対応します。このため哺乳動物の免疫系は、選択的スプライシング（**→5-6**）を含む特別なしかけを使っています。またこれに似た、しかしもっと大規模な仕掛けがH鎖にあります。

図3．抗体分子IgGの生成

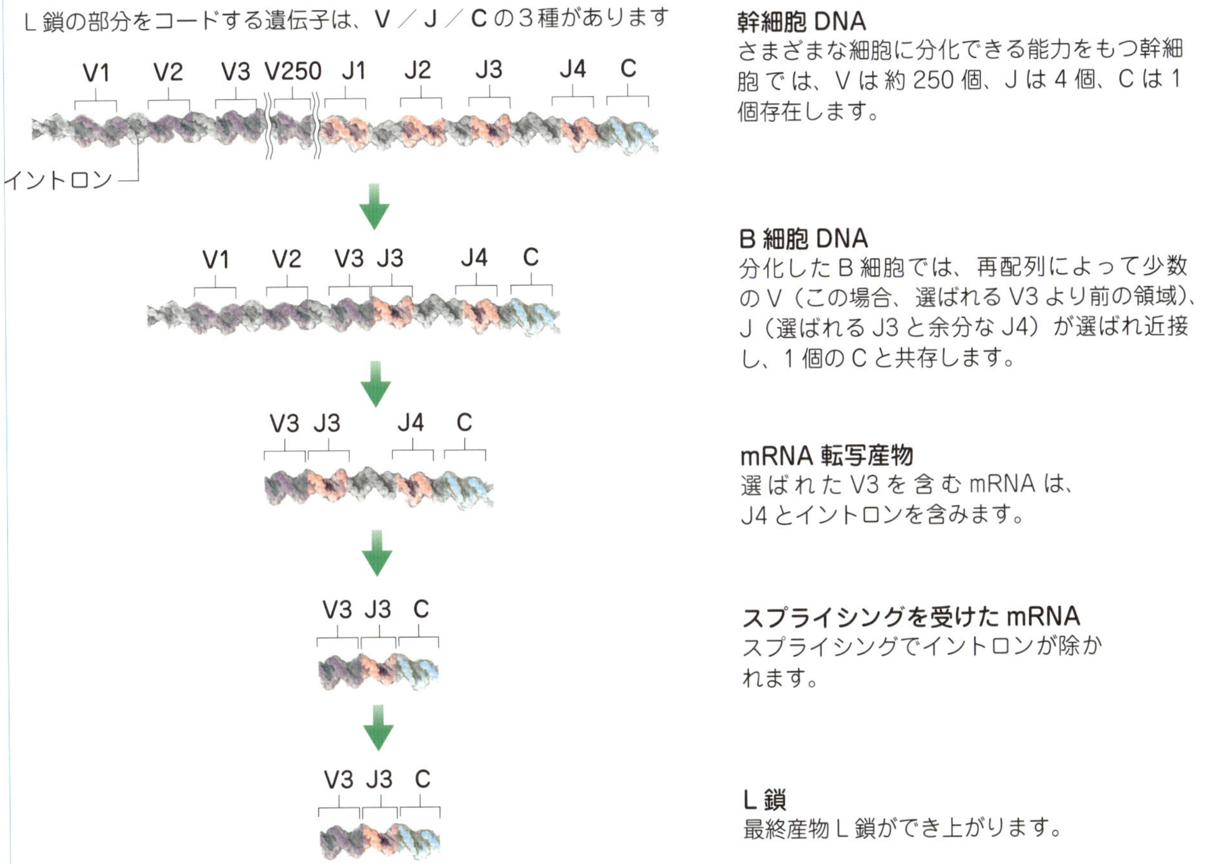
L鎖の部分をコードする遺伝子は、V／J／Cの3種があります
V1 V2 V3 V250 J1 J2 J3 J4 C
イントロン
V1 V2 V3 J3 J4 C
V3 J3 J4 C
V3 J3 C
V3 J3 C
幹細胞DNA
さまざまな細胞に分化できる能力をもつ幹細胞では、Vは約250個、Jは4個、Cは1個存在します。
B細胞DNA
分化したB細胞では、再配列によって少数のV（この場合、選ばれるV3より前の領域）、J（選ばれるJ3と余分なJ4）が選ばれ近接し、1個のCと共存します。
mRNA転写産物
選ばれたV3を含むmRNAは、J4とイントロンを含みます。
スプライシングを受けたmRNA
スプライシングでイントロンが除かれます。
L鎖
最終産物L鎖ができ上がります。

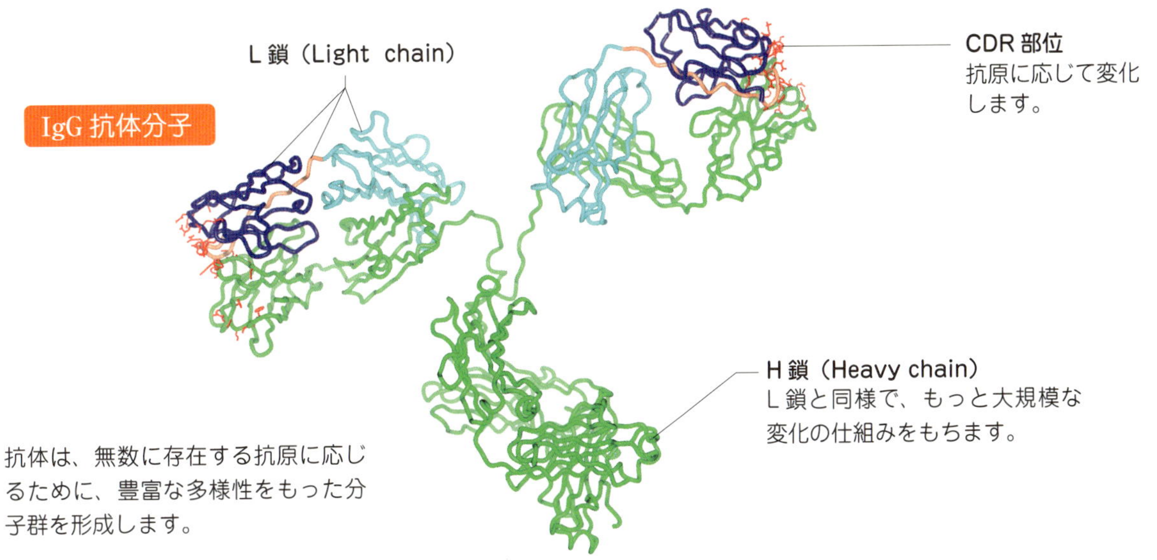
L鎖（Light chain）
IgG抗体分子
CDR部位
抗原に応じて変化します。
H鎖（Heavy chain）
L鎖と同様で、もっと大規模な変化の仕組みをもちます。
抗体は、無数に存在する抗原に応じるために、豊富な多様性をもった分子群を形成します。

第 II 部 遺伝子とは

【第 6 章】遺伝子と表現型

遺伝情報は塩基配列の形で染色体中に書き込まれており、これが生物の形質に大きく影響します。この章では、遺伝情報と形質との関係について考えます。発生、行動や脳機能など、複雑な形質を制御する遺伝子が次々と明らかになり、これらの生命現象の理解が進んでいます。また、遺伝子の ON/OFF 情報が、塩基配列以外の形で継承される「エピジェネティック」な遺伝現象と、その制御機構についても紹介します。

細胞はDNAの配列情報に依存しないエピジェネティック情報を、どのように次世代の細胞に伝達させているのでしょうか？　これまでの研究から、DNAのシトシン塩基のメチル化や、DNA鎖が巻き付いているヒストンタンパク質の化学修飾、小分子RNAなどがエピジェネティック情報の伝達を担っていると考えられています。

6−1

表現型とは(1)
——古典的な見方

筆者：高野敏行

表現型とは、生物がもつ測定可能な特徴や識別できる形質のことを指します。そこには、毛皮の色や翅《はね》の目玉模様の有無、花や葉の形、毛の本数や体の大小など非常に多くのものが含まれます。メンデルが研究したエンドウの種子の形や茎の高さもそうです。実際、私たちは驚くほどの表現型のバラエティを栽培植物や家畜、愛玩動物の品種にみることができます（図1）。また、薬剤反応性や耐性など、目には直接みえない形質もあります。表現型がひとつの遺伝子によって決まっていると、メンデルの遺伝様式にしたがうことになります（→**6-2**）。しかし、ひとつの遺伝子に大きく支配される形質でも、環境やその他の多くの遺伝子（遺伝的背景）の影響を受けることが少なくありません。環境条件によって大きく表現型が異なることや、表現型がまったく現われないこともあるのです。このようなことをもっとも単純な形でいえば、“表現型＝遺伝子型＋環境の効果”と表せます。

図1．バラエティに富んだイヌの表現型

品種によって異なるイヌの毛色や体の大きさは誰にとっても明らかであり、表現型の分かりやすい例といえます。そのバラエティは1万5000年の人との付き合いのなかから生まれたものです。

ひとつの遺伝子が表現型を決める

ウシの家畜化は約1万年前に始まり、それ以降、多様な品種がつくり出されています。そのなかでも毛皮の色は、品種の違いを端的に表わす指標として重要視されてきました（図2）。あし毛は灰色に白が混じっているもので、牛以外にも馬や犬など多くの動物でみられます。特に、ショートホーン種のあし毛は共優性の例として、古くから知られています。共優性とは、それぞれ異なる特徴・形質を発現するふたつの対立遺伝子間に優劣の関係がなく、親からそれぞれひとつずつ遺伝子を受け取った場合に（ヘテロ接合）、両方の親の形質が同時に現れることをいいます。赤毛の遺伝子型を C^RC^R のホモ接合、白毛は C^WC^W のホモ接合と表わした場合、あし毛は C^RC^W のヘテロ接合となります。ショートホーン種では *mast cell growh factor*（*MGF*：*kit ligand* ともよばれる）遺伝子に起こった1個のアミノ酸置換（アラニン対アスパラギン酸）が、あし毛の原因と考えられています。

図2．ショートホーン種の共優性遺伝

ショートホーン種の毛色は、ひとつの遺伝子座で決まると古くから考えられていました。

目にはみえない形質――薬剤耐性

形質は直接、目でみえるものだけではありません。抗生物質など薬剤に対する耐性・感受性も表現型のひとつです。例として細菌のペニシリン耐性・感受性があげられます（図3）。ペニシリンは最初の抗生物質です。しかし、ペニシリンの実用化数年後には、その効果に耐える耐性菌が出現しています。ペニシリンは、真正細菌の細胞壁を構成するペプチドグリカン（**→1-10**）の合成を阻害します。この抗生物質を分解する酵素β－ラクタマーゼをもった菌は耐性となります。耐性試験では、寒天培地に菌を接種し、抗生物質を含むろ紙を培地に置いた上で培養します。ペニシリン感受性であれば、ろ紙のまわりで増殖が抑制された阻止円が形成されます。β－ラクタマーゼ遺伝子は細菌の染色体上にある場合も、プラスミド（**→9-7**）上に存在する場合もあります。

図3．ペニシリン耐性・感受性の実験

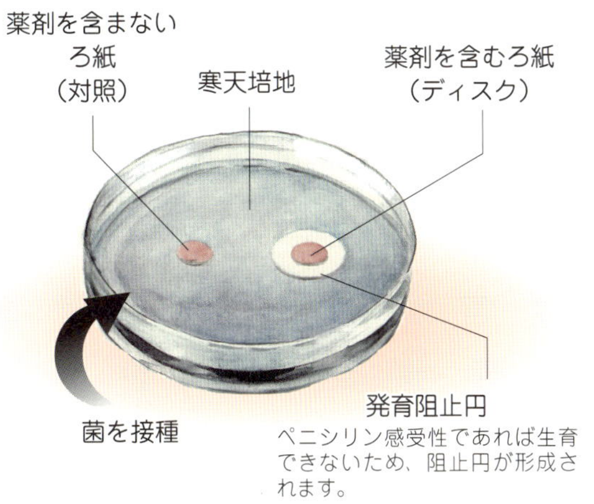
薬剤を含まない
ろ紙
（対照）
寒天培地
薬剤を含むろ紙
（ディスク）
菌を接種
発育阻止円
ペニシリン感受性であれば生育できないため、阻止円が形成されます。

接種された細菌がペニシリン耐性であれば、増殖が阻止されず、阻止円はできません。

図4．ショウジョウバエ痕跡翅の表現型

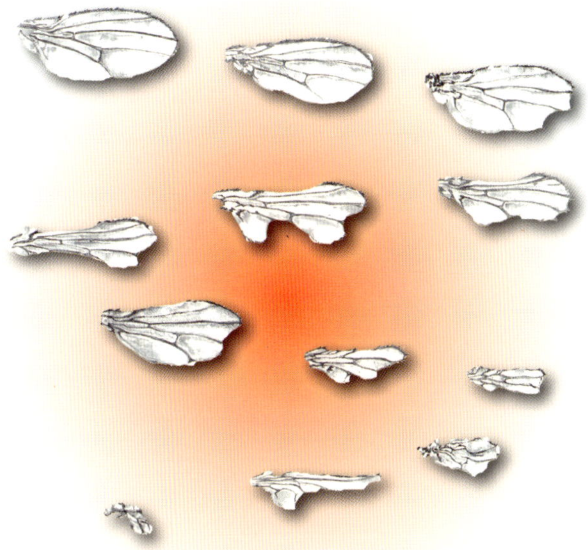

温度による影響で、表現型が幅広くゆらいでいるのが分かります。

表現型は遺伝子だけでは決まらない

多くの表現型は遺伝子によって支配されていますが、環境や確率的な「ゆらぎ」の影響も受けます（**→4-3**）。一般に個体の遺伝子のタイプ、すなわち遺伝子型は一義に決まりますが、表現型はそうはなりません。実際に、表現型と遺伝子型が一致しないことが少なくありません。図4に示すように、ショウジョウバエの痕跡翅《こんせきし》（*vestigial*）突然変異の表現型は、温度によって大きく変わります。同じ遺伝子型でも、野生型と変わらないものから、翅の形態をとどめないものまで表現型がゆらいでいます。また、環境条件によっては、通常の条件では決して現われない、突然変異と同じような表現型が得られることがあります（フェノコピー）。このように、環境は遺伝子と同様に、表現型に大きく影響しています。

植物と動物で同一の遺伝法則を発見

人物紹介 グレゴール・メンデル／外山亀太郎

外山亀太郎
（とやま・かめたろう、1867～1918年）

遺伝物質は融合すると考えられていた時代に、メンデルは「3：1」や「9：3：3：1」といった交配第２世代の分離比を統計的に検証することで分離・独立・優性の３法則を導きました。これによって、融合説では説明が難しかった適応進化を理解する基盤が与えられました。しかし、1866年に発表されたメンデルの論文は、「再発見」される1900年以前には４回程度しか引用されていません。メンデルはエンドウ以外に、オシロイバナ、トウモロコシ、アラセイトウなどでも検証していたようですが、論文としては発表していません。1900年の植物に続き、メンデル遺伝は動物でも成り立つことが確認されます。そのひとつは外山亀太郎によってカイコで行なわれました。また外山は、母性遺伝について、実験によって明らかにした最初の研究者のひとりです。

グレゴール・メンデル
（Gregor Johann Mendel、1822～1884年）

6−2

表現型とは(2)
——多因子遺伝など

筆者：新屋みのり

生き物がもつ形質のなかには、ひとつの遺伝子によって表現型が決まるものの他に、複数の要因によって「形質がどのようであるか」、つまり表現型が制御されるものもあります。この場合、表現型はしばしば数値など連続した変化として表われます（図1）。実際の自然界では、このような形質の方が多いかも知れません。表現型を決める複数の要因のなかには、さまざまな遺伝子に加えて、温度や栄養状態といった環境も含まれ、それぞれの要因がどのくらいの強さで影響するのかは、形質ごとに異なります。複数の遺伝子が表現型を決める形質は、非常に複雑な遺伝の様子を示し、これを「多因子遺伝」といいます。多因子遺伝を示す形質にかかわる遺伝子群がどういったものなのか、そしてそれらがどのように表現型を決めるのかは非常に興味深い問題です。現状では多因子遺伝の形質関連遺伝子をみつける方法には確固たるものがあるわけではなく、大きな課題として試行錯誤がなされています。

図1．表現型の決まる仕組み

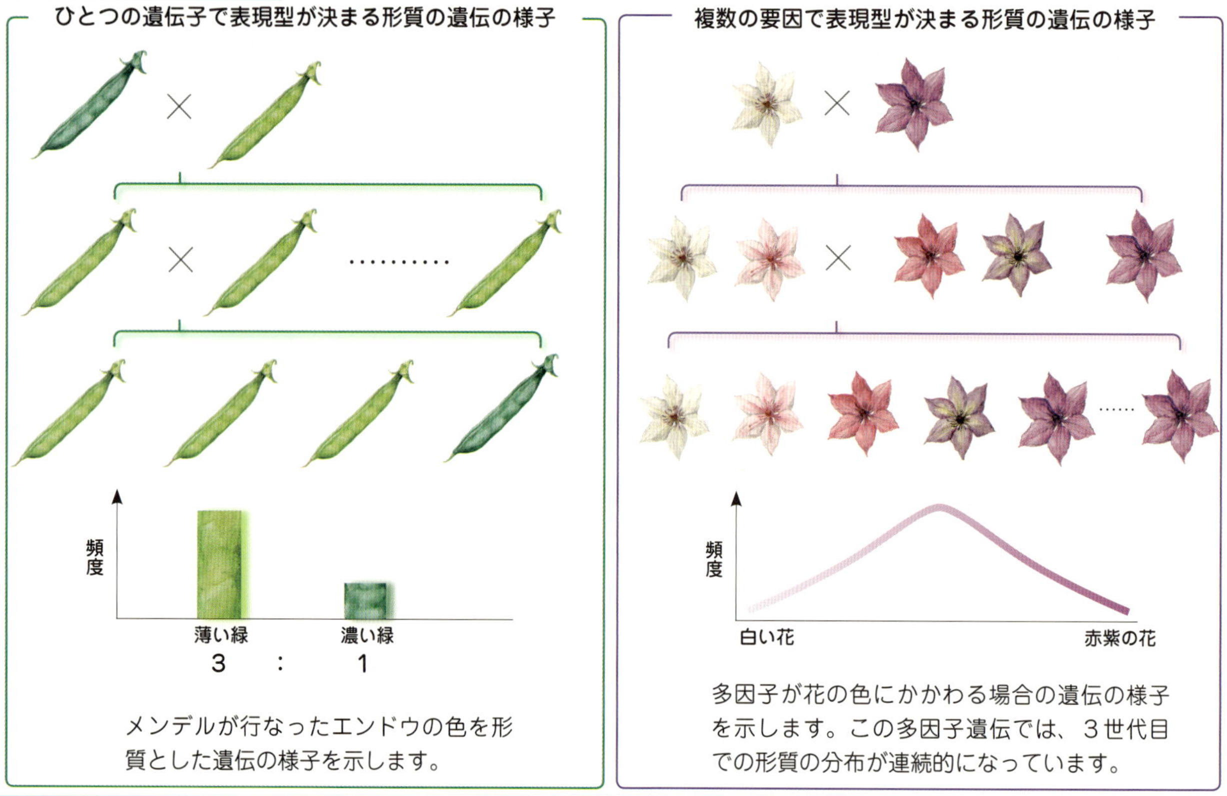
ひとつの遺伝子で表現型が決まる形質の遺伝の様子
頻度
薄い緑
濃い緑
3 : 1
メンデルが行なったエンドウの色を形質とした遺伝の様子を示します。
複数の要因で表現型が決まる形質の遺伝の様子
頻度
白い花
赤紫の花
多因子が花の色にかかわる場合の遺伝の様子を示します。この多因子遺伝では、3世代目での形質の分布が連続的になっています。

多因子遺伝性の疾患

ヒトの病気のなかにも、多因子遺伝によるものが数多くあります。高血圧や糖尿病、慢性関節リウマチ、また一部のがんもそうした病気の例です。これら病気の特徴は、数百人から数千人にひとりの割合いといった具合に、比較的高い頻度で認められることと、家系によっては特に高い頻度で発症が認められることなどがあげられます。病気にかかわる遺伝子群の「病気になりやすくする」対立遺伝子（**→8-6**）がいくつも集まったり、さらに生活スタイルなどの環境要因が重なって発症してしまうと考えられています。たくさんの患者と健常者のゲノム配列を比較し、患者で多い（あるいは少ない）対立遺伝子を特定することで、病気にかかわる遺伝子の探求が進められています。

図2．品種改良における多因子遺伝

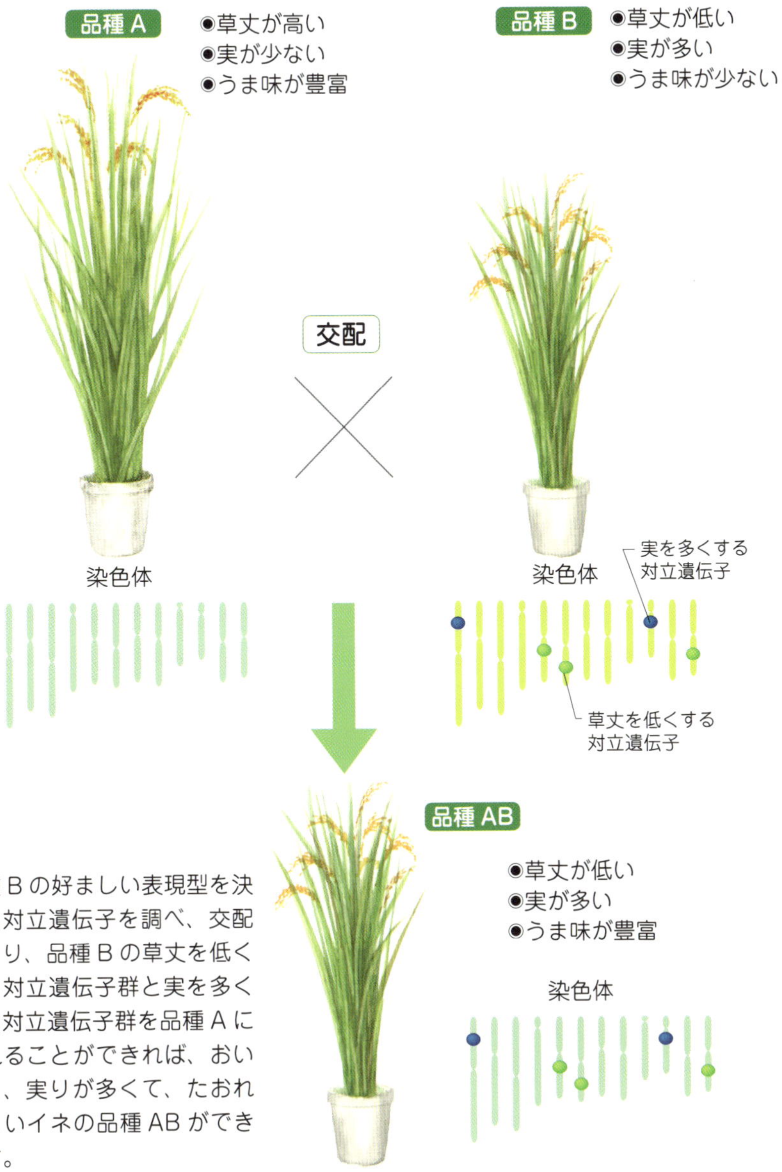
品種A
●草丈が高い
●実が少ない
●うま味が豊富
品種B
●草丈が低い
●実が多い
●うま味が少ない
交配
染色体
染色体
実を多くする
対立遺伝子
草丈を低くする
対立遺伝子
品種AB
●草丈が低い
●実が多い
●うま味が豊富
染色体

品種Bの好ましい表現型を決める対立遺伝子を調べ、交配により、品種Bの草丈を低くする対立遺伝子群と実を多くする対立遺伝子群を品種Aに入れることができれば、おいしく、実りが多くて、たおれにくいイネの品種ABができます。

植物での形質

私たち日本人は米を主食にしていますが、その今食べている米は自然にできたわけではありません。先人たちが苦労して、改良を繰り返した結果できたものです。この品種改良の指標になった米のうみ・草丈・実の多さ、などの形質も多因子遺伝します（図2）。最近では、こうした形質にかかわる遺伝子が、次々と明らかにされてきました（**→10-1**）。遺伝子がわかると、好ましい表現型をもたらす対立遺伝子をもつ品種のイネが分かります。すると、そのような品種をねらって交配し、好ましい対立遺伝子を、ひとつの品種に集めることができるようになります。形質に関係する遺伝子を直接調べて集めているので、それまでよりも効率よく、よりよい品種を得ることができます。食糧不足が問題になりつつある今、発展が期待される技術です（**→10-5**）。

図3．顔つきを決める多因子遺伝

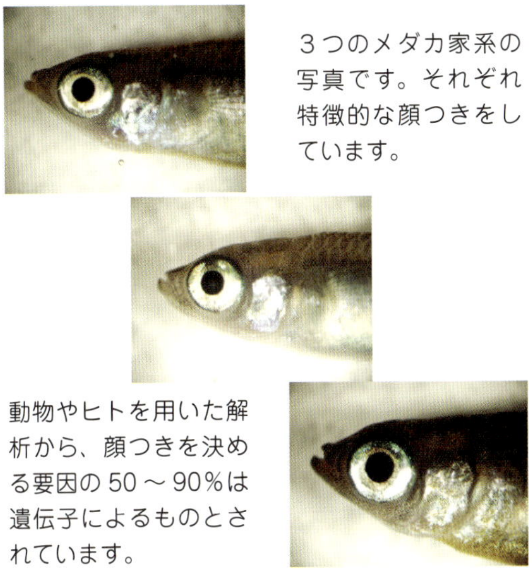

３つのメダカ家系の写真です。それぞれ特徴的な顔つきをしています。

動物やヒトを用いた解析から、顔つきを決める要因の50～90%は遺伝子によるものとされています。

動物での形質

身のまわりの動物にも、また私たちヒトにも、さまざまな多因子遺伝形質があります。たとえば子供の顔がその親に似ていることを、私たちは当然のこととして受け入れています。つまり、普段あまり意識はしませんが、顔つきが遺伝することを知っているのです。また同時に、ひとつの遺伝子で表現型が決まってしまうほど、顔つきは単純なものではないことも経験的に知っています。実はマウスやメダカでも顔つきに個体差があり、遺伝します（図3）。これらの動物やヒトを用いた解析から、顔つきを決める要因の50～90%が遺伝子によるものだと考えられています。顔つきのほかにも、身長や体重、そして性格（行動）も多因子遺伝を示す形質として、最近になってさかんに研究がなされています（**→6-5**）。

6−3

動物の発生を制御する遺伝子

筆者：小久保博樹

新しい生命誕生は、精子と卵子が出会って受精するところから始まります（→**3-3**）。受精した卵（受精卵）が細胞分裂を繰り返しながらさまざまな性質をもった細胞へと分化し、それぞれの組織・器官を形成し、ヒト特有の形態を有するようになります。つまり、私たちの体を形づくっている全ての細胞は、もとをたどればひとつの細胞である受精卵にいきつくのです。では、どうしてたったひとつの細胞が、それぞれ別々の性質をもった細胞へと分化するのでしょうか？　それは細胞の分化に必要な遺伝子の発現が、発生の時期や場所によって詳細に決まっているからです。つまり、発生過程は綿密にプログラムされているのです。このことを示す事象をみていきましょう。

発生の段階によって発現する遺伝子が決まっている

ショウジョウバエの唾腺（唾液を分泌する腺）染色体は、染色体がたくさん複製されているので、顕微鏡で染色体を観察することができます。この唾腺染色体をよく観察すると、染色体がほどけてふくらんだ「パフ」とよばれる構造がみられます（図1）。このパフでは、転写調節タンパク質やRNAポリメラーゼ（→**5-8**）などが結合して、転写（→**5-5**）がさかんに行なわれています。このパフがみられる染色体の位置や大きさは、観察する時期に応じて変化しますが、ランダムに起こるのではなく、どの個体でも同じ時期に同じところにパフが観察されます（図2）。これは発生の段階によって発現する遺伝子が決まっていて、次々とさまざまなタンパク質が合成されていることを示しています。このように、ヒトでも受精卵の発生が開始されてから、時期や場所によってどの遺伝子がどこに発現するのかが、プログラムされていると考えられています。

図1．唾腺染色体にできるパフ

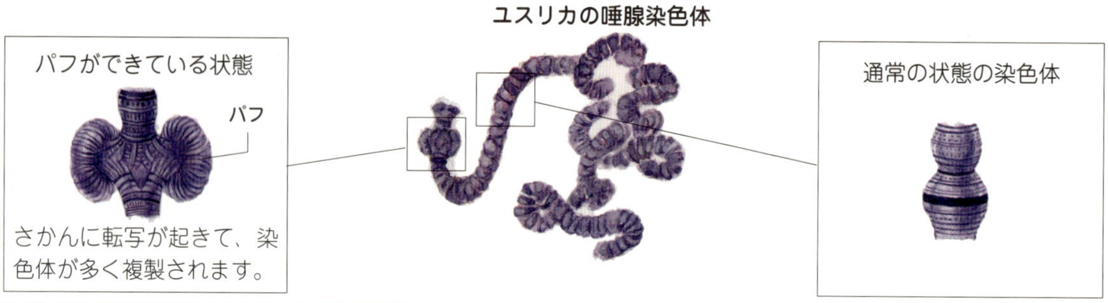
ユスリカの唾腺染色体
パフができている状態
パフ
さかんに転写が起きて、染色体が多く複製されます。
通常の状態の染色体

図2．ショウジョウバエのパフの変化

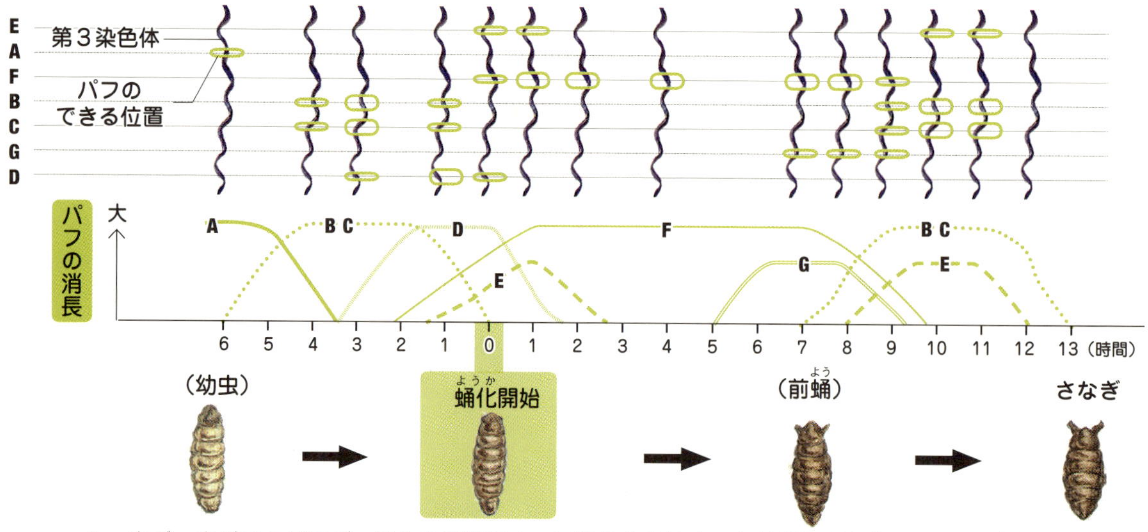
E
A
F
B
C
G
D
第３染色体
パフのできる位置
パフの消長
大
A
B C
D
E
F
G
B C
E
6 5 4 3 2 1 0 1 2 3 4 5 6 7 8 9 10 11 12 13（時間）
（幼虫）
蛹化《ようか》開始
（前蛹《よう》）
さなぎ

ショウジョウバエのパフが、発生の段階によって染色体の決まった位置に現われているのが分かります。このようなパフの現われ方は、時期・場所によって発現する遺伝子が決められていることを示しています。

種を超えて働くマスター遺伝子

プログラムにしたがって発現した遺伝子が、どのように組織・器官を形成していくのでしょうか？　これまでの研究によって、ある特定の遺伝子が眼や脚など特定の組織・器官へと分化を決定する能力があることが分かっています。このような遺伝子は「マスター遺伝子」とよばれ、これが欠失すると、特定の細胞への分化が起こらなくなり、その組織や器官がきちんと形成できなくなります。逆に、マスター遺伝子を本来発現しない場所に発現させると、起こりえないはずの場所に、マスター遺伝子によって決定された組織や器官が形成されます。たとえば、ショウジョウバエの脚をつくるようにと指令を下すマスター遺伝子が、触角がつくられる領域に発現すると、触角にかわって脚が形成されます（図3）。眼のマスター遺伝子を、同じように触角がつくられる領域に発現させると、今度は眼が形成されます。こういったマスター遺伝子は、種を超えて保存されていて、マウスでもその遺伝子を欠失させると、眼の形成不全が認められます。またヒトでは、「無虹彩症《むこうさいしょう》」とよばれる遺伝病の原因遺伝子として報告されています。このように、それぞれの遺伝子がプログラム通り決められた時期と場所で発現することが、正常な動物の体を形づくるためには必要なのです。

図 3. マスター遺伝子の異常発現

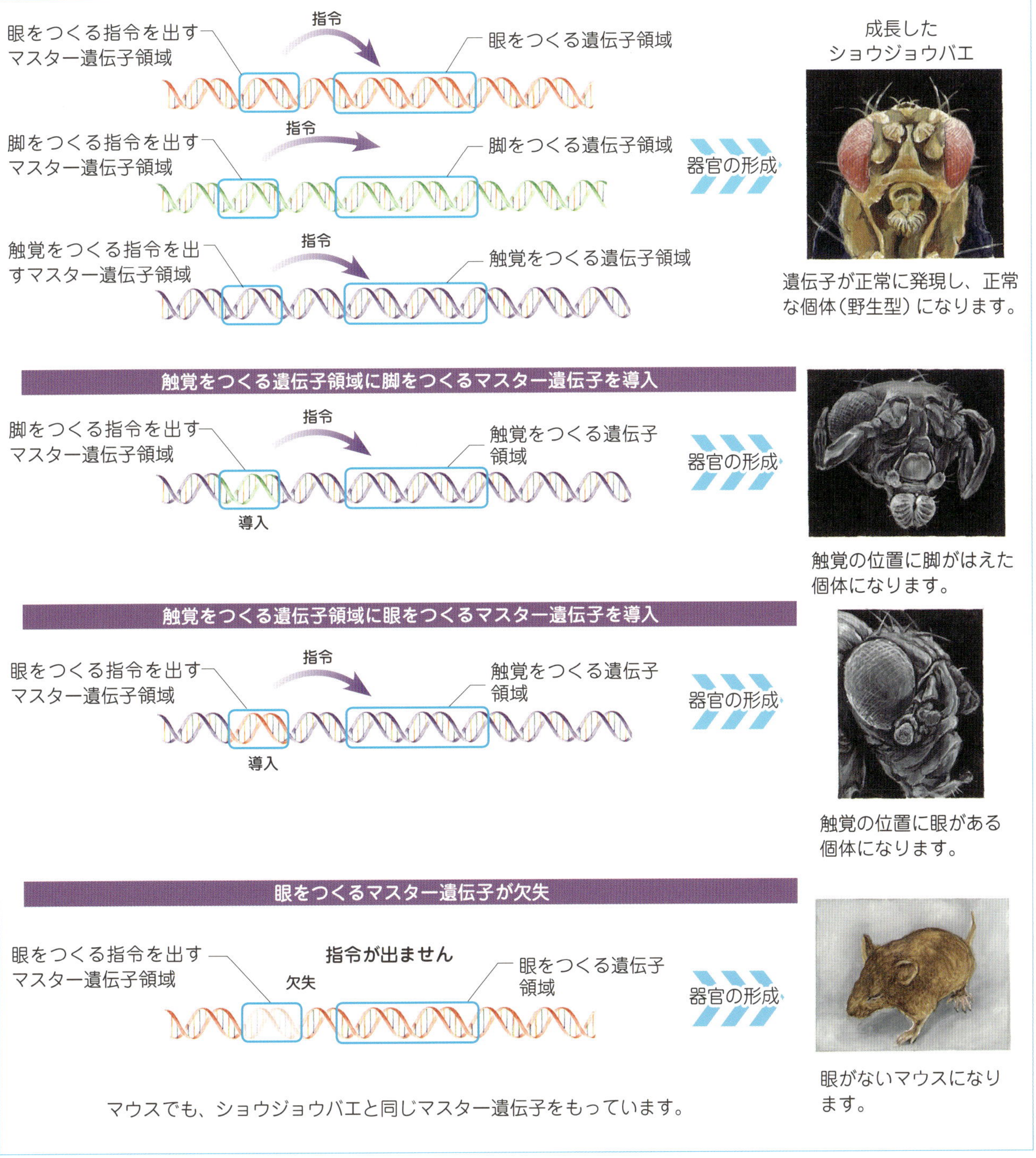

眼をつくる指令を出すマスター遺伝子領域
指令
眼をつくる遺伝子領域
成長したショウジョウバエ
脚をつくる指令を出すマスター遺伝子領域
指令
脚をつくる遺伝子領域
器官の形成
触覚をつくる指令を出すマスター遺伝子領域
指令
触覚をつくる遺伝子領域
遺伝子が正常に発現し、正常な個体（野生型）になります。
触覚をつくる遺伝子領域に脚をつくるマスター遺伝子を導入
脚をつくる指令を出すマスター遺伝子領域
指令
触覚をつくる遺伝子領域
導入
器官の形成
触覚の位置に脚がはえた個体になります。
触覚をつくる遺伝子領域に眼をつくるマスター遺伝子を導入
眼をつくる指令を出すマスター遺伝子領域
指令
触覚をつくる遺伝子領域
導入
器官の形成
触覚の位置に眼がある個体になります。
眼をつくるマスター遺伝子が欠失
眼をつくる指令を出すマスター遺伝子領域
指令が出ません
欠失
眼をつくる遺伝子領域
器官の形成
眼がないマウスになります。
マウスでも、ショウジョウバエと同じマスター遺伝子をもっています。

植物の発生を制御する遺伝子

筆者：久保貴彦

動物の体は、消化器系・呼吸器系・神経系・循環器系など多数の器官から構成されますが、多くの器官は胚発生の段階で、すでに分化形成を終えています。一方、葉・茎・根の３つの器官から構成される植物では、器官形成は胚発生後、「分裂組織」とよばれる未分化な細胞（幹細胞）（**→2-9**）が集まる組織によって、後生《こうせい》的に進められます。これと関連して、すでに分化した細胞から完全な個体を再分化できる「分化全能性」という能力をもつことも、植物細胞の不思議な発生機構の側面としてあげられます。植物の形態形成は環境変化に応答して進み、発芽・栄養成長・花成《かせい》・種子結実と、ダイナミックにその形態を変えて生存・繁殖を行ないます。好適な場所に移動し、食物からエネルギー源を摂取できる動物とは異なり、一生涯一ヵ所に定着し生活することから、周囲の環境変動に合わせて生活史を進行させる発生機構を獲得したと考えられます。植物の発生にかかわる主要な遺伝子は、主にシロイヌナズナの変異体（**→9-5**）を用いた解析から明らかにされています。

発芽と栄養成長

植物の地上部（茎）や地下部（根）の発生成長の起点となる部分は、「茎頂分裂組織」あるいは「根端分裂組織」とよばれる未分化な細胞群の集まりです（図1）。発芽後の幼植物体では、上下端部にある分裂組織において活発に細胞分裂が行なわれ、新しい茎や葉、あるいは根を形成します。このとき分裂組織は、その中心部において、未分化な細胞を維持しながら連続的に新しい器官を分化形成し、栄養成長を続けて大きくなります。分裂組織の形成と維持、および器官形成は、隣接する細胞間の遺伝子ネットワークによってバランスよく保たれています。これらの制御にかかわる遺伝子に欠陥が生じると、分裂組織ができなかったり、器官が異常に形成されるなどの表現型を示します。

図1．発芽・成長を制御する仕組み

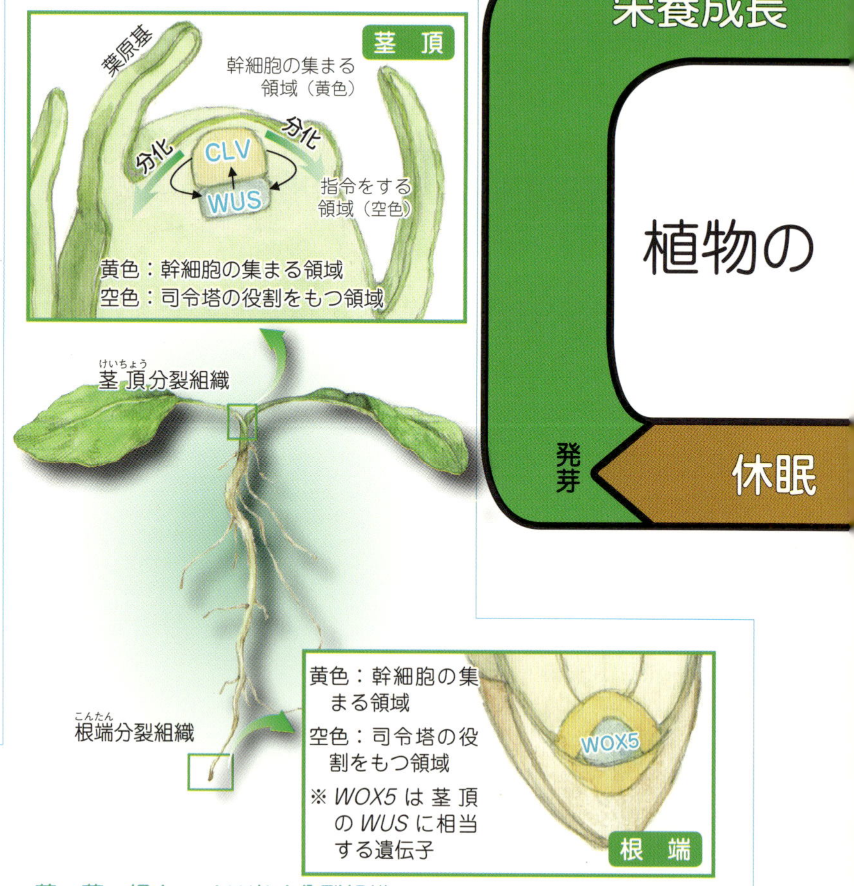
茎　頂
葉原基
幹細胞の集まる領域（黄色）
分化
分化
CLV
WUS
指令をする領域（空色）
黄色：幹細胞の集まる領域
空色：司令塔の役割をもつ領域
茎頂《けいちょう》分裂組織
根端《こんたん》分裂組織
黄色：幹細胞の集まる領域
空色：司令塔の役割をもつ領域
※ *WOX5* は茎頂の *WUS* に相当する遺伝子
WOX5
根　端
栄養成長
植物の
発芽
休眠

茎・葉・根をつくり出す分裂組織

分裂組織には、幹細胞が集まる領域（黄色）と、その指令塔としての役割をもつ領域（空色）があります。茎頂では *CLV*、*WUS* という遺伝子がそれぞれの領域で発現し、*WUS* は幹細胞の増殖促進、*CLV* は増殖抑制の作用をもちます。両者にはフィードバックが働き、幹細胞の数を適正に維持するよう機能しています。根端分裂組織では *WUS* 遺伝子に相当する遺伝子として *WOX5* が報告されています。

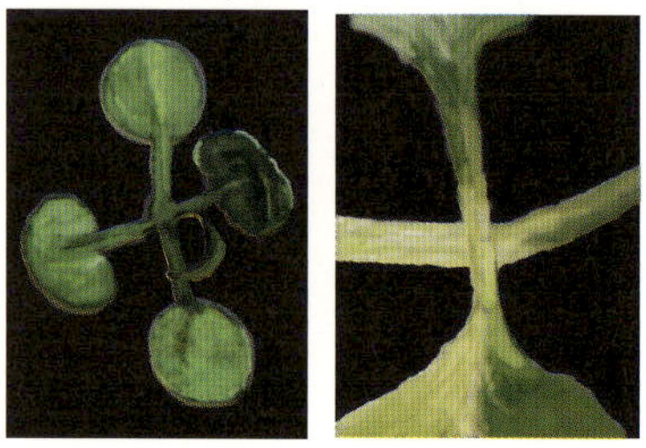

シロイヌナズナの野生型（左）と *WUS* 変異体（右）。変異体では茎頂分裂組織から新しい葉が分化していません。

花成と生殖成長

葉や茎など栄養器官をつくり出す栄養成長が一定の段階に達したとき、日照時間などの環境変化がきっかけとなり、茎頂分裂組織では葉の形成から花芽の形成（花成）へと切りかわります。花成誘導にかかわる物質は、未知の植物ホルモンとして「フロリゲン」とよばれていましたが、その実体は *FT* 遺伝子 (Flowering locus T) である可能性が高いといわれています。葉で作られた FT タンパクが信号となり、茎頂分裂組織が花芽形成を開始し、生殖成長へと移行する仕組みが明らかになっています（図2）。

花は、一般的に４種類の花器官、すなわち、がく片、花弁、雄しべ、雌しべから構成されています。花芽からこのような特殊化した部分構造をつくり出す発生の仕組みは、ABC モデル（A、B、C の３群の遺伝子の組合せ）によって説明できます（図2）。これら発生にかかわる遺伝子の機能に変化が生じると、八重咲きのような特殊な花構造がつくられることが知られています。

図2．花成の仕組み

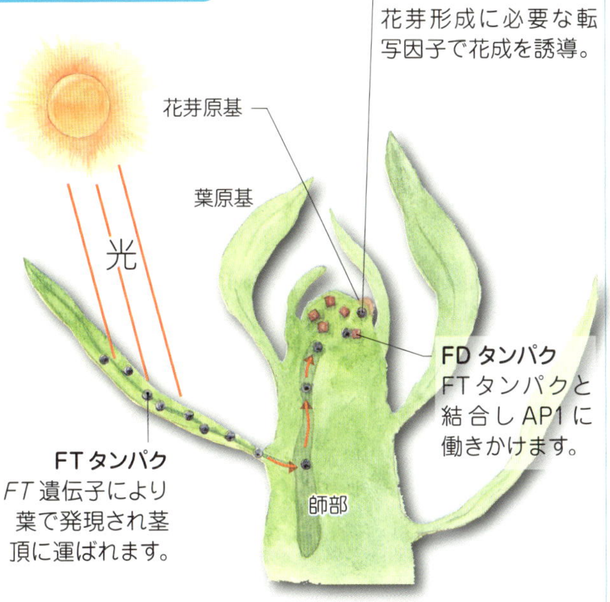
AP1
花芽形成に必要な転写因子で花成を誘導。
花芽原基
葉原基
光
FD タンパク
FT タンパクと結合し AP1 に働きかけます。
FT タンパク
FT 遺伝子により葉で発現され茎頂に運ばれます。
師部

花成誘導の仕組み
葉で発現した FT タンパクは、茎頂分裂組織に運ばれて FD タンパクと結合し、花芽形成に必要な転写因子 AP1 に働きかけ花成が誘導されます。

花成
生殖成長
生活史
受精
胚発生

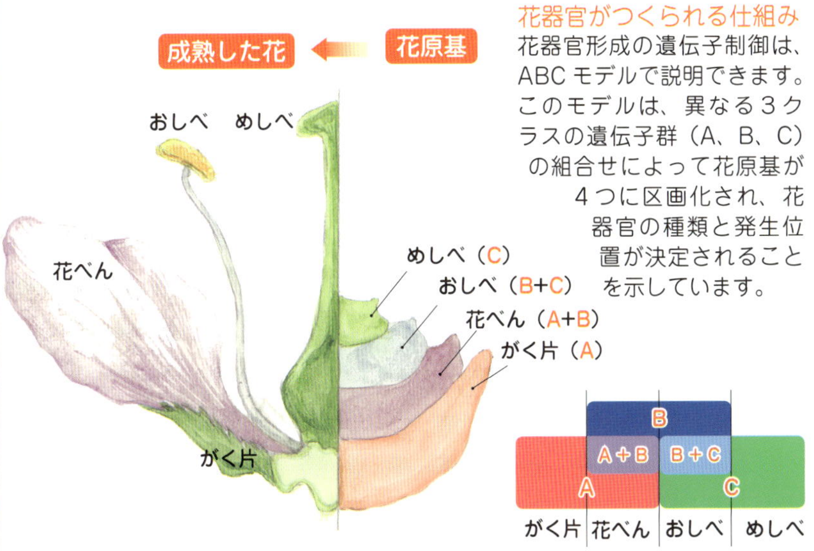
成熟した花
花原基
おしべ
めしべ
花べん
めしべ（C）
おしべ（B+C）
花べん（A+B）
がく片（A）
がく片
B
A+B
B+C
A
C
がく片
花べん
おしべ
めしべ

花器官がつくられる仕組み
花器官形成の遺伝子制御は、ABC モデルで説明できます。このモデルは、異なる３クラスの遺伝子群（A、B、C）の組合せによって花原基が４つに区画化され、花器官の種類と発生位置が決定されることを示しています。

胚発生と休眠

受精後、受精卵はただちに分裂を繰り返し、球状胚期などを経て成熟胚が形成されます（図3）。球状胚期には、茎頂分裂組織の形成にかかわる遺伝子群（*CUC*、*STM*、*WUS*）の発現が観察され、分裂組織となる領域の発生運命はこの時期には決まります。成熟胚を形成した後、種子は休眠に入り、一定期間、成長を停止します。

図3．胚形成の仕組み

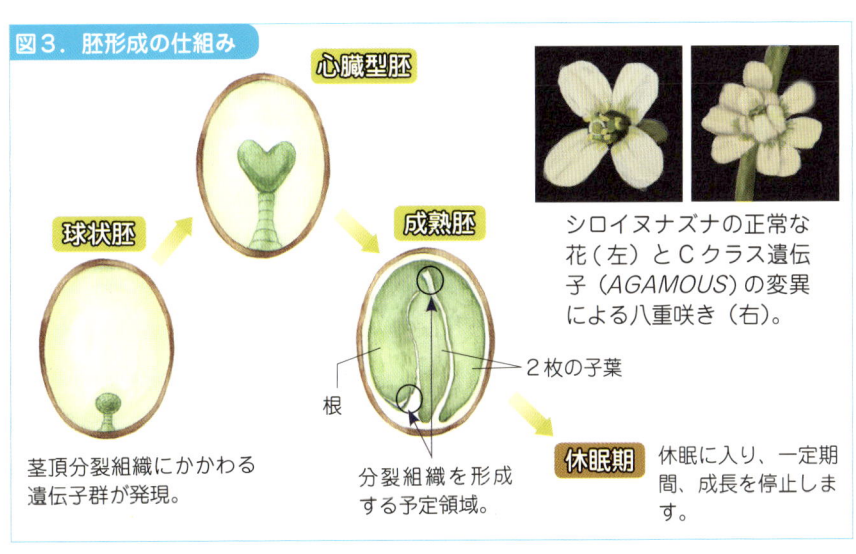

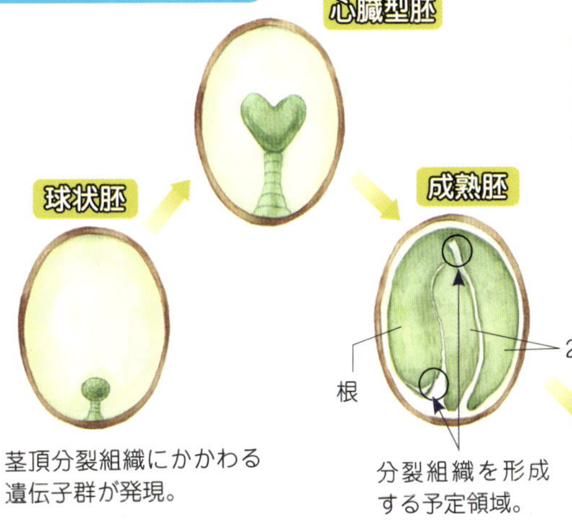
心臓型胚
球状胚
成熟胚
茎頂分裂組織にかかわる遺伝子群が発現。
根
2枚の子葉
分裂組織を形成する予定領域。
休眠期
休眠に入り、一定期間、成長を停止します。

シロイヌナズナの正常な花（左）と C クラス遺伝子（*AGAMOUS*）の変異による八重咲き（右）。

6-5

動物の行動にかかわる遺伝子

筆者：小出剛

動物の行動の背後には遺伝的なプログラムがあるといわれています。さまざまな哺乳類に属する動物が子育てをする際に、誰に教えてもらったわけでもなく母乳を子どもに与えて子育てをするのは驚くべき能力です。これも遺伝子によりプログラムされた能力だといえるでしょう（図1）。それでは特定の「授乳遺伝子」があるかというとそういう単純なものではありません。行動は脳を中心とした身体の複雑なシステムが生み出すものです。したがって、授乳に関する遺伝子は、そのシステムのなかで働いている遺伝子すべてが該当することになり、行動と遺伝子が1対1の関係にあるわけではありません。そのことを念頭に置いた上でこの項をみていきましょう。

図 1．授乳行動と遺伝子

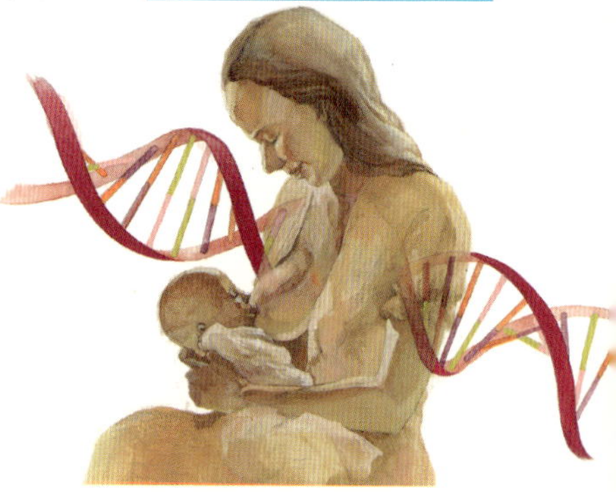

単一遺伝子疾患形質と多因子遺伝形質

システムのなかの遺伝子ひとつがうまく機能しないことでシステム全体に異常が生じることがあります。このような例は、ヒトの場合「単一遺伝子疾患形質」として知られています（図2）。たとえば、ハンチントン病は、*huntintin* 遺伝子に CAG の3塩基の繰り返しが増加することで、タンパク質に異常が生じ、それにより大脳基底核や大脳皮質（→**2-1**）に萎縮が生じて、不随意運動、認知障害や情動障害などを引き起こします。一方で、多くのヒトの間でみられる行動や性格の個人差は多数の遺伝子が関与する「多因子遺伝形質」（→**6-2**）です（図2）。つまり、個人差には多数の遺伝子の機能の微妙な違いが関与しています。以下で行動にかかわることが報告されている遺伝子について述べます。しかし、これらの遺伝子はその行動にいたるシステムの一部のみを担っているということに注意してください。

図 2．単一遺伝子疾患形質と多因子遺伝形質

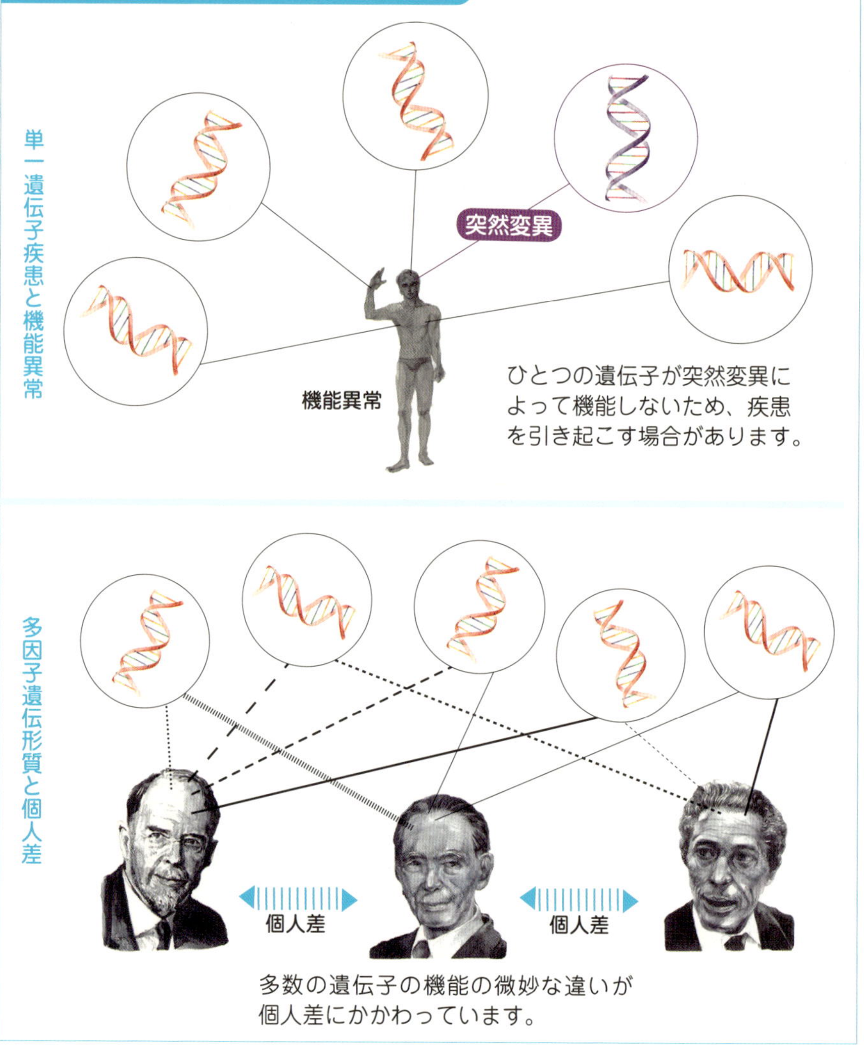
単一遺伝子疾患と機能異常
突然変異
機能異常
ひとつの遺伝子が突然変異によって機能しないため、疾患を引き起こす場合があります。
多因子遺伝形質と個人差
個人差
個人差
多数の遺伝子の機能の微妙な違いが個人差にかかわっています。

不安様行動に関連した遺伝子

脳内の神経伝達物質のひとつであるセロトニンは「うつ」との関連が報告されており、その働きが阻害されると不安様行動をもたらすといわれています。実際、セロトニン受容体のなかには 5-HT1A などのように、その働きが阻害されることで不安様行動に異常を示すものがあります。

図3．ドーパミンの移動および受容体繰り返し配列と性格

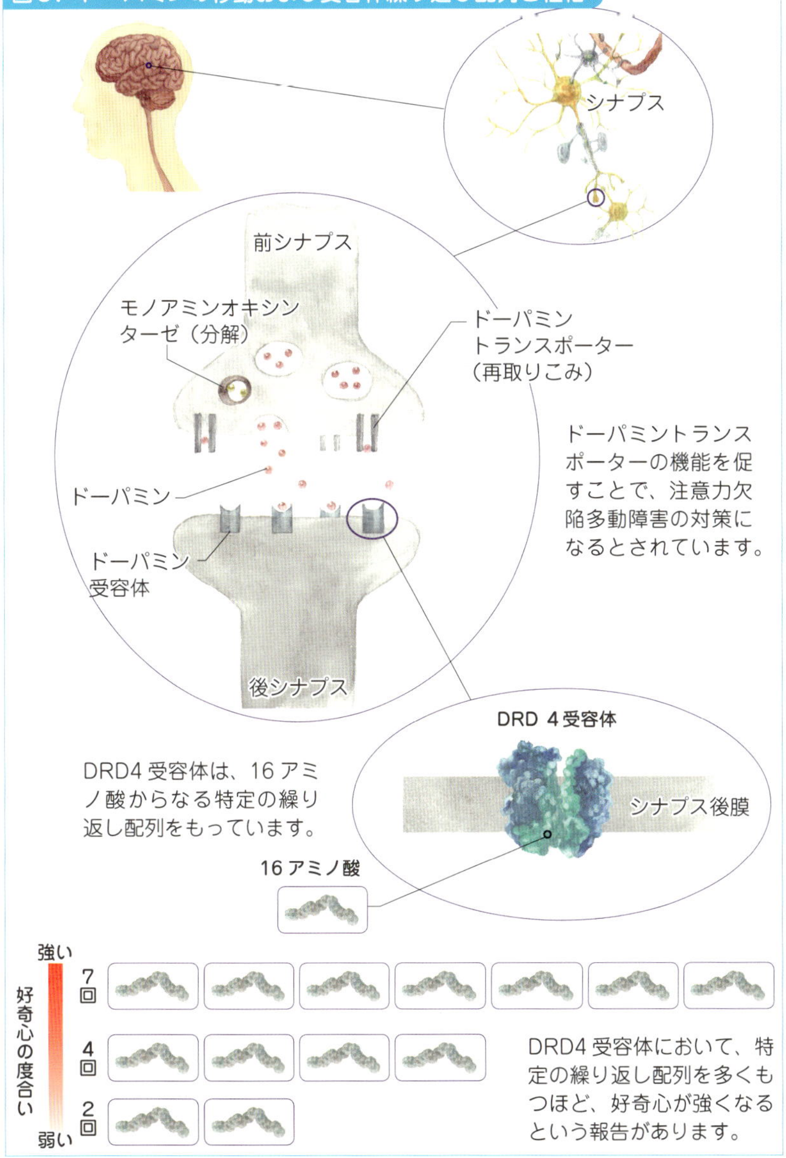
シナプス
前シナプス
モノアミンオキシンターゼ（分解）
ドーパミントランスポーター（再取りこみ）
ドーパミン
ドーパミン受容体
後シナプス
ドーパミントランスポーターの機能を促すことで、注意力欠陥多動障害の対策になるとされています。
DRD 4受容体
シナプス後膜
DRD4受容体は、16アミノ酸からなる特定の繰り返し配列をもっています。
16アミノ酸
強い
好奇心の度合い
弱い
7回
4回
2回
DRD4受容体において、特定の繰り返し配列を多くもつほど、好奇心が強くなるという報告があります。

活動性に関連した遺伝子

活動性は動物にとって生存に直結する重要な行動要素です。神経伝達物質のひとつであるドーパミンは、その活動性を調節する重要な物質であると考えられています（図3）。小児でみられる注意力欠陥多動障害（ADHD）などにもこのドーパミンが関与していることが知られており、細胞外に放出されたドーパミンを再度細胞内に取り込む働きをもつドーパミントランスポータに作用する薬剤が、このADHDの対症治療薬として知られています。

好奇心に関連した遺伝子

「心の中の活動性」ともいえる好奇心にもドーパミンが関連しているという報告があります。ドーパミン受容体のひとつであるDRD4にはその遺伝子のなかに48塩基（16アミノ酸）を単位とする繰り返し配列があり、それが人により2回、4回、7回の3種類の繰り返しタイプがあります（図3）。この繰り返し回数が多いほど好奇心が強いという報告があり、好奇心を制御する遺伝子としてよく知られるようになりました。しかし、この説を支持する報告がある一方、この結果の再現性を示していない報告もあることに触れておかなければなりません。

社会行動に関連した遺伝子

図4．授乳子育てをしているハタネズミの雌

個体どうしのかかわりで育まれる社会行動においても、遺伝子はさまざまな形で働いています。ニューロペプチドであるオキシトシンとバソプレッシンは、ともに9つのアミノ酸からなるペプチドですが、その構造もよく似ています。このうち、バソプレッシンは2種のハタネズミを用いた研究から一夫一妻型か乱婚型かという違いにかかわっていることが報告されています。つまり、乱婚型のハタネズミではバソプレッシン受容体は発現量が低いのですが、その発現量を増やすと一夫一妻型になることが知られています（図4）。また、オキシトシンは母性行動に重要な役割を果たしていることが知られています。

学習記憶に関連した遺伝子

脳の海馬は学習に重要な役割をはたすことが分かってきています。そこでは一度短期記憶が形成され、それが長期の記憶へと保存されるかどうかが取捨選択されてゆくわけです。海馬の学習記憶が行なわれる場では、グルタミン酸が重要な役割をはたしています。マウスでこのグルタミン酸の受容体のひとつであるNMDA型受容体を壊したところ、学習記憶に障害が生じることが分かっています。

これらは、行動にいたる非常に複雑なシステムを構成する遺伝子のほんの一端をあげたにすぎません。しかし、このような具体的な構成要素である遺伝子が明らかになることで、将来的にはシステム全体が理解できるようになると期待されています。

6−6

動物の脳神経系にかかわる遺伝子

筆者：川崎能彦

視覚・聴覚・嗅覚・味覚・触覚といった五感、喜怒哀楽といった感情、記憶や学習、意識や無意識など、私たち動物に備わったさまざまな神経活動には、必ずその基盤となる神経回路があります。そして、それら神経回路の基本的なかたちは、遺伝子情報をもとにしてつくられます。

みなさんが食べるニワトリの卵は、有精卵ならば上手に温めるとヒヨコがかえります。生まれたばかりのヒヨコがエサを追いかけたり、母親の後ろを付いて歩くようすをみたことがあるでしょうか。ヒヨコは生まれてすぐに、目でみて食べ物を認識することができるし、筋肉をコントロールして歩きまわることができる上に、親鳥の姿を記憶する能力まで身に付けています。このような動物のさまざまな活動には、必ずその基盤となる神経回路があります。それら神経回路の基本的な構造は、黄身と白身がヒヨコになったり、私たちが母親の胎内で大きくなっていく間に、それぞれの動物の遺伝子情報をもとにして驚くほど正確につくり上げられていきます。神経回路がつくり上げられる過程は、大きく４つの段階に分けることができます。それぞれの段階についてみていきましょう。

神経回路の形成①── 神経細胞の増殖と分化

神経回路がきちんとつくられるためには、まず、適切な時期に、適切な場所で、神経細胞が正しく増えたり分化したりする必要があります。たとえば Emx2 という転写因子（遺伝子発現を制御する分子）は、胎児期のマウス終脳（大脳）の背側領域に発現して、その領域の神経細胞の分化を制御することが知られています。この遺伝子を失ったマウスでは、終脳の背側領域を構成する神経細胞が正しく分化しません。その結果、海馬などの終脳の背側の構造が大きく欠落してしまいます（図１）。

図１. 終脳の神経細胞の増殖と分化（マウス終脳を背側からみた図）

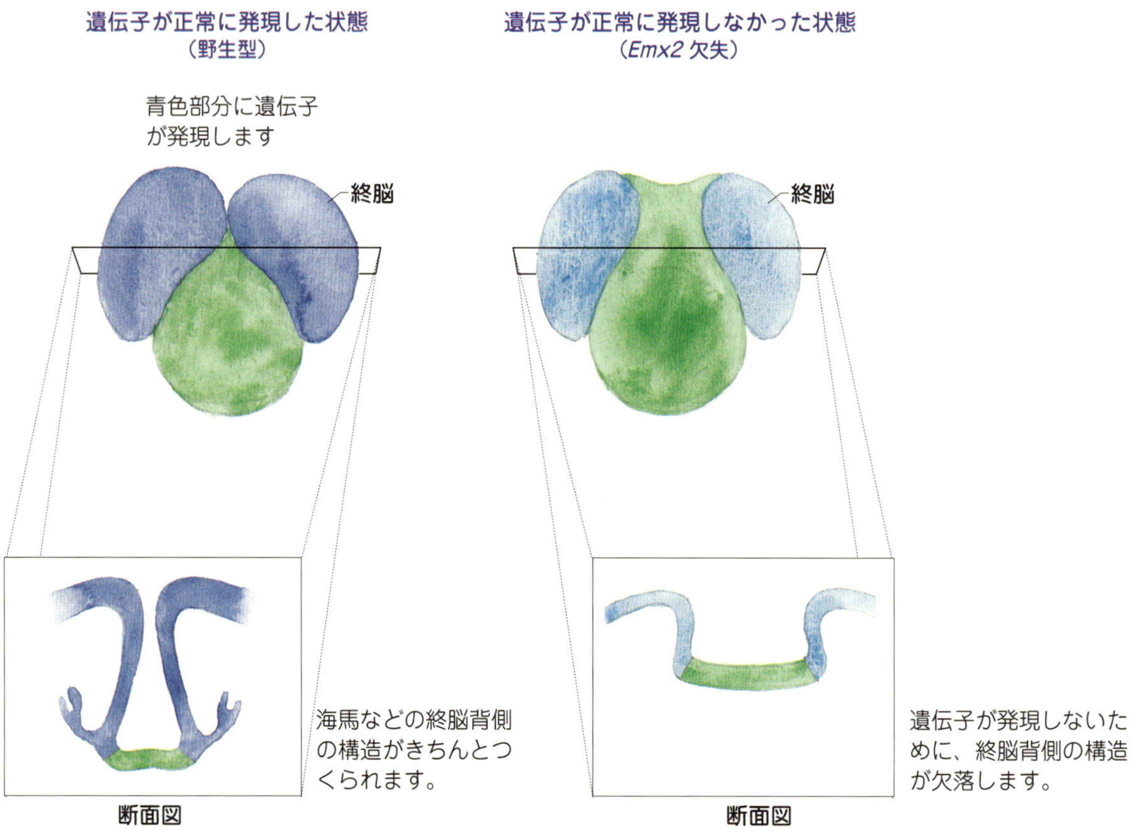
遺伝子が正常に発現した状態
（野生型）
青色部分に遺伝子
が発現します
終脳
海馬などの終脳背側
の構造がきちんとつ
くられます。
断面図
遺伝子が正常に発現しなかった状態
（*Emx2* 欠失）
終脳
遺伝子が発現しないた
めに、終脳背側の構造
が欠落します。
断面図

神経回路の形成②── 神経細胞の移動

神経細胞の多くは、自分が生まれた場所から最終的な目的地に向けて活発に移動します。たとえばSema3Aという拡散性分子（細胞外に分泌されて、周辺の細胞に働きかける分子）は、交感神経細胞に分化する細胞の移動経路の周辺に発現して、この細胞の移動を制御することが知られています。*Sema3A* 遺伝子を失ったマウスでは、この細胞の移動に異常が生じるために、間違った場所に交感神経細胞が分布してしまいます（図2）。

図2．体幹部の交感神経の形成（マウス胎児の体幹部分を背腹軸方向に輪切りにした図）

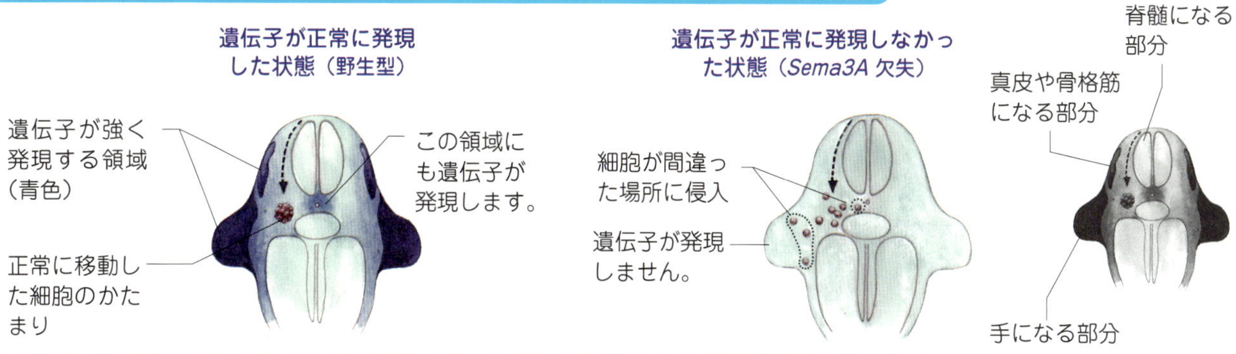
遺伝子が正常に発現した状態（野生型）
遺伝子が強く発現する領域（青色）
この領域にも遺伝子が発現します。
正常に移動した細胞のかたまり
遺伝子が正常に発現しなかった状態（*Sema3A* 欠失）
細胞が間違った場所に侵入
遺伝子が発現しません。
脊髄になる部分
真皮や骨格筋になる部分
手になる部分

神経回路の形成③── 突起伸長とシナプス形成

神経細胞は軸索や樹状突起とよばれる長い神経突起を伸長させて、遠く離れた特定の標的細胞とシナプスとよばれる構造を介してつながります（**→2-1**）。近年、神経細胞が神経突起を正確に伸長させるために必要な遺伝子が、たくさん発見されました。これらの遺伝子の多くは神経突起が伸長する方向を制御します。たとえば、拡散性分子のSlit1とSlit2は、マウス胎児の終脳腹側などに強く発現し、特定の軸索の伸長を妨げる機能をもちます。これらの遺伝子を失ったマウスでは、Slit1やSlit2が発現していた領域を避けることなく軸索が伸長 してしまいます。その結果、一部の軸索が終脳の腹側領域へと間違って侵入してしまいます（図3）。

図3．突起伸長とシナプス形成（マウス終脳を腹側から見た図）

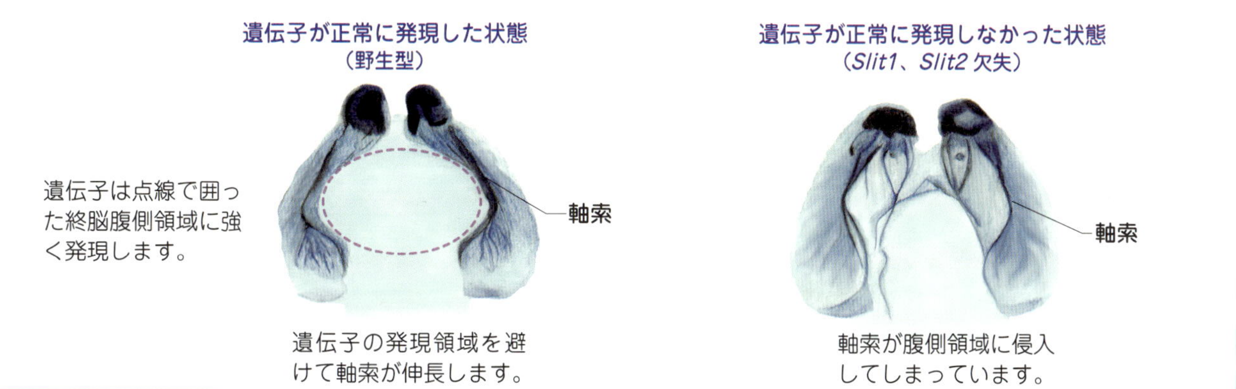
遺伝子が正常に発現した状態（野生型）
遺伝子は点線で囲った終脳腹側領域に強く発現します。
軸索
遺伝子の発現領域を避けて軸索が伸長します。
遺伝子が正常に発現しなかった状態（*Slit1*、*Slit2* 欠失）
軸索
軸索が腹側領域に侵入してしまっています。

神経回路の形成④── 神経回路の改変と成熟

遺伝子情報をもとにつくられた神経回路は、環境の影響を受けながら、適切なかたちへと改変されていきます。必要以上に準備された神経回路の場合は、余分な部分が取り除かれて機能的な部分だけが残されます。また、環境からの刺激に応じてシナプスの構造などが変化して、神経回路が伝える信号の強さが変化したりもします。これらの過程は、環境などの外的要因によって左右されますが、環境に応じて神経回路を改変するための仕組みも、遺伝子によって制御されていると考えられています。くわしい仕組みについては、まだまだ謎に包まれた部分も多いですが、今後の科学の発展に注目して下さい。

このようにして、動物の脳神経系はいくつかの段階を経ながら、遺伝子情報をもとにしてつくられます。今回はマウスの遺伝子を例にあげましたが、ここで紹介したEmx2、Sema3A、*Slit1*/*Slit2* にそっくりの遺伝子は昆虫にも存在し、昆虫の神経回路を形成する上で重要な働きをします。

6−7

動物のエピジェネティクス

筆者：一柳健司

1個体の動物は小さなものでも1000個、大型のものでは100兆個を超える多数の細胞からできています。これらの細胞は1個の受精卵から細胞分裂（→**3-2**）によって増えたものです。したがって、ごく一部の例外を除けば、これらは同じ塩基配列のゲノムDNAをもっています。ところが、細胞はそれぞれ異なった形や機能をもっています。これは細胞ごとに異なる遺伝子セットが発現しているからです。発生過程で各細胞は遺伝子のオン・オフをダイナミックに変化させながら、固有の性質を獲得していきます。しかも、いったん特定の種類の細胞に分化すると、その特徴を失うことなく細胞分裂を続けます。つまり、遺伝子のオン・オフの情報は細胞分裂を通しても安定に受け継がれます。このようなDNAの塩基配列の変化をともなわない、しかも細胞分裂を経て伝達される遺伝子機能の変化や、それを可能にする仕組みのことを「エピジェネティクス」とよびます（図1）。

図1．個体発生、細胞分化とエピジェネティクス

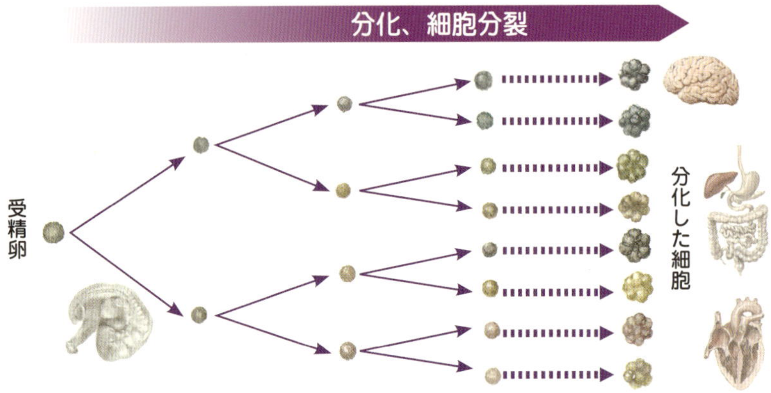

1個の受精卵から始まる発生過程で、各細胞は遺伝子のオン・オフをダイナミックに変化させながら、固有の性質を獲得していきます。しかも、いったん特定の種類の細胞に分化すると、その特徴を失うことなく細胞分裂を続けます。

遺伝子のオン・オフを決める要因

それぞれの遺伝子のオン・オフは、転写因子（遺伝子の発現を制御する分子）による制御を受けるとともに、ゲノムDNAと、ヒストン（→**3-5**）などのタンパク質から成るクロマチンの状態によって決められています（図2）。DNAはメチル化、ヒストンはメチル化・アセチル化・リン酸化などの化学修飾を受けます。遺伝子発現を調節する領域のDNAがメチル化されると、遺伝子がオフの状態になります。また、ヒストンが化学修飾されると、遺伝子発現をうながしたり、または抑制します。化学修飾されたクロマチンの状態は細胞分裂を経て娘細胞で復元されるので、それに制御されている遺伝子のオン・オフ状態も娘細胞に受け継がれます。何らかの理由で、ある遺伝子のクロマチン状態が母細胞で変化した場合も、その変化した状態が娘細胞に受け継がれます。これがエピジェネティクスの分子基盤です。

図2．エピジェネティクスをつかさどる化学修飾

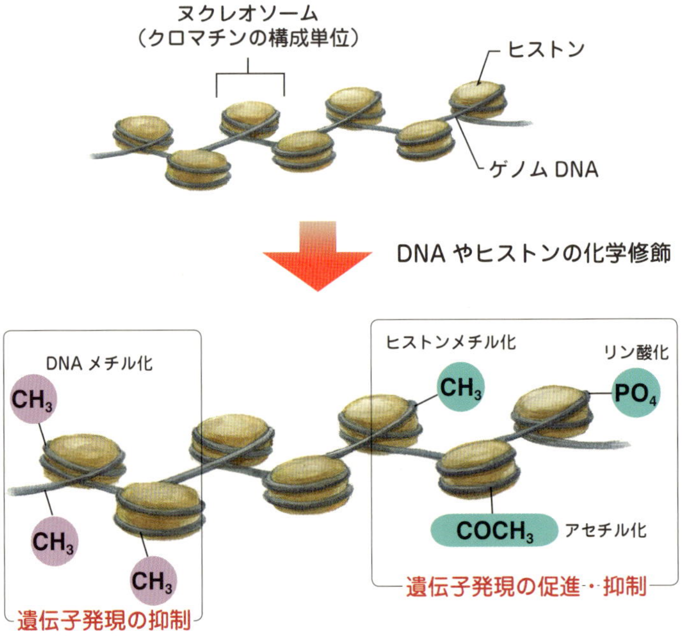

DNAがメチル化、またヒストンがメチル化・アセチル化・リン酸化などの化学修飾を受けると、遺伝子のオン・オフの状態が切りかわり、その状態は娘細胞にも受け継がれます。

エピジェネティックな情報のリセット

核を除去した動物の未受精卵に体細胞の核を移植することにより、クローン動物をつくることができます。しかし、クローン動物作成の成功率は数％にすぎません。分化した体細胞の核では、発現する遺伝子の組み合わせがすでに確立されいて、遺伝子のオン・オフを決めるエピジェネティックな情報が、簡単にはリセットされないからです（図3）。分化した体細胞から多能性幹細胞（iPS 細胞）（**→10-4**）を誘導する場合も、同様にリセットが必要です。

図3．クローン動物作成におけるエピジェネティック情報のリセット

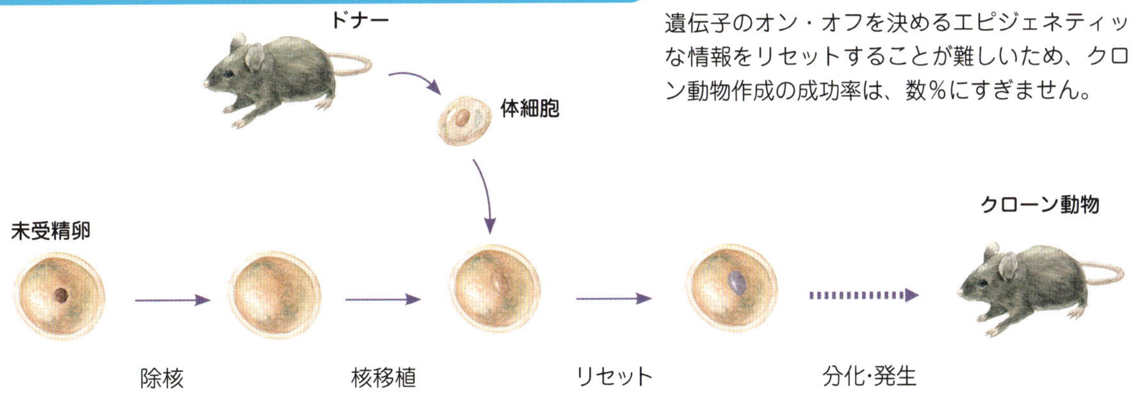
ドナー
体細胞
未受精卵
クローン動物
除核
核移植
リセット
分化･発生

遺伝子のオン・オフを決めるエピジェネティックな情報をリセットすることが難しいため、クローン動物作成の成功率は、数％にすぎません。

さまざまな生命現象にかかわるエピジェネティクス

エピジェネティクスは発生だけでなく、さまざまな生命現象に関与しています。哺乳類では父由来か母由来かによってゲノムの働きが異なり、父親から受け継いだ時のみ発現する遺伝子群や、その逆の遺伝子群が存在します。これは「ゲノム刷り込み」とよばれています。また、哺乳類のメスは X 染色体をふたつもちますが、一方が活性化、もう一方が不活性化されています（**→8-5**）。これらの現象には、DNA やヒストンの化学修飾が重要であることが分かっています。また、がんは DNA メチル化の異常をともない、生活習慣病、精神疾患などもエピジェネティクス異常との関連が指摘されています。さらに、個体差にも関与していると考えられています。たとえば、あるマウス近交系統では、体毛色がアグーチ遺伝子座の DNA メチル化の度合いによって決定されています（図4）。

図4．表現型の個体差にもかかわるエピジェネティクス

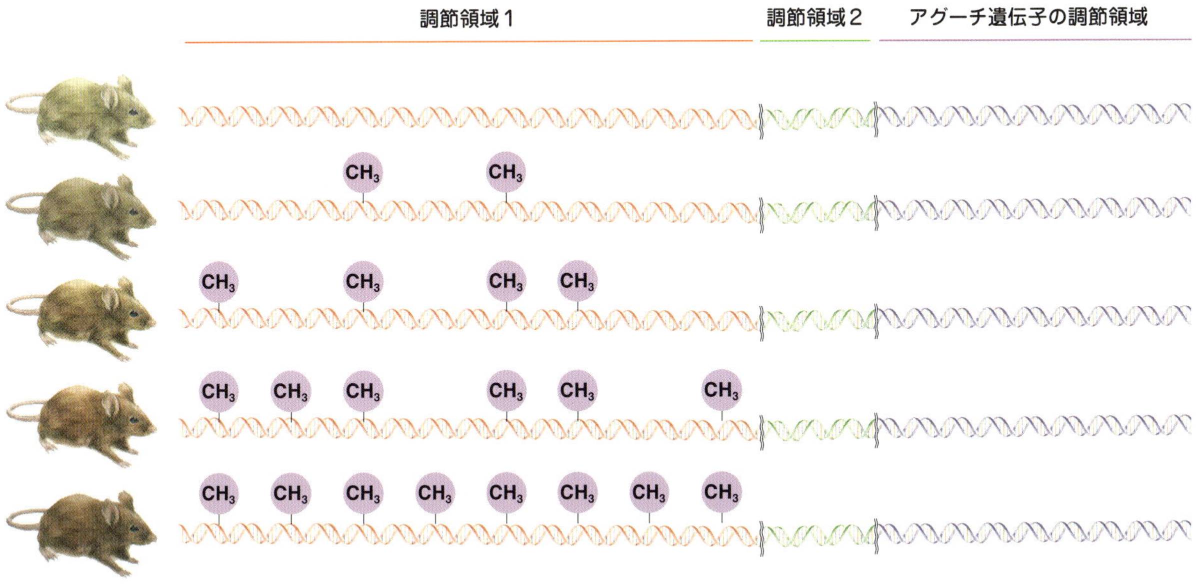
調節領域 1
調節領域 2
アグーチ遺伝子の調節領域
CH_3

どの個体も塩基配列は同じですが、DNA メチル化の状態が異なることで毛色の個体差が生じています。

6－8

植物のエピジェネティクス

筆者：佐瀬英俊

エピジェネティクスとは、「DNA 配列の変化なしに起こる遺伝子活性の変化が、細胞分裂や、時には世代を超えて伝達される仕組み、あるいはそれを研究する学問」です（→**6-7**）。エピジェネティクスは、生命現象の根幹に深くかかわっており、DNA 配列がもつ意味を探る現在のポストゲノム時代の重要な研究課題のひとつとなっています。

古くから科学者達は、植物の観察を通して、生命についてさまざまな発見をしてきました。『種の起原』を記したダーウィン（→**7-11**）は、植物についても多くの研究を行なっていることが知られています。また、メンデル（→**6-1**）がエンドウの交配実験を通してみいだした遺伝の法則は、その後の生物学の発展に大きな影響を与えたことは有名です（→**5-1**）。興味深いことに、このメンデルの遺伝の法則の予測とは異なった振る舞いをする遺伝現象もまた、植物で観察されています。こうした現象の多くでは、「ジェネティック」な DNA 配列の変化ではなく、「エピジェネティック」な変化によって、遺伝子活性が影響を受けていることが明らかになりつつあり、これらの研究はさまざまな生命現象の理解に重要な知見をもたらしています。

エピジェネティック現象の分子基盤

DNA の配列情報に依存せず、細胞はエピジェネティック情報をどのように次世代の細胞に伝達させているのでしょうか？　これまでの研究から、DNA のシトシン塩基のメチル化や、DNA 鎖が巻き付いているヒストンタンパク質（→**3-5**）の化学修飾、小分子 RNA などがエピジェネティック情報の伝達を担っていると考えられています（→**4-6**）。これらの修飾がコピーされて伝達されていく仕組みや、消去されリセットされる仕組みについては、現在もさかんに研究が行なわれています（図 1）。

図 1．エピジェネティクスを支持するふたつの要素

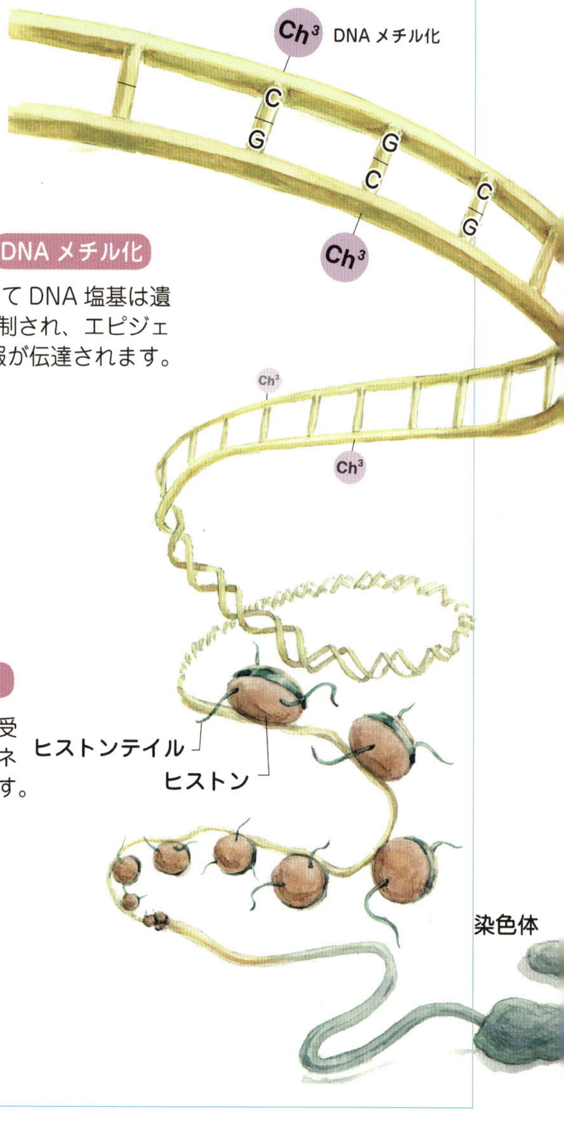

DNA メチル化

メチル化によって DNA 塩基は遺伝子の発現を抑制され、エピジェネティックな情報が伝達されます。

ヒストン修飾

ヒストンテイルが化学修飾を受けることによって、エピジェネティックな情報が伝達されます。

メンデルがエンドウの交配実験でみいだした遺伝の法則とは異なる現象が、植物で観察されています。こうした現象の多くでは DNA 配列の変化ではなく、「エピジェネティック」な変化が遺伝子活性に影響を与えていることが明らかになりつつあります。

パラミューテーション

パラミューテーションは、古くから知られる非メンデル型遺伝を示す現象で、さまざまな植物のほか、哺乳類でも同様の現象が観察されています（図2）。パラミューテーションの特徴は、遺伝子座間の相互作用により遺伝子の発現状態が変化し、その状態が遺伝する点にあります。この発現状態の変化には、DNA配列の変化をともなわないため、エピジェネティックなメカニズムが関与していると考えられています。

図2．トウモロコシで観察されるパラミューテーションの例

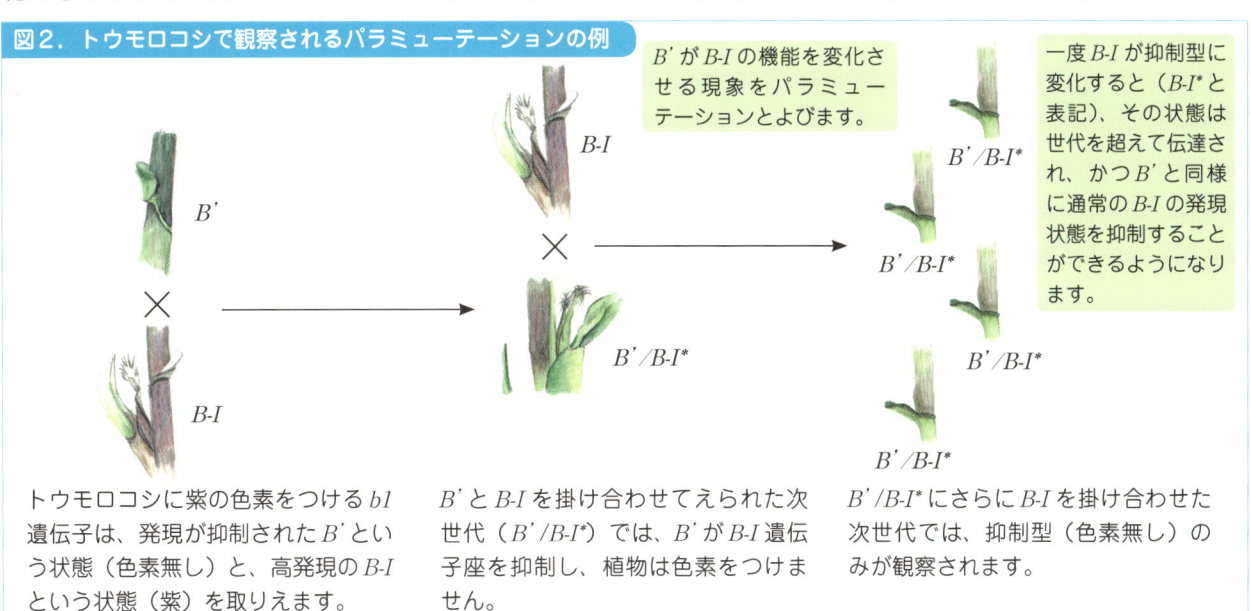

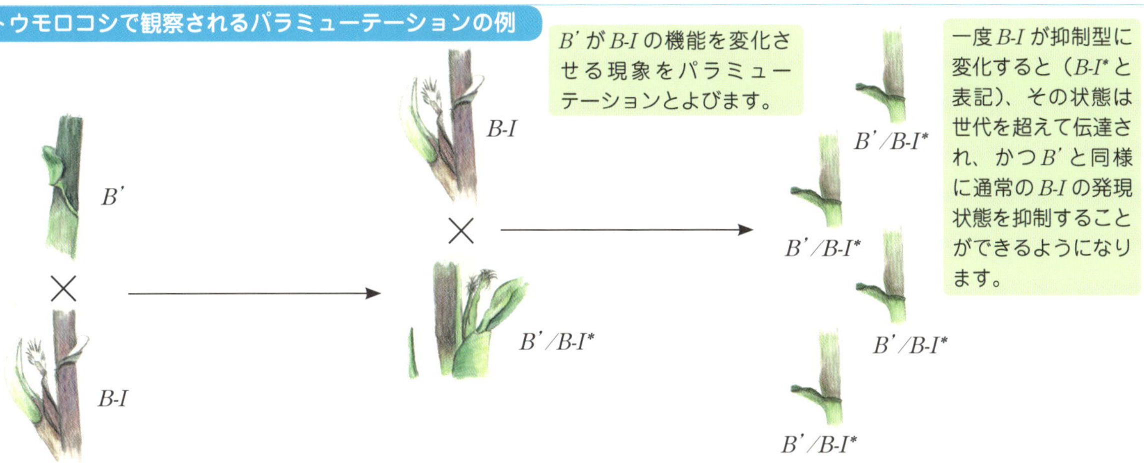
B′
B-I
B-I
B′/B-I*
B′がB-Iの機能を変化させる現象をパラミューテーションとよびます。
B′/B-I*
B′/B-I*
B′/B-I*
B′/B-I*
一度B-Iが抑制型に変化すると（B-I*と表記）、その状態は世代を超えて伝達され、かつB′と同様に通常のB-Iの発現状態を抑制することができるようになります。

トウモロコシに紫の色素をつける *bl* 遺伝子は、発現が抑制された *B′* という状態（色素無し）と、高発現の *B-I* という状態（紫）を取りえます。

B′ と *B-I* を掛け合わせてえられた次世代（*B′/B-I**）では、*B′* が *B-I* 遺伝子座を抑制し、植物は色素をつけません。

*B′/B-I** にさらに *B-I* を掛け合わせた次世代では、抑制型（色素無し）のみが観察されます。

春化（バーナリゼーション）

多くの植物では、冬の期間にあるていど低温にさらされることで、春以降に開花が促進されることが知られています。これを「春化」（バーナリゼーション）とよびます。春化処理を受けた植物の細胞は、この低温の経験をエピジェネティックな機構により「記憶」して、細胞分裂後も安定にその記憶を維持し続けます（図3）。しかしながら、この細胞記憶は次世代ではリセットされ、開花には再び春化が必要になります。

図3．シロイヌナズナの春化

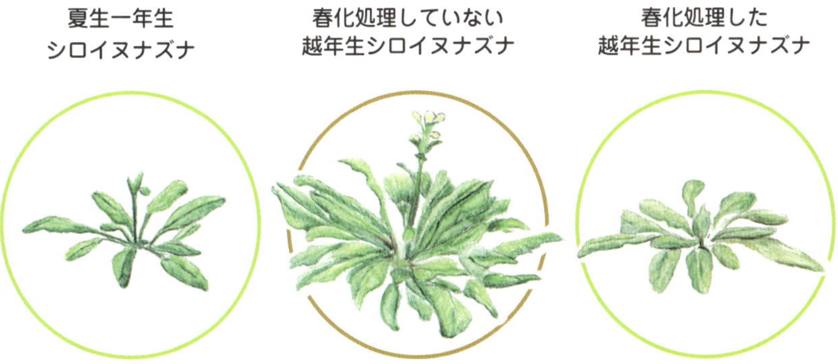
夏生一年生
シロイヌナズナ
春化処理していない
越年生シロイヌナズナ
春化処理した
越年生シロイヌナズナ

低温にさらされていない個体は、エピジェネティックな機構に低温の経験が「記憶」されていないため栄養成長をつづけ、葉を多くつけます。

ゲノム刷り込み

植物の胚乳組織（稲でいえば私たちが普段食べているコメの部分）では、母方あるいは父方から受け継いだ遺伝子のどちらか一方だけが活性化する、「ゲノム刷り込み」とよばれる現象が起きています（図4）。動物でも、やはり同様の現象が観察され、動植物ともにエピジェネティックな制御が、この遺伝子のゲノム刷り込みに重要な働きをしています。

図4．シロイヌナズナのゲノム刷り込み

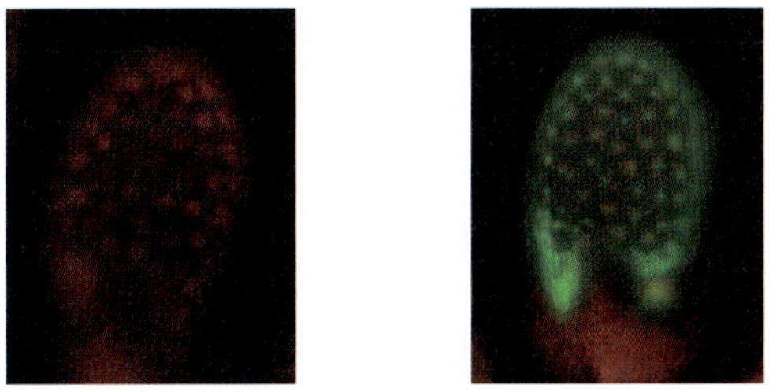

父方から受け継いでいる　　母方から受け継いでいる

母方から受け継いだ遺伝子の胚乳組織での発現を、蛍光タンパク質で可視化したものです。

写真：長浜バイオ大学 木下哲博士提供

第II部 遺伝子とは

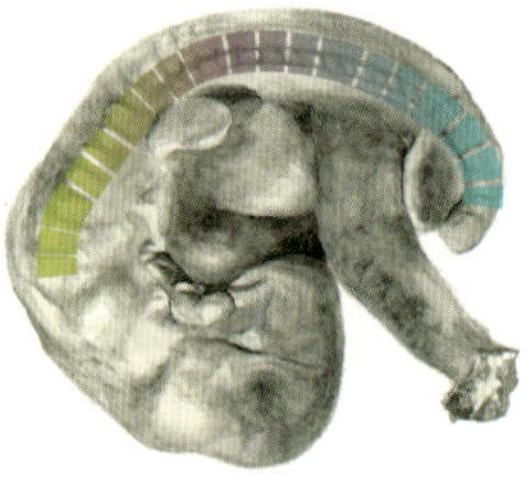

【第7章】遺伝子の進化

生物進化の本質は、親から子に遺伝子が伝わり、そのときに生じる突然変異が蓄積することです。この遺伝子進化を説明する中核理論である中立進化論は、国立遺伝学研究所で研究を行なった木村資生を中心に提唱されました。本章では、まず進化という現象を目に見えるレベルと分子レベルで概観したあと、突然変異をいろいろな面から説明します。これら基礎的な解説のあとに、遺伝子進化において重要な遺伝的浮動、自然淘汰、遺伝子重複などの現象を紹介します。

生物が進化するためには、生物をつくり上げ、維持していくための遺伝子が新しい役割をもつようになることが必要です。遺伝子がさまざまな原因でコピーをつくり、ゲノム中にその数を増やすことが「遺伝子重複」です。重複を繰り返してできた遺伝子群として有名なものには、体の前後軸の発生を制御する遺伝子群（*HOX*）などがあります。

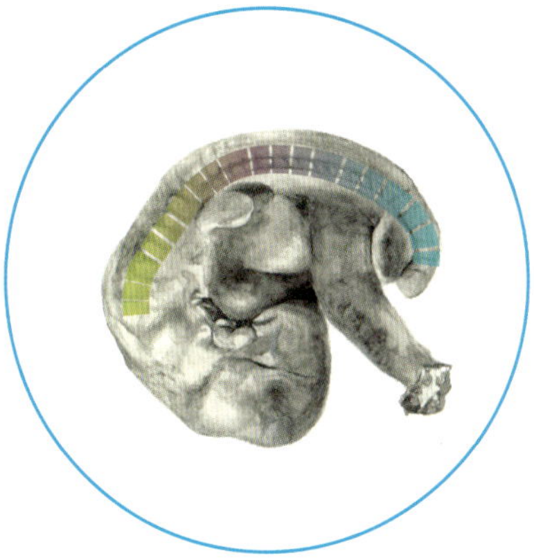

7−1

進化とは(1)
——目に見える形質の場合

筆者：明石裕・長田直樹

何千年もの間、人間は自分たちの役にたつ形質を選んで植物や動物を交配させてきました。そのような行為は「自然選択」(自然淘汰ともよぶ)ではなく「人為選択」とよばれています。これは、何百、何千世代もの選択を重ねることによって、生物の形質が大きく変化しうるということを示す、壮大な実験であると考えてもよいでしょう。選択によって、生物の行動や形態は、もとの形から全く違ったものになることもあります。人為選択をみることは、どうやって自然選択が驚くべき生命の多様性を生み出すのかを理解する助けになるでしょう。

栽培植物の進化

キャベツ、ブロッコリー、カリフラワーなどの野菜は、もともとヨーロッパ南部および西部の海岸沿いに自生するアブラナ科の植物でした。ギリシャ時代やローマ時代のころから人工的な交配が続けられ、思い通りの葉・茎・花の形が生み出されてきました(図1)。そのひとつのハボタンは観賞用として、日本でも多くの園芸品種が生み出されました。これらの多様な品種がひとつの同じ種に属していることは、形をみただけでは信じることができません。

図1. 人為選択によるアブラナ科の変化

アブラナ科の植物は古代から人工的な交配が続けられ、思い通りの葉、茎、花の形が生み出されてきました。
人為選択
ブロッコリー
キャベツ
カリフラワー
アブラナ科の原生種
ハボタン
もともとヨーロッパ南部、西部に自生していました。
キャベツ、ブロッコリー、カリフラワー、ハボタンなどはひとつの野生種が栽培されたもので、生物学的には同じ種です。

イヌの人為選択

ヒトによるイヌの家畜化は約3万年前にまでさかのぼれます。現在までに、およそ400以上の品種が知られており、さまざまな毛の特徴・大きさ・かたち・性格をもった品種がいます。イヌはオオカミを祖先にもつと考えられていますが、多くの品種は祖先の形質からかけ離れた形質をもっています。興味深いことに、イヌの品種改良が示しているのは、色や形だけでなく、行動や性格（忠誠心・好奇心・攻撃性・頑固さなど）までもが遺伝しうるということです。

ロシアの遺伝学者ベリヤノフらは、比較的短い時間で行動の進化が起こることを示す実験を行ないました。ベリヤノフは約100匹のギンギツネから実験をスタートさせ、キツネの飼いならしやすさについて選抜を行ないました（図2）。ヒトに対して攻撃性を示さないキツネだけを選んで子孫を残させたのです。交配の間、その他の形質が選ばれないように注意を払いました。その結果、たった数世代でキツネはヒトを怖がらなくなり、研究者たちの注意を引こうとするようにまでになったのです。40世代後にはキツネたちはイヌのように遊び好きになり、ヒトに慣れ親しむようになりました。

興味深いことに、全く選択の指標にされなかった形質にも違いが現われました。たれた耳、巻いた尾、（白黒）まだらの毛色などです。これらの形質はイヌやウシなど他の家畜にもよくみられる特徴です。この現象を説明するおもしろい説としては、行動を支配する遺伝子が体の形など他の形質にもかかわっており、それらの形質が飼いならされやすさと一緒に選択されたのだろうというものがあります。

図2. 人為選択によるキツネの変化

ロシアの遺伝学者ベリヤノフは約100匹のギンギツネから実験をスタートさせ、キツネの飼いならしやすさについて選抜を行ないました。

数世代の飼いならしやすさに対する選択の後、キツネはイヌのように人間に慣れ親しむようになりました。他の形質は選択されなかったのに、見た目（毛色や巻いた尾など）がイヌのようになったのは興味深いことです。

選抜を繰り返した結果、40世代後にはキツネたちはイヌのように遊び好きになり、ヒトに慣れ親しむようになりました。

ダーウィン以前で進化理論を提唱した最初のひとり

ジャン＝バプティスト・ラマルク

（Jean Baptiste de Monet, chevalier de Lamarck、1744～1829年）

ラマルクはダーウィン以前としては、進化にかんするもっとも有名な理論を提唱しました。そこでは、獲得形質の遺伝を通して進化が起こるとされています。つまり、生物は生きている間に獲得した、生存に有利な形質を子孫に残し、それが進化の原因となるということです。1744年に北フランスで生まれ、1793年に国立自然史博物館の無脊椎動物の分野の教授になり、昆虫などの分類において大きな貢献を果たしました。1809年に出版された『動物哲学』では、ふたつの進化の原理が提案されました。ひとつは、生物は複雑さを増す方向へ進化する力があるということ、もうひとつは、獲得形質の遺伝によって、それぞれが生きる環境へ適応していく、というものです。この考えは現代の生物学ではおおむね否定されていますが、ラマルクははっきりとした形で生物の進化を提唱した最初のひとりであるといえます。

進化とは(2)
――分子レベルの場合

筆者：明石裕・長田直樹

当時、遺伝のメカニズムや分子生物学を知らなかったダーウィンが、自然淘汰による進化の考えにいたったことは驚くべきことです。以前は直接目でみることができなかったものが、現在では技術の進歩によって分子のレベルで調べられるようになってきました。分子レベルでの進化を調べることで、驚くべき進化のメカニズムを私たちは知ることができます。

ヘモグロビンの仕組みと働き

酸素は動物にとって、すべての生命現象のエネルギーになる重要な物質です。人間は食べ物なしで数日は生きていけますが、酸素なしでは数分で死んでしまいます。ヘモグロビンを含むグロビン遺伝子族は最初に研究が進められたタンパク質のひとつです。ヘモグロビンは人間や他の動物がもち、酸素に結合し運搬します。ひとつの赤血球細胞の中には、およそ3億個のヘモグロビン分子が存在します。ひとつひとつのヘモグロビン分子は目でみることができませんが、ヘモグロビンによって血液は赤くみえるのです。ヘモグロビンは4つのタンパク質の鎖からなり、それぞれの鎖は鉄原子を含むヘム構造をもちます（図1）。酸素は鉄原子に可逆的に結合し、私たちの肺から各組織に運ばれます。また、ヘモグロビンは余分な気体や二酸化炭素を各組織から肺に運び、排出されるのを助けます。

図1．ヘモグロビン分子の構造とインドガンにみる変異

赤血球ひとつは、およそ3億個のヘモグロビン分子を含みます。ヒトの成人では、20から30兆個の赤血球をもちます。これはヒトの体をつくる細胞のおよそ4分の1を構成します。

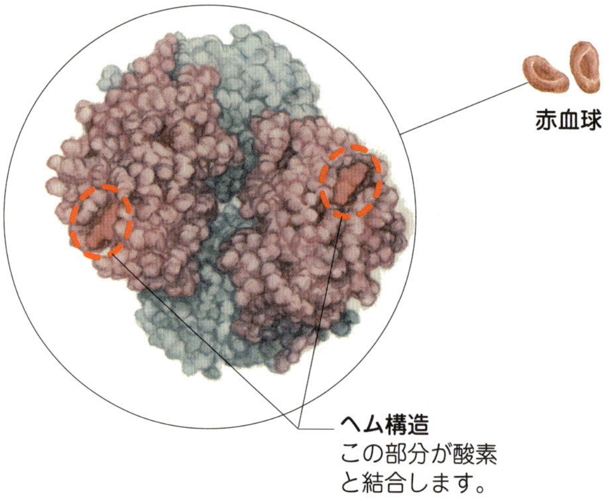

ヘモグロビンは4つの鎖から構成されます（ふたつを青色、ふたつをピンク色で示します）。それぞれの鎖は赤色で示されたヘム構造をとり、この部分が酸素と結合します。

機能的適応と酸素の運搬

マラソン選手のように激しい運動をするアスリートが、2400m以上の高地でトレーニングをすることがあります。そのような高地では、エリスロポイエチンというホルモンが腎臓からより多く分泌され、骨髄からの赤血球の産生を高めます。赤血球の密度が高くなると、より多くの酸素が運搬されることになり、その効果は低地に戻ってからも数週間続きます。進化のもととなるのは「遺伝可能な変異」です。個人に起こる生理学的な変化は時に「適応」とよばれますが、進化とは違う現象であることに注意しなければなりません。DNAに起こった変化が血液成分に影響を与えているわけではないので、遺伝的要因が子孫に伝えられないからです（図2）。

図2．アスリートにおける「適応」

高地トレーニングをしたアスリートは、「適応」によって血液成分に変化が起きます。ただこの変異は遺伝せず、進化とは異なるものです。

高度（m）
気圧（mm Hg）
12,000
11,000
10,000
9,000
8,000
7,000
6,000
5,000
4,000
3,000
2,000
1,000
海水面
100
200
300
400
500
600
700
760
コンコルドの飛行高度
鳥の飛行の最高観測高度
エベレスト山
キリマンジャロ
富士山

飛行するインドガン
ヘモグロビンに起こった特別な適応のおかげで、極限の高さでも飛ぶことができます。

航空機客室内の気圧調整が必要とされる高度

高度による気圧の低下
ヒトは高度 3000m くらいで呼吸が苦しくなります。インドガンは、この高さの 3 倍も高い場所を飛ぶことができます。

ヘモグロビンにみる進化

ヘモグロビン分子の構造を調べることによって、進化生物学者たちは、さまざまな動物が、さまざまな環境にどのように適応するのかについて明らかにしてきました。たとえば、酸素の濃度は高度によって大きく変わります。飛行機のなかでは気圧は一定に保たれているので、私たちは 3000m の高度でもいつも通りに呼吸ができますが、海抜 9000m のエベレスト山に登ることができるのは、よく訓練された一握りの登山家だけです。インドガンという鳥は、春にインドからチベットへ渡るとき、この山を越えなければなりません。驚くことに、インドガンとその他の低い位置を飛ぶ鳥とのヘモグロビンの構造を比較してみると、酸素分子が低い気圧でもヘモグロビンに結合できるような変異がインドガンに起こったことが分かります（→ **7-13**）。ヘモグロビン分子のちょっとした違いと、肺や循環器系の変化のおかげで、祖先とはかけ離れた環境で生き残ることが可能になっています。

タンパク質の立体構造解析のさきがけ

マックス・ペルツ（Max Ferdinand Perutz、1914 ～ 2002 年）

オーストリア生まれのユダヤ人。英国のケンブリッジ大学で、マッコウクジラの筋肉から抽出したミオグロビン（ヘモグロビン 1 個に対応する）の立体構造を、彼が開発した X 線結晶解析の手法を用いて 1950 年代に解明しました。ヘモグロビン 4 量体全体の立体構造を解明したケンドリューとともに、1962 年のノーベル化学賞を受賞しました。X 線結晶解析法は現在でもタンパク質の立体構造を解明するために広く使われています。また、ワトソンとクリックが DNA の二重らせんモデルを提唱した時にも、彼らの研究に協力しました。

7-3

突然変異（1）
――可視形質

筆者：高橋文

突然変異とは、DNA の塩基配列が親から子へ複製して伝わる際に、何らかの理由で異なる配列へと変化する現象を指します。ひとつの塩基が他の塩基に置き換わる「点突然変異」の他に、配列の挿入や欠失といった長さが変化する場合もあります（→7-4）。このような変異が起こるのは、DNA が自己複製（→4-8）するときの間違いや、「トランスポゾン」とよばれる、ひんぱんに挿入・欠失を起こす遺伝子（→4-11）が動くことが原因であると考えられています。また、「遺伝子変換」といわれる現象のように、ある長さの塩基配列が別の配列を置き換えてしまうような場合や、染色体のレベルで切れたり引っ付いたりというような複雑な変化が起こるような場合もあり、このような変化も広い意味で突然変異といえます。それでは、このような突然変異はどのくらいの頻度で起こるのでしょうか？　点突然変異については、いろいろな生物で調べたところ、世代あたり、塩基あたり、大まかには 10 億分の 1 くらいのとても小さな確率で偶然起こると推測されています（図 1）。

図 1．点突然変異

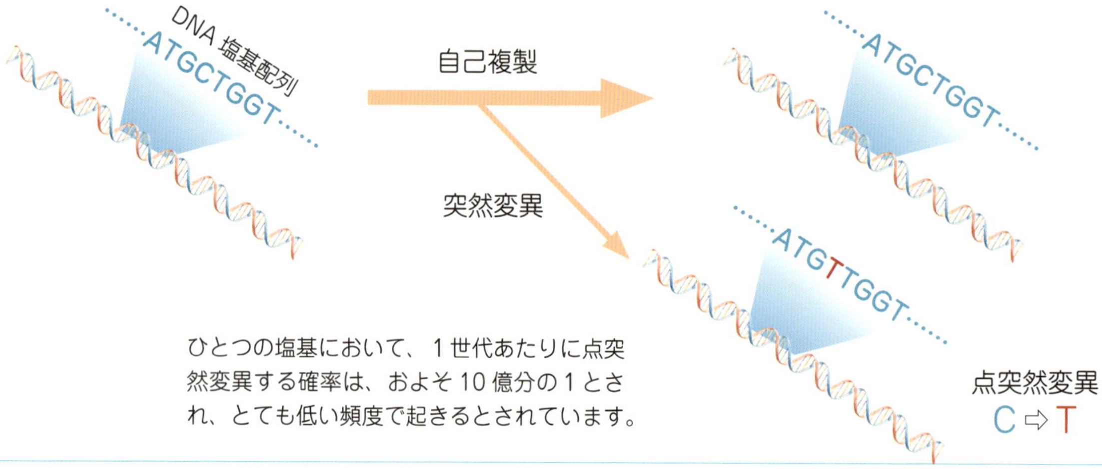
DNA 塩基配列
ATGCTGGT
自己複製
ATGCTGGT
突然変異
ATGTTGGT
ひとつの塩基において、1 世代あたりに点突然変異する確率は、およそ 10 億分の 1 とされ、とても低い頻度で起きるとされています。
点突然変異
C ⇨ T

可視形質の変異をもたらす突然変異

小さな確率で偶然起こる突然変異が、たまたま遺伝子をコードする塩基やその発現を制御する配列に起こると、遺伝子としての機能が阻害されることになります。このような突然変異が起こると、その遺伝子産物の関与する表現型に眼でみて分かるようなはっきりとした影響がみられる場合があります。図 2 に示したように正常な野生型の親どうしの交配において、*T* 遺伝子とよばれる発生を制御する遺伝子に、たまたまごく小さな確率で突然変異が起こると、尾の短い突然変異体が生まれることがあります。このような肉眼でわかるような形質を「可視形質」とよび、多くの動植物で突然変異に起因する可視形質の変異が報告されています。

図 2．可視形質の突然変異（例）

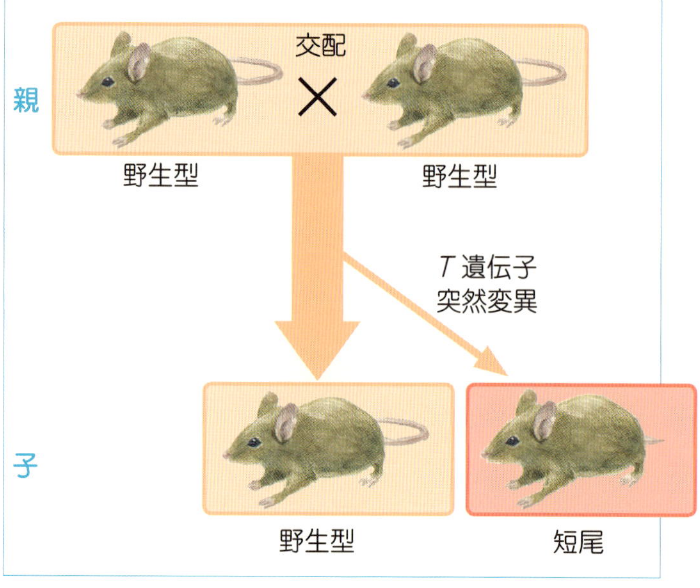
親
交配
×
野生型
野生型
T 遺伝子
突然変異
子
野生型
短尾

白眼ショウジョウバエ

ショウジョウバエでは *white* という遺伝子の塩基配列に、その遺伝子の機能を阻害するような突然変異が起こった系統は、眼の色素が欠失した白い眼をもちます（図3）。この可視形質は、20世紀初頭、ショウジョウバエ遺伝学の先駆者であるモルガン（**→9-3**）のグループが最初にみつけた突然変異です。モルガンらはこの形質の遺伝様式から、白眼の原因となる *white* 遺伝子が、性染色体のひとつであるX染色体にあることをみいだしました。このような可視形質の変異をもたらすような突然変異は、交雑後の突然変異型対立遺伝子の動向を肉眼で追うことができるため、染色体上の遺伝子マーカーとして遺伝学的研究に広く用いられています。ショウジョウバエにおいては、その他にも、翅《はね》が背側にそりかえる突然変異体 *Curly* や、体色が真っ黒になる変異体 *ebony* など、数多くの可視突然変異体が単離されています。

図3．ショウジョウバエの白眼突然変異体

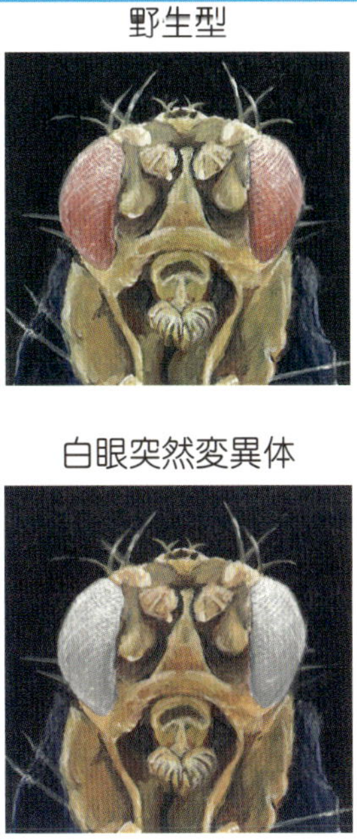
野生型
白眼突然変異体

ショウジョウバエの白眼変異体は、*white* という遺伝子のDNA塩基配列に起きた突然変異が原因となっています。

自然集団中の可視形質の変異

このような可視形質の変異をもたらす突然変異は、大部分が生物にとって有害なものです。そのため、ほとんどの突然変異体は自然界では生きのびられませんが、ごくたまに、自然界のある生物集団のなかで広がっていく場合があります。たとえば、ヒトの集団を考えてみると、髪の毛や肌の色が異なる人びとが存在しますが、これももともとは、このような可視形質の変異をもたらすDNA塩基配列に起きた突然変異が、異なるヒトの集団で広がっていったために生じたことなのです（図4）。

図4．突然変異による異なるヒト集団の形成

ヒトの髪の毛や肌の色などの違いも、これらの可視形質に変異をもたらすような突然変異が原因なのです。このような突然変異は、集団中でなくなってしまう場合も、広がっていく場合もあります。異なる突然変異が異なる集団中に広がると、可視形質の違う集団が生まれます。

7−4

突然変異（2）
――タンパク質

筆者：伊藤啓

DNA や RNA 上に塩基配列として記録された遺伝情報に、何らかの理由で突如変化が生じることがありますが、これを遺伝子の「突然変異」とよびます。タンパク質は遺伝情報にもとづいてつくられているため、突然変異が起きると、タンパク質が本来もっていた働きが変わってしまうことがあります（図1）。そうしたタンパク質の働きの変化は、生きていく上で悪い影響をともないがちですが、まれにその生物の生き残りに有利に働くこともあり、長い目でみると環境への適応や進化の原動力のひとつともなっています。

遺伝子の突然変異とタンパク質

遺伝子の突然変異は、化学物質や放射線照射などによるヌクレオチドの損傷、遺伝子の複製の際に生じた間違い（→**4-9**）や、動く遺伝子（→**4-11**）の転移などが原因となって起こります。それぞれのタンパク質を構成しているポリペプチド鎖は、遺伝子の情報にもとづいた翻訳（→**5-7**）を経てつくられており、遺伝子上に生じた変異は、タンパク質を構成しているポリペプチド鎖上のアミノ酸の配列を変え、そのタンパク質本来の働きを損ねてしまう可能性があります（図2）。

一方で、遺伝子の変異のすべてがタンパク質の働きに、ただちに大きな影響を与えるとは限りません。遺伝情報は3つの塩基の並びが一組の遺伝暗号（→**4-4**）となって1種類のアミノ酸へと翻訳されますが、多くの場合、ひとつのアミノ酸に対応する遺伝暗号は複数個用意されていて、変異によってはもとと同じアミノ酸に翻訳されて、タンパク質には影響がおよばない場合があります。また、タンパク質を構成している 20 種類のアミノ酸は、疎水性アミノ酸、親水性アミノ酸など、それぞれの性質によってグループ分けすることができます（図3）。変異によって置き換わったアミノ酸ともとのアミノ酸とが、似た性質のものどうし（たとえば、アスパラギン酸とグルタミン酸はともに酸性アミノ酸）であった場合、タンパク質の働きへの影響が少なくてすむこともあります。遺伝子上では変異が生じていても、タンパク質に翻訳されると差が無かったり少なかったりするために、その影響が表面化しない場合があるのです。

鎌状赤血球症にみる変異と環境適応の関係

遺伝子の変異にともなってタンパク質の働きが変わると、それが原因で病気になる場合もあります。鎌状赤血球症は、赤血球に含まれるヘモグロビンβサブユニットというタンパク質を構成する 146 個のアミノ酸のうちの「たった1個」が変異によって、別のアミノ酸へと置き換わってしまった結果、引き起こされる重い貧血症です（図1）。この変異の保有者は、アフリカなどマラリア多発地域で多いことが知られています。人の生存には本来不利な変異ですが、マラリアに対して抵抗性をもつため、マラリアまん延地域での生き残りには有利となり、定着していると考えられています（→**8-10**）。

図1．遺伝子の変異と鎌状赤血球症

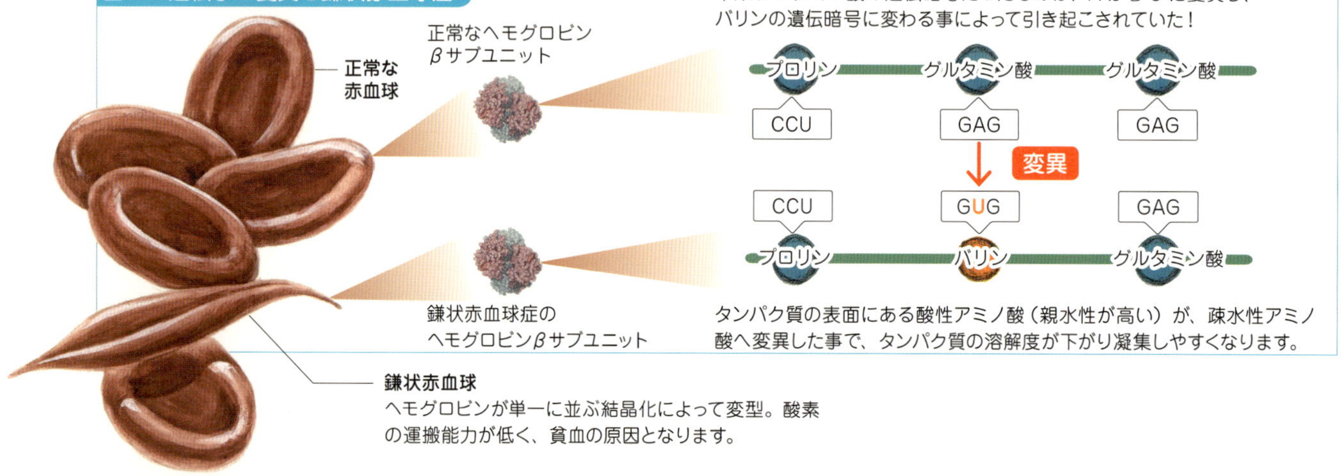
本来グルタミン酸の遺伝暗号だったものが、A から U に変異し、
バリンの遺伝暗号に変わる事によって引き起こされていた！
正常なヘモグロビン
βサブユニット
正常な
赤血球
プロリン
グルタミン酸
グルタミン酸
CCU
GAG
GAG
変異
CCU
GUG
GAG
プロリン
バリン
グルタミン酸
鎌状赤血球症の
ヘモグロビンβサブユニット
タンパク質の表面にある酸性アミノ酸（親水性が高い）が、疎水性アミノ酸へ変異した事で、タンパク質の溶解度が下がり凝集しやすくなります。
鎌状赤血球
ヘモグロビンが単一に並ぶ結晶化によって変型。酸素の運搬能力が低く、貧血の原因となります。

図2．タンパク質を変化させる突然変異の種類

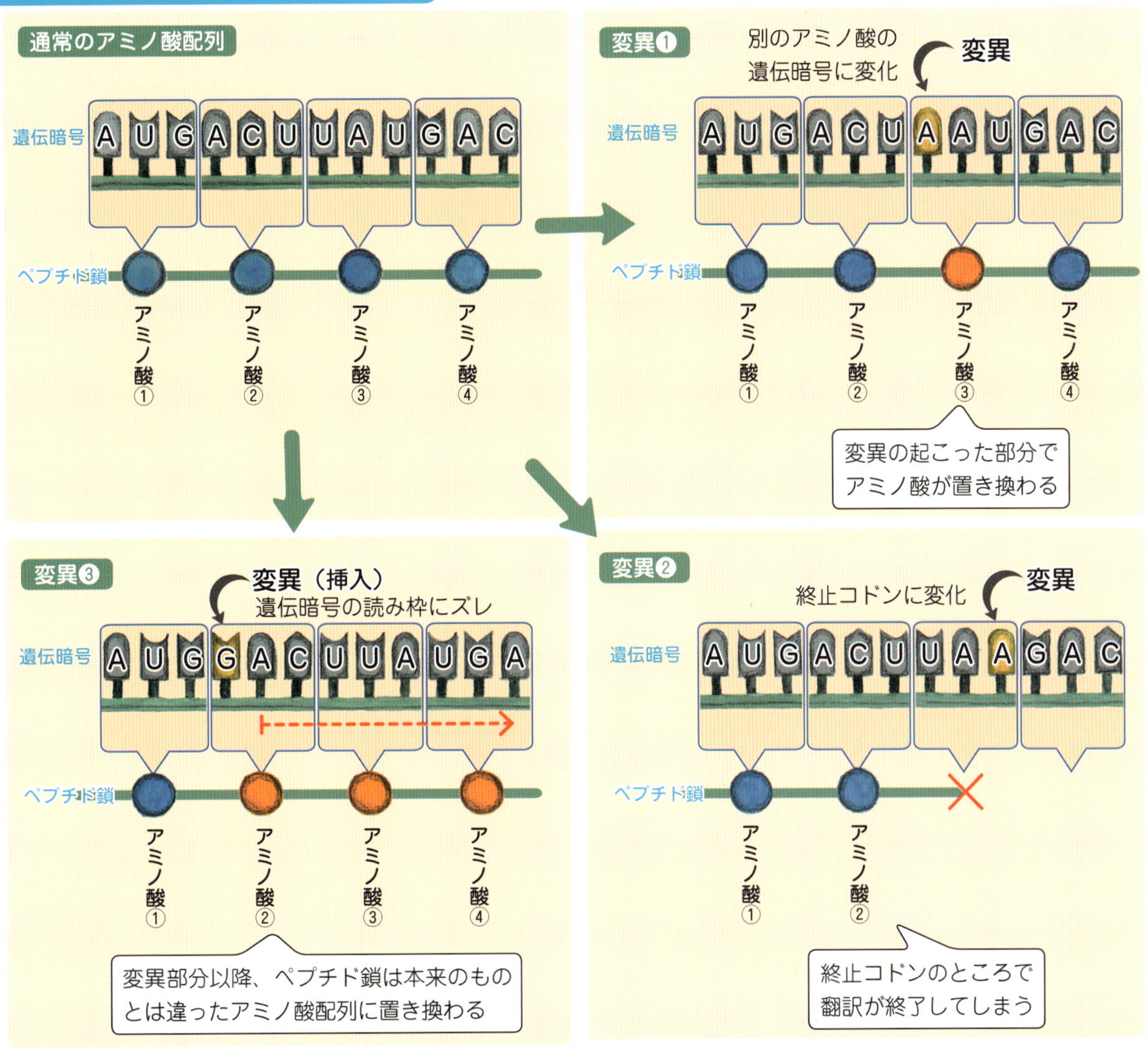
通常のアミノ酸配列
遺伝暗号
A U G A C U U A U G A C
ペプチド鎖
アミノ酸①
アミノ酸②
アミノ酸③
アミノ酸④
変異❶
別のアミノ酸の遺伝暗号に変化
変異
遺伝暗号
A U G A C U A A U G A C
ペプチド鎖
アミノ酸①
アミノ酸②
アミノ酸③
アミノ酸④
変異の起こった部分でアミノ酸が置き換わる
変異❸
変異（挿入）
遺伝暗号の読み枠にズレ
遺伝暗号
A U G G A C U U A U G A
ペプチド鎖
アミノ酸①
アミノ酸②
アミノ酸③
アミノ酸④
変異部分以降、ペプチド鎖は本来のものとは違ったアミノ酸配列に置き換わる
変異❷
終止コドンに変化
変異
遺伝暗号
A U G A C U U A A G A C
ペプチド鎖
アミノ酸①
アミノ酸②
終止コドンのところで翻訳が終了してしまう

遺伝子中のある部分の塩基が、別の塩基に突然変異すると、遺伝暗号が変わり、その部分のアミノ酸が別のアミノ酸に置き換わったり（❶の場合）、そこで翻訳が途中終了してしまったりして（❷の場合）、正しいタンパク質がつくれません。その他、遺伝子のなかで塩基の欠失や挿入（❸の場合）が起こり、生じる変異もあります。この場合も、変異が入った部分以降では遺伝暗号がずれて、アミノ酸の配列が大幅に変わってしまう他、終止コドンの位置も変わってしまい、タンパク質として機能しない「でたらめ」なペプチド鎖ができてしまいます。

図3．アミノ酸からみた遺伝暗号の逆対応表

疎水性アミノ酸	
メチオニン	AUG
ロイシン	UUA, UUG, CUU, CUC, CUA, CUG
イソロイシン	AUU, AUC, AUA
バリン	GUU, GUC, GUA, GUG
フェニルアラニン	UUU, UUC
アラニン	GCU, GCC, GCA, GCG
プロリン	CCU, CCC, CCA, CCG
トリプトファン	UGG

※この表では RNA の場合を示しています。

親水性アミノ酸	
〈中性アミノ酸〉	
グリシン	GGU, GGC, GGA, GGG
セリン	UCU, UCC, UCA, UCG, AGU, AGC
スレオニン	ACU, ACC, ACA, ACG
アスパラギン	AAU, AAC
グルタミン	CAA, CAG
システィン	UGU, UGC
チロシン	UAU, UAC
〈酸性アミノ酸〉	
アスパラギン酸	GAU, GAC
グルタミン酸	GAA, GAG
〈塩基性アミノ酸〉	
リシン	AAA, AAG
アルギニン	AGA, AGG, CGU, CGC, CGA, CGG
ヒスチジン	CAU, CAC

20 種類あるアミノ酸のうち、メチオニンとトリプトファン以外のアミノ酸は、ふたつ以上（多いものでは6つ）の遺伝暗号をもっています。また、性質が似たアミノ酸どうしの遺伝暗号が、互いに似ている傾向にあることも、この表から分かります。タンパク質を、不用意な変異から守る仕組みのひとつととらえることもできます。

突然変異（3）
——遺伝的多型

筆者：河邊昭・高野敏行

生物は同じ種といっても、姿・形から生理・行動の特徴など、多くの形質で個体間の違いをみせます。環境の影響もありますが、遺伝的に決まっている違い（変異）も存在します。もっとも単純な例は、塩基配列の違いです。ほとんどの遺伝的変異は、突然変異によって生じます。突然変異の多くは、出現後まもなく消失しますが、一部は運良く、集団に生き残り、容易に認められるほど高い頻度に達するものもあります。これを特に、「多型」とよんでいます。多型は一過的なもので、やがて集団から消えていく運命にありますが、まれに種全体に広がって固定することもあります。なかには自然淘汰（**→7-11**）の働きで、積極的に多型状態が維持される場合もあります。多型の種類や頻度は、自然淘汰や遺伝的浮動（**→7-8**）に左右されるため、集団ごとに異なります。

一塩基多型（SNP）

ゲノムの塩基配列は、個体ごとに違っています。このうち、一塩基の配列の違いを「一塩基多型」とよび、SNP（Single Nucleotide Polymorphism、スニップと発音）と略します（**→8-2**）。ほとんどは表現型に変化をもたらしません。複数の個体の塩基配列を決めることで、容易にみつけられる遺伝マーカーです（図1）。遺伝病の原因となっている遺伝子（責任遺伝子）（**→8-6**）を同定したり、人種など集団どうしの違いや、違いが生まれた歴史を明らかにする道具として使われています。ヒトでは、およそ2000塩基対に1個の割合でみつかります。

図1．翻訳領域と非翻訳領域の塩基多型

	非翻訳領域
個体 A	T T T A G T T T A T A T A T A T A C T T C C A T A
個体 B	T T T A G T T T A T A T A T A T A C T T C C A T A
個体 C	T T T A G T T T A T A T A T A T A C T T C C A T A
個体 D	T T T G G T T T A T A T A - - - - C T T C C A T A
個体 E	T T T G G T T T A T A - - - - - - C T T C C A T A
個体 F	T T T G G T T T A T A - - - - - - C T T C C A T A
個体 G	T T T A G T T T A T A T A - - - - C T T C - A T A
個体 H	T T T A G T T T A T A T A T A T A C T T C - A T A
個体 I	T T T A G T T T A T A T A - - - - C T T C - A T A
個体 J	T T T A G T T T A - - - - - - - - C T T C - A T A

↑塩基置換 頻度：3　↑繰り返し数の変異　↑長さの変異 頻度：4

反復配列の多型

ゲノムの違いは塩基の並びだけではありません。長さも違っています。特に、同じ配列が繰り返す反復配列には、反復数の違いがひんぱんにみつかります（図1）。数塩基の繰り返しであるマイクロサテライトや、数百塩基の繰り返しであるサテライト配列などが知られていて（**→4-10**）、一塩基多型と同様、遺伝マーカーとして広く使われています。さらにゲノム中には数百キロから1メガ（百万）塩基対をこえる長さの重複、欠失の多型もみつかります（図2）。このような長大な染色体の構造変異は、遺伝病の原因となることがあります。

図2．ゲノム上の類似配列を介してつくられる重複、欠失

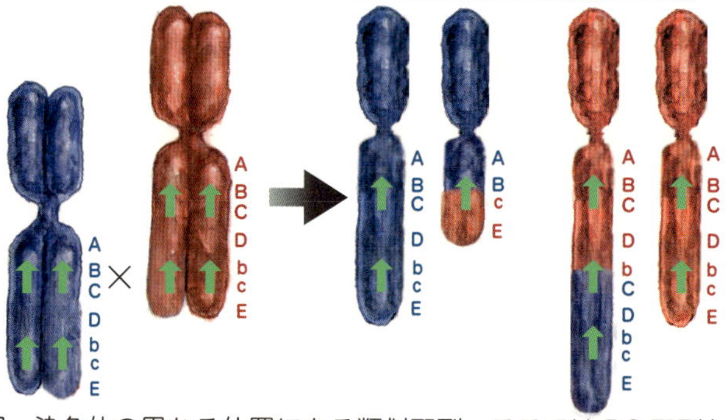

同一染色体の異なる位置にある類似配列、ここではBC配列とbc配列を介して組換えが起きると、相同配列に加え、あいだのD配列の重複あるいは欠失をもった染色体がつくられます。

図3．ミューラー型擬態

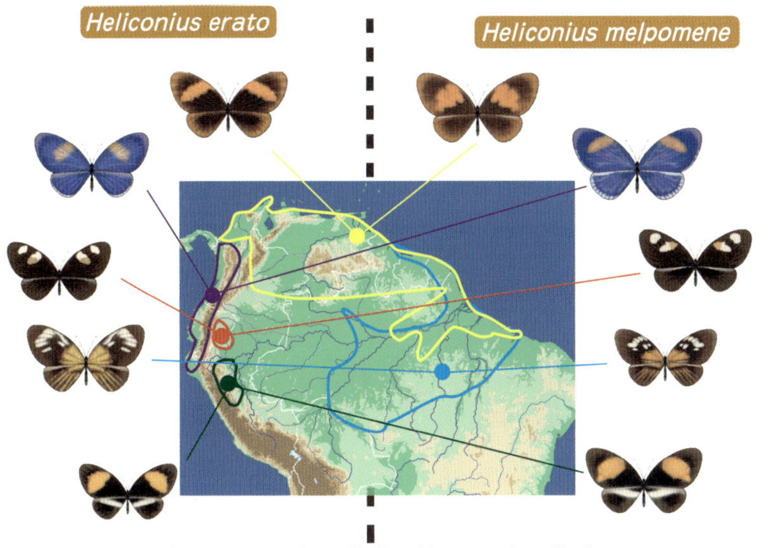
Heliconius erato
Heliconius melpomene

違った種でも翅の模様を似せることで警戒効果を上げています。

蝶の翅模様の多型

南米に生息するドクチョウは、捕食者である鳥が嫌う生物毒をもっています。同じ地域のドクチョウは、たとえ違う種であっても、同じ翅《はね》の模様をもつことによって、警戒効果を上げています（図3）。しかし、地域が違えば、翅の模様もまったく異なります。これは多数派が有利となる頻度依存選択の結果と考えられています。少数派の模様は鳥が学習する機会がなく、警戒色として認識されません。したがって、まれな模様の移住者は不利で、遺伝的浮動の影響も受けて、地域集団間の違いは大きくなる傾向にあると考えられています。

翻訳領域（アミノ酸に変化が生じることがあります）

```
ATG AAC GAC GAT GGT GAG GAT TTG
ATG AAC GAC GAT GGT GAG GAT TTG
ATG AAC GAC GAT GGT GAG GAT TTG
ATG AAC GAT GAT GGT GAG GAT TTG
ATG AAC GAT GAT GGT GAG GAT TTG
ATG AAC GAT GAT GCT GAG GAT TTG
ATG AAC GAT GAT GCT GAG GAC TTG
ATG AAC GAT GAT GCT GAG GAT TTG
ATG AAC GAT GAT GCT GAG GAT TTG
ATG AAC GAT GAT GCT GAG GAT TTG
```

↑ **塩基置換** 頻度：3、アミノ酸は変化しません

↑ **塩基置換** 頻度：5、GGT はグリシンを、GCT はアラニンをコードします

↑ **塩基置換** 頻度：1、アミノ酸は変化しません

図4．多型を生み出す自家不和合性

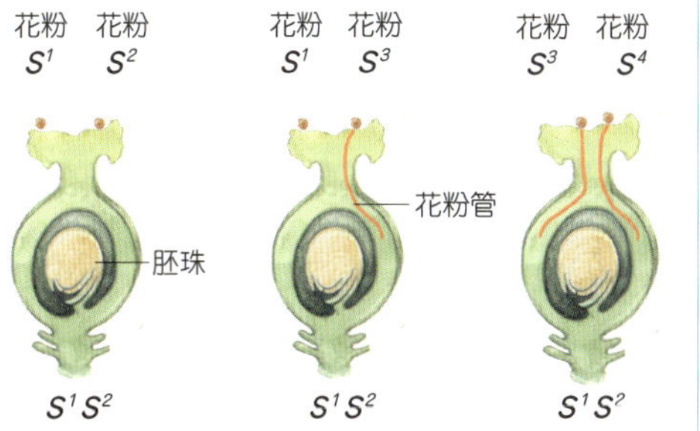
花粉 S^1 花粉 S^2
花粉 S^1 花粉 S^3
花粉 S^3 花粉 S^4
花粉管
胚珠
S^1S^2
S^1S^2
S^1S^2

配偶体型の自家不和合性植物では、受粉して花粉管を伸ばせるのは、めしべと違う対立遺伝子の花粉だけ。

被子植物の性

私達に男と女があるように、植物にも性とよべるものがあります。性も多型のひとつです。自分の花粉で受粉し、種を残すことを「自家受粉」あるいは「自殖」といいます。自殖はもっとも強い近親交配で、これを防ぐため、自家不和合性が発達したとされています。このシステムでは、めしべと違う自家不和合性遺伝子（S 遺伝子）の対立遺伝子をもつ花粉だけが、受精できます。自分もふくめ、自分と同じタイプとは受精できないことから、これも一種の性と考えられます（図4）。ただし、私達人間のように必ずしも性はふたつと限らず、対立遺伝子の数によっては、これを超える場合があります。

（自家不和合性には、配偶子型と胞子体型のふたつがありますが、ここではナス科やバラ科にみられる配偶子型について説明しています。）

7-6

突然変異率

筆者：高野敏行

突然変異率とは、文字どおり、突然変異の起きる発生率のことです。突然変異率は生物種や環境条件によって大きく変わります。個体差や性差もあり、さらに年齢によっても変動します。突然変異には、1個のヌクレオチド（塩基）を別のものに置き換える点突然変異、少数のヌクレオチドの挿入・欠失、「トランスポゾン」ともよばれる動く遺伝子（**→4-11**）の挿入、染色体断片あるいは染色体全体の重複・欠失、さらにはゲノム重複（**→7-12**）など、全く異なる機構で生じるものを含んでいます。それぞれに発生率は大きく異なり、その比率も種によって違います。突然変異率は直接、進化速度、とくに分子進化速度（**→7-10**）に影響するもっとも重要な要因です。

点突然変異率

DNAゲノムの生物では、修復機構（**→4-9**）によって点突然変異率は低く抑えられていますが、ゲノムサイズが大きいものほど、1世代当たりの点突然変異率は高くなる傾向があります（図1）。これは、世代あたりの生殖細胞の分裂回数を反映しているのかもしれません。点突然変異以外にも、ヌクレオチドの挿入・欠失なども起こります。結果、ヒトではひとつのゲノムにつき、世代ごとに数十個、あるいはそれ以上の突然変異が起こっていることになります。

図1．ゲノムサイズからみた点突然変異率

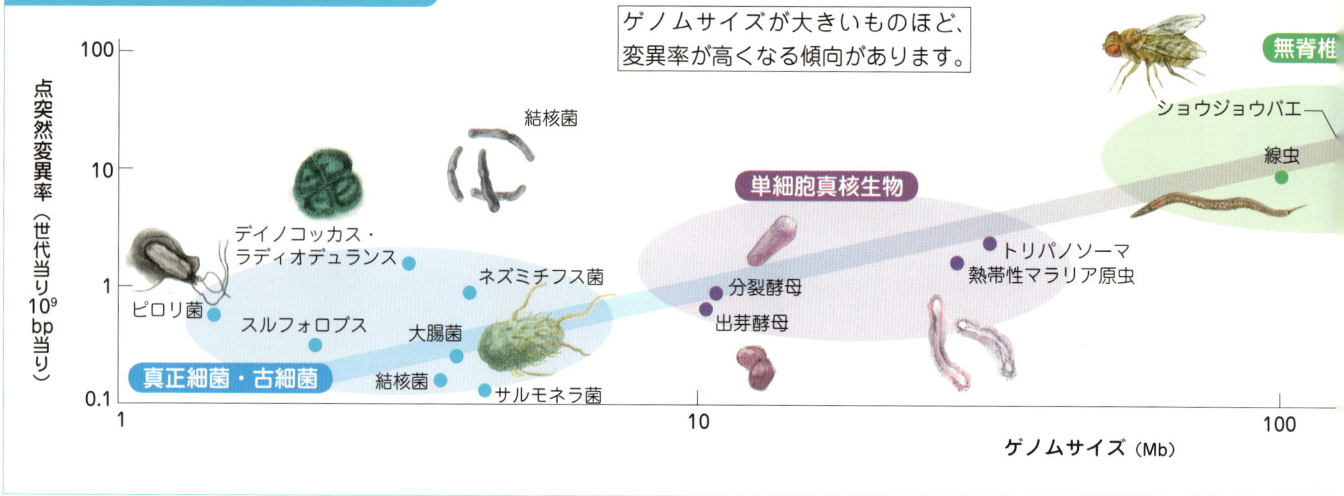
ゲノムサイズが大きいものほど、
変異率が高くなる傾向があります。
点突然変異率（世代当り 10^9 bp当り）
100
10
1
0.1
1
10
100
ゲノムサイズ（Mb）
結核菌
デイノコッカス・
ラディオデュランス
ネズミチフス菌
ピロリ菌
スルフォロブス
大腸菌
真正細菌・古細菌
結核菌
サルモネラ菌
単細胞真核生物
分裂酵母
出芽酵母
トリパノソーマ
熱帯性マラリア原虫
無脊椎
ショウジョウバエ
線虫

年齢とともに発生率が急上昇する染色体異常（トリソミー）

突然変異のなかでも大きな影響があるのが、染色体数の変化（異数体）です。相同染色体は、父・母それぞれから1本ずつもらうことで、2本1組の構成となっています。ところが、一方の親からもらわなかったり（一染色体性；モノソミー）、片親から2本受け取ること（三染色体性；トリソミー）もあります。これは、精子や卵といった配偶子をつくるために行なう減数分裂（**→3-2**）の際の染色体の不分離に由来すると考えられます。理由は不明ですが，第21番染色体のトリソミー（ダウン症候群）は精子ではなく卵の形成時に起こりやすいことが知られています。そして染色体異常の発生率は、母親の年齢が高くなるにつれ急上昇します（図2）。突然変異率と年齢との関係は、父親についても成り立ちます。実際に、点突然変異の発生率に関していえば、母親よりも父親の年齢がより重要です。

図2．トリソミーと年齢

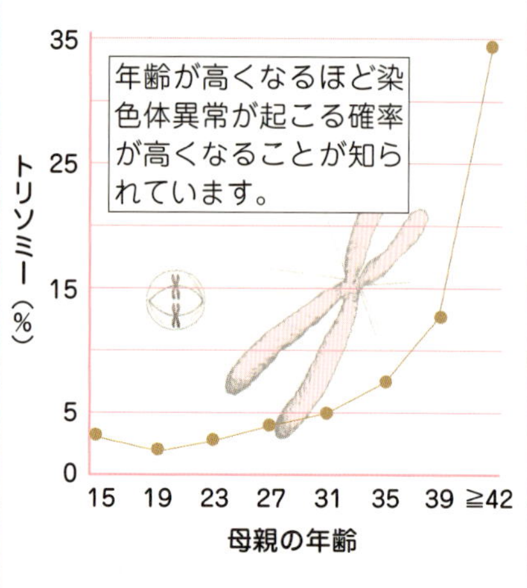
年齢が高くなるほど染
色体異常が起こる確率
が高くなることが知ら
れています。
トリソミー（%）
35
25
15
5
0
15
19
23
27
31
35
39
≧42
母親の年齢

突然変異のホットスポット

突然変異は、すべての場所（座位）で同じように起きるわけではありません。突然変異がひんぱんに起きる「ホットスポット」が存在します。もう少し大きなスケールでみると、染色体の領域ごとに、突然変異のパターンや頻度は違っているようです。

図3．脱アミノ化による塩基置換

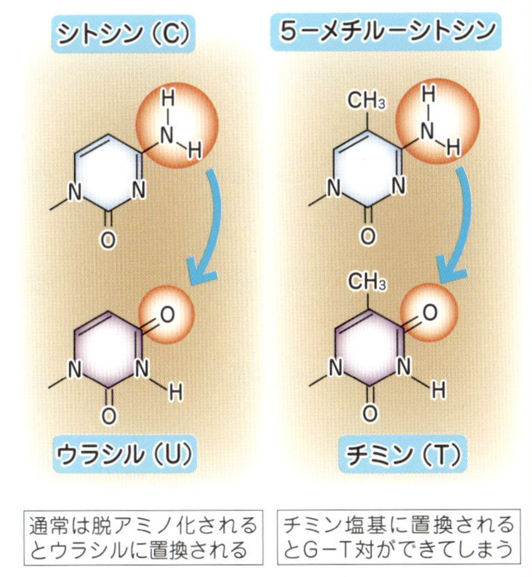
シトシン（C）
5−メチル−シトシン
CH_3
ウラシル（U）
チミン（T）
通常は脱アミノ化されるとウラシルに置換される
チミン塩基に置換されるとG−T対ができてしまう

突然変異のホットスポットとなるメチル化シトシン

５−メチル−シトシン（シトシンの５位の炭素がメチル化したもの）はもっともよくみられる修飾塩基で、高頻度に突然変異を起こすことで知られています（図３）。シトシンあるいは５−メチル−シトシンは、脱アミノ化されることがあります。通常のシトシンであれば、脱アミノ化によってウラシルに置換されますが、５−メチル−シトシンは、チミン塩基に置換されます。これによって、本来のＧ−Ｃ対がＧ−ＵあるいはＧ−Ｔ対となります。このＧ−Ｔペアは、修復機構にみすごされることが多いために、ほとんどが複製後に一方の娘染色体ではＧ−ＣではなくＡ−Ｔ対がつくられ、ＣからＴへのトランジション型（Ａ⇔ＧあるいはＣ⇔Ｔ間の塩基置換）の点突然変異が起きることになります。

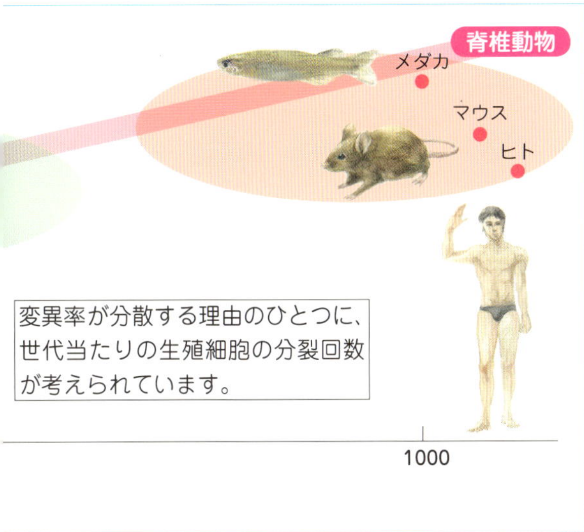
脊椎動物
メダカ
マウス
ヒト
変異率が分散する理由のひとつに、世代当たりの生殖細胞の分裂回数が考えられています。
1000

図４．点突然変異の頻度

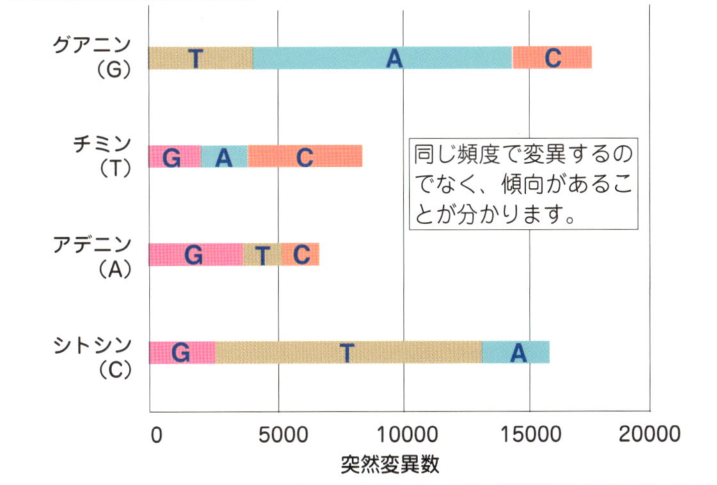
グアニン（G）
T
A
C
チミン（T）
G
A
C
アデニン（A）
G
T
C
シトシン（C）
G
T
A
同じ頻度で変異するのでなく、傾向があることが分かります。
0
5000
10000
15000
20000
突然変異数

点突然変異の偏り

４種のヌクレオチド塩基は、すべて同じ頻度で別の塩基に変異するわけではありません。図４は遺伝子疾患として検出された突然変異のうち、アミノ酸を変えるミスセンス変異と、終止コドンにするナンセンス変異から、点突然変異の傾向をみたものです。本来の野生型の塩基ごとに、置き換わる３種の塩基の、それぞれの数を表示しています。ＧからＡ、ＣからＴへの点突然変異（トランジション型）が、他のものより多いことは明らかです。ちなみに、このようなトランジション型の点突然変異は、２重縮退コドン（同一のアミノ酸を指定するふたつのコドン）の第３座位で起きても、アミノ酸は変えません。

Ｘ線で突然変異が誘発されることを発見

ハーマン・ジョセフ・マラー（Hermann Joseph Muller, 1890～1967年）

Ｘ線で突然変異が誘発されること（人為突然変異）を明らかにした功績で、1946年にノーベル生理学・医学賞を授与されています。ショウジョウバエの突然変異率の測定法は、彼が考案したものです。また、突然変異の表現型効果を表わす「ハイポモルフ」、「アモルフ」などの用語もつくり出しています。マラーは、最初に有性生殖の利点を考えた研究者のひとりです。

7−7

遺伝子の系図

筆者：斎藤成也

遺伝子は、DNAという物質から構成されています（→4-1）。DNAは二重らせんという特別な分子構造をもっているので（→4-2）、自分とまったく同じ分子を２個つくり出すことができます。これを「DNAの複製」（→4-8）とよびます。１個のDNA分子から２個のDNA分子が誕生すると、親子の関係になります。それら２個の子DNAがまた複製すると、こんどは４個の孫DNAとなります。このように、DNAの複製によってつくり出されるDNAとDNAの関係を示す図を、「遺伝子の系図」とよびます。

人間の系図はどんどん祖先が増える

ひとりの人間には、必ず母親と父親がいます。これら両親にもそれぞれ親がいますから、祖父母は４人います。さらにさかのぼると、曾祖父母は８人になります。このように、祖先を１世代さかのぼるたびに、祖先の数は２倍ずつ増えていきます（図１）。10世代さかのぼると1024人、20世代さかのぼると100万人以上の先祖がいたことになります。たったひとりについてこんなにたくさんの祖先がいたとは、なにかおかしいと思いませんか。実はこの数字は、のべ人数なのです。右の図１で矢印をつけたふたりの祖先は、まったく同じ人だったのかもしれません。すると、この人の子供の子供、孫どうしはいとこなので、その人たちの子供である自分の母方祖父と父方祖母は、またいとこの関係になります。つまり、祖先のなかでは、遠縁の親戚どうしの結婚が繰り返し行なわれてきたのです。それでも、私たちひとり一人が多数の祖先のもっていたDNAを少しずつ受け継いでいることは、明らかです。

図１．ひとりの人間の祖先をたどる

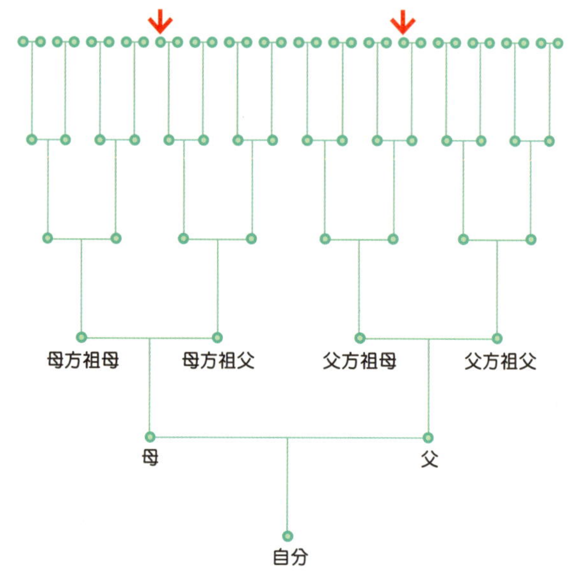
母方祖母
母方祖父
父方祖母
父方祖父
母
父
自分

祖先遺伝子への合祖

個体ではなく、遺伝子に着目して、遺伝子の系図を考えてみましょう。人間を含む多くの生物は二倍体であり、父親と母親から遺伝子をもらいます。このため、２個体を考えると４個の遺伝子が存在します。図２は、これら２個体に存在する４個の遺伝子の間の系図の例です。２個体は２世代前に、個体３という祖先を共有しているので、いとこの関係にあります。個体３のもつ片方の遺伝子DNAから同一コピーが伝わっているので、個体１と２はこの遺伝子のコピーをそれぞれもっています。このように、祖先をさかのぼっていくと、いずれは共通の祖先遺伝子に出会います。これを「合祖する」とよびます。図２の例では、７世代前までさかのぼると、現在の２個体４個の遺伝子の共通祖先遺伝子に合祖します。

図２．２個体中の４個の遺伝子の系図

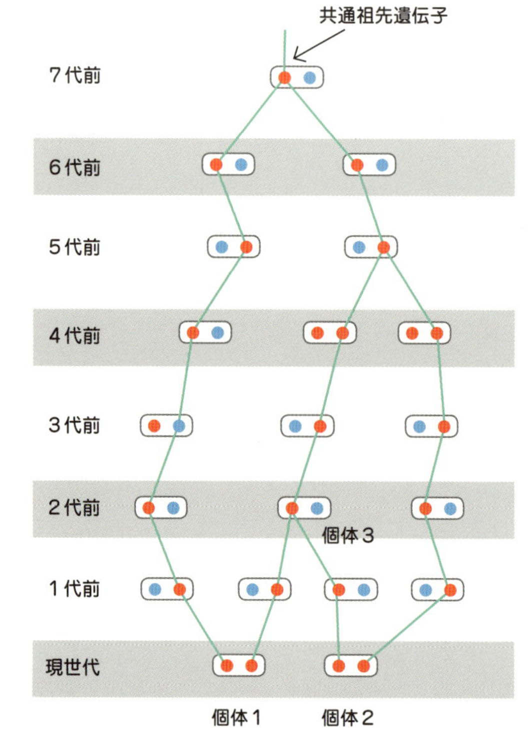
共通祖先遺伝子
７代前
６代前
５代前
４代前
３代前
２代前
個体３
１代前
現世代
個体１
個体２

実際の塩基配列からつくった遺伝子の系図

実際の DNA 塩基配列データからつくった遺伝子の系図を、図 3 に示しました。これは、現代人とネアンデルタール人のミトコンドリア DNA（→3-8）の塩基配列をもとにして作成したものです。遺伝子系図をさかのぼる（右から左に移動する）につれて、いろいろな地域の現代人がひとつにまとまる様子が分かります。特に現代アフリカ人が最後のほうで合祖するので、現代人はアフリカ起源であることの証拠のひとつとなっています。ネアンデルタール人は３万年ほど前に絶滅しましたが、骨にかすかに残っていた DNA から塩基配列が得られたのです。ネアンデルタール人と現代人のミトコンドリア DNA は、それぞれまとまって合祖していて、両者が最後に合祖するのは、およそ 60 万年前です。

図３. 人間のミトコンドリア DNA の遺伝子系図

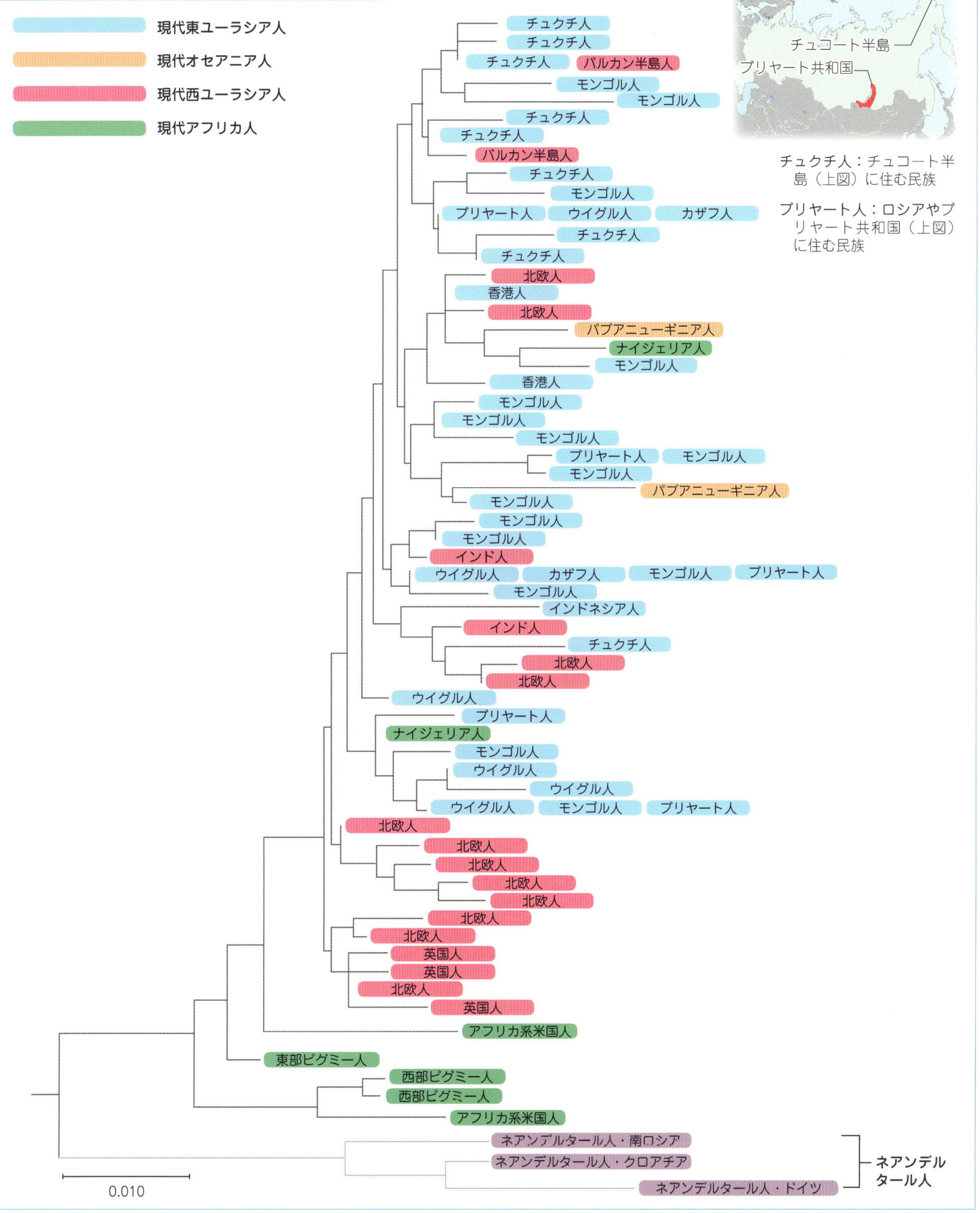

7-8

遺伝的浮動

筆者：斎藤成也

生物は、いくつかの個体が集まって生活している場合が多くみられます。同じ生物種の集団のなかで、ある個体の遺伝子に突然変異（→**7-3, 4, 5**）が生じると、遺伝的多型（→**7-5**）がみられることがあります。遺伝的浮動は、自然淘汰（→**7-11**）がない場合に、中立進化（→**7-10**）が生じる基本です。少し数学的になりますが、この項では生物進化できわめて重要な「遺伝的浮動」について説明します。

遺伝子頻度の変動

多くの生物は両親から生まれ、父と母から遺伝子をひとつずつもらいます。図 1 の赤色と青色の丸は遺伝子を表わします。これらは同じ生物の遺伝子ですが、赤丸と青丸の２タイプがあることを示しています。この集団には５個体が生活しているので、遺伝子の数は倍の 10 個となります。親世代では赤丸・青丸が同数なので、それぞれ頻度は 0.5 です。これらの個体は子供を産むために、精子（植物では花粉）と卵をつくり出し、減数分裂（→**3-2**）により、父あるいは母からもらった遺伝子ひとつだけをもちます。受精（→**3-3**）では親世代の遺伝子が組み合わされますが、この時、赤丸・青丸遺伝子とも、親から子に伝わる確率に差がない場合、どちらが伝わるかは偶然によります。親世代では赤丸・青丸の頻度がどちらも 0.5 だったので、子供の世代でも同じ頻度になるだろうと思われるかもしれません。個体の数がきわめて大きければほぼそうなるでしょうが、図のように個体数が小さいときには、子供世代で赤丸遺伝子の頻度が 0.3 に減ってしまうことがありえます。

図 1. 親と子の間で遺伝子の頻度が変動する様子

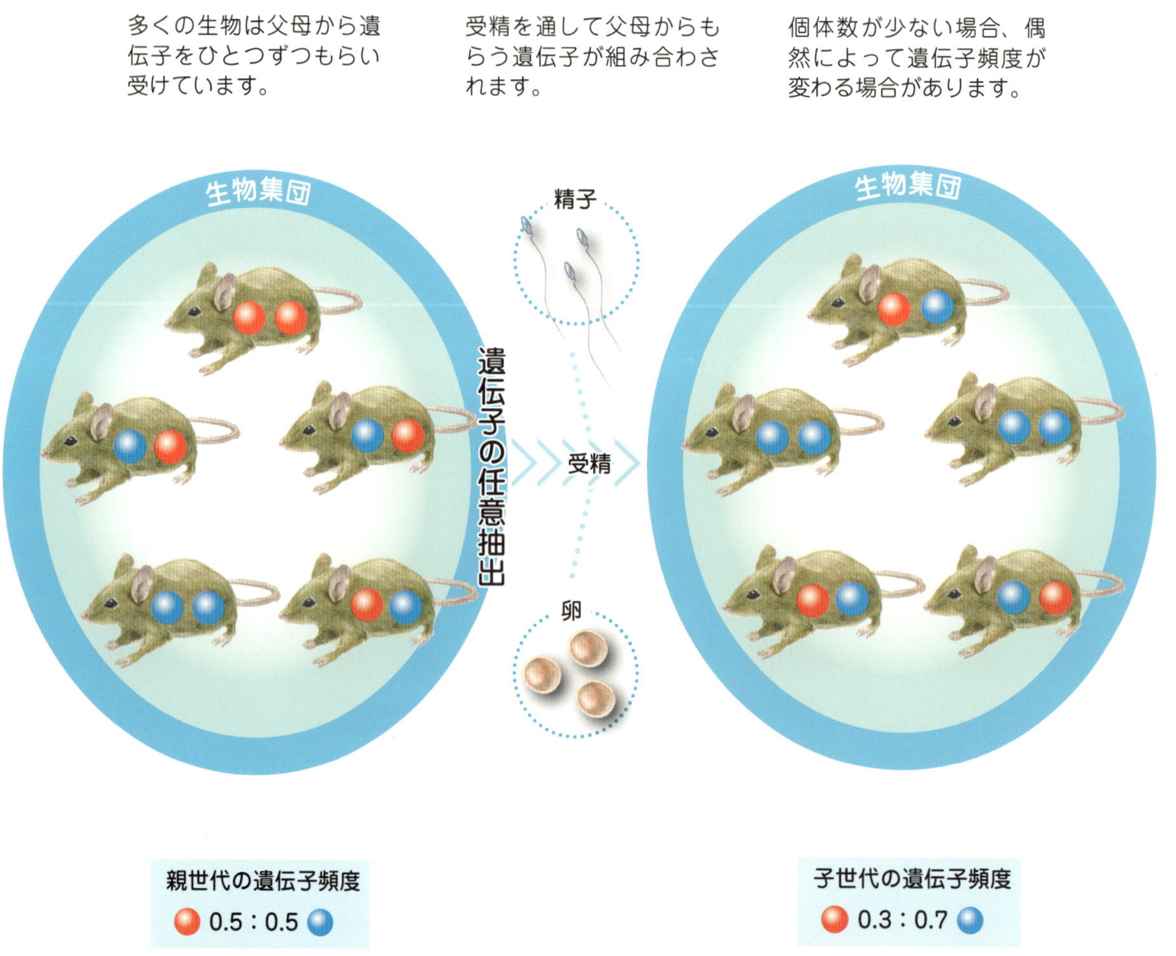
多くの生物は父母から遺伝子をひとつずつもらい受けています。
受精を通して父母からもらう遺伝子が組み合わされます。
個体数が少ない場合、偶然によって遺伝子頻度が変わる場合があります。
生物集団
遺伝子の任意抽出
精子
受精
卵
生物集団
親世代の遺伝子頻度
0.5：0.5
子世代の遺伝子頻度
0.3：0.7

図2. 次世代の遺伝子頻度の分布

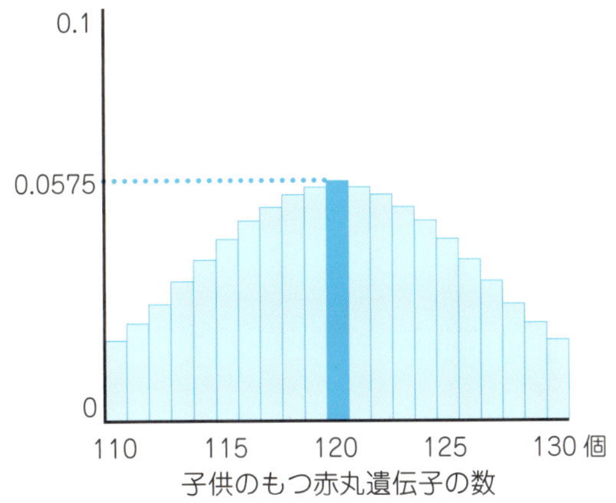
0.1
0.0575
0
110
115
120
125
130 個
子供のもつ赤丸遺伝子の数

二項分布

親世代から子世代への変化は、「二項分布」という数式で表わすことができます。赤丸遺伝子と青丸遺伝子の頻度をそれぞれBとR、集団の個体数をNとすると、次の世代にk個の遺伝子が伝わる確率は、${}_{2N}C_{k} \cdot B^{k} \cdot R^{2N-k}$ となります。図2は、確率Bが0.6、確率Rが0.4、個体数Nが100の時、子供世代での赤丸遺伝子頻度Bがどのようになりえるかを示したものです。親世代と同じ頻度（120/200）になるのは、わずか6％弱であることがわかります。

擬似乱数

図3は、遺伝的浮動をコンピュータのなかで再現したものです。コンピュータは基本的に与えられた計算をしているだけなので、自然界で実際に起きている「偶然」をつくり出すことはできません。そこで、近似的に「偶然」にみえる数字の列を計算でつくり出しています。これらを「擬似乱数」とよびます。上下とも、最初、遺伝子頻度が0.2から出発し、最大で1000世代あとまでの変化を示しています。上は1000個体の集団を、下は1万個体の集団の場合です。個体数が小さいときには、遺伝的浮動の効果が大きく、遺伝子頻度が大きく上下することが分かります。

どちらの図でも、ひとつひとつの折れ線グラフが、ひとつの集団の遺伝子頻度変動の歴史を表わします。もしもこの集団が人間だとしたら、1世代は25年から30年なので、1000世代は2万5000年～3万年にあたります。長い時間をかけた変化が進化の基本なので、このようなコンピュータ・シミュレーションは、多くの生物進化学の研究で用いられています。

図3. 擬似乱数による遺伝子頻度の算出

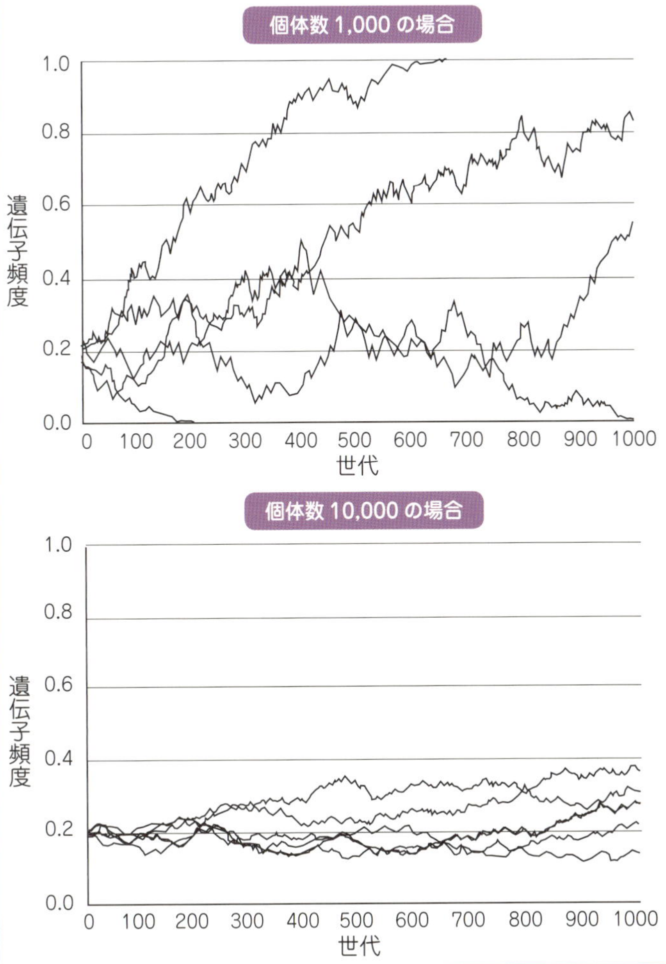
個体数 1,000 の場合
1.0
0.8
0.6
0.4
0.2
0.0
遺伝子頻度
0 100 200 300 400 500 600 700 800 900 1000
世代
個体数 10,000 の場合
1.0
0.8
0.6
0.4
0.2
0.0
遺伝子頻度
0 100 200 300 400 500 600 700 800 900 1000
世代

遺伝的浮動の重要性を説く

セウォール・ライト（Sewall Green Wright, 1889～1988年）

米国の遺伝学者。生物進化における遺伝的浮動の影響が重要であることを指摘し、さまざまな理論を提唱しました。このため、昔は遺伝的浮動を「ライト効果」とよぶこともありました。中立進化理論を提唱した木村資生（→**7-10**）にも大きな影響を与えました。大学での講義で、実験に使っていたモルモットを説明のためによくもってきていましたが、あるとき数式の説明に夢中になっていたので、モルモットを使って黒板を消してしまったという逸話があります。

7−9

遺伝子頻度の変化

筆者：小林由紀・鈴木善幸

生物の進化は、集団内のある個体のある遺伝子に生じた突然変異の頻度が、時間とともに変化することによって起こります。そのような遺伝子頻度を変化させる要因としては、突然変異率（→**7-6**）、遺伝的浮動（→**7-8**）、自然淘汰（→**7-11**）、および移住などが考えられます。

突然変異率

いま、ある遺伝子座において、集団内のすべての個体が対立遺伝子Aをもっている（対立遺伝子Aが固定している）とします（図1の❶）。また、対立遺伝子Aは対立遺伝子aに突然変異率uで変異する性質をもち、対立遺伝子aは対立遺伝子Aに突然変異率vで変異する性質をもつとします（図1の❷）。さらに、対立遺伝子Aと対立遺伝子aは個体が次世代に残せる子孫の数（個体の適応度）が同程度であり、集団の大きさは無限大と仮定します。すると、時間とともに集団内における対立遺伝子Aの頻度は減少し、対立遺伝子aの頻度は上昇していくと考えられます。特に、平衡状態においては、対立遺伝子Aの頻度はv/(u+v)、対立遺伝子aの頻度はu/(u+v)になると期待されます（図1の❸）。

図1．遺伝子頻度の変化

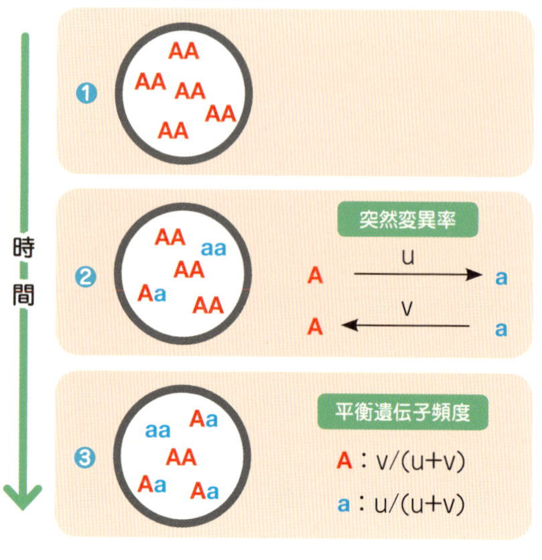
時間
❶
AA
AA AA
AA
AA
❷
AA aa
AA
Aa AA
突然変異率
A u a
A v a
❸
aa Aa
AA
Aa Aa
平衡遺伝子頻度
A：v/(u+v)
a：u/(u+v)

遺伝的浮動と自然淘汰

先の例で、集団の大きさが有限の場合には、対立遺伝子Aと対立遺伝子aの頻度は、個体の生存や交配における偶然性の影響を受け、時間とともに確率論的にふらつきます。この現象は、「遺伝的浮動」とよばれます。実際には、生物集団の大きさはつねに有限であるため、すべての生物は多かれ少なかれ遺伝的浮動の影響を受けています。

さらに、対立遺伝子aが、対立遺伝子Aよりも個体の適応度を上昇させる場合には、対立遺伝子aが集団内に固定する確率は、対立遺伝子Aと対立遺伝子aの個体の適応度に対する影響が同程度であった場合よりも高くなり、また対立遺伝子aが出現してから固定するまでに要する平均の時間も短くなります。逆に、対立遺伝子aが対立遺伝子Aよりも個体の適応度を減少させる場合には、対立遺伝子aが集団内に固定する確率は、対立遺伝子Aと対立遺伝子aの個体の適応度に対する影響が同程度であった場合よりも低くなりますが、固定する場合には、対立遺伝子aが出現してから固定するまでに要する平均の時間は、適応度を逆方向に同程度上昇させる場合と同じになると期待されます。

図2．ヒト集団の移動にともなう遺伝子頻度の変化

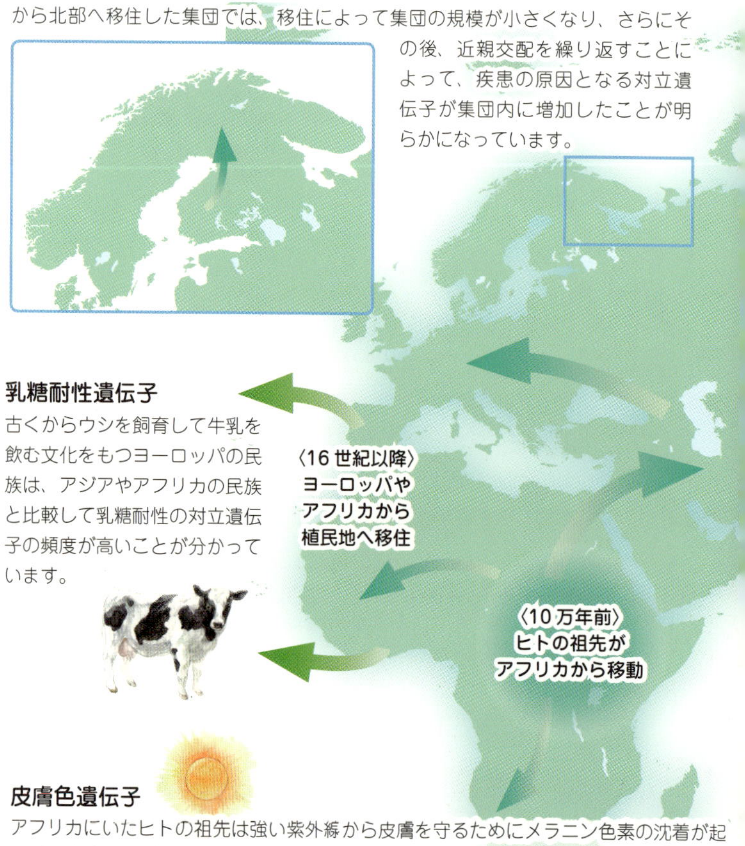
〈16世紀以降〉
ヨーロッパや
アフリカから
植民地へ移住
〈10万年前〉
ヒトの祖先が
アフリカから移動

フィンランドで広まった疾患原因遺伝子

集団の規模が小さくなると遺伝的浮動の効果が強まり、有害な対立遺伝子が集団内に広がってしまうことがあります。たとえば、1500年頃に、フィンランドの南部から北部へ移住した集団では、移住によって集団の規模が小さくなり、さらにその後、近親交配を繰り返すことによって、疾患の原因となる対立遺伝子が集団内に増加したことが明らかになっています。

乳糖耐性遺伝子

古くからウシを飼育して牛乳を飲む文化をもつヨーロッパの民族は、アジアやアフリカの民族と比較して乳糖耐性の対立遺伝子の頻度が高いことが分かっています。

皮膚色遺伝子

アフリカにいたヒトの祖先は強い紫外線から皮膚を守るためにメラニン色素の沈着が起こり、皮膚の色が黒くなったと考えられています。一方、日差しの強いアフリカを出て日差しの弱い寒冷地域へ移動した祖先たちは、少ない紫外線の下でもビタミンDを合成しやすい白色の肌に変化したと考えられています。実際に肌の白色化に寄与する対立遺伝子の頻度は、赤道を離れた地域に住む集団ほど高くなっていることが分かっています。

移住

ある生物集団が、地理的要因などによって生殖的に隔離された複数の分集団に分断され（図3の❷）、それぞれの分集団が独立に進化する場合を考えてみます。それぞれの分集団内において、突然変異率、遺伝的浮動、および自然淘汰などの要因により、ある遺伝子座における対立遺伝子の頻度は時間とともに独立に変化していきます。その結果、分集団間では対立遺伝子の頻度は、時間とともに大きく異なっていくと考えられます（図3の❸）。しかしながら、その後なんらかの要因で分集団間の生殖的隔離がとり除かれ、移住などによって遺伝子の流動が起きると、移住率が比較的小さい場合であっても、分集団間の対立遺伝子の頻度の相違は時間とともに減少していくと考えられます（図3の❹）。

図3．移住による遺伝子頻度の変化の仕組み

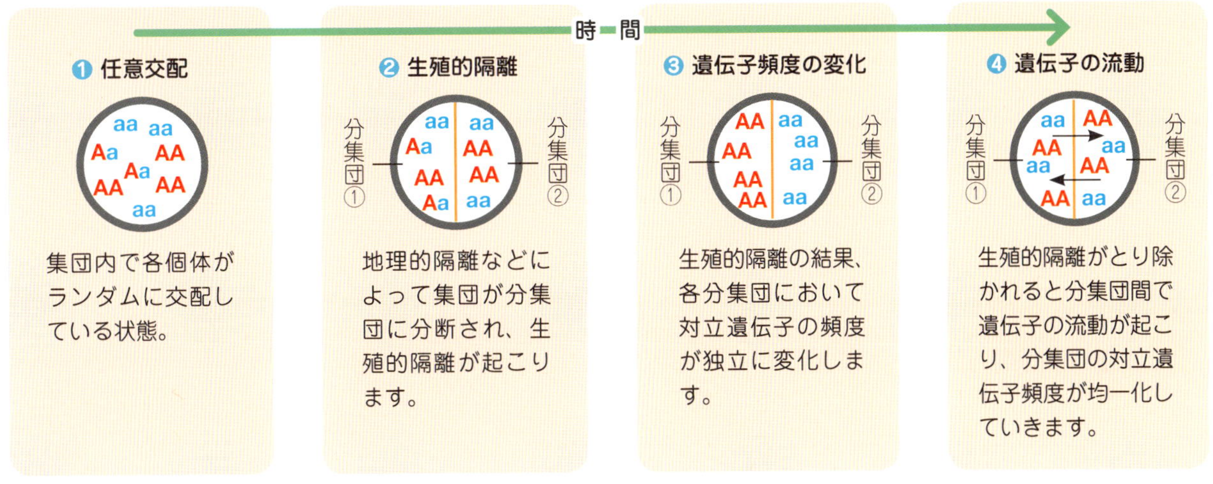
時間
❶ 任意交配
aa aa
Aa AA
Aa
AA AA
aa
集団内で各個体がランダムに交配している状態。
❷ 生殖的隔離
分集団①
分集団②
aa aa
Aa AA
AA AA
Aa aa
地理的隔離などによって集団が分集団に分断され、生殖的隔離が起こります。
❸ 遺伝子頻度の変化
分集団①
分集団②
AA aa
aa
AA aa
AA
AA aa
生殖的隔離の結果、各分集団において対立遺伝子の頻度が独立に変化します。
❹ 遺伝子の流動
分集団①
分集団②
aa AA
AA aa
aa AA
AA aa
生殖的隔離がとり除かれると分集団間で遺伝子の流動が起こり、分集団の対立遺伝子頻度が均一化していきます。

食塩感受性と高血圧症関連遺伝子

アフリカは気温が高く塩分が少ないため、アフリカの集団は体温調節の際に失なわれるナトリウムの再吸収率が高く、その結果、塩分をとりすぎると高血圧症になりやすいことが分かっています。一方、アフリカを出た祖先たちは寒冷で塩分に富んだヨーロッパや中東に移住することによって高血圧症による自然淘汰を受けたと考えられており、これらの地域では高血圧症発症に抵抗性をもつ対立遺伝子の頻度が高いことが分かっています。

NaCl
ナホバ族の移動
赤血球

ナバホ族で広まった疾患原因遺伝子

フィンランドの例と同様に、シベリアからアメリカの南西部に移住したアメリカ先住民のナホバ族でも、集団の規模が小さくなって遺伝的浮動の効果が強まったために、有害な対立遺伝子が集団内に広がってしまい、疾患の原因となりました。

ヒト集団の移動にともなう遺伝子頻度の変化

私たちヒトの祖先は、およそ10万年前にアフリカを出て世界各地へと分散し、移住した地域の環境で独自の文化を発展させながら進化してきました。世界各地の民族集団の遺伝子頻度を比較することにより、移住にともなう対立遺伝子の頻度の変化を推測することができます。

炭水化物分解酵素遺伝子

農耕を営み穀物を多く摂取する日本人は、炭水化物を分解するアミラーゼ遺伝子のコピー数が多いことが明らかにされています。

マラリア耐性遺伝子（→7-4）

赤血球が鎌状になる鎌状赤血球症はヘモグロビン遺伝子の突然変異に起因しており、貧血症を起こします。しかし、鎌状赤血球はマラリアの発症を抑制するため、マラリアが流行しているアフリカに住む集団は、鎌状赤血球を形成する対立遺伝子の頻度が高いことが分かっています。

7−10

中立進化

筆者：斎藤成也

生物の進化には、偶然と必然の両方の側面があります。遺伝的浮動（→**7-8**）は偶然の、自然淘汰（→**7-11**）は必然のメカニズムです。進化の根本であるDNAが受ける変化の大部分は、偶然の力によっているというのが中立進化論の主張です。このことは、多数の遺伝子のデータによって確かめられています。中立進化が進化の基本であることが、現在では確立しています。

無秩序な変異が進化の原動力

日本の木村資生が1968年に、続いて翌1969年には米国のキングとジュークスが、それぞれ中立進化論を提唱しました。中立論では、突然変異を進化の原動力として考えます。突然変異は無秩序に生ずるので、生物にとって有害なものも多数生じますが、これらは短時間の内に消えてゆくので、長期的な進化には寄与しません。この過程を「負の自然淘汰」あるいは「純化淘汰」とよびます。この部分については、中立論でも淘汰論でも同じ見解です（図1）。

図1．淘汰進化論と中立進化論

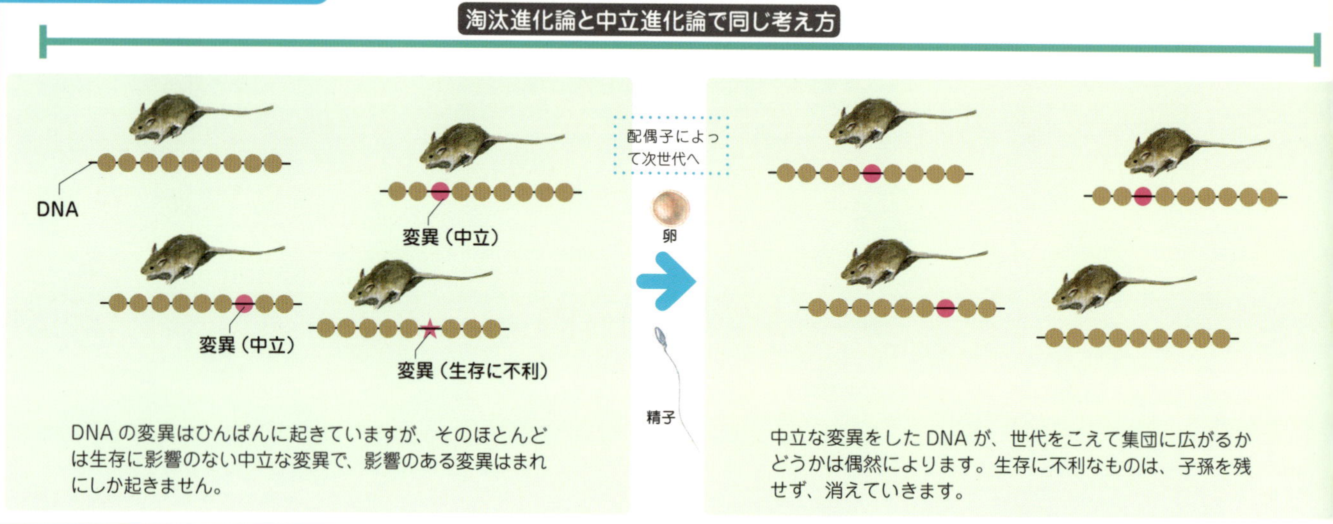
淘汰進化論と中立進化論で同じ考え方
DNA
変異（中立）
変異（中立）
変異（生存に不利）
配偶子によって次世代へ
卵
精子
DNAの変異はひんぱんに起きていますが、そのほとんどは生存に影響のない中立な変異で、影響のある変異はまれにしか起きません。
中立な変異をしたDNAが、世代をこえて集団に広がるかどうかは偶然によります。生存に不利なものは、子孫を残せず、消えていきます。

自然淘汰論と中立進化論の違い

両者の見解が大きく異なるのは、進化に長期的に寄与する突然変異（→**7-3, 4, 5**）についてです（図1）。淘汰論では、生存に有利な突然変異をもつ個体だけが進化の過程で生き残っていくと考えます。この過程を「正の自然淘汰」とよびます。しかし突然変異が生じても、生物が生きてゆく上であまり影響がないことがあります。これを淘汰上中立であるといいます。このタイプの中立突然変異は、生物の生存に有利な突然変異よりも、ずっとひんぱんに生じます。このような中立突然変異をもつ個体が子孫を増やせるかどうかは、遺伝的浮動によります。たまたま運よく生き残る中立突然変異遺伝子もあれば、他のものより生存に有利に働く遺伝子であっても、運悪く消えていくものもあるのです。その結果、生き残る遺伝子の大部分は中立突然変異になります。これが中立進化論の立場です。また、中立進化論では、生存に有利な突然変異が、少数ながら生き残っていることも認めています。

図2．哺乳類ゲノムにおける塩基配列の進化速度

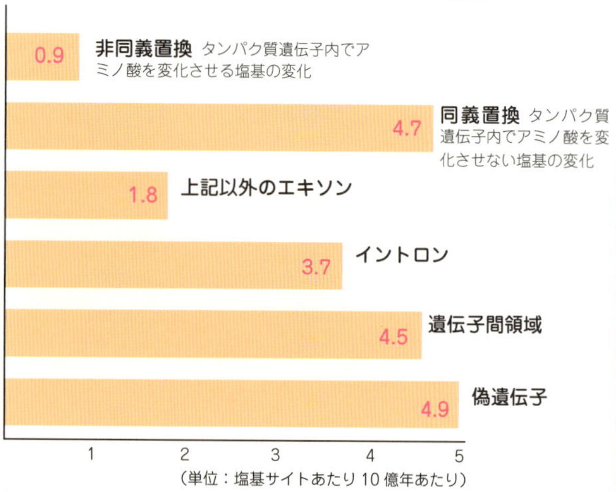
0.9
非同義置換 タンパク質遺伝子内でアミノ酸を変化させる塩基の変化
4.7
同義置換 タンパク質遺伝子内でアミノ酸を変化させない塩基の変化
1.8
上記以外のエキソン
3.7
イントロン
4.5
遺伝子間領域
4.9
偽遺伝子
1
2
3
4
5
（単位：塩基サイトあたり10億年あたり）

真核生物のゲノムの大部分を占めるのは、遺伝子間領域や偽遺伝子などから構成される「がらくたDNA」です。それらの進化速度は、同義コドンのあいだでの変化である同義置換と同様に、中立進化論が予言するように、突然変異率とほぼ同じ値となっていることが分かっています。

中立進化を裏付ける「分子時計」

20世紀後半に、遺伝子の物質的本体であるDNAを直接扱う研究が急速に発展しました。それによって、生物の進化をタンパク質やDNAなどの分子レベルで研究する「分子進化学」が、1960年代に誕生しました。当初は、DNAの塩基配列を簡単に決定できる方法が発明されていなかったので、いろいろな生物のアミノ酸配列を決定し、比較していました。その結果、自然淘汰の考えではうまく説明できない現象が、多数発見されました。同じ種類のタンパク質（たとえばヘモグロビンを構成するグロビン）のアミノ酸の違いをいろいろな生物で比較すると、アミノ酸の変化する量が、時間にほぼ比例していました。これは進化速度が一定であり、時計のように規則正しく時を刻んでいるようにみえるので、この現象は「分子時計」とよばれます（図3）。このような一定性は、従来の骨や歯といった形の進化を扱っていた研究では考えられないものでした。

図3．アルファグロビンタンパク質の分子時計

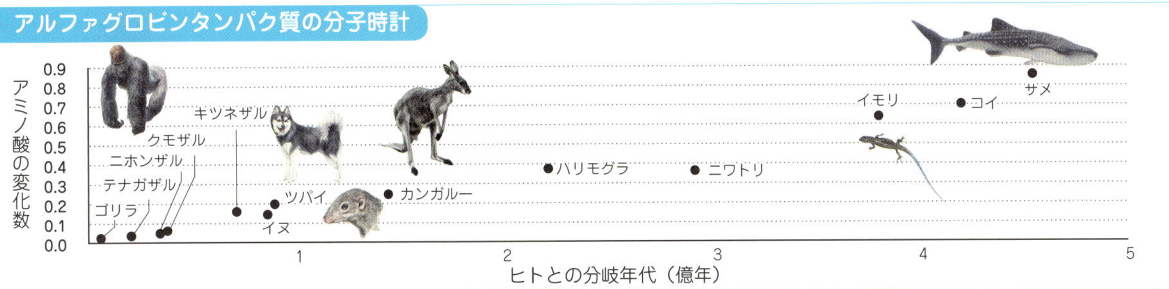
アミノ酸の変化数
0.9
0.8
0.7
0.6
0.5
0.4
0.3
0.2
0.1
0.0
ゴリラ
テナガザル
ニホンザル
クモザル
キツネザル
イヌ
ツパイ
カンガルー
ハリモグラ
ニワトリ
イモリ
コイ
サメ
1
2
3
4
5
ヒトとの分岐年代（億年）

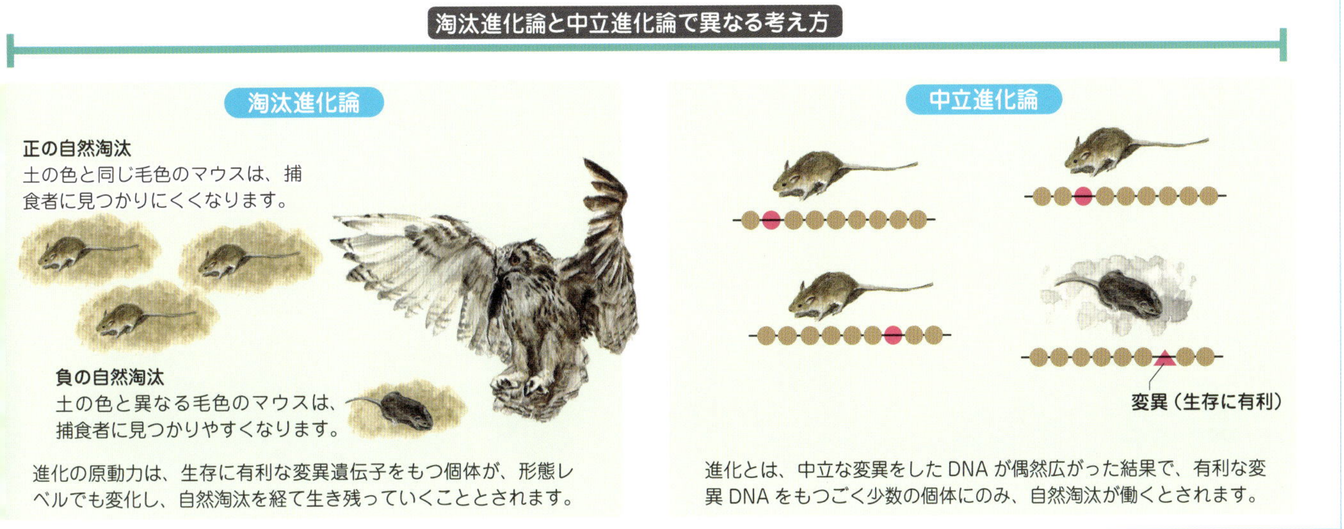
淘汰進化論と中立進化論で異なる考え方
淘汰進化論
正の自然淘汰
土の色と同じ毛色のマウスは、捕食者に見つかりにくくなります。
負の自然淘汰
土の色と異なる毛色のマウスは、捕食者に見つかりやすくなります。
進化の原動力は、生存に有利な変異遺伝子をもつ個体が、形態レベルでも変化し、自然淘汰を経て生き残っていくこととされます。
中立進化論
変異（生存に有利）
進化とは、中立な変異をしたDNAが偶然広がった結果で、有利な変異DNAをもつごく少数の個体にのみ、自然淘汰が働くとされます。

分子進化の中立理論の提唱と、「ほぼ中立説」の推進

木村資生（きむら・もとお、1924～1994年）

京都大学理学部卒。1949年に国立遺伝学研究所が設立されてから死去するまで、ずっとこの研究所で研究を続けました。1950年代に米国に留学し、その間に遺伝的浮動に関する理論的研究を行ないました。1968年に中立進化理論を提唱し、1983年には『分子進化の中立説』という本を英語で刊行しました。1976年に文化勲章を受章しました。中立進化論の確立以外にも、DNAの塩基配列が変化していくモデルをいくつか提唱し、塩基置換数の推定に関する方法も考案しています。特に、「木村の2変数法」は現在でも広く使われています。

太田朋子（おおた・ともこ、1933～）

東京大学農学部卒。米国で学位を取得して帰国し、その後、国立遺伝学研究所でずっと研究しています。木村資生の中立進化論研究に協力しつつ、独自の「ほぼ中立」説を推し進めました。女性科学者に贈られる猿橋賞の最初の受賞者でもあります。

7－11

自然淘汰

筆者：明石裕・長田直樹

進化とは、生物の遺伝可能な形質が時間とともに変化していくことであるといえます。ダーウィンは自然淘汰が進化の原動力であり、集団のなかや種間での生物の形質の違いの原因だと考えました。自然淘汰を考えるにあたって、重要なふたつの事実があります。ひとつめは、集団のなかには、多くの場合、形質の多様性があるということです。たとえば人類集団を考えてみると、瞳の色・背の高さ・体重などは人によってそれぞれ違います。このような集団のなかにみられる多様性の多くは、遺伝的な原因をもっています（→7-3）。ふたつめは、一般的な生物は、生き残って子供を残せる数よりも、もっと多くの子孫を生むということです。たとえば、一匹のメスのサケは一度に 2000 ～ 6000 個の卵を産みます。このふたつの原理から、非常に重要なことが論理的に導かれます。遺伝可能な多様性をもった形質が集団のなかにたくさんあると、そのいくつかは生物の生存や繁殖にかかわりをもつということです。たとえば、優れたカモフラージュ能力をもった個体は、それだけ敵に襲われにくくなります。集団中では、限られた数の子孫しか大人にまで成長できないので、たとえ少しだけ有利な形質であっても、多くの世代を経ると集団のなかに広まっていきます。自然淘汰の過程を下に示します。

自然淘汰の過程①
——遺伝可能な変異

集団内の生物は多様な形質をもち、その形質のなかには親から子供に伝えられるものがあります。たとえば、暗い灰色の毛と明るい茶色の毛をもったマウスの場合、灰色のマウスは灰色の子孫を残し、茶色のマウスは茶色の子孫を残します。実際にマウスの体の色は遺伝的要素が強いことが知られています（図1）。

図1．形質の遺伝

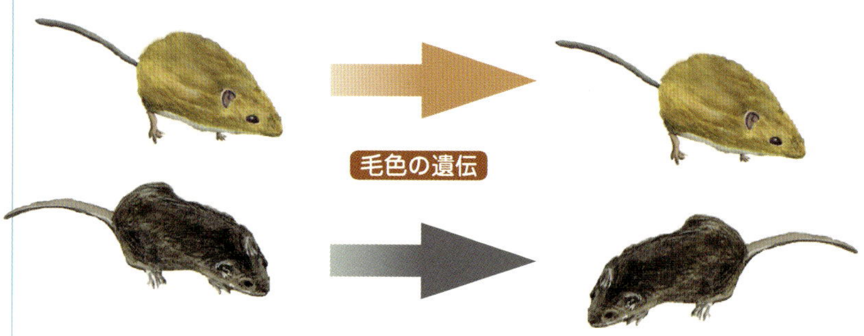

茶色は茶色、灰色は灰色の子孫を残すように、形質は遺伝されます。

自然淘汰の過程②
——繁殖の差

環境が支えることのできる集団には限りがありますから、大人になって子供を残すことができない個体もいます。たとえば、土の色が茶色の地域の場合、灰色のマウスは茶色のマウスよりもフクロウに食べられやすく、茶色のものよりも生き残る確率が低くなります（図2）。大切なことは、生存や生殖に関する有利不利は、生物が住んでいる環境によって変化するということです。灰色のマウスは周りの色が暗ければ、逆に生き残りやすくなるでしょう。

図2．環境と生存のかかわり

土の色と異なる灰色のマウスは、捕食者であるフクロウにみつかりやすくなります。

自然淘汰の過程③――遺伝

マウスの毛の色は遺伝すると考えると、生き残った茶色のマウスは茶色の子供を産みます。そうして、もっとも適応した形質（この場合は茶色の毛色）の個体の数が増えていきます（図3）。もしこの過程が続けば、この集団の個体のほとんどは茶色になります。また、自然淘汰におけるひとつの重要な点は、時間です。生存や繁殖においてあまり有利でない形質は、集団に広がるまでに長い時間がかかります。

多様性、生存・繁殖の差、そして遺伝という過程を通って、自然淘汰が進化を起こすと考えられています。

図3．個体の繁殖

環境に適応した形質（茶色毛）の個体の数が時間とともに増えていきます。

生存や繁殖において特に有利な形質は、そうでない形質にくらべ短時間で広まります。

図4．サンドヒルのマウスの毛色

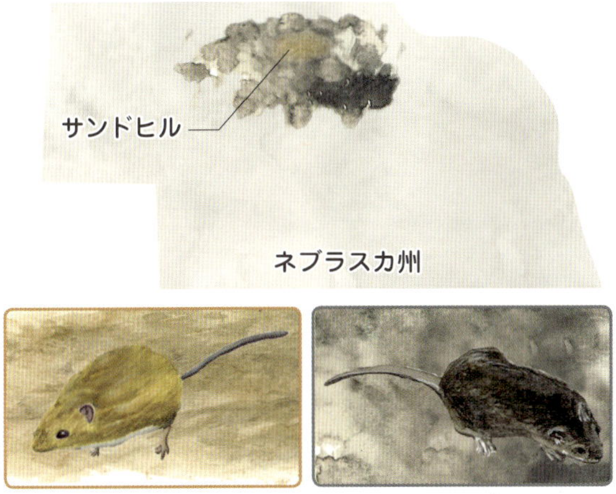

サンドヒルに生息するマウス

サンドヒルの周辺に生息するマウス

サンドヒルで1万年前に起こった土の色の変化がもとになって、その土の色に合わせた毛色の突然変異が急速に広がりました。

サンドヒルで起こった変異

捕食者から逃れるための変異が、急速な進化を引き起こすこともあります。アメリカ中部のネブラスカ州サンドヒルの土は、周りの地域よりも明るい色をしています。地質学の研究によると、この地域の明るい土への色の変化は、1万年という比較的最近に起こったものとされています。興味深いことに、サンドヒルのマウスは、周りの土地のマウスよりも明るい毛色をしています（図4）。最近の研究結果では、この毛色の違いは、たったひとつの遺伝子の違いで主に起こっているとされています。また、暗い毛色をつくる遺伝子に突然変異が起こり、明るい毛色のマウスが生まれたのは、サンドヒルが形成された時期にとても近いことがわかりました。つまり、地面の色の変化に合わせた突然変異の結果が、急速に集団中に広がったと考えられます。

種の多様性を導く主たる力を自然淘汰であると主張

チャールズ・ダーウィン（Charles Darwin、1809～1882年）

著名な遺伝学者ドブジャンスキーは、1973年に次のような有名な言葉を残しました――「進化の光を当てなくては生物学に意味はない」。進化は現代の生物学を統合するもっとも重要な理論のひとつです。その著名な進化理論を1859年に、『種の起原』のなかで提唱しました。彼は、人間を含めたすべての生物は共通の祖先をもち、種の多様性を導く主たる力を自然淘汰であると主張しました。ダーウィンは、1809年にイギリスのシュルーズベリーで生まれました。1831年の初めに、5年間におよぶビーグル号での南アメリカへの調査に参加します。後に自然淘汰による進化を支持する多くの観察結果が、この航海でもたらされました。ダーウィンが集めた証拠はとても豊富で説得力があり、科学者をはじめ多くの人びとに進化は事実であると確信させました。現在はウェストミンスター教会で、ニュートンの近くに埋葬されています。

7—12

遺伝子重複

筆者：隅山健太

生物が進化するためには、生物をつくり上げ、維持していくための遺伝子が新しい役割をもつようになることが必要です。遺伝子がさまざまな原因でコピーをつくり、ゲノム中にその数を増やすことが「遺伝子重複」です。遺伝子重複が起きたあと、同じものをたくさんもっているということはたいていの場合無駄なので、時間が経つと余分なコピーは消滅していくことになります。ところが、余分なコピーに新しい機能を付け加えるような突然変異（**→7-3, 4, 5**）が起こることがあり、有利な変異をもった遺伝子は、もはや余分なコピーではなくて、新しい機能を獲得した、生物にとって欠くことができない遺伝子となります。こうして、遺伝子重複によって生じた余分なコピーが突然変異によって新たな遺伝子に生まれ変わり、新しい機能を担うことによって、生物はもとの機能はたもったまま新しい機能を獲得することができます。

遺伝子重複の原因

遺伝子重複の原因として、不等交差やDNA二重鎖の切断修復（**→4-9**）により生じたゲノム断片の重複化や、逆転写酵素によるmRNA（**→5-5**）からの遺伝子挿入（**→4-11**）があります（図1）。この場合には、単独、あるいはいくつかの遺伝子が重複します。さらにこの他の原因として、染色体の倍化によるゲノム全体の重複があります。この場合にはすべての遺伝子の数が2倍になります。

図1．遺伝子またはゲノム重複による遺伝子の倍化

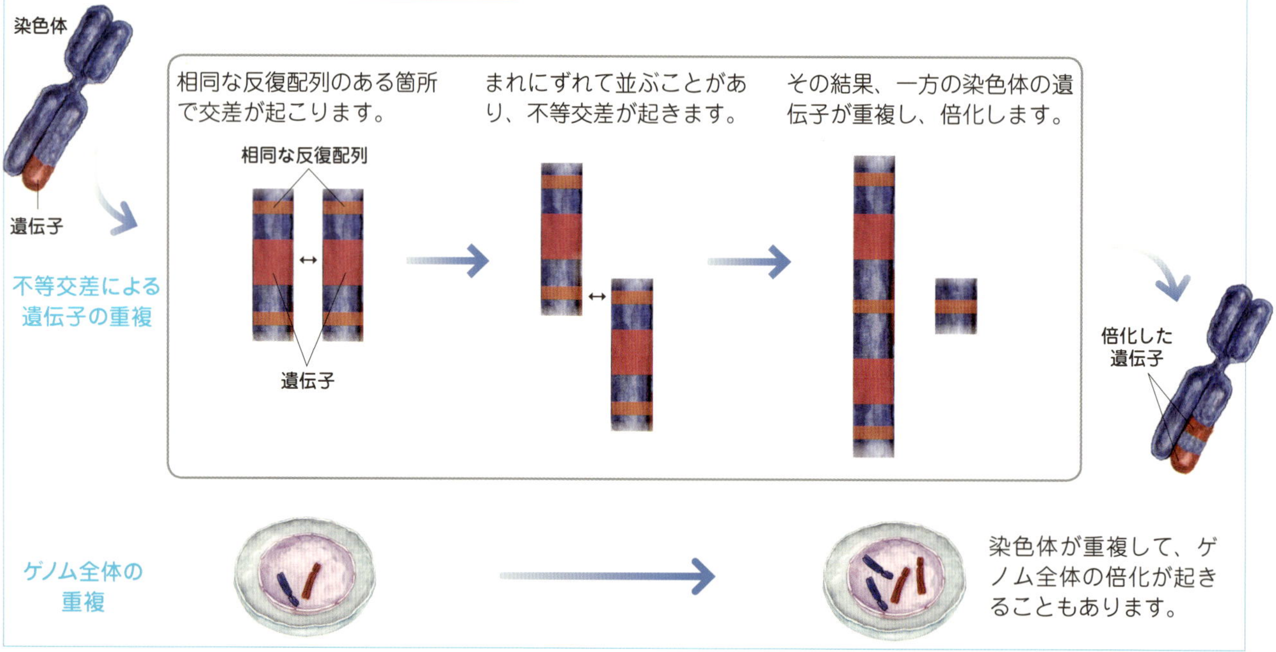

染色体
遺伝子
不等交差による遺伝子の重複
相同な反復配列のある箇所で交差が起こります。
相同な反復配列
遺伝子
まれにずれて並ぶことがあり、不等交差が起きます。
その結果、一方の染色体の遺伝子が重複し、倍化します。
倍化した遺伝子
ゲノム全体の重複
染色体が重複して、ゲノム全体の倍化が起きることもあります。

重複した遺伝子の運命

重複した遺伝子は、冗長なので消えゆく運命にあります。もっとも多いケースは、重複した遺伝子のどちらかに、終止コドンやフレームシフト（塩基の欠失・挿入による読み枠のずれ）を生成するような突然変異が起き、偽遺伝子（**→4-12**）となって機能を失い、時間とともに消えてゆくケースです。ごくまれに、重複した遺伝子の一方に新しい有利な突然変異が生じて、もとの機能とは違う遺伝子に変化することがあります。この場合は、この生物は変異のない遺伝子を1個保持していますので、もとの機能を失うことなく新しい機能を手に入れたことになります。結果として両方の遺伝子が失われることなくゲノムに保持されます。

重複遺伝子の例

ひとつの遺伝子から進化が始まって、重複を繰り返してできた遺伝子群として有名なものには、脊椎動物の場合、免疫をつかさどる遺伝子群（MHC、免疫グロブリン）、体の前後軸の発生を制御する遺伝子群（*HOX*）などがあります（図2）。これらはたくさんの似た遺伝子が集まっていて、それぞれが重複を繰り返した後、新しい変異を起こして、他とは違った機能を獲得し、進化的に保存してできてきたものです。また、脊椎動物の共通祖先から哺乳類までの間に、ゲノム全体の重複が2回起きていることが分かっています。これらは複雑で高度な機能を脊椎動物に与え、進化させてきた原動力であると考えられています。

図2．ゲノム重複による *HOX* 遺伝子群の倍化

HOX 遺伝子は、胚の段階で、各細胞が体のどの部分になるかを決定する遺伝子です。この遺伝子は動物に共通してみられ、進化の歴史のなかで保存されてきました。

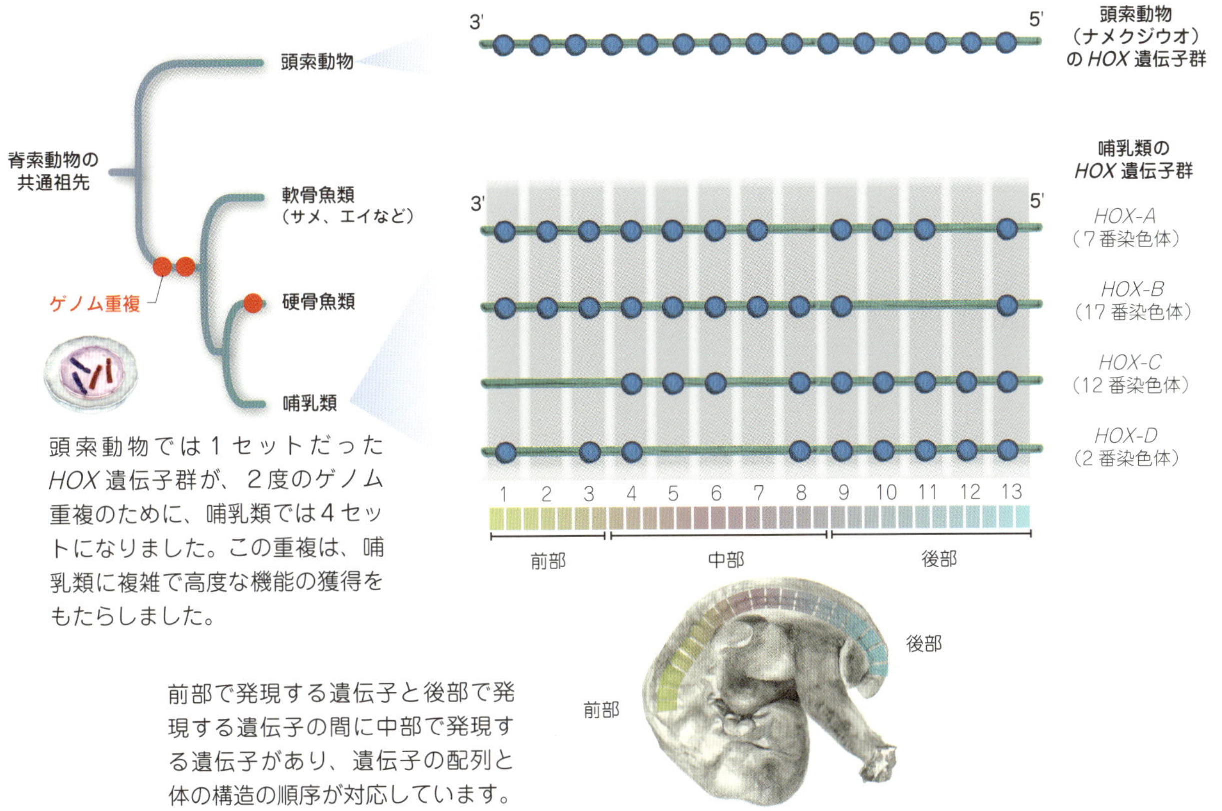

頭索動物では1セットだった *HOX* 遺伝子群が、2度のゲノム重複のために、哺乳類では4セットになりました。この重複は、哺乳類に複雑で高度な機能の獲得をもたらしました。

前部で発現する遺伝子と後部で発現する遺伝子の間に中部で発現する遺伝子があり、遺伝子の配列と体の構造の順序が対応しています。

理論から予測されるよりも多く生き残っている重複遺伝子の謎

新しい機能を獲得する突然変異は極めてまれだと考えられるので、重複した遺伝子の大部分は時間とともに消えていくことが理論から予測されますが、実際にはゲノム重複によって生じた重複遺伝子が予測よりも多く生き残っていることが示されています。残っている重複遺伝子すべてが新しい機能を獲得したとは考えにくく、重複遺伝子を維持する他の仕組みがあるのではないかと考えられています。

ゲノム配列の全容がわかっていない時代に、遺伝子重複による進化説を提唱

大野乾（おおの・すすむ、1928 ～ 2000 年）

遺伝学者で、性染色体の研究や、遺伝子重複による進化説を提唱しました。特に後者に関して1970 年に出版された『遺伝子重複による進化』という本では、重複した遺伝子がもとの機能を維持したまま新しい機能を獲得する過程を提唱し、さらに遺伝子重複が1遺伝子にとどまらず、ゲノム全体が重複するという大きな出来事が起きて、それが脊椎動物の高度な体制の進化の原因となったという壮大な説を展開しました。これは後の進化学やゲノム研究に大きな影響を与えました。1977 年には日本語訳が出版されています。最近になってゲノム配列が次々と決定されて解析されるようになり、大野説の重要性が再評価されています。まだゲノム配列の全容が分かっていない時代に、すでに進化における遺伝子重複の重要性に気づいていた大野の先見性には驚くばかりです。

7−13

タンパク質の進化

筆者：福地佐斗志

タンパク質は、核酸に書かれた暗号にしたがって、アミノ酸という分子がひも状につらなってつくられた高分子化合物です（→**5-8**）。その暗号にのっとって、生体内でさまざまな働きをします。タンパク質のもとになっているアミノ酸の種類は20あり、その20種類のアミノ酸がどのようにつながっているか（アミノ酸配列）で、タンパク質の性格が決まってきます。一般に、タンパク質が機能するときは、ひも状の分子が立体的に折りたたまれた構造（立体構造）をとります。この構造は、タンパク質の構成単位と考えられ、アミノ酸配列により形態と働きが決められます。ヒトゲノムには、およそ２万〜３万のタンパク質情報が書かれていると考えられていますが、生物界全体に存在するタンパク質の立体構造の種類は、千〜数万程度という見積もりがあり、構成単位である立体構造の種類は限られていると考えられています。

生物に共通するタンパク質

タンパク質には、複雑な体制の生物から原始的な生物にまで共通にみられるものが多くあります。たとえば、エネルギーを生み出す解糖系という経路は、ほぼ全生物に存在し、そこにかかわるタンパク質も共通しています（図１）。これらのタンパク質のアミノ酸配列は、遺伝的浮動（→**7-8**）により差（変異）が生じるのが普通ですが、その変異の幅は、機能・立体構造が保持される範囲に限定されます。たとえば、化学反応を触媒する酵素の場合、機能のキーとなるアミノ酸は数個であり、標準的なタンパク質が数百のアミノ酸からなることを考えると、ごく一部です。しかし、これらのアミノ酸は機能に必須で、進化的に遠く離れた生物間でも同一となっています。

図１．タンパク質の多様化と必須アミノ酸

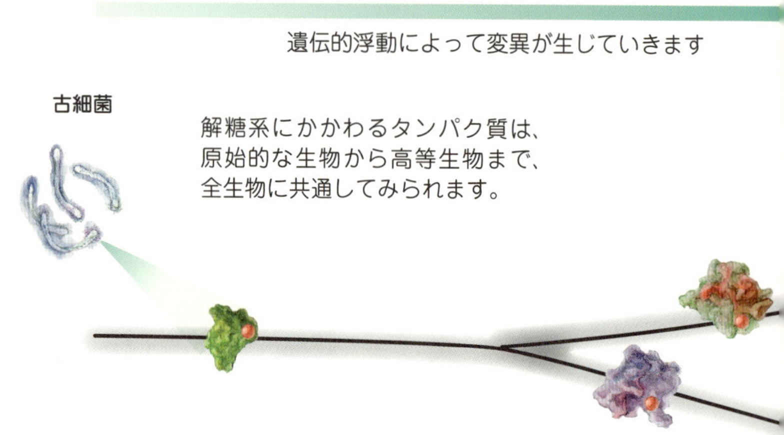
遺伝的浮動によって変異が生じていきます
古細菌
解糖系にかかわるタンパク質は、
原始的な生物から高等生物まで、
全生物に共通してみられます。

図２．インドガンのヘモグロビンに見られる変異

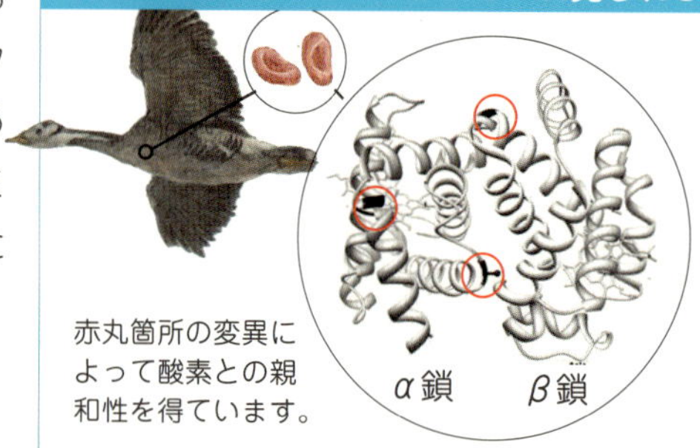
赤丸箇所の変異によって酸素との親和性を得ています。
α鎖
β鎖

インドガンは高度9000m、ヒマラヤをこえて渡りを行ないます。このため、ヘモグロビンは酸素への親和性が非常に高くなっています。しかし、その立体構造は他のヘモグロビンと同じものであり、少数の変異（図中黒）によって、酸素との親和性を獲得しています。

柔軟さをもつ立体構造

アミノ酸には、水に溶けにくいもの、電荷をもつものなど、20種類でそれぞれ性質が異なっています。このような性質の違いは、変異のパターン制約をもたらします。たとえば、立体構造をとった時には、外側には水になじみやすい（親水性）アミノ酸が配置される、といった条件が課されます。しかし、一般に立体構造はアミノ酸配列より制約が弱く、アミノ酸配列の一致度が全配列の１割程度でも同一の構造をとる例も多く知られています。このため、基本的な構造を保持しつつ、さまざまな機能をもつタンパク質を生み出すことが可能となっています。たとえば、解糖系に関与するタンパク質には、TIMバレルという構造をもつものが４つ知られていますが、酵素活性を有する部位の構造が異なるため、機能が異なります。トリプシンとキモトリプシンはともにタンパク質分解酵素であり、アミノ酸配列の類似性は４割程度ですが、その立体構造は驚くほど類似しています。しかし、それぞれのタンパク質分解様式は、まったく異なっています。このタンパク質と類似した分解酵素は多数知られていて、このタンパク質群は、遺伝子重複（→**7-12**）により生み出されたと考えられています。

図3．ドメインの組み合わせによる機能の多様化

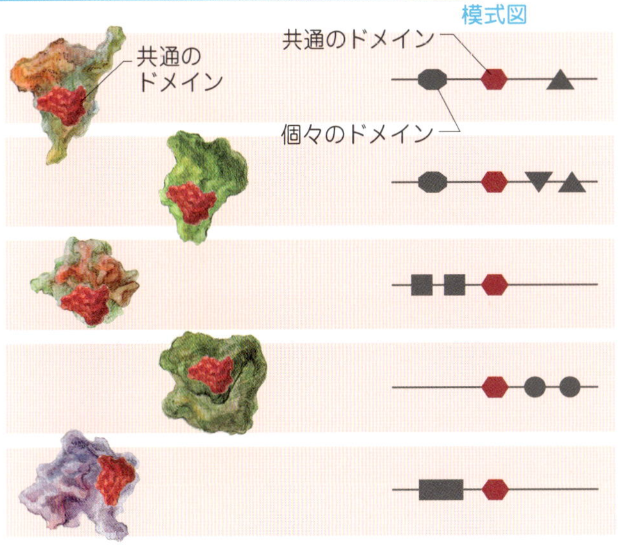
模式図
共通の
ドメイン
共通のドメイン
個々のドメイン

共通のドメインによって共通の機能をもつ一方（DNA に結合する等）、個々のドメインによって独自の機能をもちます。

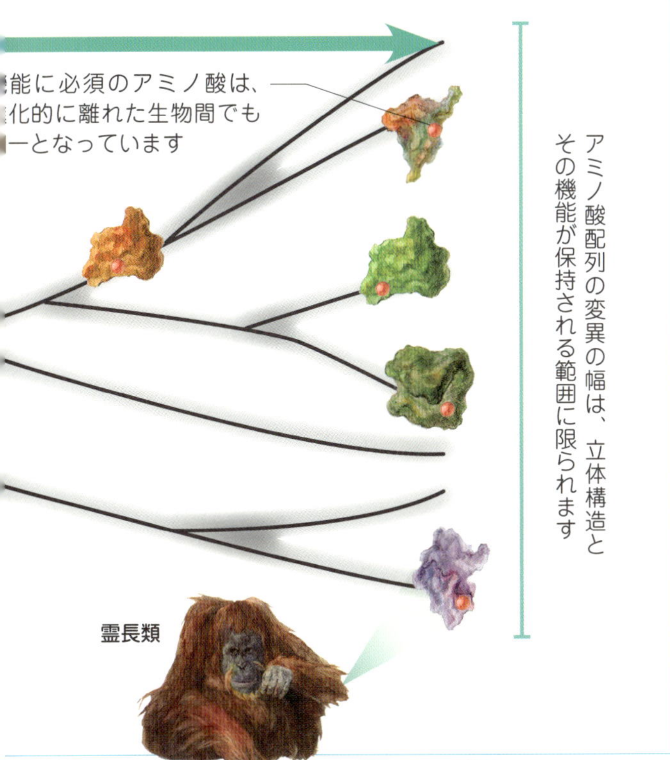
能に必須のアミノ酸は、
化的に離れた生物間でも
一となっています
アミノ酸配列の変異の幅は、立体構造とその機能が保持される範囲に限られます
霊長類

タンパク質の基本単位――ドメイン

タンパク質の立体構造は、基本構成単位であり、しばしば「ドメイン」とよばれます。多くのタンパク質は、単独のドメインではなく、いくつかのドメインから構成されています。個々のドメインは、独自の機能を有するため、異なるドメインの組み合わせは、異なる機能を発揮できます。「転写因子」とよばれる転写をうながしたり、抑制したりするタンパク質群があります。これらのタンパク質は、DNA に結合することが必要なため、DNA 結合ドメインが必須ですが、その他の個々の機能は、さまざまなドメインの組み合わせにより実現されています（図3）。現在までに、ヒトでは 400 種程度の転写因子が知られており、さまざまな機能の多様性は、ドメインの組み合わせにより獲得されています。

エキソンの混合とドメインの新たな組み合わせ

ドメインの組み合わせを生む機構のひとつとして、エキソン（**→5-6**）の混合が知られています。真核生物のエキソンにひとつのドメインが対応し、エキソンの組換えが起こることにより、新たなドメインの組み合わせが生み出されるとする説で、高等生物のタンパク質では多くの例が報告されています。

タンパク質の構造の種類は限られているといいましたが、これらの構造がどのようにして生み出されたのかという問題は、解けていません。エキソン混合の例から、原初においても短い配列の組み合わせによりさまざまなタンパク質が生じたという説が提唱されていますが、現在も議論が続いています。既存の配列を変化させて別の構造をとる配列を生み出す試みもあり、いくつかの成功をみていますが、一般的な機構の提唱にまではいたってなく、今後の研究の進展が期待されます。

アミノ酸配列のデータベースを開始

マーガレット・デイホフ（Margaret Oakley Dayhoff、1925 ～ 1983 年）

1940 年代後半に量子化学分野で研究をスタートしたデイホフは、1960 年代になると生命進化への興味から、アミノ酸配列の解析法等を開発するようになりました。この研究のなかでデイホフは、当時入手可能なタンパク質のアミノ酸配列すべてを収録した本『タンパク質配列と構造のアトラス』を 1965 年に出版しました。この本はその後、巻数を連ね、配列解析のバイブルとして長く利用されました。この活動は後にアミノ酸配列データベースの基礎となり、1980 年にはすでにオンラインのデータベースシステムを完成させていました。またデイホフは、20 種類のアミノ酸の進化の過程における変異のしやすさを数値化した行列、「デイホフ・マトリックス」を 1978 年に提案しました。この行列は、今日広く用いられているホモロジー検索の際、２本のアミノ酸配列の類似性を表わす指標として用いられています。その後、データの増加などによって別の行列も開発されていますが、生命情報学の先駆者としての業績は高く評価されています。

7－14

分子系統学

筆者：斎藤成也・池尾一穂

分子系統学はタンパク質やDNAなどの分子を比較することによって、生物の系統関係を明らかにする研究分野です。特にDNAの塩基配列を決定する簡便で安価な方法が開発されたため、この研究分野は急速に発展しています。21世紀の私たちは、バクテリアやウイルスから人間にいたるまで、全生物界の系統関係を明らかにするという夢に、確実に近づいています。

遺伝子の系統関係と種の系統関係

それぞれの生物種に存在する遺伝子のDNA配列を比較すると、遺伝子の系統樹（図1の黒い線で示されたもの）が得られます。それと生物種の系統樹（図1で緑色で示されたもの）は、近似的に対応することが知られています。このため、遺伝子の系統樹から生物種の系統関係を推定することができます。

図1．遺伝子の系図と生物種の系統との関係

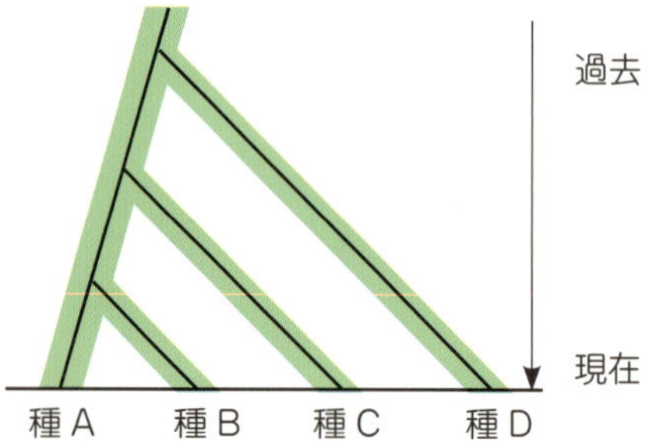

動物の系統関係

動物では、ミトコンドリアDNAが系統関係の推定に用いられとが多いです（**→1-1**）。この他の方法も用いた結果も含めて、特に脊椎動物のなかの系統関係はかなり分かってきました。哺乳類に限れば、クジラ目と偶蹄目が近縁であることが分かり、現在ではクジラ偶蹄目として一体的に扱われています（**→1-6**）。

植物の系統関係

植物の系統関係については、葉緑体（**→3-9**）中の*RBCL*という光合成にかかわるタンパク質の遺伝子のDNA塩基配列が多数の植物について決定されています。それらを比較することにより、たとえば双子葉類の多様性のなかに単子葉類が含まれることやが明らかになりました（**→1-7**）。

図2．オサムシのいろいろ

1　クビナガモドキ
2　リーチクビナガオサムシ
3　オオズクビナガオサムシ
4　アオカブリモドキ
5　コウガオサムシ
6　ニシキオサムシ
7　コブキバオサムシ
8　マンダラオサムシ
9　ヒメカブリモドキ
10　ニセキンスジオオズオサムシ
11　チベットオサムシ
12　マルカムタカネオオズオサムシ
13　セダカモドキ
14　マイマイカブリ
15　ニセクビナガオサムシ
16　マンボウオサムシ

図版：大澤省三博士提供

オサムシの分子系統学

羽が退化しているために飛べない甲虫であるオサムシは、きわめて多様化しています。図2はその多様性の一部を示しています。図3は、大澤省三らのグループによって発表されたオサムシとその仲間の甲虫の分子系統樹です。

図3．オサムシとその仲間の系統樹

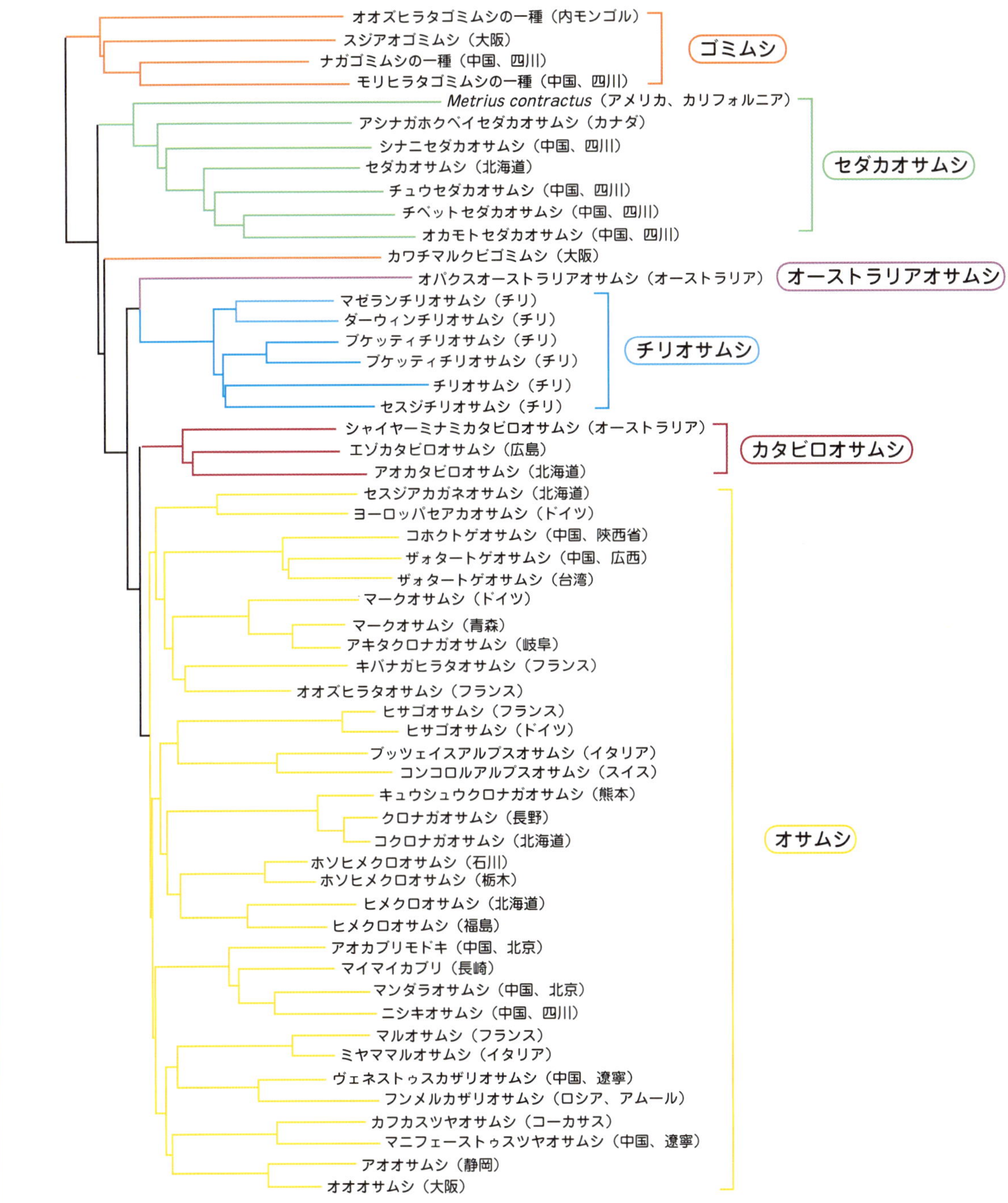

オオズヒラタゴミムシの一種（内モンゴル）
スジアオゴミムシ（大阪）
ナガゴミムシの一種（中国、四川）
モリヒラタゴミムシの一種（中国、四川）
ゴミムシ
Metrius contractus（アメリカ、カリフォルニア）
アシナガホクベイセダカオサムシ（カナダ）
シナニセダカオサムシ（中国、四川）
セダカオサムシ（北海道）
チュウセダカオサムシ（中国、四川）
チベットセダカオサムシ（中国、四川）
オカモトセダカオサムシ（中国、四川）
セダカオサムシ
カワチマルクビゴミムシ（大阪）
オパクスオーストラリアオサムシ（オーストラリア）
オーストラリアオサムシ
マゼランチリオサムシ（チリ）
ダーウィンチリオサムシ（チリ）
ブケッティチリオサムシ（チリ）
ブケッティチリオサムシ（チリ）
チリオサムシ（チリ）
セスジチリオサムシ（チリ）
チリオサムシ
シャイヤーミナミカタビロオサムシ（オーストラリア）
エゾカタビロオサムシ（広島）
アオカタビロオサムシ（北海道）
カタビロオサムシ
セスジアカガネオサムシ（北海道）
ヨーロッパセアカオサムシ（ドイツ）
コホクトゲオサムシ（中国、陜西省）
ザォタートゲオサムシ（中国、広西）
ザォタートゲオサムシ（台湾）
マークオサムシ（ドイツ）
マークオサムシ（青森）
アキタクロナガオサムシ（岐阜）
キバナガヒラタオサムシ（フランス）
オオズヒラタオサムシ（フランス）
ヒサゴオサムシ（フランス）
ヒサゴオサムシ（ドイツ）
ブッツェイスアルプスオサムシ（イタリア）
コンコロルアルプスオサムシ（スイス）
キュウシュウクロナガオサムシ（熊本）
クロナガオサムシ（長野）
コクロナガオサムシ（北海道）
ホソヒメクロオサムシ（石川）
ホソヒメクロオサムシ（栃木）
ヒメクロオサムシ（北海道）
ヒメクロオサムシ（福島）
アオカブリモドキ（中国、北京）
マイマイカブリ（長崎）
マンダラオサムシ（中国、北京）
ニシキオサムシ（中国、四川）
マルオサムシ（フランス）
ミヤママルオサムシ（イタリア）
ヴェネストゥスカザリオサムシ（中国、遼寧）
フンメルカザリオサムシ（ロシア、アムール）
カフカスツヤオサムシ（コーカサス）
マニフェーストゥスツヤオサムシ（中国、遼寧）
アオオサムシ（静岡）
オオオサムシ（大阪）
オサムシ

遺伝暗号の研究とオサムシの分子系統の研究

大澤省三（おおさわ・しょうぞう、1928年〜）

分子生物学、分子進化学の研究者。5SRNA遺伝子の塩基配列を堀寛らと多数の生物で決定し、始まったばかりの分子系統学を牽引しました。バクテリアの一種であるマイコプラズマを調べて、3個の塩基（コドン）とアミノ酸を対応させる遺伝暗号（→**4-4**）が通常のものとは異なる発見も有名です。その後、昆虫の一種であるオサムシに焦点をあてて、世界中のオサムシのミトコンドリアDNAの遺伝子系統樹を作成し、オサムシの分子系統学を確立しました。

7−15

ゲノムレベルでの進化

筆者：野澤昌文・五條堀 孝

ゲノムとは、生命体がもつ全遺伝情報のことです。物質としては、すべての生物において DNA（または RNA）という生体高分子が、主成分の染色体のなかに入っています（**→3-5**）。ゲノムは、生命を正常に機能させるための精巧な設計図であり生命の根幹であるといえます。しかしその中身は、一般に「A, T, G, C」と略されるたった 4 種類の塩基が直線的に並んでいるに過ぎません。たとえば私たちヒトのゲノムは、「AAGTC……」のような文字列が約 32 億個も並んでいます。現在、ゲノムの全容を明らかにし、その文字列のもつ意味を解読するため、さまざまな生物のゲノムの全塩基配列が次々に決定されています。ゲノムには長い進化の過程でさまざまな突然変異（**→7-3, 4, 5**）が生じるため、その配列は種間、個体間ですら大きく異なります。かつて国立遺伝学研究所の所長をつとめた木原均は、「地球の歴史は地層に、そしてすべての生物の歴史は染色体に刻まれている」という有名な言葉を残しました。今こそ、この膨大なゲノム配列データを用いて生物進化の歴史を紐解くチャンスなのです。

ゲノムサイズは生物種によって大きく異なる

ゲノムレベルでの進化を知る上で、その大きさを比較することは非常に大切です。ゲノムの大きさは生物種によって大きく異なっており（図 1）、たとえば大腸菌は約 470 万塩基対のゲノムしかもたないのに対し、マウスのゲノムサイズは約 33 億塩基対です。大まかにいえば、複雑な体制をもつ生物ほど大きなゲノムサイズをもつ傾向があります。したがって、生命が誕生した当初は、ゲノムサイズは非常に小さく、それが生物の複雑化にともなって大きくなってきたと考えられます（**→1-9**）。

ゲノムはどのようにして大きくなったのか？

では、ゲノムは進化の過程でどのようにして大きくなってきたのでしょう？　その要因のひとつに、「ゲノム重複」（倍化）という現象があります（**→7-12**）。これは子孫を残す過程で偶然、ゲノム（すなわち染色体）全体が倍になってしまうというものです。たとえば、脊椎動物では多くの遺伝子が無脊椎動物の 4 倍あることが知られており、これは 2 回のゲノム重複により生じたものと考えられています。また、魚類や両生類の進化の過程でも複数回のゲノム重複が起こったと考えられています（図 2 上）。一方、爬虫類、鳥類、哺乳類ではゲノム重複は非常にまれな現象です。また、植物ではゲノム重複はかなりひんぱんに生じてきたことが分かっています（図 2 下）。その結果として、ヒトの 50 倍ものゲノムサイズをもつキヌガサソウのような植物が進化したのかもしれません。

ゲノムサイズが大きくなる別の要因として、「転移因子」（**→4-11**）とよばれる配列の影響があります。転移因子は、草むらを飛び回るバッタのようにゲノム中を動き回ります。転移因子のなかには、もとの場所にコピーを残して別の場所に新たなコピーをつくるものもあります。このような転移因子の増幅によってゲノムが大きくなっている生物も存在します。実際、ヒトゲノムの約 45%は転移因子によって占められています。植物では転移因子の割合はさらに大きい傾向にあり、たとえばトウモロコシゲノムの約 85%は転移因子です。これら転移因子は、もともと生物にとっては不要な「がらくた DNA」（**→4-10**）であると考えられていましたが、近年では生物にとって欠かせない機能を持つ転移因子が数多く存在するという報告もあります。

ゲノム配列の個体間の違いは意外と大きい！？

近年の DNA の配列決定技術の進歩には目を見張るものがあります（**→11-3**）。この技術革新によって、各個体（個人）のゲノム配列を決定することも可能になってきました。現在進行中の「1000 人ゲノムプロジェクト」や「シロイヌナズナ 1001 個体ゲノム計画」によると、個体間でもゲノム配列の違いは意外に大きく、ゲノム中に存在する遺伝子の数は個体間で最大で数百個程も異なっていることも分かってきました。現在、遺伝子数の違いと個体の表現型との関係を明らかにするための研究がさかんに行なわれています。

図1．代表的な生物のゲノムサイズ

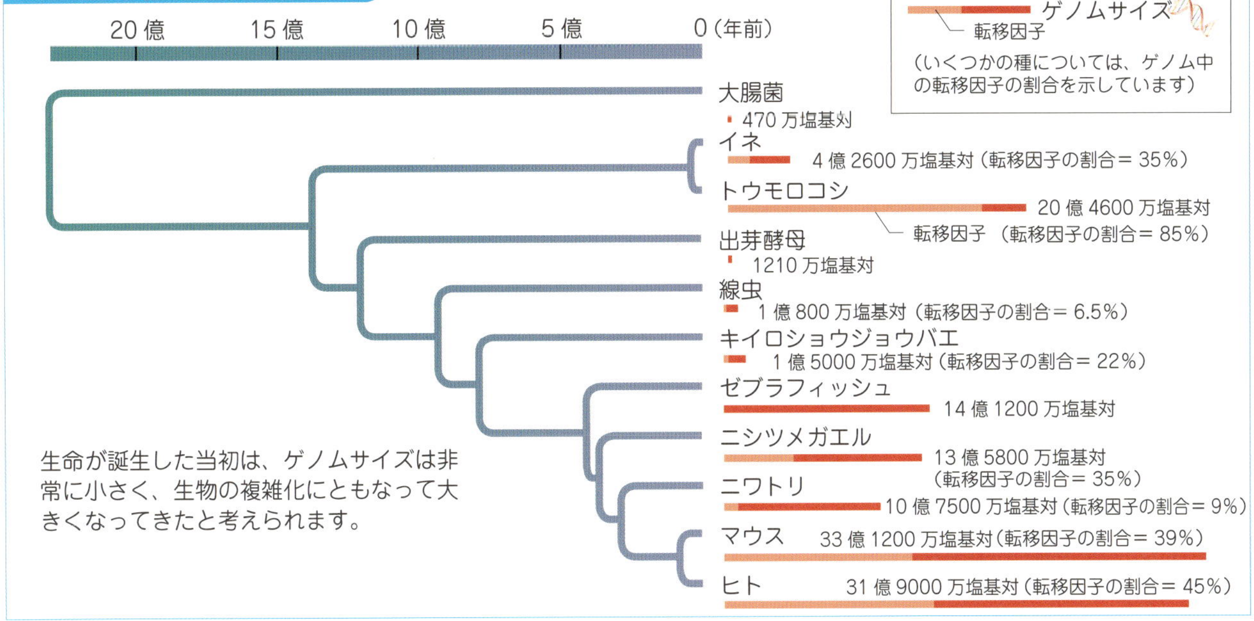
20億
15億
10億
5億
0（年前）
ゲノムサイズ
転移因子
（いくつかの種については、ゲノム中の転移因子の割合を示しています）
大腸菌
470万塩基対
イネ
4億2600万塩基対（転移因子の割合＝35%）
トウモロコシ
20億4600万塩基対
転移因子（転移因子の割合＝85%）
出芽酵母
1210万塩基対
線虫
1億800万塩基対（転移因子の割合＝6.5%）
キイロショウジョウバエ
1億5000万塩基対（転移因子の割合＝22%）
ゼブラフィッシュ
14億1200万塩基対
ニシツメガエル
13億5800万塩基対
（転移因子の割合＝35%）
ニワトリ
10億7500万塩基対（転移因子の割合＝9%）
マウス
33億1200万塩基対（転移因子の割合＝39%）
ヒト
31億9000万塩基対（転移因子の割合＝45%）
生命が誕生した当初は、ゲノムサイズは非常に小さく、生物の複雑化にともなって大きくなってきたと考えられます。

図2．動植物の進化の過程で生じたゲノム重複

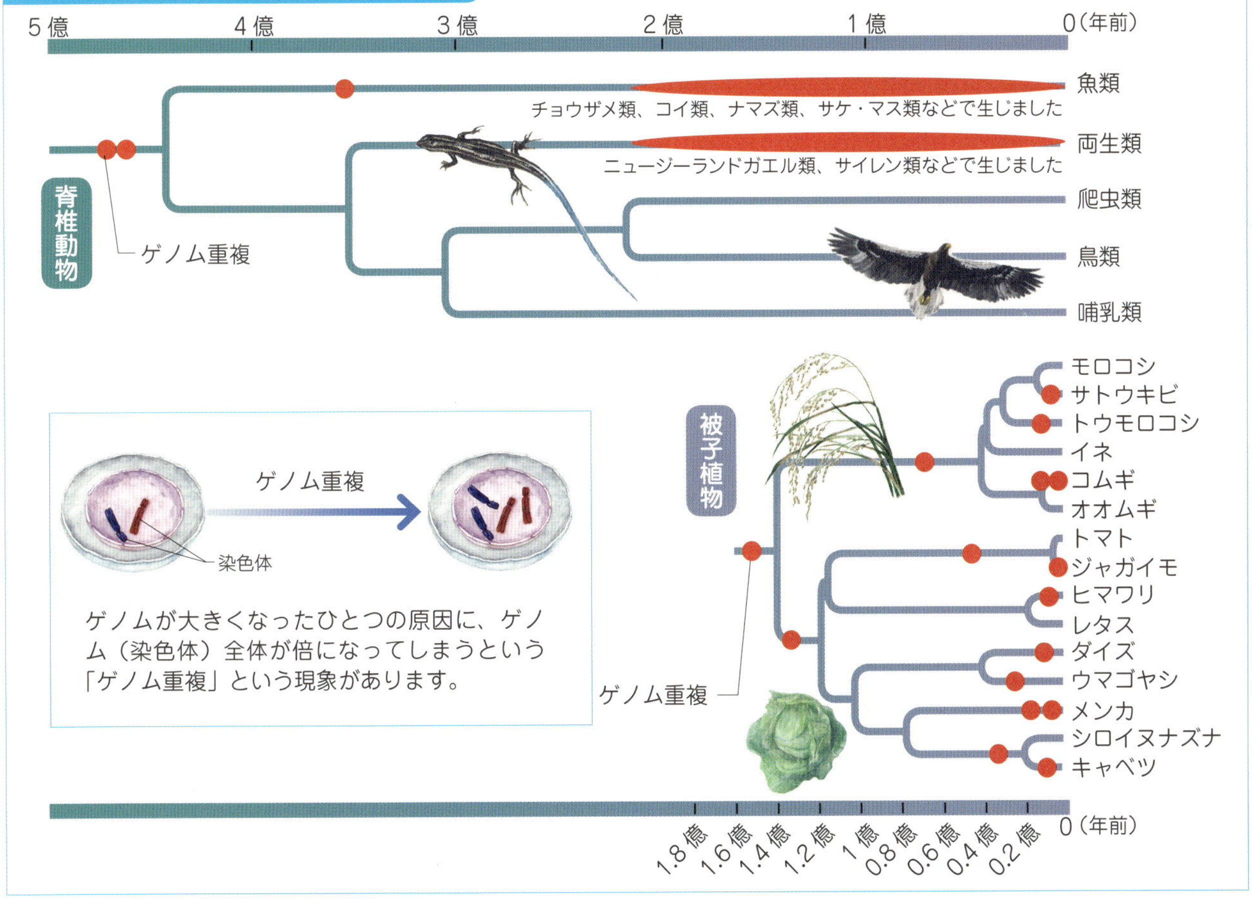
5億
4億
3億
2億
1億
0（年前）
魚類
チョウザメ類、コイ類、ナマズ類、サケ・マス類などで生じました
両生類
ニュージーランドガエル類、サイレン類などで生じました
爬虫類
鳥類
哺乳類
脊椎動物
ゲノム重複
ゲノム重複
染色体
ゲノムが大きくなったひとつの原因に、ゲノム（染色体）全体が倍になってしまうという「ゲノム重複」という現象があります。
被子植物
モロコシ
サトウキビ
トウモロコシ
イネ
コムギ
オオムギ
トマト
ジャガイモ
ヒマワリ
レタス
ダイズ
ウマゴヤシ
メンカ
シロイヌナズナ
キャベツ
ゲノム重複
1.8億
1.6億
1.4億
1.2億
1億
0.8億
0.6億
0.4億
0.2億
0（年前）

「染色体が遺伝情報の総体である」というゲノム説を提唱

木原均（きはら・ひとし、1893～1986年）

コムギの祖先を発見した細胞遺伝学者。コムギの研究を通じて、コムギでは7本の染色体が1組となって最低限の遺伝的機能を担っているという考えに達し、「染色体が遺伝情報の総体である」というゲノム説を提唱するにいたりました。このゲノム説にもとづき、さまざまな植物の近縁種間雑種を作成し、雑種の配偶子形成の過程でどのように染色体対合が行なわれているかを調べました。これは、ゲノム重複がどのようにして生じているのかを調べる上で非常に重要な分析法となりました。また、このゲノム分析の手法を応用し、二倍体スイカと四倍体スイカの交配から三倍体の種なしスイカを作成したことでも知られています。1942年、木原生物学研究所を創立。1948年、文化勲章受賞。1955～69年、国立遺伝学研究所第2代所長。

第 III 部 人間と遺伝子のかかわり

【第 8 章】ヒトゲノム

人間のすべての遺伝情報が含まれるヒトゲノムは、21 世紀になってその全貌が明らかにされました。この章ではまずヒトゲノムを、個体差やゲノムの塩基配列決定計画、染色体ごとの特徴など、いろいろな観点から考えます。後半では、２万種類以上の遺伝子を含むヒトゲノムのなかで、特に病気を引き起こしたり、免疫や体質、発がん、血液型に関係する遺伝子を取り上げて紹介します。その紹介内容から、膨大なヒトゲノムの世界を少しでも身近に感じていただければさいわいです。

X染色体とY染色体は、もともと一対の相同な染色体であったと考えられています。しかし、進化の過程で、そのうちの一方の染色体の一部分がなくなったり（欠失）、逆に増えたり（重複）、あるいはひっくり返ったり、場所を変えたり（転座）といった変化を繰り返した結果、小型で形が全く異なる現在のY染色体がつくられたと考えられています。

8－1

ヒトゲノムの全体像

筆者：藤山秋佐夫

脊椎動物のゲノムで、最初に全構造が決められたのがヒトゲノムです。ヒトゲノムの大きさを DNA の塩基数で表わすと約 32 億個、それがさらに 1 番から 22 番までの番号がついた常染色体と、X と Y の性染色体に分かれています。大部分のヒト細胞は 22 対の常染色体と、女性では 1 対の X 染色体、男性では各 1 本の X 染色体と Y 染色体とをもちます。染色体の構成は「核型」とよばれ、ヒトは「46XY」と表わされます。ヒトゲノム計画が答えを出すまでは、ヒトの遺伝子の数と正確な構造や染色体上での位置など、ヒトを研究するために必要な情報はほとんど無いといってもよい状態でした。

ヒトの遺伝子

1 個の受精卵から人の一生は始まります。受精卵から次第に体がつくられつつ維持され、さらに次の世代をつくって最後は死にいたるすべての過程で、たくさんの遺伝子が生活習慣や環境の影響を受けながら相互に作用しあって、全体の調和をたもっています（図 1）。ほとんどの細胞が同じゲノムをもっていますが、組織や器官ごとに特徴的な遺伝子が働いています。ふだんは意識しませんが、人間の生活には遺伝子の働きが深いかかわりをもっているのです。人体の特定の場所で、特定の時に働く遺伝子の種類と性質を調べることは大事な研究ですが、とても難しいものです。ヒトの遺伝子の数は 2 万から 2 万 5000 個程度と推測されていますが、これもヒトゲノム計画の大事な成果のひとつです。

図 1．特異的な遺伝子の生成

1 個の受精卵から人の一生は始まり、受精卵から体がつくられ、さらに次の世代をつくって死にいたるすべての過程で、たくさんの遺伝子が生活習慣や環境の影響を受けながら相互に作用しあって、全体の調和を保っています。

ヒトの多様性はゲノムから生まれる

地球の人口は 70 億をこえたとされていますが、ひとり一人の間には外見以外にも多くの違いがあります。その原因は、個人ごとにゲノム DNA の構造が微妙に異なるからです。個人のゲノムの間には平均すると約 0.08％程度の塩基配列の違いがあります（図 2）。つまり、異なるヒトのゲノムをくらべると、240 万個程度の塩基配列の違いが存在することになります。ゲノム DNA の塩基配列の変化が遺伝子の機能に影響をもたらす場合には、病気や体質、体型の違いとなって現われることもあります。ひとりの体のなかの細胞についてもゲノム構造は変化することがあり、ほくろのように普通は無害なものから、がん細胞のように病気の原因になることもあります。また、免疫に関係する細胞のように、積極的にゲノムの変異を引き起こす場合も知られています（→ **8-8**）。

図 2．塩基配列の違いによるヒトの多様性

個人のゲノムの間には平均すると約 0.08％程度の塩基配列の違いがあり、外見や体質といったヒトの多様性の一因になっています。

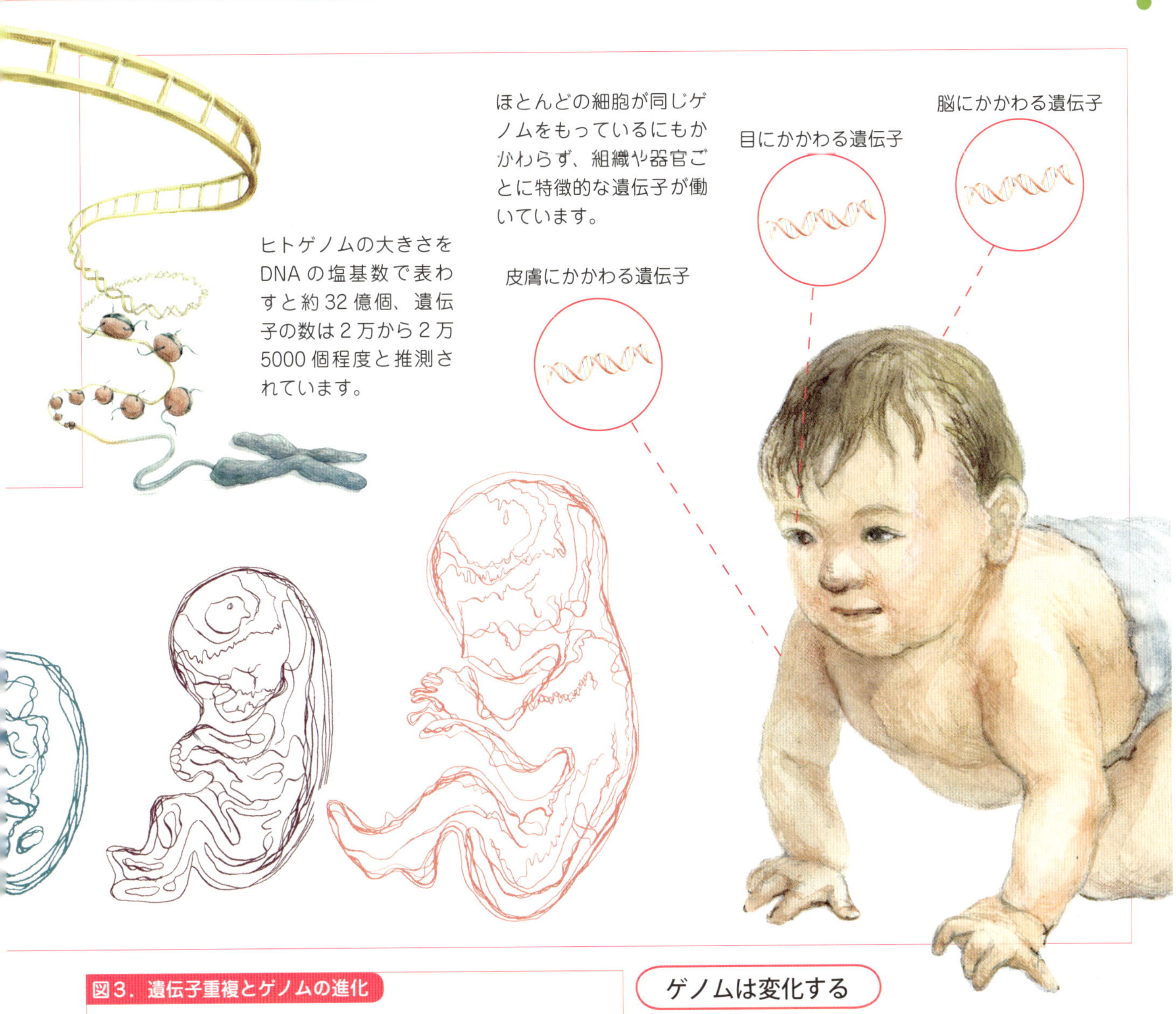
ほとんどの細胞が同じゲノムをもっているにもかかわらず、組織や器官ごとに特徴的な遺伝子が働いています。
目にかかわる遺伝子
脳にかかわる遺伝子
ヒトゲノムの大きさをDNAの塩基数で表わすと約32億個、遺伝子の数は2万から2万5000個程度と推測されています。
皮膚にかかわる遺伝子

図3．遺伝子重複とゲノムの進化

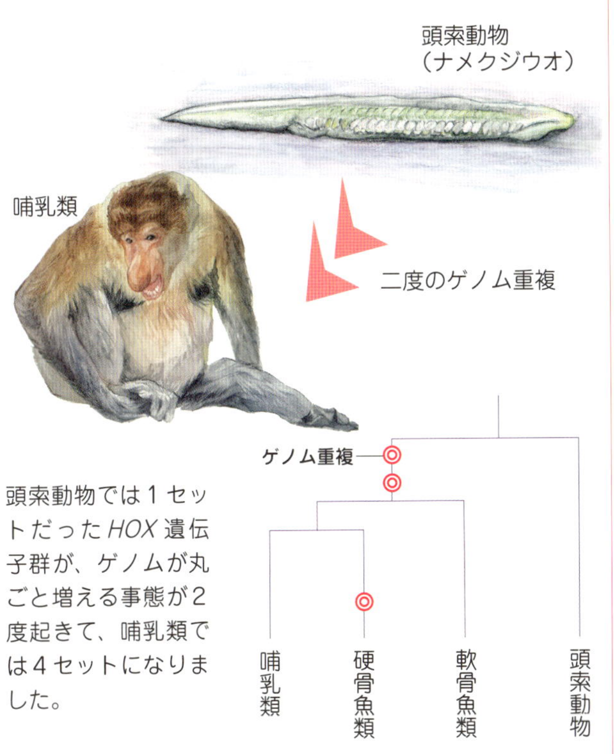
頭索動物
（ナメクジウオ）
哺乳類
二度のゲノム重複
ゲノム重複
頭索動物では1セットだった*HOX*遺伝子群が、ゲノムが丸ごと増える事態が2度起きて、哺乳類では4セットになりました。
哺乳類
硬骨魚類
軟骨魚類
頭索動物

ゲノムは変化する

DNA分子は、放射線や紫外線（UV）のように物理的なエネルギーや、ある種の化学物質により、切断されたり構造変化を引き起こされたりします。また、細胞がDNAを複製（**→4-8**）する時にも、一定の割合で写し間違いを起こすことが知られています。生物は、DNAに起きた構造変化をみつけて修復するしかけをもっていますが（**→4-9**）、それでもある程度の誤りは修復されずに残ることがあります。また、ひとつひとつの塩基ではなく、より大きなゲノムDNAの領域が倍加したり、染色体どうしが結合したり、場合によってはゲノムが丸ごと増えたりするような大規模な変化が起きることも知られています（**→7-12**）。このような変化が次の世代に伝えられた場合には、同じ種でも少し構造の異なるゲノムをもつグループができることもあります（図3）。ゲノムは一定不変のものではなく、そのような変化が積み重なった結果として生物は進化を続けてきました。ヒトゲノムも例外ではありません。

ヒトゲノムの個体差

筆者：舘野義男

ヒトゲノムが個人ごとに違うということは、主に遺伝病（→ **8-6**）の研究を通して、かなり前から分かっていました。問題は、その違いがどれ程かということでしたが、このことは、2007と2008年に続けて発表された２個人のゲノムの全塩基配列で具体的に示されました。その内容は、一塩基多型（SNP《スニップ》：Single Nucleotide Polymorphism）、多塩基欠失・挿入、逆位、また特定の遺伝子のコピー数の違い（CNV：Copy Number Variation）など多岐にわたっています。これらの違いが、個人の遺伝的な特徴の違いをもたらします（図１）。

図１．SNPとCNVからみたヒトゲノムの多様性

一塩基多型（SNP）：配列の違い

塩基配列のうちで、１塩基のみに変異がみられる現象です。非常に高い頻度でみられ、変異のある複数の箇所を総合・解析することで、個人の識別をするのに役立ちます。医療においては、テーラーメード医療（各個人に特化した治療法）の基礎になることが期待されています。

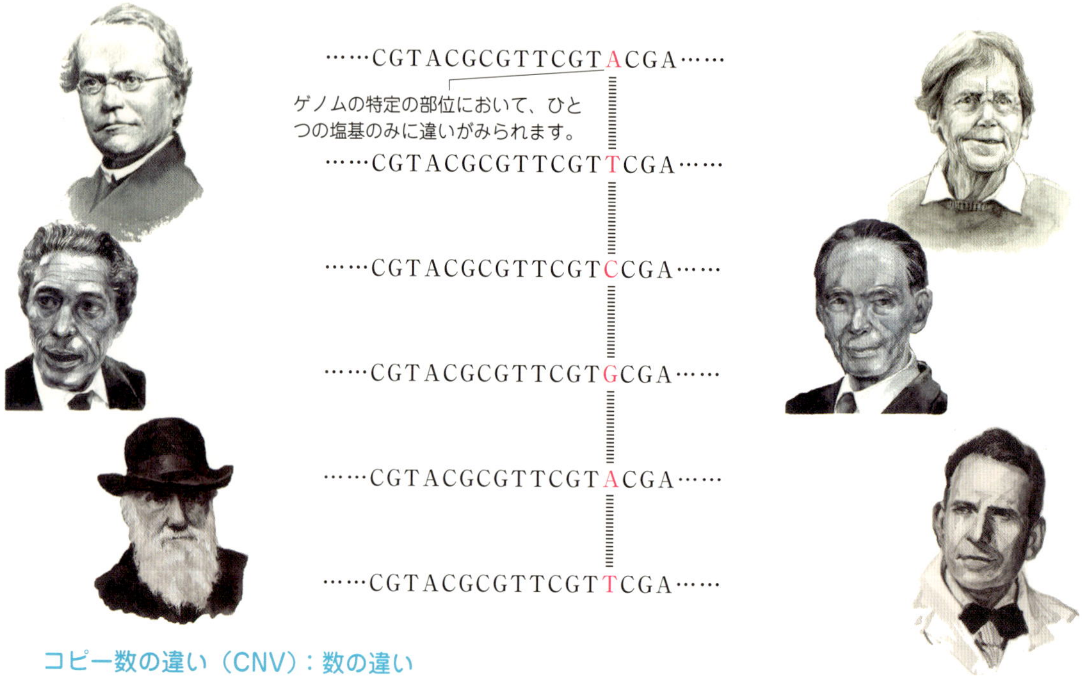
……CGTACGCGTTCGTACGA……
ゲノムの特定の部位において、ひとつの塩基のみに違いがみられます。
……CGTACGCGTTCGTTCGA……
……CGTACGCGTTCGTCCGA……
……CGTACGCGTTCGTGCGA……
……CGTACGCGTTCGTACGA……
……CGTACGCGTTCGTTCGA……

コピー数の違い（CNV）：数の違い

通常、父由来と母由来の染色体の上に、遺伝子を１コピーずつもちます。しかし、遺伝子の欠失・重複・挿入によって、コピー数が違ったり、偏ったりする場合があります。これらが、がん、糖尿病、自閉症など多くの病気の発症にも関連しているという報告があります。

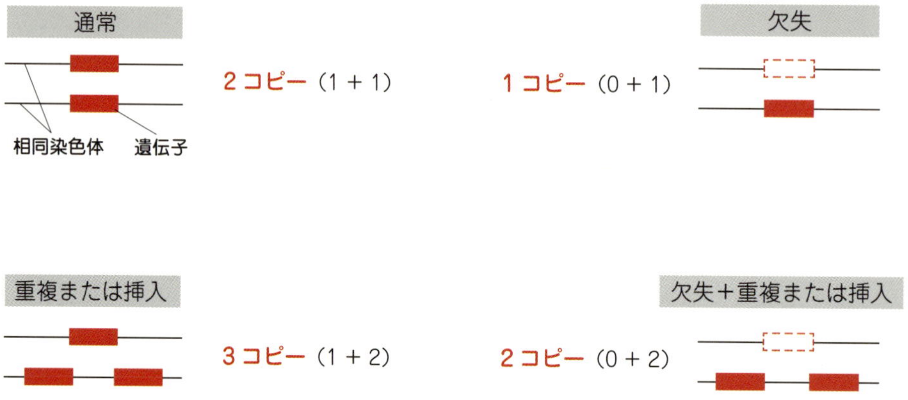
通常
２コピー（1＋1）
相同染色体
遺伝子
欠失
１コピー（0＋1）
重複または挿入
３コピー（1＋2）
欠失＋重複または挿入
２コピー（0＋2）

CNVによる身長の違い

2009年に発表された報告によると、約2万人の欧米人のゲノムを比較した結果、17の遺伝子が身長にかかわっていることが分かりました。つまり、これらの遺伝子の個人ごとのCNVと発現の違いが、身長の高低を決めているというのです（図2）。残念ながら、この研究には東ユーラシア人は含まれていませんでしたが、西ユーラシア人よりも一般に背の低い人には、これらの遺伝子の発現に明確な違いがあるのでしょうか。

図2．身長にかかわる遺伝子

身長にかかわる17の遺伝子のコピー数と発現数の違いによって、身長に差が出ることが分かってきました。

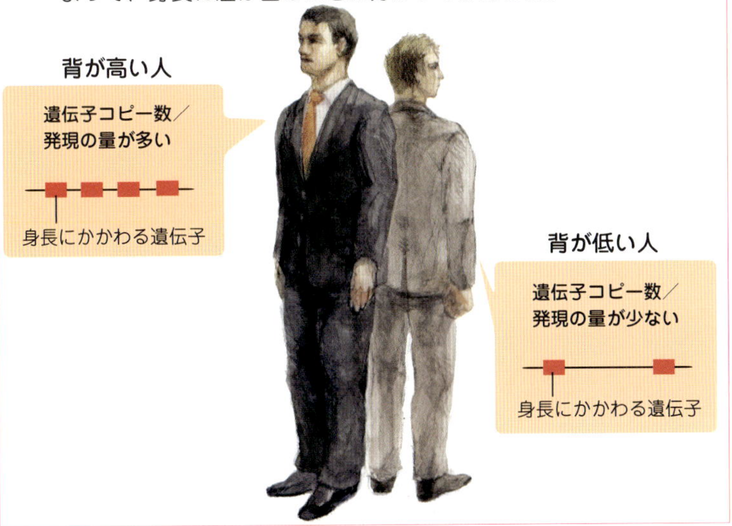
背が高い人
遺伝子コピー数／
発現の量が多い
身長にかかわる遺伝子
背が低い人
遺伝子コピー数／
発現の量が少ない
身長にかかわる遺伝子

メチル化による個体差の発生

従来、一卵性双生児のゲノムは同一と信じられていましたが、くわしく比較してみると、実は違いがあることが分かってきました。一卵性双生児のゲノム塩基配列自体は同じでも、そのなかの塩基のメチル化の程度が違うということが示されました（→**6-7**）。一卵性双生児の場合、幼児ではゲノムのメチル化にあまり違いはないですが、高齢化するにつれてメチル化の程度が異なってくることがあります（図3）。特に、異なった環境や習慣で育った一卵性双生児では、高齢化するにつれて、メチル化の程度に大きな違いが生じます。その結果、一卵性双生児でも、がんや統合失調症状などの病気の発症に違いがでてきます。

図3．一卵性双生児のゲノムとメチル化

ゲノムは4種の塩基（アデニン：A、グアニン：G、チミン：T、シトシン：C）から構成されていますが、そのうちのシトシンの特定のものがメチル化されることが分かってきました。メチル化されたシトシンは次世代に遺伝し、また発生や成長の段階でもシトシンのメチル化は起こります。このように、塩基配列に違いはなく、メチル化によるゲノムの違いを「エピゲノム的な違い」といいます。遺伝子領域の特定のシトシンがメチル化されると、その遺伝子の発現を妨げることがあり、病気の原因になることも分かってきました。

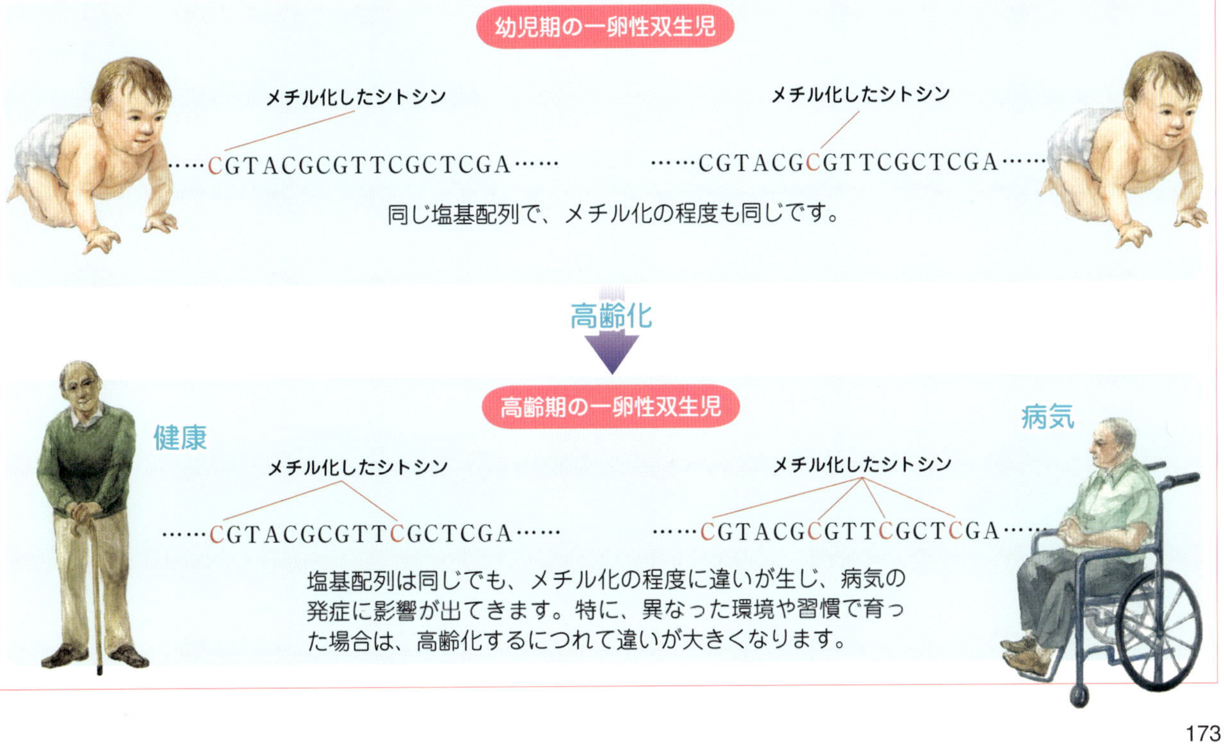
幼児期の一卵性双生児
メチル化したシトシン
……CGTACGCGTTCGCTCGA……
メチル化したシトシン
……CGTACGCGTTCGCTCGA……
同じ塩基配列で、メチル化の程度も同じです。
高齢化
高齢期の一卵性双生児
健康
メチル化したシトシン
……CGTACGCGTTCGCTCGA……
病気
メチル化したシトシン
……CGTACGCGTTCGCTCGA……
塩基配列は同じでも、メチル化の程度に違いが生じ、病気の発症に影響が出てきます。特に、異なった環境や習慣で育った場合は、高齢化するにつれて違いが大きくなります。

ヒトゲノム計画

筆者：藤山秋佐夫

ヒトゲノム計画は、生物学におけるアポロ計画（1969年に人を月に送り込んだアメリカの宇宙計画）にもたとえられるように、生物学研究の歴史のなかでも特別な意味があるものです（図1）。全塩基配列を決定しようというヒトゲノム計画の考えは、1980年代半ばに生まれました。この時代は、試験管内遺伝子組換え技術とDNAシークエンシング技術（**→11-3**）のおかげで、DNAの分子構造（塩基配列）が直接調べられるようになり、がん遺伝子（**→8-1**）などのヒト遺伝子の構造決定が次々と行なわれるなど、バイオテクノロジー研究が本格化し始めた時期です。がんウイルスや肝炎ウイルスなど、ヒトに感染するウイルスの全構造が解明され、組換え型ワクチンの開発などが脚光をあびていました。そうはいっても、当時の研究者にとっては、ヒト全ゲノムの解読と全てのヒト遺伝子を調べようという考えは、大きな挑戦でした。しかも、当時のDNA塩基配列決定能力は、現在はもとより、ヒトゲノム計画が実行に移された90年代後半とくらべても極めて低く、大量の塩基配列情報の処理に必要な情報解析技術も、コンピュータの能力についても、同じような状況でした。

図1．ヒトゲノム計画の主要参加センター

（　）内はセンターの数

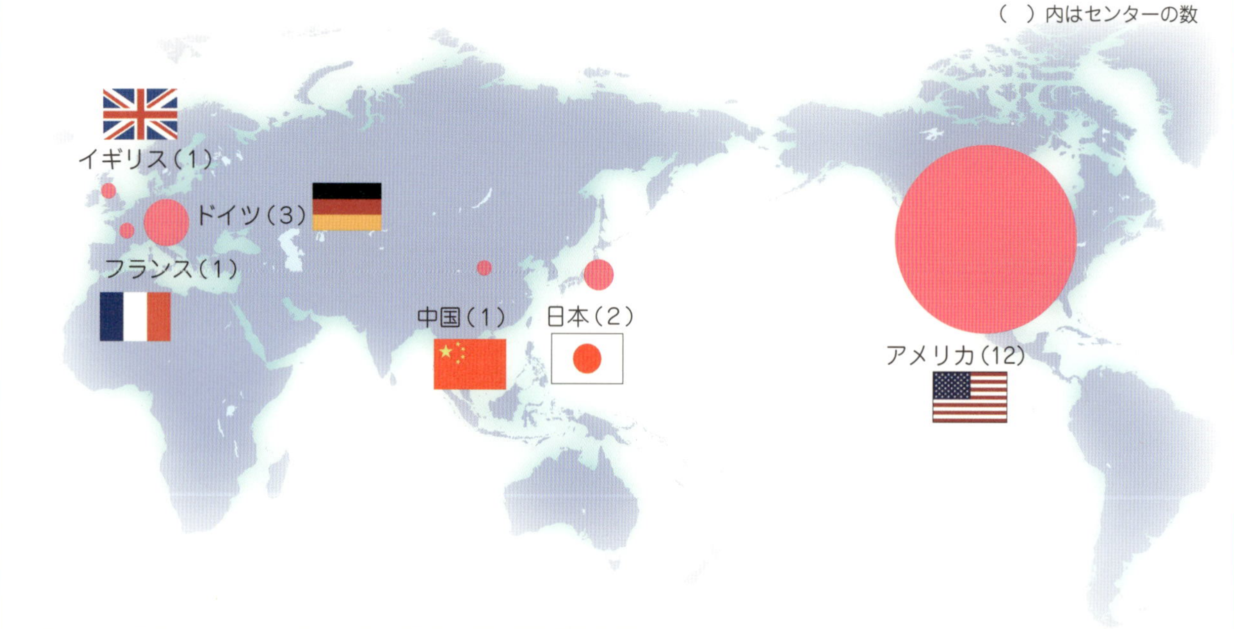
イギリス（1）
ドイツ（3）
フランス（1）
中国（1）
日本（2）
アメリカ（12）

ヒトゲノム計画は、「生物学におけるアポロ計画」といわれ、人知のひとつの頂点を目指すものでした。2000年にビル・クリントン米国大統領によって概要版の完成が宣言されました。

ヒトゲノム計画の意義

ヒトゲノム計画は、1990年に「15年間でヒトゲノムの全構造解読」を最初の目標に、最終的には6ヵ国、20研究所が参加した国際共同研究として始められました。しかし、当時はヒトゲノム研究を専門とする研究者はおらず、計画を進めるために必要な解析技術と研究用の材料も不十分であったため、これらの開発と研究者そのものを一から育てる必要があったのです。一方、ヒトゲノムから得られる情報は、全人類の共通財産として公開と自由な利用が原則であるという意識も芽生えてきました。ヒトゲノムの全構造が分かることで、社会や個人に与える可能性のあるさまざまな影響についての調査と研究は、現在も続けられています。

ヒトゲノム計画とコンピュータ

ヒトゲノム計画から得られる情報の量が、これまでの生物学研究とくらべて桁違いに大きくなることは、当初から予想されていました。このため、この計画には最初からコンピュータ科学の専門家も参加しており、やがて、「バイオインフォマティクス」（日本語では「生命情報学」「生物情報学」「ゲノム情報学」などとされます）とよばれる新しい研究分野が生まれてきました。また、ヒトゲノムの解読が始まるとすぐに、その成果や技術がヒト以外の生物の研究にも役に立つことが分かり、マウス、ニワトリ、メダカ、チンパンジー、アカゲザル、イネなど、さまざまな高等生物のゲノム解読が進みました（図2）。ゲノム解読技術にも大きな進歩があり、病気や体質に関係する研究（→ **8-9, 10**）や個人差の研究にヒトゲノムの情報が使われ始めています。

図2. バイオインフォマティクスとゲノム解読

キャピラリ式蛍光自動シークエンサー

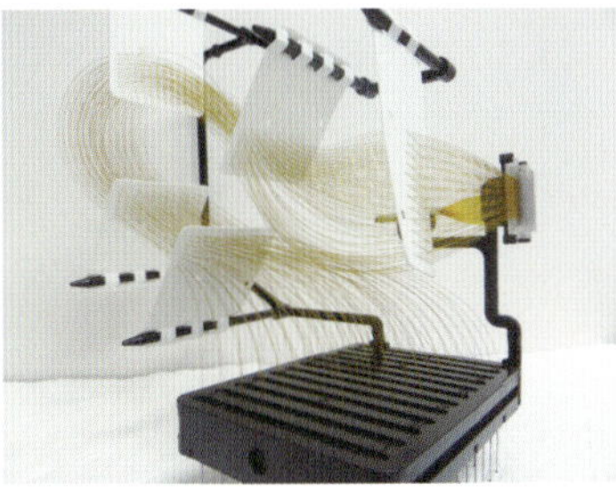

内径100μm、長さ50cm程度のキャピラリにポリマーを充填し、蛍光標識されたDNAを分離して、高速な配列決定が可能にしています。

ナノポアシークエンシングシステム

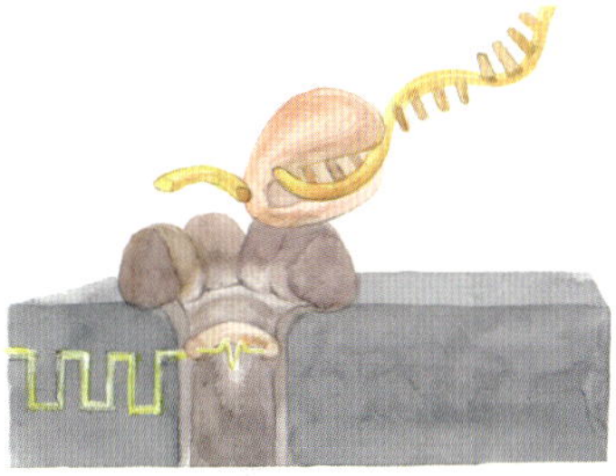

1本鎖DNAが微細孔を通過する時に生じる電導度の変化を検出して塩基を決定します。

ヒトゲノム計画によって決定された塩基配列情報が、1染色体につき1枚のCD-ROMに収められ、保管されています。

◀小泉純一郎首相（当時、右端）と握手を交わす国立遺伝学研究所DDBJ担当の菅原博士（当時、左端）。

▶解読完了宣言を行なった2003年に、研究グループの代表者たちが小泉純一郎首相（当時）を訪問し、完了を報告しました。全データを収録した24枚のCD-ROMセットを、その際に贈りました。

写真：国立遺伝学研究所 知的財産室提供

8-4

常染色体の遺伝子

筆者：藤山秋佐夫

ヒトゲノム（→8-1）は細胞の中では、1番から22番までの番号がついた常染色体と、XとYの性染色体とに分かれています。受精の時に父親と母親からそれぞれのゲノムをもらうため、ヒトは22対の常染色体に加え、女性は1対のX染色体、男性では各1本のX染色体とY染色体とをもっています。X染色体とY染色体の本数の違いが性の違いとなるため、これをまとめて性染色体とよびます。それ以外の22本の染色体を常染色体とよび、ヒトゲノムの約90%を占めています（図）。

常染色体の遺伝子の特徴

人のはじまりは、卵子と精子が合体してできる1個の受精卵です。母親由来のゲノムをもつ卵子は、受精の時に精子から父親由来のゲノムを受け取り、受精後は44本の常染色体をもつ細胞として分裂を続けます。体をつくる細胞には、母親のゲノムと父親のゲノムの常染色体のそれぞれに約2万個の遺伝子があるため、細胞全体では同じ遺伝子を2個ずつもつことになります。体の中では、ほとんど全ての細胞が同じゲノムをもっているにもかかわらず、組織ごとに別々の遺伝子が働いています。たくさんの遺伝子が周囲の影響を受けながら相互に作用しあって体全体の調和をたもっているのです。このとき、同じ遺伝子でも父親からもらったものと母親からもらったものの働きが少し違うこともあります。遺伝子は、働かなくても働きすぎても困るのですが、万一、一方の遺伝子の調子が悪くなっていても、もう一方の遺伝子が働くため、普通はその影響が小さくなります。ひとつの細胞にゲノムを2組もつ生物（二倍体生物といいます）の利点です。

図. ヒトの常染色体とその遺伝子

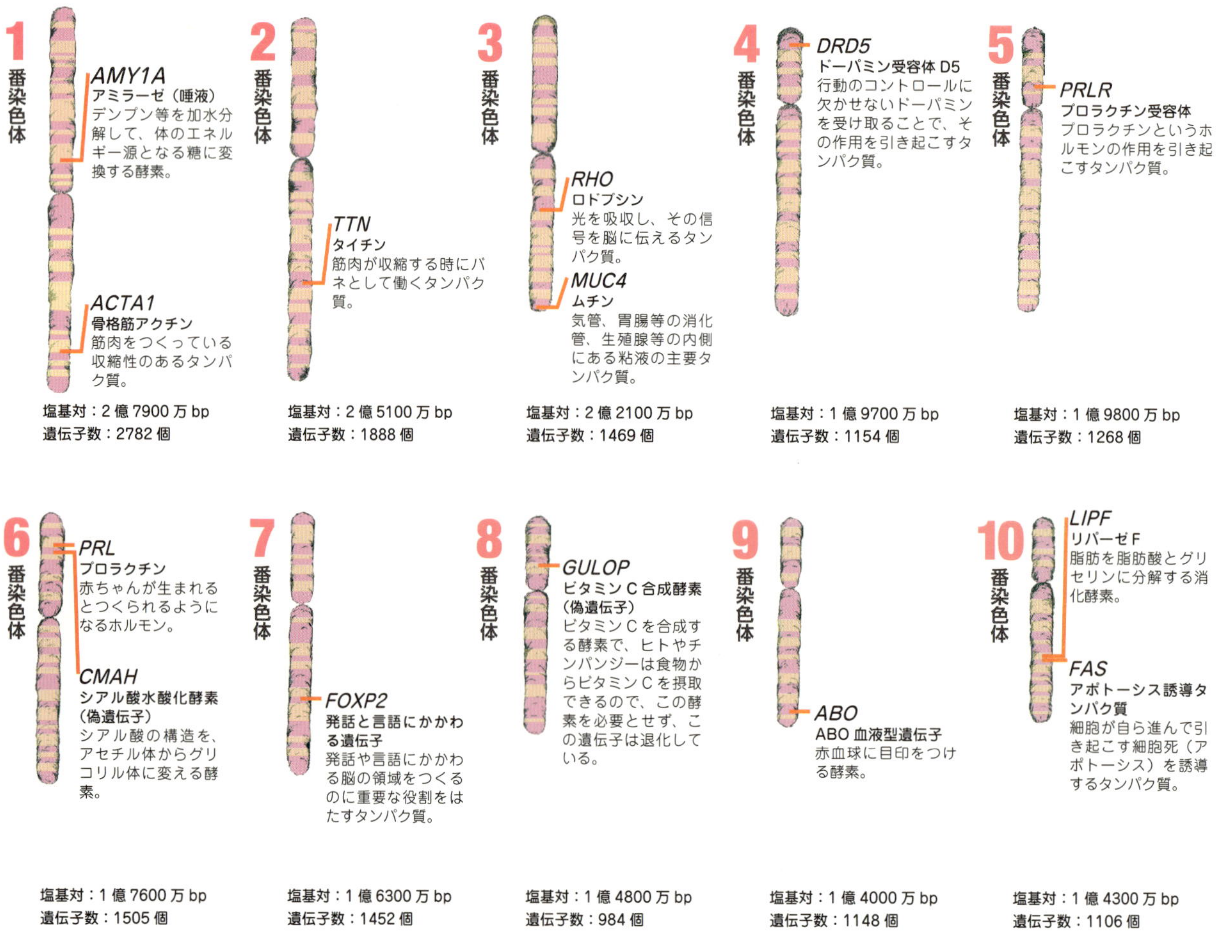
1
番染色体
AMY1A
アミラーゼ（唾液）
デンプン等を加水分解して、体のエネルギー源となる糖に変換する酵素。
ACTA1
骨格筋アクチン
筋肉をつくっている収縮性のあるタンパク質。
塩基対：2億7900万bp
遺伝子数：2782個
2
番染色体
TTN
タイチン
筋肉が収縮する時にバネとして働くタンパク質。
塩基対：2億5100万bp
遺伝子数：1888個
3
番染色体
RHO
ロドプシン
光を吸収し、その信号を脳に伝えるタンパク質。
MUC4
ムチン
気管、胃腸等の消化管、生殖腺等の内側にある粘液の主要タンパク質。
塩基対：2億2100万bp
遺伝子数：1469個
4
番染色体
DRD5
ドーパミン受容体D5
行動のコントロールに欠かせないドーパミンを受け取ることで、その作用を引き起こすタンパク質。
塩基対：1億9700万bp
遺伝子数：1154個
5
番染色体
PRLR
プロラクチン受容体
プロラクチンというホルモンの作用を引き起こすタンパク質。
塩基対：1億9800万bp
遺伝子数：1268個
6
番染色体
PRL
プロラクチン
赤ちゃんが生まれるとつくられるようになるホルモン。
CMAH
シアル酸水酸化酵素（偽遺伝子）
シアル酸の構造を、アセチル体からグリコリル体に変える酵素。
塩基対：1億7600万bp
遺伝子数：1505個
7
番染色体
FOXP2
発話と言語にかかわる遺伝子
発話や言語にかかわる脳の領域をつくるのに重要な役割をはたすタンパク質。
塩基対：1億6300万bp
遺伝子数：1452個
8
番染色体
GULOP
ビタミンC合成酵素（偽遺伝子）
ビタミンCを合成する酵素で、ヒトやチンパンジーは食物からビタミンCを摂取できるので、この酵素を必要とせず、この遺伝子は退化している。
塩基対：1億4800万bp
遺伝子数：984個
9
番染色体
ABO
ABO血液型遺伝子
赤血球に目印をつける酵素。
塩基対：1億4000万bp
遺伝子数：1148個
10
番染色体
LIPF
リパーゼF
脂肪を脂肪酸とグリセリンに分解する消化酵素。
FAS
アポトーシス誘導タンパク質
細胞が自ら進んで引き起こす細胞死（アポトーシス）を誘導するタンパク質。
塩基対：1億4300万bp
遺伝子数：1106個

ヒトゲノムマップ

ヒトゲノムの全体像を把握するのに便利なものとして、「一家に1枚ヒトゲノムマップ」があります。下の図は、その掲載内容をもとにして作成したものです。日本のゲノム研究者グループが協力してつくったもので、ヒトゲノムのどこにどんな遺伝子があるのかを、代表的な例について説明したものです。インターネットに接続できる方は、次のウエブサイトから手に入れることができます（http://www.mext.go.jp/a_menu/kagaku/week/genome.htm）。また、各地の科学館や科学技術広報財団（http://www.pcost.or.jp）で大判に印刷されたものを入手可能です。ヒトゲノムやゲノムについてよりくわしく知りたい人は、国立遺伝学研究所が提供している「遺伝学電子博物館」（http://www.nig.ac.jp/museum/msg.html）や、国立情報学研究所が提供している「日本語バイオポータルサイト」（http://www.bioportal.jp/）が参考になるでしょう。

生命の歴史を刻む多様なゲノム

ゲノムとは、ひとつの生物がもつ遺伝情報全体のことです。ゲノムの情報からタンパク質がつくられる仕組みは、すべての生物に共通です。一方で、生物はそれぞれの種に固有のゲノムをもっています。ヒトならヒトゲノム、イヌならイヌゲノム、大腸菌なら大腸菌ゲノム。長い時間をかけてゲノムそのものが少しずつ変化することによって生物の多様性が生みだされました。ゲノムの違いを調べると、進化の歴史をたどることができます。

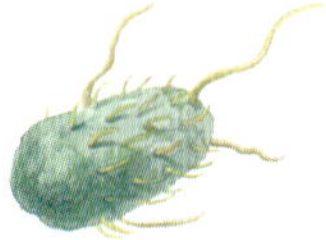

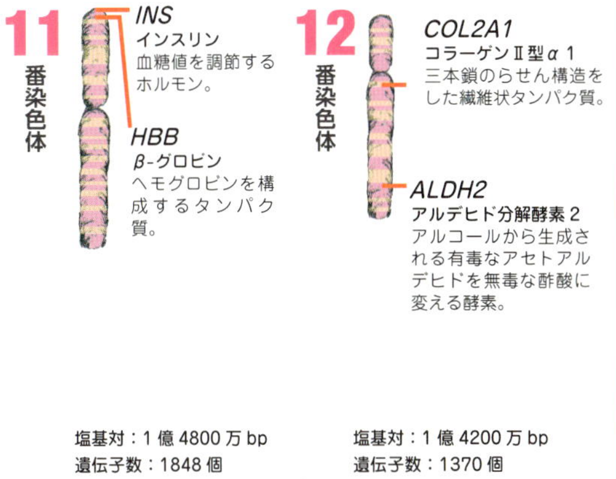
11 番染色体
INS
インスリン
血糖値を調節するホルモン。
HBB
β-グロビン
ヘモグロビンを構成するタンパク質。
塩基対：1億4800万bp
遺伝子数：1848個
12 番染色体
COL2A1
コラーゲンⅡ型α1
三本鎖のらせん構造をした繊維状タンパク質。
ALDH2
アルデヒド分解酵素2
アルコールから生成される有毒なアセトアルデヒドを無毒な酢酸に変える酵素。
塩基対：1億4200万bp
遺伝子数：1370個

13 番染色体
HTR2A
セロトニン受容体2A
感情や意識に関与するセロトニンを受け取り、その作用を引き起こすタンパク質。
塩基対：1億1800万bp
遺伝子数：551個
14 番染色体
IGH@
免疫グロブリンH鎖群
抗体は免疫グロブリンというタンパク質で、H鎖とL鎖からできている。
塩基対：1億700万bp
遺伝子数：1275個
15 番染色体
EYCL1&3
瞳の色遺伝子
瞳（虹彩）の色は、EYCL1とEYCL3の組合わせで決まり、茶、緑、青色のいずれかに決まる。
塩基対：1億bp
遺伝子数：945個
16 番染色体
CDH1
E-カドヘリン
細胞と細胞を接着するタンパク質。
塩基対：1億400万bp
遺伝子数：1109個
17 番染色体
TP53
がん抑制遺伝子
細胞分裂をコントロールしているタンパク質。
PER1
体内時計調節タンパク質
睡眠、血圧、体温等のリズムを約24時間周期で調節しているタンパク質。
塩基対：8800万bp
遺伝子数：1469個
18 番染色体
CNDP2
小ペプチド分解酵素
アミノ酸数個が連なったペプチドをアミノ酸に分解する酵素。
塩基対：8600万bp
遺伝子数：432個
19 番染色体
INSR
インスリン受容体
インスリンを受け取り、その作用を引き起こすタンパク質。
塩基対：7200万bp
遺伝子数：1695個
20 番染色体
PRNP
プリオンタンパク質
正常型プリオンタンパク質の機能は未解明だが、最近の研究によって、一部の幹細胞の増殖をうながしていることがわかってきた。
塩基対：6600万bp
遺伝子数：737個
21 番染色体
SOD1
活性酸素除去酵素
DNAを損傷し細胞をがん化させる活性酸素を除去する酵素。
塩基対：4500万bp
遺伝子数：352個
22 番染色体
MAPK1
マップキナーゼ
細胞外からのさまざまなシグナルに応答し、伝える役割をもつ酵素。
MB
ミオグロビン
筋肉細胞中で酸素の貯蓄にかかわるタンパク質。
塩基対：4800万bp
遺伝子数：742個

8-5

性染色体の遺伝子

筆者：佐渡敬

ヒトを含む哺乳類の性は、「X 染色体」と「Y 染色体」とよばれる性染色体によって決められています。X 染色体を 2 本もつのがメスで、X 染色体と Y 染色体をそれぞれ 1 本ずつもつのがオスです。ヒトの場合、X 染色体上には、およそ 1000 個の遺伝子がのっていますが、小型である Y 染色体には、50 個程度の遺伝子しかのっていません。しかし、Y 染色体には、男性になることを決める遺伝子が存在しているため、通常これをもつと必ず男性になります。

性の成り立ち

X 染色体と Y 染色体は、もともと一対の相同な染色体であったと考えられています（図 1）。しかし、進化の過程で、そのうちの一方の染色体の一部分がなくなったり（欠失）、逆に増えたり（重複）、あるいはひっくり返ったり、場所を変えたり（転座）といった変化を繰り返した結果、小型で形が全く異なる現在の Y 染色体がつくられたと考えられています。さらにこの過程で、もともとはそれぞれの染色体にのっていた同じ遺伝子（対立遺伝子）が、一方の染色体でのみ変異を繰り返した結果、オス決定遺伝子である *SRY* が Y 染色体上に出現したと考えられます。マウスを用いた実験では、マウスの *SRY* 遺伝子を受精後間もないメス胚に入れると、この個体は XX であるにもかかわらずオスになることが示されています。すなわち、Y 染色体をもつと男性（オス）になるのは、この *SRY* 遺伝子の働きによるわけです。胎児期につくられる精巣と卵巣は、もともとは同じ組織に由来し、この組織で *SRY* 遺伝子が働けば精巣になり、働かなければ卵巣となります。*SRY* の働きは、この組織に限られることから、哺乳類の性は、精巣ができるか卵巣ができるかで決まるといえるでしょう。

図 1．性染色体の進化

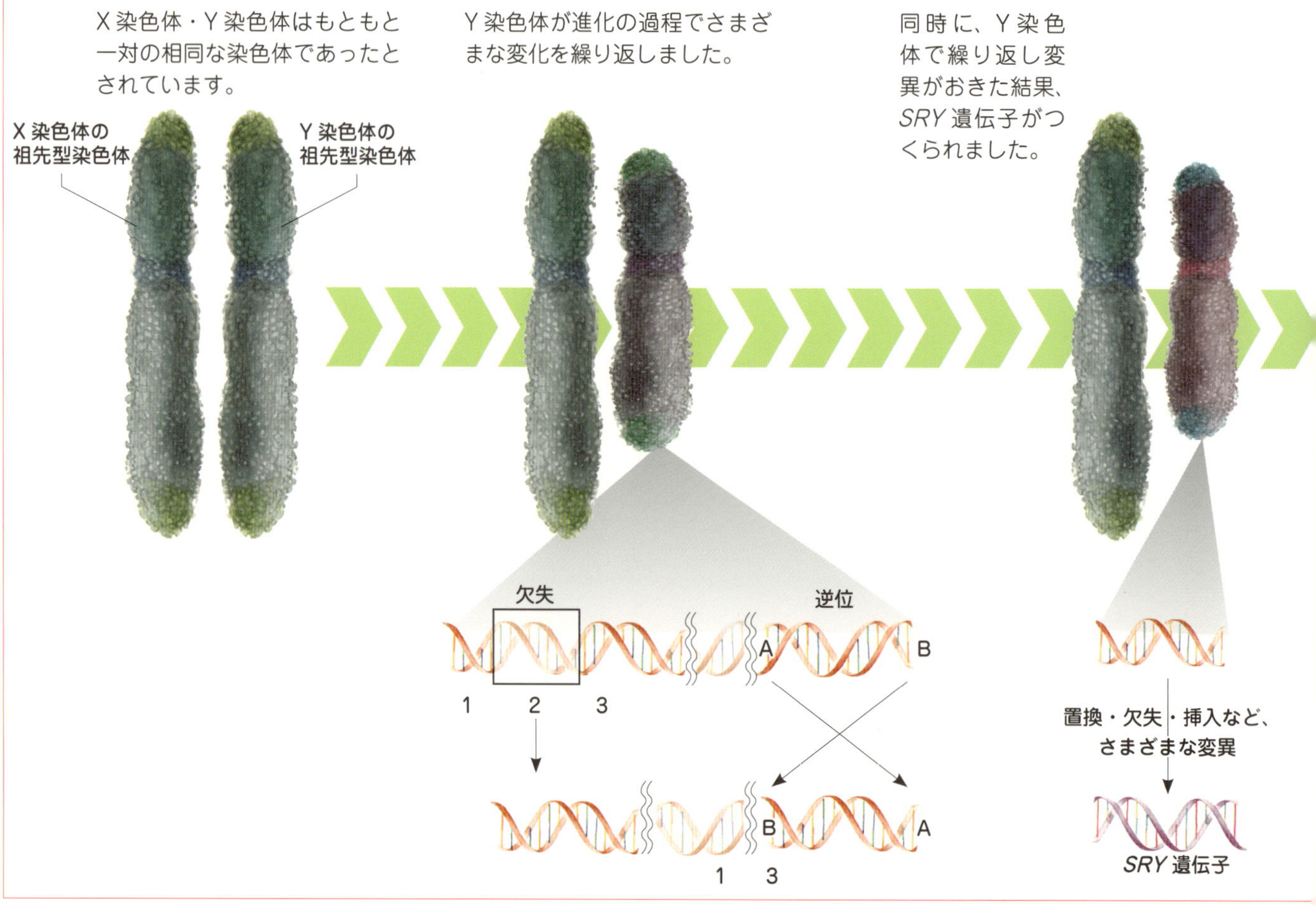
X 染色体・Y 染色体はもともと一対の相同な染色体であったとされています。
X 染色体の祖先型染色体
Y 染色体の祖先型染色体
Y 染色体が進化の過程でさまざまな変化を繰り返しました。
同時に、Y 染色体で繰り返し変異がおきた結果、*SRY* 遺伝子がつくられました。
欠失
逆位
A
B
1
2
3
B
A
1
3
置換・欠失・挿入など、さまざまな変異
SRY 遺伝子

両親のX染色体がモザイク状に存在する女性の生体

形が異なるふたつの性染色体がつくられたのには、性決定に関して、進化的に何らかの利点があったと考えられますが、その結果、これらの染色体がもつ遺伝子の数には、大きな差が生まれてしまいました。つまり、X染色体には、細胞の生存に不可欠な遺伝子がたくさん存在しますが、女性（メス）はこれらを2セット、男性（オス）は1セットしかもっていません。通常、染色体数の異常が、一部を除き、致死的な影響をおよぼすことを考えると、男女におけるX染色体数の違いが、そのままみすごされるわけはいかなかったと思われます。そこで、このX染色体数の違いを解消するために進化したと考えられる機構が、哺乳類のメスに特有なX染色体不活性化です。このX染色体不活性化とは、女性（メス）の細胞において2本あるX染色体のうち、一方をランダムに不活性化してしまう現象を指し、これによって女性（メス）の細胞でも機能的なX染色体は、男性（オス）同様1本となっています。すなわち、女性（メス）の体には、母親由来のX染色体が不活性化している細胞と、父親由来のX染色体が不活性化している細胞が、モザイク状に存在しているのです（図2）。

図2．X性染色体の不活性化

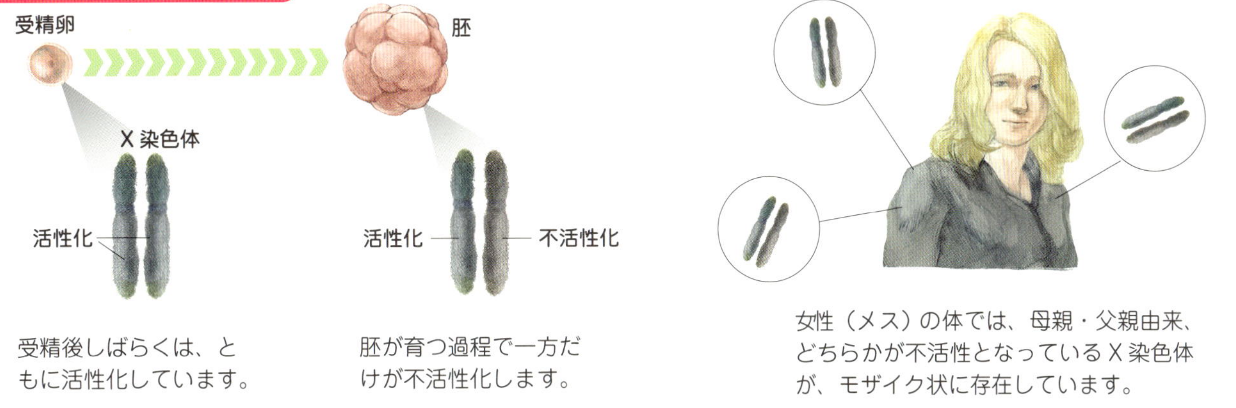
受精卵
胚
X染色体
活性化
活性化
不活性化
受精後しばらくは、ともに活性化しています。
胚が育つ過程で一方だけが不活性化します。
女性（メス）の体では、母親・父親由来、どちらかが不活性となっているX染色体が、モザイク状に存在しています。

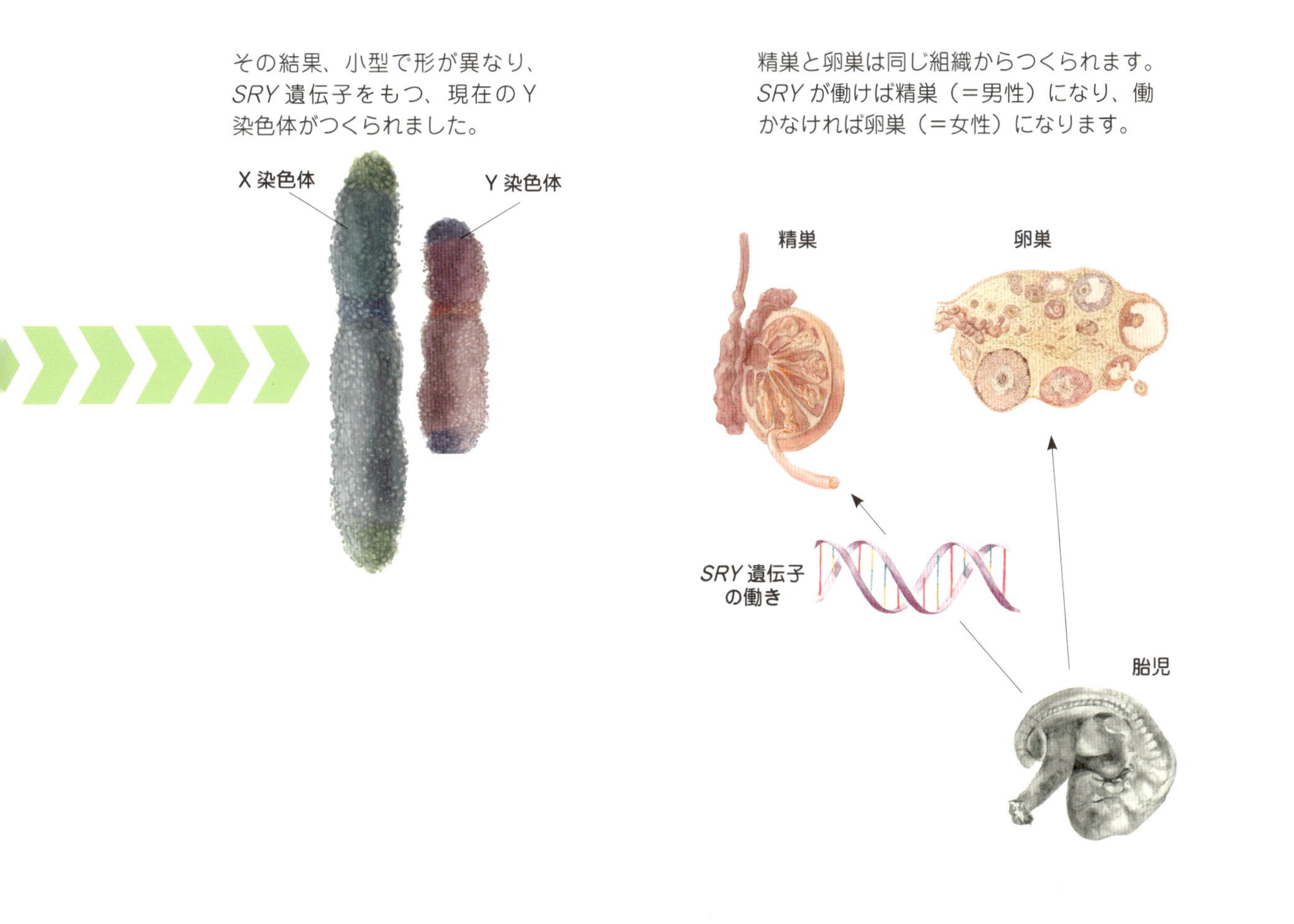
その結果、小型で形が異なり、*SRY*遺伝子をもつ、現在のY染色体がつくられました。
X染色体
Y染色体
精巣と卵巣は同じ組織からつくられます。*SRY*が働けば精巣（＝男性）になり、働かなければ卵巣（＝女性）になります。
精巣
卵巣
*SRY*遺伝子の働き
胎児

8-6

遺伝病の遺伝子

筆者：細道一善・井ノ上 逸朗

遺伝病とは遺伝子の異常により発症する疾患であり、「遺伝する病気のこと」とは定義されません。異常をもった遺伝子は致死性でない限り親から子へ引き継がれますが、疾患が遺伝するとは必ずしもいえませんし、突然変異による遺伝子異常が原因の場合もあります。遺伝病はその原因遺伝子と遺伝様式からメンデル遺伝病（単一遺伝子病）、多因子遺伝病、ミトコンドリア遺伝病（細胞質遺伝病）や体細胞遺伝病に分類されます。メンデル遺伝病はメンデルの法則にしたがう疾患であり（図1）、全先天異常の約20%を占めます。その遺伝様式から常染色体優性遺伝、常染色体劣性遺伝、X連鎖優性遺伝病、X連鎖劣性遺伝病、Y連鎖遺伝病に分けられます。

図1．メンデル遺伝病（優性遺伝と劣性遺伝）

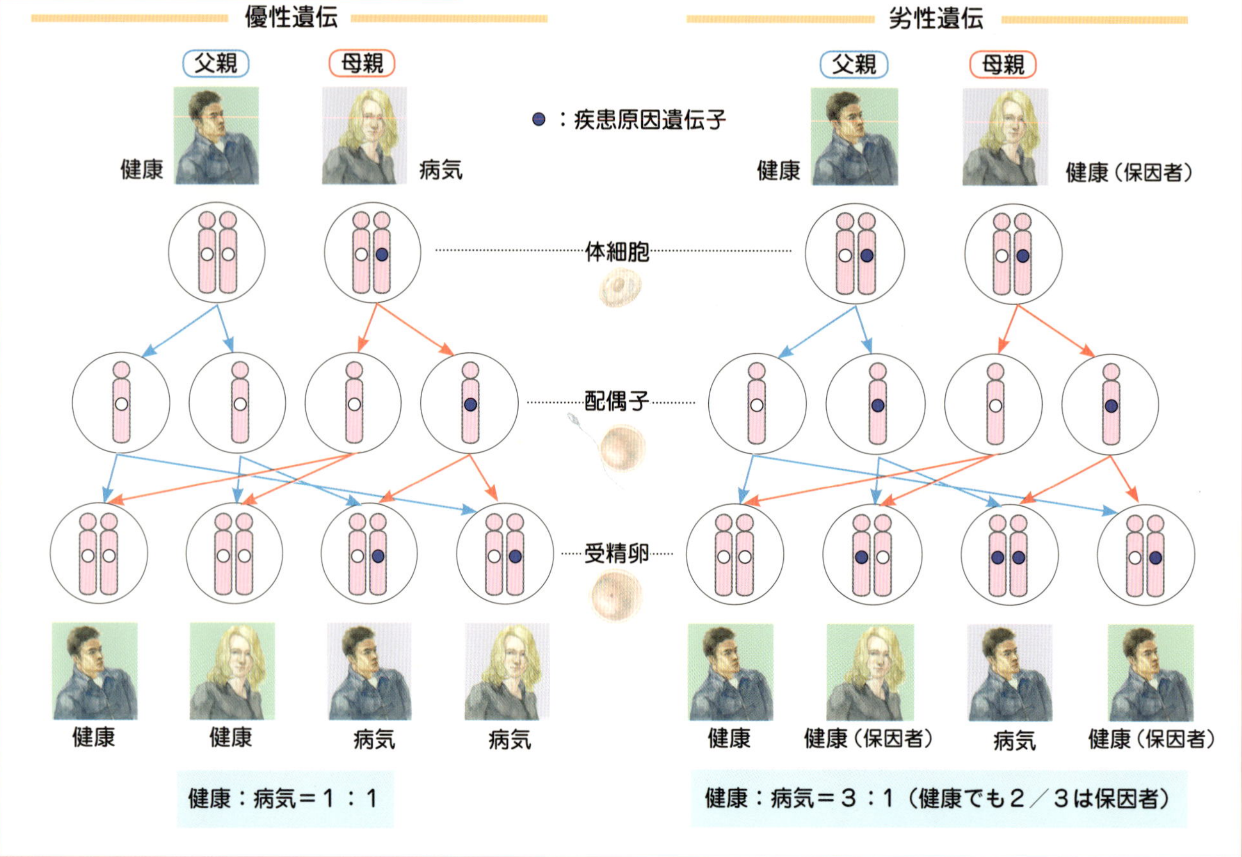

優性遺伝
劣性遺伝
父親
母親
●：疾患原因遺伝子
健康
病気
健康（保因者）
体細胞
配偶子
受精卵
健康：病気＝1：1
健康：病気＝3：1（健康でも2／3は保因者）

遺伝病の原因

疾患の原因となる遺伝子の異常はさまざまですが、減数分裂（**→3-2**）時の染色体不分離による染色体異常、遺伝子の一部または全部の小規模または大規模な欠失、挿入、CNV（特定の遺伝子のコピー数の違い）、複雑な遺伝子の組換え、塩基置換、翻訳領域内の一塩基置換（ミスセンス、ナンセンス変異）、反復配列の増幅、転写（**→5-5**）やスプライシング（**→5-6**）異常となる変異など多岐にわたります。これらの異常により遺伝子の発現量や機能的な性質に不備が生じ、疾患として表現型が現われます。

また頻度の高い疾患は、多因子遺伝（**→6-2**）によるものが多いという特徴を持ちます。複数の遺伝子の相加的な効果と、環境要因の影響により決定される易罹患性《いりかんせい》（ある疾患へのなりやすさ）が閾値《いきち》を超えたときに発症すると考えると、疾患の発症をうまく説明できる疾患で、血縁関係のある群に多発します。また、ミトコンドリア遺伝病はメンデル遺伝形式を示さず、核以外の遺伝情報すなわちミトコンドリアDNA（**→3-8**）の異常を原因とする疾患です。DNA変異をもつミトコンドリアと変異をもたないものの割合により症状が異なるとされていて、発生初期に変異ミトコンドリアDNAが組織や器官に蓄積すると発症にいたります。

遺伝病の遺伝子変異

「1000人ゲノムプロジェクト」の進展により、ヒトゲノムにおいて疾患の原因となりうる変異が個人のなかにかなり多くヘテロ接合体として存在していることが分かってきています（図2、表1）。ヒトゲノム中には機能的に大きい効果をもつ可能性のある小さな変異が多く存在し、フレームシフトをともなわない挿入・欠失が198～205ヵ所、終止コドンにおける変異が9～11ヵ所、ナンセンス変異が88～101ヵ所、スプライスサイトの変異が41～49ヵ所、フレームシフトをともなう挿入・欠失が227～242ヵ所もの変異を一人あたりもっているとされていて、機能を失うと予測される変異（ナンセンス変異、スプライスサイトの変異、フレームシフト）は一人あたり356～392ヵ所、272～297個の遺伝子に存在するといわれています。これらのうち、一人あたり57～80ヵ所もの変異が遺伝病に関連すると推定されています。これらの知見から、ヒトゲノムには考えられている以上に遺伝病となりうる変異が存在しており、ほとんどの人は疾患の原因となる遺伝子変異がホモ接合体となっていないので発症していないだけとされます。もしくはホモ接合体になっていても、発症または症状を抑制する遺伝子をもっているため発症にいたっていない可能性もあります。一方で、同じく疾患の原因となり得る突然変異については、1世代での生殖細胞系の突然変異率が10の8乗分の1（1億分の1）であるとされ、非常に低い突然変異率であることから、DNAの修復機能が極めてよく働いているといえます。

図2．変異により発症しうる遺伝病の種類

一人の人間のなかには、機能に大きな効果をもつ小さな変異が多く存在しています。そのほとんどの場合はホモ接合体になっていないか、発症を抑制する遺伝子をもっているため、発症にいたっていません。

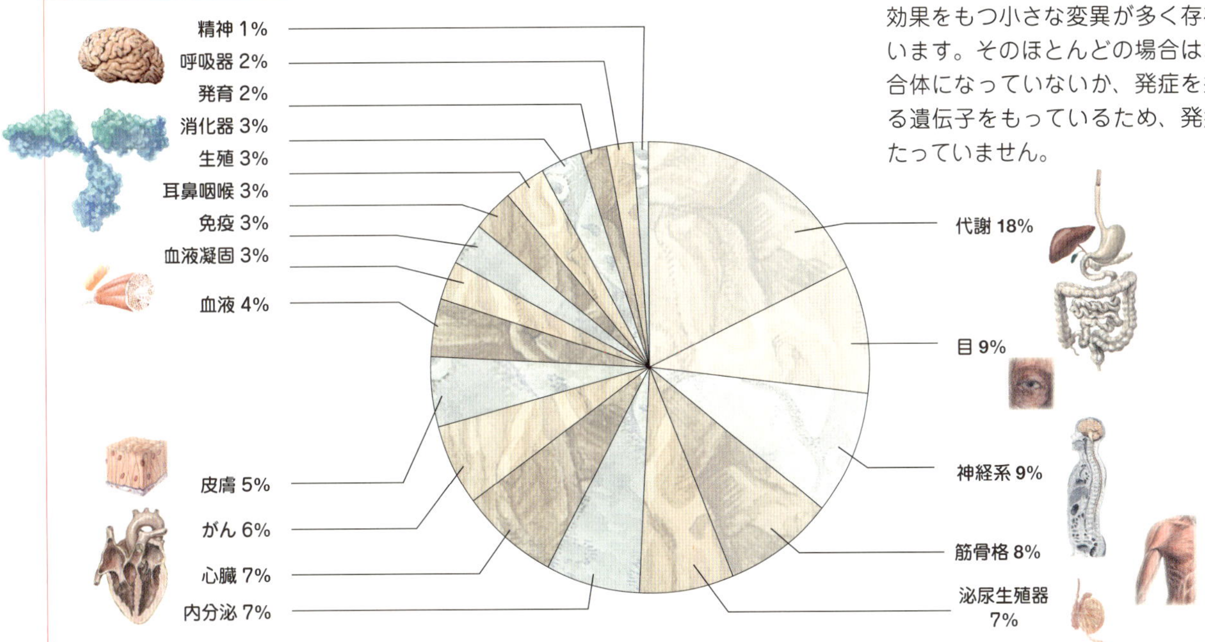

精神 1%
呼吸器 2%
発育 2%
消化器 3%
生殖 3%
耳鼻咽喉 3%
免疫 3%
血液凝固 3%
血液 4%
皮膚 5%
がん 6%
心臓 7%
内分泌 7%
代謝 18%
目 9%
神経系 9%
筋骨格 8%
泌尿生殖器 7%

表1．一人あたりが持つと推定される変異の数

変異の種類	一人当たりの推定変異数	変異の種類	一人当たりの推定変異数
サイレント変異 DNAのうちアミノ酸変化をともなわない変異。	10,572 ～ 12,126	**ナンセンス変異** アミノ酸をつくるはずのコドンが終始コドンに置き換わってしまう変異。	88 ～ 101
ミスセンス変異 塩基配列の置換・付加などによって異常なタンパク質を産生してしまう変異。	9,966 ～ 10,189	**遺伝病関連変異** 遺伝病を引き起こす変異。	58 ～ 80
機能を失う変異をもつ遺伝子 ナンセンス変異、スプライスサイトの変異、フレームシフトなど。	272 ～ 297	**スプライスサイトの変異** スプライシングの異常のため、異常mRNA、不安定mRNAなどが生じる。	41 ～ 49
フレームシフトを伴う欠失・挿入 塩基の欠失・挿入によってアミノ酸の設計単位であるコドンの枠がずれることをともなう変異。	227 ～ 242	**大規模な欠失** ゲノムの大きな欠失により遺伝子機能を失う。	28 ～ 36
フレームシフトを伴わない欠失・挿入 塩基の欠失・挿入が起こるがコドンのずれがともなわない変異。	198 ～ 205	**終止コドンの変異** 終止コドンの変異のため異常タンパク質が発現する。通常はすぐに分解される。	9 ～ 11

8-7

血液型の遺伝子

筆者：斎藤成也

血液型は、文字どおり人間の血液の違いに由来しています。最初に発見されたのが ABO 式血液型なので、単に血液型というと、この型を指すことが多いですが、実際は 100 種類以上の血液型が存在します。血液は、赤血球、白血球、血小板という細胞成分と、「血漿《けっしょう》」とよばれる液体成分からなりますが、血液型は主として赤血球表面の分子（タンパク質や糖）の個体差に由来します。また、白血球の血液型といわれる、HLA（ヒト白血球抗原）もあります。この項目では、ABO 式、Rh 式、HLA 血液型の遺伝子を紹介します。その他の血液型には、ABO 式血液型と同じように、糖の違いによるものとして、P 型、ルイス型、分泌型があり、タンパク質の違いによるものとして、MNSs 型、ダフィー型、ディエゴ型、ケル型、キッド型があり、X 染色体に遺伝子がある Xg 型などがあります。

ABO 式血液型の遺伝子

ABO 式血液型は 1900 年に、オーストリアの医師カール・ラントシュタイナーが発見しました。その後、いろいろな研究によって、ヒトの９番染色体にこの血液型の遺伝子があることが分かりました。この遺伝子は、糖を別の糖にくっつける働きをする糖転移酵素の遺伝子の仲間であり、A 型遺伝子は N アセチルガラクトサミンという糖を、B 型遺伝子はガラクトースという糖を、H 鎖という糖にくっつける酵素をつくります（図 1）。一方、O 型遺伝子は酵素をつくれません。このため、A、B の次の C ではなく、ゼロという意味の O 型という名前になりました。1990 年に山本文一郎《ふみいちろう》や箱守仙一郎《はこもりせんいちろう》らの研究によって、ABO 式血液型遺伝子の DNA が解明されました。A 型と B 型遺伝子の重要な違いは、アミノ酸２個の違いであり、塩基２個の違いによります。O 型遺伝子はフレームシフト（読み枠のずれ）とよばれる、遺伝子が機能するタンパク質をつくれなくなる突然変異（→7-4）をもっていました。

図 1．ABO 式血液型の遺伝子とタンパク質

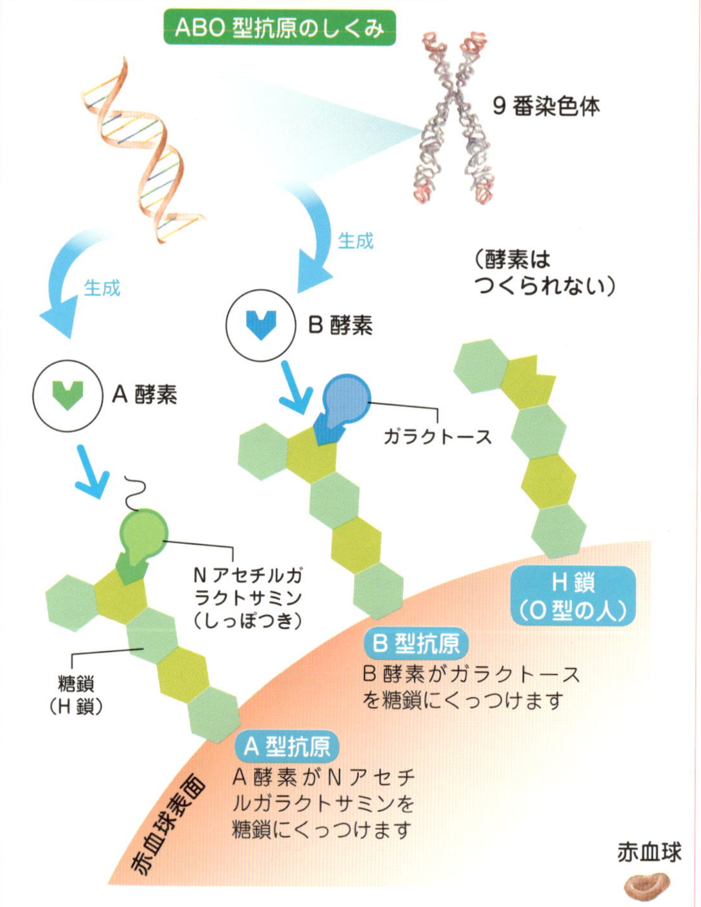

ABO 型抗原のしくみ
9 番染色体
生成
生成
（酵素はつくられない）
B 酵素
A 酵素
ガラクトース
N アセチルガラクトサミン（しっぽつき）
糖鎖（H 鎖）
H 鎖（O 型の人）
B 型抗原
B 酵素がガラクトースを糖鎖にくっつけます
A 型抗原
A 酵素が N アセチルガラクトサミンを糖鎖にくっつけます
赤血球表面
赤血球

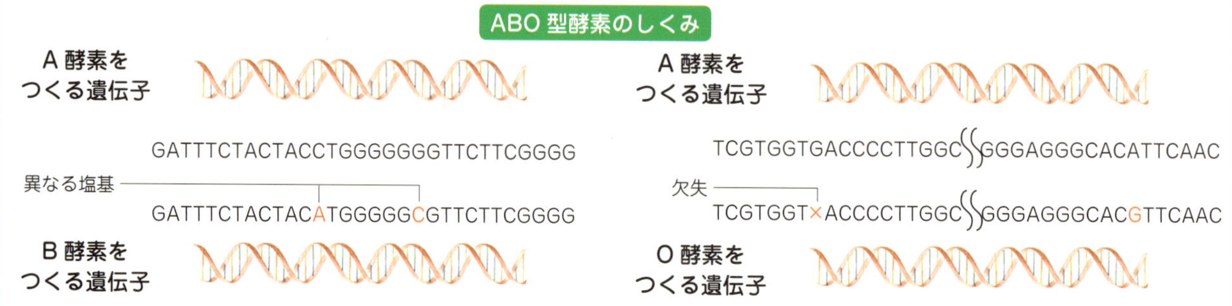

ABO 型酵素のしくみ
A 酵素をつくる遺伝子
GATTTCTACTACCTGGGGGGGTTCTTCGGGG
異なる塩基
GATTTCTACTACATGGGGGCGTTCTTCGGGG
B 酵素をつくる遺伝子
A 酵素をつくる遺伝子
TCGTGGTGACCCCTTGGC GGGAGGGCACATTCAAC
欠失
TCGTGGT×ACCCCTTGGC GGGAGGGCACGTTCAAC
O 酵素をつくる遺伝子

A、B 転移酵素それぞれの酵素活性の違いは２個の塩基の違いによって生み出されています。

O 遺伝子における１塩基の欠失（×）によって引き起こされたフレームシフト突然変異。

Rh 式血液型の遺伝子

Rh 式血液型は、赤血球表面のタンパク質の違いにもとづきます。赤血球の膜には、Rh 式血液型タンパク質が2個、それと似たタンパク質2個の計4個が合わさっています（図2）。もともとはアンモニアイオンを細胞内から取り出す機能をもっていましたが、現在の機能はよく分かっていません。

図2．Rh 式血液型のタンパク質と遺伝子

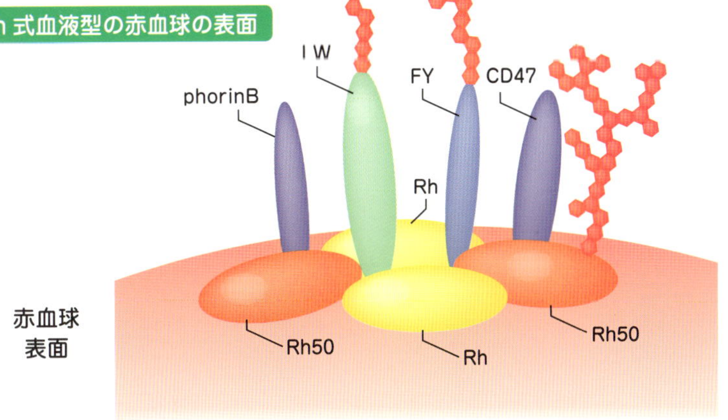
Rh 式血液型の赤血球の表面
phorinB
I W
FY
CD47
Rh
赤血球
表面
Rh50
Rh
Rh50

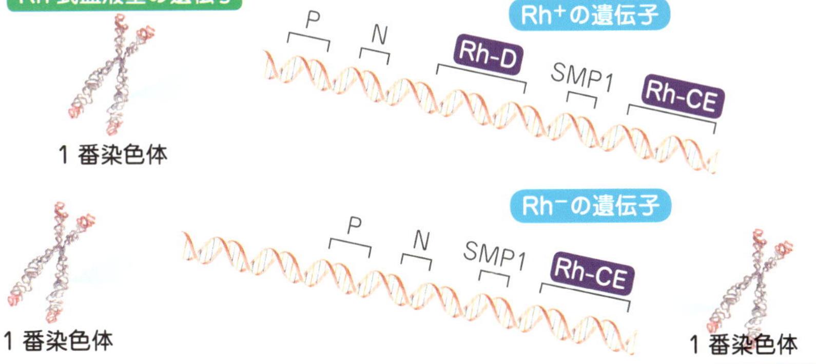
Rh 式血液型の遺伝子
Rh⁺の遺伝子
P
N
Rh-D
SMP1
Rh-CE
1 番染色体
Rh⁻の遺伝子
P
N
SMP1
Rh-CE
1 番染色体
1 番染色体

ヒトゲノムのなかにある Rh 式血液型遺伝子の多くは、Rh-D と Rh-CE の2個からなっています。どちらも1番染色体上の近い場所にあります。このような場合には、Rh 式血液型は＋となります。Rh-D 遺伝子がゲノムから欠けてしまい、Rh-CE 遺伝子だけをもつ場合がありますが、このような染色体を2本、ホモ接合でもっている人は、Rh 式血液型は－となります。

HLA：白血球の血液型を生み出す遺伝子

白血球の表面に存在するいくつかのタンパク質は、個体差が大きく、白血球の血液型として知られています。これらは、「HLA」（ヒト白血球抗原の英語の略称）とよばれます。ほとんどの HLA タンパク質遺伝子は、ヒトゲノムの6番染色体の小さい部分に集中して存在しています。図3に示すように、この遺伝子はクラスⅠ、Ⅱ、Ⅲに大きく分かれ、これらの遺伝子からつくられるタンパク質は、免疫系にとって重要な役割を果たします（→8-8）。

図3．HLA タンパク質遺伝子

白血球の血液型ともよばれるＨＬＡ（ヒト白血球抗原）の遺伝子の大部分は、ヒトの第６染色体短腕の短い領域(6p21.1-21.3）に集まっています。これを専門用語でＭＨＣ（主要組織適合性遺伝子複合）とよびます。ＭＨＣは大きく３クラスに分かれ、それぞれにさまざまな遺伝子が含まれています。

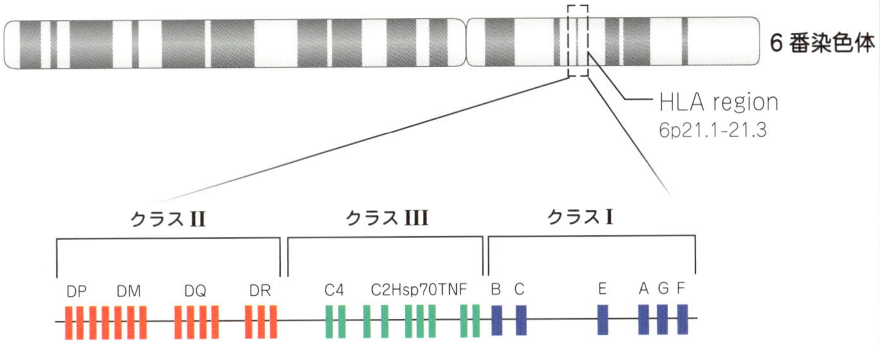
6 番染色体
HLA region
6p21.1-21.3
クラスⅡ
クラスⅢ
クラスⅠ
DP
DM
DQ
DR
C4
C2Hsp70TNF
B
C
E
A
G
F

ABO 式血液型の遺伝子を解明

山本文一郎（やまもと・ふみいちろう、1955 年～）

大阪市立大学で理学博士号取得後、アメリカで研究を続け、1990 年にシアトルの研究所（箱守仙一郎所長）で、ABO 式血液型の３対立遺伝子（A 型、B 型、O 型）の塩基配列を決定し、さらに A 型と B 型の違いが２個のアミノ酸によることや、この遺伝子のゲノムにおける構造を解明しました。この他にも、人間以外の霊長類の ABO 式血液型の遺伝子塩基配列、A1 型と A2 型の違い、シス ABO 型の塩基配列、マウスの ABO 式血液型などを決定し、塩基配列レベルにおける ABO 式血液型遺伝学を確立しました。

8－8

免疫にかかわる遺伝子

筆者：岩里琢治

私たちの体は、細菌やウイルスなど、さまざまな病原体の脅威に常にさらされています。脊椎動物は、白血球の一種であるB細胞とT細胞が協調して働く「獲得免疫」（以下「免疫」）とよばれる強力な防衛システムをもちます。私たちが日々健康にすごせるのは、この免疫システムが正常に働いているおかげです。その根幹を担っているのは「遺伝子の巧妙な仕組み」ですが、それは人間の体を構成するあらゆる種類の細胞のなかで免疫細胞にしかみられない、まさに「独創的な」仕組みなのです。

動物の体は1個の受精卵から始まり、組織を構成する細胞へと分化することによって形づくられます。体のなかには多様な細胞がありますが、それらの核のなかにあるDNAは、受精卵のものと基本的に同一です。ところが、B細胞とT細胞ではそうではありません。「VDJ再配列」とよばれるDNA自体の不可逆的な変化が、これらの細胞の分化の鍵となります。B細胞ではさらに、「クラススイッチ組換え」など別種類のDNA不可逆的変化がその機能に重要な意味をもつことになるのです。

あらゆる敵を補足・撃退できる免疫システムの仕組み――B・T細胞共通の仕組み（VDJ再配列）

私たちの体に侵入した病原体は、血液やリンパ液のなかにある「抗体」とよばれるタンパク質によって捕捉・破壊されます。病原体の一部が抗原となりますが、1種類の抗体は1種類の抗原だけを認識します。また1個のB細胞は、1種類の抗体だけをもちます。したがって、免疫システムがあらゆる種類の病原体から体を守るためには、異なった抗体をつくる無数の種類のB細胞が必要です。染色体には限られた数の遺伝子しか存在しないのに、どのようにして無数の種類の抗体がつくられるのでしょうか。

その秘密は抗体の遺伝子にあります。抗体は「H鎖」と「L鎖」とよばれる2種類のタンパク質の複合体ですが、どちらも可変領域と定常領域という部分に分けることができます。H鎖可変領域を構成する遺伝子は、染色体上では「V」、「D」、「J」とよばれる3つの遺伝子断片に分かれています。V、D、Jの遺伝子断片はそれぞれ多くの数がありますが、B細胞が分化するとき、V、D、Jからそれぞれ1個がランダムに選ばれます。それにともなってそれらの断片の間にあるDNA領域が染色体から切り出され、選ばれたV、D、Jが染色体上で結合し可変領域遺伝子ができあがります。「VDJ再配列」とよばれるこの仕組みにより、たとえば、Vが300個、Dが10個、Jが5個あるとすると、わずか315（300＋10＋5）個の遺伝子断片から15,000（300×10×5）種類の可変領域が生み出されることになります。また、つなぎ目も一定でないため、さらに多様性が増します。この可変領域が抗原を認識することになります。なお、抗体L鎖やT細胞抗原受容体（α鎖、β鎖、γ鎖、δ鎖）も、基本的に同様の仕組みによって多様性を獲得します。

予防接種がきく仕組み――B細胞だけの仕組み（クラススイッチ組換え＋体細胞突然変異）

免疫システムは同じ病原体に再び出会うと、最初の時よりも強力な迎撃をします。予防接種で病気を予防できるのは、このためです。抗体にはIgM、IgD、IgG、IgE、IgAというクラスがありますが、特に重要なものがIgMとIgGです。抗体のクラスは定常領域によって決まりますが、最初につくられる抗体は、もっとも上流に位置するCμ《ミュー》遺伝子が使われるため、IgMクラスです。ところが、B細胞が抗原に触れることによって、Cμ、Cδ《デルタ》を含むDNAが染色体から切り出され、Cγ《ガンマ》が一番上流に来ます。この仕組みによって、抗原反応性を保ったまま、強力なIgGクラスへとスイッチできるのです。また、クラススイッチと同時に、可変部に突然変異が誘導され、抗原をより強く認識できる抗体が産生されやすくなります。クラススイッチと突然変異というふたつの機構によってつくられたB細胞の一部は、抗原に対して高い親和性と攻撃力をもつ抗体を産生すると同時に、長い寿命をもつメモリー細胞となります。メモリー細胞は抗原が再度侵入した際に、すみやかに活性化され抗原を撃退します。興味深いことに、定常領域のクラススイッチと可変部の高頻度変異という、抗体の反応性を高める重要な機構の両方に、「AID」というタンパク質が重要な働きをしています。

図. VDJ 再配列とクラススイッチの仕組み

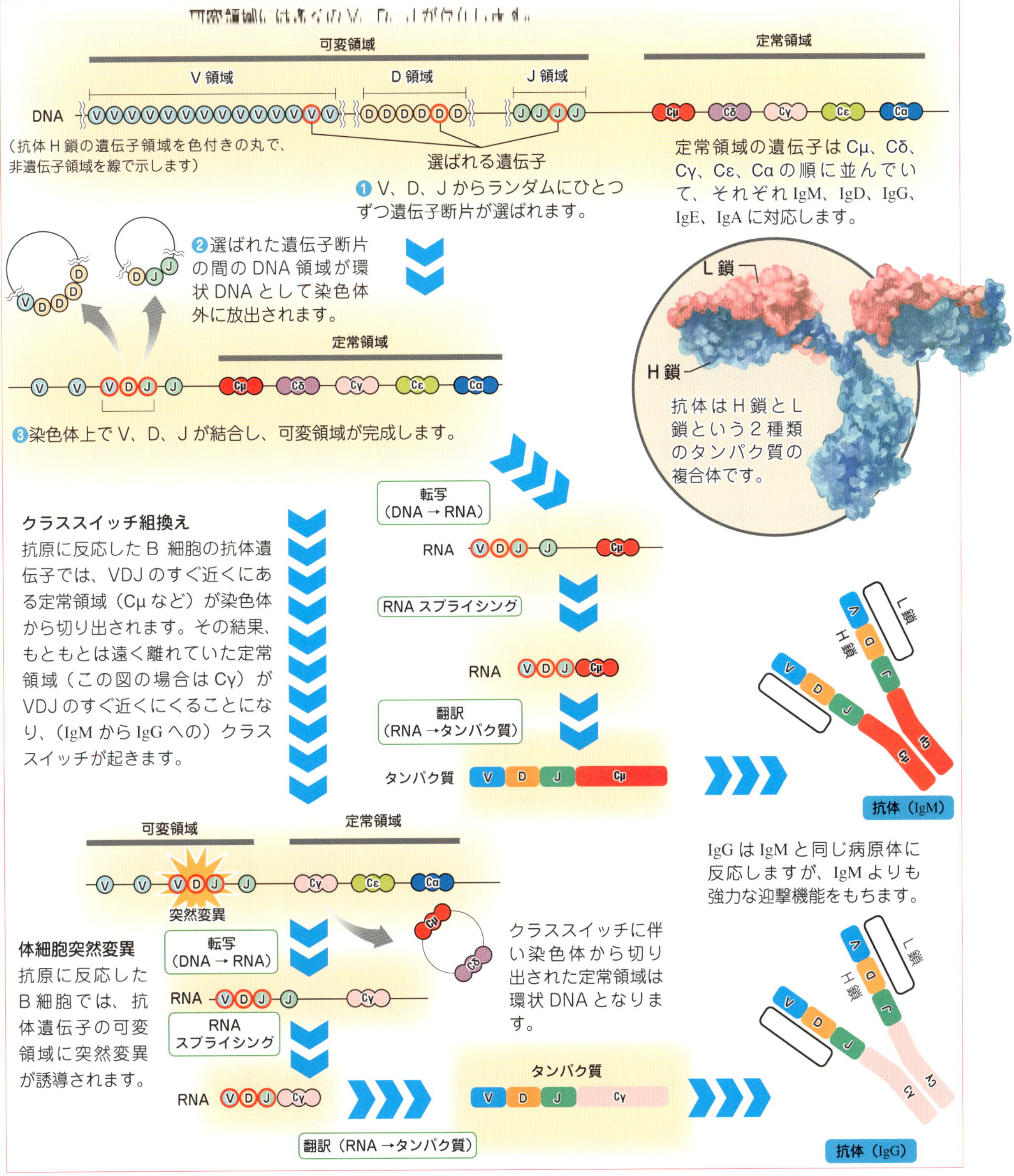
可変領域
定常領域
V 領域
D 領域
J 領域
DNA
（抗体 H 鎖の遺伝子領域を色付きの丸で、非遺伝子領域を線で示します）
選ばれる遺伝子
❶ V、D、J からランダムにひとつずつ遺伝子断片が選ばれます。
定常領域の遺伝子は Cμ、Cδ、Cγ、Cε、Cα の順に並んでいて、それぞれ IgM、IgD、IgG、IgE、IgA に対応します。
❷選ばれた遺伝子断片の間の DNA 領域が環状 DNA として染色体外に放出されます。
定常領域
L 鎖
H 鎖
抗体は H 鎖と L 鎖という 2 種類のタンパク質の複合体です。
❸染色体上で V、D、J が結合し、可変領域が完成します。
転写（DNA → RNA）
RNA
RNA スプライシング
RNA
翻訳（RNA →タンパク質）
タンパク質
L 鎖
H 鎖
抗体（IgM）
クラススイッチ組換え
抗原に反応した B 細胞の抗体遺伝子では、VDJ のすぐ近くにある定常領域（Cμ など）が染色体から切り出されます。その結果、もともとは遠く離れていた定常領域（この図の場合は Cγ）が VDJ のすぐ近くにくることになり、（IgM から IgG への）クラススイッチが起きます。
IgG は IgM と同じ病原体に反応しますが、IgM よりも強力な迎撃機能をもちます。
可変領域
定常領域
突然変異
体細胞突然変異
抗原に反応した B 細胞では、抗体遺伝子の可変領域に突然変異が誘導されます。
転写（DNA → RNA）
RNA
RNA スプライシング
RNA
クラススイッチに伴い染色体から切り出された定常領域は環状 DNA となります。
タンパク質
翻訳（RNA →タンパク質）
L 鎖
H 鎖
抗体（IgG）

抗体がつくり出される仕組みの核心を解明　利根川進（とねがわ・すすむ、1939 年〜）

マサチューセッツ工科大学・教授／理化学研究所脳科学総合研究センター長。1970 年代、免疫学に当時の最先端の科学である分子生物学を導入し、有限の数の遺伝子から無限に近い多様な種類の抗体がつくり出される仕組みの核心を解明しました（抗体遺伝子 VDJ 再配列の発見）。この業績により 1987 年、ノーベル生理学・医学賞を単独受賞。1980 年代からは T 細胞に研究分野を広げ、T 細胞抗原受容体（*TCR*）遺伝子の発見とその VDJ 再配列機構の解明、T 細胞の分化や抗原認識機構の理解などに数々の重要な貢献をしました。さらに、ノーベル賞受賞後の 1990 年代には、研究分野を免疫学から脳科学に移します。哺乳類の脳高次機能研究に、マウス遺伝学の手法を時代にさきがけて導入し、脳科学に新しい大きな潮流を生み出します。その後も革新的な戦略を次々と打ち出し、現在も脳科学の先頭を走り続けています。

8－9

体質にかかわる遺伝子

筆者：中込弥男・斎藤成也

ヒトゲノム中の多数の遺伝子のなかには、皮膚や髪の色など身体の形の特徴にかかわるものもありますが、酒に強いか弱いか、高地生活に適応できるかといった体質にもかかわります。ここではいくつか例をあげて、説明しましょう。

酒の強さ

世の中には、コップ半分ほどのビールで真っ赤になる人や、大瓶１本ほどのビールを飲んでも、顔色が変わらない人がいます。胃から吸収されたアルコール（正確にはエタノール）は、まずエタノール脱水素酵素（ADH）により肝臓で分解されて、アセトアルデヒドに変わります（図１）。アセトアルデヒドは二日酔いの原因となる有害な物質です。続いてアセトアルデヒドは、アセトアルデヒド脱水素酵素（ALDH）によって分解されて、アセチル CoA という物質の一部分（酢酸に対応します）に変わり、最終的に体外に排出されます。しかし酒に弱い人は、ALDH の働きが悪く、アセトアルデヒドを分解できないのです。酒に弱くても繰り返し酒を飲むと、別の代謝ルートでアルコールを分解できるようになりますが、そのルートを働かせ続けると、肝臓ガンのリスクが何十倍にも上がります。

図１．アルコール分解の仕組み

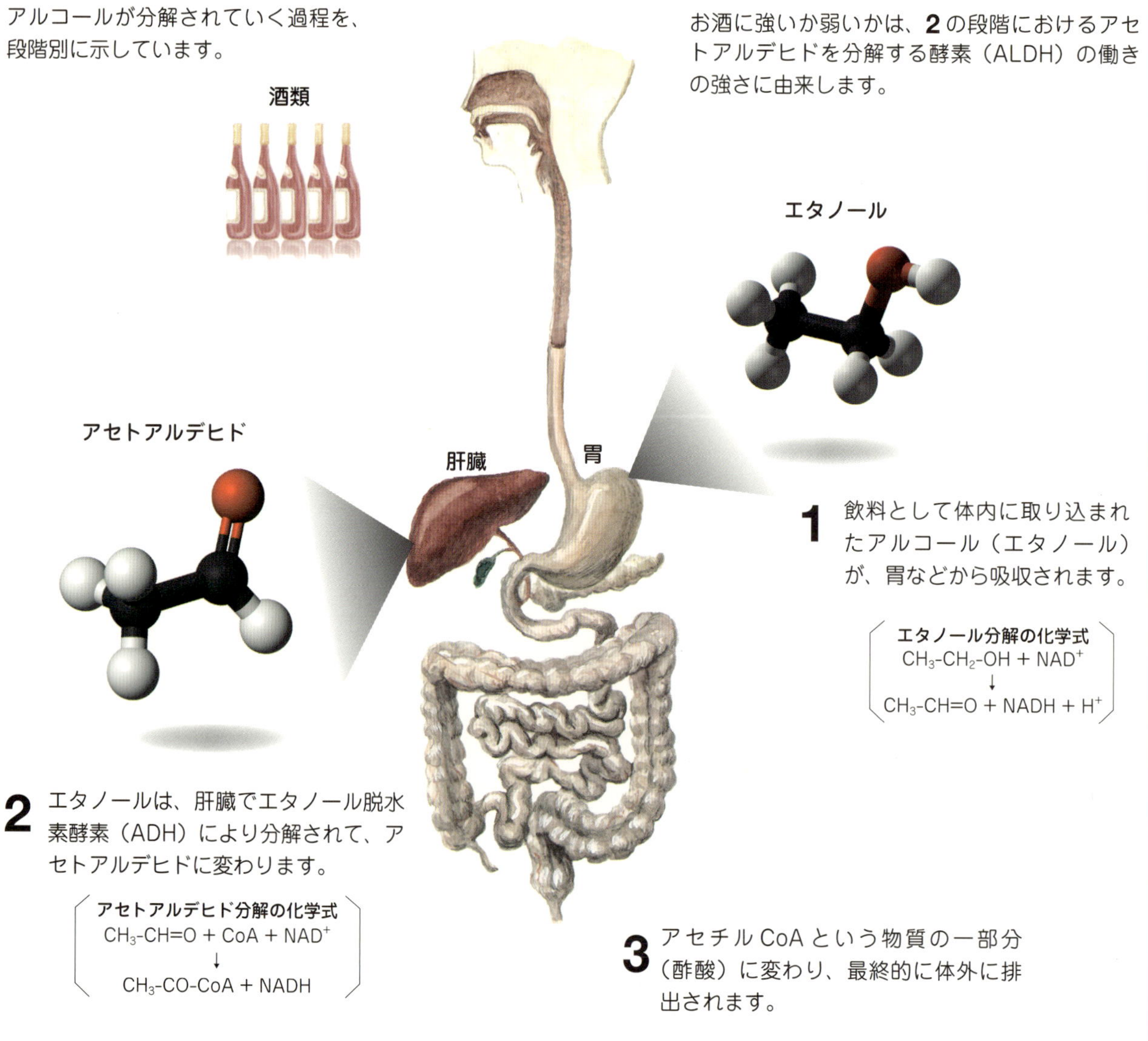
アルコールが分解されていく過程を、段階別に示しています。
お酒に強いか弱いかは、2 の段階におけるアセトアルデヒドを分解する酵素（ALDH）の働きの強さに由来します。
酒類
エタノール
アセトアルデヒド
肝臓
胃
1 飲料として体内に取り込まれたアルコール（エタノール）が、胃などから吸収されます。
エタノール分解の化学式
CH_3-CH_2-OH + NAD^+
↓
CH_3-CH=O + NADH + H^+
2 エタノールは、肝臓でエタノール脱水素酵素（ADH）により分解されて、アセトアルデヒドに変わります。
アセトアルデヒド分解の化学式
CH_3-CH=O + CoA + NAD^+
↓
CH_3-CO-CoA + NADH
3 アセチル CoA という物質の一部分（酢酸）に変わり、最終的に体外に排出されます。

酸素の薄い高地での生活に適応した遺伝子

高地適応は、自然淘汰（→**7-11**）が人類集団間の遺伝的な差をもたらした例です。チベットの人びとは標高4000mをこえる地域に住んでいますが、酸素の薄いこのような地域に住むには、なんらかの遺伝的変化があっただろうと考えられてきました。ヒトゲノム配列が明らかになると、DNAの個人差についての詳細な研究が可能になりました。中国と米国の共同で行なわれた研究により、低酸素症への反応に関連していることが知られている転写因子タンパク質遺伝子 *EPAS1* のなかに、チベット族と漢族で大きく遺伝子頻度（→**7-9**）が異なっているものが見いだされました（図2）。この違いはイントロン（→**5-6**）のなかに見つかったため、体内でどのような働きの差があるのかははっきりしませんが、漢族では10%ほどにとどまっている変異遺伝子が、チベット族では90%ほどになっているので、この違いが高地での低酸素状態への適応をつくり出した可能性があります。

図2．低酸素症にかかわる遺伝子 *EPAS1*

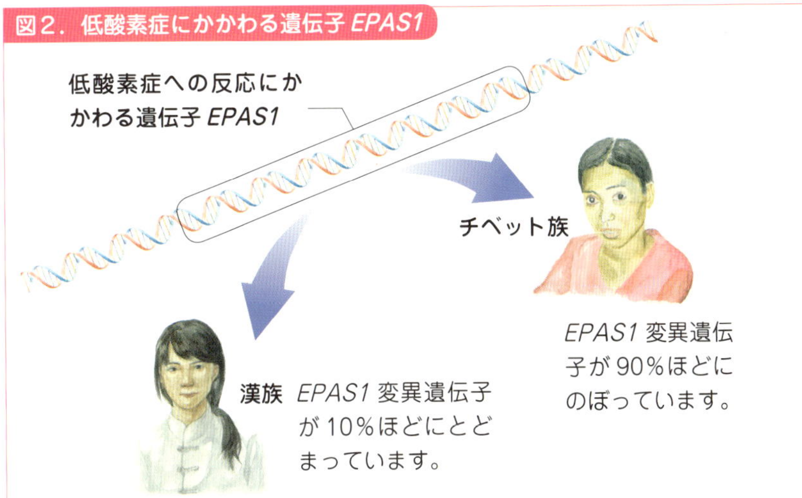
低酸素症への反応にかかわる遺伝子 *EPAS1*
チベット族
漢族
EPAS1 変異遺伝子が 10%ほどにとどまっています。
EPAS1 変異遺伝子が 90%ほどにのぼっています。

チベットにあるポタラ宮。標高3700mという高地に建てられています。

図3．耳垢型の湿型と乾型タンパク質の機能の違い

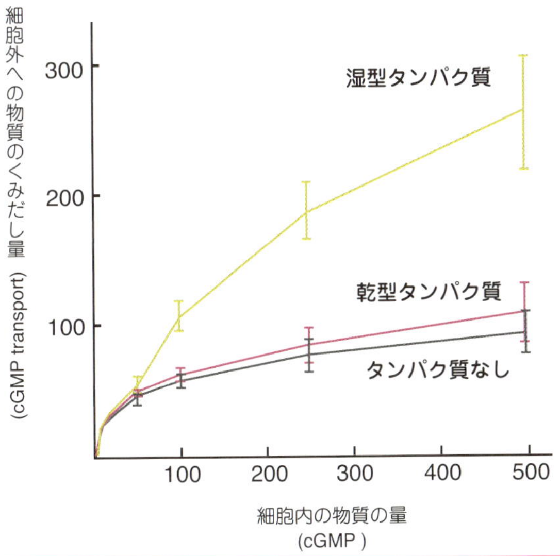
細胞外への物質のくみだし量
(cGMP transport)
300
200
100
湿型タンパク質
乾型タンパク質
タンパク質なし
100
200
300
400
500
細胞内の物質の量
(cGMP)

湿型タンパク質は、細胞内の老廃物を細胞外に取り出すポンプの機能をもつのに対して、アミノ酸が1個だけ（グリシンからアルギニン）変化した乾型タンパク質では、この機能が失われていることが分かりました。

耳垢型の遺伝子

1930年代に、足立文太郎（京都帝国大学医学部）が耳垢型の存在をドイツ語の論文で報告しました。1960年代には、松永英が耳垢型の遺伝様式（常染色体）を確定しました。それから40年ほどたって、ようやく2002年に、富田、新川ら（長崎大学）が耳垢型遺伝子のヒトゲノム上の位置を、16番染色体のセントロメア周辺と特定しました。そして2006年になって、吉浦孝一郎、新川詔夫ら長崎大学の研究者を中心とした日本のグループが、耳垢型遺伝子を *ABCC11* であることを同定しました。

耳垢型がメンデル遺伝することを発見

松永 英（まつなが・えい、1922～2005年）

日本の人類遺伝学者。東京帝国大学医学部卒。札幌医科大学および国立遺伝学研究所の教授を歴任。国立遺伝学研究所第5代所長（1983～1989年）。ダウン症や多数の遺伝病の研究を行なったほか、通常形質である耳垢型が常染色体メンデル遺伝することを、家計調査を行なって発見しました。湿型が優性で乾型が劣性であることも示しました。

8-10

病気に関連する遺伝子

筆者：井ノ上逸朗・細道一善

病気のほとんどは、なんらかの形で遺伝子が関与します。そのなかでも遺伝子の異常によってほぼ100%病気になる遺伝病というものが存在します。例えば、優性遺伝を示すハンチントン病などです。これらは「8-6　遺伝病の遺伝子」で説明しました。ここでは、遺伝子が関与しているものの、遺伝子のみで説明できるわけではない、かつありふれた病気を対象にします。

HIV に防御的な遺伝子変異と天然痘とのかかわり

男性同性愛者の間ではエイズ発症者が非常に多かったのですが、そのなかでエイズに発症しない人たちがいました。それらを調べてみると、*CCR5* 遺伝子に 32 個のアミノ酸欠失があり、機能を失っていました。*CCR5* はエイズの原因である HIV（human immunodeficiency virus）が細胞に侵入するときに必要な受容体です（図 1）。その機能喪失により、HIV 感染に対して防御的になっていました。エイズは 19 世紀末に発生した最近の病気であり、進化的には関与していないと考えられます。*CCR5* 遺伝子変異は、およそ 700 年前に北ヨーロッパで生じた変異と推定されています。そのため北ヨーロッパで頻度が高く、南ヨーロッパで頻度が低くなっています。当時、天然痘が流行しており、この変異は天然痘ウイルスに対する抵抗性を有していると推測されています。北ヨーロッパで生じた変異なので、アフリカ系やアジア系にはこの変異はほとんど存在しません。

図 1．HIV ウイルス感染の仕組みと *CCR5* 変異の地理的分布

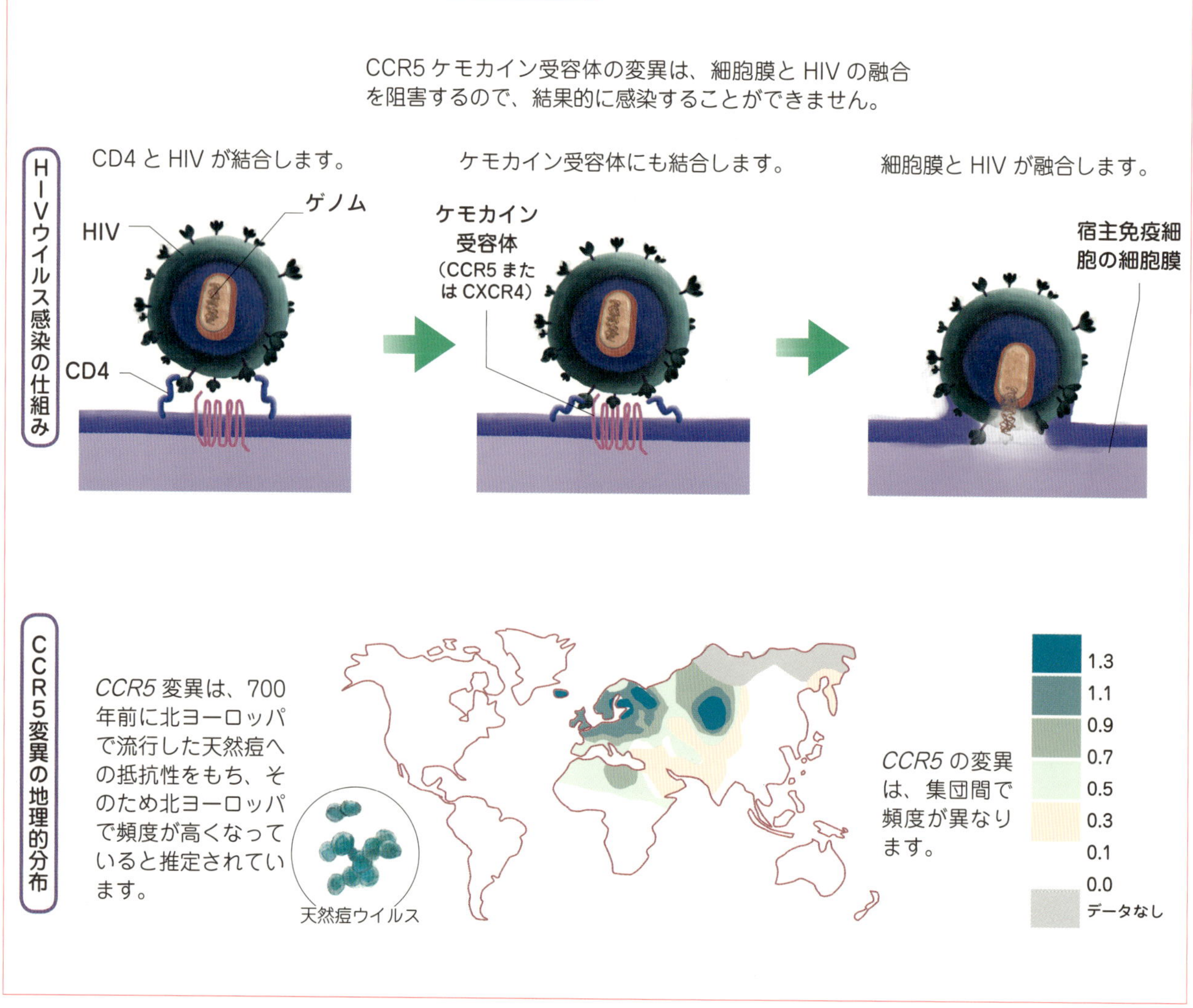

病原体にたいする抵抗性獲得とトレードオフ（取り引き）

αグロビン遺伝子の変異による鎌状赤血球貧血、もしくはβグロビン遺伝子変異による地中海熱貧血とマラリア抵抗性の関係もよく知られています。これらは赤血球を形態変化させることで、マラリア感染を防いでいます。その代わり、貧血のリスクがでてきます。このように、外来の病原体に対する抵抗性を獲得することが、病気を引き起こすことにつながるトレードオフ（取り引き）は、よくみられる現象のひとつです。

図2. フィラグリン遺伝子の構造と変異

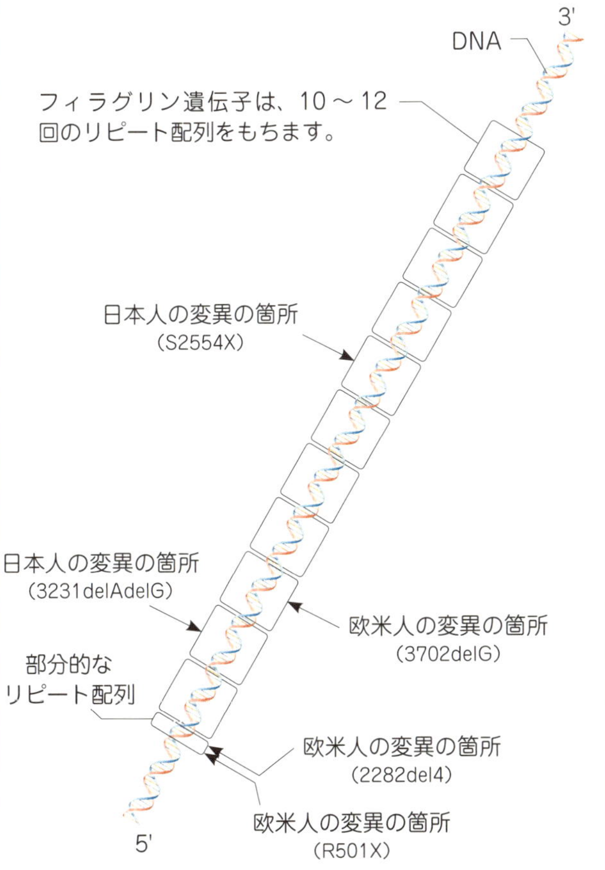
3'
DNA
フィラグリン遺伝子は、10～12回のリピート配列をもちます。
日本人の変異の箇所
(S2554X)
日本人の変異の箇所
(3231delAdelG)
欧米人の変異の箇所
(3702delG)
部分的な
リピート配列
欧米人の変異の箇所
(2282del4)
欧米人の変異の箇所
(R501X)
5'

欧米人と日本人では、変異の頻度だけでなく、位置が異なっています。

フィラグリン変異遺伝子の保有率と進化の意義

春になると花粉症に悩まされる人が多くなっています。花粉症などアレルギー疾患は、近年、急速に増加した疾患です。この数十年で遺伝子が変化しているということは考えにくいので、環境要因の変化が大きいと考えられます。ただ、アレルギーには遺伝子が関与しています。尋常性魚鱗癬《じんじょうせいぎょりんせん》という病気があります（皮膚科は難しい名前を使いますが、尋常性とは「普通」という意味です）。表皮の角質の増殖があり、皮膚が乾燥し魚の鱗のようになります。この病気でフィラグリンという遺伝子の異常が報告されました（図2）。フィラグリンは皮膚のバリアとなっているタンパク質で、病原体の侵入を防ぎ、水分を保持します。この遺伝子の異常により魚鱗癬を生じることは理解できますが、この遺伝子は多くの他の皮膚アレルギー疾患にも関与しています。アトピー性皮膚炎の原因となっていることも示され、かつ喘息《ぜんそく》の原因ともなっています。そのようなフィラグリンですが、これまで検出された変異のほとんどがナンセンス変異で、遺伝子機能を失ってしまう変異です。驚くことに欧米人の10%、アジア系の5%が変異を有しています。明らかに不利になるであろう変異をこのように多くの人が有していること、なにか進化的な意義があるのでしょうが、いまのところ説明がつきません。

図3. HLA-B*57:01とアバカビルの副作用の割合

	HLA*-B 57:01 をもつ	HLA*-B 57:01 をもたない
副作用あり	23	0
副作用なし	25	794
副作用の割合	48%	0%

HLA*-B57:01をもっている人の方が、副作用の割合が高くなっています。

薬の副作用と遺伝子との関連

遺伝子は病気にかかることに関与していますが、病気の治療法である薬剤に対しても大きく関与しています。薬の効き目にも個人差がありますが、ここでは副作用について述べます。最近の話題では、ヒト組織適合性抗原遺伝子であるHLA遺伝子が、薬剤副作用と強く関連していることがあげられます。HLA遺伝子は、自己免疫疾患との関連ではよく知られている、免疫と密接に関連している遺伝子群です。てんかんの薬であるカルバマゼピンによって、スティーブンス・ジョンソン症候群という重篤な皮膚症状をきたすことがあります。副作用をきたした患者さんすべてがHLA-B*15:02を有していました（陽性率100%）。他にも抗HIV（エイズウイルス）薬であるアバカビルによる過敏症と特異的なHLAアレル（HLA-B*57:01）の関連などが示されています（図3）。HLAアレルは数多くあり、今後も新たな薬剤がでるたびに副作用の問題が生じる可能性があります。

発がん関連遺伝子

筆者：深川竜郎

がん細胞は、増殖を制御するという正常な細胞がもっている働きを破綻させつつ、自らは無秩序に増殖を行ないます。そのがん細胞も、もともとは正常な遺伝子をもっていたのですが、ほとんどの場合、遺伝子のある変異が原因となって、やがてがんとして検出されます。多くの発がん物質は、遺伝子の変化を誘因する変異原性があると考えられます。たとえば、ある化学工場で用いられていた物質に変異原性があり、多くの工員ががんを患ったという例も知られています。細菌に変異を起こさせる頻度を測定するエイムス試験という方法で変異原性能は試験できます。しかし、ヒト体内でランダムに起こるひとつの遺伝子変異くらいでは、簡単にがんにはなりません。発がん過程を理解するために、がん化を活性化させるいくつかのがん関連遺伝子が同定されています。

がん遺伝子

がんの特徴である無秩序な細胞増殖を促進するために、遺伝子変異によって活性化される遺伝子を「がん遺伝子」(oncogene) とよびます。ヒトは二倍体の遺伝子セットをもっていますが、そのうちのひとつの遺伝子に変異が入っただけで活性化されます。この時、活性化されていない方の対立遺伝子は、「原がん遺伝子」(proto-oncogene) とよばれます。がん遺伝子研究の歴史において、もっとも初期には図 1 のような方法で同定が行なわれました。これは、ヒトの腫瘍細胞から取り出したゲノム DNA をマウス細胞へ導入し、がん細胞へ形質転換させる能力をもつ DNA を同定する方法です。この方法で「*ras* 遺伝子族」とよばれる原がん遺伝子がヒトから同定され、ヒトの腫瘍内では *ras* 遺伝子内の似た領域が変異していることが明らかになりました。変異が入りがん化をより促進させる活性化 *ras* 変異遺伝子をがん遺伝子といいます。この後、数十のがん遺伝子が同定されています。

図 1．がん遺伝子の同定法

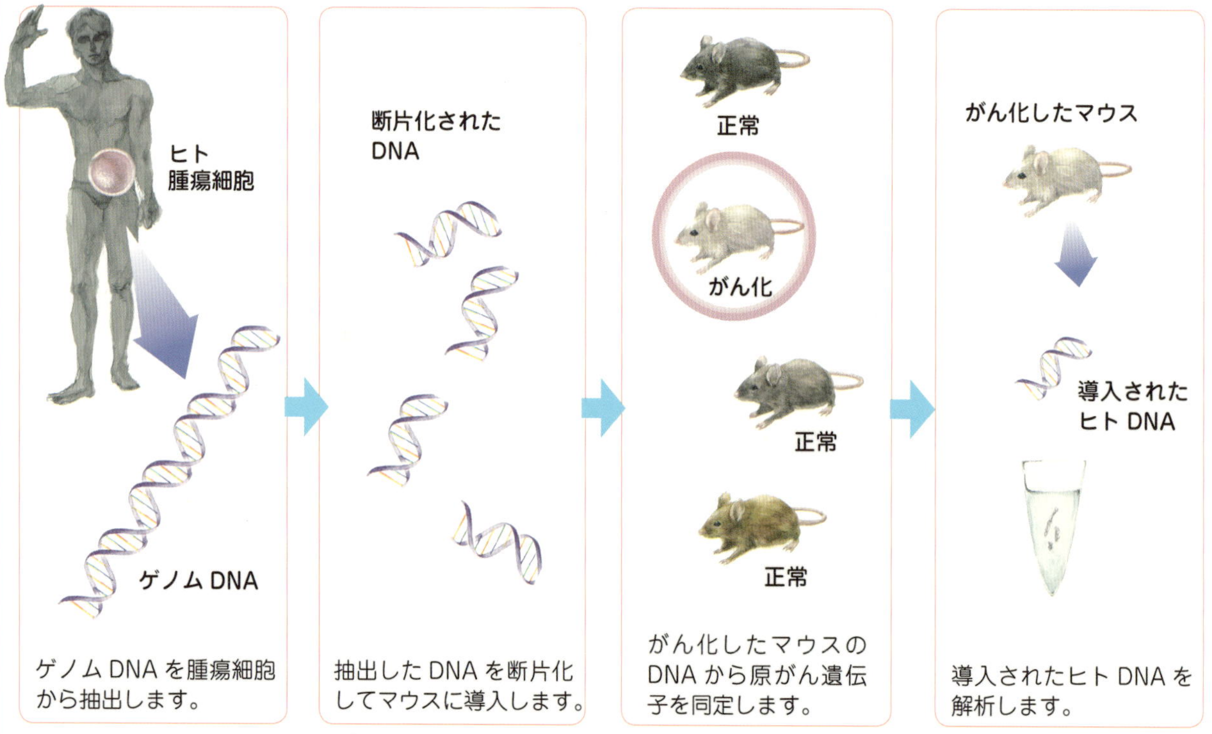
ヒト
腫瘍細胞
ゲノム DNA
ゲノム DNA を腫瘍細胞から抽出します。
断片化された
DNA
抽出した DNA を断片化してマウスに導入します。
正常
がん化
正常
正常
がん化したマウスの DNA から原がん遺伝子を同定します。
がん化したマウス
導入された
ヒト DNA
導入されたヒト DNA を解析します。

がん抑制遺伝子

がん遺伝子は、マウス細胞を用いた形質転換実験によって同定されましたが、ヒトの体内でひとつの遺伝子の変異程度では簡単にがんにならないことは先に説明しました。これは、簡単にがんにならないための安全装置を体内にもっていることを示しています。これにかかわる遺伝子群を「がん抑制遺伝子」とよびます。この遺伝子の破綻でがん化する場合には、二倍体の両方の遺伝子に変異が入る必要があります。がん抑制遺伝子のふたつの対立遺伝子のひとつに変異が入っただけではがんにはなりませんが、その両方の対立遺伝子に変異が入るとがん化しやすくなります。がん抑制遺伝子として有名なものに「*p53*」とよばれるものがあります（図2）。DNA が何らかの損傷をうけると *p53* が活性化し、さまざまな遺伝子の転写（→**5-5**）を活性化させ、細胞増殖をストップさせ DNA 損傷の修復（→**4-9**）に働いたり、DNA の損傷の程度が大きいときにはアポトーシス（計画的な細胞死）（→**9-4**）によって細胞を殺します。DNA の変異を子孫にのこさないように働き、がん化を抑えています。*p53* 遺伝子の機能が失われた細胞では、がん化しやすくなります。

がんの形成は複雑で治療は困難ですが、がん遺伝子の研究をはじめとする基礎研究の知見は細胞生物学の発展に大きく貢献しています。

図2．*p53* のゲノム保護の仕組み

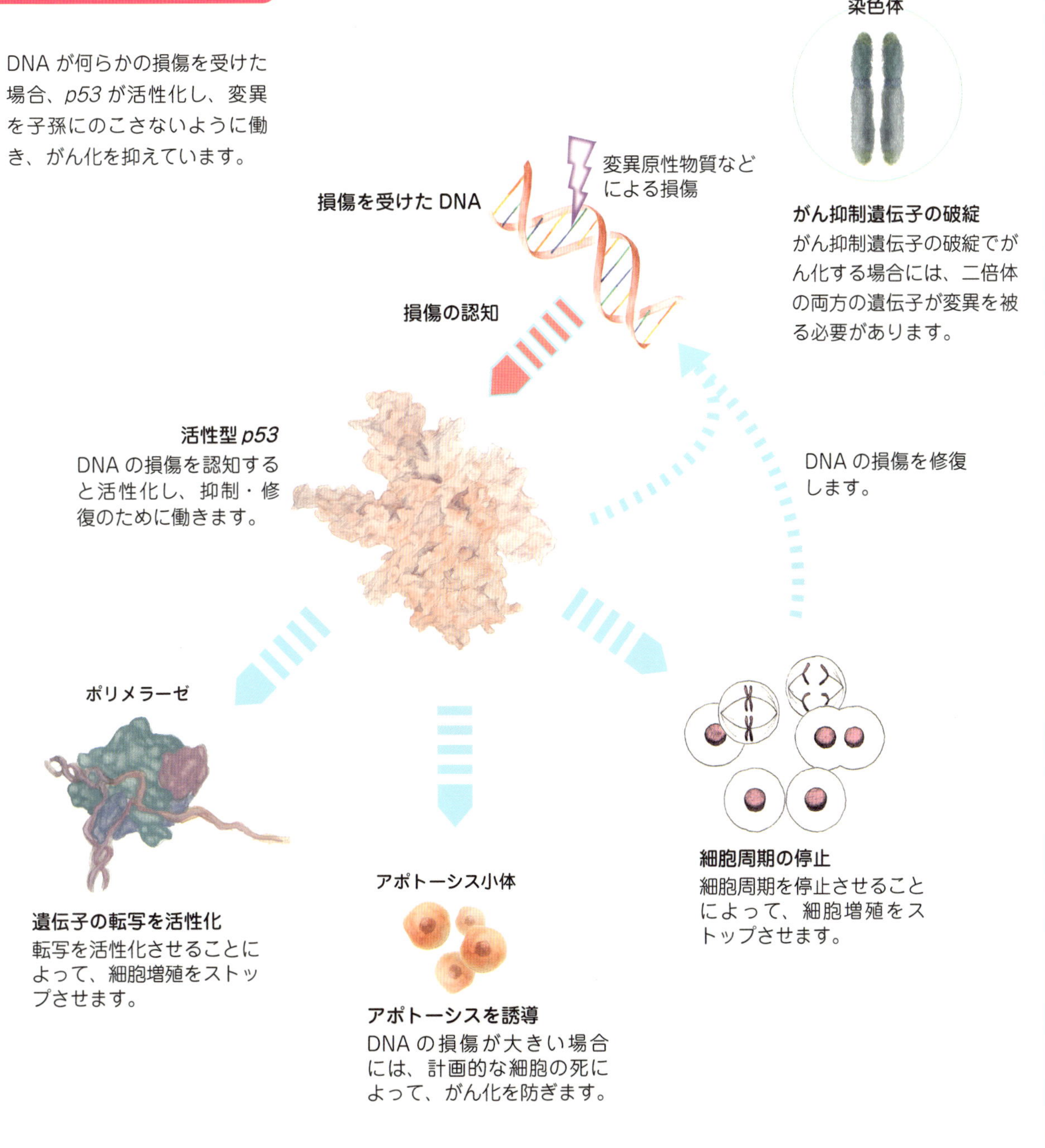
DNA が何らかの損傷を受けた場合、p53 が活性化し、変異を子孫にのこさないように働き、がん化を抑えています。
染色体
変異原性物質などによる損傷
損傷を受けた DNA
がん抑制遺伝子の破綻
がん抑制遺伝子の破綻でがん化する場合には、二倍体の両方の遺伝子が変異を被る必要があります。
損傷の認知
活性型 p53
DNA の損傷を認知すると活性化し、抑制・修復のために働きます。
DNA の損傷を修復します。
ポリメラーゼ
遺伝子の転写を活性化
転写を活性化させることによって、細胞増殖をストップさせます。
アポトーシス小体
アポトーシスを誘導
DNA の損傷が大きい場合には、計画的な細胞の死によって、がん化を防ぎます。
細胞周期の停止
細胞周期を停止させることによって、細胞増殖をストップさせます。

8−12

ゲノムからみたヒトの進化

筆者：斎藤成也

進化という視点からみると、ヒトにもっとも近い現生の生物はチンパンジーです（→**1-2**）。ゲノム全体中の違いの割合いでみると、ヒトとチンパンジーはおよそ1.2%ほど異なっています。絶滅した系統も含めると、ネアンデルタール人が現代人にもっとも近くなっています。ゲノム規模で個人間のDNAの違いを調べてみると、現代人の祖先がアフリカ大陸のどこかで生まれて、その後ユーラシア大陸の東西に拡散し、さらに東南アジアを経てオーストラリアなどへ、また北米と南米に移動していったことが分かりました（→**1-1**）。

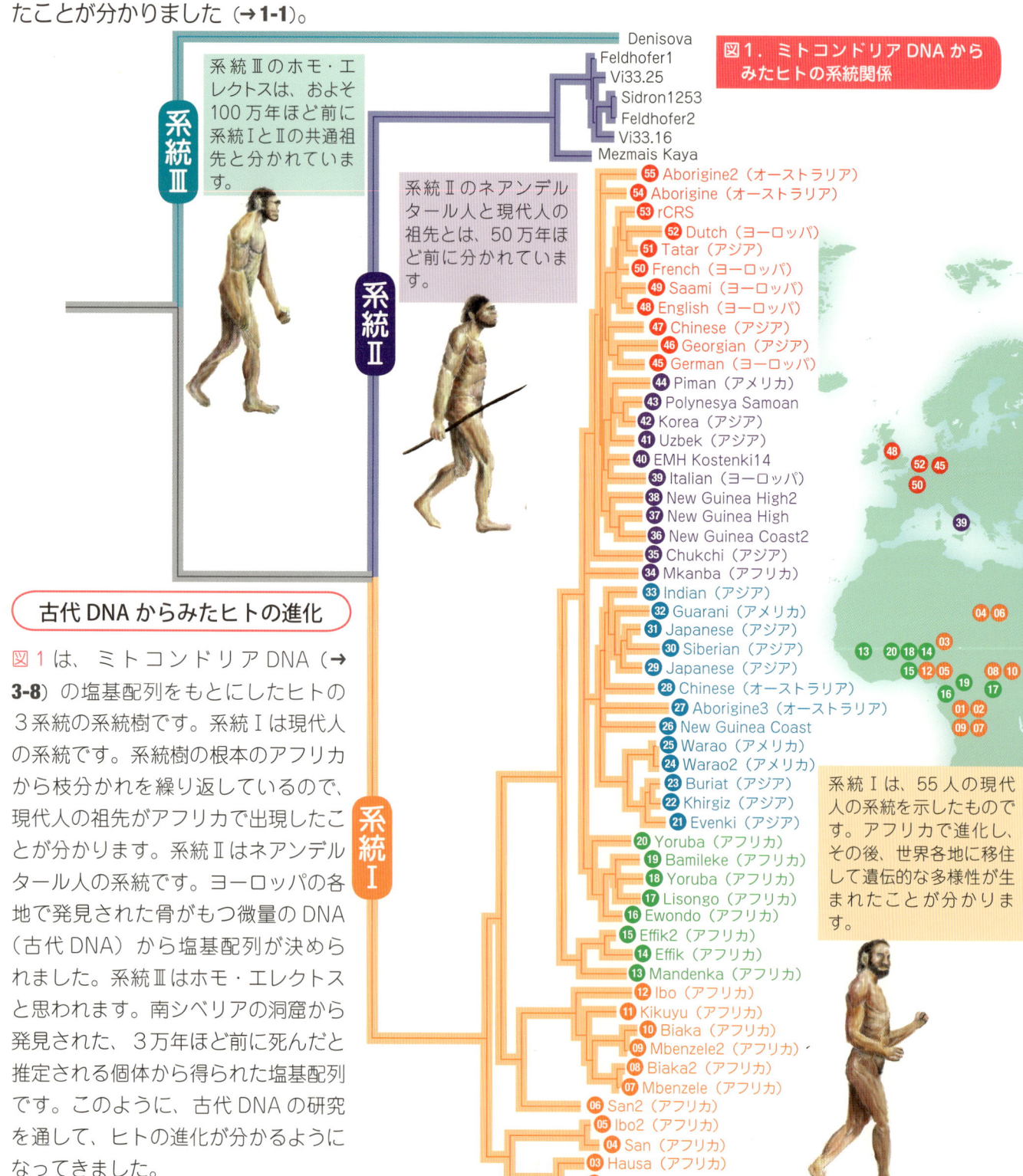

図1．ミトコンドリアDNAからみたヒトの系統関係

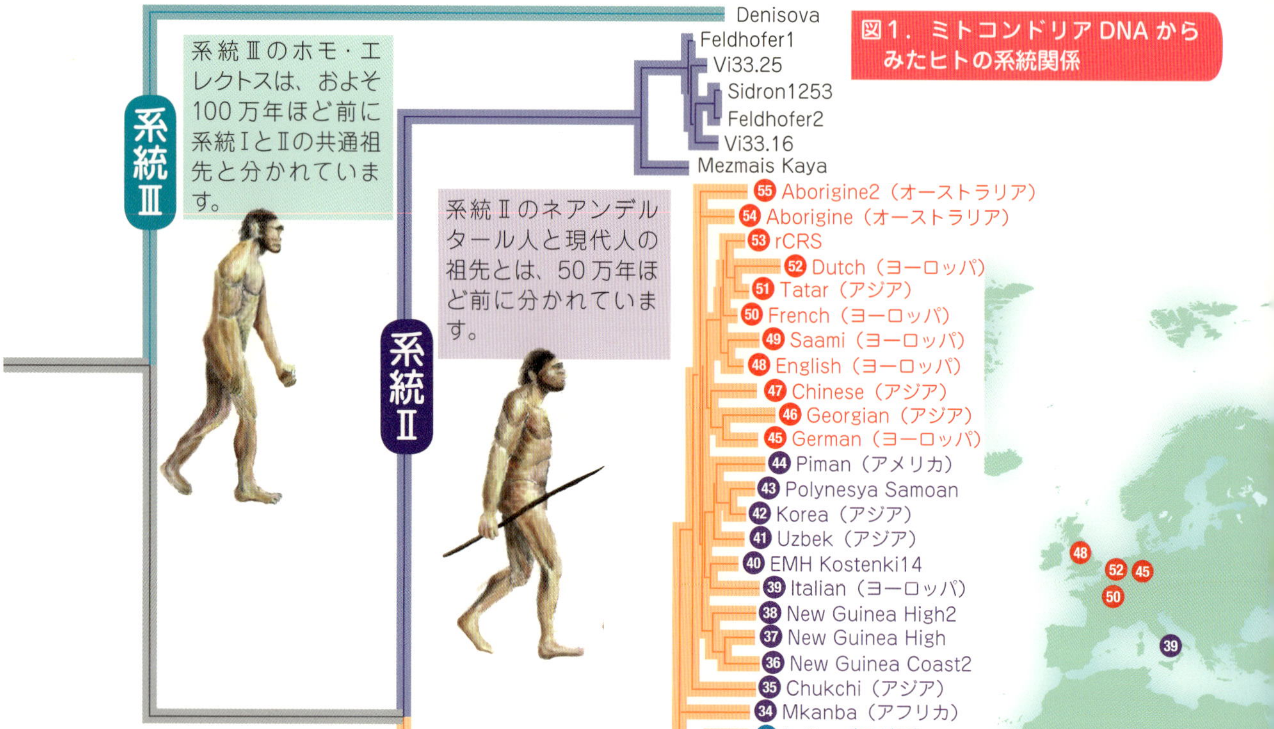

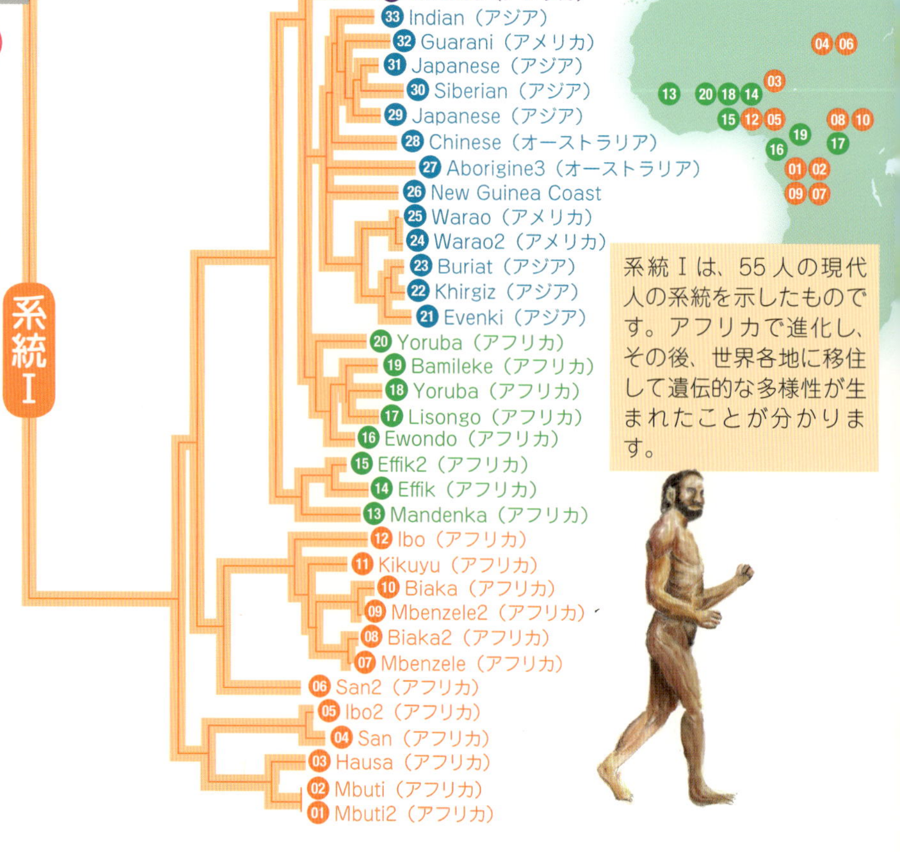

古代DNAからみたヒトの進化

図1は、ミトコンドリアDNA（→**3-8**）の塩基配列をもとにしたヒトの3系統の系統樹です。系統Ⅰは現代人の系統です。系統樹の根本のアフリカから枝分かれを繰り返しているので、現代人の祖先がアフリカで出現したことが分かります。系統Ⅱはネアンデルタール人の系統です。ヨーロッパの各地で発見された骨がもつ微量のDNA（古代DNA）から塩基配列が決められました。系統Ⅲはホモ・エレクトスと思われます。南シベリアの洞窟から発見された、3万年ほど前に死んだと推定される個体から得られた塩基配列です。このように、古代DNAの研究を通して、ヒトの進化が分かるようになってきました。

図2．SNP データによる東南アジア集団の遺伝的関係

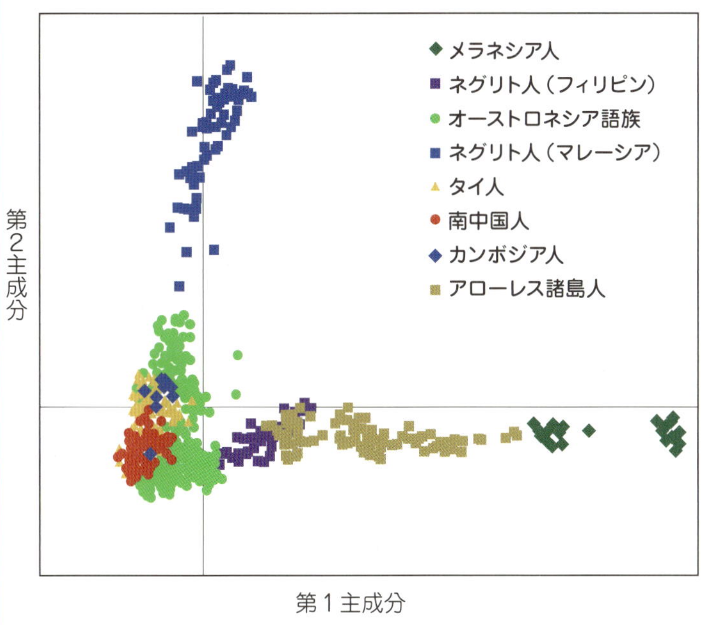
メラネシア人
ネグリト人（フィリピン）
オーストロネシア語族
ネグリト人（マレーシア）
タイ人
南中国人
カンボジア人
アローレス諸島人
第2主成分
第1主成分

ゲノムにおける一塩基多型（SNP）から見た東南アジア人

図2は、ヒトゲノム（→**8-2**）中の5万ヵ所の一塩基多型（SNP）のデータをもとにして、東南アジアを中心とした人類集団の遺伝的近縁関係を、「主成分分析」という統計手法で示したものです。図中のひとつひとつの丸や四角が1個体をあらわしており、集団の違いは色や図形の違いで示されています。もっとも大きな違いは、左右にわかれる第1主成分で示されています。左に大部分の東南アジア人が、右にオセアニアのメラネシア人が位置しており、それらにはさまれた形で、インドネシア東部のアローレス諸島人がいます。第2主成分では、上のほうにマレーシアのネグリト人が位置しています。これらの集団が、他の東南アジア人とはかなり異なっていることがわかります。これは、彼らの祖先がおそらくずっと昔（4～6万年前）に、東南アジアに最初に移住したことのなごりだと考えられています。

35
21
30
23
28
47
41
22
42
31
29
44
33
24
25
26
36
37
38
43
27
54
55
32

左の系統樹にあげられている人びとが住んでいる地域を示したものです。色と番号が系統樹のものと対応しています。

分子進化学の草分けのひとり

アラン・ウィルソン（Allan Wilson, 1934～1991年）

ニュージーランド出身の分子進化学者。もともと動物学の研究をしていましたが、生化学的手法によって人間の進化を研究しました。サリッチ博士とともに免疫学的距離を考案し、1967年に、ヒト、チンパンジー、ゴリラの分岐年代が、当時考えられていた1500万年前の3分の1程度であることを示しました。1980年代にはミトコンドリアDNAの多様性を多くの現代人で調べて、アフリカ単一起源説を主張しました。また、絶滅して博物館に剥製としてだけ残っていた、シマウマに似た動物クアッガのDNA塩基配列を決定し、古代DNA研究を創始しました。PCR法（ポリメラーゼ連鎖反応法）を分子進化の研究に取り入れたのも、彼のグループが初めてでした。白血病のため、おしくも56才で亡くなりました。

第III部 人間と遺伝子のかかわり

【第9章】モデル生物研究の貢献

特定の生物種を集中して調べることにより、研究が効率的に進んできました。これは、研究で得られた知見や研究材料系統の共有が可能になるためです。「大腸菌にあてはまることは象にもあてはまる」（ジャック・モノー）とも表現されるように、モデル生物種でわかったことは、他の生物の理解にも役立ちます。この章では、哺乳類のモデルであるマウス、真核生物のモデルである酵母など、代表的なモデル生物とその貢献について紹介します。

マウスは哺乳類でありながら繁殖しやすく、世代時間が２～３ヵ月と短いという特徴をもっています。モデル動物としてのマウスの最大の特徴は、遺伝的に均一となった400を超える多様な実験用近交系統が樹立されていることです。各系統は、形態、生理学的特性、行動学的特性、さまざまな病気の発症率などが異なり、その特徴に応じて生物学・医学の幅広い研究分野で利用されています。

9－1

マウス遺伝学の貢献

筆者：城石俊彦

マウスは哺乳類でありながら繁殖しやすく、世代時間が２～３ヵ月と短いという特徴をもっています。モデル動物としてのマウスの最大の特徴は、遺伝的に均一となった400を超える多様な実験用近交系統が樹立されていることです。各系統は、形態、生理学的特性、行動学的特性、さまざまな病気の発症率などが異なり、その特徴に応じて生物学・医学の幅広い研究分野で利用されています。これらの実験用マウス系統の多くは、20世紀初頭にイギリスからアメリカの東海岸に運ばれた愛玩用マウスが起源となっています（図１）。最近の比較ゲノム解析から、世界的に汎用されている実験用マウス系統のゲノムの90%は西ヨーロッパ産亜種由来であり、10%程度は日本産亜種由来であることが分かりました。これらの研究結果から、西ヨーロッパ産亜種由来の愛玩用マウスと、日本から渡った愛玩用マウスを交配して得られた子孫が、今日の実験用マウス系統のもとになったと考えられています。

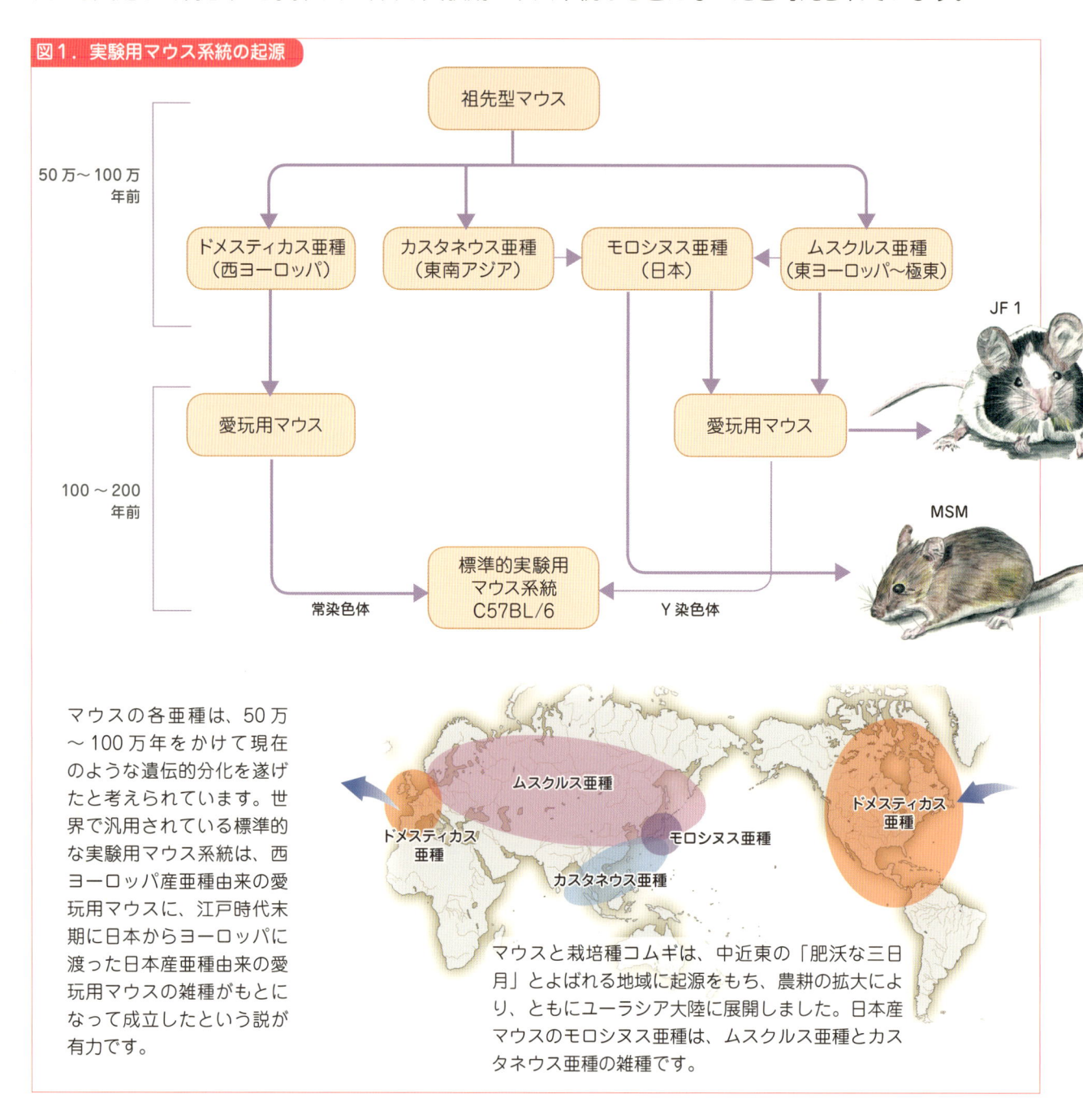

図１．実験用マウス系統の起源

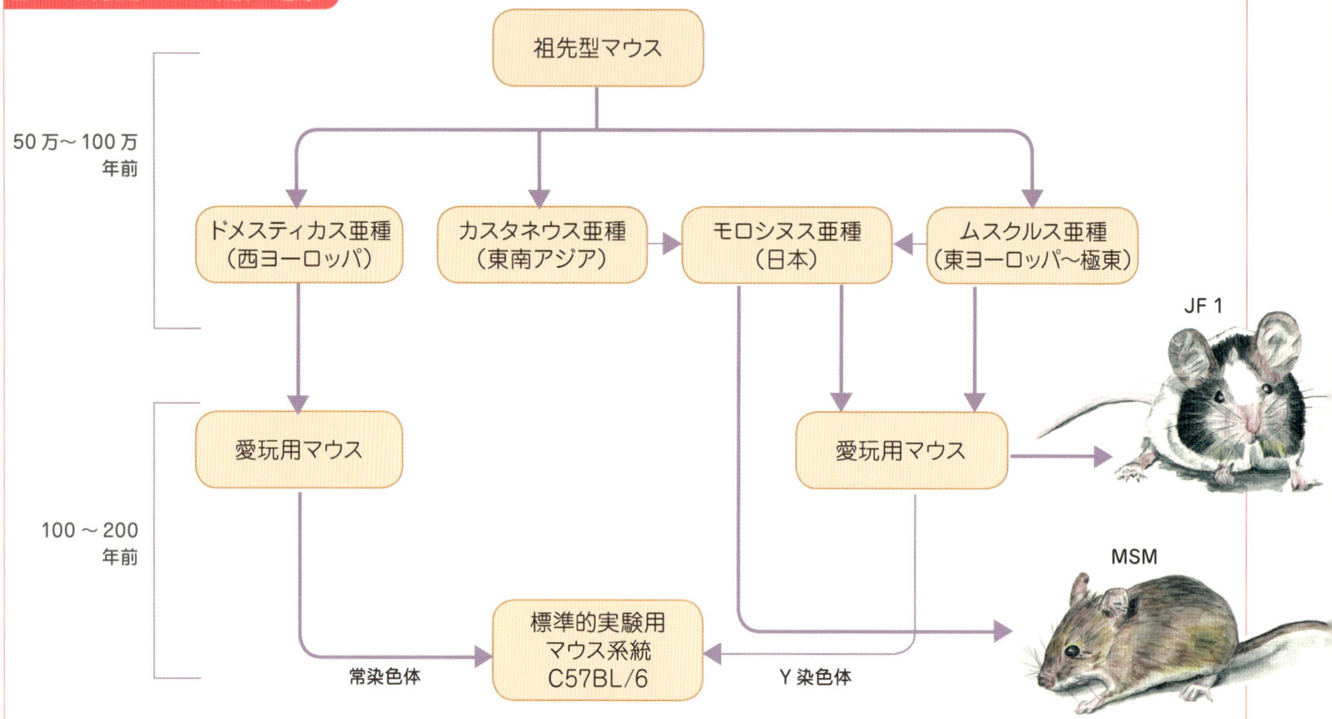

マウスの各亜種は、50万～100万年をかけて現在のような遺伝的分化を遂げたと考えられています。世界で汎用されている標準的な実験用マウス系統は、西ヨーロッパ産亜種由来の愛玩用マウスに、江戸時代末期に日本からヨーロッパに渡った日本産亜種由来の愛玩用マウスの雑種がもとになって成立したという説が有力です。

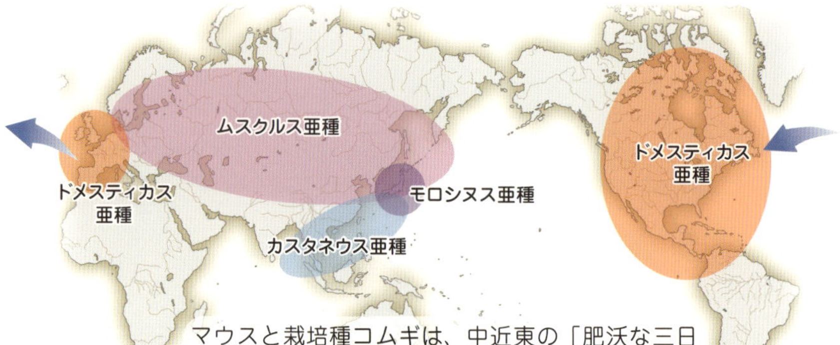

マウスと栽培種コムギは、中近東の「肥沃な三日月」とよばれる地域に起源をもち、農耕の拡大により、ともにユーラシア大陸に展開しました。日本産マウスのモロシヌス亜種は、ムスクルス亜種とカスタネウス亜種の雑種です。

がん研究への貢献

1900 年にメンデルの遺伝の法則が再発見されると、すぐに毛色変異をもつマウス系統の交配実験が行なわれました。これらの研究で、アルビノ（白色赤目）変異が劣性形質であることや、さまざまな毛色変異が簡単な遺伝様式を示すことが明らかにされました。その後、マウスを用いた遺伝学の主流は、がん細胞を移植した際の拒絶反応の有無を決定する遺伝様式の研究へと展開していきます。特定の系統から得られたがん細胞株は、他の系統に移植すると拒絶されることが分かり、その成否を決定する遺伝機構として、がんとは直接関係のない移植抗原への発見へとつながりました。この過程で、1950 年代には「組織適合抗原」という概念が確立され、免疫遺伝学という分野が生まれました。またこの頃、生化学と遺伝学の融合により酵素多型であるアイソザイムの研究も、マウスを材料に行なわれました。

図 2．実験用マウス系統のゲノム解読

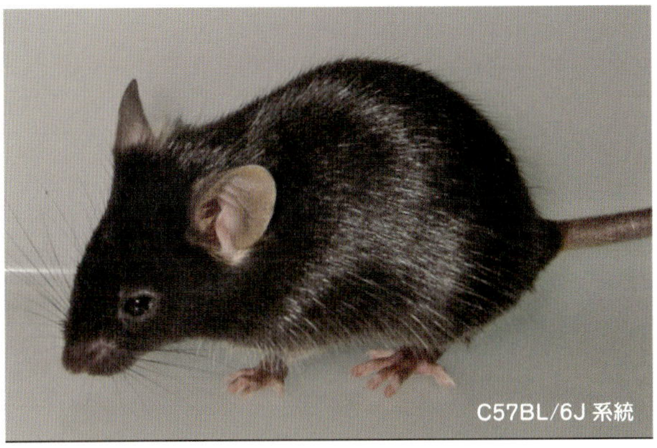

2002 年に、国際コンソーシアムから代表的な実験用系統である C57BL/6 の全ゲノム解読の結果が発表されました。この系統は、その他のゲノム関連情報が整備され、さらに欧米での大規模なノックアウトマウス作製プロジェクトでも遺伝的背景として採用されるなど、現在、マウス遺伝学の基準系統となっています。

C57BL/6J の全ゲノム解読

1980 年代後半になると、遺伝子座の位置を示す指標として DNA 多型が利用できるようになりました。大規模な交配実験で遺伝変異を詳細に染色体上にマップすることが可能となり、染色体上の位置情報から変異の原因遺伝子を単離するポジショナルクローニングがさかんに行われるようになりました。2002 年に代表的な実験用マウス系統である C57BL/6J についての全ゲノム解読が完了すると、この流れにさらに拍車がかかりました（図 2）。現在、この方法により多数の疾患原因遺伝子が明らかになっています。その後、化学変異原を用いてゲノム上にランダムに塩基置換を誘導し多様な表現型スクリーニングによって変異を探索するミュータジェネシスも行なわれ、多数の点突然変異マウスも新たに作製されています。

全遺伝子の生物機能の解明を目指すプロジェクト

1980 年代後半から始まった胚性幹（ES）細胞を用いたノックアウトマウス（→ **11-6**）作製は、個別の遺伝子機能の解析のために広く行なわれてきましたが、2000 年以降になると、欧米を中心としてゲノム上の全遺伝子についてノックアウトマウスを作製しようという大規模プロジェクトもスタートしました。こうして得られた変異系統について、体系的な表現型解析を行ない、全遺伝子の生物機能を網羅的に明らかにしようという表現型解析プロジェクトも計画されています。

このように、マウスを材料とした遺伝学は時代とともに新しい方法論と研究分野を生み出しながら、生命機能の解明に大きく貢献しています。

免疫遺伝学の基礎をつくる

ジョージ・スネル（George D. Snell、1903 ～ 1996 年）

皮膚移植片の拒絶反応を支配する組織適合性の遺伝学の創始者です。マウス系統間でもっとも強く皮膚移植片の拒絶反応を引き起こす遺伝因子として H2 抗原をみいだし、この遺伝領域のみが異なり遺伝的背景が共通であるマウス・コンジェニック系統を多数樹立しました。それらを利用した研究により、H2 遺伝領域は主要組織適合抗原複合体として免疫反応を制御する複数の遺伝子から構成されることがわかりました。この免疫遺伝学の基礎を築いた功績で 1980 年に、ベナセラフ、ドーセとともにノーベル生理学・医学賞を受賞しています。

9—2

魚類遺伝学の貢献

筆者：浅川和秀

科学者は、遺伝子変異をもったモデル動物（変異体）を集めて、変異の原因となる遺伝子をつきとめ、その働きを調べれば、人間の遺伝子の働きが理解できるにちがいないと考えました。そのために必要になったのが、人間と性質が似ていて、簡単に飼育できるモデル動物です。そこで出番が回ってきたのが魚です。

私たち人間と魚は、背骨をもった動物、脊椎《せきつい》動物という同じ仲間に分類されます。人間と魚では、外側からみた体の形は大きく異なりますが、働いている臓器や器官の性質はよく似ています。とくに、発生の初期（受精卵からからだの基本構造をつくる時期）の体の成り立ちは、人間と魚で驚くほどよく似ています。魚の遺伝子の働きを調べることで、人間の遺伝子の働きを理解できるにちがいない、という期待がふくらみました。

小型魚類——ゼブラフィッシュとメダカ

変異体を集めるためには、狭いスペースでもたくさん飼育できる小型で丈夫な魚が必要になりました。また、親から子へと受け継がれる（遺伝する）変異を研究するには、産まれてから卵を産めるようになるまでの時間（世代時間）が短い必要もありました（図1）。小型魚類ゼブラフィッシュとメダカはこのような特徴をかねそなえており、変異体の単離に用いられるようになりました。ゼブラフィッシュを使った研究は主に欧米で発展し、現在は日本でもさかんに研究されています。一方、メダカは、日本において明治時代から遺伝学の研究に用いられてきました。メダカ研究の長い歴史のなかで、すでに数多くの変異体が発見され維持されてきました。また、変異体をつくる上でに非常に有利な、純系（遺伝子が全く同じ子孫をつくる集団）が確立されていました。

図1．モデル生物としてのゼブラフィッシュとメダカ

ゼブラフィッシュとメダカは、ともに発生の初期には身体が透明なため、臓器や器官が形づくられる様子を簡単に観察できます。

ゼブラフィッシュ

成魚

ゼブラフィッシュを使った研究は主に欧米で発展し、現在は日本でもさかんに研究されています。

胚
（受精後 19 時間）

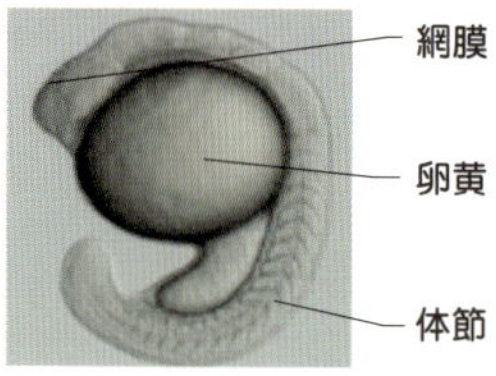

メダカ

成魚

日本において明治時代から研究に用いられ、すでに数多くの変異体が発見され維持されてきました。

胚
（受精後 40 時間）

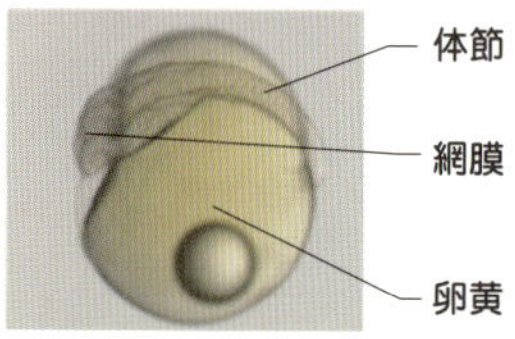

大規模な変異体の単離

化学変異原によってオスの精子に遺伝子変異を導入し、3世代にわたる交配を経て変異体が同定されます（図2）。数多くの F_1 の子孫を解析することで、たくさんの変異体を同定することができます。この手法によって、胚の発生、器官や臓器の形成、行動など、脊椎動物におけるさまざまな生命現象にかかわる遺伝子が発見されています。

図2．3世代を経た変異体の同定

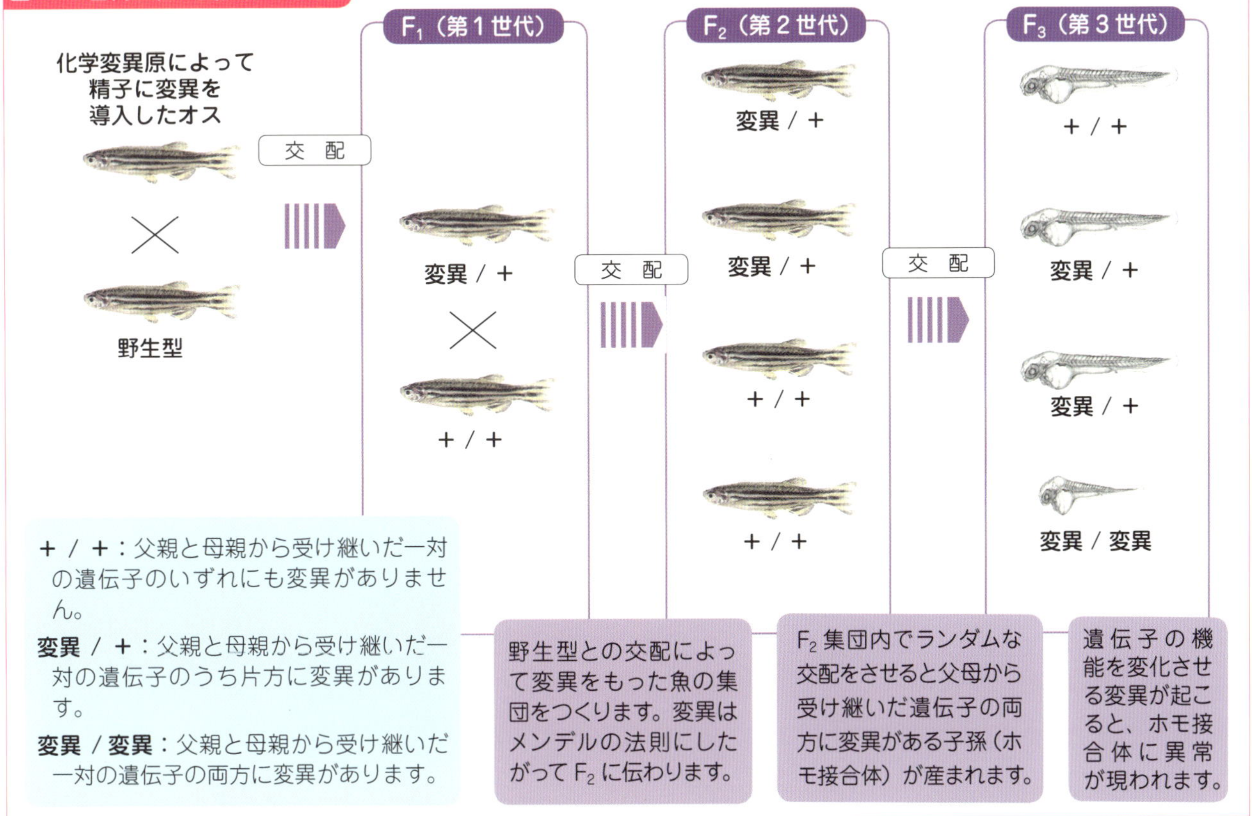
化学変異原によって
精子に変異を
導入したオス
野生型
交 配
F1（第1世代）
変異 / ＋
＋ / ＋
交 配
F2（第2世代）
変異 / ＋
変異 / ＋
＋ / ＋
＋ / ＋
交 配
F3（第3世代）
＋ / ＋
変異 / ＋
変異 / ＋
変異 / 変異
＋ / ＋：父親と母親から受け継いだ一対の遺伝子のいずれにも変異がありません。
変異 / ＋：父親と母親から受け継いだ一対の遺伝子のうち片方に変異があります。
変異 / 変異：父親と母親から受け継いだ一対の遺伝子の両方に変異があります。
野生型との交配によって変異をもった魚の集団をつくります。変異はメンデルの法則にしたがって F2 に伝わります。
F2 集団内でランダムな交配をさせると父母から受け継いだ遺伝子の両方に変異がある子孫（ホモ接合体）が産まれます。
遺伝子の機能を変化させる変異が起こると、ホモ接合体に異常が現われます。

肌の色を決める遺伝子

ゴールデン（*golden*）というゼブラフィッシュの変異体は、からだの色が赤茶色に変化しています。最新の研究で、この赤茶けたカラダの色の原因となる遺伝子が発見されました。驚いたことに、この遺伝子は色素細胞の機能に深く関係し、私たちヒトでも肌の色の決定にかかわっている可能性が示されました。このように魚類の変異体の解析によってヒトの遺伝子の働きを知ることができるのです（図3）。

図3．ゼブラフィッシュ変異体とヒト遺伝子の解析

野生型
golden
色素細胞にかかわる遺伝子

トランスジェニック（遺伝子組換え）フィッシュ

近年、トランスポゾン（→**4-11**）を運び屋として使うことで、さまざまな働きをもった遺伝子をゼブラフィッシュゲノムに導入する技術が発達しました。たとえば、オワンクラゲ由来の蛍光タンパク質遺伝子 *GFP* をゲノムに導入することで、体のなかの組織を光らせることができるのです（図4）。この技術は、組織が形づくられる様子をくわしく研究する為に役立っています。

図4．*GFP* 遺伝子導入による遺伝子解析技術

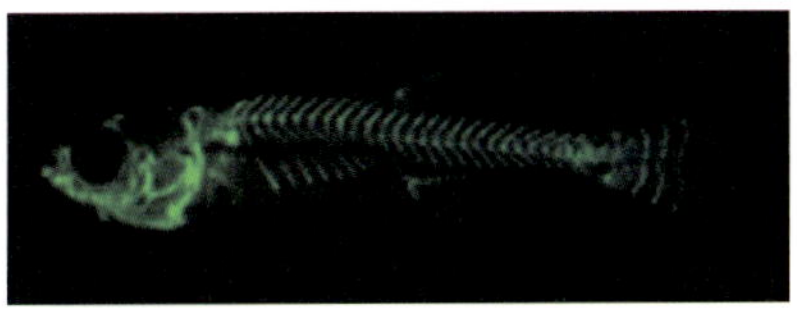

骨で働く遺伝子内に *GFP* 遺伝子が導入されたトランスジェニック稚魚。生きた魚のなかで骨がつくられる様子が観察できる。

9-3

ショウジョウバエ遺伝学の貢献

筆者：近藤周

メンデル（→6-1）が遺伝の法則を実証するための実験に用いたのは、エンドウでした。生前、メンデルの発見が注目されることはありませんでしたが、死後数十年経って、その成果が見直され、遺伝学という学問が花開くことになります（→5-1）。しかし、遺伝学の黎明期を牽引した実験材料はエンドウではなく、大きさ3㎜程度の小さなハエ、キイロショウジョウバエでした。ショウジョウバエは、飼育が容易であり、1世代が10日と短いのが特徴です。そのため、1年の間に何十回もの交配実験を行ない、何百万匹ものハエを観察することができます。ショウジョウバエは、まさに遺伝学に最適な実験材料でした。現代生物学においても、ショウジョウバエはもっともポピュラーな実験材料のひとつです。近年、さまざまな生物において遺伝子のDNA配列が明らかになり、多くの遺伝子がショウジョウバエと人類の間で共通することが明らかになりました。現在、ショウジョウバエは基礎生物学の分野だけでなく、がんや成人病など、医学の分野でも簡便なモデル生物として広く使われています。

連鎖群の発見

ショウジョウバエを遺伝学のモデルとして確立したのが、アメリカ人研究者のトーマス・モルガンです。彼は何百万匹というハエを観察する過程で、眼の色が違ったり、羽を欠失したりするなど、さまざまな形質をもつ突然変異体を発見しました。これらの変異体の交配実験を繰り返し、変異体の形質を決定する「遺伝子」が、世代を超えて挙動をともにするいくつかの「連鎖群」に分かれることを見出しました（図1）。こういった結果から、連鎖群の物理的実体こそが染色体DNAであり、モルガンの実験は、遺伝子が染色体上に整列しているという「染色体説」の確立に大きな貢献をしました。

図1．交配実験による連鎖の発見

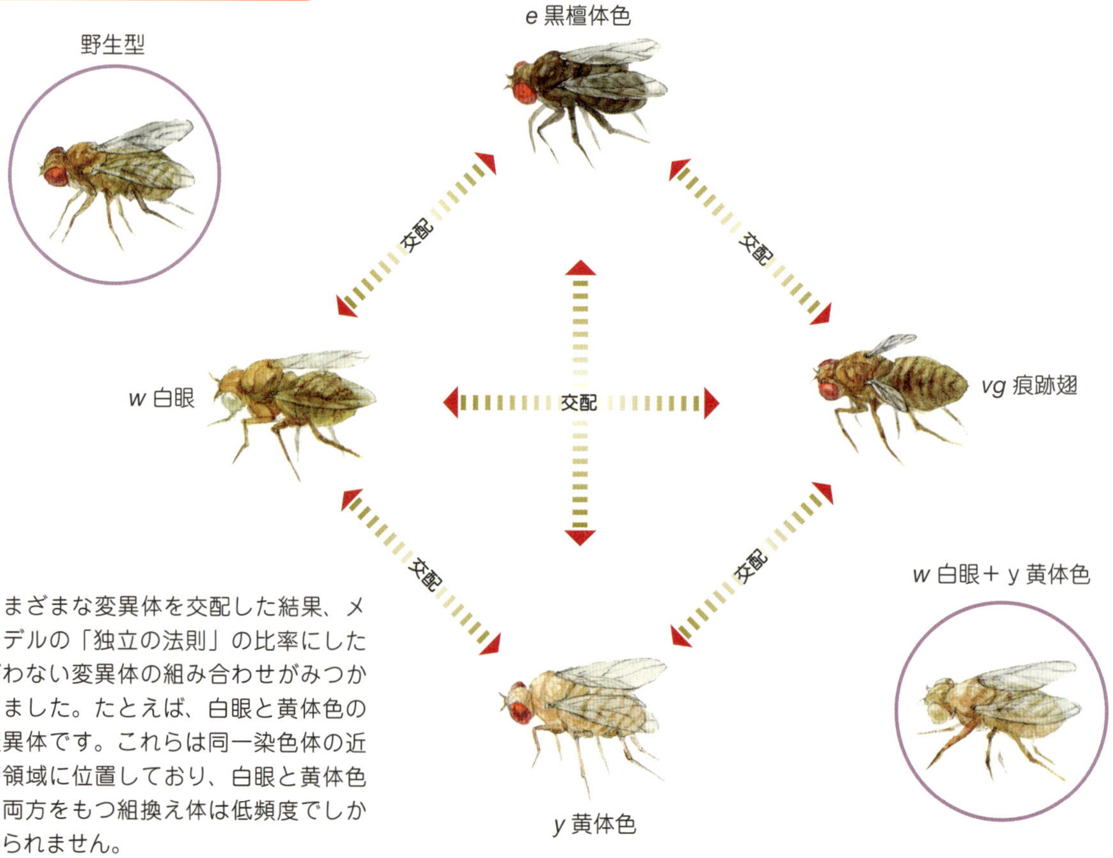

野生型
e 黒檀体色
w 白眼
vg 痕跡翅
w 白眼＋ *y* 黄体色
y 黄体色
交配
交配
交配
交配
交配

さまざまな変異体を交配した結果、メンデルの「独立の法則」の比率にしたがわない変異体の組み合わせがみつかりました。たとえば、白眼と黄体色の変異体です。これらは同一染色体の近傍領域に位置しており、白眼と黄体色の両方をもつ組換え体は低頻度でしか得られません。

染色体地図の作成

ふたつの遺伝子が1本の染色体上にあると仮定して、その遺伝子のあいだで組換え（→4-9）の起こる頻度は、ふたつの遺伝子間の距離に比例すると考えられます。つまり、ふたつの遺伝子が離れているほど組換えの頻度は高くなり、逆に近いほど遺伝子間の組換え頻度は低いことになります。このような遺伝子間の組換え頻度を調べることにより、遺伝子間の相対的な距離を推定することができます。この距離にもとづいて、各染色体上の遺伝子の位置を示したものが染色体地図です。ショウジョウバエでは非常に多くの遺伝子が知られていますが、それぞれの遺伝子の染色体上の位置を4対の染色体ごとに示した染色体地図が作成されています（図2）。

図2．連鎖群にもとづく染色体地図

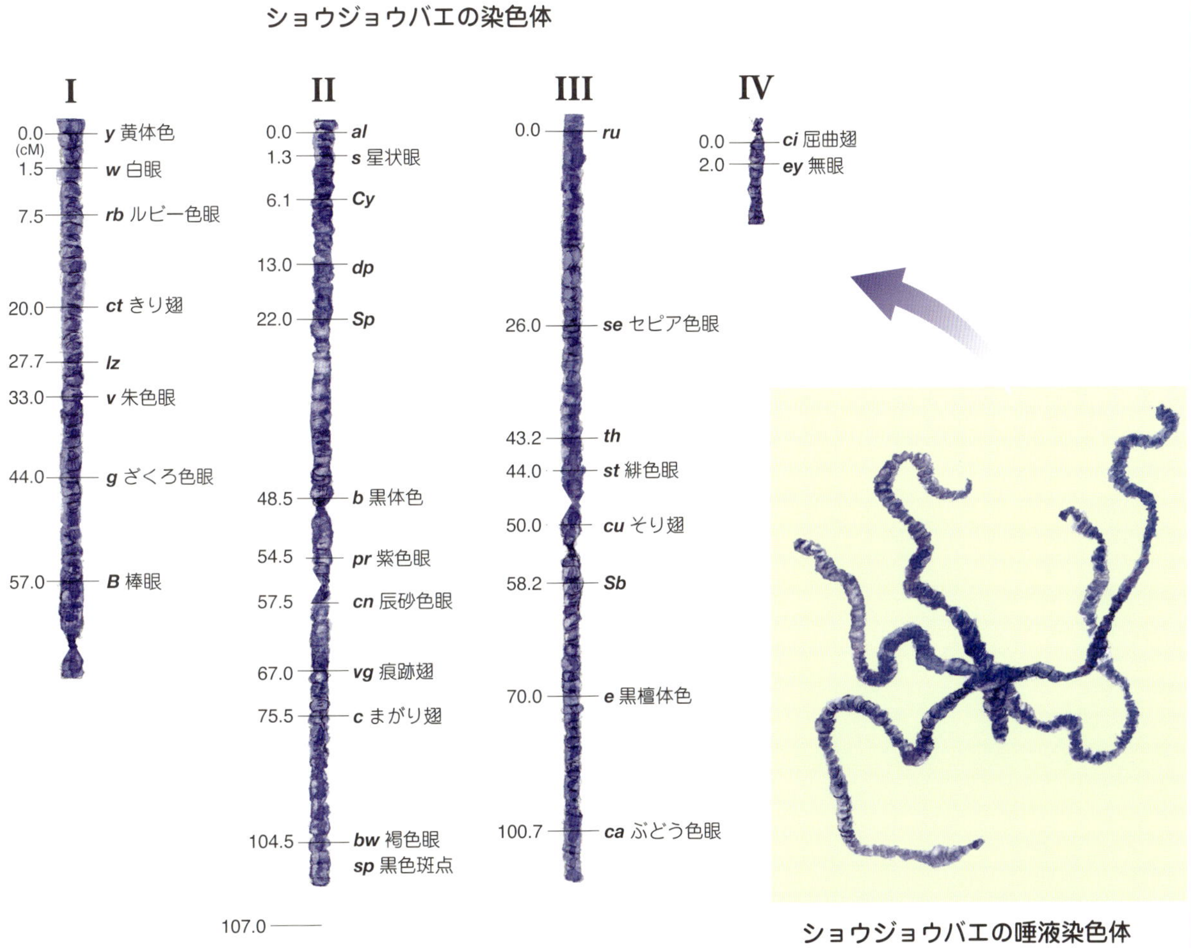
ショウジョウバエの染色体
I
0.0 (cM) y 黄体色
1.5 w 白眼
7.5 rb ルビー色眼
20.0 ct きり翅
27.7 lz
33.0 v 朱色眼
44.0 g ざくろ色眼
57.0 B 棒眼
II
0.0 al
1.3 s 星状眼
6.1 Cy
13.0 dp
22.0 Sp
48.5 b 黒体色
54.5 pr 紫色眼
57.5 cn 辰砂色眼
67.0 vg 痕跡翅
75.5 c まがり翅
104.5 bw 褐色眼
sp 黒色斑点
107.0
III
0.0 ru
26.0 se セピア色眼
43.2 th
44.0 st 緋色眼
50.0 cu そり翅
58.2 Sb
70.0 e 黒檀体色
100.7 ca ぶどう色眼
IV
0.0 ci 屈曲翅
2.0 ey 無眼

各染色体の左側の数値（単位：センチモルガン cM）は、組換え頻度をもとにした相対的な距離を示しています。組換え頻度が高いほど遠くに、低いほど近くになります。

ショウジョウバエの唾液染色体
染色体が分離しないで増殖を行ない、そのまま束のようになります。

遺伝子の実体解明に大きな貢献

トーマス・モルガン（Thomas Hunt Morgan、1866～1945年）

米国の発生学者、遺伝学者。ショウジョウバエからたくさんの突然変異を発見しました。複数の突然変異を用いた交配実験により、突然変異を引き起こす遺伝子の相互関係を解析しました。その結果、モルガンは遺伝子が染色体上に一列に並んでいるという説を提唱するにいたりました。この業績により、1933年にノーベル生理学・医学賞を受賞しました。現在でも染色体上の遺伝子間距離を表わす単位として、彼の名前に由来するセンチモルガン（cM）が使われています。

9-4

線虫遺伝学の貢献

筆者：桂勲

線虫の一種C.エレガンスは、遺伝学の研究に用いられる代表的な研究材料ですが、本格的なモデル生物としての歴史は比較的新しく、1965年に始まります。この頃は遺伝暗号が解読され、「DNA→RNA→タンパク質」という分子生物学のセントラル・ドグマ（中心教義）が実証された時代でした。この研究の流れをみて、分子生物学者ブレナーは、次の目標を「発生や行動の分子レベルでの解明」と考え、研究方法として遺伝学（変異体の分離・解析）と多細胞構造解析を採用し、それに適した実験材料としてC.エレガンスを選びました。

ヒトのモデルとなるC.エレガンス

C.エレガンスは、実験室で多数の個体が簡単に飼え、世代時間が3日と短く、自家受精する雌雄同体と雄がいるので、遺伝学の材料に適しています。また、細胞数が少なく（雌雄同体の体細胞数が959個）、胚・幼虫・成虫（長さ約1mm）がすべて透明で、光学顕微鏡で個々の細胞が同定できる上に、個体差がほとんどないので、構造解析に適しています（図1）。神経、筋肉、腸などももつので、ある程度ヒトのモデルとして使うこともできます。

図1. C.エレガンスの全細胞系譜と体の構造

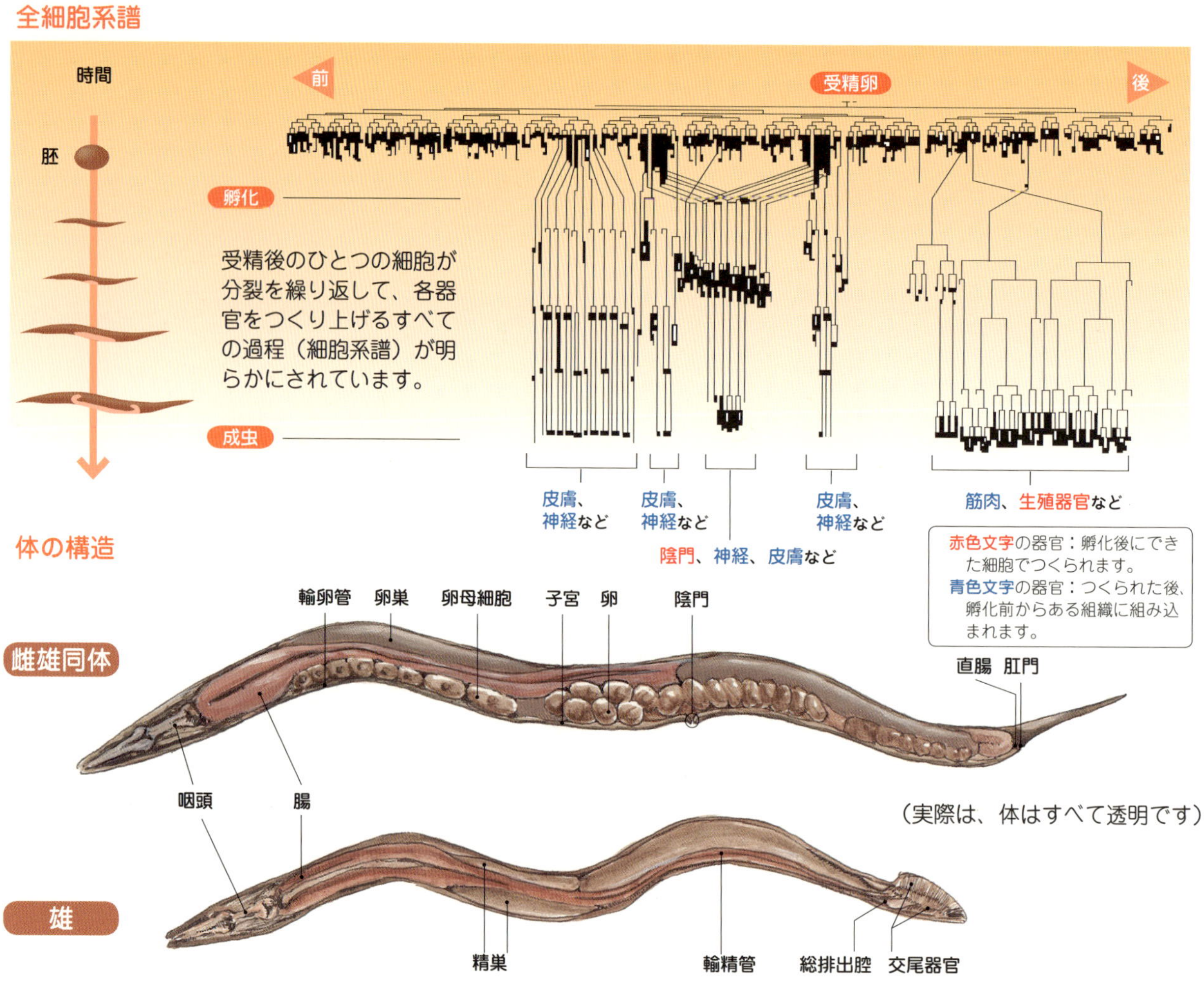
全細胞系譜
時間
胚
孵化
成虫
前
受精卵
後
受精後のひとつの細胞が分裂を繰り返して、各器官をつくり上げるすべての過程（細胞系譜）が明らかにされています。
皮膚、神経など
皮膚、神経など
陰門、神経、皮膚など
皮膚、神経など
筋肉、生殖器官など
赤色文字の器官：孵化後にできた細胞でつくられます。
青色文字の器官：つくられた後、孵化前からある組織に組み込まれます。
体の構造
雌雄同体
輸卵管
卵巣
卵母細胞
子宮
卵
陰門
直腸
肛門
咽頭
腸
（実際は、体はすべて透明です）
雄
精巣
輸精管
総排出腔
交尾器官

ヒトと共通の器官を複数もつので、C.エレガンスの生物としての仕組みを理解することは、ヒトの理解に役立ちます。

モデル生物としての確立

ブレナーの考えに賛同した研究者達は、緊密な協力のもと研究を行ない、多数の変異体を分離すると同時に、全細胞系譜の決定（1983 年）、電子顕微鏡連続切片の解析による全神経回路の解明（1986 年）、全ゲノム配列の決定（1998 年）を行ない、この生物の研究基盤を整備しました。また、技術面においても、顕微鏡下でのレーザー照射による細胞破壊技術（1980 年）、生殖器官への顕微注入による遺伝子導入法（1985 年）、遺伝子ノックアウト法（1993 年）、細胞標識のための *GFP* 融合遺伝子技術（1994 年）、RNA 干渉（RNAi）による遺伝子発現抑制法（1998 年）を確立しました。こうして C. エレガンスは、モデル生物としての位置を確立したのです。

図2．線虫の細胞死の経路

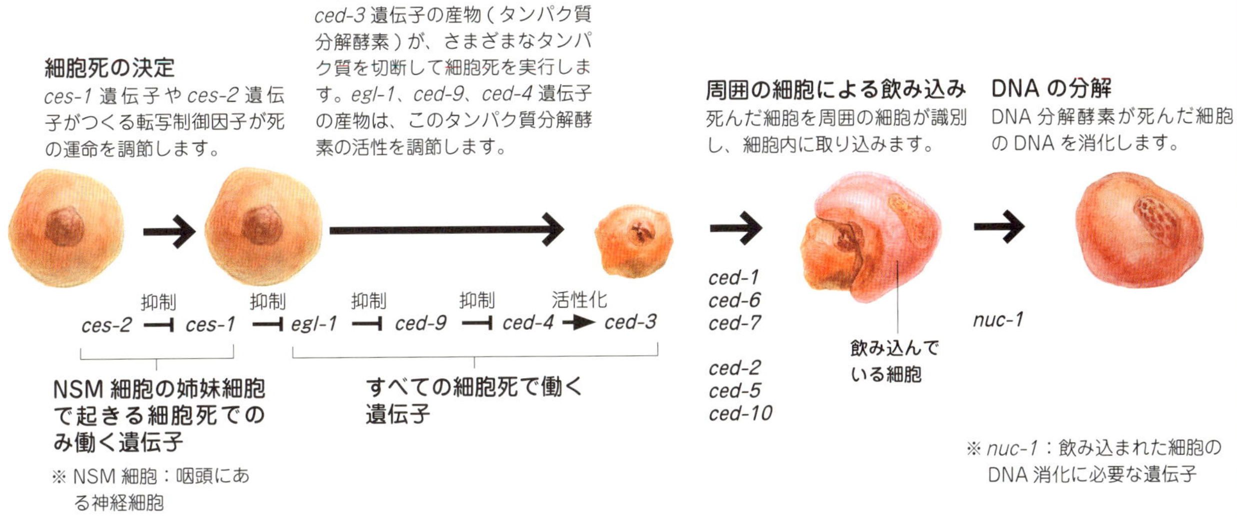
細胞死の決定
ces-1 遺伝子や *ces-2* 遺伝子がつくる転写制御因子が死の運命を調節します。
細胞死の実行
ced-3 遺伝子の産物（タンパク質分解酵素）が、さまざまなタンパク質を切断して細胞死を実行します。*egl-1*、*ced-9*、*ced-4* 遺伝子の産物は、このタンパク質分解酵素の活性を調節します。
周囲の細胞による飲み込み
死んだ細胞を周囲の細胞が識別し、細胞内に取り込みます。
DNA の分解
DNA 分解酵素が死んだ細胞の DNA を消化します。
抑制
抑制
抑制
抑制
活性化
ces-2 ⊣ *ces-1* ⊣ *egl-1* ⊣ *ced-9* ⊣ *ced-4* → *ced-3*
ced-1
ced-6
ced-7
ced-2
ced-5
ced-10
飲み込んでいる細胞
nuc-1
NSM 細胞の姉妹細胞で起きる細胞死でのみ働く遺伝子
※ NSM 細胞：咽頭にある神経細胞
すべての細胞死で働く遺伝子
※ *nuc-1*：飲み込まれた細胞の DNA 消化に必要な遺伝子

プログラム細胞死（アポトーシス）の仕組みは、C. エレガンスの発生の仕組みを理解することによって、初めて明らかになりました。アポトーシスの仕組みは、線虫と哺乳類で共通していると考えられていて、がん研究にとくに貢献しています。

線虫の遺伝学の貢献

2013 年 9 月現在で、6 人の C. エレガンス研究者がノーベル賞を受賞しています。2002 年の生理学・医学賞は、C. エレガンスを新しいモデル生物として確立したブレナー、全細胞系譜を解明し、特定の箇所で細胞死（図2）が起こることを示したサルストン、変異体の分離とクローニングにより細胞死を引き起こす遺伝子をみつけたホルヴィッツの 3 人が受賞しています。また、2006 年の医学・生理学賞では RNAi を発見したファイアーとメロ、2008 年の化学賞では *GFP* 遺伝子を最初に遺伝子発現や細胞標識の道具に使ったチャルフィーが受賞しています。これらの業績は、線虫を使った研究が生物学全体や医学などへの応用に貢献できることを示しています。これらの業績以外にも、変異体の解析により、miRNA（マイクロ RNA）の機能、細胞分化、細胞移動、細胞極性、細胞内シグナル伝達、シナプス放出、神経突起成長、老化、行動とその可塑性など、多様な分野で優れた研究が数多くあります。さらに、網羅的 RNAi により、細胞分裂、細菌耐性（自然免疫）、脂質代謝制御、ストレス応答などの分野でも、遺伝子を基盤とした研究が実を結びつつあります。

発生と行動・神経系の研究を目指し線虫 C. エレガンスに注目

シドニー・ブレナー（Sydney Brenner、1927 年～）

南アフリカ生まれの分子生物学者。大学卒業後イギリスにわたり、オックスフォード大学の大学院生やケンブリッジ MRC 分子生物学研究所の研究員（1979 ～ 86 年に所長）として、ファージを材料とした研究で mRNA（**→ 4-5**）の発見、終止コドン（**→ 4-4**）の解明などの業績を上げました。1965 年に発生と行動・神経系の研究を目指し、研究材料として線虫 C. エレガンスを取り上げましたが、この分野は多くの優秀な研究者の参加により大きく発展しました。1990 年にはファージと線虫の両方の業績で京都賞、2002 年には線虫の研究でノーベル生理学・医学賞を受賞しています。2001 年以降は、米国ソーク研究所に活動の拠点を移し、沖縄科学技術研究基盤整備機構理事長なども兼務しています。

9−5

シロイヌナズナ遺伝学の貢献

筆者：角谷徹仁

シロイヌナズナ（学名：*Arabidopsis thaliana*）は、アブラナやキャベツやダイコンに近縁の野草です（図1）。この植物は遺伝学の研究材料として用いられ、植物遺伝学の発展に貢献してきました。また植物のみならず、他の生物にまで共通した機構の研究にも貢献しています。

モデル生物としての利点

遺伝学のモデル的な研究材料としてこの植物が選ばれたのは、世代時間が短い、植物体が小さい、といったことが利点となるためです。1世代の時間が約1ヵ月と短いため、遺伝学に適します。植物体が小さいため、実験室内や寒天プレートの上でも、多くの個体を簡単に育てることができます（図2）。また、シロイヌナズナは他の多くの植物種とくらべて、ゲノムが小さいことが分かっています。ただし、遺伝子の数は、他の植物とくらべて、それほど少ないわけではありません。ゲノムがコンパクトなのは、ゲノム中での遺伝子の割合が大きく、反復配列の割合が小さいことを反映しています。ゲノム中に反復配列（→**4-10**）が少ないのも、分子遺伝学を行なう際の利点となります。2000年には植物ではじめて、ゲノムの全塩基配列が決定されました。

図1．シロイヌナズナの標準系統 Columbia

発芽後およそ1ヵ月で開花が始まり、連続して開花を続けるため、多くの種子が得られます。

図2．モデル生物としての利点

シロイヌナズナを室内で育てているところ
数段の棚に蛍光灯をつけることで、多数の個体を育てることができます。

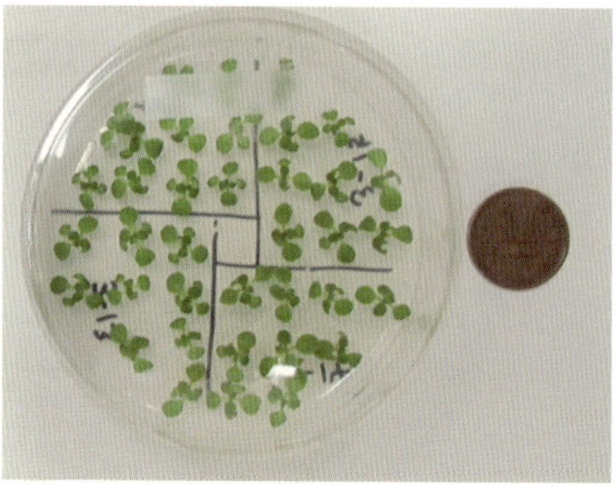

シロイヌナズナを寒天培地上で育てているところ
環境が一定なので変異体の選抜などに用いられます。

植物生理学や発生生物学への貢献

近年特に進んだのは、植物の個体発生の仕組みの遺伝学的研究です（→**6-4**）。また、植物生理学の問題の解明においても、シロイヌナズナの遺伝学が貢献しています。たとえばオーキシンやジベレリンやエチレンといった生長制御物質を与えても応答しない変異体を選抜することで、これらの物質を認識し、応答する経路の仕組みが分かってきました。開花時期の変化する変異体を調べることで、開花時期を制御する仕組みも分かってきました。

環境応答研究への貢献

植物は動物と異なり、生活場所をほとんど移動できません。そのせいもあって、環境刺激に対する応答の仕組みが発達しています。たとえば、光がない環境では植物は長く伸びて、「もやし」状になります（図3）。これは、地中から伸び出して、光のあたる場所に葉をつくるのに役立ちます。このような光の有無に対する応答が変化した変異体が得られており、この変異体を用いたアプローチで、光に対する応答経路の仕組みも解明されてきています（図3）。また乾燥や温度変化に対する応答の仕組みについても、変異体を用いたアプローチで解明されてきています。

図3．光に対する応答の変化

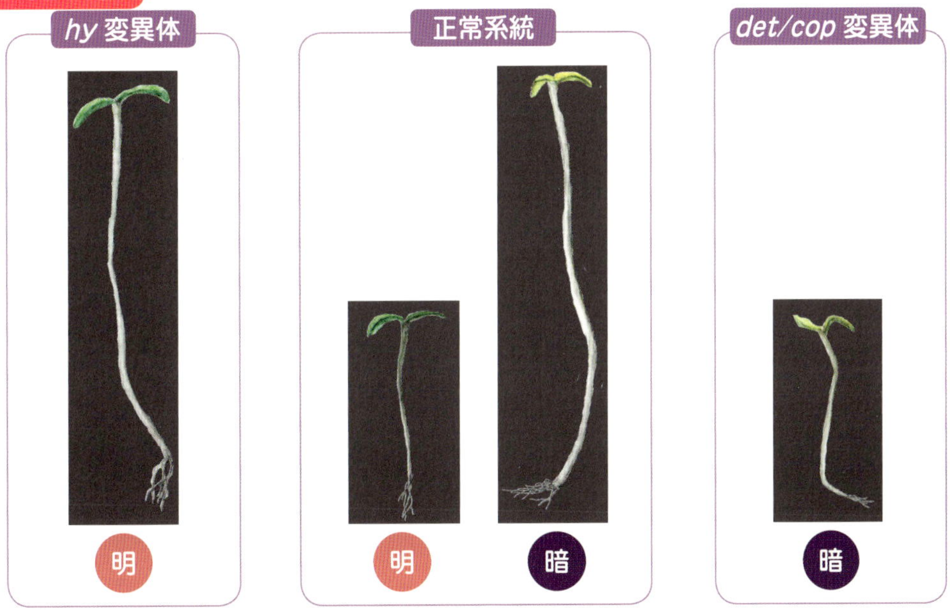
hy 変異体
正常系統
det/cop 変異体
明
明
暗
暗

正常系統は、光のある条件では短く、光がないと長くなります（「もやし」になります）。光があっても長くなる変異体（*hy* 変異体）や、光がなくても短い変異体（*det/cop* 変異体）が多数みつかっており、これらを用いて、光による形態形成の制御機構の研究が進んでいます。

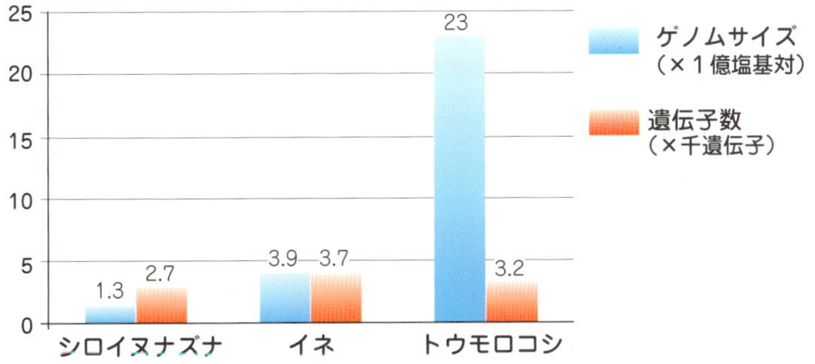
25
20
15
10
5
0
23
1.3
2.7
3.9
3.7
3.2
シロイヌナズナ
イネ
トウモロコシ
ゲノムサイズ
（×1億塩基対）
遺伝子数
（×千遺伝子）

ゲノムサイズと遺伝子数の比較
シロイヌナズナのゲノムはコンパクトですが、遺伝子の数は他の植物とそれほど変わりません。シロイヌナズナのゲノムでは遺伝子の密度が高いことを反映しています。

遺伝研究全般への貢献

植物に固有の現象を扱うだけでなく、他の生物にまで保存された遺伝現象を扱う研究にも用いられています。特に植物は動物とくらべて、染色体数の異常や、エピジェネティックな修飾（→**6-8**）を制御する因子の突然変異など、大規模なゲノム構造の変化が起きても生存可能な場合が多いので、動物も含めた基礎的な遺伝現象の研究に使う際にも有力な研究材料です。

9－6

酵母遺伝学の貢献

筆者：古谷寛治

酵母はカビ、キノコと同じ真菌の仲間です。よくみられるカビやキノコは、管状に細胞が連なった「菌糸」とよばれる構造をつくりながら増殖します。一方、単細胞のままで増殖する真菌を「酵母」とよびます。酵母は発酵能力にすぐれ、人間は古くから酒造りなどを通じて利用してきましたが、それだけではありません。20 世紀半ばに入ってからは、生命科学の基礎研究にも貢献してきました。その理由は、酵母は増殖力に優れ、扱いやすかったからだけではなく、一倍体としても生育するため遺伝学に適しているからであり、真核細胞に共通の基本原理を理解するのに格好のモデル生物だったのです。

酵母は遺伝学に適している

酵母は一倍体としても増殖します。一倍体には、ひとつの細胞内に遺伝子が 1 コピーずつしかありません。したがって、劣性の変異が遺伝子に引き起こされた場合でも、表現型として現われます。これは順遺伝学（→ **11-5**）を行なう上で非常に便利です。また、酵母では異なる変異体を交配させて、複数の遺伝子座に変異をもつ多重変異体の胞子をつくらせることもできます（図 1）。その胞子をマイクロマニピュレーター（微生物、動植物細胞などに直接接触して処置を行なう装置）で分離させたのちに発芽させ、再び増殖させる事も可能です。解析したい遺伝子をのせることのできるベクターや、その形質転換法が開発され、酵母細胞内への遺伝子導入が自在にできるようになりました。さらに、ゲノム上の任意の遺伝子を、変異型の遺伝子と相同組換え（→ **3-2**）によって置換させることもできます。これらは非常に簡単な操作で任意の変異体を作製でき、逆遺伝学（→ **11-6**）も短期間で行なえます。

図 1. 酵母の多重変異体の作成

酵母は「掛け合わせ」をすることで異なる変異をもつ細胞を交配することが容易にできます。減数分裂時の交叉によってある確率で二重変異株を作製することができます。

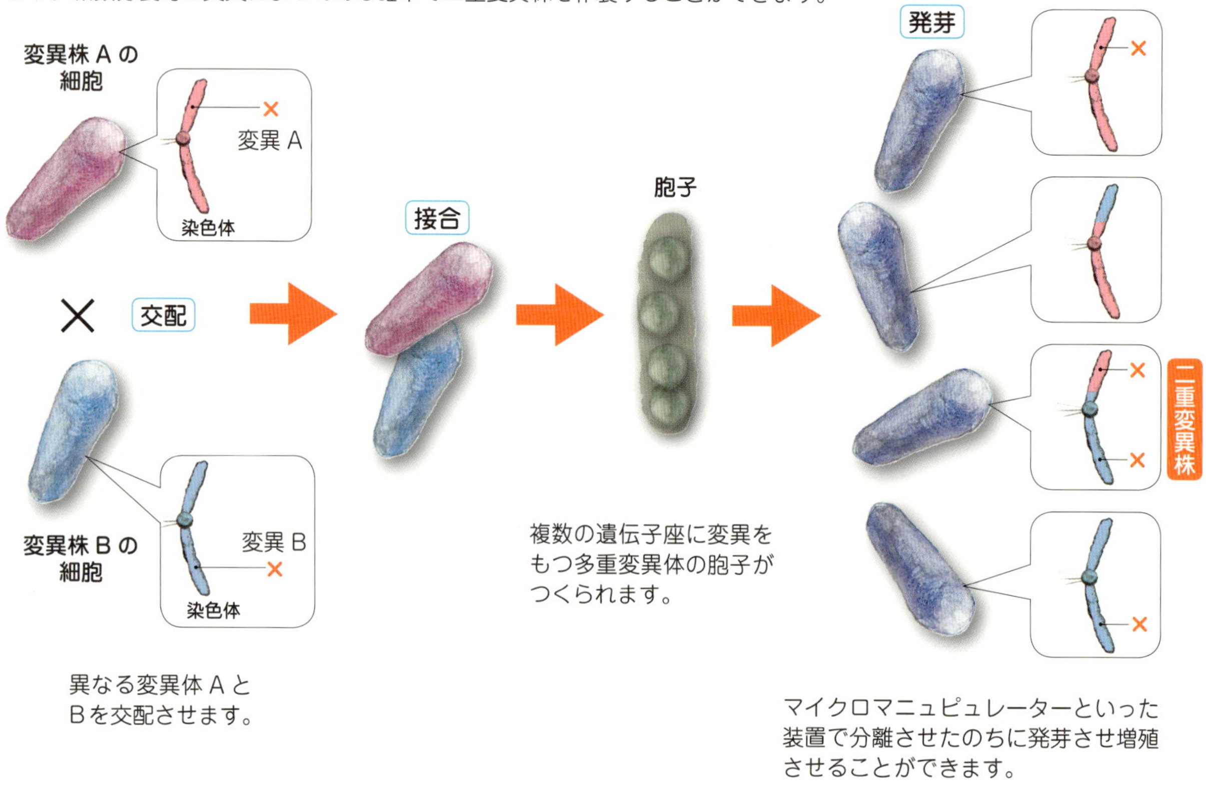

変異株 A の細胞
変異 A
染色体
×
交配
変異株 B の細胞
変異 B
染色体
異なる変異体 A と B を交配させます。
接合
胞子
複数の遺伝子座に変異をもつ多重変異体の胞子がつくられます。
発芽
二重変異株
マイクロマニュピュレーターといった装置で分離させたのちに発芽させ増殖させることができます。

酵母のモデル生物としての実績

遺伝子の機能を同定するうえで、変異株のスクリーニング（ゲノムから目的の遺伝子を探し当てること）は威力を発揮します。1970年代頃から、特定の形質を指標にして、変異体の単離がさかんに行なわれました。この単離によって、その後、変異の原因遺伝子が同定されました。原因遺伝子の同定は、ランダムに染色体DNAの断片を変異株に導入した後、変異株にみられる形質が回復されるDNA断片を単離することでできます。たとえば、出芽酵母の*rad9*変異株からは、染色体DNAに傷が入った時に細胞分裂を一休みさせる遺伝子が同定されました（図2）。また、細胞が分裂を停止する変異株である分裂酵母の*cdc2*変異株では、細胞周期の分裂期（M期）を開始するのに必要な遺伝子が変異していることが分かりました。それらの相同遺伝子は全てヒトにも存在しており、酵母を解析することで発見された多くの知見が、がん研究などの医学研究に影響を与えました。

図2．遺伝学的スクリーニング――*rad*変異株の例

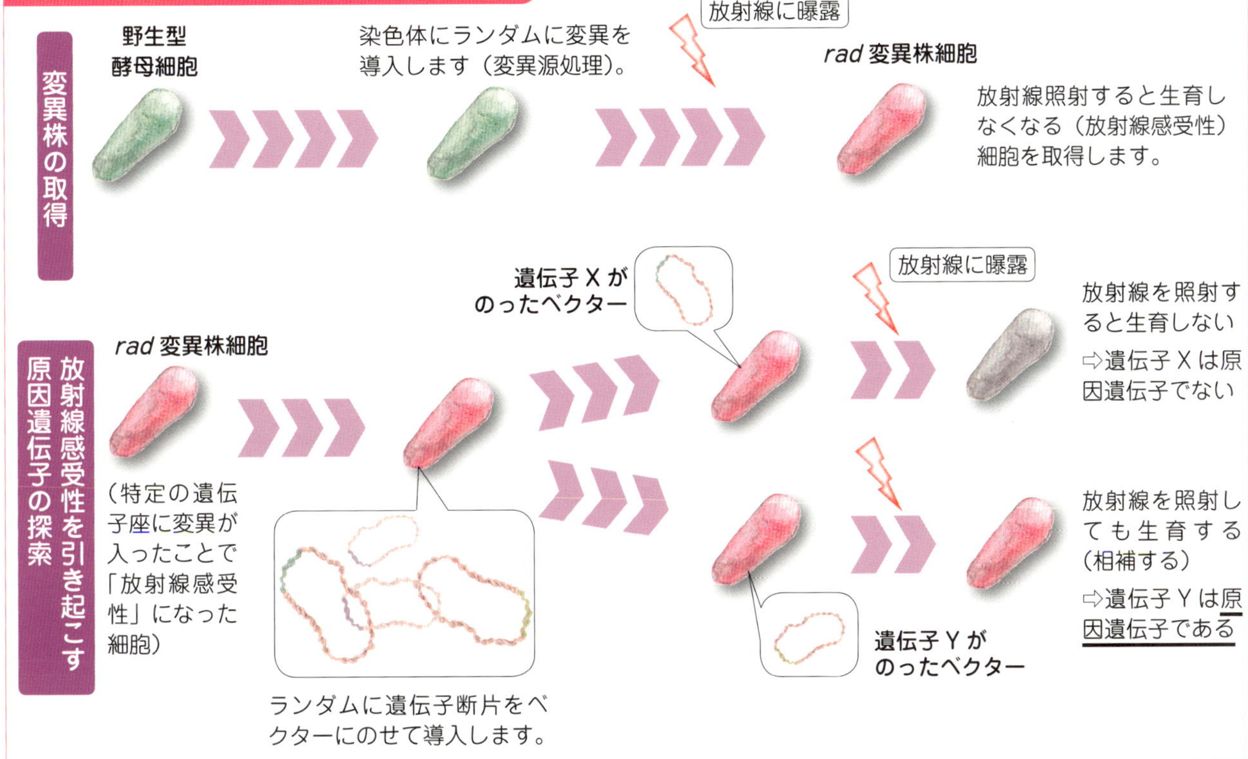

出芽酵母と分裂酵母

研究に用いられる酵母には、出芽酵母と分裂酵母があります（図3）。出芽酵母は球状の形をしており、発芽するようにして細胞分裂を行ないます。分裂酵母は細長いシリンダー状の形をしていて、細胞が伸張した後、中央に隔壁が入ることで、ふたつの細胞に分裂します。醸造業などの産業では、出芽酵母が主に用いられています。生命科学の基礎研究の分野では、DNA複製（→**4-8**）や細胞内輸送（→**3-7**）の研究分野で、出芽酵母によって多くの知見が得られました。減数分裂期（→**3-2**）や有糸分裂期の染色体の動きに関する研究は、分裂酵母によってけん引されてきました。

図3．出芽酵母と分裂酵母の分裂

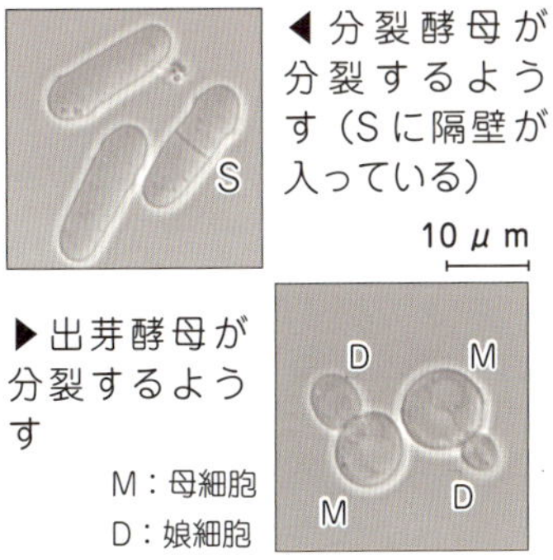

◀分裂酵母が分裂するようす（Sに隔壁が入っている）

▶出芽酵母が分裂するようす

M：母細胞
D：娘細胞

これからの酵母遺伝学による貢献

出芽酵母において、他の生物種に先んじて全ゲノムのDNA配列が同定され、全遺伝子数が決定されました。後に、分裂酵母においても行なわれました。全遺伝子が、それぞれひとつずつ機能を失った変異株をはじめとした全遺伝子解析のための研究システムも開発され、さまざまな網羅的な遺伝的解析がなされました。それらのデータのウェブサイトを通じた公開のモデルとしても先駆けており、これからも新しい情報が酵母研究から発信される事が期待されています。

9－7

大腸菌遺伝学の貢献

筆者：仁木宏典

大腸菌は細菌の仲間で、ひとつの細胞（単細胞）でできています。名前が示すように、ヒトなどの動物の大腸に棲みついている腸内細菌の一種です。生物のもつ形質が世代を超えて伝えられることを研究する学問を「遺伝学」といいますが、その端緒を開いたのが19世紀半ばにエンドウの交配実験を行なったメンデル（→6-1）です。それから約100年後、ハーシーとチェイスが大腸菌を使った研究によってDNAが遺伝物質であることを示したのと前後して、遺伝学は大腸菌をモデル生物とすることで分子遺伝学・分子生物学へと大きな発展を遂げました。

大腸菌は遺伝学に適している

大腸菌などの細菌は真核生物と異なり、一倍体（遺伝子が基本的に1コピーずつしかない）で増殖します。そのため、ある遺伝子の変異が表現型として現われやすくなります。また、大腸菌は飼育が容易であり、最適な条件下では20分に一度分裂して個体数が2倍になるなど、増殖がはやい生物です。そのため、寒天で固めた栄養源の上に、「コロニー」とよばれるひとつの細胞に由来する細胞集団が一晩で目で確認できるようになります。大腸菌は、任意の遺伝子を導入することによって、大腸菌の遺伝子の性質を変えることができ（形質転換）、遺伝子が導入された大腸菌を選択することも、薬剤を用いることによって容易に行なえます。かつては大腸菌に感染するウイルスであるファージを使って形質転換を行ないましたが、現在では「プラスミド」（図1）とよばれるゲノム外の環状《かんじょう》DNAを取り出して目的の遺伝子を挿入し、再び大腸菌に戻す手法が一般的です。また、プラスミド上の機能を失わせた遺伝子とゲノム上の遺伝子を、相同組換え（→3-2）によって交換することもできます。これらの技法を用いることによって、大腸菌においては任意の遺伝子の機能を調べることが早く簡便に行なえるようになりました。その結果、多くの遺伝学研究者がこぞって大腸菌をモデル生物に選び、さらに遺伝学の発展が加速されることになったのです。

図1．外来遺伝子のクローニングとタンパク質の生産

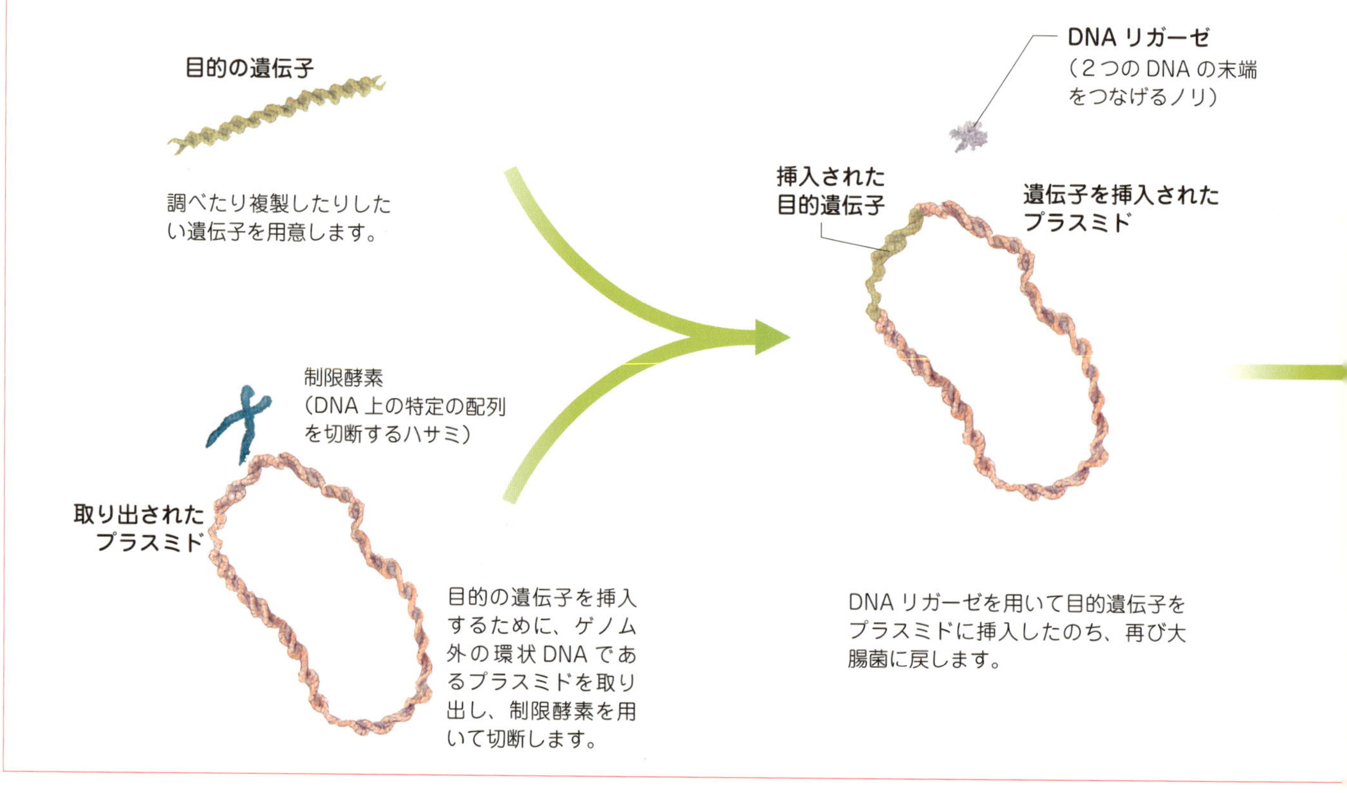
目的の遺伝子
調べたり複製したりしたい遺伝子を用意します。
制限酵素
（DNA上の特定の配列を切断するハサミ）
取り出されたプラスミド
目的の遺伝子を挿入するために、ゲノム外の環状DNAであるプラスミドを取り出し、制限酵素を用いて切断します。
DNAリガーゼ
（2つのDNAの末端をつなげるノリ）
挿入された目的遺伝子
遺伝子を挿入されたプラスミド
DNAリガーゼを用いて目的遺伝子をプラスミドに挿入したのち、再び大腸菌に戻します。

図2 DNAが遺伝物質であることの証明

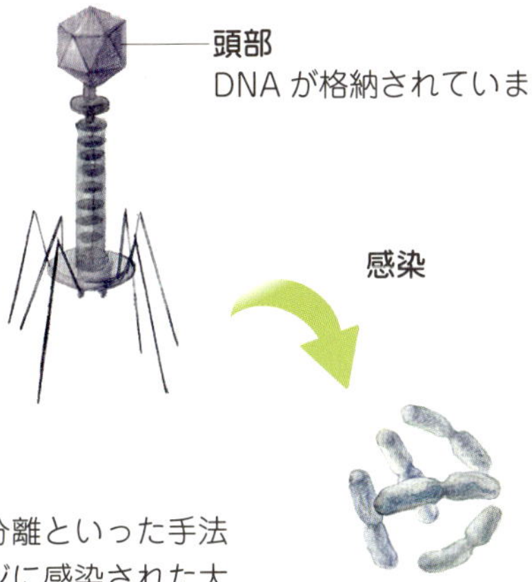
頭部
DNAが格納されています。
ファージ
ファージはタンパク質とDNAのみからできています。
感染
大腸菌

放射性標識や遠心分離といった手法によって、ファージに感染された大腸菌のなかにはDNAが注入されていたことが分かり、DNAが遺伝子物質であることが証明されました。

大腸菌遺伝学で明らかにされたこと

遺伝現象を担う物質がDNAであることは、1950年頃に大腸菌とファージを使った形質転換の実験で証明されました（図2）。それまではタンパク質が遺伝物質であると信じられていました。さらに、遺伝の本質ともいえるDNAが正確に複製される仕組み（**→4-8**）、DNA複製と協調して細胞が分裂する仕組み（**→3-2**）、DNAからmRNA（**→4-5**）が転写される仕組み（**→5-5**）、さらにmRNAがタンパク質に翻訳される過程（**→5-7**）など、およそ全生物が普遍的にもつはずの重要な代謝過程の多くが大腸菌をモデル生物にした研究で初めて明らかになり、その後、真核生物における同様の研究の礎となりました。

バイオテクノロジーへの貢献

大腸菌遺伝学で培われた数多くのDNA工学技術は、今日の産業分野でも広く用いられ、有用物質の生産に貢献しています。なかでももっとも重要な技術は、遺伝子をプラスミドに挿入し、それをベクター（運び屋の意味）として大腸菌に導入して増やす技術（クローニング）です。これは、大腸菌において制限酵素（特定の配列でDNAを切断するはさみ）やDNAリガーゼ（ふたつのDNAの末端をつなげるのり）が発見されて初めて可能になりました。この技術の開発によって、ヒトなど異種生物のもつ有用な遺伝子を大腸菌でクローニングして、大量にタンパク質として発現させることができるようになりました。ヒト成長ホルモンや血糖値を下げるホルモン（インスリン）などは、この方法を用いて大腸菌を使って生産されています。また、クローニングした遺伝子を改変し、有用な遺伝子組換え植物・動物を作出する際にも必要な技術となっています。

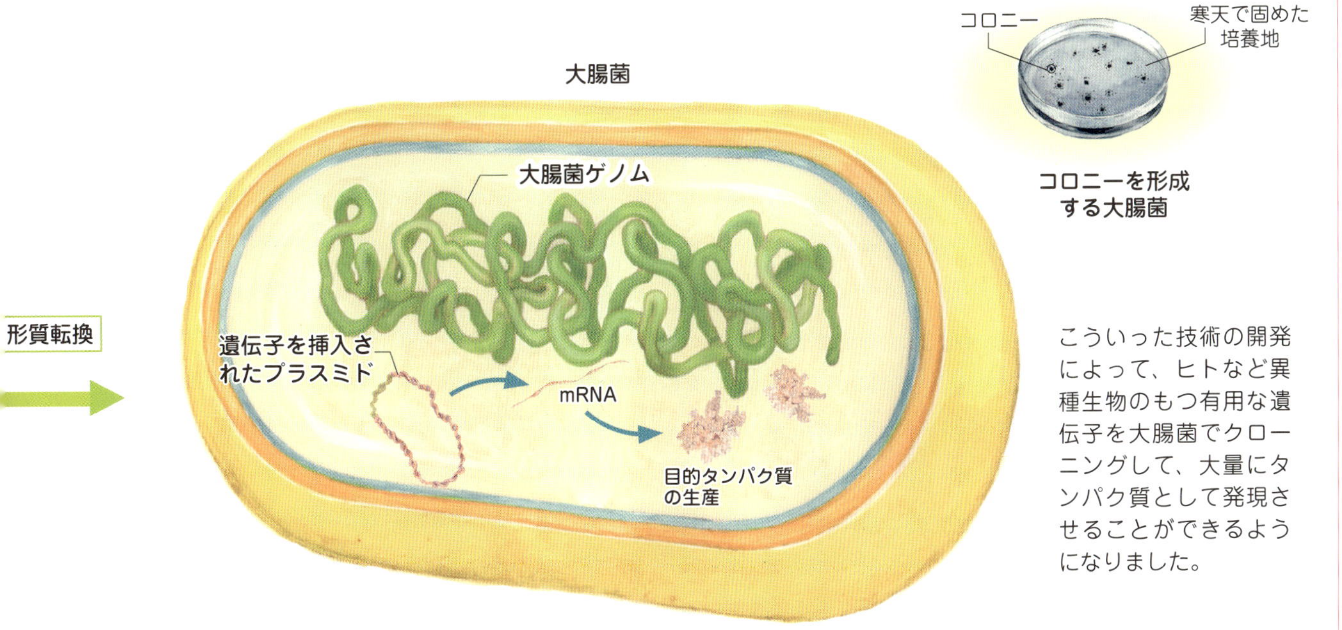
形質転換
大腸菌
大腸菌ゲノム
遺伝子を挿入されたプラスミド
mRNA
目的タンパク質の生産
コロニー
寒天で固めた培養地
コロニーを形成する大腸菌

こういった技術の開発によって、ヒトなど異種生物のもつ有用な遺伝子を大腸菌でクローニングして、大量にタンパク質として発現させることができるようになりました。

プラスミドに導入された遺伝情報はmRNAを介して、目的タンパク質を生産させることができます。

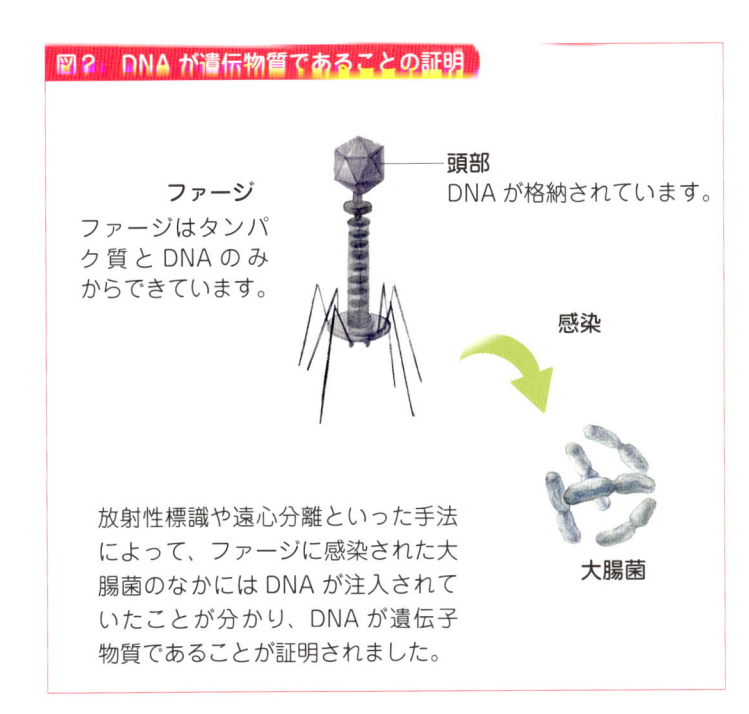

第III部 人間と遺伝子のかかわり

【第10章】生活と遺伝子

現在では研究機関だけでなく、私たちの生活のなかでも、遺伝子を扱う技術がさまざまな分野で役立てられています。たとえば植物・動物の品種改良によって、質・量ともに私たちの食生活は改善され、また遺伝子導入技術によって、従来の医療技術では難しかった疾患の治療などが試みられています。この章では、そのような遺伝子操作技術の具体的な内容を解説するとともに、塩基配列を利用した生物種の分類方法や、微生物の生産する有用物質などを紹介します。

1985 年、レスター大学のジェフリーらが『Nature』に発表した論文が、今日の DNA 鑑定への道を拓きました。ゲノム中の 15 ～ 60 の塩基を単位とする繰り返し配列に注目し、この回数が個人によって異なることから、各個人に特有な「DNA 指紋」という用語を提案しました。これによって、親子鑑定や法医学に利用できると主張しました。

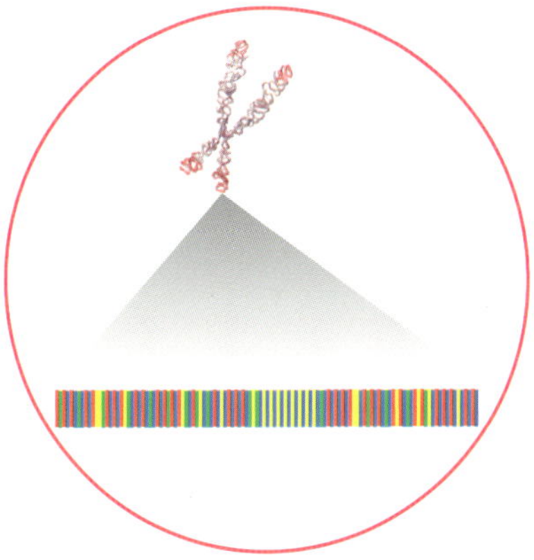

10－1

植物の品種改良
――イネを中心に

筆者：野々村賢一

およそ１万年前、穀物の栽培化が始まりました。それ以来、人類は長い年月をかけて優良な植物遺伝子の選抜、すなわち品種改良を繰り返してきました。特に焦点となった改良点は「倒伏」と「脱粒」です。倒伏とは、穂が自らの実の重みで倒れることで、脱粒とは、穂から実が落ちてしまうことです。どちらも高収量を目指すには、取り去るべき性質です。ここでは私たちの生活に身近なイネを中心に、栽培化過程および近代育種において重要な役割を果たしたいくつかの遺伝子を紹介します。

脱粒性遺伝子と収量

自然界において脱粒性、すなわち種子が落ちやすい性質は、子孫を繁栄させるために必要な性質ですが、作物としては収量の減少につながる悪い性質であり、代表的な栽培化形質のひとつです。イネで解析が進んでいる脱粒性遺伝子 *sh4* および *qSH1* は、いずれも DNA に結合して標的遺伝子の活性化をうながす因子（転写因子）として働くと推測されます。両遺伝子とも種子の付け根で、脱粒する際にできる細胞層（離層）の形成をうながします。ジャポニカ栽培イネでは、*qSH1* 遺伝子の活性が低いため離層が形成されず、インディカ栽培イネより脱粒しにくくなります（図１）。

図１．離層を形成させる脱粒性遺伝子 *qSH1*

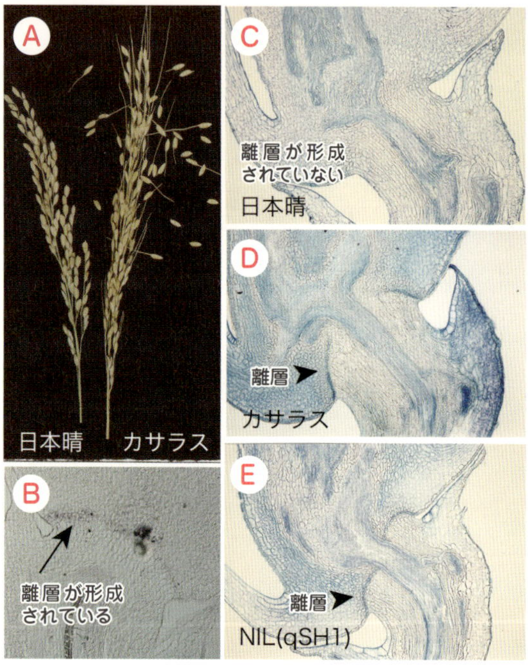

A. ジャポニカ栽培品種「日本晴」とインディカ品種「カサラス」は脱粒性が大きく異なります。B. 脱粒性品種のカサラスでは種子の付け根で *qSH1* 遺伝子が発現します（矢印）。C. 脱粒性遺伝子が活性せず離層が形成されていません。D. 脱粒性品種のカサラスでは、*qSH1* 遺伝子の効果により種子の付け根に離層が形成されます。E. 日本晴に *qSH1* を導入すると離層が形成されます。

雄性不稔性の多収性向上への利用

遺伝的に離れた植物体どうしを交配すると、その子供は両親よりも強くたくましくなる傾向があります。これは「雑種強勢」（ヘテロシス）とよばれ、収量など農業形質の改良に利用されている性質です（図２）。しかしその効果は１代限りで、次世代には遺伝しません。トウモロコシでは、母株の雄花を機械的にちぎり、雌花に遠縁種の花粉のみを受容させて雑種種子を生産します。しかし両性花をもつ自殖性植物では特別な方法が必要で、しばしば「雄性不稔性」が利用されます。イネで起こる雄性不稔は、花粉の成長を助ける細胞（タペート細胞）のミトコンドリア（→**3-8**）で発現する *atp6-orf79* 遺伝子産物が、タペート細胞の発生を阻害するため、花粉ができず雄性不稔になります（細胞質雄性不稔）。また、雄性不稔を回復する場合には、*atp6-orf79* の mRNA（→**4-5**）を切断する機能をもつ *Rf1* 遺伝子が導入されます。現在では、中国を中心にイネのヘテロシス育種が行なわれ、収量の向上に大きく貢献しています。

図２．雑種強勢による植物体の強化

ジャポニカ栽培品種（左）とアフリカの栽培品種（右）を掛け合わせると、子供は両親よりも大きくて丈夫になります（中央）。

図3．半矮性遺伝子による伸長の抑制

半矮性遺伝子 *sd1* をもたないイネ
茎が伸長し、子実の重さによって倒れやすくなります。

半矮性遺伝子 *sd1* をもつイネ
茎の伸長をうながすジベレリン反応が抑えられ、背丈が低く、倒れにくくなっています。

「緑の革命」と半矮性遺伝子

人類が追求し続ける作物の収量性が向上すればするほど、子実の重さに耐えかねて植物体が倒れる危険性が高まります。そこで倒れづらい、背が低い品種の開発が重要になります。1940～50年代にかけて、半矮性遺伝子 *rht1*、*rht2* を導入したコムギが開発され、化学肥料の大量投入と組み合わせた高収量化に成功しました。ちなみに *rht1*、*rht2* は、岩手県農業試験場で育成された「農林10号」を、第二次世界大戦後に連合国最高総司令部（GHQ）がアメリカに送り、開発されたものです。イネでも1960～70年代にかけて、半矮性遺伝子 *sd1* の導入によって、高収量化を達成しました（図3）。これらの取り組みは世界の食糧事情を大きく好転させ、後に「緑の革命」とよばれました。これらの遺伝子は、茎や葉の伸長をうながす効果のある植物ホルモン、ジベレリンの生合成系（*sd1*）あるいは信号伝達系（*rht1*、*rht2*）で働き、遺伝子活性が低下するとジベレリン反応が起きなくなるため、茎葉が短くなることが分かっています。

品種改良の今後

ここで取り上げた遺伝子を含め、品種改良に利用される遺伝子の多くは、自然に生じた突然変異（自然変異）です。人為変異と異なり、自然変異は長い時間をかけて環境に適応して生き残った「ほどよい」変異であるため、育種への利用に適します。しかし、たとえば病虫害抵抗性品種では、病原菌や害虫側の遺伝子型の変化が早く、抵抗性が無効になってしまう危機に常にさらされています。有用な自然変異を豊富に含む野生種や在来栽培種などの遺伝子資源を人類共通の財産として大切に保存し、育種素材の供給源として活用していく不断の取り組みが今後ますます重要になるでしょう。

「緑の革命」を起こした高収量コムギ品種を育成

ノーマン・ボーローグ（Norman Ernest Borlaug、1914～2009年）

メキシコの国際トウモロコシ・コムギ改良センター（CIMMYT）において、1960年代に多くの高収量コムギ品種を育成しました。後に「緑の革命」とよばれる飛躍的なコムギの増産に貢献した功績が認められ、1970年にノーベル平和賞を受賞しています。

10－2

動物の品種改良

筆者：田村勝

品種改良とは、学術的な用語では「育種」という言葉に含まれます。その意味は、人間にとって都合のよい、より有益な形質・表現型を増強するように人為的・優先的に後代に残し、利用することを指します。野生の動物を飼育しやすいように「家畜化」することも品種改良の一部です。動物の品種改良で理解しやすい例として、ウシやブタなどの家畜のおいしい肉質や、より多い乳量を示す個体を得るために、さまざまな品種のかけ合わせを行ない、もっとも目的に合う個体を選別し、それらを優先して維持してきたことをあげることができます。しかし、品種改良は食品分野に限ったものではなく、基礎科学分野、医学分野においても利用されてきました。また、イヌやネコなどの珍しい色・模様・形に着目した愛玩動物（ペット）においても品種改良が行なわれています。また競走馬のサラブレッドは、速く走ることに特殊化したもっとも品種改良が進んだ例としてあげられます。

図．動物の品種改良
——交雑とバイオテクノロジー

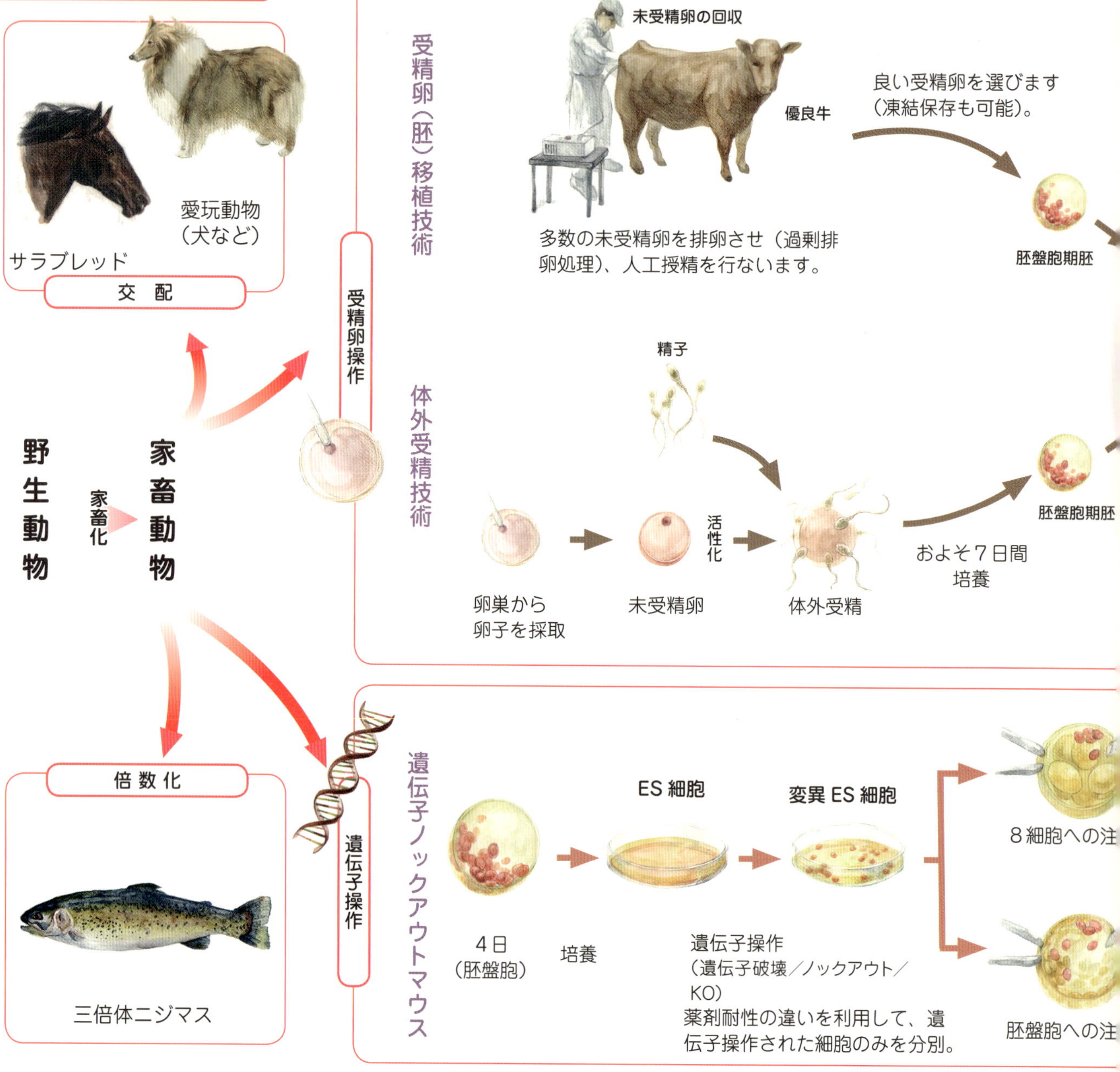

愛玩動物
（犬など）
サラブレッド
交　配
野生動物
家畜化
家畜動物
倍数化
三倍体ニジマス
受精卵操作
遺伝子操作
受精卵（胚）移植技術
未受精卵の回収
優良牛
多数の未受精卵を排卵させ（過剰排卵処理）、人工授精を行ないます。
良い受精卵を選びます
（凍結保存も可能）。
胚盤胞期胚
体外受精技術
精子
活性化
卵巣から
卵子を採取
未受精卵
体外受精
およそ７日間
培養
胚盤胞期胚
遺伝子ノックアウトマウス
ES 細胞
変異 ES 細胞
４日
（胚盤胞）
培養
遺伝子操作
（遺伝子破壊／ノックアウト／KO）
薬剤耐性の違いを利用して、遺伝子操作された細胞のみを分別。
８細胞への注
胚盤胞への注

交雑による品種改良

動物の品種改良法として一般に用いられ、かつ基本的な方法が、「交雑」を用いた品種改良です。この方法は、目的とする形質を基準に交雑親系統を選ぶことによって、ある程度えられる形質を予測することができます。時には交雑によって引き起こされる突然変異を選択し、その表現型を目印に交配を重ね、新しい品種をつくり出します。また、倍数体を用いた品種改良法は、主に魚類において利用されています。マスやアユなどの魚類も人と同様に雄（父）親から n、雌（母）親から n の染色体を受け継ぎ、2n の核型をもっています。マスやアユなどの受精卵に、ある処理を行なうと 3n の個体が得られ、成魚は大型化します。これは食用魚として有益な形質であり、一般に味もよいとされています。

バイオテクノロジーによる品種改良

バイオテクノロジーを用いた手法は、もっとも強力な品種改良方法のひとつです。優良な動物個体の体細胞核を用いて、そのクローン動物を作出することは、1 度に多くの有益動物を得ることができます。特にウシなど 1 度に 1 頭出産し、また妊娠期間も長い動物種にとっては有効な方法です。胚性幹細胞（ES 細胞）（→ **2-9**）を用いた遺伝子破壊技術（ノックアウト）や、受精卵を用いた遺伝子導入技術（トランスジェニック）は、遺伝子機能の研究だけでなく、人の病気と類似したモデルをつくり出すことができる優れた方法とされています。

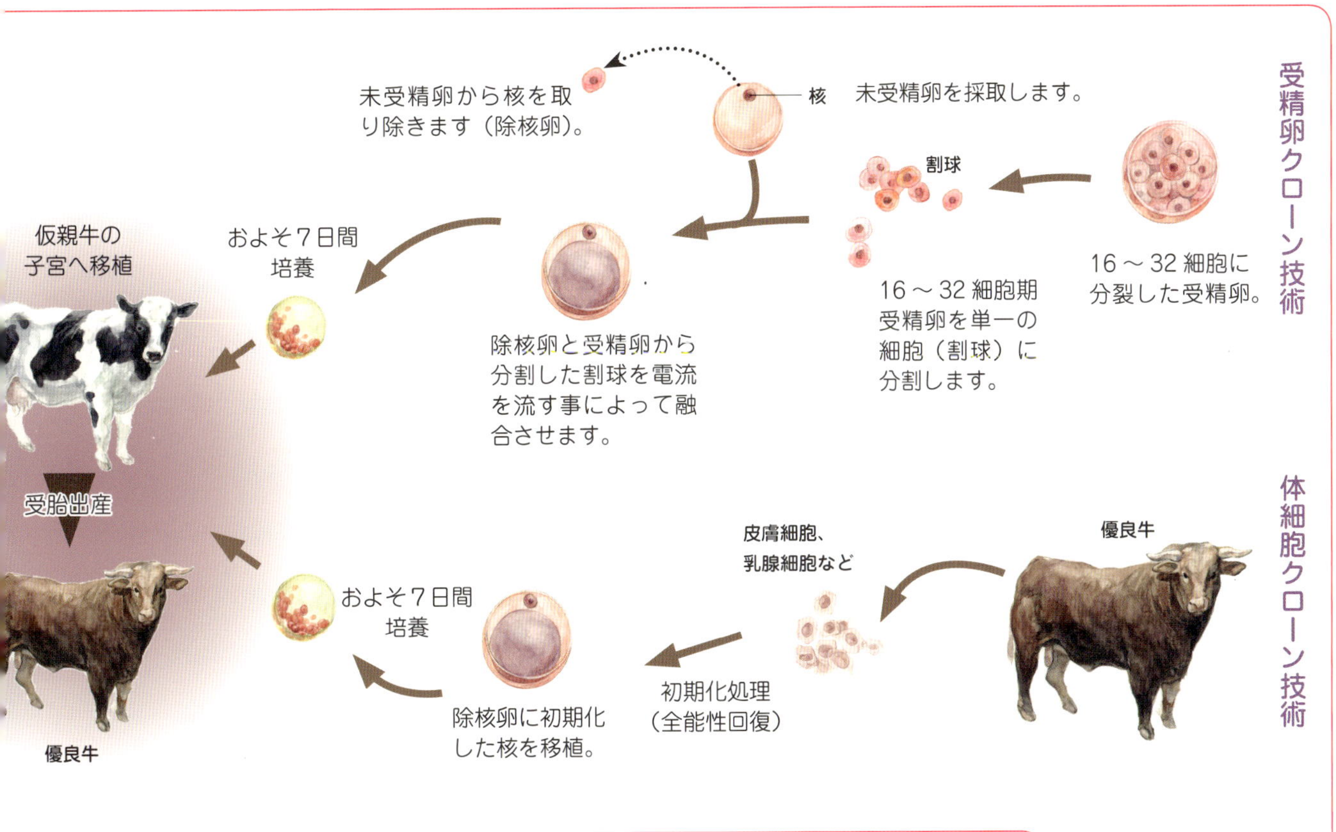
受精卵クローン技術
未受精卵を採取します。
核
未受精卵から核を取り除きます（除核卵）。
16～32 細胞に分裂した受精卵。
割球
16～32 細胞期受精卵を単一の細胞（割球）に分割します。
除核卵と受精卵から分割した割球を電流を流す事によって融合させます。
およそ7日間培養
仮親牛の子宮へ移植
受胎出産
優良牛
体細胞クローン技術
優良牛
皮膚細胞、乳腺細胞など
初期化処理（全能性回復）
除核卵に初期化した核を移植。
およそ7日間培養

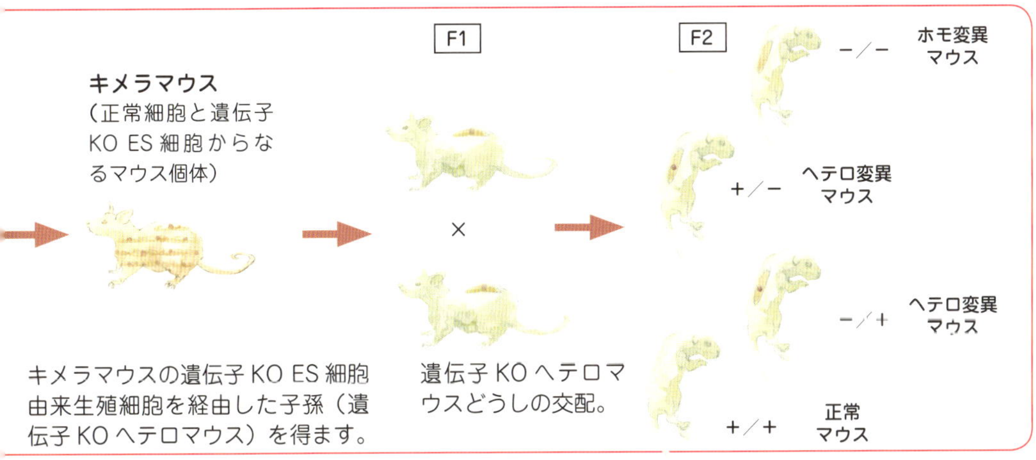
キメラマウス
（正常細胞と遺伝子 KO ES 細胞からなるマウス個体）
キメラマウスの遺伝子 KO ES 細胞由来生殖細胞を経由した子孫（遺伝子 KO ヘテロマウス）を得ます。
F1
×
遺伝子 KO ヘテロマウスどうしの交配。
F2
－／－
ホモ変異マウス
＋／－
ヘテロ変異マウス
－／＋
ヘテロ変異マウス
＋／＋
正常マウス

優良牛
優良な雄牛の精液を人工的に採取し、雌牛に注入する技術。
人工受精技術

10－3

有用物質の生産

筆者：馬場知哉

地球上にはさまざまな微生物（カビ、酵母、細菌）が生きています。人類は古くから微生物が生産する有用な物質の恩恵にあずかって生活してきました。ここでは大きく3つに分けて紹介しますが、これらは3つの色にたとえられます。

- ○ 白——工業や食品などの分野で、社会の役に立つバイオテクノロジー
- ● 赤——医療や医薬などの分野で、人の命を支えるバイオテクノロジー
- ● 緑——環境や農業などの分野で、地球を守るためのバイオテクノロジー

遺伝子やゲノムの研究が進み、遺伝子組換えなどの技術が発展することで、これら白・赤・緑のバイオテクノロジーのそれぞれにおいて、人類が直面するさまざまな問題解決のために、より高度な微生物の活用と新たな有用物質の生産が期待されています。

図1．ワインづくりの流れ

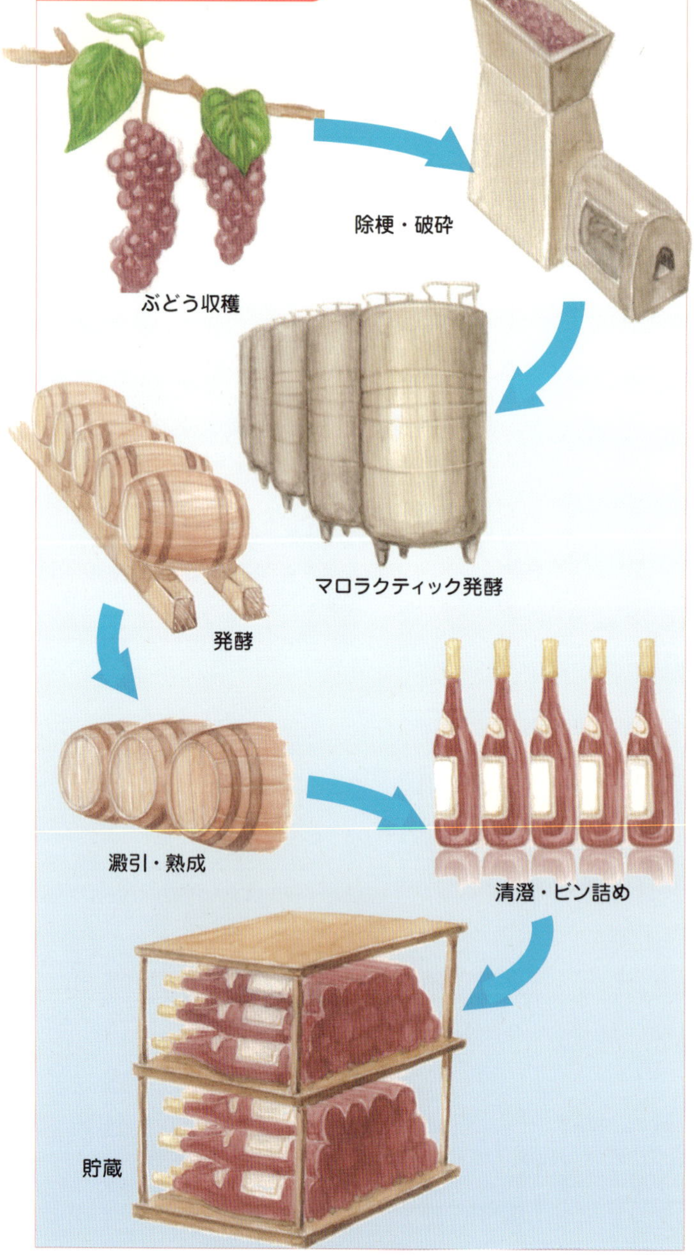

ぶどう収穫
除梗・破砕
マロラクティック発酵
発酵
澱引・熟成
清澄・ビン詰め
貯蔵

白——工業・食品「社会に役立つ」

人類が食品の加工に微生物を活用した歴史は古く、そのなかでもワインはもっとも古い酒といわれ、紀元前6000年頃にメソポタミアのシュメール人によって最初に製造されたと考えられています。ブドウ果汁から微生物の酵母により、アルコール発酵されワインになるのですが、それが科学的に証明されたのは19世紀末でした。さらに、フランスのパスツールが確立した低温殺菌法により、安定した発酵生産が可能となりました（図1）。

発酵食品には、次のようなものがあげられます。

酒類：ワイン、ビール、清酒、焼酎、ウイスキー、ウォッカ、紹興酒など

調味料：味噌、醤油、食酢など

食品：チーズ、ヨーグルト、パン、納豆、カツオ節、漬物、キムチ、ナタ・デ・ココなど

また生物は、細胞内にさまざまな物質をつくって生きていますが、そういった物質も微生物を活用して生産しています。

アミノ酸：昆布うま味成分のグルタミン酸など

核酸：かつお節うま味成分のイノシン酸など

有機酸：クエン酸など

糖類：オリゴ糖など

酵素：洗剤のタンパク質分解酵素など

特に人の健康増進に役立つ物質や微生物（乳酸菌など）は、「プロバイオティクス」とよばれ、有害菌の増殖や付着を妨いだり、免疫を活性化させたりすることで、アレルギーの低減、がんの予防、コレステロールの低下などの効果が期待されています。

赤——医療、医薬「命を支える」

微生物のなかには人に病気を引き起こす病原菌となるものがありますが、薬の生産菌となるものもあります。微生物がつくる薬でもっとも重要なものが抗生物質です。抗生物質は自然界で微生物が他の微生物の増殖を抑えるために産生する物質で、これを医薬として用いることで、病原菌による感染症を防いだり治療に役立てることができます。

最初の抗生物質は、1929年にイギリスのフレミングがカビから発見したペニシリン（→**6-1**）です（図2）。これまでにさまざまな微生物から約5000種の抗生物質が発見されていますが、実際の医療で使用されたのは約100種程度です。ペニシリンの他にセファロスポリンという抗生物質も有名で、これらの抗生物質をもとに、微生物の酵素を用いて構造の一部を改変した第2世代、第3世代とよばれる抗生物質がつくられています。

図2．微生物がつくる抗生物質

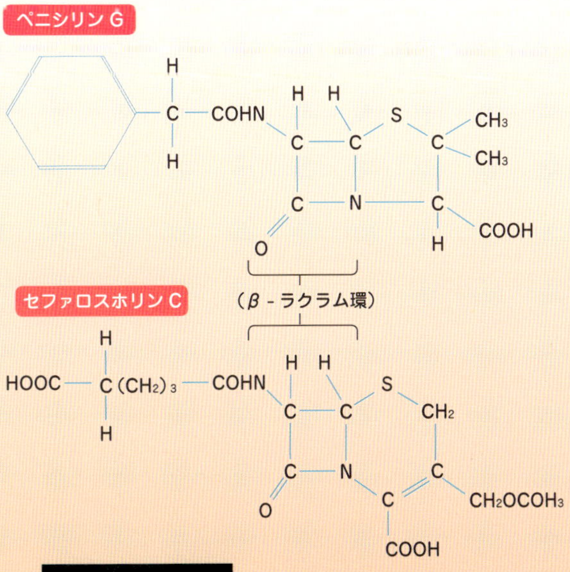
ペニシリンG
COHN
S
CH_3
CH_3
COOH
(β-ラクタム環)
セファロスポリンC
HOOC
$C(CH_2)_3$
COHN
S
CH_2
CH_2OCOH_3
COOH

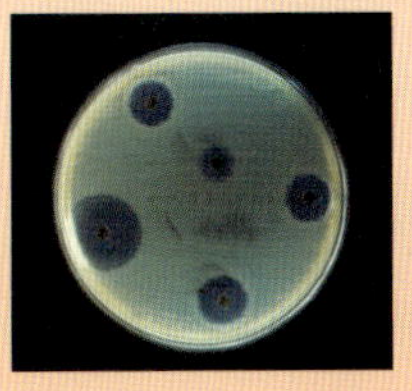

抗生物質の効き目
抗生物質が効いている箇所は病原菌が生育できず、円形に透明に抜けてみえます。

図3．微生物を活用した排水処理

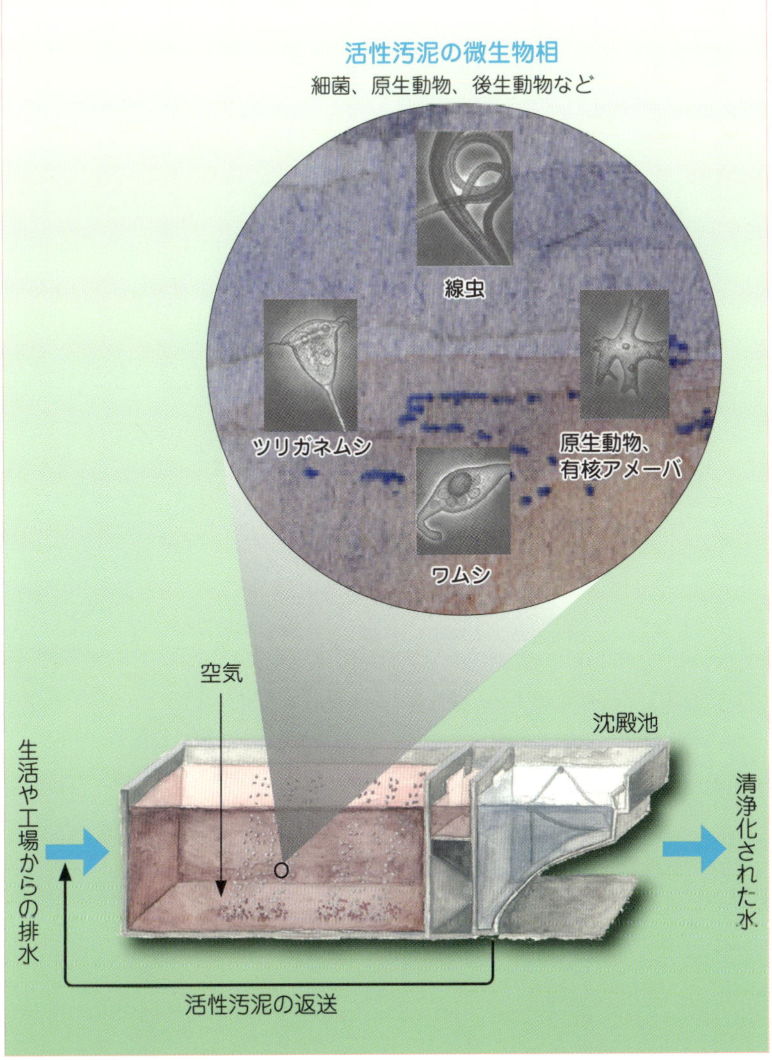
活性汚泥の微生物相
細菌、原生動物、後生動物など
線虫
ツリガネムシ
原生動物、有核アメーバ
ワムシ
空気
沈殿池
生活や工場からの排水
清浄化された水
活性汚泥の返送

緑——環境、農業「地球を守る」

多種多様な微生物が地球上のさまざまな環境に適応しながら生きています。それは「生態系」の一部で、地球レベルでの物質の循環を微生物が担っているからです。微生物のこういった特性を活用したバイオテクノロジーは、環境問題の対策や食料生産、エネルギー問題の克服などを通じて、共存可能な人類の発展に貢献しています。たとえば、生活排水や産業排水の水処理は、水質汚染の防止に重要です。その多くは「活性汚泥」とよばれる多様な細菌と小さな原生動物などの働きに頼っています（図3）。さらに、ダイオキシンやPCBといった汚染物質を、微生物で分解して環境を修復する「バイオレメディエーション」という取り組みも行なわれています。

農業では、空気中の窒素を土壌に固定する働きをもつ微生物を使って、化学肥料を減らすことが可能になってきました。稲わらや間伐材・家畜の糞尿・生ゴミ・廃油などから、微生物を利用してバイオエタノールを生産することで、エネルギー問題の解決も試みられています。

遺伝子治療

筆者：小見山智義・井ノ上 逸朗

疾患の治療を目的として遺伝子または遺伝子を導入した細胞を体内に投与し、疾患を治療に導くことを「遺伝子治療」とよびます。ある特定の分子に対し、遺伝子やDNA断片を導入することでその分子の機能を抑えたり、あるいは逆に、働きを失った分子に対して遺伝子を導入することで、その分子の働きを補うことを目的とします。この基本的な方法としては、レトロウイルスベクター（ベクターとは遺伝子導入する際に遺伝子を運ぶ媒体のこと）、アデノウイルスベクター、プラスミドベクター（**→9-7**）などによる遺伝子導入法があげられます。この方法を用いることで、これまでの治療法では効果が得られなかった致死性の遺伝性疾患、がん、エイズなどの生命をおびやかす疾患の治療に大きな期待が寄せられております。遺伝子治療の対象である遺伝子を用いた治療・診断技術自体は、すでに実用の段階に入っているものもあり、また特定の疾患に対しては、治療にも使われるようになっています。

遺伝子治療の可能性

世界で最初の遺伝子治療は、1990年、NIH（National Institutes of Health）において、アデノシンデアミナーゼ欠失による致死的な先天性免疫不全症の患者に対して行なわれました。その後、がん治療を中心に、さまざまな遺伝子治療が試験的に行なわれています。最近では、人工多能性幹細胞（iPS細胞）を用いた研究が注目を浴びています。このiPS細胞は、マウス線維芽細胞にレトロウイルスベクター、アデノウイルスベクターを使って4因子（Oct3/4、Sox2、Klf4、c-Myc）を導入することで作製に成功し、遺伝子治療への新たな可能性を開きました（図1）。また、血管内皮前駆細胞（EPC）を使った血管再生への遺伝子治療には、血管壊死《えし》した患部（下腿）の筋肉に*HGF*遺伝子プラスミドベクターを注射するなどの臨床研究が始められています（図2）。こうした遺伝子治療を成功させるには、まず疾患原因遺伝子の特定を行ない、実際に生体内で遺伝子を特定された部位に、正しいタイミングで発現させるということが一番の鍵になります。

ヒトゲノム計画が終了してヒトの全ゲノム配列が解明されましたが（**→8-3**）、まだまだ多くの遺伝子機能は解明されていません。解明されていない多くの遺伝子情報を収集し、疾患との関連を明らかにすることで、病気の原因や、新しい薬や治療法が開発されることにもつながります。こうした努力が患者を正確に診断したり、その病気に適合した治療法を決定することにもつながっていきます。今後、くわしい診断や治療方針、効果などの情報が数多く蓄積されていけば、これまでの治療では治すことができなかった病気の治療方法が確立されていく可能性が、遺伝子治療には秘められているのです。

図1．ヒトiPS細胞の作製

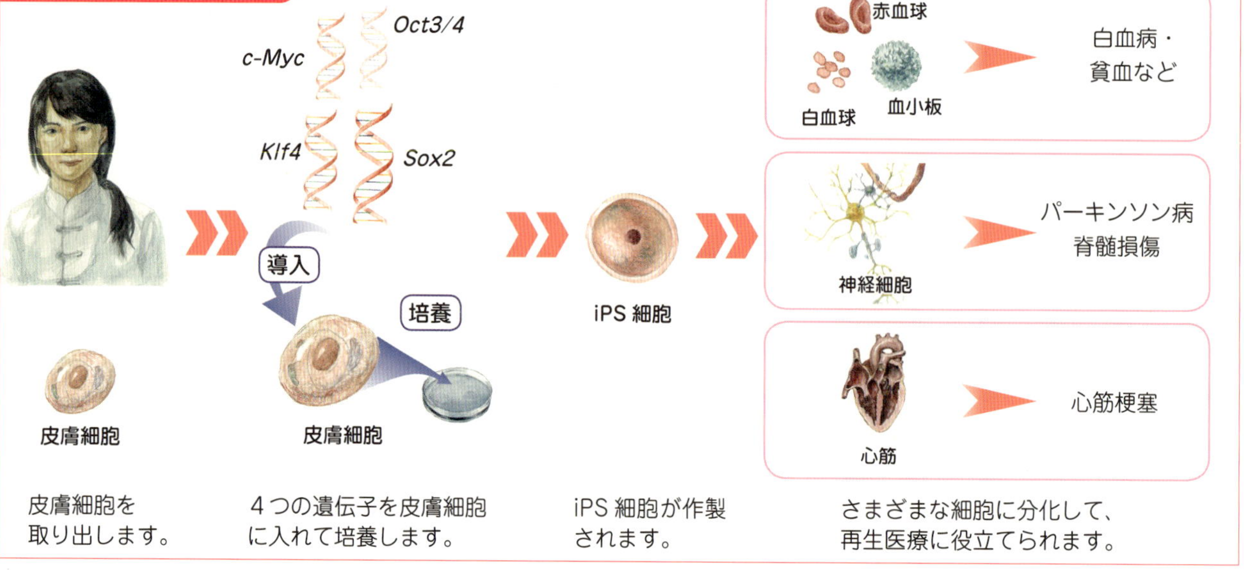
c-Myc
Oct3/4
Klf4
Sox2
導入
培養
皮膚細胞
皮膚細胞
iPS細胞
赤血球
白血球
血小板
白血病・
貧血など
神経細胞
パーキンソン病
脊髄損傷
心筋
心筋梗塞
皮膚細胞を
取り出します。
4つの遺伝子を皮膚細胞
に入れて培養します。
iPS細胞が作製
されます。
さまざまな細胞に分化して、
再生医療に役立てられます。

図2．HGF 遺伝子による血管再生治療

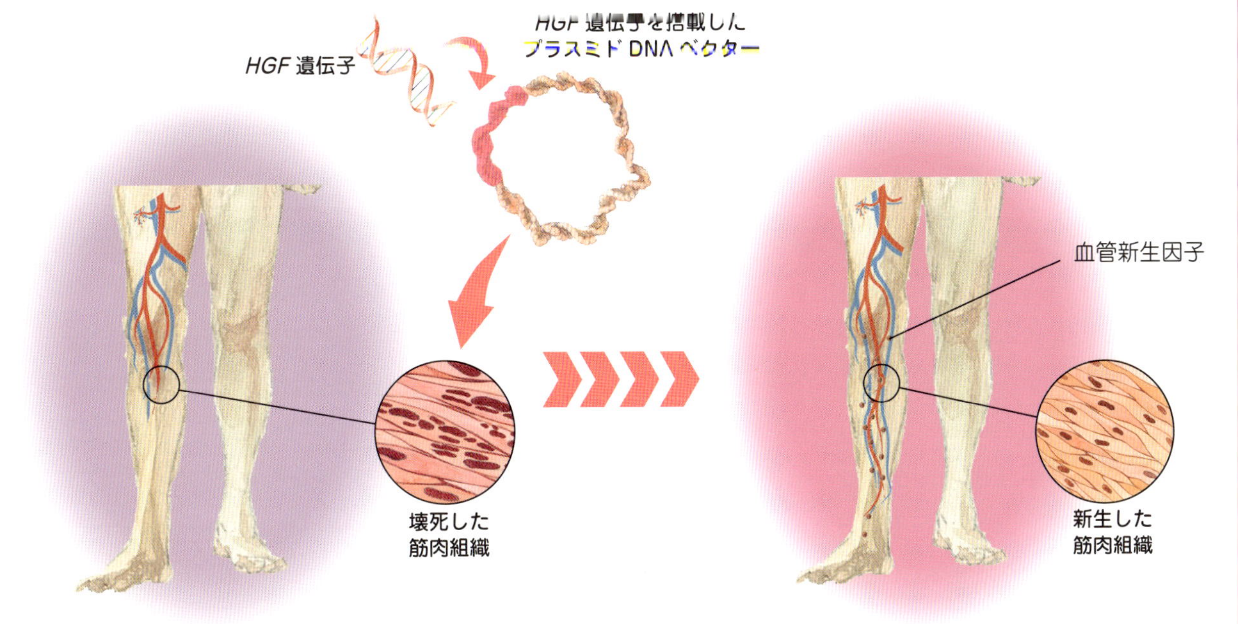
HGF 遺伝子
HGF 遺伝子を搭載した
プラスミド DNA ベクター
壊死した
筋肉組織
血管新生因子
新生した
筋肉組織

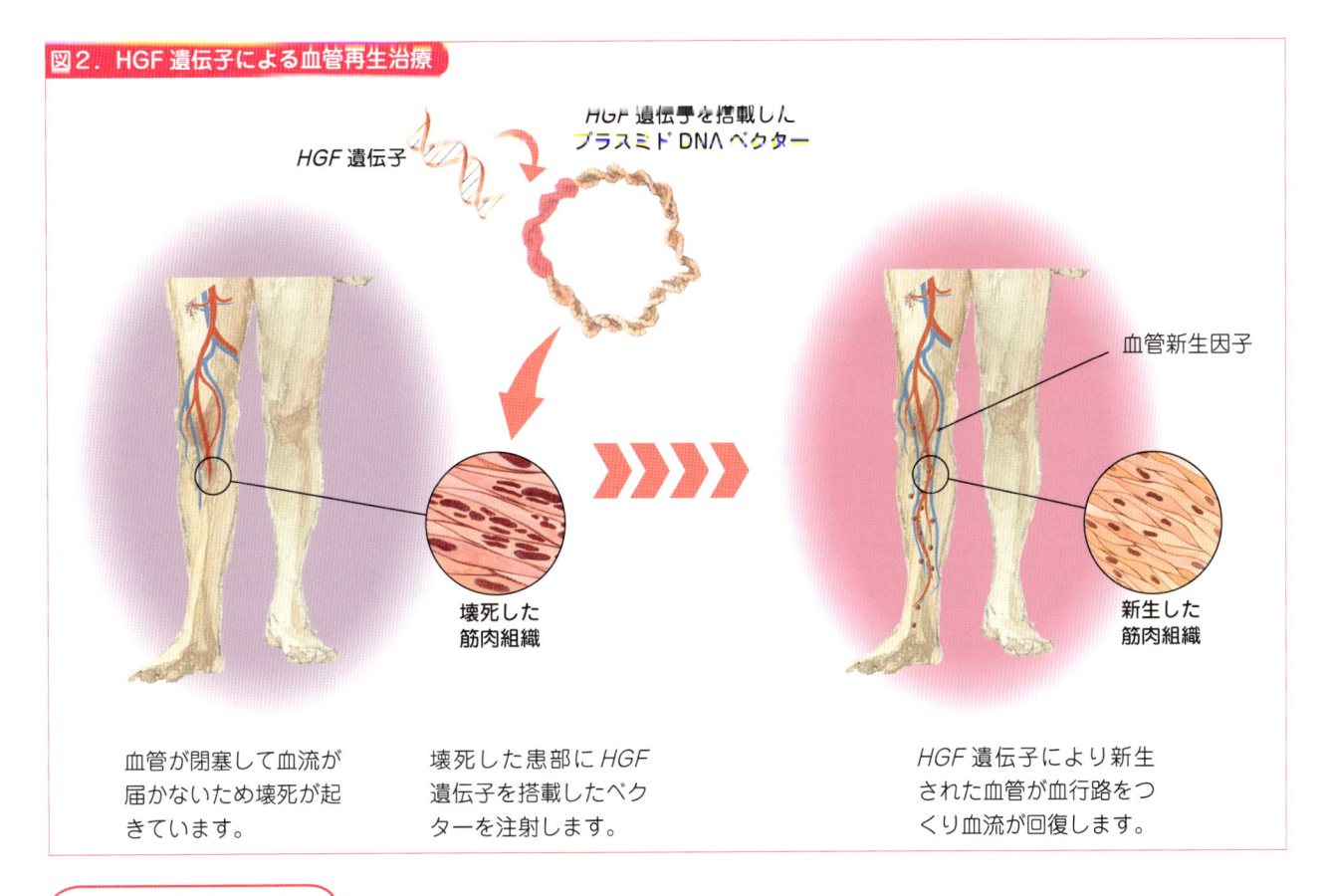

血管が閉塞して血流が届かないため壊死が起きています。

壊死した患部に *HGF* 遺伝子を搭載したベクターを注射します。

HGF 遺伝子により新生された血管が血行路をつくり血流が回復します。

遺伝子治療の展望

最初の遺伝子治療の臨床研究が始まってから20年が経過した現在、その問題点が徐々に明らかになってきました。具体的には、生命の根幹を操作するための技術面や倫理面があげられます。技術面では、安全性の高い遺伝子導入技術の改良が成功の鍵を握るために、既存のベクターの改良や、新規ウイルスの開発などが必要になります（図3）。倫理面においては、これまでの治療法よりさらに高いレベルの倫理的・社会的問題への理解が求められるので、価値観と権利に関して個人と社会との慎重な対話が今後も重要となります。これらの問題を抱えながら、遺伝子治療の研究はさらに進展すると考えられます。

現在の遺伝子治療は、まだ試験段階にあります。遺伝子治療をさらに効果的な医療に結びつけるためには、基礎研究と臨床研究との調和と進展が必要不可欠になります。それらがうまくかみ合った上で、産業界との新たな結びつきも通して、展望が広がると考えられます。

図3．遺伝子導入の安全性

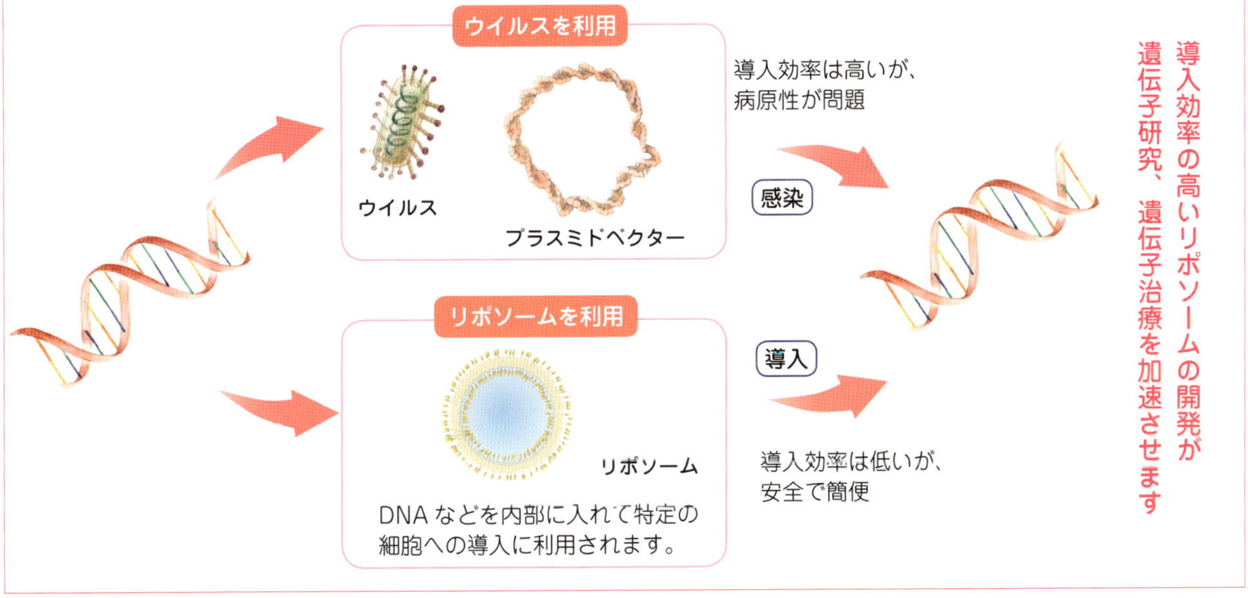
ウイルスを利用
ウイルス
プラスミドベクター
導入効率は高いが、
病原性が問題
感染
リポソームを利用
リポソーム
DNA などを内部に入れて特定の
細胞への導入に利用されます。
導入
導入効率は低いが、
安全で簡便
導入効率の高いリポソームの開発が
遺伝子研究、遺伝子治療を加速させます

10－5

遺伝子組換え作物

筆者：倉田のり

遺伝子組換え作物は、本来その作物がもたない遺伝子を、他の生物から組換え技術によって導入したり、DNA 配列を改変したりして、その作物が新たなタンパク質や RNA をつくることによって、有用な成分を生産できるように改良した作物のことです。食用作物、非食用作物、飼料用作物に大きく分類され、非食用作物は、花などの園芸植物や林木などを含んでいます。導入される遺伝子は、改良したい性質によってさまざまで、病害虫や除草剤の耐性遺伝子、乾燥、塩、高温、低温などのストレスに耐性の遺伝子、作物の貯蔵性を高める遺伝子や栄養・保健成分を生産する遺伝子、アレルギー低減遺伝子などが使われます。遺伝子組換え作物として多くの作物種が育成されていて、ダイズ、ワタなどは全世界の生産量の半分以上、トウモロコシ、アブラナでも４分の１程度が遺伝子組換え品種によって生産されています。その他、トマト、イネ、花色や花形を変化させた園芸植物など、多彩な遺伝子組換え作物がつくられています。

遺伝子組換え作物の作成方法

作物に外来性の遺伝子を導入するには、以下のような方法を用います（図）。
❶ 外来遺伝子を運び屋 DNA に組み入れたプラスミドを作成し、このプラスミドを大腸菌中で増殖します。❷ 大腸菌からプラスミドを集め、さらにアグロバクテリウム（細菌）に取り込ませ、菌体培養でプラスミドを増殖させます。❸ アグロバクテリウムを植物細胞に感染させると、プラスミドが植物細胞中に注入されます。自然界では、アグロバクテリウムによる感染は植物体の腫瘍《しゅよう》化を引き起こしますが、遺伝子組換え用プラスミドからは腫瘍化遺伝子は取り除いてあり、植物体へ DNA を注入できる性質だけを残してあります。❹ 植物に導入されたプラスミド DNA から、外来性遺伝子部分だけが植物染色体に組み込まれます。プラスミドには、組み込まれた細胞だけが生き残るような選抜遺伝子も組み込まれており、選抜遺伝子の種類にみあった方法で培養することにより、外来遺伝子の組み込まれた植物細胞あるいは種子のみを選抜できます。❺ 細胞へ感染させた場合、細胞の塊（カルス）が増殖した後、発芽や発根をうながす培地に移すことで植物体が得られます。❻ 発芽、発根した植物体は、通常の土壌栽培で育成できます。

図．遺伝子組換え作物の作成方法

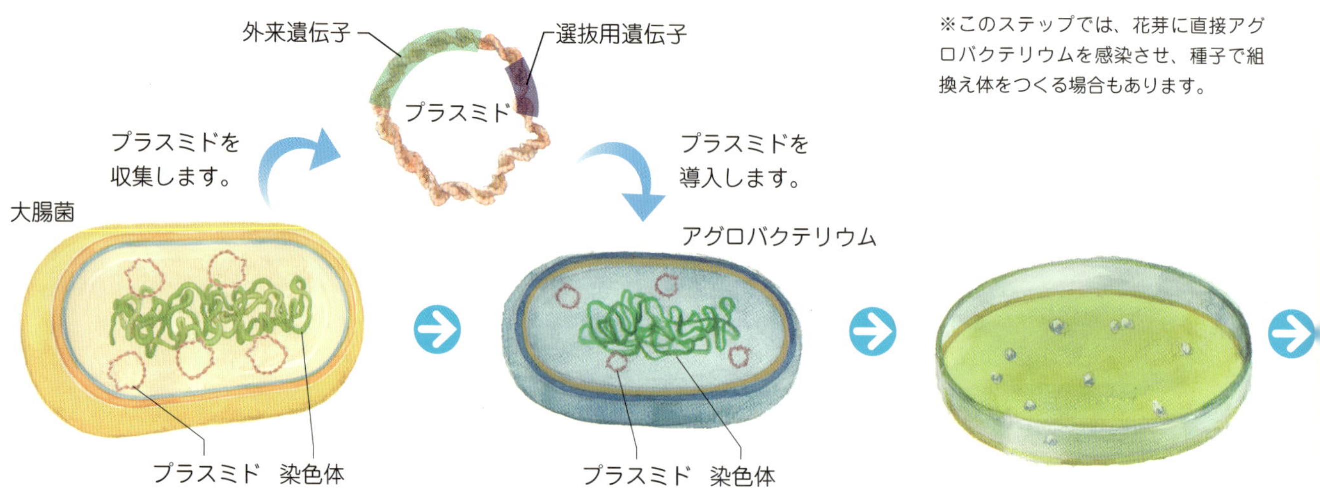
外来遺伝子
選抜用遺伝子
プラスミド
プラスミドを
収集します。
プラスミドを
導入します。
※このステップでは、花芽に直接アグロバクテリウムを感染させ、種子で組換え体をつくる場合もあります。
大腸菌
アグロバクテリウム
プラスミド　染色体
プラスミド　染色体

❶ 外来遺伝子を組み入れたプラスミドを作成し、このプラスミドを大腸菌中で増殖します。

❷ 大腸菌からプラスミドを集め、アグロバクテリウム（細菌）に取り込ませ、プラスミドを増殖させます。

❸ 植物細胞とアグロバクテリウムを一緒に培養し、感染させてプラスミドを植物細胞中に注入します。

遺伝子組換え作物の種類と利用された遺伝子の種類

遺伝子組換え作物として代表的なダイズ、ワタ、トウモロコシ、アブラナは、いずれも除草剤を分解する遺伝子、害虫に効く毒素遺伝子などを組み込んで、除草剤や害虫に耐性をもつ作物として品種改良されています。この改良により除草剤や殺虫剤の農薬使用量は大幅に低減し、労力も軽減しますが、環境への影響も指摘されています。このような目的とは異なる発想で、それぞれ異なる遺伝子を用いて、作物の高品質化を目指した改変作物も育成されています。トマトの成熟を遅らせる遺伝子を組み込んだ品種や、有用成分をつくらせる遺伝子で改変したダイズ、トウモロコシ、イネや、花粉症アレルギーの低減を目指したイネ（コメ）、などがつくられています。種子や果実は、多くの成分を蓄積できる貯蔵庫の役割を果たすため、今後も有用な薬や保健成分、栄養成分などを蓄積させて、経口医療食品として品種改変する試みが増大していくと思われます。

トウモロコシ
除草剤を無毒化する遺伝子が組み込まれた品種がつくられています。

ワタ
害虫に対する毒素をを生産する遺伝子が組み込まれた品種がつくられています。

除草剤耐性遺伝子

ビアラフォス無毒化酵素遺伝子：ビアラフォスは放線菌の一種が生産する抗生物質で、除草剤として使われます。栽培する作物だけにこの遺伝子を組み込み、除草剤耐性を付与しています。その他、ブロモキシニル，スルホニルウレア系、イミダゾリノン系、2,4-D などの除草剤を分解等により無毒化する各種遺伝子が用いられ、トウモロコシ、ナタネ、ダイズなどが改変されています。

病害虫抵抗性遺伝子

Bt 毒素遺伝子：土壌細菌の一種が生産する毒素で、毒素の種類により殺虫昆虫の種類が異なります。哺乳類には毒性をもたないため、殺虫剤として植物に導入され、ワタの生産はほとんどがこの遺伝子をもつ品種で占められています。

病害ウイルス抵抗性遺伝子：ウイルスの外殻タンパク遺伝子を導入して植物で生産させてウイルスの活動を阻害したり、ウイルスゲノム複製に必要な複製酵素の変異遺伝子を植物に導入してウイルス複製を阻止したり、相補性 RNA を導入してウイルスゲノムを分解し、ウイルスを無毒化する方法が使われています。ジャガイモ、パパイアなど栄養体繁殖作物や永年作物では効果的です。

作物の品質保持や高品質化を実現する遺伝子

果実の熟成を遅らせる遺伝子：トマトの熟成を遅らせるため、果実を柔らかくするペクチン分解酵素の働きをアンチセンス RNA の導入で抑えたり、エチレンによる熟成を抑えるため、エチレン生合成の中間産物を分解する遺伝子が導入された品種がつくられています。

種子や果実に栄養素、高品質成分、薬用成分などを生産させる遺伝子：イネ、トウモロコシ、ダイズ、トマトその他の種子作物や果実では、生産物がそのまま大規模植物工場と貯蔵庫の役目を果たしています。種子や果実に高品質な成分を生産、蓄積させることは、通常の作物育種の夢でもあります。動脈硬化防止効果の高いオレイン酸高含有の改変ダイズ、心臓病リスクを下げるステアリドン酸生産ダイズ、飼料用リシン高含量トウモロコシ、ビタミン A 前駆体のカロテン高含量のイネであるゴールデンライス、スギ花粉アレルゲンを高発現させたコメを食べることで免疫寛容を引き起こし、スギ花粉症を押さえるためのイネ品種などが開発されています。

イネ
カロテンを多く含むゴールデンライスや、スギ花粉症を抑える品種がつくられています。

④ 導入されたプラスミド DNA から、外来性遺伝子部分だけが植物染色体に組み込まれ、その細胞塊のみが選抜されます。

⑤ 細胞の塊（カルス）を増殖させた後、発芽や発根をうながす培地に移すことで植物体が得られます。

⑥ 発芽、発根した植物体は、通常の土壌栽培で育成できます。

10−6

DNA による識別

筆者：菅原秀明

DNA による識別の例を２例ご紹介します。ひとつは生物種の識別で、もうひとつは個人識別です。かけ離れた２例のようにみえますが、いずれもゲノムの多様性をいかした識別です。また、いずれも私たちの生活に深くかかわってくる２例です。

生物種を識別する DNA バーコード

2003 年頃から、「DNA バーコード」という用語が使われ始めました（カナダのゲルフ大学ヘバートが提唱）。バーコードを読み取ると、その商品が何であったか分かるように、遺伝子配列を読み取ることで、その遺伝子配列をもつ生物種を同定する手法を表わす言葉です（図 1・2）。これが普及する以前から、バクテリアの分類と同定には、リボソーム（→ **3-6**）の小ユニット 16SRNA の配列が使われてきました。その理由は、リボソームがどのバクテリアにも存在し、種ごとに配列が多様なこと、一方で、種のなかでは配列が一様で、さらに配列決定のしやすさのためです。DNA バーコードも同じ考え方で、初めに動物種を同定するために用いる遺伝子を選び出しました。生物種内で共通し、生物種間で変異が大きい短い部分配列として、ミトコンドリア DNA（→ **3-8**）の COL1 が選び出されました（植物については、最近、複数の遺伝子を組み合わせて、いわば多次元バーコードを使うことに決まったようです）。DNA バーコードで同定するためには、サンプルのデータの前に、まずはもとデータを用意します。学名も確定して、分類学者が保証する生物種と対応がつき、正確に決定された遺伝子配列のデータが必要です。

図 1．DNA バーコードによる種の識別

問い合わせたい種

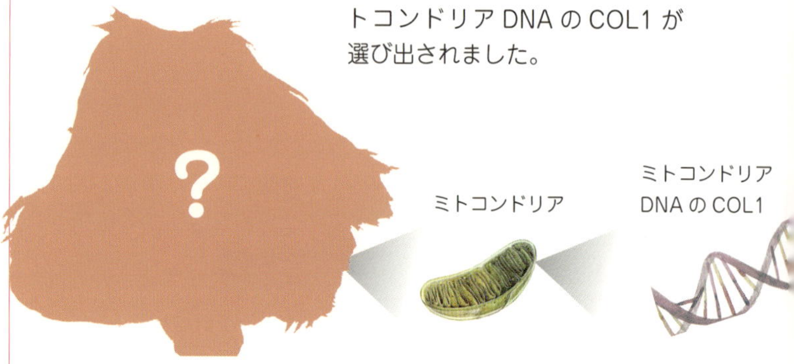

動物種を同定するのに、生物種内で共通し、生物種間で変異が大きい短い部分配列として、ミトコンドリア DNA の COL1 が選び出されました。

図 2．DNA バーコードによる種の同定

ネコ科の DNA バーコードと種の同定

問いあわせ配列を DNA バーコードで照合したところ、ネコ由来の配列であることが分かります。他のネコ科のバーコードと並べてみると、バーコードのところどころの塩基が多様であることが分かります。

問い合わせ配列	AACCGGTGACTATTTTTCAACTAATCACAAAGATATTGGTACTCTTTACCTTTTTATTCGGTGCCTGAGCTGG
ネコ	AACCGGTGACTATTTTTCAACTAATCACAAAGATATTGGTACTCTTTACCTTTTTATTCGGTGCCTGAGCTGG
チーター	ATCCGCTGATTATTTTTCAACTAATCATAAAGATATCGGTACTCTTTACCTCCTGTTTGGTGCTTGAGCTGG
ピューマ	AATCGCTGACTGTTTTTCAACTAATCATAAAGATATTGGCACTCTTTACCTTCTATTTGGTGCCTGAGCCGG
ヒョウ	AACCGCTGACTATTTTTCAACCAATCACAAAGATATTGGAACTCTTTACCTTCTATTTGGTGCCTGGGCTGG
トラ	AACCGCTGACTATTTTTCAACCAATCACAAGGATATTGGAACTCTTTACCTTTTTATTTGGCGCCTGGGCTGG
	★ ★★ ★★★ ★ ★★★★★★★★ ★★★★★ ★★ ★★★★★ ★★ ★★★★★★★★★★★ ★ ★★ ★★ ★★ ★★ ★★ ★★

カニの仲間の DNA バーコード

DNA バーコード全域にわたる塩基の違いによって、どの種類のカニか同定することができます。

Aegla_jujuyana	GGAGGAGACCCTGTATTATATCAACATTTATTTTGATTTTTTGGACATCC
Aegla_sanlorenzo	GGAGGAGACCCTGTATTATATCAACATTTATTTTGATTTTTTGGGCATCC
Aegla_obstipa	GGAGGAGACCCTGTATTATACCAGCATTTATTTTGATTTTTTGGACATCC
Aegla_laevis	GGAGGTGATCCTGTATTATATCAACATTTATTTTGATTTTTTGGTCATCC
Aegla_cholchol	GGAGGTGATCCTGTATTATATCAACATTTATTTTGATTTTTTGGACATCC
Aegla_rostrata	GGGGGTGATCCTGTGTTATATCAACATTTATTTTGATTTTTTGGGCATCC
Aegla_laevis	GGAGGTGATCCCGTATTATATCAACATTTATTTTGATTTTTTGGTCATCC
Aegla_cholchol	GGAGGTGATCCTGTATTGTATCAACATTTATTTTGATTTTTTGGACATCC
Aegla_abtao	GGGGGAGATCCAGTATTATATCAACATTTATTTTGATTTTTTGGACATCC
Aegla_intercalata	GGGGGTGATCCTGTCTTATATCAACATTTATTTTGATTTTTTGGACATCC
Aegla_jarai	GGAGGAGATCCTGTCTTATATCAACATTTATTTTGATTTTTTGGTCATCC
Aegla_odebrechtii	GGAGGAGATCCTGTATTATATCAACATTTATTTTGATTTTTTGGACATCC
Aegla_castro	GGAGGTGATCCTGTATTATATCAACATTTATTTTGATTTTTTGGACACCC
	★★ ★★ ★★ ★★ ★★ ★★ ★★ ★★ ★★★★★★★★★★★★★★★★★★★★★ ★★★★★

★は全ての種に共通の塩基を示します

2013年1月までに、国際共同事業の成果として the Barcode of Life（BOL）のデータベースに、分類学者が保証する生物種のうち17万件あまりについて、190万件を超えるDNAバーコードが蓄積されており、今後、さらに多様な生物種のDNAバーコードが蓄積されていく見込みです。

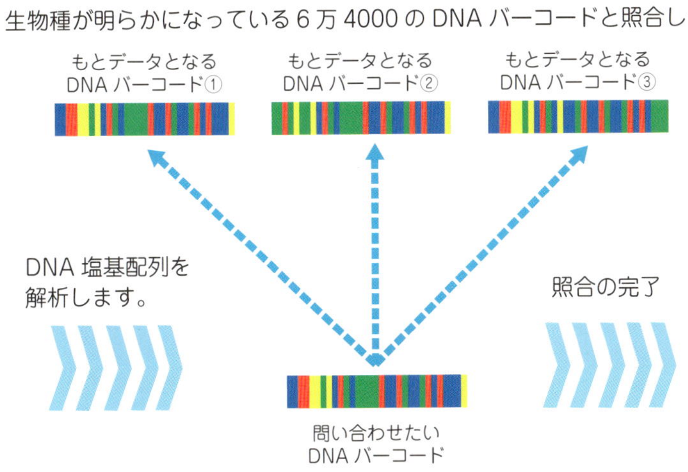
生物種が明らかになっている6万4000のDNAバーコードと照合します。
もとデータとなる
DNAバーコード①
もとデータとなる
DNAバーコード②
もとデータとなる
DNAバーコード③
DNA塩基配列を
解析します。
照合の完了
問い合わせたい
DNAバーコード

種の識別

図3．DNA指紋による個人の識別

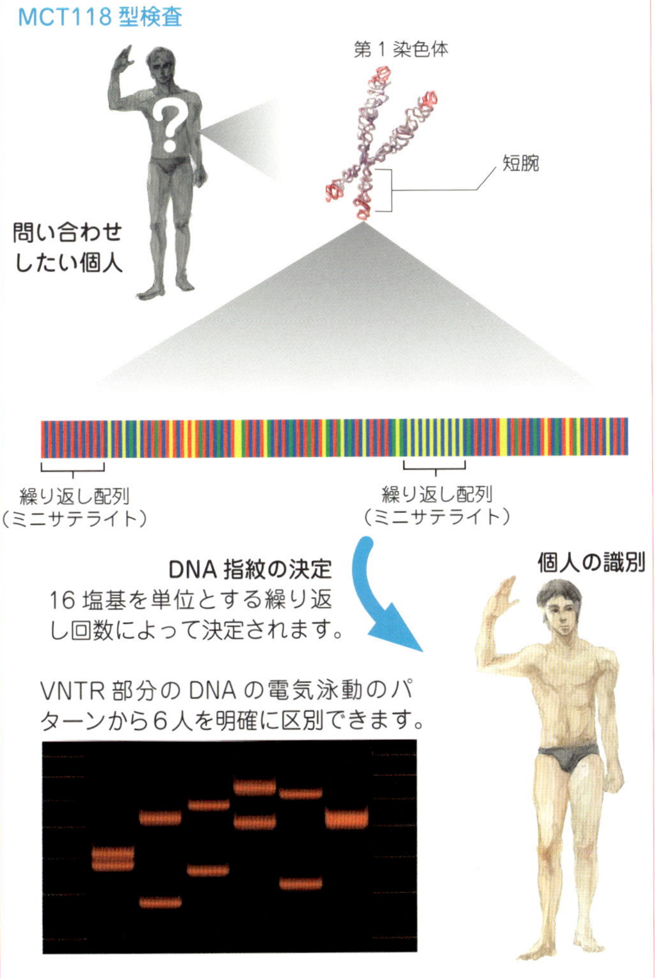
MCT118型検査
第1染色体
短腕
問い合わせ
したい個人
繰り返し配列
（ミニサテライト）
繰り返し配列
（ミニサテライト）
DNA指紋の決定
16塩基を単位とする繰り返
し回数によって決定されます。
個人の識別
VNTR部分のDNAの電気泳動のパ
ターンから6人を明確に区別できます。

個人を識別するDNA鑑定

1985年、レスター大学のジェフリーらが『Nature』に発表した論文が、今日のDNA鑑定への道を拓きました。ゲノム中の15～60の塩基を単位とする繰り返し配列（ミニサテライト）（**→4-10**）に注目し、この回数が個人によって異なること（VNTR）から、各個人に特有な「DNA指紋」という用語を提案しました（図3）。これによって、親子鑑定や法医学に利用できると主張しました。2009年に日本の新聞記事で散見されたMCT118型検査は、DNA鑑定技術として、比較的初期に開発された方法です。その後、ヒトゲノムへの理解や解析技術が進み、長い配列よりも安定な3～5塩基の同一配列の繰返し（STR：マイクロサテライトともよぶ）を利用したDNA鑑定法が普及しました。この繰り返し配列を組み合わせることで、個人間で同一になる確率は、3兆分の1ともいわれています（一卵性双生児を除く）。DNA鑑定については、サンプルの取得方法、データベースへの蓄積と取り扱いなど、議論がありますが、犯罪捜査だけでなく、災害などが起きた際の個人特定にも、大きな貢献をすることが期待されます。

第III部 人間と遺伝子のかかわり

【第11章】遺伝子の研究方法

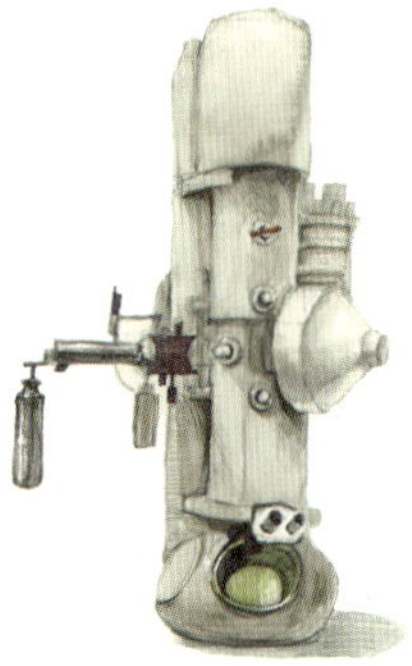

どのように遺伝子ができているか？　遺伝子がどんな働きをしているか？　このような疑問に答えるためには、どのようにしたらよいのでしょう？　この章では、遺伝子の実体であるDNAをどのように調べるのか、また遺伝子の働きをどうやったら調べることができるのか、といったことを解説します。さらに、ヒトを含むゲノムDNAの塩基配列が次々と決定されていますが、このような塩基配列データから何が分かるのかについても説明します。

イカを観察するのに、そのまま生を観察できるのが光学顕微鏡、スルメにしたものを高倍率で観察するのが電子顕微鏡観察だといえるでしょう。このため細胞の核内の物体を電子顕微鏡で観察しても、正しい情報を得ることが長い間できませんでした。ごく最近、走査型トンネル顕微鏡（STM）を使うことによって、ようやく現実的に「遺伝子を顕微鏡で見る」ことが可能な時代に入ってきたようです。

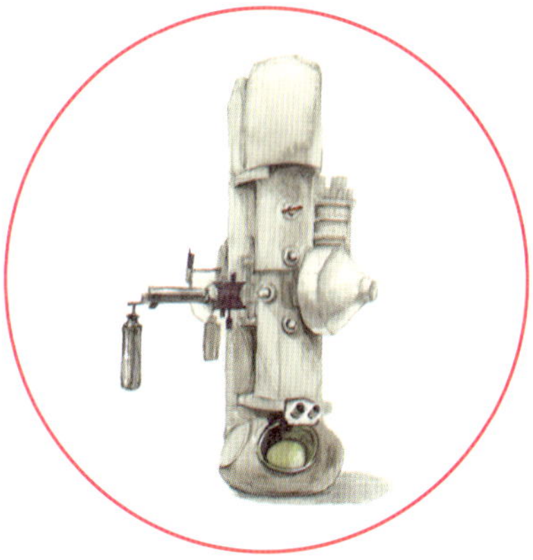

透過型電子顕微鏡

11－1

遺伝子を顕微鏡で見る

筆者：前島一博

「クロマチン」という言葉をご存知でしょうか（→3-5）。19 世紀末、細胞学者フレミングは、染料によって染められる細胞核内の物体を光学顕微鏡で観察し、「クロマチン」と名付けました。これが「遺伝子を顕微鏡で見る」ことのはじまりです。クロマチンはDNA、ヒストン、非ヒストンタンパク質からなる複合体のことです（日本語では「染色質」）。読者の方も小中学生の頃、酢酸カーミンなどを使って、タマネギの皮細胞のクロマチンを染めたことがあるかもしれません。DNA はデオキシリボ核酸なので、マイナス電荷を帯びています。先ほどのカーミンはプラスに帯電し、マイナス電荷のDNA に結合し、とてもよく染色されます。

核内のクロマチンや分裂期染色体が、今から 100 年以上も前に観察され、報告されていたのにくらべ、実際にクロマチンの実体を観察できたのは 1974 年のことです。1953 年のワトソンとクリックによる DNA の二重らせん構造の提唱（→4-2）から、20 年以上も遅れました。４種類の塩基の並びによってつくられている二重らせんの DNA は、ヒトの場合、全長 2m にもなりますが、その直径（幅）は約２nm（ナノメートル；100 万分の 1mm）しかありません。さてどのようにして、実際に「遺伝子を顕微鏡で見る」ことができるのでしょう。

光学顕微鏡と電子顕微鏡

通常の光学顕微鏡では 200nm 以下のものを観察するのが困難なので、DNA を直接見るためには、電子顕微鏡を使う必要があります（図１）。しかし電子顕微鏡観察は、光学顕微鏡ほど単純ではありません。まず、光のかわりに電子線を用いるため、真空のなかで観察しなくてはなりません。このため、生きたものをそのまま観察することができず、見たいものをホルマリンなどで化学固定し、それをアルコールなどで脱水し、水分子を除かなくてはなりません。また、分厚いものは電子線が透過しないので、その場合は、プラスチックのなかに埋め込んで固めてしまい、薄くスライスしたものを観察する必要があります。つまり、イカを観察するのに、そのまま生を観察できるのが光学顕微鏡、スルメにしたものを高倍率で観察するのが電子顕微鏡観察だといえるでしょう。このため、細胞の核内の物体を電子顕微鏡で観察しても、正しい情報を得ることが長い間できませんでした。

図１．光学光学顕微鏡と電子顕微鏡の仕組み

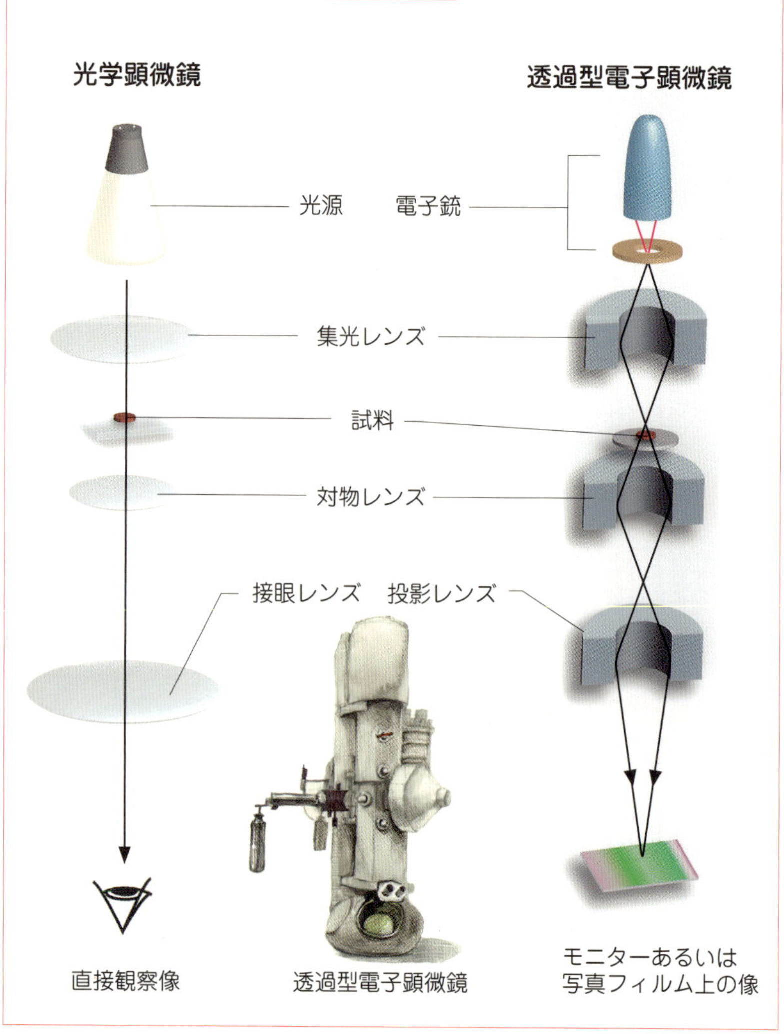

ヌクレオソームの発見

最初にクロマチンの実体を観察したオーリンズ夫妻は、核から取り出したクロマチンをホルマリン固定し、観察するグリッドの上に薄くのばしました。それを重金属で染色することで見やすくし、電子顕微鏡で観察したところ、線維に沿って、直径10nmほどの丸い粒子が数珠玉状に並んでいることを見出しました（1974年）。これは、当初、「beads on a string」（糸に通されたビーズ）とよばれていましたが、現在、「ヌクレオソーム」と名付けられているものです（図2）。

図2．ヌクレオソームの電子顕微鏡写真

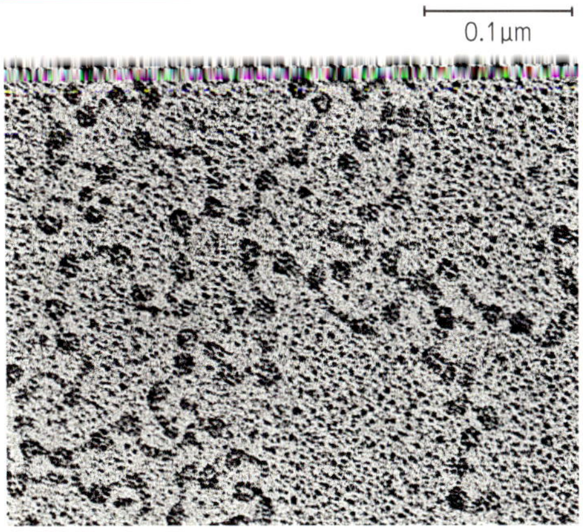

“beads on a string”（糸に通されたビーズ）と呼ばれた構造が見えます。

図3．分裂期のヒト細胞のクライオ電子顕微鏡写真

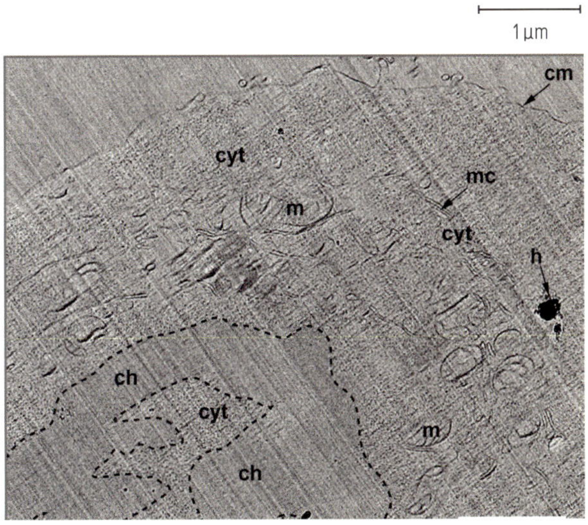

ミトコンドリア（→**3-8**）などの膜構造が見えます（m）。また、細胞質（cyt）に無数に散らばっている黒い粒々はリボソーム。上下に走る規則正しい線は、スライスの際にできたナイフマーク。リボソームの粒子を排除するように、点線で囲んだ内側に染色体のかたまりが集まっています（Ch）。

ロータリーシャドウイングとクライオ電子顕微鏡

裸のDNAを見る試みも数多くなされてきました。多くの場合、グリッドの上にDNAをくっつけてから、電子顕微鏡で見やすいように、金属を吹きつけ、DNAに影を付けて、実際よりはるかに太くして見やすくする「ロータリーシャドウイング」という方法がよく用いられています。

近年、クライオ電子顕微鏡技術の進歩によって、電子顕微鏡も「生きている」状態に近いものを観察できるようになりました。見たいものをある一定以上のはやさで急速に凍結し、マイナス150度以下の極低温をたもちます。すると水分子はガラス状の氷になることが知られており、低温下でそのまま電子顕微鏡観察できます。このようにして、DNAやタンパク質のような分子、細胞内の「生きた状態」に近い様子を観察できるようになりました（図3）。最近、私たちは細胞分裂期のヒト細胞のクライオ電子顕微鏡観察を行ない、染色体がヌクレオソームの不規則な折りたたみ構造によってできているのではないかと提唱しています。また、この結果はX線散乱による構造解析でも確かめられています。

走査型トンネル顕微鏡

ごく最近、走査型トンネル顕微鏡（STM）を使うことによって、DNAの塩基配列を直接見て、決定できる可能性が報告されました（図4）。DNAの塩基配列決定法は今から30年以上も前に開発されていました。しかし化学的な方法にくらべて、「遺伝子を顕微鏡で見る」方法論の進歩は遅々としたものでしたが、ようやく現実的に「遺伝子を顕微鏡で見る」ことが可能な時代に入ってきたようです。

図4．走査型トンネル顕微鏡によるDNAの塩基配列の観察

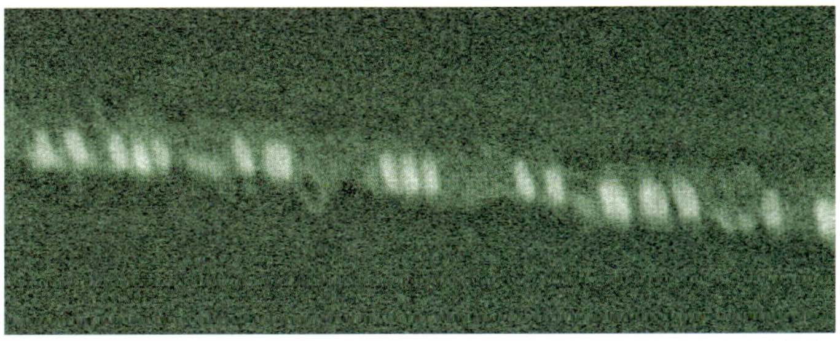

cagacgattgagcgtcaaaatgtaggtatttccatgagcgtttttcctgttgcaatggctggcggtaatattgttctg

長いDNA分子の中にグアニン塩基を観察できます。

写真：大阪大学川合知二教授提供

11−2

DNAを扱う

筆者：日詰光治

遺伝子の研究をしていると、ほんのわずかなタンパク質やDNAを試験管のなかで取り扱い、いろいろな検査をしなければなりません。タンパク質は、個々のタンパク質ごとに化学的性質（酸性かアルカリ性か、水に溶けやすいか溶けにくいかなどの性質）が違うため、「タンパク質の扱い」には十分な経験（およびある種の才能）が要求されます。しかし、DNAは、そこに書き込まれている遺伝情報がどんなものであっても、ほぼ同じ化学的性質をもっています。ここでは、代表的なDNAの取り扱い方法をいくつか紹介します。

DNAを沈殿させる「エタノール沈殿」

DNAを取り扱う第一歩は、タンパク質、糖などが混ざっている液体から、DNAだけを取り出すこと（DNAの精製）にあります。そのとき、「エタノール沈殿」とよばれる方法が使われます（図1）。DNAは水に溶けやすく、逆にエタノールには溶けにくい性質をもっているので、DNAを含む液体にエタノールを加えると、ゲノムDNAなど長いDNAであれば、DNAが糸くずのように目にみえるようになります。小さなDNAだとみえませんが、遠心（試験管を速く回し、溶けていないものを遠心力で底に沈める作業）をすると、たくさんのDNAが底に集まって、白いかたまりとなってみえてきます。このDNAの糸くずやかたまりは、またエタノールを含まない水に入れると、簡単に溶かすことができます。

図1．DNA溶液のつくり方

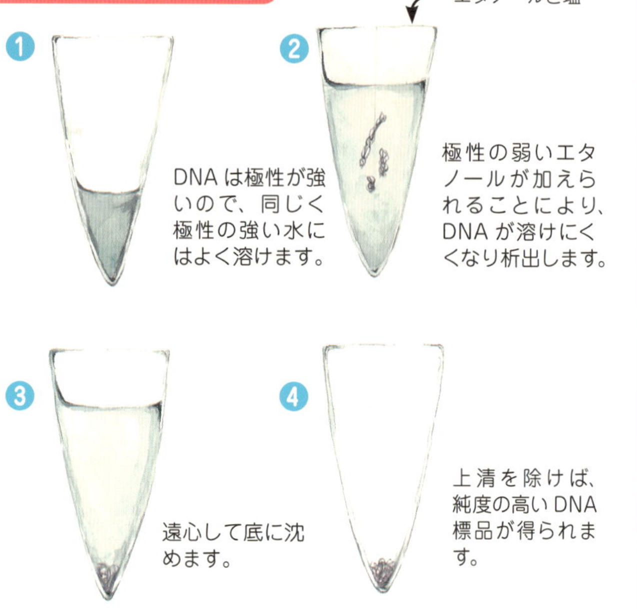
エタノールと塩
1
DNAは極性が強いので、同じく極性の強い水にはよく溶けます。
2
極性の弱いエタノールが加えられることにより、DNAが溶けにくくなり析出します。
3
遠心して底に沈めます。
4
上清を除けば、純度の高いDNA標品が得られます。

DNAを切る

DNAのなかから特定の遺伝子を「切り出す」ことができると、その遺伝子の役割を調べる上でとても便利です。その遺伝子だけを切り出して回収することができれば、その遺伝情報を読むことや、ちょっと遺伝情報を変えてみることや、その遺伝子から大量にタンパク質をつくらせることができるようになります。目的の遺伝子を切り出すためにDNAのねらった部分を切る場合には、「制限酵素」とよばれる酵素を使用します（図2）。これは微生物のもつ酵素で、DNAを切断する働きがあり、しかも酵素の種類ごとに切断するDNA配列が決まっています。たとえば、大腸菌から精製された「EcoRⅠ」とよばれる酵素は、GAATTCという配列しか切断しません。現在、このような酵素が何十種類も発見され、実験の材料として市販されています。

図2．制限酵素によるDNA切断

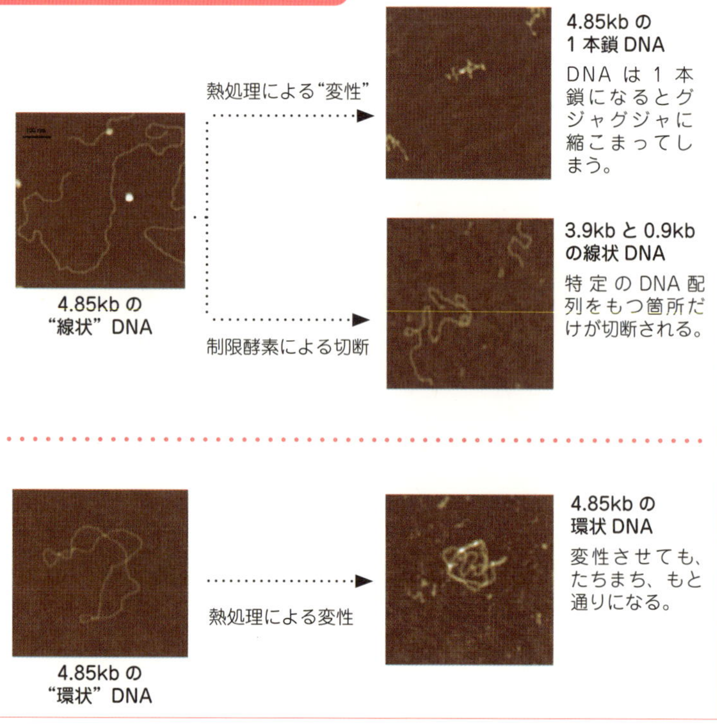
熱処理による“変性”
4.85kbの
1本鎖DNA
DNAは1本鎖になるとグジャグジャに縮こまってしまう。
4.85kbの
“線状”DNA
制限酵素による切断
3.9kbと0.9kb
の線状DNA
特定のDNA配列をもつ箇所だけが切断される。
4.85kbの
“環状”DNA
熱処理による変性
4.85kbの
環状DNA
変性させても、たちまち、もと通りになる。

遺伝子を増やす――クローニング

同じ制限酵素で切られた切断面どうしは、「リガーゼ」という酵素を使うと、もう１度つなぎ合わせられます（図３）。これを利用して、調べたい遺伝子を「プラスミド」とよばれる環状DNAに挿入し、大腸菌のなかでその遺伝子のコピーを増やすことができます（➜**9-7**）。プラスミドとは、大腸菌などの微生物がもち、両端がつながって輪のようになったDNAです。これを制限酵素で切り開き、そこに調べたい遺伝子を入れ、リガーゼでつなぎ直して輪に戻した状態で大腸菌内に戻せば、大腸菌細胞内でそのコピーがつくられます。大腸菌は培養速度が速く、またプラスミドのコピーが多数つくられるので、遺伝子のコピーを短時間に大量に得ることが出来ます。このような、目的遺伝子のコピーをつくる作業のことを、「クローニング」とよびます。

図3. クローニング

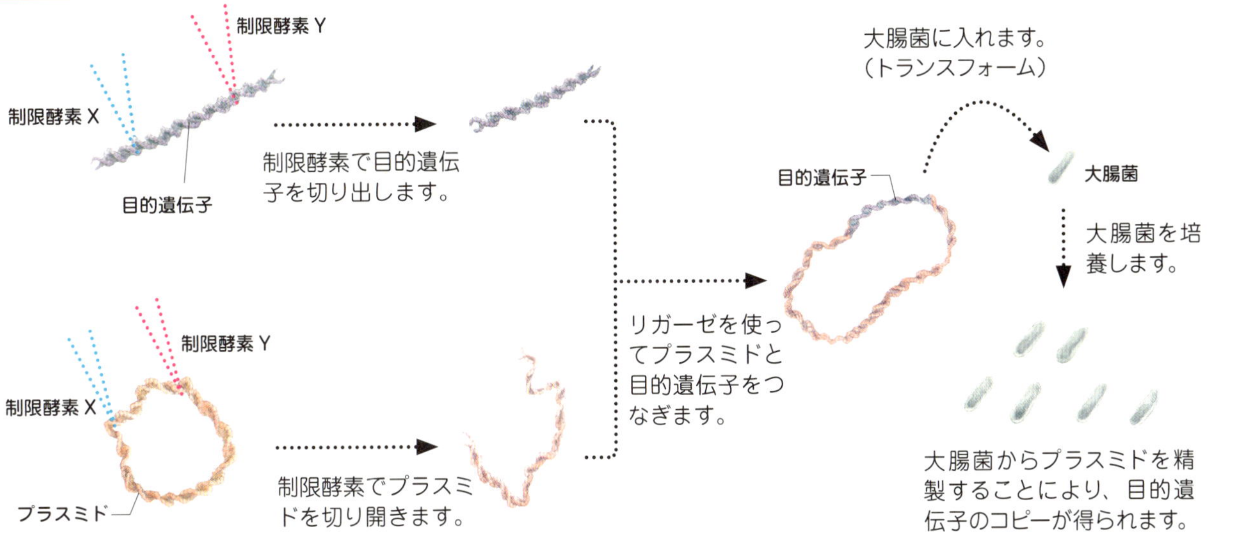
制限酵素Y
制限酵素X
目的遺伝子
制限酵素で目的遺伝子を切り出します。
制限酵素Y
制限酵素X
プラスミド
制限酵素でプラスミドを切り開きます。
リガーゼを使ってプラスミドと目的遺伝子をつなぎます。
目的遺伝子
大腸菌に入れます。（トランスフォーム）
大腸菌
大腸菌を培養します。
大腸菌からプラスミドを精製することにより、目的遺伝子のコピーが得られます。

図4. 変性を利用したDNAの選別

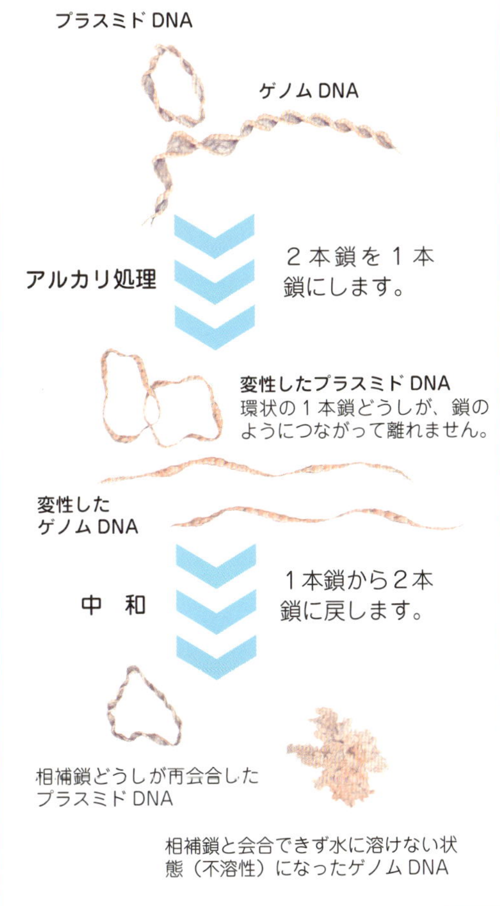
プラスミドDNA
ゲノムDNA
アルカリ処理
２本鎖を１本鎖にします。
変性したプラスミドDNA
環状の１本鎖どうしが、鎖のようにつながって離れません。
変性したゲノムDNA
中　和
１本鎖から２本鎖に戻します。
相補鎖どうしが再会合したプラスミドDNA
相補鎖と会合できず水に溶けない状態（不溶性）になったゲノムDNA

DNAの変性

DNAは、２本の鎖が相補部分で向かい合って結合しています。つまり、Aの向かいにはT、Gの向かいにはCといった組み合わせで、２本の鎖がつながっています（➜**4-2**）。このつながりは、100℃くらいに熱したり、アルカリ性にすることによって外せます（図４）。これを「DNAの変性」とよびます。この性質を応用することで、プラスミドDNAを大腸菌細胞内から精製することができます。まず、プラスミドをもつ大腸菌を育て、たくさん集めます。その大腸菌を、水酸化ナトリウム溶液というアルカリ性の液体のなかに溶かすと、大腸菌細胞の壁が壊れて、なかのDNAが菌の外に出てきます。さらに、ゲノムDNAもプラスミドDNAも変性して１本鎖になります。そのあと、アルカリ性でない状態にする（中和する）と、１本鎖DNAはもともとくっついていた相手を探し出し、２本鎖に戻ろうとします。しかし、大腸菌のゲノムDNAはとても長いので、相手を見つけるのが難しく、不安定なぐじゃぐじゃのかたまりとなってしまいます。一方、プラスミドDNAは環状DNAなので、変性して１本鎖になっても、もとの相手と鎖の環のようになっていて、ずっと一緒に居ます。そのため、中和したあと、すぐにもとの相手を見つけてくっついて、安定な２本鎖に戻ることができます。つまり、中和したあと、ぐじゃぐじゃのかたまりを捨ててしまえば、プラスミドDNAだけを集めることができます。

11－3

DNA の配列を決定する

筆者：豊田敦

1970 年代末、サンガーとギルバートは、それぞれ異なる原理の塩基配列決定法を開発しましたが、種々の改良が進んだジデオキシ法（サンガー法）が広く利用されるようになり、生命科学の多くの分野において必要不可欠な手法になりました。その後、PCR や蛍光標識を用いた反応や自動シークエンサー（スラブ式）などの開発が進み、1991 年にはヒトゲノムの配列決定が国際協力のもと開始されました (→ **8-3**)。また、プロジェクト開始後も解析プログラムなどを含む配列決定に関連する多くの技術が飛躍的に進展し、2003 年に全ゲノム解読が完了しています。ヒトゲノム解読以降も米英を中心に、さまざまな生物種（モデル生物）のゲノム配列決定や、土壌やヒトの腸内といった環境中に存在する微生物群をそのまま解析するメタゲノム解析などが進められるとともに、新たな原理にもとづく配列決定技術の開発が強力に推進されています。その結果、2005 年末には超並列型の高速配列決定技術が実用化され、その後も次々と革新的なシークエンサーが市場に登場しています。このように配列決定の高速化、低コスト化および情報処理能力の向上により、個々の体質にあった治療や予防を目指した個人の全ゲノム解析や非モデル生物のゲノム解読などが可能となっています。

サンガーによって考案されたジデオキシ法とは？

ジデオキシ法は、1 本鎖の DNA を鋳型に放射性標識された「プライマー」とよばれる短い相補的な DNA を用いて、新しい DNA 鎖を合成させます（図 1）。その際に、ゲノムを構成する 4 種類のデオキシリボ核酸（dA, dC, dG, dT）を含んだ 4 つの容器に、取り込まれても次の伸長反応が起こらないジデオキシリボ核酸（ddA, ddC, ddG, ddT）をそれぞれ 1 種類ずつ加えた溶液を用いて合成反応を行なうことにより、さまざまな長さの DNA が合成されます。次に、この長さの異なる反応生成物をポリアクリルアミド電気泳動（スラブ式）により分離し、配列を決定しています。1980 年代後半になると従来の放射性標識に代わり、各ジデオキシリボ核酸に異なる蛍光分子を標識する方式が操作の簡便性のため主流となりました。さらに 1998 年、キャピラリ（細いガラス管）を並列に並べて同時に多サンプル処理が可能であるキャピラリ式蛍光自動シークエンサーが登場し、ゲノムシークエンスの処理能力を飛躍的に向上させました（図 2）。しかしながら、個人ゲノムを含むさまざまな生物の配列決定を推進するには、スピードやコスト面においてまだまだ実用的でないため、ジデオキシ法とは異なる原理にもとづく革新的な配列決定装置の実用化が望まれていました。

図 1．ジデオキシ法による塩基配列決定の原理

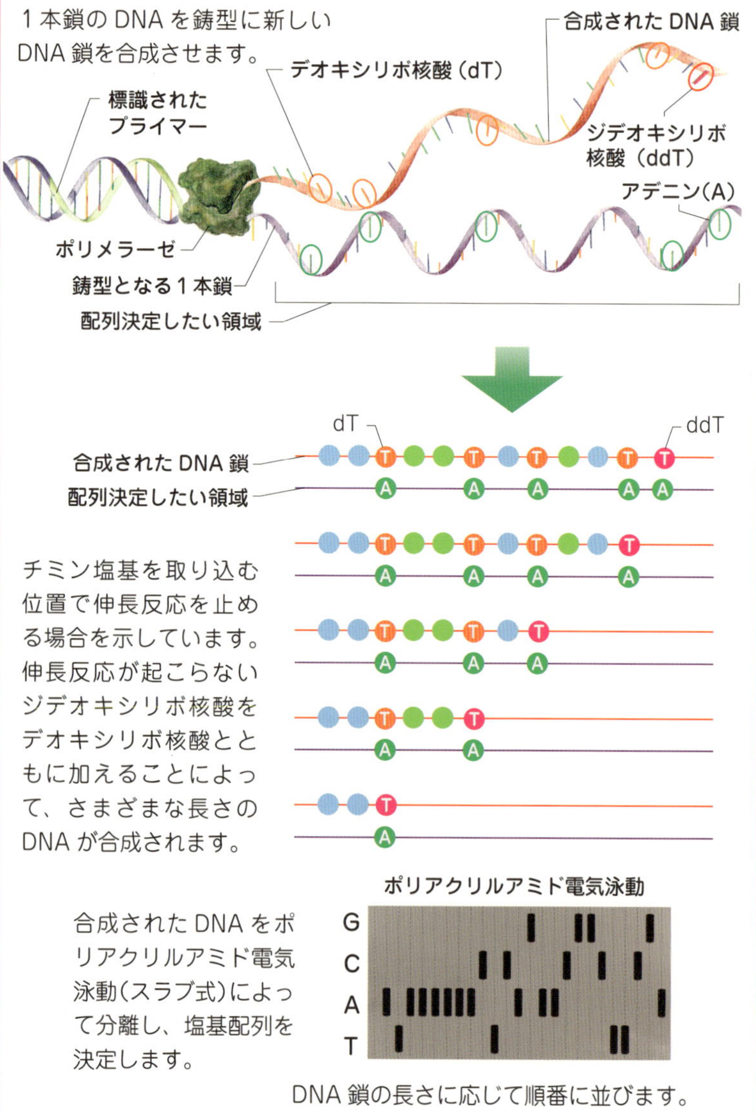
1 本鎖の DNA を鋳型に新しい DNA 鎖を合成させます。
合成された DNA 鎖
デオキシリボ核酸（dT）
標識されたプライマー
ジデオキシリボ核酸（ddT）
アデニン(A)
ポリメラーゼ
鋳型となる 1 本鎖
配列決定したい領域
dT
ddT
合成された DNA 鎖
配列決定したい領域
チミン塩基を取り込む位置で伸長反応を止める場合を示しています。伸長反応が起こらないジデオキシリボ核酸をデオキシリボ核酸とともに加えることによって、さまざまな長さの DNA が合成されます。
ポリアクリルアミド電気泳動
合成された DNA をポリアクリルアミド電気泳動（スラブ式）によって分離し、塩基配列を決定します。
G
C
A
T
DNA 鎖の長さに応じて順番に並びます。

図2．キャピラリ式蛍光自動シークエンサー

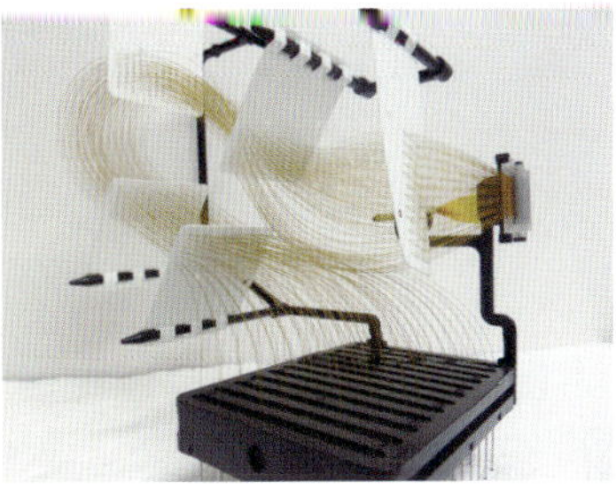

キャピラリ

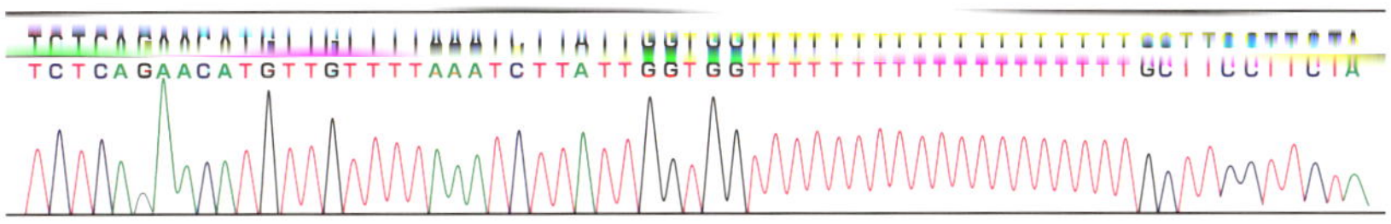

波形データ

内径 100μm（マイクロメートル；1000 分の 1mm）、長さ 50cm 程度のキャピラリにアクリルアミドをベースにしたポリマーを充填《じゅうてん》し、蛍光標識された DNA を分離しています。スラブ式にくらべると放熱効率が向上しているため、高速な配列決定が可能です。（解読長は、1 サンプルにつき 800 ～ 1000 塩基程度）。

第 2・第 3 世代のシークエンサーの登場と今後の展望

第 2 世代シークエンサーは、キャピラリ式にくらべると膨大なサンプルを低コストかつ高速に処理することが可能です。このようなシークエンサーが登場してきた背景には、多くのモデル生物のゲノム配列が決定されたことによって、解読長が短くともゲノム構造の違いを検出できるようになったことがあげられます。現在では、1 ランあたりのデータ生産量や 1 サンプルあたりの解読長、配列精度の向上により、新規ゲノム解読なども実施されています。また、その圧倒的な配列決定能力を利用して、遺伝子の発現解析などのように特定の DNA 分子を定量することも可能となっています。最近では、固定化されたポリメラーゼ（**→5-8**）を用いて、1 分子の 1 本鎖 DNA をリアルタイムで配列決定する第 3 世代のシークエンサーも市販化されるとともに、微細孔を 1 本鎖 DNA が通過する際に生じる電導度の変化を検出することによって塩基を同定する「ナノポアシークエンシング法」といった新たな原理にもとづく配列決定装置も開発されつつあります（図 3）。しかし、その実用化にはまだ多くの解決すべき課題が存在していますが、実用化されれば、これまでにない高速化と低コスト化が実現し、生命科学のすべての分野へ大きなインパクトを与えると期待されています。

図3．第3・第4世代のシークエンシングシステム

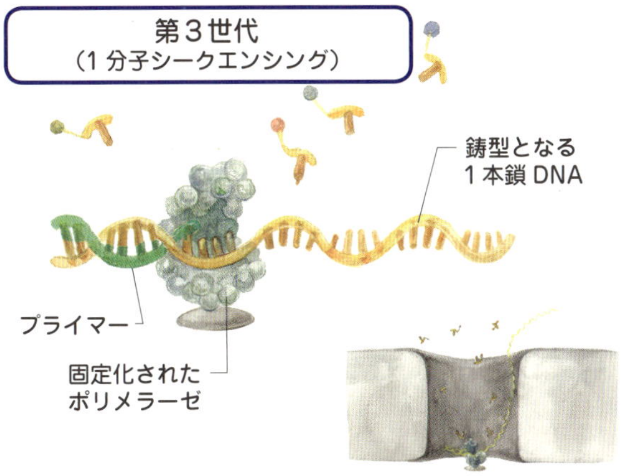
第3世代
（1分子シークエンシング）
鋳型となる
1本鎖 DNA
プライマー
固定化された
ポリメラーゼ

ポリメラーゼで合成される時のシグナルを検出し、1 分子の 1 本鎖 DNA をリアルタイムで配列決定できます。

第4世代
（ナノポアシークエンシングシステム）

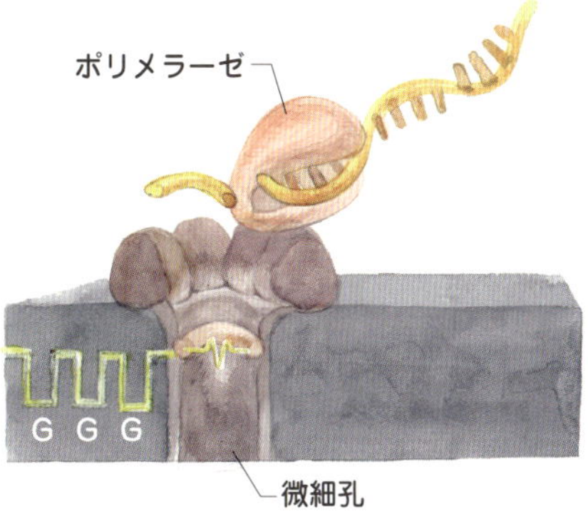
ポリメラーゼ
G G G
微細孔

1 本鎖 DNA が微細孔を通過する時に生じる電導度の変化を検出して塩基を決定します。

DNA の塩基配列決定法を確立

フレデリック・サンガー（Frederick Sanger, 1918 年～）

タンパク質のアミノ酸配列決定法を確立し、約 10 年の歳月をかけてインスリンの　次構造を解明しています。この功績により、1958 年ノーベル化学賞を受賞しました。また、1977 年にはジデオキシ法を開発し、そのわずか 3 年後の 1980 年に「化学分解による塩基配列決定」を開発したギルバートとともに 2 度目のノーベル化学賞を受賞しています。

11−4

遺伝子のデータベース

筆者：中村保一・神沼英里

遺伝子情報は、一般にDNA塩基配列の並びの形で記録されます。塩基配列はDNAなどの核酸において、ヌクレオチドの一部をなす有機塩基類A（アデニン）、T（チミン）、G（グアニン）、C（シトシン）の4種類の並び方を記述したものです。塩基配列を文字列データの並びとしてデジタル化して、コンピュータ等の記録媒体に保存したものを「塩基配列データベース」とよびます。塩基配列のなかでも、遺伝子に相当する部分を抽出したデータベースは、「遺伝子データベース」といいます。データベースとは電子化されたデジタルデータの集合を指します。デジタルデータのメリットは、コンピュータ処理が可能な事です。遺伝子の塩基配列を解釈して製薬開発などに応用するために、多数のコンピュータプログラムが開発されています。

国際塩基配列データベース

新しく発見された遺伝子の塩基配列データは、国際塩基配列データベース（International Nucleotide Sequence Database）に研究者が登録を行ない、研究論文雑誌に成果が発表されると同時に、塩基配列データベースがインターネットを通して世界中に公開されます。世界中の人が誰でも遺伝子の塩基配列を読むことができるようになり、薬の開発などのためにデータは再利用されます。国際塩基配列データベースは、日本DNAデータバンク（DDBJ）が、ヨーロッパ（EMBL-Bank/EBI）と米国（GenBank/NCBI）と共同で国際塩基配列データベースの登録受付とデータ公開を行なっています。表1は、2013年3月時点で、国際塩基配列データベースの登録塩基数が上位の生物種です。ヒトの登録データ量が1番で、薬の試験に利用される実験動物のマウスとラットのデータが多い様子が分かります。

表1．国際塩基配列データベースの塩基数上位の生物種

生物種	生物種（学名）	登録塩基数	登録エントリ数
ヒト	*Homo sapiens*	16,905,195,941 bp	20,220,207
マウス	*Mus musculus*	9,979,520,722 bp	9,706,185
ラット	*Rattus norvegicus*	6,523,318,591 bp	2,193,984
ウシ	*Bos taurus*	5,387,379,177 bp	2,201,598
ゼブラフィッシュ	*Danio rerio*	3,119,551,273 bp	1,725,886
アメリカムラサキウニ	*Strongylocentrotus purpuratus*	1,435,236,537 bp	257,584
アカゲザル	*Macaca mulatta*	1,256,365,166 bp	453,335

DDBJリリース92（2013年3月）より

ヒトの登録数がもっとも多く、それに続き実験動物のマウスとラット、さらに品種改良が盛んに行なわれている家畜が上位となっています。

遺伝子データベースの記載内容

国際塩基配列データベースの遺伝子データには、「塩基配列」とともに「注釈情報」が記載されています。注釈情報は「メタデータ」とよばれており、配列の生物種名や機能などを注釈として説明します。例として国際塩基配列データベースから、ヒト免疫不全ウイルス（HIV）の遺伝子データを紹介します（図1）。遺伝子に相当する塩基配列は、最後の部分に記載されています。初めの部分には*HIV*遺伝子であることの説明と登録番号などが記載されています。中段には文献情報、登録塩基配列の詳細情報が続き、最後に登録塩基配列のデータが記載されています。これらの遺伝子データベースは、研究者や企業が配列情報や注釈情報を使って、研究やビジネスを展開するのに役立っています。

図1. DDBJから公開されている遺伝子データベースの一例

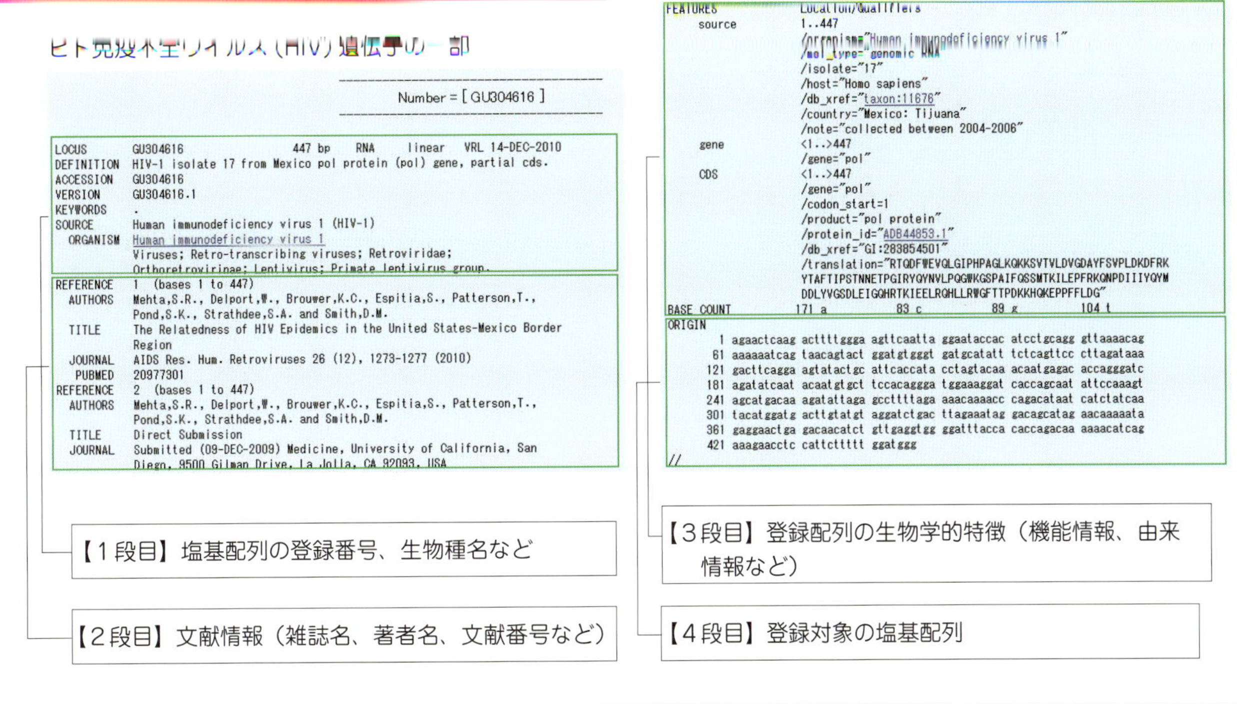

遺伝子配列の注釈付け（アノテーションとキュレーション）

ライフサイエンス分野では、塩基配列に生物学的な注釈情報を付ける操作を「アノテーション」とよびます。また、塩基配列のどの部分が遺伝子に相当するかゲノム上の番地位置を特定する注釈付けは、「構造アノテーション」とよばれます。コンピュータプログラムを使って遺伝子部位のゲノム上の開始位置から終了位置を推定する方法と、実験によりmRNA（**→4-5**）配列の鋳型を使って人工的に合成したcDNA（相補DNA）配列から遺伝子の位置を特定する方法があります。また、塩基配列の遺伝子機能を推定する注釈付けは、「機能アノテーション」とよばれます。たとえば、各遺伝子に遺伝子オントロジー（**→5-4**）を割りあてる場合を指します。コンピュータで機械的に注釈情報を付ける場合は、構造アノテーションでも機能アノテーションでも人の目でみるマニュアルアノテーションの場合にくらべて、間違いがより発生しがちです。間違いを修正する注釈付けを「キュレーション」とよびます。キュレーションをした塩基配列データは価値のあるデータベースとされ、有償販売ビジネスで取り引きされています。

遺伝子データベースの特許化（知的財産権保護）

医薬や農産物などに応用できる塩基配列データは、特許化して知的財産権を取ることが可能です。日本国特許庁、米国特許商標庁、欧州特許庁で構成される三極特許庁《さんきょくとっきょちょう》では、知的財産として塩基配列情報（特許配列）を受け付けており、公開特許明細書中に記載されています。日本国特許庁と韓国特許庁の特許配列データは、データベース化されてDDBJからまとめて無償で公開されています。同様に、米国特許庁登録分はGenbankから、欧州特許庁登録分はEMBLから公開されています。知的財産として重要な特許配列に関する塩基配列データベースは、先行技術調査などに利用されています。

遺伝子データベースの安全管理

ヒト個体の塩基配列データを取得できれば、対象個体が特定の病気に関連する遺伝子を保有するかを確認することができます。つまり、ヒト個体の遺伝子データベースは、「高度な個人情報の塊」といえます。遺伝子データベースとして塩基配列がインターネット上に公開されるということは、個人情報が他人の目に容易にさらされることを意味します。したがって、ヒト個体情報を含む遺伝子データベースは、厳重な取り扱いと安全管理が必要です。ヒト個体のデータベースを扱う研究機関では、高度なセキュリティ機能を備えた建物を構築するなど、安全管理を意識したデータベースの運営が行なわれています。

11－5

遺伝子と表現型をつなぐには(1)
――順遺伝学

筆者：城石俊彦

遺伝子型と表現型をつなぐために、特定の生物系統の表現型に着目して、交配実験と連鎖解析（複数の遺伝子どうしの相対距離について調べたりすること）によって、その表現型を決定する遺伝因子を分離して染色体地図上に位置づける（**→9-3**）方法は、メンデル（**→6-1**）以来の長い歴史をもちオーソドックスな手法であることから、「順遺伝学」（フォワードジェネティクス）とよばれています。最近では、DNA多型マーカーを利用し、染色体上の位置情報を正確に調べることで、表現型の原因遺伝子をみつけられるようになりました。順遺伝学はおよそ100年の歴史において、多くのモデル生物を使い、さまざまな形質を対象にして研究が進められてきました。この方法とは逆に、特定の遺伝子変異から出発して表現型を調べる「逆遺伝学」（リバースジェネティクス）（**→11-6**）と組み合わせることで、多くのモデル生物の遺伝子の機能を厳密に調べることができるようになっています。

ポジショナルクローニングとQTL解析

ひとつの遺伝因子で強い表現型をもたらす単因子形質の解析では、表現型をもつ生物系統と他系統の間で交配実験を行ない、戻し交配世代（交配後の子孫に親の片方を再度交配させて生まれた世代のこと）やF_2世代の集団を対象とした連鎖解析により、原因となる遺伝子の位置（原因遺伝子座）を染色体地図上に位置づけることができます。原因遺伝子の染色体上の位置情報にもとづいたポジショナルクローニングや、ゲノム情報を組み合わせて候補遺伝子を迅速に探索するポジショナル候補遺伝子クローニング法が確立した1990年代以降、多数のモデル生物の変異表現型の原因遺伝子が、順遺伝学により続々と同定されてきました（図1）。

一方、生物の形態形質や生理学的形質などの表現型は、多くの遺伝子の多型が複数組み合わさって引き起こされ、表現型は連続した量的計測値として与えられます（**→6-2**）。これらの表現型の遺伝解析のために、量的形質遺伝子座（QTL）解析法が考案されました（図2）。この方法では、表現型に影響を与える遺伝子座（QTL）の位置を、統計学的に解析することで推定します。現在では、いろいろなコンピュータープログラムも考案され利用することができます。ただ、この解析法から原因遺伝子を同定することは、必ずしも容易ではありません。このため、多因子形質の遺伝解析のために、さまざまな実験用生物系統がつくられました。たとえば、目的の遺伝子座の影響について、他の遺伝子座の影響に邪魔されずに解析するため、特定の染色体領域のみをふたつの系統間で交換したコンジェニック系統があります。また、ふたつの系統間で1本の染色体を丸ごと置換した染色体置換（コンソミック）系統もつくられています（図3）。これらの系統を用いた遺伝解析では、共通の遺伝的背景によって、調べたい染色体領域への遺伝的ノイズが削減され、より精度の高い連鎖解析やQTL解析を行えます。

図1．ポジショナルクローニングによる変異原因遺伝子の単離

DNAマーカーを指標として、変異原因遺伝子座を詳細に染色体上にマップすることで原因遺伝子をクローニングします。大腸菌の人工染色体ベクター（BAC）にマウスゲノムが挿入されたライブラリーの利用や、次世代シークエンサーによるゲノム配列の直接解読で変異の原因遺伝子を同定することができるようになっています。

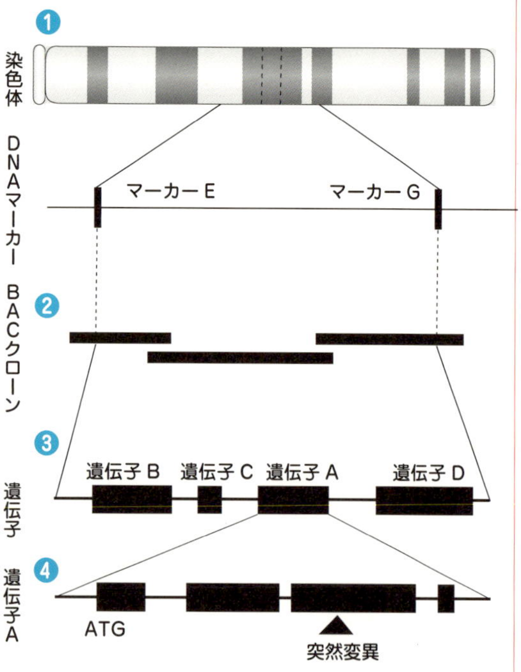

1. DNAマーカーを使って原因遺伝子が存在するゲノム領域を特定します。
2. マーカー間のDNA配列をもつBACクローンを探します。
3. マーカー間に存在する遺伝子を探します。
4. シークエンサーによりDNAの解読を行ない突然変異を見つけます。

図2. QTL解析による多因子形質の遺伝解析

F$_2$ 世代集団の各個体について、表現型の数値計測と染色体上のDNAマーカー座位についての遺伝子型判別を行ないます。これらのデータから既存のプログラムを使い、その染色体位置において遺伝効果が全くない場合を帰無仮説（最終的に間違いとみなしたい仮説のこと）として対数尤度《ゆうど》比（LOD値）（観察結果からみて前提条件がどれくらいもっともらしいかを示す度合いのこと）を求めます。染色体位置を横軸に、LOD値を縦軸にとり、LOD値が最大になった位置にQTLが存在すると推定します。

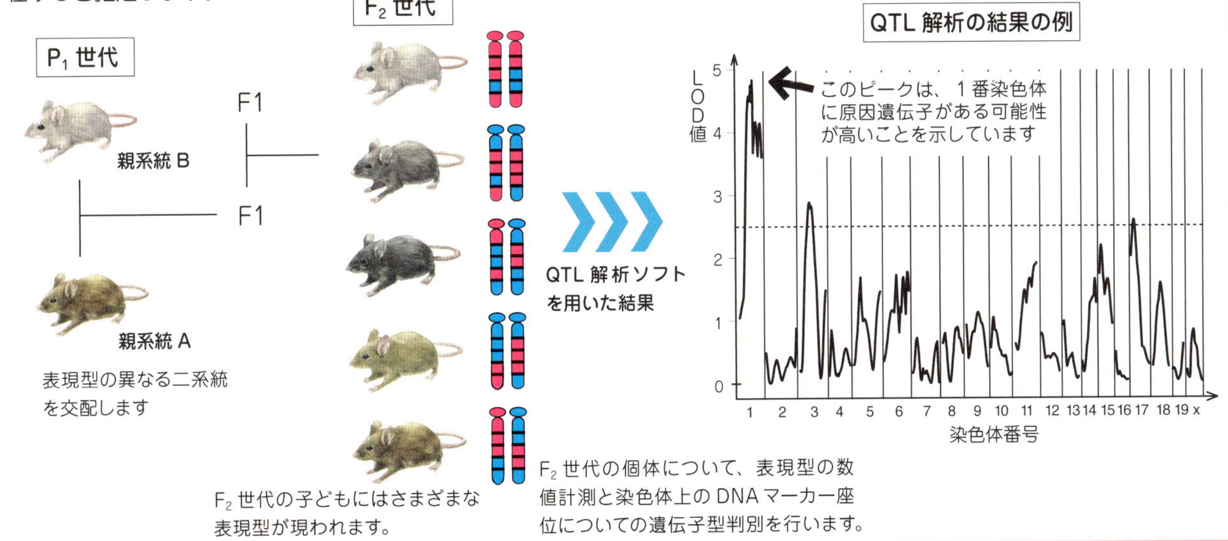

図3. マウス亜種間コンソミック系統

全染色体についてコンソミック系統が作製されると、多様な表現型スクリーニングによって、多数のQTLを染色体上に一度にマップすることができます。この図は日本産亜種由来のMSM系統の染色体（緑）をC57BL/6系統の遺伝的背景（青）に導入したコンソミック系統です。ミトコンドリアゲノムやY染色体を含めて合計30系統で構成されています。

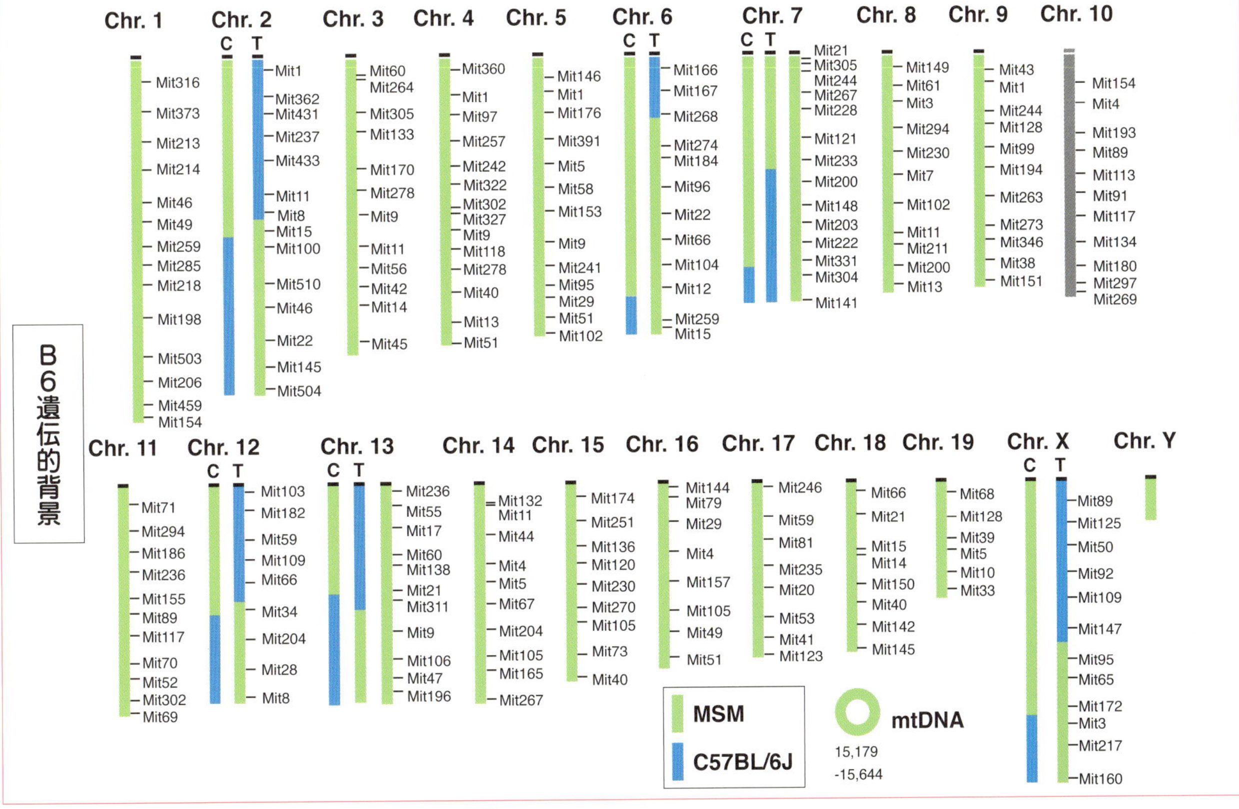

ゲノム多型情報を利用した連関解析

近年、多数の生物種でゲノム解読が完了すると、次世代シークエンサー（**→11-3**）を用いたモデル生物系統や自然集団中のゲノム多型が調べられるようになり、膨大な一塩基多型（SNP）（**→8-2**）情報が収集されるようになりました。ヒト集団では、多数のSNPと多因子疾患表現型との連関をゲノムワイドに統計解析するGenome Wide Association Study (GWAS) が実施され、多数の疾患原因遺伝子が同定されるようになっています。

11−6

遺伝子と表現型をつなぐには(2)
——逆遺伝学

筆者：相賀裕美子

逆遺伝学（リバースジェネティクス）とは、特定の遺伝子を選択し、欠失・破壊することによって、その遺伝子の機能を解析することです。従来の遺伝学（フォワードジェネティクス）（→ **11-5**）がヒトを対象にしているのに対して、リバースジェネティクスは、遺伝子操作が自由にできるマウスを用いて行なわれています。この逆遺伝学は、胚性幹細胞（ES 細胞）（→ **2-9**）からマウス個体を作成する、画期的な技術の確立によって現実のものとなりました。一連の技術開発に携わった 3 人の科学者は、その功績が認められ、2007 年にノーベル生理学・医学賞を受賞しました。まずエヴァンス（イギリス）が、哺乳類で初めてとなるマウスの ES 細胞をつくり出し、さらにカペッキ（アメリカ）とスミーシーズ（イギリス）が、相同組換えを利用して、染色体上の特定遺伝子を別の遺伝子で置き換える手法を開発し、遺伝子改変マウスをつくりました。この手法は、現在の生命科学にとって欠かせないものとなっています。

図．ノックアウトマウスの作製法

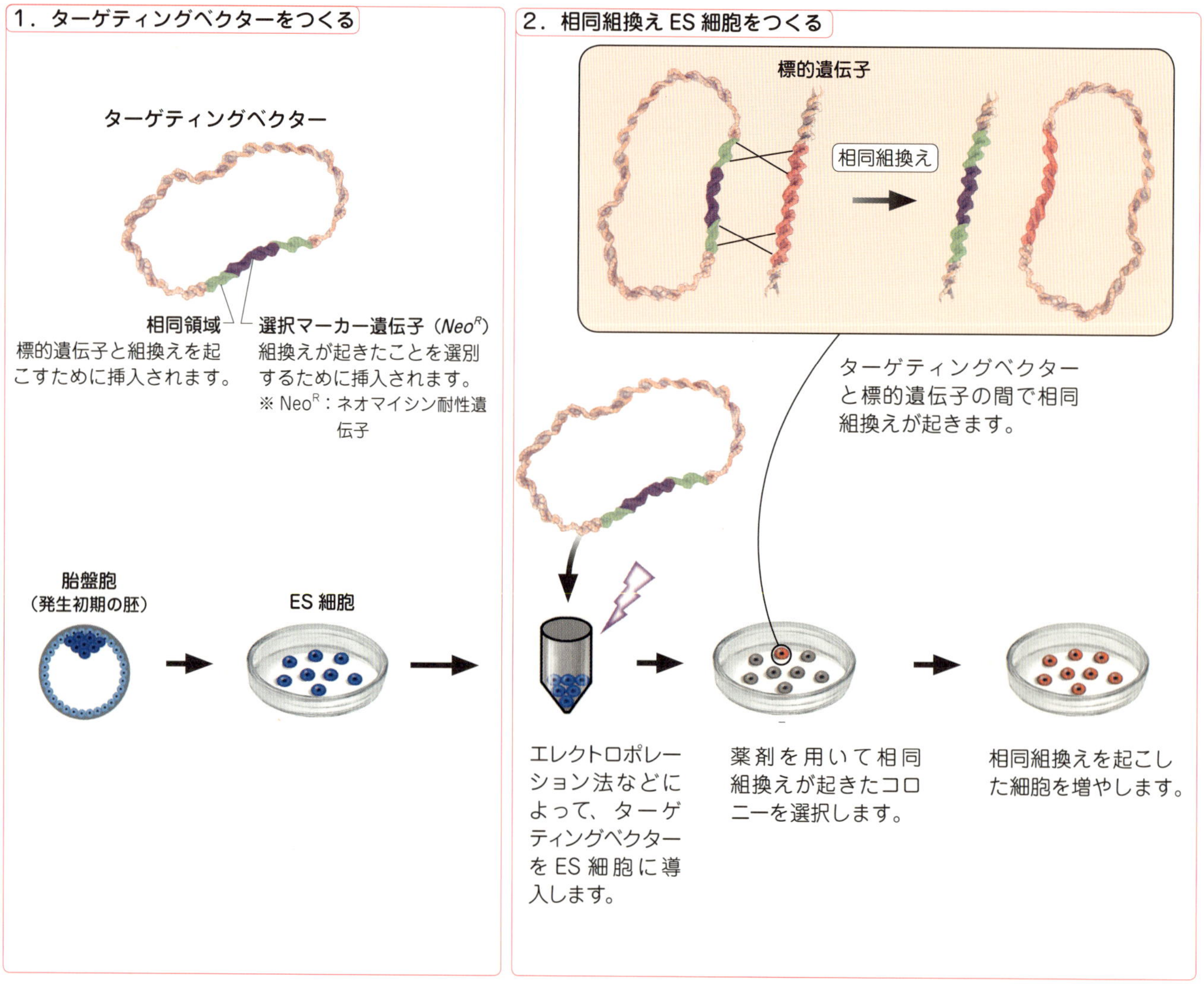
1．ターゲティングベクターをつくる
ターゲティングベクター
相同領域
標的遺伝子と組換えを起こすために挿入されます。
選択マーカー遺伝子（*Neo*^R）
組換えが起きたことを選別するために挿入されます。
※ Neo^R：ネオマイシン耐性遺伝子
胎盤胞
（発生初期の胚）
ES 細胞
2．相同組換え ES 細胞をつくる
標的遺伝子
相同組換え
ターゲティングベクターと標的遺伝子の間で相同組換えが起きます。
エレクトロポレーション法などによって、ターゲティングベクターを ES 細胞に導入します。
薬剤を用いて相同組換えが起きたコロニーを選択します。
相同組換えを起こした細胞を増やします。

ノックアウトマウスの作製法

① **ターゲティング（標的遺伝子破壊）ベクターをつくる：**選択マーカー遺伝子（組換えが起きた細胞を選別するための遺伝子）の両端に、調べたい遺伝子（標的遺伝子）で組換えを起こすために相同領域を挿入されたターゲティングベクターをつくります。

② **相同組換え ES 細胞を得る：**ターゲティングベクターを、エレクトロポレーション法（電気パルスをかけることで細胞膜に微小な穴を空け、DNA を細胞内部に送り込む手法）等によって ES 細胞へ導入します。ある確率で相同組換えが起こり、標的とする遺伝子が選択マーカー遺伝子に置き換わります。このマーカー遺伝子の薬剤耐性を目印に、組換えを起こしたコロニー（個体群）を選別します。実際に組換えが起こったことをサザンブロット法（ある DNA らせんの中に特定の塩基配列が存在するかどうかを調べる手法）などで確認します。

③ **ES 細胞からキメラ個体をつくる：**相同組換え ES 細胞を、宿主となるマウスの胚盤胞（発生初期の胚）の腔内に顕微操作で注入し、宿主胚の細胞と ES 細胞の２種類の細胞で成り立つ胚盤胞（キメラと呼びます）をつくります。仮親となる雌マウスの子宮に、つくられた胚盤胞を移植することにより、キメラ個体が生まれます。なお、ES 細胞をつくるの際の胚と宿主の胚とで異なる体毛色の系統を使用すると、キメラ個体か否かを、生まれた個体の体毛色で判別できます。

④ **ノックアウト個体をつくる：**キメラマウスを正常マウスと交配して、ヘテロ接合体の個体をつくります（ジャームライントランスミッションとよびます）。その際、相同組換え ES 細胞由来の遺伝形質をもつ個体であるかどうかを確認します。その後、ヘテロ接合体どうしを交配させて、ホモ接合体の遺伝子ノックアウトマウスをつくります。このマウスの表現型を解析することにより、ねらった遺伝子の機能を明らかにすることができます。

3．ES 細胞からキメラマウスをつくる

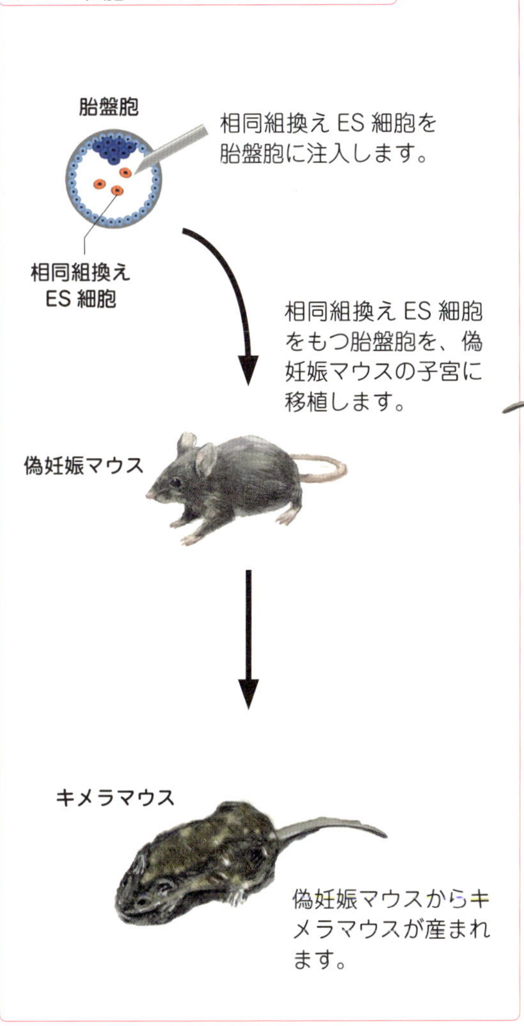
胚盤胞
相同組換え ES 細胞を
胚盤胞に注入します。
相同組換え
ES 細胞
相同組換え ES 細胞
をもつ胚盤胞を、偽
妊娠マウスの子宮に
移植します。
偽妊娠マウス
キメラマウス
偽妊娠マウスからキ
メラマウスが産まれ
ます。

4．ノックアウトマウスをつくる

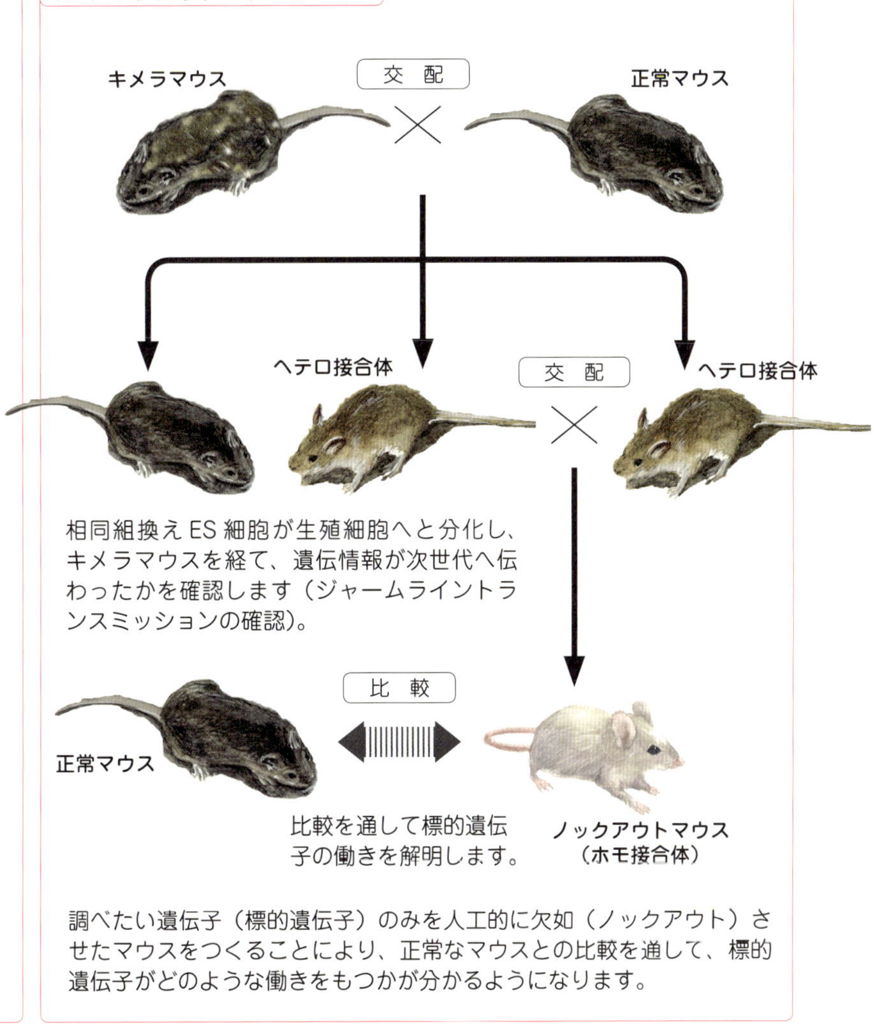
キメラマウス
交 配
正常マウス
ヘテロ接合体
交 配
ヘテロ接合体
相同組換え ES 細胞が生殖細胞へと分化し、
キメラマウスを経て、遺伝情報が次世代へ伝
わったかを確認します（ジャームライントラ
ンスミッションの確認）。
比 較
正常マウス
比較を通して標的遺伝
子の働きを解明します。
ノックアウトマウス
（ホモ接合体）
調べたい遺伝子（標的遺伝子）のみを人工的に欠如（ノックアウト）させたマウスをつくることにより、正常なマウスとの比較を通して、標的遺伝子がどのような働きをもつかが分かるようになります。

I 本書で取り上げた分子化合物・器官・生物の大きさの比較

以下の図は、この図鑑で取り上げられている分子化合物・器官・生物を、大きさを基準にして並べたものです。

それぞれは遺伝情報をたもっていたり、タンパク質をつくるのを助けていたりなど、各々

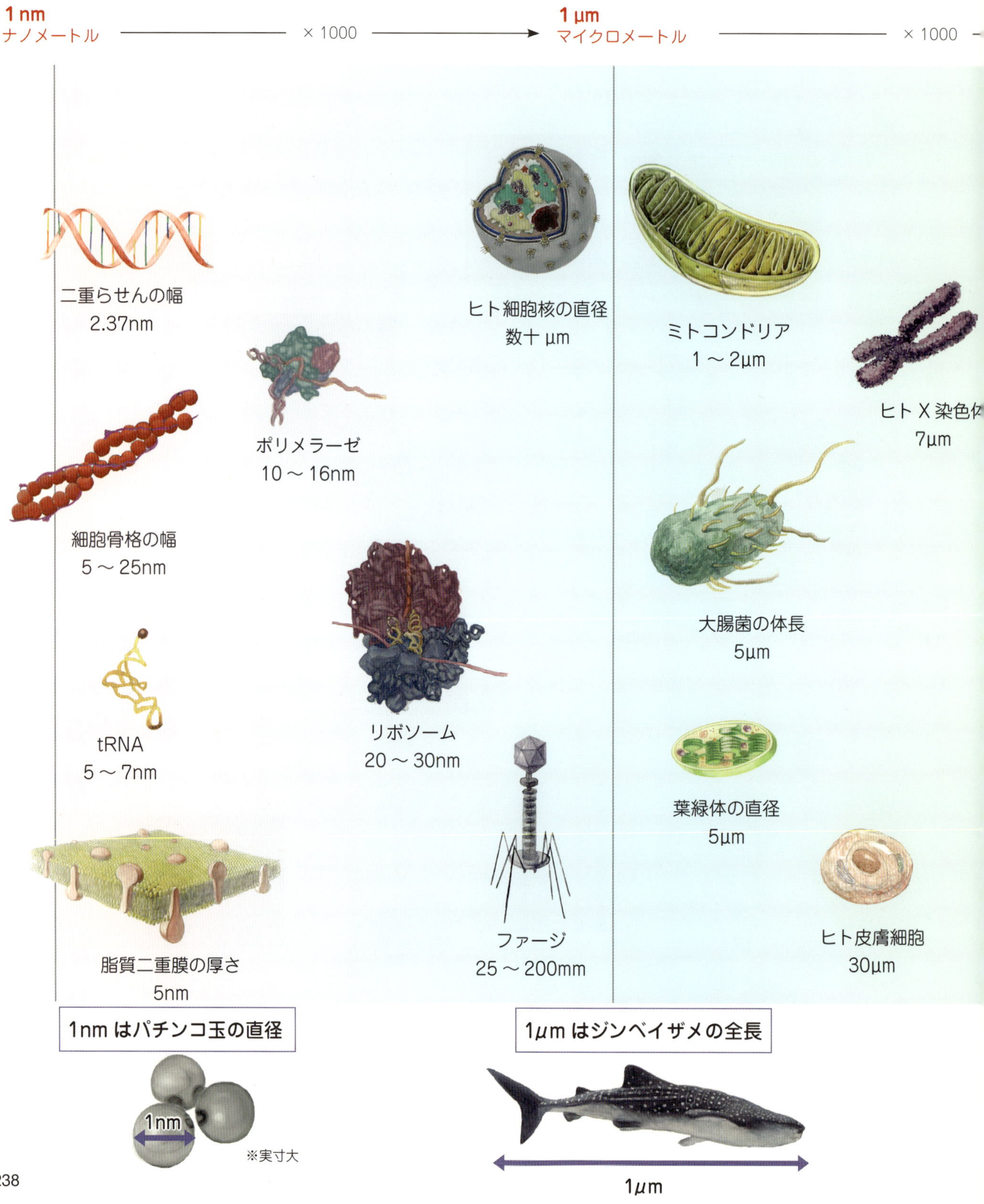

1 nm
ナノメートル
× 1000
1 µm
マイクロメートル
× 1000
二重らせんの幅
2.37nm
細胞骨格の幅
5 ～ 25nm
tRNA
5 ～ 7nm
脂質二重膜の厚さ
5nm
ポリメラーゼ
10 ～ 16nm
リボソーム
20 ～ 30nm
ヒト細胞核の直径
数十 µm
ファージ
25 ～ 200mm
ミトコンドリア
1 ～ 2µm
大腸菌の体長
5µm
葉緑体の直径
5µm
ヒト X 染色
7µm
ヒト皮膚細胞
30µm
1nm はパチンコ玉の直径
1nm
※実寸大
1µm はジンベイザメの全長
1µm

の役割をはたしながら相互に作用しあい、全体の調和をたもちつつ働いています。いかにさまざまな大きさの分子化合物や器官が、DNA にある遺伝情報をもとに、生物をつくっているのかが分かります。

ただし、状況に応じて、さまざまに大きさを変えながら存在する場合もあります。たとえば、ヒトの染色体は、細胞分裂の際には折りたたまれて数μｍまで凝縮しますが、それ以外の時ではひも状に長く伸びたかたちをとっています。
(図の下側には、大きさをイメージしやすいように例えを示しました。地球の直径を１ｍとした場合の、単位ごとの大きさの見本を示してあります。)

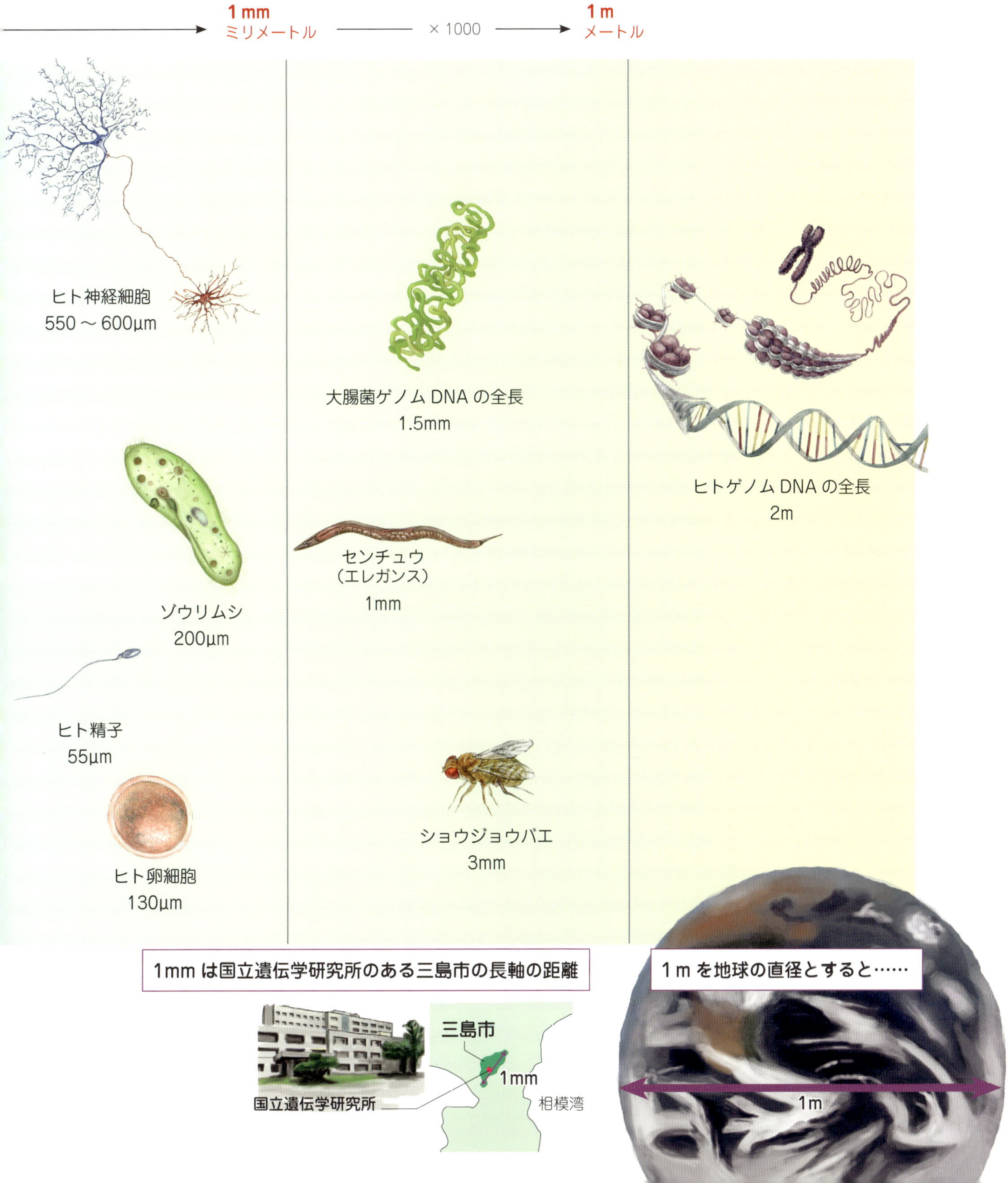

1 mm
ミリメートル
× 1000
1 m
メートル
ヒト神経細胞
550 ～ 600μm
ゾウリムシ
200μm
ヒト精子
55μm
ヒト卵細胞
130μm
大腸菌ゲノム DNA の全長
1.5mm
センチュウ
(エレガンス)
1mm
ショウジョウバエ
3mm
ヒトゲノム DNA の全長
2m
1mm は国立遺伝学研究所のある三島市の長軸の距離
三島市
1mm
相模湾
国立遺伝学研究所
1 m を地球の直径とすると……
1m

II ゲノムサイズの比較

以下の図は、この図鑑で取り上げられている生物について、ゲノムサイズの順に並べたものです。ゲノムサイズとは、遺伝情報が書き込まれている物体であるDNAのもつ総塩基数のことです。したがって、体に多くの器官をもち、複雑な仕組みをもつ生物ほど、ゲノムサイズが大きいことが予想されます。

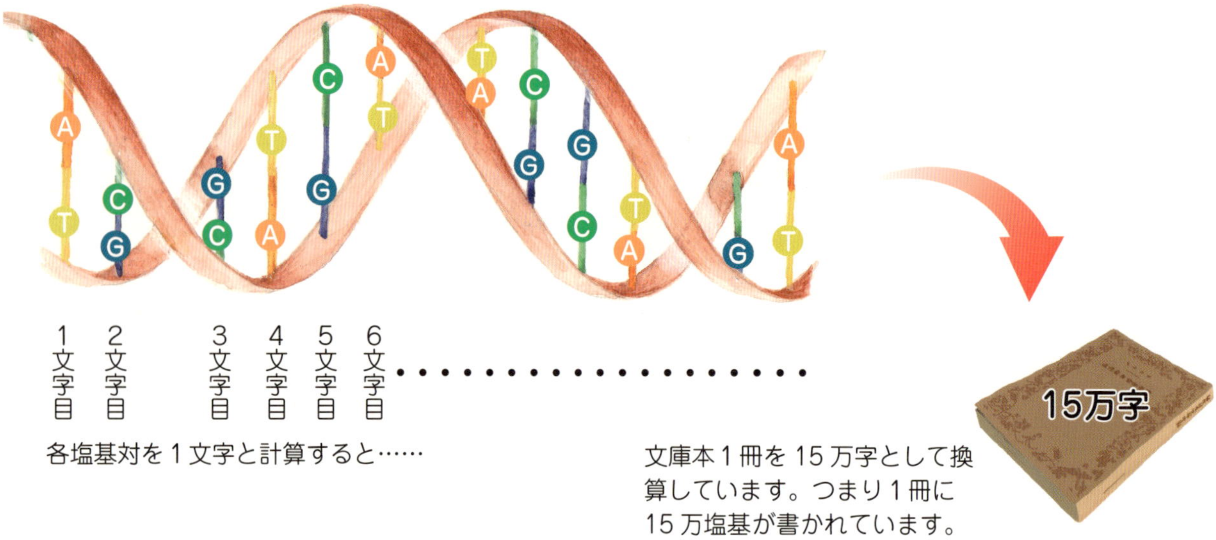
1文字目
2文字目
3文字目
4文字目
5文字目
6文字目
各塩基対を1文字と計算すると……
15万字
文庫本1冊を15万字として換算しています。つまり1冊に15万塩基が書かれています。

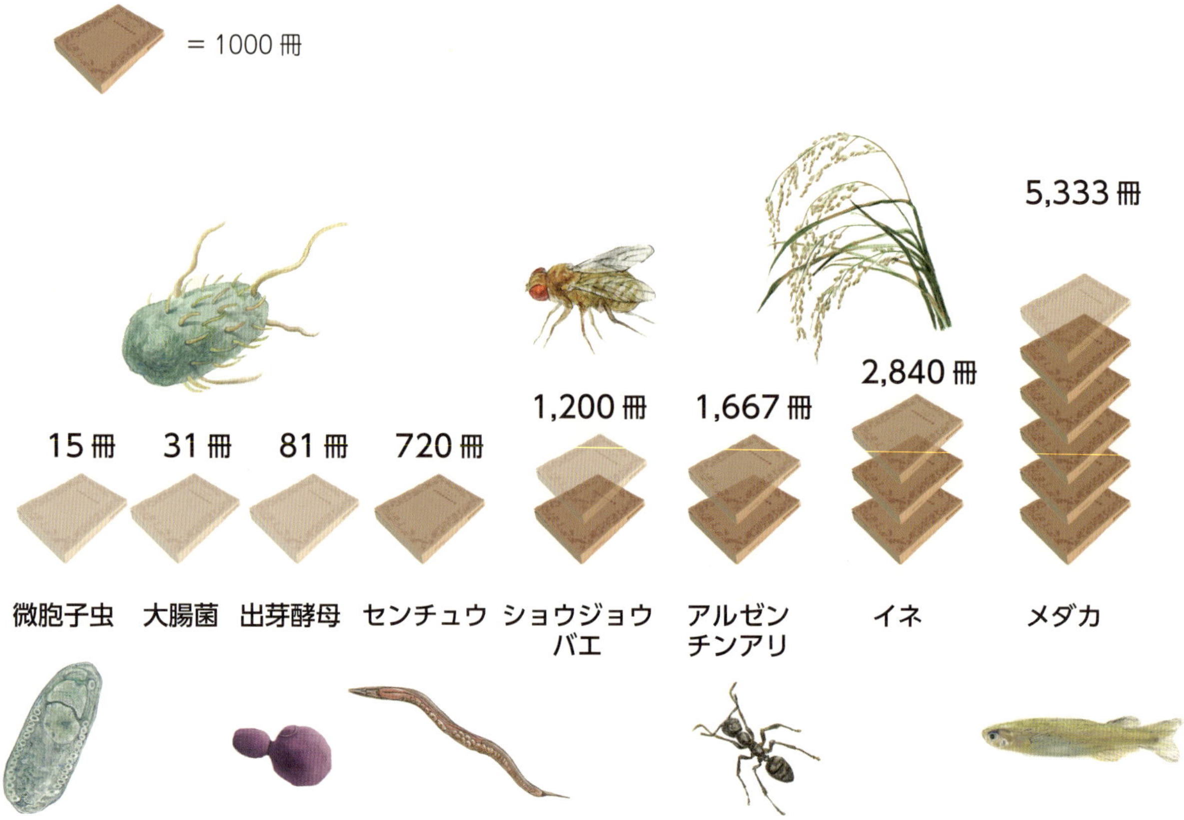
＝1000冊
15冊
微胞子虫
31冊
大腸菌
81冊
出芽酵母
720冊
センチュウ
1,200冊
ショウジョウバエ
1,667冊
アルゼンチンアリ
2,840冊
イネ
5,333冊
メダカ

しかし、ヒト[illegible]植物のキヌガサソウのほうが、およそ50倍もゲノムサイズが大きいことが確認されています。

このことから、複雑な仕組みをつくりあげるにはゲノムサイズが大きいだけでなく、ゲノムがもっている遺伝子の数、またタンパク質をつくるエキソンという塩基配列の組合わせの仕方にも、生物の仕組みが左右されているということが考えられます。

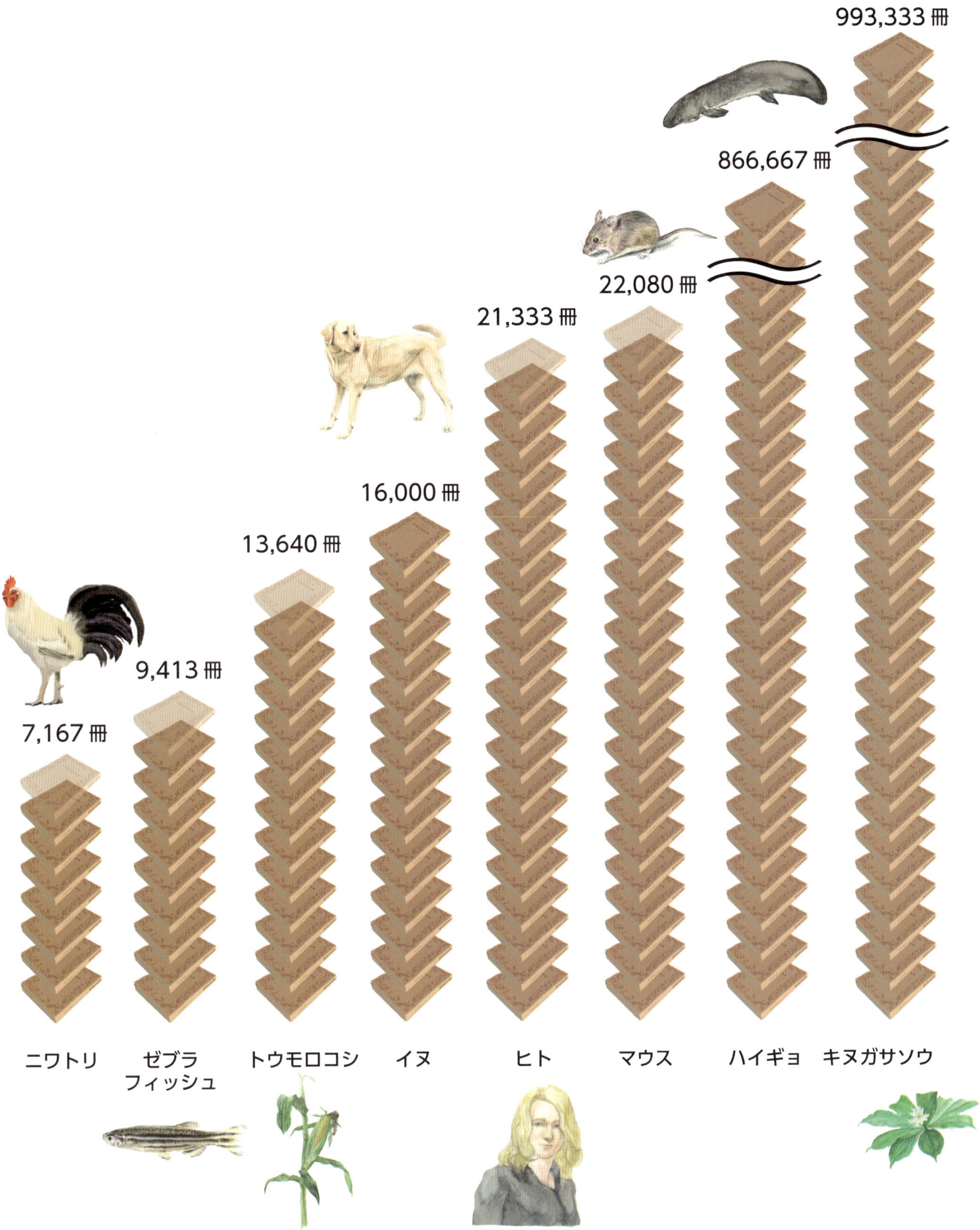
993,333冊
866,667冊
22,080冊
21,333冊
16,000冊
13,640冊
9,413冊
7,167冊
ニワトリ
ゼブラフィッシュ
トウモロコシ
イヌ
ヒト
マウス
ハイギョ
キヌガサソウ

III 日本人が生みだした遺伝子の名前

遺伝学者の夢のひとつは、新しい遺伝子を発見することです。発見した研究者は、新種の生物を発見した分類学者のように、その遺伝子に新しい名前をつけることができます。ここでは日本人がこれまでに発見し、名付けた遺伝子の名前のごく一部分をご紹介します。

bonsai

2007 年に、国立遺伝学研究所の佐瀬英俊と角谷徹仁が報告したシロイヌナズナの遺伝子[1]。この遺伝子はトランスポゾン（→**4-11**）に隣接しており、トランスポゾンの影響でこの遺伝子の発現が低下すると、盆栽のように植物体が小さくなってしまうことから命名されました。

cadherin

1986 年に、竹市雅俊ら（当時、京都大学理学部）が提案したマウスの遺伝子[2]。カルシウム（Ca）イオンに依存する 細胞接着（英語で adhere）に関係するタンパク質の遺伝子だったことから命名されました。

FOB1

1996 年に、小林武彦と堀内嵩（当時、基礎生物学研究所）が提案した出芽酵母の遺伝子[3]。この遺伝子は DNA 複製の進行を止める（Replication Fork block）働きがあることから、FOB の名がつけられました。その後、FOB1 欠失細胞では、酵母の寿命が 60％以上延長されることが分かり、老化促進遺伝子として老化機構の研究に寄与しています。

fushitarazu

1984 年に、日系スイス人研究者バーバラ・ワキモトらが提案したショウジョウバエの遺伝子[4]。この遺伝子が欠失すると、ハエの幼虫の節数が半減するので、日本人の祖父と相談して日本語の「節足らず」から命名されたとのことです。

GINS

2003 年に、国立遺伝学研究所の荒木弘之らが提案した真核生物の複製因子[5]。出芽酵母を用いた研究で発見されました。4つのサブユニット、Sld5, Psf1, Psf2, Psf3 からなるため、サブユニット名の末尾の数字の日本語読み、Go, Ichi, Nii, San の頭文字から命名されました。哺乳類では遺伝子名として、GINS4, GINS1, GINS2, GINS3 も用いられます。がん化細胞で増加することから、がん化のマーカーとしても有望視されています。

hagoromo

2000 年に、国立遺伝学研究所の川上浩一らが提案したゼブラフィッシュの遺伝子[6]。 この遺伝子が欠失すると、魚の縞模様が衣装のようにみだれることから、「羽衣」にちなんで命名されました。

izumo

2005 年に、岡部勝ら（大阪大学）が提案したマウスの遺伝子[7]。精子と卵子が融合する際に不可欠な「縁結び」のタンパク質の遺伝子なので、縁結びの神様を祭る出雲大社にちなんで命名されました。

kai

2005 年に、石浦正寛、近藤孝男ら（名古屋大学）が提案したシアノバクテリアの時計遺伝子[8]。回転の「かい」にちなんで命名されました。

klotho

1997 年に、鍋島陽一ら（京都大学医学部）が提案したマウスの遺伝子[9]。この遺伝子が欠失すると、マウスの寿命が短くなることから、ギリシャ神話のなかの運命の糸をつむぐ女神クロトーにちなんで命名されました。

muk

1989 年に、平賀荘太と仁木宏典（当時、熊本大学）が提案した大腸菌の遺伝子[10]。この遺伝子が欠失すると一部の細胞が核がない（無核）状態になるので、このように命名されました。

musashi

1994 年に、当時米国のジョンズホプキンス大学医学部に留学していた中村、岡野らが提案したショウジョウバエの遺伝子。[11] この遺伝子が欠失すると、ショウジョウバエ体表の感覚剛毛が２本になることから、二刀流だった宮本武蔵にちなんで命名されました。その後、2001 年には、当時、国立遺伝学研究所にいた岡部正隆らが、この遺伝子のタンパク質が神経前駆細胞の分化を誘導することを明らかにしました。[12]

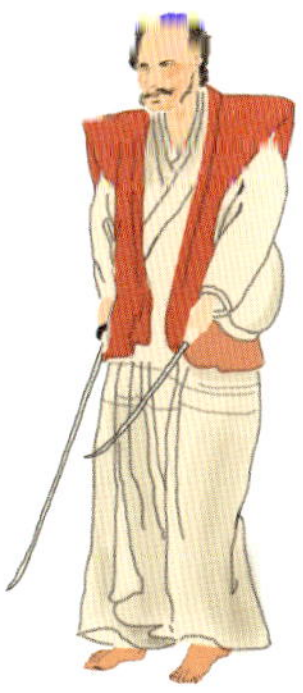

nou-darake

2002 年に、阿形清和ら（当時、理化学研究所の発生・再生科学総合センター）と国立遺伝学研究所の五條堀孝らが提案したプラナリアの遺伝子。[13] この遺伝子が欠失すると、体中に脳が出現した（脳だらけ）ことから、このように命名されました。

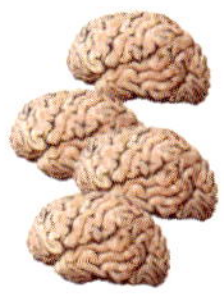

otokogi

2006 年に、野崎久義ら（東京大学理学部）が提案したボルボックス（緑藻の一種）の遺伝子。[14] オスを決定する遺伝子なので、「男気」からこのように命名されました。

pikachurin

2008 年に、古川貴久ら（大阪バイオサイエンス研究所）が提案したマウスの遺伝子。[15] 眼の網膜に存在して、視覚の神経伝達に関与する細胞外マトリックスタンパク質をコードする遺伝子です。ゲームソフト「ポケットモンスター」に登場するキャラクターであるピカチューから命名されました。

satori

1996 年に、山元大輔ら（当時、東京農工大学）が提案したショウジョウバエの遺伝子。[16] この遺伝子が欠失するとオスの性行動が抑制され、あたかも「さとり」をひらいたようだという連想から命名されました。

tubulin

1968 年に、毛利秀雄（当時、東京大学）が提案したウニの遺伝子。[17] 真核生物の微小管（マイクロチューブ）を構成する必須タンパク質の遺伝子であることから、このように命名されました。

【引用文献】

1. Saze H, and Kakutani T, (2007) Heritable epigenetic mutation of a transposon-flanked Arabidopsis gene due to lack of the chromatin-remodeling factor DDM1, EMBO Journal 26: 3641-3652.
2. Hatta K, and Takeichi M, (1986) Expression of N-cadherin adhesion molecules associated with early morphogenetic events in chick development, Nature 320: 447-449.
3. Kobayashi T, and Horiuchi T, (1996) A yeast gene product, Fob1 protein, required for both replication fork blocking and recombinational hotspot activities, Genes to Cells 1: 465-474.
4. Wakimoto B, Turner F.R, and Kaufman T.C, (1984) Defects in embryogenesis in mutants associated with the antennapedia gene complex of Drosophila melanogaster, Developmental Biology 102: 147–172.
5. Takayama Y, Kamimura Y, Okawa M, Muramatsu S, Sugino A, and Araki H, (2003) GINS, a novel multi-protein complex required for chromosomal DNA replication in budding yeast, Genes & Development 17: 1153-1165.
6. Kawakami K, et al, (2000) Proviral insertions in the zebrafish hagoromo gene, encoding an F-box/WD40-repeat protein, cause stripe pattern anomalies, Current Biology 10: 463-466.
7. Inoue N, Ikawa M, Isotani A, and Okabe M, (2005) The immunoglobulin superfamily protein Izumo is required for sperm to fuse with eggs, Nature 434: 234-238.
8. Ishiura M, Kutsuna S, Aoki S, Iwasaki H, Andersson C.R, Tanabe A, Golden S.S, Johnson C.H, and Kondo T, (1998) Expression of a gene cluster kaiABC as a circadian feedback process in cyanobacteria, Science 281: 1519-1523.
9. Kuro-o M, Matsumura Y, Aizawa H, Kawaguchi H, Suga T, Utsugi T, Ohyama Y, Kurabayashi M, Kaname T, Kume E, Iwasaki H, Iida A, Shiraki-Iida T, Nishikawa S, Nagai R, and Nabeshima Y.I, (1997) Mutation of the mouse klotho gene leads to a syndrome resembling ageing, Nature 390: 45-51.
10. Hiraga S, Niki H, Ogura T, Ichinose C, Mori H, Ezaki B, and Jaffe A, (1989) Chromosome partitioning in Escherichia coli: novel mutants producing anucleate cells, Journal of Bacteriology 171: 1496-1505.
11. Nakamura M, Okano H, Blendy J.A, and Montell C, (1994) Musashi, a neural RNA-binding protein required for Drosophila adult external sensory organ development, Neuron 13: 67-81.
12. Okabe M, Imai T, Kurusu M, Hiromi Y, and Okano H, (2001) Translational repression determines a neuronal potential in Drosophila asymmetric cell division. Nature 411: 94-98.
13. Cebrià F, Kobayashi C, Umesono Y, Nakazawa M, Mineta K, Ikeo K, Gojobori T, Itoh M, Taira M, Sánchez Alvarado A, Agata K, (2002) FGFR-related gene nou-darake restricts brain tissues to the head region of planarians, Nature 419: 620-624.
14. Nozaki H, Mori T, Misumi O, Matsunaga S, and Kuroiwa T, (2006) Males evolved from the dominant isogametic mating type, Current Biology 16: R1018-R1020.
15. Sato S, Omori Y, Katoh K, Kondo M, Kanagawa M, Miyata K, Funabiki K, Koyasu T, Kajimura N, Miyoshi T, Sawai H, Kobayashi K, Tani A, Toda T, Usukura J, Tano Y, Fujikado T, and Furukawa Y, (2008) Pikachurin, a dystroglycan ligand, is essential for photoreceptor ribbon synapse formation, Nature Neuroscience 11: 923-931.
16. Ito H, Fujitani K, Usui K, Shimizu-Nishikawa K, Tanaka S, and Yamamoto D, (1996) Sexual orientation in Drosophila is altered by the satori mutation in the sex-determination gene fruitless that encodes a zinc finger protein with a BTB domain, PNAS 93: 9687-9692.
17. Mohri H, (1968) Amino-acid composition of Tubulin constituting microtubules of sperm flagella, Nature 217: 1053-1054.

本項目の一部遺伝子の選択にあたって、『おもしろ遺伝子の氏名と使命』（島田祥輔著、オーム社、2013 年）を参考にさせていただきました。

遺伝子データベースおよび遺伝子に関連するデータベース

〈日本で運営されているもの〉

日本 DNA データバンク　▶ http://www.ddbj.nig.ac.jp/index-j.html
あらゆる生物の塩基配列データを研究者から収集して、米国、欧州と共同で国際塩基配列データベースを構築、提供しています。国立遺伝学研究所の生命情報研究センターで運営されています。

NBRP　▶ http://www.nbrp.jp/index.jsp
ナショナルバイオリソースプロジェクトで維持している多くのモデル生物（ショウジョウバエ、マウス、イネなど）に関するデータベースです。 国立遺伝学研究所の生物遺伝資源センターで運営されています。

KEGG　▶ http://www.genome.jp/kegg/kegg_ja.html
分子レベルの情報から、細胞、個体、エコシステムといった高次生命システムレベルの機能や有用性を理解するためのデータベースです。代謝経路のデータベースが特に有名です。京都大学化学研究所のバイオインフォマティクスセンターで運営されています。

H-Invitational Database　▶ http://www.h-invitational.jp/index_jp.html
ヒトの遺伝子と転写産物を対象とした統合データベースです。経済産業省の産業総合研究所で運営されています。

〈海外で運営されているもの〉

NCBI ゲノムデータベース　▶ http://www.ncbi.nlm.nih.gov/genome
多くの生物のゲノム配列情報を収集して公開しています。米国の国立バイオテクノロジー情報センターで運営されています。

Ensembl ゲノムデータベース　▶ http://www.ensembl.org
多くの生物のゲノム配列情報を収集して公開しています。欧州生命情報学研究所とウェルカムトラストサンガー研究所で共同運営されています。

UniProt データベース　▶ http://www.uniprot.org/
多くの生物のタンパク質のアミノ酸配列の総合的なデータベースです。欧州生命情報学研究所と米国のタンパク質情報リソースなどで共同運営されています。

遺伝学年表

※本書で紹介されている人物名は**太字**にしてあります。

C. F. リンネ

1735（年） **C. F. リンネ**が『自然の体系』の第1版を著す。生涯に分類学の著作を、16版完成した。第10版は、彼の植物に関する著作『植物の種』とともに、動物についての科学的命名法の出発点となり、今日の二名法によるリンネの体系をつくり出した。ホモ・サピエンス（ヒト）をはじめ、約7700種の植物、約4400種の動物の学名は現在も使われている。種の不変およびその客観的分類に関する彼の主張は、種の起源に関する方法論を生み出した。

1809 **J=B. ラマルク**が、適応形質の不断の強化と完成によって、種は徐々に新しい種へと変化しうること、また、獲得形質が子孫に伝えられることを提唱した。

1831 R. ブラウンが細胞内の核を記述した。

1831 **C. ダーウィン**が12月27日、ビーグル号で世界一周航海のためにプリマス港を出航した。1833年9月15日、ビーグル号はガラパゴス諸島に到着。 動植物の生活を調査するために5週間滞在した。

J=B. ラマルク

1837 **C. ダーウィン**が他の専門家たちとともにガラパゴス諸島に採集調査に行き、いろいろな島に多くの固有の種が存在していることを知る。この事実は、それぞれの島に本島から由来した少数の種が移住し、それらの種からそれぞれの島の環境で生存できるように特殊化した新種が進化したことを示唆している。彼は、このような考えにもとづいて、自然選択による進化論を支持するデータを集め始めた。

1837 H. フォン・モールが葉緑体を、緑色植物の細胞中に存在する明確な構造体として初めて記載した。

1855 R. ウィルヒョウが、新しい細胞は既存の細胞の分裂によってのみ生じるという原理を発表した。

1856 **G. メンデル**が、オーストリアのブルノ（現チェコ）にあるアウグスチン修道院で、エンドウの交雑実験をはじめた。

C. ダーウィン

1859 **C. ダーウィン**が『種の起原』を著した。

1866 **G. メンデル**が『植物の交雑雑種の実験』を出版したが、無視された。

1871 F. ミーシャーが核の単離方法を発表し、ヌクレイン（現在では核酸とタンパク質の混合物として知られる）の発見を報告した。

1873 A. シュナイダーが有糸分裂を初めて記述した。

1883 A. ヴァイスマンが動物の体細胞と生殖細胞の違いを指摘し、生殖細胞に起こった変化のみがそれ以降の世代に伝達されることを強調した。

1888 W. ヴァルデヤーがヒモ状のものに対し、染色体（chromosome）という新語をつくった。

G. メンデル

1890 R. アルトマンが細胞中にバイオプラストの存在を報告し、細胞内共生生物として住みつき、宿主の生命活動を担っている基本的な生物であると結論した。後に（1898年）、C. ベンダ によりこのオルガネラはミトコンドリアと命名された。

1900 H. ド・フリース、C. コレンス、E. チェルマクが、それぞれ独立にメンデルの法則を再発見した。ド・フリースとコレンスは、メンデルの初期の研究に相当する交配実験を、数種の植物を用いて行ない、独立に、同じ解釈に達した。メンデルの論文を読み、直ちにその重要性を認めた。 W. ベイトソンもロンドンの王立学会における演説でメンデルの業績の重要性を力説した。

1901 C. ラントシュタイナーが、ヒトの血液型は3種類（A, B, C）に分類できると提示。C型は、後にO型とよばれるようになった。

付録

1902 W.S. サットンが、遺伝子どうしの独立な組合わせが減数分裂時の染色体対合によって生ずる、という染色体説を提示。ある二価染色体の相同染色体のうち、どちらがどちらの細胞に入るかという分離の原則は、他の二価染色体の分離とは独立に決まるので、異なる染色体に含まれる遺伝子はさまざまな組み合わせにより染色体ごとに、独立に分布することになる。

C. ゴルジ

1902 F. ホフマイスター、E. フィッシャーが、タンパク質はアミノ酸が一定のペプチド結合を繰返して、連続的に重合することにより生成されることを提唱した。

1906 **C. ゴルジ**がゴルジ染色法を考案し、ゴルジ器官の発見、脳神経組織の染色によってノーベル生理学・医学賞を受賞。

1909 W. ヨハンセンがインゲンマメの自殖系を使って種子の大きさの遺伝を研究し、見かけの形質と遺伝子構成とを区別する必要から、表現型（phenotype）、遺伝子型（genotype）という術語をつくった。遺伝子（gene）という用語もつくった。

T.H. モルガン

1910 **T.H. モルガン**がショウジョウバエにおいて白眼系統を発見し、その結果として伴性遺伝を発見。ショウジョウバエの遺伝学が始まった。

1913 A.H. スターテバントがショウジョウバエの連関概念を実験的に証明し、初めて遺伝地図をつくった。

1916 **H.J. マラー**がショウジョウバエにおいて遺伝的干渉を発見した。

1925 F. ベルンシュテインがABO式血液型が一連の対立遺伝子により決定されることを示した。

1927 **H.J. マラー**がショウジョウバエで、X線による人為突然変異の誘発を報告した。

H.J. マラー

1929 A. フレミングがペニシリウム属のカビで、ある種の細菌の生育阻害物質を分泌することを報告。この抗菌性物質をペニシリンと名付けた。

1935 J.B.S. ホールデンがヒトの遺伝子について、自然突然変異率を初めて計算した。

1937 E. シャットンが細菌と藍藻を含む生物のグループを原核生物（prokaryotes）と名づけ、その他すべての生物を真核生物（eukaryotes）と名づけて、両者の間には根本的な違いがあることを述べた。

1941 G.W. ビードル、E.L. テイタムがアカパンカビの生化学的遺伝学に関する古典的研究を出版し、1遺伝子1酵素説を発表した。

1944 O.T. アベリー、C.M. マクラウド、M. マクカーティが肺炎双球菌の形質転換の原理を記述した。タンパク質ではなくDNAが遺伝する性質をもつ化学的物質であることを示唆した。

B. マクリントック

1950 **B. マクリントック**がトウモロコシの転移因子のAc系とDs系を発見した。

1950 **E. シャルガフ**が核酸の構造研究の基礎をつくった。DNAについてアデニンとチミングループの数は常に同数であり、グアニンとシトシングループも同様であることを証明した。これらの発見は**ワトソン**と**クリック**に、DNAはAとT、およびGとCの間が水素結合によって結ばれふたつのポリヌクレオチド鎖が向き合っていることを示唆した。

1952 **F. サンガー**らがインスリンの完全なアミノ酸配列を解明し、インスリンはジスルフィド架橋によって結合したふたつのポリペプチド鎖を含むことを示した。

1952 A.D. ハーシー、M. チェイスがファージのDNAだけが宿主内に入り、多くのタンパク質は細胞外にとり残されることを示した。

1952 D.M. ブラウン、A. トッドが、DNAとRNAは3'-5'で連結されたポリヌクレオチドであることを証明した。

E. シャルガフ

1953 **J.D. ワトソン**、**F.H.C. クリック**が、プリンとピリミジン間の水素結合によって結び合わされた二重らせん鎖から成る DNA の模型を提唱した。

J.D. ワトソン

1953 A. ホワード , S.R. ペルクが、植物の細胞分裂周期中は、有糸分裂後に DNA 合成を行わない G1 期、つづいて核内 DNA 含量が倍化される DNA 合成期（S）、第 2 次成長相（G2）があり、その後有糸分裂が起こることを、オートラジオグラフィーによって証明した。

1953 K.R. ポーターが小胞体を発見命名した。細胞質性で塩基性色素に染まるもとであると同定した。

1955 S. ベンザーが大腸菌の T4- ファージの rII 部位の微細構造を解明し、シストロン、リコン、ミュートンなどの用語をつくった。

1956 J.H. ティオ、A. レヴァンがヒトの二倍体染色体数が 46 であることを示した。

F.H.C. クリック

1957 A. トッドが、ヌクレオシドとヌクレオチドの構造に関する研究により、ノーベル賞を受賞。

1958 F. ジャコブ、E.L. ウォルマンが、大腸菌の単一の連関群が環状であることを立証し、種々の Hfr 系の異なる連関群が生ずる機構を示した。

1958 **F.H.C. クリック**が、タンパク質合成の際、アミノ酸がヌクレオチドを含むアダプター分子によって鋳型に運ばれること、アダプターが RNA の鋳型と相補的な部分であることを示唆し、tRNA の発見を予言した。

1958 **F. サンガー**がタンパク質化学における貢献によりノーベル賞を受賞した。

1959 K. マッキラン , R.B. ロバーツ、R.J. ブリテンが、リボソームがタンパク質合成の起こる場であることを大腸菌を使って証明した。

1959 R.H. ホイッタカーが生物を五界（細菌、真核微生物、動物、植物、菌類）に分類することを提唱した。

1961 F. ジャコブ、**J. モノー**が「タンパク質合成の遺伝的制御機構」を発表し、オペロン説を展開した。

1961 M.F. ライオン、L.B. ラッセルが、哺乳類において一部の胚細胞とそれに由来する細胞群ではひとつの X 染色体が不活化され、残りの細胞においてはもう一方の X 染色体が不活化さること、したがって哺乳類の雌は X 染色体に関してモザイクであるという証拠をそれぞれ独立に提示した。

1961 V.M. イングラムが単一の始原ミオグロビン様血液タンパク質から、既知の 4 種類のヘモグロビン鎖への進化は、遺伝子重複と転座によって説明できることを示した。

J. モノー

1961 **F.H.C. クリック**、L. バーネット、**S. ブレナー**らが、遺伝の言葉は三連文字（トリプレット）であることを示した。

1962 E. ズッカーカンデル、**L. ポーリング**が、真核生物の進化において、共通の祖先から異なるヘモグロビンが派生してくる時間を計算により推定した。

1962 R.R. ポーターが酵素を使って免疫グロブリンを分割し、各分子はふたつの抗原結合部位（Fab）とひとつの抗原に結合しない結晶化できる部位（Fc）とからなることを示した。重鎖と軽鎖は 1:1 で存在することを示し、4 本鎖モデルを提唱。

1963 **J. モノー**、**S. ブレナー**がレプリコン（複製単位）のモデルを発表。

1965 R.W. ホーリーらが、酵母から分離したアラニン tRNA の完全なヌクレオチド配列を決定。

S. ブレナー

1965 **S. ブレナー**、A.O.W. ストレットン、S. カプランが、成長するポリペプチドの末端を指示する暗号（コドン）は UAG と UAA であると推論。

1965 **F. サンガー**、G.G. ブラウンリー、B.G. バレルが、部分的に加水分解し

	たRNAを用いてフィンガープリンティング法（分解産物の電気泳動パターンを指紋として利用する方法）を報告。
1965	F. ジャコブ、**J. モノー**、A. ルウォフが細菌遺伝学に対する貢献により、ノーベル生理学・医学賞を受賞。
1966	**F.H.C. クリック**が遺伝暗号の縮退の一般的パターンを、ゆらぎによって説明。
1968	**岡崎令治**らが新しく合成されたDNAは多数の断片を含んでいることを示した。これらの断片は、短鎖DNAとして不連続に合成された後、互いに連結されるとした。
1968	**木村資生**が分子進化の中立遺伝説を提唱。
1968	R.W. ホーリー、H.G. コラナ、M.W. ニーレンバーグが、遺伝暗号の解読とタンパク質合成における役割の発見により、ノーベル生理学・医学賞を受賞。
1971	J.E. ダーネル、L. フィリップソン、R. ウォールらがmRNA前駆体の転写後修飾中に、ポリアデニル酸断片が付加され、このポリA部分がmRNAを安定化することを示した。
1972	R. シルバー、J. フルヴィッツがRNAリガーゼを発見。
1972	S. シンガーとJ. ニコルソンが流動モザイクモデルを発表し、正しい生体膜をあらわすモデルとして定着。
1972	**根井正利**が「根井の遺伝距離」を提唱。
1974	R.D. コーンバーグが染色質（クロマチン）は、200塩基対のDNAと、H2A、H2B、H3、H4とよばれるヒストン各2分子から成る単位の繰返し構造から構成されていると提唱。この構造は、後に、ヌクレオソームとよばれるものである。この構造体は、オーリンズにより、核由来の染色質中にヌクレオソーム構造を示す電子顕微鏡写真が発表された。
1975	**F. サンガー**、A.R. クールソンがDNAポリメラーゼを用いて、DNAに結合したプライマーからDNA合成を行わせて塩基配列を決定する方法を開発。
1977	**大野乾**が『遺伝子重複による進化』を著す。
1977	C. ジャック、J.R. ミラー、G.G. ブラウンリーがアフリカツメガエル卵母細胞の5SDNAの集合領域の中に偽遺伝子の存在を報告。
1977	J. サルストン、H.R. ホルヴィッツが線虫C.elegansの後胚期の細胞系譜を完成させた。
1978	W. ギルバートがイントロンおよびエクソンという用語を提唱。
1980	J.W. ゴードンらが受精卵にクローン化した遺伝子を直接注入することで、初めてトランスジェニックマウスの作成に成功。
1980	**G.D. スネル**、J. ドーセ、B. ベナセラフが免疫遺伝学に対する貢献により、ノーベル生理学・医学賞を受賞。
1980	P. ベルク、W. ギルバート、**F. サンガー**がDNAの実験的操作に対する貢献により、ノーベル化学賞を受賞。
1981	L. マーギュリスが"Symbiosis in Cell Evolution"を出版。ミトコンドリア、葉緑体、キネトソームのようなオルガネラは、現在の真核生物の祖先に共生体として組み込まれた原核生物が進化したものだとする説の根拠をまとめた。
1981	S. アンダーソン、B.G. バレル、**F. サンガー** らがヒトミトコンドリアゲノムの遺伝子構造と全塩基配列を決定した。
1983	**木村資生**、**太田朋子**がヒト、酵母、細菌の5SrRNAの塩基配列の比較研究により、真核生物と原核生物の分岐は、18億年前と推定した。
1983	**B. マクリントック**が転移性遺伝因子の発見によりノーベル生理学・医学賞を受賞。

岡崎令治

木村資生

根井正利

F. サンガー

大野乾

太田朋子

1984 W. マクギニス、C.P. ハート、W.J. ゲーリンク、F.H. ラドルが、ショウジョウバエのホメオティック遺伝子で、初めて同定されたホメオボックス配列が、マウスにも存在することを示した。塩基配列の類似性の高さは、動物の発生におけるこの DNA 断片の基本的な機能の重要性を示すものである。

1985 A.J. ジェフリーズ、V. ウィルソン、S.L. ティエンが DNA フィンガープリント法を開発し、法医学における応用の可能性を示した。

1987 R.L. キャン、M. ストーンキング、A.C. ウイルソンが地理的に離れたところに住むヒト集団で、ミトコンドリア DNA について塩基配列の相違を比較した。構築された系統樹によると、すべてのミトコンドリア DNA は、アフリカ女性を共通祖先としていることを示した。

G.D. スネル

1987 **利根川進**が抗体の多様性をつくり出す遺伝的機構を明らかにしたことに対して、ノーベル生理学・医学賞を受賞した。

1990 S.J. ベイカーらが、野生型 p53 遺伝子の導入がヒトのガン細胞の増殖を抑えることを示した。

1990 **山本文一郎**らが ABO 式血液型の 3 対立遺伝子の塩基配列を決定。

1990 D. マルキンらが Li-Fraumeni 症状の欠陥は p53 遺伝子の変異にあることを明らかにした。さらに、ヒトのすべてのガンの 50%に p53 変異があることを明らかにした。

利根川進

1995 宝来聰らが、3 人の女性（日本人、ヨーロッパ人、アフリカ人）と 4 つの猿人種属の雌のミトコンドリアゲノムの全体のシークエンスを比較した。この分析は、すべての人間の mtDNA 分子は、約 14 万年前アフリカに生きていたある女性から由来したということを示した。

1995 E.B. ルイス、E. ヴィシャウス、C. ニュスライン＝フォルハルトが、ショウジョウバエ胚発生と形態形成における、細胞分化の制御の遺伝的メカニズムを解析したことに対して、ノーベル生理学・医学賞を受賞した。

1996 G.D. ペニーらがジーンターゲッティングにより、X 染色体の不活性化には、X 染色体上にある Xist 遺伝子の転写が必要なことを証明した。

山本文一郎

1998 線虫 C. エレガンスの全ゲノム解読が完了した。

2002 実験用マウス C57BL ／ 6J の全ゲノム解読が完了した。

2003 ヒトゲノム塩基配列が決定される。

2003 DNA バーコードの普及。

2005 超並列型の高速配列決定技術の実用化。

2007 分子系統学プロジェクト AFTOL で、菌類の分類について、大きな再編が行なわれた。

2007 胚性幹細胞（ES 細胞）からマウス個体を確立する技術によって、エヴァンス、カペッキ、スミティーズがノーベル生理学・医学賞を受賞した。

2012 山中伸弥、ジョン・ガードンが人工多能性幹細胞（iPS 細胞）の作製によって、ノーベル生理学・医学賞を受賞した。

国立遺伝学研究所　研究者一覧

※五十音順に記載

桂　　勲――研究所 所長

青木敬太 助教――原核生物遺伝研究室
明石　裕 教授――進化遺伝研究部門
赤松由布子 助教――細胞遺伝研究部門
浅岡美穂 助教――発生遺伝研究部門
浅川和秀 助教――初期発生研究部門
安島理恵子 助教――発生工学研究室
安達佳樹 助教――生物遺伝資源情報研究室
荒木弘之 教授――微生物遺伝研究部門
飯田哲史 助教――細胞遺伝研究部門
池尾一穂 准教授――遺伝情報分析研究室
伍藤　啓 助教――超分子構造研究室
稲垣宗一 助教――育種遺伝研究部門
井ノ上逸朗 教授――人類遺伝研究部門
伍原伸治 助教――多細胞構築研究室
岩里琢治 教授――形質遺伝研究部門
上田　龍 教授――無脊椎動物遺伝研究室
大久保公策 教授――遺伝子発現解析研究室
小笠原理 助教――遺伝子発現解析研究室
長田直樹 助教――進化遺伝研究部門
角谷徹仁 教授――育種遺伝研究部門
加藤　譲 助教――発生工学研究室
鐘巻将人 准教授――分子機能研究室
神沼英里 助教――大量遺伝情報研究室
川上浩一 教授――初期発生研究部門
川崎能彦 助教――脳機能研究部門
北川大樹 特任准教授――中心体生物学研究室
北野　潤 特任准教授――生態遺伝学研究室
木村　暁 准教授――細胞建築研究室
木村健二 助教――細胞建築研究室
久保貴彦 助教――植物遺伝研究室
倉田のり 教授――植物遺伝研究室
小出　剛 准教授――マウス開発研究室
五條堀孝 教授――遺伝情報分析研究室
小林武彦 教授――細胞遺伝研究部門
小原雄治 特任教授――生物遺伝資源情報研究室
近藤　周　助教――無脊椎動物遺伝研究室
斎藤成也 教授――集団遺伝研究部門
酒井則良 准教授――小型魚類開発研究室
相賀裕美子 教授――発生工学研究室
澤　　斉 教授――多細胞構築研究室
清水　裕 助教――発生遺伝研究部門
白木原康雄 准教授――超分子構造研究室
城石俊彦 教授――哺乳動物遺伝研究室
新屋みのり 助教――小型魚類開発研究室
鈴木えみ子 准教授――遺伝子回路研究室
隅山健太 助教――集団遺伝研究部門
清野浩明 助教――分子機構研究室
高木利久 教授――データベース運用開発研究室
高田豊行 助教――哺乳動物遺伝研究室
高橋阿貴 助教――マウス開発研究室
田中誠司 助教――微生物遺伝研究部門
樽谷芳明 助教――育種遺伝研究部門
豊田　敦 特任准教授――比較ゲノム解析研究室
中村保一 教授――大量遺伝情報研究室
仁木宏典 教授――原核生物遺伝研究室
西野達也 助教――分子遺伝研究部門
野澤昌文 助教――遺伝情報分析研究室
野々村賢一 准教授――実験圃場
林　貴史 助教――発生遺伝研究部門
日詰光治 助教――微生物遺伝研究部門
平田普三 准教授――運動神経回路研究室
平田たつみ 准教授――脳機能研究部門
平谷伍智朗 助教――生体高分子研究室
広海　健 教授――発生遺伝研究部門
深川竜郎 教授――分子遺伝研究部門
藤山秋佐夫 教授――比較ゲノム解析研究室
細道一善 助教――人類遺伝研究部門
堀　哲也 助教――分子遺伝研究部門
前島一博 教授――生体高分子研究室
水野秀信 助教――形質遺伝研究部門
宮城島進也 特任准教授――共生細胞進化研究室
宮崎さおり 助教――実験圃場
武藤　彩 助教――初期発生研究部門
山崎由紀子 准教授――系統情報研究室

国立遺伝学研究所　沿革

1949 年　6 月	文部省所轄研究所として設置。庶務部及び 3 研究部で発足
1949 年　8 月	小熊　捍　初代所長就任
1953 年　1 月	研究部を形質遺伝部、細胞遺伝部、生理遺伝部に改組
1953 年　8 月	生化学遺伝部設置
1954 年　7 月	応用遺伝部設置
1955 年　9 月	変異遺伝部設置
1955 年 10 月	木原　均　第 2 代所長就任
1960 年　4 月	人類遺伝部設置
1962 年　4 月	微生物遺伝部設置
1964 年　4 月	集団遺伝部設置
1969 年　4 月	森脇 大五郎　第 3 代所長就任、分子遺伝部設置
1974 年　4 月	植物保存研究室設置
1975 年　3 月	田島 彌太郎　第 4 代所長就任
1975 年 10 月	遺伝実験生物保存研究施設動物保存研究室設置
1976 年 10 月	遺伝実験生物保存研究施設微生物保存研究室設置
1983 年 10 月	松永　英　第 5 代所長就任
1984 年　4 月	大学共同利用機関に改組 遺伝実験生物保存研究センター（哺乳動物保存・無脊椎動物保存・植物保存・微生物保存・遺伝資源の 5 研究室）、遺伝情報研究センター（構造・組換えの 2 研究室）、実験圃場設置
1985 年　4 月	遺伝情報研究センターに合成・遺伝情報分析の 2 研究室を設置
1987 年　1 月	日本 DNA データバンク稼働
1988 年　4 月	放射線・アイソトープセンター設置 遺伝情報研究センターにライブラリー研究室を設置
1988 年 10 月	総合研究大学院大学生命科学研究科遺伝学専攻設置
1989 年 10 月	富澤 純一　第 6 代所長就任
1993 年　4 月	遺伝実験生物保存研究センターに発生工学研究室を設置
1994 年　6 月	遺伝情報研究センターに遺伝子機能研究室を設置
1995 年　4 月	生命情報研究センター設置（大量遺伝情報・分子分類の 2 研究室新設、遺伝情報分析・遺伝子機能の 2 研究室振替）
1996 年　5 月	構造遺伝学研究センター設置（遺伝情報研究センターの改組）（生体高分子研究室設置、超分子機能・構造制御・超分子構造・遺伝子回路の 4 研究室振替）
1997 年　4 月	系統生物研究センター設置（遺伝実験生物保存研究センターの改組）（マウス系統研究分野；哺乳動物遺伝研究室・発生工学研究室、イネ系統研究分野；植物遺伝研究室、大腸菌系統研究分野；原核生物遺伝研究室、無脊椎動物系統研究分野；無脊椎動物遺伝研究室の 5 研究室振替） 生物遺伝資源情報総合センター設置（遺伝実験生物保存研究センターの改組）（系統情報研究室振替、生物遺伝資源情報研究室新設）
1997 年 10 月	堀田 凱樹　第 7 代所長就任
1998 年　4 月	個体遺伝研究系に初期発生研究部門、総合遺伝研究系に脳機能研究部門を設置
2001 年　4 月	生命情報・DDBJ 研究センター設置（生命情報研究センターの改組）（分子分類研究室振替、データベース運用開発研究室設置、遺伝子発現解析研究室設置）
2002 年　4 月	系統生物研究センターに遺伝子改変系統開発研究分野マウス開発研究室、小型魚類開発研究室を設置
2003 年　4 月	分子遺伝研究系に分子機構研究室、系統生物研究センターに新分野創造研究室、生物遺伝資源情報総合センターに比較ゲノム解析研究室、広報知財権研究室を設置
2004 年　4 月	大学共同利用機関法人情報・システム研究機構国立遺伝学研究所に改組
2004 年 12 月	小原 雄治　第 8 代所長就任
2005 年　4 月	知的財産室を設置 管理部に研究推進室を設置
2006 年　4 月	新分野創造センター設置（細胞系譜研究室、神経形態研究室、細胞建築研究室設置）
2008 年　4 月	管理部を総務課、会計課及び研究推進室から研究推進課及び経営企画課に再編
2011 年 10 月	先端ゲノミクス推進センター設置
2012 年　4 月	研究センターの改組、共同利用事業センター（生物遺伝資源センター、DDBJ センター）、支援センター（情報基盤ユニット）を設置
2012 年 12 月	桂　勲　第 9 代所長就任

※掲載内容は、2013 年 9 月現在の国立遺伝学研究所ホームページにもとづきます。

参考文献

1-2

斎藤成也『DNA から見た日本人』ちくま新書、2005 年

Ingman M, et al, *Nature* 408: 708-713, 2001.

Jobling M.A, et al, *Nature Reviews Genetics* 4: 598-612, 2003.

Nei M, et al, *Molecular Biology and Evolution* 10: 927-943, 1993.

Li S.-L, et al, *Human Genetics* 118: 695-707, 2006.

1-3

長谷川政美「ヒヨケザルは霊長類に一番近い親戚」（片山龍峯編『空を飛ぶサル？　ヒヨケザル』八坂書房、2008 年）

1-4

宮田隆編『新しい分子進化学入門』講談社、2010 年

1-6

Putnam N.H, *Science* 317 (5834): 86-94, 2007.

1-7

Sakurai L, et al, *Planta* 220: 271-277, 2004.

岩槻邦男（他）『多様性の植物学 』（1 ～ 3）東京大学出版会、2004 年

森長真一「花の適応進化の遺伝的背景に迫る：「咲かない花」閉鎖花を例に」（日本生態学会誌 57: 75-81, 2007.）

アーネスト・ギフォード（他）『維管束植物の形態と進化』（原書第 3 版）文一総合出版、2002 年

Ishikawa N, et al, *Journal of Plant Research,* 119: 385-395, 2006.

Nozaki H, et al, *Molecular Biology and Evolution* 24: 1592-1595, 2007.

1-8

Whittaker R.H, *Science* 163, 150-159: 1969.

Ainsworth G.C, et al, eds, *The Fungi* Vol.4 A, 1973.

Hibbett D.S, et al, *Mycological Research* 111: 509-547, 2007.

1-11

Forterre P, *Virus Research* 117: 5-16, 2006.

Holmes E.C, *Biological Reviews of the Cambridge Philosophical Society.* 76: 239-254, 2006.

Ramirez B.C, et al, *Virus Research* 134: 64-73, 2006.

2-5

原襄『植物形態学』朝倉書店、1994 年

2-7

山岸宏『比較生殖学』東海大学出版、1995 年

Zhao, et al, *Genes & Development* 16: 2021-2031, 2002.

Nonomura, et al, *Plant Cell* 15: 1728-1739, 2003.

Jia, et al, *Proceedings of the National Academy of Sciences* 105: 2220-2225, 2008.

Kim, et al, *Proceedings of the National Academy of Sciences* 100: 16125-16130, 2003.

Palanivelu, et al, *Cell* 114: 47-59, 2003.

Okuda, et al, *Nature* 458: 357-361, 2009.

Escobar-Restrepo, et al, *Science* 317: 656-660, 2007.

Miyazaki, et al, *Current Biology* 19: 1327-1331, 2009.

Nonomura, et al, *Plant Cell* 19: 2583-2594, 2007.

3-1

藤田恒夫（他）『細胞紳士録』岩波新書 880、2004 年

山科正平『細胞を読む』講談社ブルーバックス B623、1985 年

3-9

鈴木孝仁監修『フォトサイエンス　生物図録』数研出版、2011 年

園池公毅『光合成とはなにか』講談社ブルーバックス、2008 年

Okazaki K, et al, *Plant Cell* 21: 1769-1780, 2009.

Matsuo M, et al, *Plant Cell* 17: 665-675, 2005.

Ouyang S, et al, *Nucleic Acids Research* 35: D883-D887, 2007.

Michael J. et al, The Online Biology Book, Estrella Mountain Community College in Arizona. (http://www.emc.maricopa.edu/faculty/farabee/BIOBK/BioBookTOC.html)

4-12

Jacq C, et al, *Cell* 12: 109-120, 1977.

Horrison P.M, et al, *Genome Research* 12: 272-280, 2002.

Hirotune S, et al, *Nature* 423: 91-96, 2003.

6-1

藤井義晴（他）「アオコの増殖抑制植物を検定する「リーフディスク法」の開発」（http://www.niaes.affrc.go.jp/sinfo/result/result22/result22_15.pdf）

Nakashima-Tanaka E, *Genetica* 38, 447-458, 1967.

6-4

Page D.R, *Nature Reviews Genetics* 3: 124-136, 2002.

Klaus F.X, *Cell* 95: 805-815, 1988.

6-6

Yoshida M, et al, *Development* 124: 101-111, 1997.

Kawasaki T, *Development* 129: 671-680, 2002,

The Journal of Neuroscience 27(11): 3037-3045, 2007.

6-8

Chandler, et al, *Plant Molecular biology* 43(2-3): 121-45, 2000.

Sung and Amashino, *Current Opinion in Plant Biology*, 7(1): 4-10, 2004.

7-1

Sigma Xi, et al, *American Scientist* 87: 160-169, 1999.

7-5

Parchem R.J., et al, *Current Opinion in Genetics & Development* 17: 300-308, 2007.

7-6

Lynch M, *Molecular Biology and Evolution* 23: 450-468, 2006.

Crow J.F, *Nature Reviews Genetics* 1: 40-47, 2000（オリジナルは Hassoid T, et al, *Env. Mol. Mutagen* 28: 167-175, 1996.）

Benzer S, *Genetics* 47: 403-415, 1961.

GENES IX © 2008 Jones and Bartlett Publishers, inc.

The Human Gene Mutation Database at the Institute of Medical Genetics in Cardiff, 2009.

Hassoid T. et al, *Environmental and Molecular Mutagenesis* 28: 167-175, 1996.

7-9

Beja-Pereira A, et al, *Nature Genetics* 35(4): 311-313, 2003. (Epub 2003 Nov 23.)

Sturm R.A, *Human Molecular Genetics* 15: 18(R1): R9-17, 2009.

Perry G.H, et al, *Nature Genetics* 39(10): 256-260, 2007. (Epub 2007 Sep 9.)

Thompson E.E, et al, *The American Journal of Human Genetics* 75(6): 1059-1069, 2004. (Epub 2004 Oct 18.)

Young J.H, et al, *PLOS Genetics* 1(6): e82, 2005. (Epub 2005 Dec 30.)

Verra F, et al, *Parasite Immunology* 31(5): 234-253, 2009.

Norio R, et al, *Human Genetics* 112(5-6): 441-456, 2003. (Epub 2003 Mar 8.)

Erickson R.P, et al, *American Journal of Medical Genetics A* 149A(11): 2602-2611, 2009.

7-11

Linnen C.R, et al, *Science* 325: 1095, 2009.

7-14

大澤省三（他）『DNA でたどるオサムシの系統と進化』哲学書房、2002 年

8-6

The 1000 Genomes Project Consortium, *Nature* 467: 1061-1073, 2010.

8-4

京都大学大学院生命科学研究科・生命文化学研究室　加納圭（他）「一家に 1 枚ヒトゲノムマップ」

8-12

Klause et al. *Nature* 464: 894-897, 2010.

9-4

Horvitz H.R, *Cancer Research* (Suppl.) 59: 1701s-1706s, 1999.

10-1

Li, et al. *Science* 311: 1936-1939, 2006.

Konishi, et al, *Science* 312: 1392-1396, 2006.

「イネはどのように栽培化されたのか？」（清水健太郎〔他〕監修『植物の進化』〔細胞工学別冊〕秀潤社、2007 年）

Hedden, *Trends Genet* 19: 5-9, 2003.

藤巻宏（他）『植物育種学・下巻』（応用編）培風館、1992 年

Peng, et al, *Nature* 400: 256-261, 1999.

Sasaki, et al, *Nature* 416: 701-702, 2002.

Kazama, et al, *The Plant Journal* 55: 619-628, 2008.

10-6

Ratnasingham S, et al, *Molecular Ecology Notes* 7: 355-364, 2007.

Stoeckle M.Y, et al, *Scientific American* 299: 82-86, 88, 2008.

Jeffreys A.J, et al, *Nature Medicine* 11: 1035-1039, 2005.

Jeffreys A.J, et al, *Nature* 314: 67-74, 1985.

Jeffreys A.J, et al, *Nature* 316, 76-79, 1985.

11-4

Cochrane G, et al, *The International Nucleotide Sequence Database Collaboration, NAR*, 2011.

Kaminuma, et al, *DDBJ Progress Report, NAR*, 2011.

日本 DNA Data Bank 塩基配列の登録（http://www.ddbj.

用語解説

※文中で、項目が立てられている用語は**太字**にしてあります。

ATP（アデノシン三リン酸）
細胞のエネルギーのもととなる物質。アデノシンのリボースの5'位にリン酸が3分子連続して結合したもの。解糖や発酵をはじめ、生体のエネルギーの保存・合成に広く関与している。

cDNA（complementary DNA）
逆転写酵素によって合成された mRNA と相補的な **DNA**。スプライシング済みの mRNA から合成されているため、**イントロン**を含まない。

DNA（デオキシリボ核酸）
主に遺伝情報を保持している物質。五炭糖（2'- デオキシリボース）とリン酸と塩基から構成され、塩基はアデニン、チミン、グアニン、シトシンの4種類をもつ。五炭糖は3' および5' の炭素原子間の結合により鎖状になっていて、連なった塩基の配列が遺伝情報を担っている。

F_1
遺伝的に異なるふたつの親系統を交配して得られる雑種第1代のこと。「子の」という意味の Filial の頭文字をとって、次世代の第1代を F_1、第2代を F_2 と表記する。

RNA（リボ核酸）
主に遺伝情報を読み出しタンパク質を合成する物質。五炭糖は DNA の場合のデオキシリボースのかわりに、2' の炭素原子に水酸基が結合したリボースが用いられる。塩基はアデニン、ウラシル、グアニン、シトシンの4種類をもつ。その化学的性質のため DNA にくらべて立体構造が柔軟で、化学反応を起こしやすい。

rRNA
リボソーム RNA。リボソームを構成する **RNA** 分子。細胞内の RNA 量に占める割合は、およそ8割りにおよぶ。16SRNA、23SRNA、5SRNA などの種類がある。

アセチル化
塩基にアセチル基が導入されること。**ヒストン**分子の**アミノ酸**残基がアセチル化されると、遺伝子発現と抑制に大きく影響を与える。またその状態は娘細胞にも受け継がれる。

アミノ酸
アミノ基とカルボキシル基をもつ有機化合物。20 種類ある。**ペプチド**結合によって連結したものがタンパク質。

アンチコドン
tRNA が**コドン**を認識する部分にもつ、コドンに相補的なコドン。

遺伝子座
ある遺伝子の占める染色体上の位置。

イントロン
高等生物（正確には**真核生物**）の遺伝子は、mRNA になる部分（**エキソン**）とならない部分がモザイク状に連結しているが、この遺伝子として意味をもたない部分のこと。**DNA** から mRNA への転写においては、エキソンを含めてそのままコピーされ、その後切り取られてエキソンどうしを連結する処理（スプライシング）を受けて、最終の mRNA が完成する。

エキソン　→**イントロン**を参照

開始コドン
タンパク質合成（＝翻訳）の開始を指定する**コドン**（通常は AUG）で、開始 tRNA によって認識される。開始コドンが AUG のとき、タンパク質の最初の**アミノ酸**はメチオニンになる。

逆転写
DNA から転写された1本鎖 **RNA** を鋳型として DNA が合成されること。レトロウイルスや**トランスポゾン**の活動でみられる。

共有結合
２個の原子が２個の電子を共有することによって形成される結合。

クロマチン繊維
DNA が**ヒストン**に巻き付いた状態である**ヌクレオソーム**が折りたたまれて繊維状になっているもの。転写が活発に行なわれるユークロマチンと抑制されているヘテロクロマチンに分類される。

ゲノム
ある生物がその生物であるために必要な遺伝情報のこと。全ての生物において、**DNA**（または **RNA**）から主にできている染色体という物質によって担われている。

原核生物
細胞内に核膜をもたない生物。**真正細菌**と**古細菌**に分けられる。

減数分裂
次の世代の元となる配偶子を生み出す細胞分裂。動物では、親の染色体を半分だけ受け継いだ半数性の細胞がつくられ、それが一細胞性の精子や卵細胞（配偶子）に成熟して受精にいたる。植物では、半数性細胞がさらに分裂を繰り返し、半数性かつ多細胞性の配偶体（被子植物では花粉や胚嚢に相当）のなかに配偶子を形成して受精を行なう。

光学顕微鏡
光をガラスのレンズで集めて観察する顕微鏡。通常の光学顕微鏡では**ファージ**や細胞核のなかの核内小体といった 200 ナノメートル以下のものは観察するのが難しい。

酵素
細胞内でつくられるタンパク質性の生体触媒。生体内の化学反応ほぼすべてを触媒している。特定の化合物のみを特異的に触媒し、触媒する反応も種類ごとに決まっている。

古細菌
原核生物の一分類。他の生物が生存できないような特殊な環境に生息しているものが多く、塩湖や塩田などの飽和に近い高濃度の塩を含む環境には高度好塩菌が、深海の熱水噴出孔など100℃を超える環境には超好熱古細菌が生息している。

コドン
アミノ酸に対応する３つの塩基の組み合せのこと。たとえば、AAAはリシン、GCAはアラニンに対応する。４種類の塩基をもとに全部で64（＝４ｘ４ｘ４）種類あり、それぞれ20種類のアミノ酸のどれかに対応する。

細胞骨格
細胞内にある直径約５～25ナノメートルの細い繊維状のタンパク質。束になったり網目状のシートになったりとさまざまに形と強度を変化させて、細胞の形を決めたり、細胞を動かしたり、細胞の中のものを移動させている。

シアノバクテリア
光合成を行なう細菌。およそ20億年前に植物細胞が細胞内に共生させ、それが葉緑体となったとされている。

終止コドン
タンパク質合成（＝翻訳）を終らせるための**コドン**。UAA、UAG、UGAの３つがある。終止コドンに対応する**アミノ酸**は存在しない。

受容体
細胞膜上にあるタンパク質。外からのシグナル（ホルモンや増殖因子）を細胞外のポケットで受容すると細胞内部で化学反応が起こり、細胞内シグナルへと情報を変換する。

真核生物
細胞内に核膜をもつ生物。植物、動物、菌類、原生生物の４グループに分けられる。

真正細菌
原核生物の一分類。細菌と言った場合、通常はこれを指す。細胞壁の構造の違いにより、グラム陽性細菌とグラム陰性細菌に分類される。

水素結合
水素分子が分子内あるいは分子間で２原子にわたってつくる結合。二重らせんの塩基対や**コドン**と**アンチコドン**の結合といった、塩基どうしの結合などにみられる。

制限酵素
微生物のもつ**酵素**で**DNA**を切断する働きがある。酵素の種類ごとに切断するDNA配列が決まっている。

セントロメア
タンパク質とともに動原体を形成し、細胞分裂時に微小管に引っ張られて、染色体を両極に移動させる働きをもつ。ここにはいろいろな長さの繰り返し配列が数百万塩基対にわたって存在する。

相同遺伝子
同一の祖先に由来し、同じ構造をもつ遺伝子。

対立遺伝子
相同染色体で相対応する部位、つまり相同の**遺伝子座**を占める遺伝子。

チャネル
細胞膜上にあるタンパク質。外界やとなりの細胞と物質のやり取りをする上で、決まった物質を特定の方向にしか通さないようにコントロールしている。

テロメア
染色体末端を安定化する末端構造のこと。染色体末端が分解されたり、他の染色体と結合するのを防ぐ働きがある。また体細胞分裂の際には、染色体末端の**DNA**は複製されず、分裂の度にテロメアが短くなっていく。長さが半分以下になると増殖が停止する。生殖細胞や幹細胞ではテロメアを複製するテロメアーゼという酵素が働き、その長さを維持している。

電子顕微鏡
電子線を用いて真空のなかで観察する顕微鏡。通常の**光学顕微鏡**では観察困難な200ナノメートル以下の**ファージ**や細胞核の中の核小体などを観察できる。

ドメイン
タンパク質中で独自の構造と機能をもっている**アミノ酸**配列。別のタンパク質のなかでも機能を保つことができるため、挿入などによって新しい機能をもった遺伝子ができる場合がある。

トランスポゾン
もともとの**ゲノム**上の場所から別の場所へ移動をする遺伝子の単位。大きく分けてふたつのタイプがあり、ひとつは自分自身のコピーをつくって別の場所へ組み込ませる**RNA**型トランスポゾン（レトロトランスポゾン、レトロポゾン）。もうひとつは、自分自身をもとの場所から切り出して、別の場所へ移動させる**DNA**型トランスポゾン。単にトランスポゾンと言った場合には、後者を指すことが多い。

ヌクレオシド
五炭糖の1'の炭素原子に塩基が結合したもの。核酸の最小単位。

ヌクレオソーム
染色体の基本単位となっている構造。２本鎖**DNA**が**ヒストン**八量体の周囲を1.75回転して巻きついた形をとっている。**ゲノム**DNAはこの構造によってコンパクトにされ、折りたたまれて、最終的に約１万分の１まで縮小されている。

付録

ヌクレオチド
五炭糖の5'の炭素原子がリン酸化された**ヌクレオシド**。これが鎖状に連なって二重らせんを形成する。塩基としてアデニン、グアニン、シトシン、ウラシルをもつものが **RNA** を構成し、アデニン、グアニン、シトシン、チミンをもつものが **DNA** を構成する。

ノックアウトマウス
機能が**発現**されない遺伝子を導入されたマウス。塩基配列はわかっているが、機能がわかっていない遺伝子を調べる際に利用される。正常な個体との比較をとおして、その遺伝子の機能を推定する。

発現（遺伝子の）
DNA から転写・翻訳が行なわれ、タンパク質がつくられること。

ヒストン
ゲノム DNA とともに染色体の主成分となっている塩基性タンパク質。遺伝子発現には DNA の配列情報だけでなく、ヒストン分子の**メチル化**、**アセチル化**といった化学修飾も深くかかわる。

ファージ
原核生物に感染するウイルス。しばしば種間を超えて移動することができ、それにともないさまざまな遺伝子を伝搬する。

プライマー
DNA の複製の際に一時的につくられる **RNA** の断片。鋳型となる1本鎖 DNA と対を成す。DNA **ポリメラーゼ**が DNA 合成を開始するには、鋳型となる1本鎖 DNA と、その合成開始の起点となる部分に短い RNA または DNA の断片が必要である。ただ生物は DNA を材料としたプライマーを合成することができないため、RNA を材料としたプライマーを合成する。役目を終えたプライマーは、最終的には取り除かれ DNA に置き換えられる。

プラスミド
原核生物でみられる、必須ではないものの、生きていくために有利な遺伝子をもつ小型の環状 **DNA** 分子。人為的に改変することができ、ヒトなど異なった種の遺伝子を組み込むこともできるため、研究のみならず、人間にとって有用な物質の生産もされている。

プロモーター
転写を開始する際、RNA **ポリメラーゼ**が最初に結合する **DNA** 上の特徴的な塩基配列。転写開始点の上流数十塩基にある。

ベクター
遺伝子を導入する際に遺伝子を運ぶ媒体。ウイルスや**プラスミド**などが利用される。

ヘテロ／ホモ接合
ヘテロ接合とは、それぞれ異なる特徴・形質を発現するふたつの**対立遺伝子**を、親からそれぞれひとつずつ受け取った状態のこと。ホモ接合は、両方の親から同一の対立遺伝子を受け取った状態のこと。

ペプチド
複数の**アミノ酸**が結合したもの。

ホモ接合　→**ヘテロ／ホモ接合**を参照

ポリペプチド
ペプチドどうしが結合したもので、タンパク質を構成している。タンパク質とほぼ同義だが、タンパク質より分子量の小さいものを指す場合が多い。

ポリメラーゼ（DNA ポリメラーゼ／ RNA ポリメラーゼ）
RNA ポリメラーゼとは、転写の際に鋳型となる **DNA** の塩基配列を読み取って mRNA を合成する**酵素**。DNA ポリメラーゼとは、DNA 複製・修復の際に、鋳型となる DNA の塩基配列を読み取って DNA 鎖を合成する酵素。

ミトコンドリア DNA（mtDNA）
ミトコンドリアがもつ独自の**ゲノム**で一般に環状2本鎖。母親だけから伝わる母系遺伝をするので、人類の進化系統を調べるのに利用される。

メチル化
塩基にメチル基が導入されること。**ヒストン**分子の**アミノ酸**残基がメチル化されると、遺伝子発現と抑制に大きく影響を与える。メチル基転移酵素によって起こる。

野生型
自然界で普通に生存している集団でもっとも高い頻度で観察される表現型。

リガーゼ
ふたつの **DNA** の末端をつなげる**酵素**。遺伝子導入のために切断された**プラスミド**の再結合のためなどに利用される。

立体構造（タンパク質）
ひも状に連なった**アミノ酸**が折りたたまれて、タンパク質として機能するときにとる構造。この構造はタンパク質の構成単位と考えられ、アミノ酸配列により形態と働きが決められる。

レトロトランスポゾン　→**トランスポゾン**を参照

転写因子
転写を調節するタンパク質のこと。DNA に結合して、標的遺伝子の転写をうながしたり抑制したりする。

索引

数字

アルファベット

さ行

た行

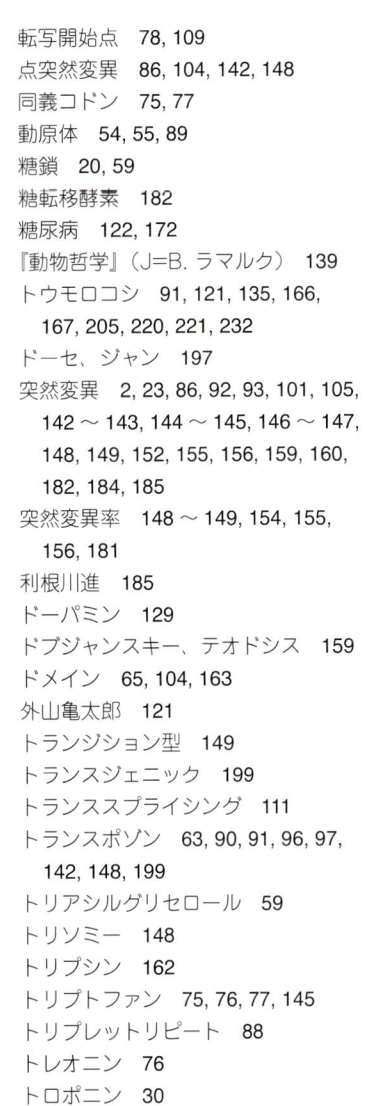

な行

は行

ま行

や行

ら行

わ行

編集委員略歴

斎藤成也（さいとう・なるや） ※編集委員長

国立遺伝学研究所集団遺伝研究部門教授。1957 年、福井県に生まれる。1979 年、東京大学理学部生物学科卒業。1986 年、テキサス大学ヒューストン校生物学医学大学院修了 (Ph.D.)。東京大学理学部生物学科助手、国立遺伝学研究所進化遺伝研究部門助教授を経て、2002 年より現職。総合研究大学院大学生命科学研究科遺伝学専攻教授、東京大学大学院理学系研究科生物科学専攻教授、日本学術会議会員を兼任。ヒトを中心とする生物の進化を、ゲノム塩基配列の解析から研究している。

荒木弘之（あらき・ひろゆき）

国立遺伝学研究所微生物遺伝研究部門教授。1955 年、広島県に生まれる。1977 年、大阪大学生物学科卒業。1982 年、大阪大学大学院理学研究科生理学専攻修了（理学博士）。大阪大学工学部発酵工学科助手（1988 ～ 1990 年、米国 NIH/NIEHS Visiting Associate)、大阪大学微生物病研究所助教授を経て、1998 年より現職。総合研究大学院大学生命科学研究科遺伝学専攻教授を兼任。出芽酵母を材料として、染色体 DNA の複製機構の研究をしている。

角谷徹仁（かくたに・てつじ）

国立遺伝学研究所育種遺伝研究部門教授。1959 年、京都市に生まれる。1982 年、京都大学理学部卒業。1987 年、京都大学大学院理学研究科博士課程修了 (理学博士)。農業生物資源研究所研究室員、同主任研究官、国立遺伝学研究所助教授を経て、2005 年より現職。総合研究大学院大学生命科学研究科遺伝学専攻教授、東京大学大学院理学系研究科生物科学専攻教授を兼任。シロイヌナズナという植物を用いて、エピジェネティックな遺伝や反復配列の制御について研究している。

小林武彦（こばやし・たけひこ）

国立遺伝学研究所細胞遺伝研究部門教授。1963 年、横浜市に生まれる。1987 年、九州大学理学部生物学科卒業。1992 年、九州大学大学院医学系研究科博士課程修了 (理学博士)。基礎生物学研究所助手、米国ロッシュ分子生物学研究所研究員、米国 NIH 研究員、基礎生物学研究所助教授を経て、2006 年より現職。総合研究大学院大学生命科学研究科遺伝学専攻教授、東京工業大学大学院生命理工学研究科連携教授。細胞の老化と若返りについて、ゲノムの修復の観点から研究している。

高野敏行（たかの・としゆき）

京都工芸繊維大学ショウジョウバエ遺伝資源センター教授。1960 年、島根県に生まれる。1983 年、九州大学理学部生物学科卒業。1989 年、九州大学大学院理学研究科博士課程修了 (理学博士)。九州大学理学部生物学科助手、国立遺伝学研究所集団遺伝研究部門助手 (1992 ～ 1994 年、Duke 大学動物学教室)、国立遺伝学研究所集団遺伝研究部門助教授を経て、2012 年より現職。システムの揺らぎと頑健性、精子形成について研究している。

イラスト制作

一ノ瀬彩美
植木菜月
加藤公太
小山晋平
竹谷嘉人
穂積芽里
松尾健
山本小百合
渡辺雅絵

遺伝子図鑑

2013年10月25日　初版第1刷発行

編　者　　国立遺伝学研究所「遺伝子図鑑」編集委員会
装　丁　　桂川　潤
発行者　　長岡正博
発行所　　悠書館
〒113-0033　東京都文京区本郷 2-35-21-302
電話 03-3812-6504　FAX 03-3812-7504
http://www.yushokan.co.jp/

印刷製本　シナノ印刷

ISBN978-4-903487-79-3
定価はカバーに表記してあります。